AF293994

H. H. Willard, Ph. D. — N. H. Furman, Ph. D.
Professor of Chemistry, University of Michigan   Professor of Chemistry in Princeton University

Grundlagen
der quantitativen Analyse
Theorie und Praxis

Vom dreizehnten Nachdruck der dritten amerikanischen Auflage
ins Deutsche übersetzt und bearbeitet

von

Dr. techn. Heribert Grubitsch
dzt. Professor an der Technischen Hochschule Helsinki

Mit 64 Textabbildungen

Springer-Verlag Wien GmbH

ISBN 978-3-7091-3643-0   ISBN 978-3-7091-3642-3 (eBook)
DOI 10.1007/978-3-7091-3642-3

Softcover reprint of the hardcover 1st edition 1950

Vorwort des Übersetzers.

Der Aufforderung des Verlages, die Übersetzung des bekannten Lehrbuches von *Willard* und *Furman* zu übernehmen, bin ich gerne nachgekommen. Dabei wurden einige, wie mir schien, notwendige Abänderungen und Ergänzungen vorgenommen; ich habe mich jedoch bemüht, den Charakter des Buches möglichst zu wahren. An Stelle der in Europa ungebräuchlichen Kettenwaage (chainomatic balance) wurden (Abb. 20 und 21) Abbildungen moderner Projektions-Dämpfungswaagen mit automatischer Bruchgrammauflage der Firma Sartorius, Göttingen, aufgenommen. In einem besonderen Abschnitt wurden die Fehler bei Titrationsmethoden dargestellt. Bei den „Fragen und Aufgaben" wurden die Mengenangaben auf analytisch gebräuchliche Mengen umgerechnet, um den Anfänger nicht dazu zu verleiten, mit zu großen Substanzmengen zu arbeiten. Das Arbeiten mit großen Substanzmengen (Auswaagen über 0,3 g; Titrationen mit mehr als einer Bürettenfüllung) bringt keinerlei Vorteile, sondern vergrößert nur ungebührlich die Arbeitszeit beim Filtrieren, Auswaschen, Eindampfen, Konstantglühen usw. und ist deshalb unbedingt zu vermeiden. Änderungen und Ergänzungen im Text sind durch eckige Klammern gekennzeichnet. Bei den Literaturzitaten wurde das deutsche Schrifttum stärker berücksichtigt; zu spezielle, schwer zugängliche oder veraltete angelsächsische Literaturhinweise wurden ausgelassen.

Helsinki, Ende 1949.

H. Grubitsch.

Inhaltsverzeichnis.

I. Einleitung.

Analytische Chemie. Die analytische Chemie beschäftigt sich mit
der Theorie und der Praxis der Auffindung und quantitativen Bestimmung der in Verbindungen oder Gemischen vorhandenen Bestandteile. Die *qualitative Analyse* hat die Auffindung der verschiedenen
Bestandteile, die in einer gegebenen Materialprobe vorhanden sein
können, zum Ziel. Ein guter qualitativer Analysengang gibt bei
sorgfältiger Arbeit Aufschlüsse über die ungefähren Mengenverhält-
nisse der vorhandenen Bestandteile, deren Kenntnis bei der Wahl
von verschiedenen quantitativen Methoden von großem Wert ist. Die
quantitative Analyse befaßt sich mit der Bestimmung der Gewichts-
oder Volumsverhältnisse der verschiedenen Bestandteile[1] in einem
bekannten Gewicht oder Volum einer Verbindung oder eines Gemisches. Die Ergebnisse werden gewöhnlich in Prozenten der vorhandenen Bestandteile angegeben.

In einer Gesamtanalyse werden die Prozentgehalte der Elemente
in der Substanz bestimmt. So ist z. B. die Bestimmung von C, H, O
in einer organischen Substanz oder von Cu, S, O in einem Gemisch
eine Gesamt(Elementar)Analyse. Eine *rationelle Analyse* ermittelt
bestimmte Substanzgruppen, z. B. die Bestimmung des Unlöslichen,
des Flüchtigen. Das Unlösliche eines Kalksteins kann nach einer
Säurebehandlung (vorgeschriebener Konzentration) aus SiO_2, Ton
und Feldspat bestehen. „Flüchtiges" besteht aus Feuchtigkeit,
sowie allen bei der in Frage stehenden Temperatur flüchtigen Substanzen. Eine Analyse kann eine *Teil-* oder *Vollanalyse* sein; letztere
kann die Bestimmung aller jener Substanzen einschließen, die mit
den empfindlichsten Methoden nachgewiesen werden können. Häufig
schließt eine Vollanalyse nur die Bestimmung jener Bestandteile ein,
die in einer normalen qualitativen Analyse mit einer Ausgangsmenge

---

[1] Der ziemlich unbestimmte Ausdruck „verschiedene Bestandteile" wurde
verwendet, um die Definitionen möglichst allgemein zu machen. Derzeit
beschränkt sich der analytische Unterricht auf die Auffindung und Bestimmung von Elementen, Ionen, Radikalen und Verbindungen, letztere
mittels des Mikroskopes oder mittels Röntgenstrahlen. Der rasche Fortschritt in den Isotopentrennungen führte zu wissenschaftlich wichtigen
Bestimmungsmethoden, wie der Massenspektrographie und anderen physikalisch-chemischen Methoden.

von 0'5 bis 1 g Substanz aufgefunden werden. Wird die Bestimmung von Spuren gewünscht, so werden viel größere Probenmengen verarbeitet.

Abgrenzung des Gebietes. Eine Einleitung in die quantitative Analyse besteht im allgemeinen aus einer Einführung in die Theorie und in gewisse Arbeitsgebiete. Letztere sind in Hinblick auf andere Praktika ausgewählt und berücksichtigen die Anforderungen des vormedizinischen, des Ingenieur- und chemischen Studiums ebenso wie jener Studierenden, welche nicht beabsichtigen, sich berufsmäßig mit chemischen Problemen zu beschäftigen.

Das Hauptgewicht liegt mehr in der Einführung in die Prinzipien wissenschaftlicher Forschung, als in der praktischen Nützlichkeit auf irgend einem begrenzten Gebiet. Wie üblich werden anorganische Substanzen untersucht; die quantitative Untersuchung organischer Substanzen wird gewöhnlich in vorgeschrittenen oder Spezialkursen behandelt, nachdem der Student sich ein entsprechendes Wissen in der organischen Chemie erarbeitet hat.

Obwohl die analytische Chemie bereits eine ältere Disziplin ist, sind ihre Methoden keineswegs fest und starr. Wie auf allen anderen Gebieten, so ist auch hier weitere Forschung durch speziell geschulte Wissenschaftler für den Fortschritt notwendig. Tausende von Chemikern sind in den Laboratorien der Universitäten, der öffentlichen oder privaten Forschungsinstitute und in der Industrie mit der Ausarbeitung neuer oder verbesserter analytischer Methoden beschäftigt. Die Ergebnisse dieser Arbeiten findet man in den verschiedenen wissenschaftlichen Zeitschriften, Hand- und Nachschlagsbüchern und in Spezialwerken. Ein kurzer Führer zur analytisch-chemischen Spezialliteratur findet sich im Anhang.

Einteilung der analytischen Methoden.[1] Man unterscheidet zwei Hauptklassen von analytischen Methoden:

I. Die endgültige Messung der gesuchten Substanz erfolgt durch direkte oder indirekte Wägung, Flächen- oder Volummessung. ausgehend von einer gemessenen Menge des Ausgangsmaterials der Probe.

II. *Physikalisch-chemische Methoden.* Die endgültige Messung beruht auf der Bestimmung einer gewissen physikalischen Eigenschaft, z. B. der Farbe, der elektrischen Leitfähigkeit des Systems als einem Ganzen. Manche bezeichnen diese Gruppe auch als „*Instrumentelle Methoden*", weil für ihre Anwendung meist ein Spezialinstrument (Colorimeter, Spektrograph, Potentiometer usw.) notwendig ist.

Zur ersten Gruppe gehören die beiden wichtigsten und am häufigsten angewendeten Methoden, *die Gravimetrie* und *die Volumetrie*. welche den Hauptstoff der meisten Anfängerkurse umfassen. Auch die *Gasanalyse* sowie gewisse andere Methoden gehören hierher.

---

[1] Eine ausführlichere und vielleicht logischere Einteilung geben *M. G. Mellon* und *D. R. Mellon:* J. chem. Educat. **14**, 365 (1937).

Die *Gravimetrie* oder *Gewichtsanalyse* beruht auf der Wägung der Probe (Originalsubstanz) sowie der Abscheidung und Wägung eines Elements oder einer stabilen Verbindung desselben. So wird z. B. eine gewogene Probe („*Einwaage*") einer Kupfer-Nickellegierung in Salpetersäure gelöst und das Kupfer aus der Lösung elektrolytisch auf einer gewogenen Platinelektrode niedergeschlagen. Die Gewichtszunahme der Elektrode („*Auswaage*") entspricht der abgeschiedenen Kupfermenge, während das Nickel aus der sauren Lösung unter diesen Elektrolysebedingungen nicht abgeschieden wird.

In der Mehrzahl der Fälle ist es nicht zweckmäßig, die verschiedenen Elemente als solche zu isolieren, da sie zu reaktionsfähig sind. Im allgemeinen ist es besser, jedes Element vollkommen in eine seiner stabilen Verbindungen überzuführen und das Gewicht der letzteren zu bestimmen. Das Gewicht des Elements wird dann aus dem Gewicht der reinen Verbindung berechnet. Z. B. wird Mg sehr häufig als kristallisiertes Doppelphosphat $MgNH_4PO_4 . 6 H_2O$ gefällt. Nach sorgfältigem Waschen, Trocknen und Glühen bei bestimmter Temperatur bildet sich das Pyrophosphat $Mg_2P_2O_7$:

$$2 MgNH_4PO_4 \rightarrow Mg_2P_2O_7 + 2 NH_3 + 2 H_2O.$$

Das Gewicht des Mg wird aus dem Gewicht des Pyrophosphates berechnet:

$Mg_2P_2O_7$: $2 Mg$

Mol.-Gew. : 2 At.-Gew. = Gewicht des Pyrophosphates (Auswaage) : x

x = Gewicht des gefundenen Mg

Die *Volumetrie* beruht auf der Messung des Volumens einer Lösung von genau bekanntem Gehalt, welche quantitativ mit einer bestimmten Substanz der gelösten Einwaage reagiert. Das Gewicht der gesuchten Substanz wird indirekt aus dem Verbrauch der bekannten (Standard-) Lösung bestimmt. Dazu ist es nötig, den *Endpunkt* der Reaktion mittels eines „*Indikators*" festzustellen.

Der beschriebene Vorgang wird als „*Titration*" bezeichnet.

Beispiel: Ammoniumrhodanid fällt $Ag^{\cdot}$ quantitativ als AgCNS aus. Bei Gegenwart von $Fe^{\cdot\cdot\cdot}$-Ion entsteht beim geringsten Überschuß (1 Tropfen oder weniger) der Rhodanidlösung (über die zur Fällung des $Ag^{\cdot}$ erforderliche Menge) eine bleiche rotbraune Färbung, die von der Bildung komplexen Ferrirhodanides herrührt. Aus dem benötigten Volum der Rhodanidlösung berechnet sich die Menge des Silbers.

Gravimetrische und volumetrische Methoden werden in den Anfängerpraktika geübt, da ihre Grundlagen und die dabei erworbene Handfertigkeit für andere chemische Praktika und bei vielen Forschungsrichtungen unerläßlich sind. Die Kenntnis dieser Methoden ist ferner für die meisten physikalisch-chemischen Methoden unerläßlich. Die nachstehende Einteilung gibt Aufklärung über die Grundlagen der verschiedenen Methoden.

Quantitative analytische Methoden.

I. Methoden, bei welchen das Gewicht oder Volum der gesuchten Substanz direkt oder indirekt gemessen wird.

A. Gravimetrische Methoden.

1. Die gesuchte Substanz wird chemisch gefällt.
2. Elektroanalyse. Die gesuchte Substanz wird elektrolytisch abgeschieden.
3. Gasentwicklung. Das Gas oder der Dampf wird durch die Gewichtszunahme eines Absorptionsmittels bestimmt,
   oder der Gewichtsverlust der Probe kann ermittelt werden.

B. Volumetrische oder Titrationsmethoden. Der Endpunkt der Reaktion wird angezeigt:

1. Durch einen chemischen Indikator.
2. Physikalisch-chemisch
   a) durch Änderung der elektrischen Leitfähigkeit der Lösung: „Konduktometrie";
   b) durch Potentialänderung von passenden Elektroden: „Potentiometrie";
   c) durch andere physikalische Messungen, z. B. Temperaturerhöhung, Änderung des Brechungsindex usw.

Im allgemeinen ist Methode 1 am bequemsten und gebräuchlich.

C. Gasanalyse. Die Bestandteile eines gemessenen Gasvolums werden der Reihe nach durch Absorption, Verbrennung oder Kondensation entfernt. Das jeweils verbleibende Restvolum wird gemessen. Temperatur und Druck werden entweder konstant gehalten oder die Änderungen rechnerisch berücksichtigt.

D. Andere Methoden. Das Volum von Flüssigkeiten oder festen Stoffen kann in Mischungen nach der Trennung durch Zentrifugieren bestimmt werden. Flüssigkeiten können mittels einer unmischbaren Flüssigkeit überdestilliert und das Volum im Destillat gemessen werden. Diese Methode wird sehr häufig zur Feuchtigkeitsbestimmung verwendet; der Wasserdampf destilliert mit Xylol, Toluol oder einer schwereren Flüssigkeit, wie Tetrachloräthan, über. Das Wasser sammelt sich unter bzw. auf dem Destillationsmittel an und kann direkt in einem kalibrierten Rohr gemessen werden. Flächen- oder Durchmesserbestimmungen von annähernd kugeligen Teilchen werden unter dem Mikroskop bei Mineralanalysen u. dgl. durchgeführt, wobei das Gewicht irgendeiner speziellen Substanz aus dem Volum und der Dichte berechnet wird. Eine indirekte Gewichtsbestimmung durch Flächenmessung wurde für Niederschläge, die sich direkt in der Lösung befinden, vorgeschlagen. Diese sogenannte „Flächenanalyse" (areametric analysis) muß mit bekannten Mengen der fraglichen Substanz geeicht werden.[1]

II. Methoden, bei welchen die Endmessung im System als Ganzem erfolgt. Physikalisch-chemische Methoden.

Eichdaten sind erforderlich.

A. Mechanisch. Für viele Analysen, speziell bei binären Flüssigkeitsgemischen, bedient man sich der Bestimmung des spezifischen Gewichtes, z. B. bei Alkohol-Wasser. Gewisse Legierungen können mittels einer einzigen Dichtebestimmung ziemlich genau analysiert werden.

---

[1] *V. Damerell* und Mitarbeiter: Areametric Analysis. J. Amer. chem. Soc. **57**, 2725 (1935); Ind. Engng. Chem., Analyt. Edit. **9**, 123 (1937).

B. Thermisch. Umwandlungspunkte, speziell Schmelzpunkte werden zur Reinheitsprüfung bzw. Bestimmung der Zusammensetzung binärer Gemische verwendet. Die Wärmeleitfähigkeit dient als Grundlage von gasanalytischen Methoden.

C. Elektrisch. Die Zusammensetzung vieler Systeme läßt sich durch eine einzige Messung der elektrischen Leitfähigkeit oder der elektromotorischen Kraft, der magnetischen Suszeptibilität, der Dielektrizitätskonstante feststellen.

D. Optisch. 1. *Emissionsspektralanalyse.* Die Substanz wird in der Flamme, einem Hochfrequenzfunken oder im Lichtbogen zur Emission angeregt. Das Spektrum wird photographiert und die Linienintensitäten ausgemessen. Für die meisten Zwecke ist ein Gitterspektrograph oder ein Quarzspektrograph erforderlich. Die Methode wird vielfach in der Metallanalyse, Mineralanalyse, Analyse von Pflanzenaschen usw. angewendet.

2. *Absorption von Strahlung.* a) *Colorimetrie.* Ungefiltertes Licht tritt durch die Analysenlösung sowie durch eine Standardlösung; die Intensitäten der durchgehenden Strahlen werden verglichen, am einfachsten durch Veränderung der durchstrahlten Schichtdicke. Fluoreszenzeffekte werden in ähnlicher Weise benützt, wobei man sich gewöhnlich einer Quecksilberdampflampe als Lichtquelle bedient.

b) *Spektralphotometrie.* Man verwendet annähernd monochromatisches Licht. Die Menge des durchgelassenen Lichtes wird gemessen und mit einer Eichkurve oder einem Standard verglichen.

3. *Streuung.* Röntgenstrahlen werden durch die Atome eines festen Körpers gestreut. Das photographierte Streumuster kristalliner Substanzen läßt sich sowohl qualitativ als auch quantitativ auswerten.

4. *Reflexion und Streuung.* Die Nephelometrie beruht auf der Beobachtung des senkrecht zur Einstrahlungsrichtung abgebeugten Lichtes und ist zur Bestimmung geringer Mengen suspendierter fester Körper in Flüssigkeiten besonders geeignet. Das Nephelometer war lange Zeit ein wesentliches Hilfsmittel bei Atomgewichtsbestimmungen.

5. *Refraktion.* a) *Refraktometrie.* Die Bestimmung des Brechungsindex wird zur Reinheitsprüfung vieler Öle, Fette und Wachse herangezogen. Der Brechungsindex vieler binärer Gemische ändert sich in beträchtlichen Konzentrationsgebieten linear mit der Konzentration. Der Brechungsindex eines Kristalles ist eine wichtige Konstante.

b) *Interferometrie.* Dieses Verfahren beruht auf dem Unterschied des Brechungsindex zwischen der Analysensubstanz und einem Standard. Die Wellenlängenunterschiede geben Anlaß zur Ausbildung von Interferenzringen, auf deren Beobachtung das Verfahren beruht. Dieses Verfahren wird in der Analyse von binären Gas- und Flüssigkeitsgemischen, von Seewasser usw. verwendet.

6. *Optische Drehung.* Die Bestimmung der Drehung der Polarisationsebene eines ebenpolarisierten monochromatischen Lichtes wird besonders in der Zuckeranalyse angewendet. Die Methode wird bei optisch-aktiven Substanzen oder Substanzen angewendet, welche die optische Aktivität der ersteren verändern. Zum Beispiel verändert sich die optische Aktivität von Weinsäure bei der Bildung der komplexen Eisen- oder Aluminiumtartrate.

E. Toneffekte. Die Interferenz von Tonwellen in Gasgemischen kann mit Genauigkeit beobachtet werden. Für bestimmte Mischungstypen verändert sich diese Eigenschaft funktionell mit der Zusammensetzung des Gemisches. Das verwendete Instrument heißt Ton-Interferometer („sonic-interferometer").

Die Anwendung der Mehrzahl der physikalisch-chemischen Methoden verlangt eine vorhergehende Eichung des Instrumentes mit bekannten Lösungen, die gravimetrisch, volumetrisch oder gasanalytisch untersucht wurden.

Sobald die Eichdaten festgestellt sind, erlauben die physikalisch-chemischen Methoden die Ausführung vieler gleichartiger Analysen mit großer Schnelligkeit und häufig mit sehr großer Genauigkeit. So können z. B. Spuren von Elementen in reinen Metallen, wie Zink, Magnesium, Kupfer, spektrographisch mit einer Genauigkeit und Leichtigkeit bestimmt werden, welche mit anderen Methoden schwerlich erreichbar ist. Diese Methode erfordert die vorhergehende genaue Festlegung der Versuchsbedingungen; ihr Wert zeigt sich besonders in der Kürze der Analysendauer bei Reihenuntersuchungen ähnlicher Proben, benötigt aber eine beträchtliche Kapitalsanlage.

Die Mehrzahl der einfacheren Laboratoriums- und Handbücher beschreiben lediglich die gravimetrischen und volumetrischen Methoden, vielleicht mit einem kurzen Bericht einiger weniger physikalisch-chemischer Methoden, wie z. B. der Kolorimetrie. An Spezialmethoden Interessierte sollten die ausführlicheren Handbücher, Spezialmonographien und die Zeitschriftenliteratur zu Rate ziehen.

Eine Literaturübersicht findet sich im Anhang.

Makro-, Halbmikro- und Mikroanalyse. Sowohl in der qualitativen als auch in der quantitativen Analyse unterscheidet man drei unterschiedliche Arbeitsweisen. In der quantitativen Analyse sagt man, die Arbeit erfolgt im Makromaß, wenn die zur Analyse gelangenden Proben eine Gewicht von etwa 0,2 bis 2 g und mehr aufweisen. Es gibt keine scharfe Grenze zwischen den Makro- und den Halbmikromethoden oder zwischen dieser und der Mikroanalyse. Halbmikroproben sind in der Größenordnung von Zentigrammen (0,05 bis 0,08 g), Mikroanalysen verwenden Probemengen von etwa 15 mg bis herab zu 1 mg, sogar noch weniger. Letztere Methode ist sehr wichtig und allgemein anwendbar.[1] Zur Mikroanalyse benötigt man eine genügend

---

[1] *F. Emich:* Lehrbuch der Mikrochemie. München: J. F. Bergmann. 1926. — *F. Emich:* Mikrochemisches Praktikum. München: J. F. Bergmann. 1931. — *F. Hecht* und *J. Donau:* Anorganische Mikrogewichtsanalyse. Wien: Springer-Verlag. 1940. — *F. Pregl* und *H. Roth*: Quantitative organische Mikroanalyse, 5. Aufl. Wien: Springer-Verlag. 1947. — *C. Weygand:* Quantitative analytische Mikromethoden der organischen Chemie. Leipzig: Akademische Verlagsgesellschaft. 1931. — *J. B. Niederl* and *V. Niederl:* Micromethods of Quantitative Organic Elementary Analysis. New York: Wiley a. Sons. 1938. — *L. T. Hallett:* Quantitative Microchemical Analysis, S. 2460—2547. Bd. II der Scott's Standard Methods of Chemical Analysis. New York: D. van Nostrand Co. 1939.

empfindliche Waage[1] und kleine Spezialapparate. In den Händen eines erfahrenen Experimentators spart die Mikrotechnik viel Zeit, besonders in der organischen Elementaranalyse; sie ist aber keineswegs nur auf die organische Chemie beschränkt. Die Mikroanalyse ist beim Arbeiten mit geringen Mengen seltener oder teuerer Substanzen unentbehrlich.

Die allgemeinen Arbeitsmethoden der quantitativen Analyse. Zur vollständigen Prüfung eines Materials unbekannter Zusammensetzung können folgende Operationen notwendig sein:

1. *Probenahme.* Die zu analysierende Probe muß ein genaues Durchschnittsmuster der fraglichen Substanz sein. Die Probenahme aus großen Substanzmengen ist eine schwierige Aufgabe, die ebenso wichtig ist wie die Analyse selbst. In Kapitel II wird hierauf näher eingegangen werden.

2. *Voruntersuchung.* Aus dem Aussehen, der Härte und anderen charakteristischen Eigenschaften der Substanz sollten möglichst viele Hinweise gezogen werden. Oft ist der Gebrauch einer Lupe, des Mikroskops, eines Magneten, eines Messers, einer Strichplatte, eines Probiersteines für Edelmetalle oder anderer Hilfsmittel vorteilhaft.

3. *Zerkleinerung der Probe.* Kleine Stücke der Durchschnittsprobe werden in einem gehärteten Stahlmörser oder in einer Achatreibschale, weiches Material auch in einer Porzellanreibschale weiter zerkleinert. Chemisch sehr resistente Substanzen müssen feinst gemahlen werden. [Das gepulverte Material darf, zwischen den Daumennägeln gerieben, nicht knirschen. Bei besonders hohen Ansprüchen „beutelt" man das gemahlene Produkt durch feinste Seidengaze.]

4. *Qualitative chemische Analyse.*

5. *Trocknung bei 100 bis 105⁰ C.* Die meisten Substanzen werden bei 100 bis 105⁰ C getrocknet, um anhaftende Feuchtigkeit zu entfernen. Legierungen brauchen nicht getrocknet zu werden, außer sie wurden mit Lösungsmitteln behandelt, um anhaftendes Öl zu entfernen. Manche Substanzen prüft man bei Erhalt und nochmals vor Beginn der Analyse auf ihren Feuchtigkeitsgehalt. In manchen Fällen bestimmt man die Feuchtigkeit bei 100 bis 105⁰ und treibt durch Erhitzen auf eine bestimmte höhere Temperatur das chemisch gebundene Wasser aus.

6. *Wägen.*

7. *Auflösen* der Einwaage in einem passenden Lösungsmittel.

Gravimetrie.

8. *Vorbehandlung:* Oxydation, Reduktion, Entfernen störender Substanzen, Eindampfen usw.

9. *Fällung.*

10. *Filtration und Waschen.*

11. *Prüfung auf Vollständigkeit der Fällung.*

12. *Trocknen des Niederschlages und letzte Wärmebehandlung desselben.*

Volumetrie.

8. *Vorbehandlung:* Oxydation, Reduktion usw.

9. *Titration.*

10. *Prozentberechnung* der bestimmten Substanz.

---

[1] *G. Gorbach:* Mikrochem. **20**, 254 (1936). — *A. A. Benedetti-Pichler:* Ind. Engng. Chem., Analyt. Edit. **11**, 226 (1939).

<table>
<tr><td>Gravimetrie.</td><td>Volumetrie.</td></tr>
</table>

Gravimetrie.

13. *Abkühlen und Wägen.* Die Wärmebehandlung und die Wägungen werden bis zum Eintreten der Gewichtskonstanz fortgesetzt.

14. *Prozentberechnung der bestimmten Substanz.*

Volumetrie.

Sind Standardlösungen verfügbar, so benötigt die volumetrische Analyse weniger Zeit als die gravimetrische, da das Fällen, Filtrieren, Erhitzen und Wägen viel Zeit beansprucht. Dagegen sind volumetrische Verfahren oft nicht sehr spezifisch, so daß man qualitative und quantitative Prüfungen vorzunehmen hat, um festzustellen, daß nur eine einzige Substanz titriert wird. Ein entschiedener Vorteil der gravimetrischen Methoden besteht darin, daß der Niederschlag beobachtet und seine Reinheit qualitativ und quantitativ geprüft werden kann. Auf Grund dieser Reinheitsprüfungen können weitere Reinigungen oder Korrektionen vorgenommen werden.

Um Zeit zu sparen, ist es in Anfängerkursen üblich, gut gemahlene Durchschnittsproben zur Verfügung zu haben, so daß der Student mit dem Trocknen der Probe (fünfte Operation), in manchen Fällen mit dem Wägen beginnen kann. Werden nur Lösungen zur Analyse ausgegeben, so wird zwar viel Zeit gespart, aber wertvolle Erfahrung in den anfänglichen Operationen versäumt.

II. Einführung in die Laboratoriumspraxis.

Die allgemeinen Arbeitsmethoden der quantitativen Analyse.

Eine Reihe von sauber ausgeführten quantitativen Bestimmungen ist eine konsequente Einführung zu ausgedehnteren wissenschaftlichen Forschungen. Aus diesen und anderen Gründen werden derartige Aufgaben auch in anderen Ausbildungsgängen als jenen der Chemie und Ingenieurchemie gelehrt. *Vorausgehendes Studium,* genaue *Arbeitseinteilung,* richtige Vorbereitung der Apparate und des Materials, genaue Beobachtung und Erklärung der Ergebnisse sind hier, wie in anderen Fällen für den Erfolg maßgebend. Die Eigenschaften der *Ehrlichkeit* und der *Geduld* sind für die Entwicklung einer guten Arbeitstechnik Voraussetzung. Sorgfalt, Organisation, Reinlichkeit sind wesentlich. Apparate müssen stets rein und so aufgehoben werden, daß man sie bei Bedarf gleich findet. Arbeitstisch, Waage, das allgemeine Inventar usw. muß reingehalten werden. Mangel an Sorgfalt, Schmutz sind mit quantitativem Arbeiten unvereinbar und können auch bei anderen ein gedeihliches Arbeiten unmöglich machen.

Das Laborjournal. Ein Ziel des Lehrganges ist, Beobachtungen und wissenschaftliche Daten klar zu protokollieren. Das bedingt das Freilassen von Raum für ein Inhaltsverzeichnis oder Schlagwortverzeichnis, den Gebrauch von Haupt- und Untertiteln, Daten, logischer Anordnung der Beobachtungen und allgemeine Nettigkeit. In vielen Industrielaboratorien ist es üblich, jede Eintragung mit Datum, Unterschrift und Zeugenunterschrift vorzunehmen. Während eines Lehrganges hat die Datierung der Ergebnisse für Student und Lehrer viele Vorteile, z. B. bei der Untersuchung von neuen oder instabilen Substanzen, deren Verhalten bisher völlig unbekannt war. Ein dauergebundenes Notizbuch, etwa 15 × 21 cm, ist zum Gebrauch an der Waage günstig. Die linke Seite wird häufig allein zum Einschreiben der Waagedaten und für Rechnungen benützt. Alle *Wägungen, Bürettenablesungen* oder andere Beobachtungen sollten *sofort* sauber, am besten mit *Tinte*, eingetragen werden. Seite 49 findet sich ein Schema einer derartigen Auf-

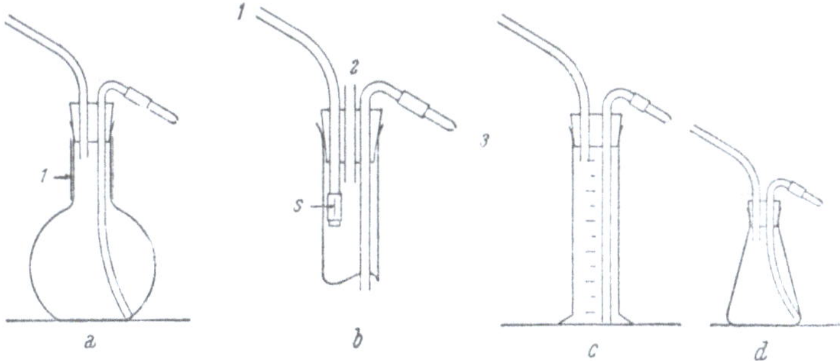

Abb. 1. Waschflaschen. a) Gewöhnliche Form; 1 zeigt die Umhüllung mit Bindfaden oder Asbestpapier an. — b) Bunsenventil bei *s*. Schließt man Rohr 2 mit dem Finger und bläst in 1, so wird ein Strahl der Waschflüssigkeit einige Zeit bei 3 ausströmen. — c) Meßzylinder als Waschflasche; nützlich, wenn eine Waschkorrektur anzubringen ist. — d) Ein kleiner Erlenmeyerkolben als Waschflasche für spezielle Waschflüssigkeiten.

schreibung. Der Bericht sollte vollständig und übersichtlich sein, damit die Daten leicht kontrolliert werden können. Augenscheinlich fehlerhafte oder nicht stimmende Analysen sollten mit einer einfachen diagonalen Linie oder mit einem × ausgestrichen und die aufgetretenen Schwierigkeiten kurz vermerkt sein. Manchmal wird man später feststellen, daß das Ergebnis richtig, aber falsch gedeutet, oder gerade noch verwertbar war. In das Journal wird jede Beobachtung eingetragen — außer es ist ein anderes System in Verwendung. Die Berichte sind in der empfohlenen Form abzufassen; häufig werden vorgedruckte Journale usw. ausgegeben. Der Student wird gewöhnlich auf Grund seiner vorgelegten Berichte beurteilt. Eine angemessene Anzahl fehlerhafter Experimente wird geduldet, doch wird im allgemeinen besonderer Wert darauf gelegt, daß innerhalb einer angemessenen Zeitspanne richtige und übereinstimmende Resultate erhalten werden.

Vorarbeiten. Die Einrichtung des Arbeitsplatzes sollte kontrolliert und in handlicher Weise bereitgestellt werden. Waschflaschen sollten für den Gebrauch hergerichtet werden. Siehe Abb. 1. Im allgemeinen werden eine 1-l- und eine 500-ml-Flasche ausgegeben. Man wird vorzugsweise die 500-ml-Flasche durch Umhüllen des Halses mit Asbestpapier, starkem Bindfaden oder mit einer dünnen Korkplatte als Heißwasserspritzflasche verwenden.

Der Exsikkator Abb. 2 sollte mit einem passenden, frischen Trockenmittel, z. B. wasserfreiem Calciumchlorid, Calciumsulfathemihydrat („drierite"), wasserfreiem Magnesiumperchlorat („dehydrite") usw. gefüllt sein. Falls der Einsatz rutscht, sollte er mit Korkstücken fixiert werden. Der Schliff des Deckels wird an einigen Stellen mit Vaseline oder Hahnfett betupft und sodann auf dem Schliff des Exsikkators bis zur gleichmäßigen Verteilung des Fettes gedreht. Falls man zu viel Fett verwendet, kann der Deckel gleiten.

Glasstäbe verschiedener Länge sollen vorrätig sein. Man schneidet sie so ab, daß etwa 2 cm über den Becher- oder Gefäßrand vorstehen und rundet die Schnittkanten im Gebläse ab. Von manchen wird ein kurzer, dicker. unten flachgedrückter Glasstab zum Niederdrücken des

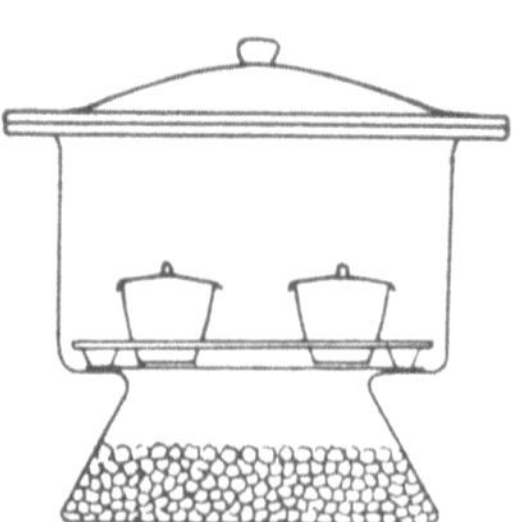

Abb. 2. Exsikkator mit Tiegeln.   Abb. 3. Kleiner Becher, Deckel mit Glashaken unterstützt, Wägeglas.

Asbests in einem *Gooch*-Tiegel [sowie zum Zerkleinern von zur Trockene eingedampfter Substanz] (vgl. S. 25) verwendet. Glashaken werden benötigt, um einen Glasdeckel während des Verdampfens oder Trocknens zu tragen. Vgl. Abb. 3. Werden Deckel mit Furchen verwendet, so benötigt man keine Haken. Zum Zusammenwischen von Niederschlägen verwendet man Glasstäbe passenden Durchmessers, die an einem (abgerundeten) Ende mit einem Stück Schlauch überzogen sind (policeman, gummiarmierter Glasstab).

Porzellantiegel markiert man mit Buchstaben oder Nummern. Tinte und Bleistifte, die Eisen oder andere Oxyde enthalten, welche in die Glasur des Tiegels einbrennen, sind käuflich erhältlich. Das Porzellan soll nur leicht markiert werden, da die Farbe sonst ausläuft. Nach dem Trocknen wird der Tiegel, wie S. 27, Abb. 15, zeigt, allmählich zur Rotglut erhitzt; die Flamme wird oxydierend eingestellt. Sind drei oder mehrere ähnliche Tiegel verfügbar, so ist es zweckmäßig, sie nach steigendem Gewicht zu numerieren.

Reagenzien. Die bei den einzelnen Bestimmungen benötigten Reagensmengen sind im allgemeinen gering; die aufgewendete Arbeitszeit ist beträchtlich. Daraus ergibt sich die Regel, jede Verunreinigung der Reagenzien durch Rückgabe derselben in die Reagenzienflaschen zu vermeiden. Messe die benötigte Menge oder einen kleinen Überschuß, entsprechend den Vorschriften oder einer Überschlagsrechnung, aus. Die Stopfen der Reagenzienflaschen des Arbeitstisches tragen häufig gleiche Nummern; vermeide jedenfalls Vertauschungen!

Einige der wichtigsten konzentrierten und daraus hergestellten verdünnten Reagenzien sind folgende:

Konzentrierte Salzsäure, 12 n; d 1,18—1,19.

Verdünnte Salzsäure, 6 n; hergestellt durch Vermischen der konzentrierten Säure mit dem gleichen Volum Wasser.

Konzentrierte Salpetersäure, 16 n; d 1.42.

Verdünnte Salpetersäure, 6 n; Verhältnis 38 ml der konzentrierten Säure plus 62 ml Wasser.

Konzentrierte Schwefelsäure, 36 n; d 1,84, enthält etwa 96 Gew.-% H_2SO_4.

Verdünnte Schwefelsäure, 6 n; hergestellt durch langsames Eingießen unter Rühren von 1 Volum der konzentrierten Säure in 5 Volum Wasser.

Konzentriertes Ammoniumhydroxyd, 15 n; d 0,90.

Verdünntes Ammoniumhydroxyd, 6 n. Wird am besten in kleinen Mengen unmittelbar vor dem Gebrauch bereitet, außer man verwendet Spezialbehälter mit unangreifbarer Auskleidung. Verhältnisse: 2 Volume des konzentrierten Reagens plus 3 Volume Wasser.

Silbernitrat, 1 n. Wird bei Bedarf ausgegeben.

Wasser. Bei allen quantitativen Arbeiten verwendet man destilliertes Wasser. Alle Gefäße werden zunächst mit Wasserleitungswasser gereinigt und schließlich mit destilliertem Wasser ausgespült. Siehe „Reinigen von Apparaten", S. 12. Zuweilen benötigt man Lösungen angenäherter Konzentration, z. B. 5%ige Schwefelsäure oder 1%ige Salpetersäure. Man meint damit 5- bzw. 1% der konzentrierten Säuren. Eine andere und vielleicht bessere Art, solche Konzentrationen anzugeben, ist: Verdünnte Schwefelsäure (5 + 95) oder verdünnte Salpetersäure (1 + 99), wobei die erste Zahl in der Klammer stets das Volum des konzentrierten Reagens angibt, welches zu dem Volum Wasser, entsprechend der zweiten Zahl, zugegeben wird.

Um diese Verdünnungen herzustellen, bedient man sich eines Meßzylinders.

Oft ist die Herstellung eines Reagens von ungefähr normaler Konzentration aus einer Stammlösung bekannter Dichte erforderlich. In den Handbüchern findet man Dichtetabellen und die dazugehörigen perzentuellen Zusammensetzungen für verschiedene wichtige Lösungen angegeben. Siehe Anhang.

Beispiel. Welches Volum von Schwefelsäure d 1,84 (96 Gew.-% H_2SO_4 enthaltend) benötigt man zur Herstellung von 2 Litern 6 n-Säure?

2 l 6 n H_2SO_4 enthalten $2 \cdot 6 \cdot \dfrac{98,1}{2} = 588,6$ g H_2SO_4. Ein Liter Stammlösung enthält $1000 \cdot 1,84 \cdot \dfrac{96,0}{100} = 1766$ g H_2SO_4. Daraus folgt die Pro-

portion $1766:1000 = 588,6:x$; $x = 333$ ml der konzentrierten Säure, die auf 2 l zu verdünnen ist.

Sind die Normalitäten der Stammlösungen bekannt, so kann das benötigte Volum einfacher nach der im umgekehrten Sinne angewendeten Volum-Normalitätenregel, vgl. S. 118, berechnet werden.

Jede hergestellte Lösung muß durch Rühren oder Schütteln homogen gemacht werden. Salz- und Ammoniaklösungen sollten auf unlösliche Bestandteile, aus den Behältern, Stopfen oder anderen Quellen herrührend, geprüft werden. Wie bereits gesagt, ist es angezeigt, eine verdünnte NH_4OH-Lösung unmittelbar vor ihrem Gebrauch herzustellen. Salzlösungen von angenähertem Gehalt werden durch Auflösen der auf einer gröberen Waage ausgewogenen Salze hergestellt. Zum Schutze der Waagschale verwendet man entsprechend austarierte Unterlagen aus Glas, Zelluloid oder Papier. Wenn nötig, wird die Lösung filtriert. Vgl. S. 20.

Größter Wert ist darauf zu legen, Reagenzien angemessenen Reinheitsgrades zu verwenden. Häufig werden zur Kontrolle qualitative „Blindproben" gemacht, um sich zu überzeugen, daß keine Fehler von unreinen Reagenzien stammen.

Bei heiklen Arbeiten wird folgendes Verfahren oft angewendet, um den Einfluß der Verunreinigungen in den Reagenzien abzuschätzen: Man fügt zu destilliertem Wasser dieselben Mengen an Reagenzien, wie sie bei der Analyse verwendet werden, und unterwirft diese Lösungen allen bei der Analyse erforderlichen Operationen. Mittels dieser „Blindprobe" findet man eine mittlere Korrektion für die Reagenzien, oder man überzeugt sich, daß kein wesentlicher Fehler durch die Reagenzien, Filter usw. entsteht.

Entsprechende Beachtung muß auch dem Einfluß der Luft oder von Dämpfen gezollt werden, die in der Nachbarschaft entstehen und die Arbeit stören können. Teilchen vom Gasbrenner, von Filterpapier, Glasstäben, Gummi usw. können Fehler verursachen, welche durch reinliches Arbeiten zu vermeiden sind. Gummiwischer werden im Gefäß gut abgespült und vor dem Kochen der Lösung entfernt. Ebenso werden Glasstäbe vor langdauerndem Kochen oder Verdampfen zur Trockene abgespült und entfernt.

Analysensubstanzen. Bei der Ausgabe von Analysensubstanzen werden verschiedene Systeme angewendet; den Ausgaberegeln soll besondere Beachtung gezollt werden. Die meisten Substanzen sind 2 Stunden bei 100 bis 105° C zu trocknen; viele können über Nacht in einem elektrischen Trockenschrank getrocknet werden. Die Substanzen sollten so lange vorher ausgegeben werden, daß durch die für das Trocknen aufzuwendende Zeit keine Verzögerung entsteht. Sobald bei einer Analyse zufriedenstellende Ergebnisse erhalten wurden (vgl. S. 57), werden dieselben in der üblichen Weise abgegeben.

Das Reinigen von Apparaten. a) *Glas und Porzellan.* Die Reinigungsart soll sich dem Verhalten der zu entfernenden Substanzen anpassen. Wasserlösliche Substanzen werden einfach mit heißem oder kaltem Wasser ausgewaschen und das Gefäß schließlich mit kleinen Anteilen von destilliertem Wasser mehrmals ausgespült. Die allgemeinen Regeln zur Lösung wasserunlöslicher Substanzen, vgl. S. 17, sollten stets beachtet werden. So lassen sich im allgemeinen Oxyde, wie Fe_2O_3, MnO_2, leichter mit warmer konzentrierter Salzsäure, als mit anderen Lösungsmitteln lösen. Speziell Chromschwefelsäure ist dazu wenig geeignet.

Volumetrische Glasgeräte, speziell Büretten, können mit folgender Mischung gereinigt werden: 30 g NaOH, 4 g Na-hexametaphosphat (Calgon), 8 g tertiäres Natriumphosphat, 1 l Wasser. 1 bis 2 g *Na-laurylsulfat* scheint die Wirkung manchmal zu erhöhen. Die Reinigung erfolgt mit einer Bürettenbürste.

Ein hartnäckiger Fettfilm oder -fleck kann mit Azeton entfernt werden, oder man läßt warme Natronlauge (1 g auf 50 ml) 10 bis 15 Minuten in dem Gefäß stehen. Nach Spülen mit Wasser, verdünnter Salzsäure und neuerlich mit Wasser, ist das Gefäß gewöhnlich rein. Andernfalls muß die Behandlung wiederholt werden.

Chromschwefelsäure. Mit Natriumdichromat gesättigte oder mit CrO_3 versetzte konzentrierte Schwefelsäure wurde viel zum Reinigen von Gefäßen benützt. Auf Grund ihrer zerstörenden Wirkung auf Kleidung und Laboratoriumseinrichtung sollte ihre Verwendung vermieden werden, wenn weniger angreifende oder einfachere Mittel ausreichen. Die Lösung kann oft verwendet werden, ehe sie unwirksam wird (Kennzeichen?). Sie soll heiß (80 bis 100° C), aber *nicht rauchend oder kochend* ($\sim$ 240 bis 250° C) angewendet werden und etwa 15 Minuten in den zu reinigenden Gefäßen stehen. Eine Reihe von Bechergläsern kann in einem Arbeitsgang gereinigt werden. Eine große Neutraleisenschale ist der beste Behälter für die Chromschwefelsäure. Die Lösung kann in der Neutraleisenschale aufbewahrt werden, wenn man sie häufig erhitzt, um das Wasser auszutreiben. Sonst sollte sie, abgekühlt. zum weiteren Gebrauch in einer Standflasche aufbewahrt werden. Verschüttete Chromschwefelsäure muß sofort mit viel Wasser verdünnt und aufgewaschen werden. Die mit Chromschwefelsäure gereinigten Gefäße werden gründlich mit Wasserleitungswasser, schließlich mehrmals mit kleinen Mengen destillierten Wassers gespült.

Meßgefäße können durch unachtsame Behandlung mit Alkalien angeätzt sein. Bei guter Reinigung sind derartige Gefäße meist weiter verwendbar. Eine alkalische Lösung sollte *nicht* in einem kalibrierten Gefäß aufbewahrt werden, noch sollte sie über Nacht in einer Bürette stehen bleiben. Büretten mit alkalifesten Hahnküken sind im Handel erhältlich.

b) *Platingeräte.* Obwohl der Anschaffungspreis von Platin hoch ist und seinen Gebrauch deshalb in vielen Anfängerkursen ausschließt, haben Platingeräte eine lange Lebensdauer, wenn sie sorgfältig behandelt und gereinigt werden. Die Behandlung von Platinelektroden wird in Kapitel XX besprochen. Bei Nichtgebrauch sollten Platintiegel in Holz- oder Kunststofformen aufbewahrt werden. Man reinigt sie durch Reiben mit Wasser und Seesand oder mit einer Scheuerseife, die runden Sand oder Kieselgur enthält. Eisenoxydflecken können am besten durch 2 bis 3 Minuten langes Erhitzen von 1 bis 2 g NH_4Cl im geschlossenen Tiegel mit der vollen Flamme eines Mékerbrenners entfernt werden. Da Platin bei hohen Temperaturen durch Alkalien, geschmolzene Nitrate, geschmolzene Cyanide, Sulfide, freie Metalle, Schwefel, Phosphor, Kohlenstoff angegriffen wird, dürfen diese sowie Substanzen, aus welchen sich diese bilden können, nicht in Platin erhitzt werden. Dies bedeutet, daß alle Verbindungen der leicht reduzierbaren Metalle und Metalloide nicht in Platin hoch erhitzt werden sollen, weil reduzierende Gase schnell durch das heiße Platin diffundieren. Filterpapier soll bei der tiefstmöglichen Temperatur verascht werden. Eine Berührung des Platins mit der leuchtenden Flamme oder dem inneren Flammenkegel ist zu vermeiden. Platingefäße werden bei Sodaaufschlüssen von Silikaten und anderen Substanzen, zum Erhitzen von Silikaten mit $CaCO_3 + NH_4Cl$, zur Verflüchtigung von SiO_2 als SiF_4, zum Erhitzen von SiO_2, Al_2O_3 und anderen schwer schmelzbaren oder schwierig reduzierbaren Verbindungen verwendet.

Erhitzt man Doppelphosphate von NH_4 und Mg oder anderen Metallen in Platin, so tritt gelegentlich Reduktion ein und der Tiegel wird beschädigt oder unbrauchbar. Man wird deshalb einen derartigen Gebrauch des Tiegels vermeiden. Besteht der Verdacht einer Verunreinigung durch Legierung, so wird der Tiegel zunächst mit siedender, verdünnter Salzsäure behandelt, dann gründlich gewaschen, sodann folgt die gleiche Behandlung mit verdünnter Salpetersäure. Auf Gewichtsänderungen und Änderungen im Aussehen ist zu achten; die Säureextrakte werden geprüft, um Hinweise für eine weitere Behandlung zu erhalten. Geschmolzenes $K_2S_2O_7$ löst manche schwer schmelzbaren Oxyde, welche fest am Platin haften können. Es ist zweckmäßig, in den Handbüchern nachzusehen, bevor man irgend eine ungewöhnliche Reaktion in Platingefäßen vornimmt.

Die allgemeinen Arbeitsmethoden der quantitativen Analyse.

1. **Probenahme.** Die Analysenprobe muß gleichartig sein und genau der Zusammensetzung der ganzen Ladung entsprechen, von welcher die Probe genommen wurde; andernfalls ist die für die Analyse aufgewendete Zeit und Mühe verloren. Um die Probe gleichartig zu machen, wird sie fein gemahlen. Bei kleinen Mengen anorganischen oder organischen Materials ist es möglich, die gesamte Menge zu homogenisieren oder zu „vierteln", „quartieren" (siehe unten) und eine genügende Menge zu mahlen.

Material in Ladung. Die Probenahme aus größeren Mengen, z. B. aus einer Schiffsladung Erz, aus einer Zugsladung Heizöl in getrennten Waggons, von Metallabfällen, von Masseln von Rohmetall usw. bietet

Probleme, die von Fall zu Fall wechseln.[1] Wenn möglich, nimmt man bei der Ladung oder Entladung von Booten, Güterwagen, Wagen usw. mittels einer automatischen Probenahmevorrichtung in bestimmten Zeitintervallen Proben. Man erhält so eine mehrere 100 kg schwere Probe, welche entweder mechanisch oder durch Umschaufeln verkleinert wird, wobei nach gründlichem Mischen gewisse Schaufeln ausgesondert und auf einen Haufen vorgeschriebener Größe geworfen werden. So werden schließlich etwa 60 kg des Materials gemahlen, zu einem gutgemischten kegelförmigen Haufen aufgeschüttet, gegenüberliegende Viertel verworfen, das Zurückbleibende wieder gemischt und wie beschrieben neuerlich geviertelt usw. und schließlich Durchschnittsmuster von wenigen Kilogramm an die Laboratorien des Käufers, Verkäufers und eines Schiedsanalytikers eingesandt, um dort, wenn notwendig, weiter gemahlen und „quartiert" zu werden.

Metalle. Masseln, Barren oder andere Formen werden an bestimmten, durch Erfahrung und Überlegung gegebenen Stellen angebohrt oder angesägt. Bei gewissen Metallen, speziell Bleilegierungen, Zinnlegierungen, muß die Probenahme in geschmolzenem Zustand erfolgen, da bestimmte Komponenten während der Erstarrung aussaigern. In Hütten werden aus den erschmolzenen Legierungen für chemische und physikalische Proben eigene Probenblöckchen hergestellt.

In den Vorschriften der American Society for Testing Materials (siehe Anhang) werden Standardmethoden der Probenahme sowie Analysenvorschriften für wichtige Materialklassen. die im großen gehandelt werden, mitgeteilt.

Die in einem Kurs ausgegebenen Substanzen bestehen im allgemeinen aus gut gemischten Pulvern, gut zerkleinerten Legierungen oder Lösungen. Sie müssen gut geschüttelt oder gemischt werden, bevor man sie zur Analyse auswägt oder ausmißt.

2. **Vorprüfung.** Die Vorprüfung vor der qualitativen Untersuchung kann sich auf eine bloße Betrachtung beschränken oder Lupe und Mikroskop verwenden. Verschiedene Hilfsmittel, wie Messer, Strichplatte. Magnet usw., werden verwendet. Mit einer Schleifscheibe können bestimmte Eisenlegierungen nach den Funkenbildern sofort unterschieden werden. Eine ausführliche Behandlung der Methoden der Vorprüfung findet sich in den breiteren Abhandlungen über qualitative Analyse.

3. **Zerkleinerung.** Die Verkleinerung der großen Probe wurde unter „Probenahme" besprochen. Kleinstückiges Material wird in einem geeigneten Mörser oder in einem motorbetriebenen Backenbrecher zer-

---

[1] Eine ausführlichere Behandlung dieser Fragen mit weiteren Hinweisen gibt *J. B. Barnitt:* Standard Methods of Sampling, S. 1301. Bd. II von Scott's Standard Methods of Chemical Analysis, 5. Ed. New York: D. van Nostrand Co. 1939. — *Berl-Lunge:* Chemisch-technische Untersuchungsmethoden, 8. Aufl., Bd. I, S. 32—49; Bd. II/2, S. 879—896. Berlin: Springer-Verlag. 1931.

kleinert und in einer Kugelmühle, Abb. 4, oder einer anderen geeigneten Mühle fein gemahlen. Kleine Stücke harten Materials, z. B. Mineralproben, werden in einem Mörser aus gehärtetem Stahl, einem sogenannten Diamant- oder Plattnermörser, Abb. 5, zerkleinert. Die

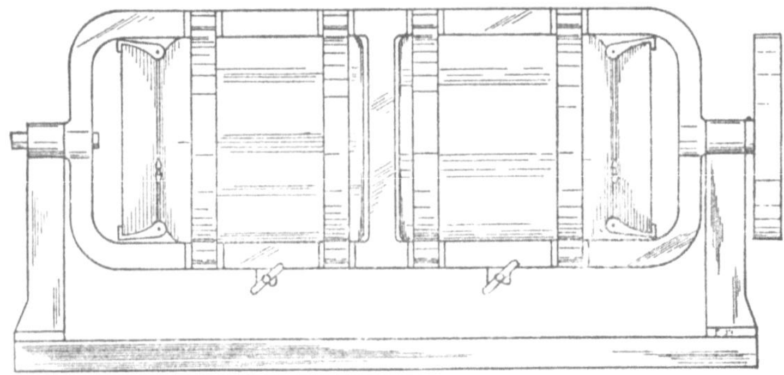

Abb. 4. Eine Kugelmühle. Das zu mahlende Material wird zusammen mit harten Kugeln in die Porzellanbecher eingebracht und letztere wie gezeichnet befestigt. Der Apparat wird durch Motorantrieb (nicht gezeichnet) in Umdrehung versetzt, bis die Mahlung beendet ist (1 bis 3 Stunden und länger).

Feinmahlung wird in einer Achatreibschale oder einer Reibschale aus Hartmetall vorgenommen. Das Mahlen kann die Zusammensetzung des Materials durch Wasserverlust, durch Begünstigung der Oxydation, besonders von Eisen(II)- zu Eisen(III)-oxyd in Mineralien, oder durch

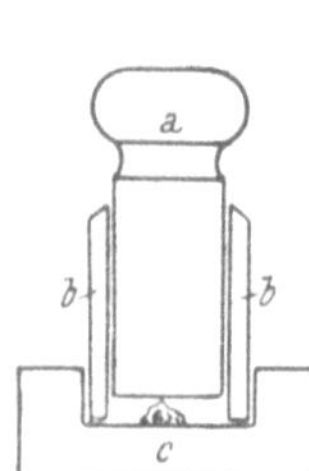

Abb. 5. Diamantmörser. Der Stempel *a* paßt genau in den Ring *b*. Material wird durch Hammerschläge auf *a* zwischen *a* und *c* zerkleinert.

Abrieb vom Material des Mörsers oder der Mühle verändern. Daten über diese Effekte findet man in *Hillebrand* und *Lunell*, Applied Inorganic Analysis, S. 669 ff.

4. Qualitative Analyse. Diese wird an Hand eines geeigneten Analysenganges ausgeführt, welcher alle Elemente umfaßt, die anwesend sein können. In manchen Laboratorien, die viel mit Metallen, Legierungen und Erzen zu tun haben, wird die qualitative Untersuchung wegen der Schnelligkeit und Einfachheit der Versuchstechnik fast ausschließlich spektrographisch durchgeführt.

5. Trocknen. Feste Proben (außer Metallen) werden, sofern keine speziellen Vorschriften vorliegen, bei 100 bis 105° C getrocknet. Um eine einwandfreie Trocknung zu erzielen, muß man mindestens zwei Stunden, manchmal vorteilhafter über Nacht, erhitzen. Instabile Substanzen, die z. B. Sulfide, Arsenide oder Säure enthalten, sollten nicht länger als 2 Stunden getrocknet werden. Die zu trocknende Substanz befindet sich in einem breiten, trockenen, offenen Wägeglas, welches in das kleinstpassende Becherglas gestellt wird. Das Becherglas wird — eventuell unter Zuhilfenahme von Glashaken, Abb. 3, S. 10 — mit einem Uhrglas bedeckt und in einem Trockenschrank auf die ge

wünschte Temperatur gebracht. Bei Forschungs- und Industriearbeiten
müssen viele Substanzen bei Raumtemperatur getrocknet werden. Dies
geschieht in einem Vakuumexsikkator. Das Trockenmittel wird nach
den Eigenschaften der zu trocknenden Substanz ausgewählt und kann
sauer, basisch oder neutral sein; z. B. H_2SO_4, P_2O_5; geschmolzenes
KOH; $Mg(ClO_4)_2$.

6. Wägen. Die Waage, das Wägen und die Gewichte werden in
Kapitel III, S. 28, behandelt.

7. Auflösung der Probe. *Wahl des Lösungsmittels.* Salpetersäure
greift alle gewöhnlichen Metalle an. Der Angriff auf reines Aluminium und Chrom erfolgt infolge Deckschichtenbildung sehr langsam. Konzentrierte Säure greift Eisen nicht an. In allen sonstigen
Fällen kann eine Auflösung erreicht werden, außer bei Zinn, welches
unlösliche Metazinnsäure bildet, und Antimon, welches ein nahezu
unlösliches Gemisch von Antimoniger- und Antimonsäure bildet. Die
Fällung des Antimons ist nur bei Anwesenheit größerer Mengen von
Zinn (Mitfällung mit Zinnsäure) vollständig. — Konzentrierte Salzsäure löst alle gewöhnlichen Metalle außer Ag, Hg, Bi, Cu, As, Sb. Blei
wird langsam aufgelöst. Verdünnte Schwefelsäure verhält sich sehr
ähnlich der Salzsäure, löst jedoch Blei nicht auf. Siedende konzentrierte Schwefelsäure löst alle gebräuchlichen Metalle und ist ein gutes
Lösungsmittel für Hg, Bi, As, Sb, Sn und deren Legierungen, die von
verdünnter Säure praktisch nicht angegriffen werden. Salzsäure, die
Salpetersäure oder Chlorat enthält, so daß freies Chlor entsteht, greift
alle Metalle an. Die lösende Wirkung von Salzsäure oder verdünnter
Schwefelsäure oder irgend einer anderen Säure, die mit den Metallen
lediglich durch Austausch von Säurewasserstoff ohne Nebenreaktionen
reagiert, kann auf Grund der Spannungsreihe der Metalle gedeutet
werden. In dieser sind die Elemente in der Reihenfolge angeordnet,
wie sie einander aus den Lösungen ihrer Salze verdrängen. Die
chemisch aktivsten Elemente stehen an der Spitze.

Die tieferstehende Tabelle zeigt die Spannungsreihe der häufigeren
Metalle. Salzsäure löst alle Metalle auf, die in dieser Reihe ober dem
Wasserstoff stehen. In Abwesenheit von Luft oder anderen Oxydationsmitteln findet keine Auflösung der Metalle, die unter dem Wasserstoff
stehen, statt. Schwefelsäure verhält sich gleich; sie löst lediglich Blei
(infolge Bildung eines Oberflächenfilms von Bleisulfat) nicht auf.

Oxyde löst man am besten in Salzsäure, ausgenommen jene Fälle,
wo unlösliche Chloride entstehen. Salpetersäure ist in der Regel ein
sehr schlechtes Lösungsmittel für Oxyde und Königswasser wirkt
schwächer als Salzsäure.

Alle Sulfide, ausgenommen Quecksilbersulfid, werden von Salpetersäure gelöst, wobei stets freier Schwefel, niemals Schwefelwasserstoff
gebildet wird. Die Sulfide von Ag, Hg, As, Cu, Co und Ni sind in
konzentrierter Salzsäure praktisch unlöslich. Bei der Behandlung der
anderen Sulfide mit Salzsäure wird Schwefelwasserstoff in Freiheit

Spannungsreihe Metalle	Normal-potential Volt[1]	Spannungsreihe Metalle	Normal-potential Volt	Spannungsreihe Metalle	Normal-potential Volt
Li	— 3,02	Zn	— 0,762	Sb	0,212
K......	— 2,92	Cr	— 0,71	As.......	0,247
Ba.....	— 2,90	Fe	— 0,44	Bi.......	0,32
Sr	— 2,89	Cd	— 0,40	Cu	0,344
Ca	— 2,87	Co	— 0,277	Ag	0,799
Na.....	— 2,71	Ni	— 0,25	Hg	0,799
Mg.....	— 2,34	Sn	— 0,136	Pt	1,2
Al	— 1,67	Pb	— 0,126	Au	1,42
Mn	— 1,05	H.....	0,000		

gesetzt. Natürlicher Pyrit, FeS_2, ist in Salzsäure unlöslich, obwohl Eisen(II)-sulfid FeS leicht löslich ist. Königswasser oxydiert alle Sulfide zu Schwefel oder Schwefelsäure; unter bestimmten Bedingungen lediglich zu letzterer.

Heiße 70%ige Perchlorsäure $HClO_4$ ist ein starkes Oxydationsmittel, welches alle gewöhnlichen Metalle und ihre Sulfide angreift. Da alle Perchlorate leicht löslich sind, ist Perchlorsäure meist ein ausgezeichnetes Lösungsmittel. Nur Zinn und Antimon geben unlösliche Metazinn- bzw. Antimonsäure. Beim Auflösungsvorgang wird gewöhnlich eine gewisse Chloridmenge gebildet. Geglühtes Chromoxyd, welches dem Angriff anderer Säuren widersteht, wird durch heiße Perchlorsäure zu löslicher Chromsäure oxydiert. *Berührung der heißen Perchlorsäuredämpfe oder der heißen konzentrierten Säure mit organischen oder leicht oxydierbaren anorganischen Substanzen kann gefährliche Explosionen verursachen und ist deshalb zu vermeiden.* Verdünnte Perchlorsäure ist kein Oxydationsmittel und verhält sich wie verdünnte Schwefelsäure.

Konstant siedende Jodwasserstoffsäure d 1,70 ist ein wirksames Lösungsmittel für gewisse „Unlösliche". Die Säure löst Quecksilbersulfid unter Schwefelwasserstoffentwicklung; geglühtes Zinndioxyd bildet Zinnjodid, welches verflüchtigt werden kann; Silberhalogenide werden in Jodide verwandelt; aus unlöslichen Sulfaten entstehen durch Reduktion des Sulfatrestes lösliche Produkte.[2]

Eine Mischung von Salpeter- und Flußsäure (je 5 ml der konzentrierten Säuren auf 30 ml Wasser) löst bei 80° rasch viele schwer lösliche Verbindungen und Legierungen von Sn, Sb, W, Mo; die Auflösung wird in Platingefäßen vorgenommen.

Schmelzen und Aufschlüsse. Viele Substanzen können lediglich durch Schmelzen mit wasserfreien, sauren oder basischen Aufschlußmitteln zersetzt werden. Ein Gewichtsteil der *feinstgemahlenen* schwer-

---

[1] Die Zahlenwerte der Spannungsreihe sind dem Buche *W. M. Latimer:* Oxidation Potentials, Prentice Hall Inc., 1938, entnommen. Über die Vorzeichengebung siehe Kapitel XIX.

[2] *J. Caley:* J. Amer. chem. Soc. **54**, 3240, 4112 (1932); **55**, 3947 (1933). — *Caley* und *Burford:* Ind. Engng. Chem., Analyt. Edit. **8**, 63 (1936).

löslichen Substanz wird mit acht oder mehr Teilen des Aufschlußmittels innig gemischt und in einem geeigneten Tiegel geschmolzen:

1. Natriumkarbonat oder Natrium- und Kaliumkarbonat in gleichen Gewichtsmengen zersetzt die meisten Silikate, Silberhalogenide und unlöslichen Sulfate. Bei Salzen reduzierbarer Metalle verwendet man einen Nickeltiegel, in den anderen Fällen einen Platintiegel.

2. Natriumkarbonat mit einer geringen Menge eines Oxydationsmittels, z. B. KNO_3, schließt sulfidische Erze und andere Substanzen (vgl. Kapitel XVI, S. 292 ff.) auf. Man verwendet einen Nickeltiegel.

3. Natriumperoxyd. Sulfide und viele schwerlösliche Erze, besonders jene des Chroms und Zinns, ferner hochchrom- und siliciumhaltige Legierungen, werden mittels Natriumperoxyd aufgeschlossen. Man verwendet einen mit geschmolzenem Na_2CO_3 ausgekleideten Nickeltiegel [oder einen Silbertiegel].

4. Schwefel und Natriumkarbonat in gleichen Mengen; „*Rose*sche Mischung", „Freiberger Aufschluß"; wird zur Überführung von Substanzen in Sulfide und Sulfosalze, speziell zur Trennung des Sn, Sb, As von Cu, Pb usw. angewendet. Die Schmelze erfolgt in einem Porzellantiegel, der etwas angegriffen wird.

5. Natrium- oder Kaliumhydroxyd greift in Schmelze gewisse schwerlösliche Erze, besonders jene von Sb, Cr oder Sn an. Man verwendet einen Eisen-, Nickel- oder Silbertiegel.

6. Calciumkarbonat (8 Teile oder mehr) plus Ammoniumchlorid (1 bis $1^1/_2$ Teile), [Aufschluß nach *Smith*], dient zur Alkalibestimmung in Silikaten. Man verwendet einen langen, spitz zulaufenden Platin- (oder Nickel-) Tiegel mit dicht schließendem, übergreifendem Deckel.

7. Kaliumpyrosulfat oder -hydrogensulfat ist ein saueres Aufschlußmittel, welches viele geglühte Oxyde, z. B. Fe_2O_3, Al_2O_3, ferner Al-, Sb-Erze, hoch Mo-, W-, Cr-haltige Eisenlegierungen löst. Die Schmelzen werden [am besten in Quarztiegeln,] Porzellan- oder Platintiegeln vorgenommen [Platin wird etwas angegriffen].

Nachdem die Schmelze abgekühlt ist, wird sie mit Wasser, verdünnter Säure oder Alkali, je nach der Natur des Stoffes, gelöst. Wenn möglich, wird die kalte Schmelze möglichst vollständig aus dem Tiegel entfernt, bevor sie mit Lösungsmitteln behandelt wird.

Bei jeder Operation, die mit einer heftigen Reaktion verbunden ist, wie bei der Einwirkung einer Säure auf ein Metall oder Karbonat, bei Gasentwicklung, bei stark exothermen Reaktionen, muß das Gefäß, welches die gewogene Probe enthält, mit einem Uhrglas bedeckt werden. Man befeuchtet die Substanz, damit durch eine Gasentwicklung kein Verstauben eintreten kann und setzt das Reagens portionenweise vorsichtig beim Ausguß des Gefäßes zu.

8. **Vorbehandlung.** Diese ist so speziell und hängt so von der Art der Bestimmung ab, daß die Anweisungen bei den verschiedenen Arbeitsvorschriften gegeben werden.

9. **Fällung.** Volumetrische Fällungsmethoden werden im IX. Kapitel, die Theorie der Fällung im XV. Kapitel, die Praxis der Fällung im XVI. Kapitel behandelt. Die allgemeinen Prinzipien der volumetrischen Analyse werden im VI. Kapitel behandelt.

10. **Filtrieren und Waschen.** Da diese Operationen sowohl bei präparativen Arbeiten als auch bei volumetrischen und gravimetrischen Analysen benötigt werden, sollen sie hier näher beschrieben werden.

Die Verwendung von Filterpapier. Man verwendet ein „quantitatives", von der Fabrik durch Waschen mit Flußsäure und Salzsäure von Aschenbestandteilen möglichst befreites Papier. Leicht reduzierbare Niederschläge werden trocken vom Filter getrennt und letzteres verascht; bei schwer reduzierbaren Niederschlägen ist ein vorhergehendes Trocknen und die Trennung vom Filter vor dem Veraschen nicht notwendig. Für ein 11-cm-Papier beträgt die Aschenkorrektion etwa 0,1 bis 0,3 mg. Der von der Fabrik angegebene Wert wird geprüft, indem man aus dem Pack eine Probe von 3 bis 5 Blatt auswählt, diese wäscht, trocknet und in einem gewogenen Tiegel verascht. Die Aschenmenge, dividiert durch die Anzahl der Filter, ergibt die mittlere Aschenmenge.

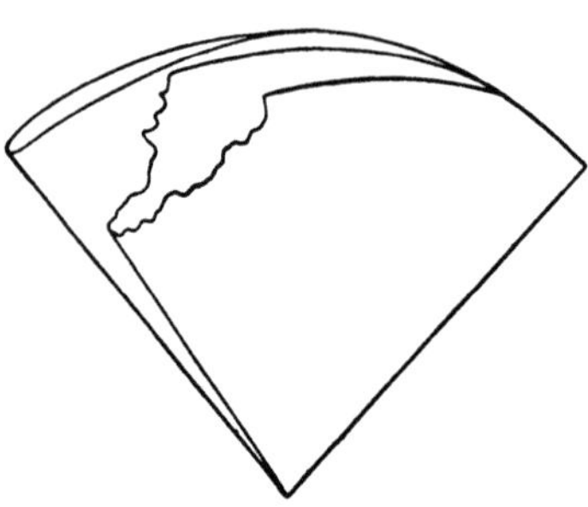

Abb. 6. Gefaltetes Filterpapier. Die Ecke wird abgerissen, dadurch schließt der aufliegende Filterteil dicht am Trichter an.

Man erhält Filterpapier verschiedener Porengröße und Härte.

[Grobkörnige und gelatinöse Niederschläge filtriert man durch grobporiges Filtrierpapier, z. B. Schleicher und Schüll „Schwarzband"; feinste Niederschläge durch „Blauband"filter. Filter mittlerer Porengröße, „Weißband", werden selten verwendet.]

Die Filtration von sehr feinen Niederschlägen wird oft durch Zugabe von Filterbrei wesentlich erleichtert. Der Brei wird durch Schütteln einer Filterbrei-Tablette mit Wasser oder aus einem quantitativen Filter hergestellt; die bei einer Filtration verwendete Menge hinterläßt keinen wägbaren Rückstand. Filterbrei macht die Verwendung mehrerer Filtersorten — zumindest für den Anfang — entbehrlich.

Trichter und Auffanggefäß müssen vollkommen sauber sein. Der Trichter sollte einen ziemlich langen (10 bis 20 cm) Stiel besitzen. *Das Filter muß in den Trichter so vollkommen eingelegt sein, daß der Trichterhals während der ganzen Filtration mit Flüssigkeit gefüllt bleibt.* Die Trichter müssen genau im Winkel von 60⁰ geschnitten sein, dann paßt ein doppelt zusammengefaltetes, kreisrundes Filter genau. Reißt man eine Außenecke des Filters, wie Abb. 6 zeigt, ab, so schließt das Filter dichter an den Trichter an.

Eine übliche Filtrationseinrichtung zeigt Abb. 7. Der Trichterrand soll etwa 1 cm über das eingelegte Filter vorstehen. Die Flüssigkeit wird längs eines Glasstabes in das [vorher angefeuchtete] Filter gegossen.

Man lasse beim Filtrieren einen 0.5 bis 1 cm breiten Streifen des Filters frei, fülle das Filter also niemals bis zum Rande an. Diese Maßregel ist zur Vermeidung von Verlusten, zur Handhabung des Filters usw. un-

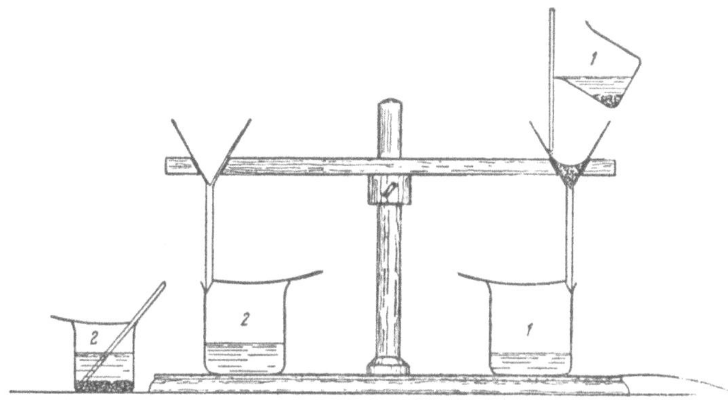

Abb. 7. Filtrationseinrichtung. Gebrauch des Glasstabes beim Filtrieren; Schutz des Filtrates.

bedingt erforderlich. Der Trichterstiel ragt etwa 2 cm in das Auffanggefäß hinein und liegt an der Wand an. Filtrationen zum Entfernen von Unlöslichem müssen ebenso sorgfältig durchgeführt werden wie solche

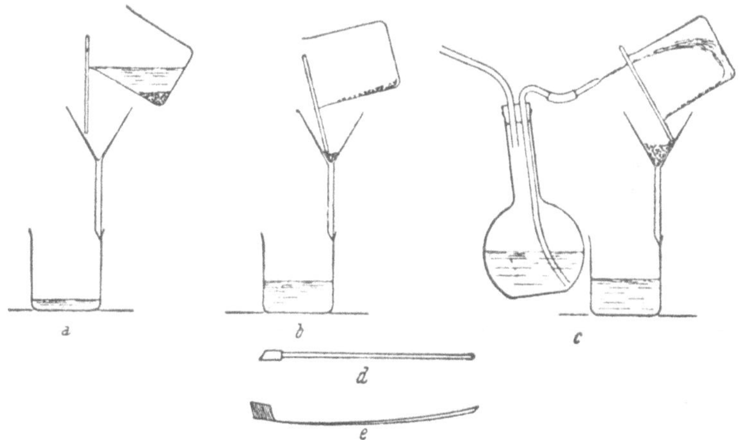

Abb. 8. Überführen eines Niederschlages auf das Filter. a) Dekantation der Flüssigkeit; b) Überführung des Hauptanteils des Niederschlags; c) der Rest des Niederschlags wird auf das Filter gespritzt; d) gummiarmierter Glasstab, um festhaftende Teile des Niederschlags zu entfernen (policeman); e) eine Federfahne, Verwendung wie d).

von quantitativ zu behandelnden Niederschlägen. Solche Rückstände, ebenso gewogene Niederschläge, sollen nicht weggegeben werden, bevor man nicht sicher ist, daß keine weiteren Prüfungen damit angestellt werden. Es ist eine gute Regel, solches Material erst wegzuschütten, wenn die Analyse abgegeben und für richtig befunden wurde. So enthält z. B. Fe_2O_3 häufig SiO_2 aus der Ammoniumhydroxydflasche. Der Niederschlag kann diesfalls in HCl gelöst und die SiO_2 abgeschieden und gewogen werden.

Abb. 8 zeigt, wie man die letzten Spuren eines Niederschlages auf das Filter bringt. Falls diese Methode versagt, verwendet man einen Gummiwischer, einen „gummiarmierten Glasstab“ oder eine entsprechend zugeschnittene Feder. Wird ein Filter verwendet, so kann man den Glasstab und das Becherglas mit einigen, mit destilliertem Wasser befeuchteten Stückchen Filtrierpapier auswischen. Falls notwendig, berück-

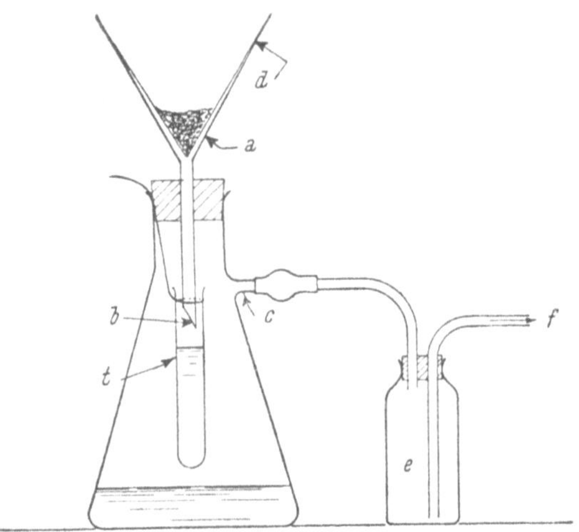

Abb. 9. Vakuumfiltration. *a* Konus; *b* Trichterspitze, die tiefer als der Absaugstutzen *c* endet; *d* Oberkante des Filtrierpapiers; *e* Sicherheitsflasche; *f* Verbindung mit der Vakuumleitung. *t* Eprouvette, durch einen Draht oder Faden gehalten, um kleine Mengen Waschflüssigkeit zur Prüfung zu entnehmen.

sichtigt man den Zuwachs an Filterasche. Ist ein Niederschlag durch die beschriebenen Methoden nicht völlig in das Filter überführt worden, so kann der Rückstand in einigen Tropfen eines passenden Lösungsmittels gelöst und neuerlich gefällt werden. Diese Methode wird besser vermieden, da sie den Waschvorgang verlängert.

Vakuumfiltration. Gebräuchliche Vorrichtungen zeigen Abb. 9 und 10. Beim Saugen mit einer Wasserstrahlpumpe ist der Gebrauch einer Rücksteigflasche (Abb. 9) angezeigt. Das Filtrierpapier muß durch einen Konus von gehärtetem Papier, perforierter Platinfolie o. dgl. unterstützt werden. Besonders vorteilhaft ist die von der Berliner Porzellan-Manufaktur in den Handel gebrachte Filtrationsvorrichtung. die aus einem perforierten, winkelrichtigen Porzellankonus besteht, der auf ein Saugunterteil aufgeschliffen ist. Der Gebrauch einer Saugglocke oder eines *Witt*schen Topfes hat den Vorteil. das Filtrat direkt in einem Gefäß aufzufangen, in welchem der nächste Prozeß durchgeführt werden kann. Diese Filtrationsart ist bei elektrolytischen Bestimmungen, bei welchen das Flüssigkeitsvolumen 150 bis 250 ml nicht übersteigt, von besonderem Werte (vgl. Kapitel XX). Für Lösungen, die Fluoride enthalten, muß man anderes Material als Glas verwenden, z. B. Hartgummi [oder Bernstein].

Der Gebrauch von Filtertiegeln. Zur Filtration von Lösungen, welche Papier angreifen, z. B. $KMnO_4$-Lösungen, sowie für präparative Zwecke verwendet man Tiegel mit porösem Filterbett. Sie sind wichtige Hilfsmittel zum Sammeln von Niederschlägen, welche gewogen oder gelöst und sodann titriert werden sollen.

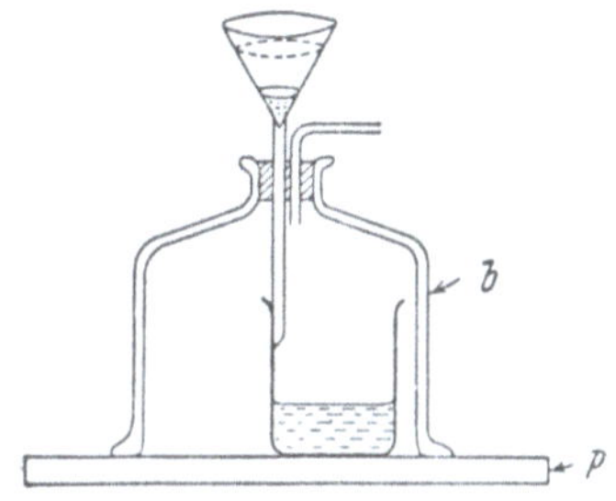

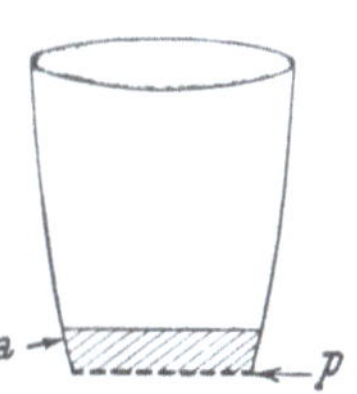

Abb. 10. Saugfilter. Die Glasplatte *p* ist auf die Glocke *b* aufgeschliffen. Die Dichtung erfolgt mit Vaseline oder Hahnfett.

Abb. 11. Ein *Gooch*-Tiegel. Der perforierte Boden *p* ist mit einem Filterpolster aus Asbest bedeckt (vgl. S. 25).

Abb. 12. Glasfiltertiegel. *g* ist eine Schicht von gesinterten Glasteilchen, welche ein Filter jeder gewünschten Porengröße liefert.

Gooch[1] schlug den Gebrauch eines Platintiegels vor, dessen Boden eine Anzahl feiner Löcher besitzt (Abb. 11) und mit einem speziell zubereiteten Asbestpolster bedeckt ist. Diese Idee stellt einen wichtigen Fortschritt in der Laboratoriumstechnik dar, weil der Niederschlag in dem vorher gewogenen Filtertiegel gesammelt, gewaschen, getrocknet und gewogen wird. Das frühere Verfahren, ein Filter zu trocknen und zu wägen, hat Grenzen, da viele Niederschläge bei der niederen Temperatur, welcher Papier widersteht, nicht in einen reproduzierbaren Zustand gebracht werden können. Auch kann das Papier während der Wasch- und Trocknungsvorgänge das Gewicht verändern.

Munroe und später *Neubauer*[2] schlugen als dauerhaftes Filtermaterial Platinschwamm an Stelle von Asbest vor, welcher nach wenigen Bestimmungen erneuert werden muß. *Gooch*-Tiegel aus Porzellan waren lange Zeit gebräuchlich. *Brunck*[3] erfand Porzellan-

---

[1] *F. A. Gooch:* Proc. Amer. Acad. Sci. **13**, 342 (1878).

[2] *Munroe:* J. Anal. appl. Chem. **2**, 241 (1888). — *Neubauer:* Z. analyt. Chem. **39**, 501 (1900).

[3] *Brunck:* Chemiker-Ztg. **33**, 649 (1909).

filtertiegel mit Platinschwammfilter. Der Platinschwamm wird durch Erhitzen von alkoholfeuchtem $(NH_4)_2[PtCl_6]$ hergestellt bzw. repariert oder ergänzt. Nach allmählichem, schließlich starkem Erhitzen bleibt das Platin in einer porösen, zusammenhängenden Masse übrig.

Glasfiltertiegel, Abb. 12, wurden in den Schottschen Glaswerken in Jena entwickelt. Das Filter besteht aus gesintertem Glas.[1] Diese Type ist für gewisse Zwecke sehr nützlich. [Man verwendet sie ge-

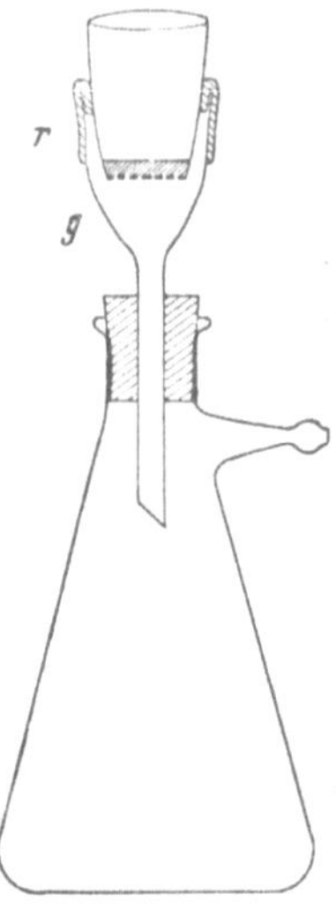

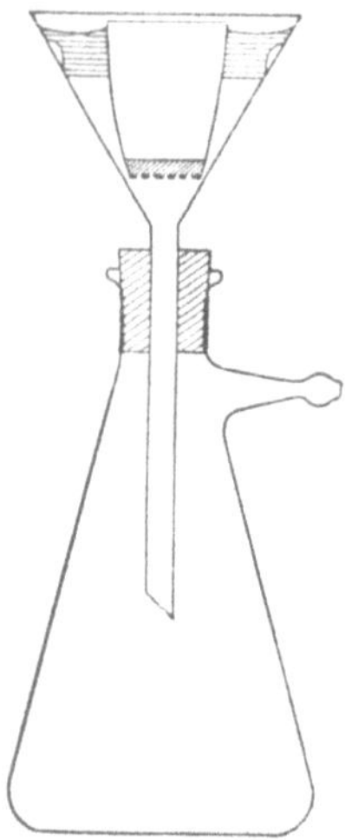

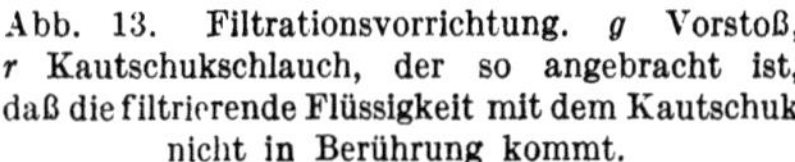

Abb. 13. Filtrationsvorrichtung. *g* Vorstoß, *r* Kautschukschlauch, der so angebracht ist, daß die filtrierende Flüssigkeit mit dem Kautschuk nicht in Berührung kommt.

Abb. 14. Filtrationsvorrichtung mit Kautschukring zum Halten des Filtertiegels.

wöhnlich bis 120°.] Bei sehr allmählichem Erhitzen und Abkühlen kann man sie bis etwa 500° erhitzen, doch wird man in solchen Fällen besser einen Porzellanfiltertiegel [oder einen Quarzsintertiegel (Schott und Gen., Jena)] verwenden. Glassintertiegel sind in mehreren Größen und Porositäten erhältlich. Marke G 3 hat eine mittlere Porenweite von 20 bis 30 μ, G 4 von 5 bis 10 μ; sie sind für gewöhnliche bzw. feine, analytische Niederschläge brauchbar. [Von Filtertiegeln G 4 mit *polierter Filterplatte* lassen sich Niederschläge durch Abspritzen mit dem Strahl der Spritzflasche quantitativ entfernen.]

Die Porzellan-Manufaktur Berlin hat Porzellanfiltertiegel entwickelt, die eine Porzellansinterplatte als Filterbett besitzen. Diese Tiegel können vorzugsweise in einem elektrischen Ofen, der allmählich angeheizt bzw. abgekühlt wird, zur hellen Rotglut erhitzt werden.

---

[1] Ähnliche Tiegel werden von der Corning Glass Co., Corning N. Y., hergestellt.

Schroffe thermische Beanspruchung ist zu vermeiden. Erhitzt man einen Filtertiegel mit einer Gasflamme, so stellt man denselben zum Schutz des Bodens in einen gewöhnlichen Porzellantiegel oder in einen „Tiegelschuh". Vgl. Abb. 16.

Sowohl Glas- wie Porzellanfiltertiegel werden bei zweistündigem Kochen in 0,125 n Natronlauge langsam, doch beträchtlich angegriffen.

Zu jeder Type von Filtertiegeln ist ein entsprechender Filteraufsatz, Abb. 13, 14, notwendig. Alle Filtertiegel werden bei der Trockentemperatur des jeweiligen Niederschlages getrocknet. Die Filtermasse hält bei verschiedenen Temperaturen verschiedene Mengen von Feuchtigkeit zurück. So kann z. B. eine Differenz von 1 mg gefunden werden, wenn der Tiegel bei 100 bis 105⁰ zur Gewichtskonstanz getrocknet, dann auf Rotglut erhitzt, abgekühlt und gewogen wird. Die Überführung der Niederschläge in Filtertiegel erfolgt nach den S. 21 und Abb. 8 angegebenen Prinzipien.

Herstellung des Asbestfilters eines *Gooch*-Tiegels.[1] Ein besonders langfaseriger, mit Salzsäure vorbehandelter *Gooch*-Tiegel-Asbest ist im Handel erhältlich.[2] Fülle eine Flasche etwa zu $^1/_4$ mit diesem trockenen Asbest, setze Wasser bis zum Hals zu und schüttle oder rühre die Mischung heftig. Reinige den *Gooch*-Tiegel und markiere ihn, wie S. 10 beschrieben. Die Löcher sollten nicht zu groß sein, da sonst leicht Asbest verlorengeht. Ein Durchmesser von 0,5 mm ist empfehlenswert. Stecke den Tiegel in eine entsprechende Saugvorrichtung und gieße ihn, ohne zu saugen, mit der Asbestsuspension etwa $^2/_3$ voll, so daß ein 0,5 bis 2 mm dicker Asbestpolster entstehen kann. Die richtige Asbestmenge ergibt sich aus der Erfahrung. Ein dünner Filterpolster wird schneller als ein dicker filtrieren und wird vorzuziehen sein, wenn der Niederschlag nicht ungewöhnlich feinteilig ist. Lasse die Asbestsuspension sich 2 bis 3 Minuten im Tiegel absetzen, so daß die größeren Partikel zu Boden sinken. Damit dies eintreten kann, darf die Suspension nicht zu dick sein. Sauge etwas, um einen ebenen Polster auf dem Boden des Tiegels zu erhalten. Die Schicht soll so dick sein, daß die Löcher des Tiegels nicht mehr sichtbar sind, wenn man den feuchten

---

[1] *Paul:* Z. analyt. Chem. **31**, 543 (1892). — *F. Henz:* Z. anorg. allg. Chem. **37**, 13 (1903). — *Treadwell:* Kurzes Lehrbuch der analytischen Chemie, 11. Aufl., Bd. II, S. 22. Wien: F. Deuticke.

[2] Wenn eine weitere Reinigung gewünscht ist, wird folgende Methode empfohlen: Digeriere den Asbest während mehrerer Stunden bei 80 bis 90⁰ C mit 1 : 1 verdünnter, mehrfach gewechselter Salzsäure [bis keine Gelbfärbung durch Eisen auftritt]. Wasche mit Wasser, bis die saure Reaktion nahezu verschwunden ist. Digeriere den Asbest ebenso lange mit 20%iger Natronlauge bei 80 bis 90⁰ C; wasche, bis die alkalische Reaktion fast verschwunden ist, wiederhole die Säurebehandlung und wasche völlig mit Wasser aus. Verarbeitet man große Asbestmengen, so kann man das Waschen durch Dekantation in großen Zylindern oder Flaschen halbautomatisch durchführen. Es ist wirksamer und wirtschaftlicher, eine große Asbestmenge zu reinigen, als jeder Student verarbeitet eine kleine Menge.

Tiegel gegen ein starkes Licht hält. Verwende etwa 100 ml Wasser in kleinen Portionen, um feine Partikelchen und Lösliches auszuwaschen. Schütte niemals Flüssigkeit in den Tiegel, bevor die Saugpumpe angeschlossen ist, da der Asbestpolster sonst zerreißt und durchrinnt. [Es ist zweckmäßig, auf diese Lage ein perforiertes Filterplättchen zu legen und auf dieses eine zweite, sehr dünne Asbestlage aufzubringen.] Beim Filtrieren wird die Flüssigkeit längs eines Glasstabes sachte in die Mitte des Tiegels gegossen. Nimm den Tiegel weg, ohne die Saugpumpe abzudrehen; dies kann geschehen, indem man den Schlauch von dem Saugstutzen entfernt [oder besser, indem man eine zweite Saugflasche als Sicherheitsflasche verwendet, wobei man jede gewünschte Saugwirkung durch stärkeres oder schwächeres Öffnen eines Glashahns einstellen kann]. Wische die Außenseite des Tiegels ab und trockne ihn bei jener Temperatur, bei welcher nachfolgend der Niederschlag zu behandeln ist. Wird eine hohe Temperatur benötigt, so wird man das meiste Wasser durch sorgfältiges Trocknen bei einer niedereren Temperatur entfernen, bevor auf die Maximaltemperatur erhitzt wird.

Eine größere Filtrationsgeschwindigkeit wird erreicht, wenn man etwas Glaswolle oder Glastuch auf den Tiegelboden legt und den Asbestpolster dann aufgießt. Dieser Kunstgriff und das Niederdrücken des Asbests mit einem abgeflachten Glasstab werden in einigen der älteren Beschreibungen der Methode empfohlen. Wenn die Poren des Tiegels von richtigem Durchmesser sind, sollten diese Kunstgriffe unnötig sein. An Stelle von Asbest wurde die Verwendung von Quarzwolle und Glaswolle für *Gooch*-Filter empfohlen.[1]

Waschen. Dieser Prozeß wird ausführlicher in Kapitel XV, S. 241, behandelt. Kurz gesagt wird, wenn möglich, stets Wasser als Waschflüssigkeit verwendet, und zwar nahe dem Siedepunkt, wenn Art und Löslichkeit des Niederschlages dies gestatten. Sehr häufig verwendet man eine spezielle Waschflüssigkeit, entweder, um den Niederschlag weniger löslich zu machen, oder um sein Kolloidwerden zu verhindern. Die Waschflüssigkeit wird in kleinen Anteilen angewendet, wobei jeder Aufguß völlig abgetropft sein soll, bevor der nächste folgt. Die Vollständigkeit des Auswaschens kann durch eine qualitative Prüfung auf gewisse Ionen festgestellt werden. Falls das Filtrat verworfen wird, kann hiezu jede passende Reaktion angewendet werden. Wird das Filtrat weiter verwendet, so darf die qualitative Prüfung keine unerwünschten Substanzen einschleppen. Die Erfahrung hat gezeigt, daß [ein Niederschlag von 0,1 bis 0.2 g nach sechs- bis achtmaligem Waschen praktisch rein ist]. Die Substanzmengen, die sich darnach in einigen Tropfen der Waschflüssigkeit befinden, die man zur Ausführung von Kontrollreaktionen benötigt, sind vernachlässigbar. Es sollten Prüfun-

---

[1] *W. W. Russell* und *J. H. A. Harley* Jr.: Ind. Engng. Chem., Analyt. Edit. **11**, 168 (1939).

gen ersonnen werden, welche eine Weiterverwendung der geprüften Waschflüssigkeit ermöglichen.

11. Das Erhitzen der Tiegel. Die Schlußbehandlung von Niederschlägen der Gravimetrie wird in Kapitel XV, S. 244, ausführlich behandelt. Im allgemeinen wird der Tiegel oder das Gefäß, welches bei der Endwägung verwendet wird, anfänglich in der gleichen Weise auf die gleiche Temperatur erhitzt, wie später mit dem Niederschlag. Wie erwähnt, wiegen Filtertiegel — ausgenommen solche aus Platin — nach dem Erhitzen auf 700 bis 800⁰ etwa 1 mg weniger als bei ihrer Gewichtskonstanz bei 100 bis 105⁰ C. Während des Markierens oder des Erhitzens in einer Flamme, sollte der Tiegel in einem Tiegeldreieck aus Ton, Quarz, Nichrome oder Platin stehen. An Stelle eines Tiegeldreiecks sollte niemals ein Drahtnetz

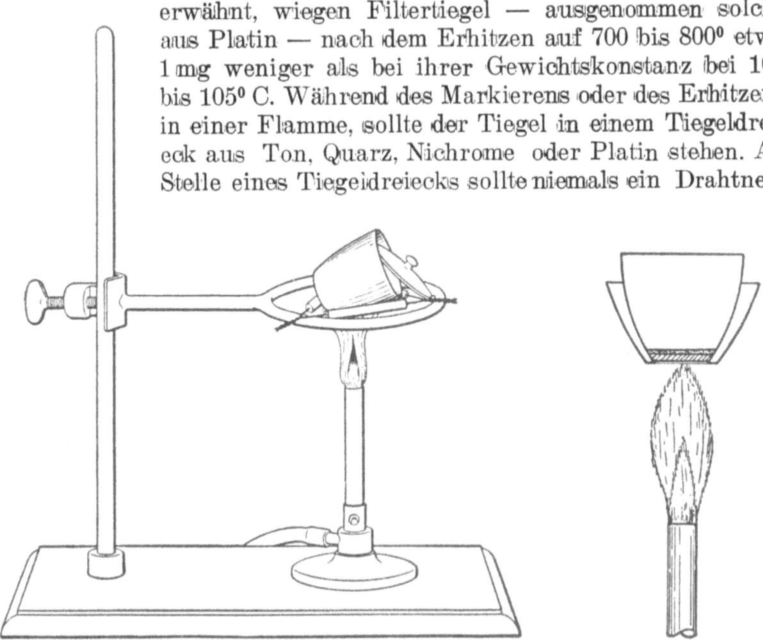

Abb. 15. Spezialstellung von Tiegel und Deckel. Diese Stellung wird angewendet, nachdem der größte Teil des Filters bei aufrechtstehendem Tiegel und fast geschlossenem Deckel langsam verkohlt wurde. Die Schrägstellung wird auch zum Einbrennen von Nummern angewendet.

Abb. 16. Erhitzen eines Porzellanfiltertiegels. Asbestpolster und Niederschlag sind durch einen Schutztiegel von der direkten Einwirkung der Flammengase geschützt.

verwendet werden. Ein verstellbarer Ring, auf dem das Dreieck liegt, ist vorteilhafter als ein Dreifuß. Ring, Dreieck und Tiegel werden so gestellt, daß der Boden des Tiegels von der blauen oxydierenden Flamme umspült wird. Die Verwendung eines Schornsteinaufsatzes ist vorteilhaft. Das Erhitzen in der leuchtenden Flamme ist zu vermeiden. Der Tiegel darf nie so tief gestellt werden, daß der innere Flammenkonus den Tiegelboden berührt; es scheidet sich aus dem unverbrannten Gas Ruß ab, werlcher nur langsam in der oxydierenden Flamme verbrennt. Nachdem der Tiegel lang genug erhitzt wurde, um alle Feuchtigkeit auszutreiben und den Kohlenstoff zu verbrennen, läßt man ihn abkühlen, bis er nicht mehr rot glüht, und stellt ihn dann sofort in ein Loch des

Exsikkatoreinsatzes. Die Berührung des heißen Tiegels oder des Deckels mit der Tischplatte, einem Drahtnetz oder mit Asbestpappe läßt oft Flecken zurück, die schwierig zu entfernen sind. Eine besondere Lage von Tiegel und Tiegeldeckel zeigt Abb. 15; infolge der schrägen Lage des Tiegels und des Deckels streicht ein milder Luftstrom über den Inhalt und begünstigt das Verbrennen der letzten Reste von verkohltem Papier, die Reoxydation von teilweise reduziertem Material usw.

Bei Gebrauch eines Gebläses richtet man nach dem Vorwärmen eine oxydierende Flamme in einem Winkel von etwa 50^0 auf den Boden des Tiegels, welcher so schräg gestellt ist, daß er etwa einen rechten Winkel mit der Flamme bildet, so daß die Tiegelöffnung und der Deckel vor jedem direkten Zug geschützt ist, welcher einen mechanischen Verlust des Niederschlages verursachen könnte. Ein Mékerbrenner gibt ohne Wartung eine hohe Temperatur und ohne die Gefahr von Verstäubungsverlusten, während die Gebläseflamme infolge des wechselnden Luftdruckes oft ihre Stärke wechselt. Elektrische Muffeln und Öfen sind sehr reinlich im Gebrauch und zum Glühen von Niederschlägen sehr geeignet, weil sie oxydierende Atmosphäre besitzen und weil ihre Temperatur kontrolliert und gemessen werden kann. Wie bereits erwähnt, muß ein Filtertiegel stets in einem zweiten Gefäß, Abb. 16, erhitzt werden. Würde man mit einer Flamme direkt den Boden des Filtertiegels erhitzen, so könnten unerwünschte chemische Veränderungen, z. B. durch Reduktion, eintreten, und die Filterplatte würde wahrscheinlich geschädigt werden.

12. Rechnungen. In der Volumetrie gebräuchliche Rechenmethoden werden in den Kapiteln VII, VIII, IX, X, XI, gravimetrische Rechnungen werden S. 246 bis 251 behandelt. Unter dem Titel „Rechnungen" findet man im Sachverzeichnis eine vollständige Liste der einzelnen Berechnungsarten.

III. Die Waage. Das Wägen. Kalibrierung des Gewichtssatzes. Ein einfacher quantitativer Versuch.

Die Waage.

Die analytische Waage. Abb. 17 zeigt die wesentlichen Bestandteile einer analytischen Waage. Der Balken A ist ein Hebel I. Klasse mit möglichst gleichem Abstand der Mittelschneide von den Endschneiden. In Bewegung verhalten sich der Balken, die Schalen, Gewichte und Objekt wie ein zusammengesetztes Pendel, d. h. sie bewegen sich in harmonisch gedämpften Schwingungen. Um eine Beschädigung der Schneiden und Auflager zu vermeiden, wird der Balken in Ruhe sowie beim Auf- oder Abnehmen der Gewichte und Objekte arretiert. Bei feinen Waagen sind Schneiden und Auflager aus Achat. Die Balkenarretierung wird durch den Rändelknopf B bedient, der vorne oder an der linken Seitenwand unter dem Grundbrett angebracht ist. Die

Schalenarretierung wirkt gegen die Unterseiten der Waageschalen und ist manchmal mit der Balkenarretierung kombiniert, manchmal über einen Knopf P getrennt zu bedienen. Letztere Konstruktion [in Europa ungebräuchlich] gibt bei einer ungleichartigen Belastung der Schalen (Unterschied 1 g und mehr) leicht nach.

Der Hebelarm — Abstand von der Mittelschneide zu den Außenschneiden — ist häufig 5 oder 10 (bzw. 6 oder 12) Einheiten lang.

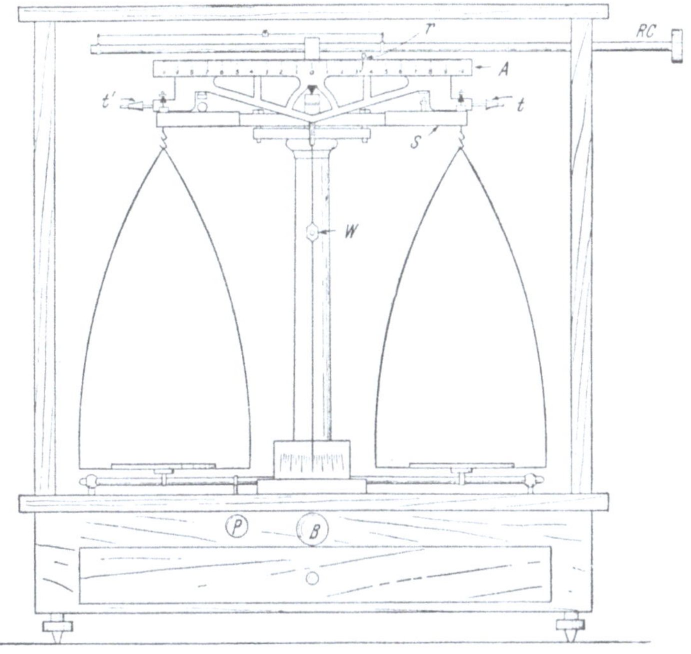

Abb. 17. Analytische Waage. A Waagebalken, B Knopf für die Balkenarretierung, S Arretierungsbalken, P Knopf für die Schalenarretierung, r Reiter, zeigt 3,4 mg = 0,0034 g an, t, t' Nullpunktseinstellung, W Empfindlichkeitseinstellung durch Veränderung des Schwerpunktes des Balkens.

Sind f_1 und f_2 die an den Außenschneiden angreifenden Kräfte und d_1 und d_2 die entsprechenden Abstände, dann herrscht Gleichgewicht, wenn $f_1 \cdot d_1 = f_2 \cdot d_2$. Ist z. B. eine Waage bis zur Außenschneide 6 Einheiten lang und wird gewünscht, daß der Reiter r (Abb. 17) 1 mg anzeigt, wenn er auf Teilstrich 1, 2 mg, wenn er auf Teilstrich 2 steht usw., dann übt ein 5-mg-Gewicht auf der linken Waageschale ein Moment 5 . 6 aus. Dieses wird durch den Reiter bei Teilstrich 5 im Gleichgewicht gehalten; 5 . 6 = r . 5; r = 6; für diese Waage muß daher ein 6-mg-Reiter verwendet werden.

Es ist zu beachten, daß der Wägevorgang in der quantitativen Analyse in Wirklichkeit ein Massenvergleich ist und nicht die Bestimmung der Schwereanziehung auf diese Massen. Der Vorgang der Bestimmung der unbekannten Masse heißt Wägung; die Vergleichsmassen werden allgemein Gewichte genannt. Die Änderung der Schwerkraft mit der Breite ist vernachlässigbar: Analytiker, die dasselbe Material auf stark verschiedenen Breiten und Höhen bearbeiten, werden kaum größere Abweichungen als 0,01% beobachten.

Die Beobachtungen an einer gebräuchlichen gleicharmigen analytischen Waage bestehen in der Ablesung von Umkehrpunkten des Zeigers, welcher gegen eine Skala am Fuße der Balkensäule spielt. Der Zeiger ist mit dem Balken starr verbunden. Die abgelesenen Werte

Abb. 18. **Magnetische Dämpfung.** Zeigt eine abnehmbare Platte und Gegengewicht. Mit Erlaubnis von Seederer-Kohlbusch Inc.

werden nach einer vorher aufgestellten Empfindlichkeitstafel (S. 37) umgerechnet.

Die folgenden Waagentypen gestatten schnelleres, bequemeres und genaueres Wägen. Im allgemeinen ist es nicht möglich, diese Instrumente in den Kursen zu verwenden, obwohl dies sehr wünschenswert wäre.

Die Waage mit magnetischer Dämpfung. Die Notwendigkeit, eine Anzahl von Umkehrpunkten abzulesen, wird bei Dämpfungswaagen vermieden: Der Zeiger stellt sich langsam auf seinen Gleichgewichtspunkt ein. Die Einstellung dauert 10 bis 15 Sekunden. Die Dämpfung verursacht keinen Empfindlichkeitsverlust, da die Dämpfung im gleichen Maße abnimmt, wie der Zeiger zur Ruhe kommt. Der Dämpfungseffekt, welcher durch Induktion elektrischer Ströme in einer Metallplatte entsteht, die frei zwischen den Polen eines kräftigen Dauermagneten spielt, ist ein ausgezeichnetes, zeitsparendes Hilfsmittel. Die Waage kann von der gebräuchlichen Art sein, mit abnehmbarer Dämpfung, bestehend aus einer Aluminiumplatte und Gegengewicht, die an den Schalenbügeln befestigt werden. Der Magnet wird entweder an der Balkensäule oder an einem Spezialträger befestigt, der sich leicht aus dem Waagengehäuse entfernen läßt (Abb. 18). Dämpfungswaagen anderer Konstruktion haben z. B. die Einrichtung wahlweise mit oder ohne Dämpfung zu wägen.

Luftgedämpfte Waagen. Die Dämpfung wird durch große, an den Balken oder unter den Schalen befestigte leichte Schachteln oder Flügel bewirkt, die sich mit einem sehr kleinen Luftspalt in etwas größeren Zylindern bewegen. Die Dämpfungscharakteristik ist die-

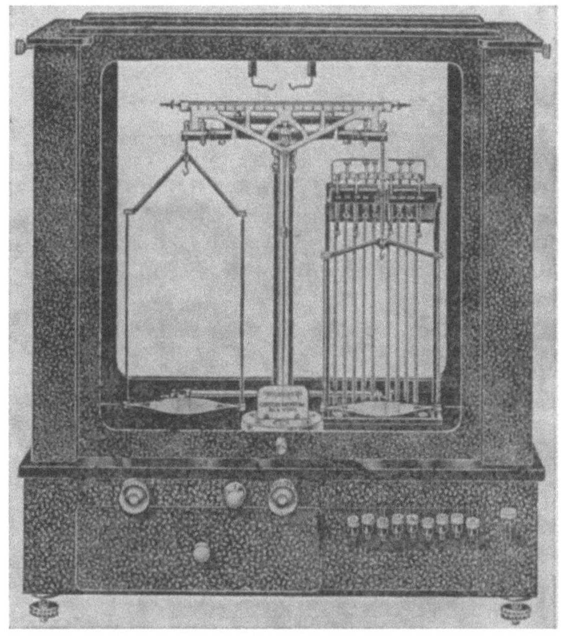

Abb. 19. Waage mit automatischer Bruchgrammauflage. Mit Erlaubnis von Christian Becker Inc.

selbe wie bei der magnetischen Dämpfung. Andere Konstruktionen sparen Zeit durch eine mechanische Bruchgrammauflage.

Waagen mit automatischer Bruchgrammauflage. Abb. 19 zeigt eine Waage, bei welcher die Bruchgramme — in Form von Reitern — durch eine mechanische Vorrichtung aufgelegt bzw. abgenommen werden. Vorteile dieser ziemlich teueren Type sind die Schnelligkeit der Wägung, die Präzision, mit welcher die Gewichte in stets dieselbe Stellung gebracht werden, und das Vermeiden jedweder Abnutzung der Gewichte.

Dämpfungswaagen mit automatischer Auflage und Projektionsablesung. Diese Waagentypen sind am modernsten. Die Projektionsablesung (besser, weil weniger ermüdend für das Auge als eine Fernrohrablesung) gestattet die Ablesung der Centi- und Milligramme. Die Zehntel-Milligramme werden an einem mitprojizierten Nonius abgelesen. Die Zehntelgramme werden durch eine Automatik aufgelegt bzw. abgehoben (Abb. 20).

Mikrowaagen. Spezialkonstruktionen (Abb. 21) wurden bei der Entwicklung mikroanalytischer Methoden verwendet. Man kann Stan-

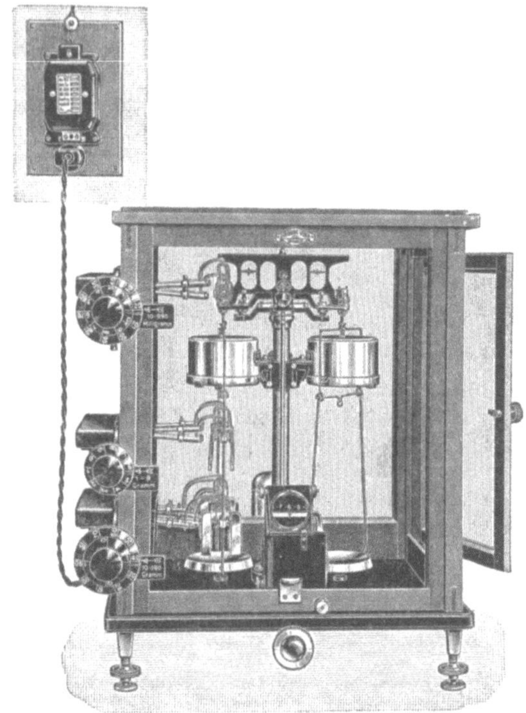

Abb. 20. Projektions-Dämpfungswaage mit automatischer Bruchgrammauflage.

dard-Waagen guter Empfindlichkeit auch für mikroanalytische Zwecke verwenden, falls man mit etwas größeren Einwaagen arbeitet, als beim Gebrauch von Mikrowaagen.[1]

Genauigkeit der Waage. Folgende Bedingungen sind für die genaue und zuverlässige Funktion einer Waage notwendig:

1. Die Schneiden müssen parallel und in derselben Ebene liegen. Liegen die Außenschneiden ober dem Stützpunkt, so ist es möglich, das Balkensystem bei genügender Belastung in ein nichtschwingendes Gleichgewicht zu bringen.

---

[1] *J. B. Niederl, V. Niederl, R. H. Nagel* und *A. A. Benedetti-Pichler:* Ind. Engng. Chem., Analyt. Edit. **11**, 412 (1939).

2. Der Balken muß genügend starr sein, um die Maximallast ohne merkliche Durchbiegung zu tragen. Diese Bedingung ist natürlich in der Bedingung enthalten, daß die Schneiden in einer Ebene bleiben.

3. Die Mittelschneide muß über dem Schwerpunkt des Balkensystems liegen. Läge sie *im* Schwerpunkt, so würde nichtschwingendes oder indifferentes Gleichgewicht herrschen; läge die Mittelschneide unter dem Schwerpunkt, so wäre der Balken „kopfschwer" und würde nicht schwingen. Analytische Waagen sind so sorgfältig konstruiert, daß eine kleine Verschiebung des Gewichtes w (Abb. 17) eine merkliche Verschiebung des Schwerpunktes des Balkensystemes bewirkt. Dieses

Abb. 21. Eine Mikrowaage mit Luftdämpfung,
Projektionsablesung und automatischer Bruchgrammauflage.

Gewicht und damit die Empfindlichkeit der Waage wird vor Gebrauch sorgfältig eingestellt und bleibt während der Durchführung einer Arbeit während vieler Monate unberührt.

Empfindlichkeit der Waage. Die Empfindlichkeit einer Waage entspricht dem Zeigerausschlag bei 1 mg Übergewicht. Sie wird häufig auch in jenem Gewicht angegeben, welches einen Skalenausschlag „1" hervorruft. Faktoren, welche die Empfindlichkeit beeinflussen, sind:

1. *Die Reibung.* Um die Reibung auszuschalten, werden Achatschneiden und -platten verwendet. Der Waagekasten hält äußere Luftströmungen ab, welche die Bewegung des Waagesystems beeinflussen würden. Ohne solchen Schutz treten unregelmäßige Reibungseffekte auf. Aus diesem Grunde muß der Waagekasten bei den Ablesungen der Zeigerausschläge stets geschlossen gehalten werden.

2. *Die Länge des Waagebalkens* und damit die Länge der Hebelarme: Unter sonst gleichen Bedingungen ist die Empfindlichkeit (Aus-

schlag pro Milligramm) um so größer, je länger der Hebelarm ist. Ein langer Waagebalken hat eine lange Schwingungsdauer; um gute Arbeitsbedingungen zu erhalten, wird man eine Kompromißlösung anstreben.

3. *Das Gewicht des Balkens.* Je geringer das Gewicht, desto geringer ist die rücktreibende Kraft gegenüber einem gegebenen Übergewicht. Diese Bedingung setzt der Balkenlänge eine Grenze, die vom Material abhängt.

4. *Die Distanz zwischen dem Unterstützungspunkt und dem Schwerpunkt des Waagebalkens.* Je geringer dieser Abstand, desto

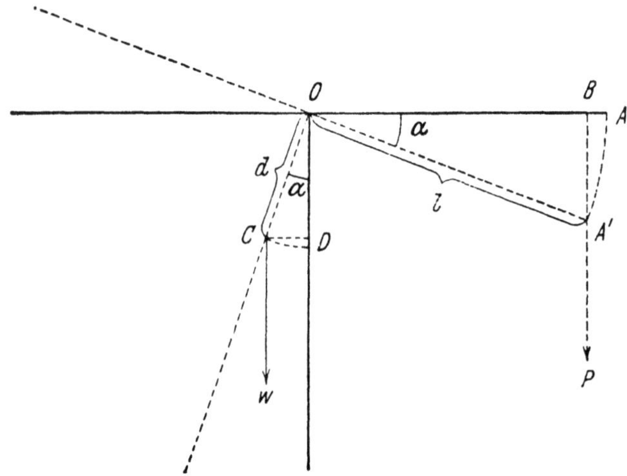

Abb. 22. **Diagramm, welches den Einfluß der Konstruktionselemente auf die Empfindlichkeit einer Waage veranschaulicht.**

geringer ist das rücktreibende Moment und desto empfindlicher ist die Waage.

Eine mühelose Ablesung hängt von der Länge des Zeigers, der Konstruktion der Zeigerspitze und der Skala, auf welcher die Ausschläge abgelesen werden, ab. Eine billige, in Metall usw. gefaßte Linse erleichtert das Ablesen der Umkehrpunkte.

Die Beziehungen 2 bis 4 werden besser an Hand von Abb. 22 erläutert. Die entgegenwirkenden Kräfte, welche den in Bewegung gesetzten Waagebalken in Schwingungen versetzen, sind das kleine Übergewicht P, welches an einer Waageschale angreift, und das Gewicht w des Balkens, dessen Schwerpunkt etwas aus der Vertikalen unter der Mittelschneide o verschoben ist. Entspricht das Übergewicht P im Gleichgewicht einer Drehung des Zeigers um α^0, so sind die beiden entgegengesetzt gleichen Momente durch $w \cdot \overline{CD} = = P \cdot \overline{OB}$ gegeben. Die Winkel $AOA' = COD = \alpha$; daher ist $\overline{OB} = l \cos \alpha$ (l ist die Länge des Kraftarmes der Waage) und

$CD = d \sin \alpha$ (d ist der Abstand der Mittelschneide vom Schwerpunkt des Waagebalkens). Es ist daher $w \cdot d \sin \alpha = P \cdot l \cos \alpha$ oder $\operatorname{tg} \alpha = \dfrac{P \cdot l}{w \cdot d}$. Da kleine Winkel dem Tangens proportional sind, gilt für ein gegebenes P (im allgemeinen 1 mg Übergewicht): Der Ausschlag der Waage ist um so größer, je größer l und je kleiner w und d sind.

Folgende Regeln sollten bezüglich des Wägeraums und der Waagen beachtet werden:

1. Jene Studenten, welche eine Waage übernommen haben, sind für die Sauberkeit der Waage und ihrer unmittelbaren Umgebung verantwortlich.

2. Der Waagekasten ist bei Nichtgebrauch geschlossen zu halten, um die Waage vor Staub und Dämpfen zu schützen.

3. Die Waage darf nur im arretierten Zustand belastet, bzw. entlastet werden.

4. Heiße und feuchte Objekte sowie Flüssigkeiten dürfen niemals mit den Waageschalen oder den Gewichten in Berührung kommen. Achte peinlichst auf die Sauberkeit der Waageschalen! Bevor Tiegel in den Exsikkator gestellt werden, soll man sich überzeugen, daß sie nicht berußt sind.

5. Das zu wägende Objekt muß die Temperatur der Waage angenommen haben. Porzellantiegel benötigen mindestens 30 Minuten, um im Exsikkator von 700 bis 1000° auf Raumtemperatur abzukühlen.

6. Die Arretierung muß sanft bedient werden, um die Achatschneiden zu schonen.

7. Die Waagekastentüren müssen während der Reiterverschiebungen und während der Beobachtung der Schwingungen geschlossen sein. Nach beendeter Wägung ist der Reiter auf Null zu stellen.

8. Die Gewichte dürfen niemals mit den Fingern berührt werden. Die mit Elfenbeinspitzen versehene Pinzette dient nur zum Anfassen der Gewichte, *für keinen anderen Zweck.*

9. Die Türen des Wägeraumes sollten möglichst geschlossen gehalten werden, um Staub, Dämpfe und Zugluft auszuschließen.

10. Ein Assistent besorgt das etwa nötige Justieren der Waagen.

Nullpunkt und Abweichung. Die meisten Wägemethoden beruhen entweder auf der Bestimmung des *Ruhepunktes* oder der *Abweichung* (deflection) des Zeigers der unbelasteten Waage. Beim *Ruhepunkt*, oft auch Nullpunkt genannt, ist die Stellung gemeint, in welcher der Zeiger zur Ruhe kommen würde. Bei einer magnetisch oder luftgedämpften Waage (S. 30) wird dieser Punkt direkt bestimmt; wenn die Arretierung gelöst wird, kommt die Zeigerspitze in wenigen Sekunden zur Ruhe und diese Stellung wird notiert, z. B. + 0.4 oder — 0,7 usw. Ohne Dämpfung kommt die Waage sehr langsam zur Ruhe. Der gefundene Wert ist infolge unregelmäßiger Reibungskräfte wahrscheinlich falsch. Deshalb wird der Nullpunkt aus einigen einander folgenden Ablesungen der Umkehrpunkte des Zeigers berechnet, wobei man die ersten zwei Schwingungen nach dem Entarretieren nicht berücksichtigt. Um eine ganze Zahl vollständiger Schwingungen zu erfassen, liest man eine ungerade Anzahl von Umkehrpunkten ab. Die links vom Nullpunkt der Skala gelegenen (negativen) Werte — und gleicherweise die rechts gelegenen Werte werden abgelesen und gemittelt. Der Nullpunkt ergibt sich aus dem Mittel dieser beiden Mittelwerte.

Beispiel:

<table>
<tr><td>Ablesungen
links (−)</td><td>Ablesungen
rechts</td></tr>
<tr><td>− 3,9</td><td></td></tr>
<tr><td>− 3,6</td><td>4,5</td></tr>
<tr><td>− 3,3</td><td>4,2</td></tr>
<tr><td>Summe − 10,8</td><td>Summe 8,7</td></tr>
</table>

$$\text{Summe} \cdot \frac{1}{3} = -3,6 \qquad\qquad \text{Summe} \cdot \frac{1}{2} = 4,4 \text{ (aufgerundet)}$$

$$\text{Ruhepunkt (Nullpunkt)} = \frac{-3,6 + 4,4}{2} = 0,4$$

Abweichung. Die Beobachtungen werden genau wie bei der Bestimmung des Ruhepunktes durchgeführt und die Mittel der linken und rechten Ausschläge bestimmt. Die Abweichung ist die algebraische Summe dieser beiden Mittelwerte. In dem eben gegebenen Beispiel beträgt die Abweichung −3,6 + 4,4 =0,8. „Die Abweichung kann als der zweite Umkehrpunkt einer idealen Schwingung angesehen werden, deren anderer Umkehrpunkt im Nullpunkt der Skala liegt."[1] Die Abweichung ist stets doppelt so weit von dem Skalennullpunkt entfernt, als der Ruhepunkt. Der Gebrauch von Abweichungen an Stelle von Ruhepunkten ist bei mikrochemischen Arbeiten üblich und wurde hier als eine Methode aufgenommen, die auf alle Wägearten anwendbar ist, bei welchen Umkehrpunkte auf ungedämpften Waagen abgelesen werden.

Kontrolle des Reiters. Gewichtssätze sind oft mit Reservereitern ausgestattet, welche für die in Gebrauch befindliche Waage nicht geeignet sind. Deshalb sollte jeder neue Reiter kontrolliert werden: Nachdem man die Abweichung, wie oben beschrieben, bestimmt hat, setze man den Reiter auf Teilstrich 10 des Waagebalkens (oder 5 bei kurzarmigen Waagen) und lege ein 10-mg- (5-mg-) Gewicht auf die entsprechende Waagschale. Die neuerlich aus 5 Umkehrpunkten bestimmte Abweichung sollte innerhalb einiger Zehntel-Teilstriche mit dem für die leere Waage gefundenen Wert übereinstimmen. Bei größeren Abweichungen muß der mangelhafte Reiter durch einen passenden ersetzt werden.

---

[1] *A. A. Benedetti-Pichler:* Ind. Engng. Chem., Analyt. Edit. **11**, 226 (1939).

Bestimmung der Empfindlichkeit der Waage.[1] Die Empfindlichkeit kann als Änderung der Abweichung pro 1 Milligramm Übergewicht definiert werden. Sie ändert sich mit der Belastung der Waage und wird daher für mehrere Belastungen bestimmt. Man stellt die Abweichung bei der fraglichen Last fest, rückt unmittelbar darauf den Reiter um eine Einheit (1 mg) vor und bestimmt die Abweichung bei 1 mg Übergewicht.

Die Empfindlichkeit soll bei 0, 10 20, 30 und wenn möglich 40 und 50 g Belastung bestimmt werden. Aus den erhaltenen Werten stellt man eine Tabelle zusammen, die man an geeigneter Stelle in das Laboratoriumsjournal einträgt; z. B.:

Last auf jeder Waageschale	Änderung der Abweichung pro 1 mg	Gewicht in Gramm pro 1 Teilstrich Abweichung (runde Zahlen)
0	6,0	0,00017
10	5,6	0,00018
20	5,4	0,00018
30	5,0	0,00020
40	4,4	0,00023
50	4,0	0,00025

Bei dieser Waage kann für Makrowägungen ein Mittelwert von 0,00018 g bei Belastungen von 0 bis 30 g verwendet werden. Es soll besonders betont werden, daß die Werte bei Gebrauch der *Ruhepunkt-*

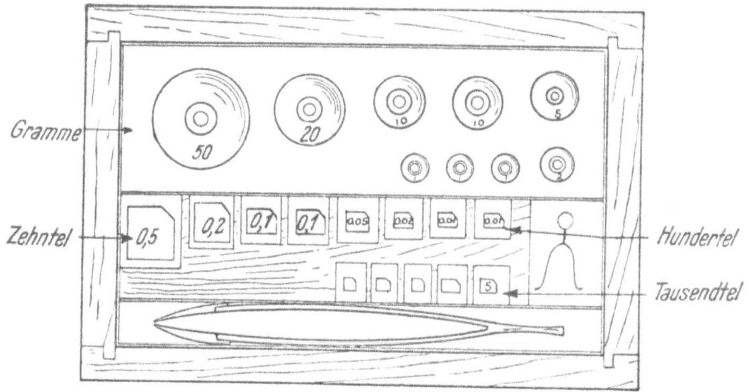

Abb. 23. Ein analytischer Gewichtssatz. Es gibt auch Gewichtssätze, in denen alle Gewichte verschieden sind, z. B. 1, 2, 3, 5, 10, 20, 30, 50 g.

Methode in der Mittelkolonne halb so groß (3,0, 2,8), die Empfindlichkeiten in der 3. Kolonne doppelt so groß sind (0,00034, 0,00036 usw.) als die Werte nach der Abweichungsmethode.

---

[1] Bei einer Dämpfungswaage wird die Änderung des Ruhepunktes für 1 mg Übergewicht bei verschiedener Belastung direkt gefunden. Da die Änderung des Ruhepunktes halb so groß ist als die Änderung der Abweichung, ist das Gewicht pro Teilstrich doppelt so groß als es nach der Abweichungsmethode gefunden werden würde.

Die Gewichte; das Wägen. Abb. 23 zeigt einen analytischen Gewichtssatz. Die Gewichte von 1 g aufwärts bestehen gewöhnlich aus Messing und sind dünn lackiert [oder bei besseren Gewichtssätzen vergoldet) um Korrosion zu vermeiden. Die Bruchgramme gehen von 0,5 bis 0,01 g, wenn der Waagebalken 10 oder mehr Teilstriche auf einem Arm hat, und bis 0,005 g, wenn eine Waage mit 5 Teilstrichen benutzt wird. Die Bruchgramme sind aus Platin, Tantal oder häufiger (die kleineren) aus Aluminium. Der Reiter, meist aus Aluminium. dient zur Bestimmung der Milligramme, nachdem das Gewicht auf $^1/_{100}$ g genau gefunden wurde. Die Zehntausendstel werden gewöhnlich aus der Abweichung und der Empfindlichkeitstafel bestimmt. [Bei europäischen Waagen werden die $^1/_{10}$ mg direkt mittels des Reiters bestimmt, derart, daß man den Reiter auf dem in $^1/_{10}$ mg geteilten Reiterlineal so lange verschiebt, bis die Ausschläge der Waage gleichgeworden sind. Die Empfindlichkeit beträgt gewöhnlich $^1/_{10}$ mg pro Teilstrich. Die Hunderttausendstel können aus der Abweichung und der vorher aufgestellten Empfindlichkeitstafel bestimmt werden.]

Das Wägen. Das zu wägende Objekt wird auf die linke Waageschale gesetzt, die Gewichte auf die rechte Schale. Die Gewichte werden systematisch aufgelegt, zunächst ein Gewicht, von dem man annimmt, daß es schwerer als das Objekt ist; z. B. 20 g. Ist dieses zu schwer. so versucht man 15 g usw. Die Gewichte kommen stets in gleicher Reihenfolge in die Gewichtsschatulle. In manchen Sätzen gibt es keine gleichen Gewichte. Sind gleiche Gewichte vorhanden, so ist eines zur Unterscheidung mit einem Sternchen u. dgl. gekennzeichnet. Braucht man nur eines dieser Gewichte, so verwende man stets dasselbe Stück. Die Gewichte dürfen nur mit der Pinzette angefaßt werden; die Pinzette darf für keinen anderen Zweck verwendet werden.

Differenzwägung. Es ist angenehm, das ungefähre Gewicht einer Substanz in einem Wägegläschen zu wissen. Man stellt die Gewichte der Wägegläser im voraus auf 0,1 g genau fest und vermerkt die Werte im Journal. [Noch zweckmäßiger ist es, die Gewichte mittels eines Schreibdiamanten auf Milligramme genau auf die Wägegläschen direkt aufzuschreiben.] Soll die Probe eines trockenen Pulvers durch Differenzwägung gewogen werden. so wird das geschlossene Wägeglas samt der Substanz aus dem Exsikkator, wo es nach dem Trocknen stand, auf die linke Waageschale gebracht und gewogen. Das Wägeglas wird mit einem kleinen Stückchen reinen Papier, Stoff oder Rehleder angefaßt. um ein Fettwerden durch die Finger zu vermeiden. Der Deckel wird einen Augenblick gelüftet, um sicher zu sein, daß die Luft im Wägegläschen Atmosphärendruck besitzt. Die erforderliche Analysenmenge wird entweder in ein reines Becherglas geschüttet oder mit einem reinen Spatel in das Becherglas gebracht, wobei man, wenn nötig, einen reinen Kamelhaarpinsel [oder eine Federfahne] verwendet. Der Deckel wird sofort wieder aufgesetzt, das Wägeglas zurückgewogen und das Gewicht notiert. Die Gewichtsdifferenz entspricht dem Gewicht der

Probe. Eine dritte Wägung nach dem Abfüllen einer zweiten Probe gibt deren Gewicht usw. Im allgemeinen werden von jeder Analyse *drei Parallelproben* durchgeführt. Der Anfänger wird angehalten, sich an diese Zahl zu halten. Sehr einfache Bestimmungen, wie eine quantitative Trocknung, können mit zwei Parallelproben gemacht werden. Es ist sehr wichtig, daß jedes Teilchen aus dem Wägeglas in das dafür vorgesehene numerierte Becherglas oder Gefäß kommt. Beim Überfüllen hält man das offene Wägeglas über den entsprechenden Becher und verwendet eine Unterlage von schwarzem Glanzpapier.

Es ist nicht empfehlenswert, genau 1,0000 g oder bestimmte Gewichte auszuwägen. Geben die Analysenvorschriften 0,5 g an, so versteht man darunter jede Einwaage zwischen 0,4 und 0,6 g; selbst größere Abweichungen sind manchmal erlaubt. Bei Titerstellungen soll die eingewogene Menge 35 bis 50 ml der einzustellenden Lösung entsprechen. Verwendet man zu kleine Einwaagen, so kann der perzentuelle Fehler größer werden; bei zu großen Einwaagen werden die Niederschläge voluminös, unhandlich, schwierig zu waschen, schlecht gewichtskonstant, oder es werden bei einer volumetrischen Bestimmung mehr als ein Büretteninhalt verbraucht. [Dadurch steigen die Fehler ebenfalls an.]

Die beschriebene Methode der Differenzwägung gilt für alle Substanzen, ausgenommen Metallspäne, wie Messing, Bronze, Stahl usw., die keine Trocknung benötigen und direkt auf einer Zelluloidplatte, einem Uhrglas oder einem austarierten Wägeschiffchen gewogen werden. Alle feinen Pulver, auch nicht hygroskopischer Stoffe, nehmen an der Luft Feuchtigkeit auf und sollten deshalb in einem gut geschlossenen Behälter gewogen werden. Bei hygroskopischen Substanzen würde dieser Fehler natürlich noch größer sein. Die gegebenen Anweisungen berücksichtigen alle Fälle und sollen im nachfolgenden nicht wiederholt werden.

Nach der Wägung werden die Gewichte auf der Waageschale gezählt und in die leeren Stellen der Gewichtsschatulle zurückgebracht. Dabei kontrolliert man die abgelesenen Gewichte nochmals. Die Gewichte werden sofort mit Tinte auf die dafür vorgesehene Stelle im Laboratoriumsjournal und niemals auf lose Zettel geschrieben. Letzteres ist eine verderbliche Unsitte, die schon viel Zeitverlust und viele Irrungen verursacht hat.

Tieferstehend werden einige Fehlerquellen beim Wägen beschrieben sowie kurze Erläuterungen gegeben, wie diese vermeidbar sind.

Fehlerquellen.

1. **Auftriebseffekte aus verschiedenen Ursachen.** a) *Verdrängungseffekt.* Sowohl das Objekt als die Gewichte erleiden einen Luftauftrieb verschiedener Größe, wenn die Volume verschieden sind. Wenn nötig, kann eine rechnerische Korrektion, vgl. S. 44, angebracht werden. Bei der Kalibrierung volumetrischer Glasgefäße wird der Luftauftrieb in

Rechnung gestellt, vgl. Kapitel VI. Der Auftrieb ist bei den meisten analytischen Bestimmungen ein Fehler II. Ordnung. Bei großen Objekten kann dieser Effekt durch Anwendung eines möglichst form- und volumgleichen Gegengewichtes nahezu ausgeschaltet werden. Vgl. Kapitel XVIII, CO_2-Bestimmungen. Gewichtsänderungen, hervorgerufen durch Änderung der Luftfeuchtigkeit während den Wägungen, werden durch ein gleichartiges Gegengewicht ebenfalls kompensiert.

b) *Temperatureinfluß.* Das zu wägende Objekt muß stets vor der Wägung auf die Temperatur der Waage gebracht werden, sonst können empfindliche Fehler auftreten. Ist das Objekt wärmer, so erscheint es leichter; ist es kälter, so erscheint es infolge der auftretenden Konvektionsströmungen schwerer; ferner kann sich im letzteren Falle Feuchtigkeit auf ihm kondensieren.

c) *Geschlossene Gefäße.* In luftdicht eingeschliffenen, noch heiß verschlossenen Gefäßen, z. B. Wägegläsern, herrscht nach dem Abkühlen Unterdruck. Zur Vorsicht lüftet man deshalb vor der Wägung stets einen Augenblick den Stopfen. Gasabsorptionsgefäße können mit Sauerstoff, Stickstoff, Wasserstoff usw. bei einem vom Atmosphärendurck abweichenden Druck gefüllt sein. Vor dem Wägen werden solche Gefäße entweder mit trockener Luft von Atmosphärendruck gefüllt, oder man füllt sie vor und nach dem Absorptionsvorgang mit ein und demselben Gas bei konstanter Temperatur und konstantem Druck.

2. Substanzen, die aus der Atmosphäre aufgenommen werden. Feuchtigkeit, Kohlendioxyd, Staub und Sauerstoff sind die Hauptkomponenten der Atmosphäre, welche das Gewicht einer Substanz während des Abkühlens oder beim Wägen verändern können. Um die Waagen vor Staub und Dämpfen, die in großen Laboratorien vorhanden sind, zu schützen, werden sie in eigenen Räumen aufgestellt, die manchmal mit einer Klimaanlage versehen sind, oder man schützt sie noch durch besondere Hauben. Um die Substanzen vor der Einwirkung der Atmosphäre zu schützen, verwendet man einfache Wägegläser oder sorgfältiger ausgeführte Modelle, welche evakuiert und mit inerten Gasen gefüllt werden können. Speziell größere Behälter können beträchtliche, von der relativen Luftfeuchtigkeit abhängende Mengen Wasser adsorbieren oder kondensieren. Das wirksamste Mittel, um diesen Effekt auszuschalten, besteht in der Verwendung eines gleichen Gefäßes als Gegengewicht. Es ist wesentlich, daß dieses im gleichen Ausmaß und mit Material von gleichem spezifischen Gewicht wie das Objekt gefüllt ist.

3. Elektrizität. Wischt man Glasgefäße mit einem trockenen Tuch ab, so kann sich die Oberfläche elektrisch aufladen. Die Aufladung verschwindet in 10 bis 15 Minuten. Wenn man die Gefäße unmittelbar nach dem Abwischen wägt, können durch die Anziehungskräfte Fehler bis zu 0,1 g auftreten. Bei dauerndem Arbeiten mit sehr großen Glasgefäßen wurde gefunden, daß die Oberflächenladungen durch eine kleine Menge

eines radioaktiven Präparates [ein Stückchen Pechblende] im Waagekasten (Ionisierung der Luft) rasch abklingen.

4. **Die Gewichte** können relativ zueinander oder absolut ungenau
sein. Abhilfe schafft die S. 45 beschriebene Kalibrierung der Gewichte.
Werden Werte mit genauer Grammbasis benötigt, dann schließt man ein
amtlich geeichtes Gewicht in die Kalibrierung des Gewichtssatzes ein. Gewichte werden in den USA. vom
National Bureau of Standards, in Österreich vom
Eichamt, in Deutschland vom Staatlichen Materialprüfungsamt amtlich geeicht. Mit Hilfe eines Eich-
satzes können die Gewichte genau adjustiert werden.
Vgl. Abb. 24.

5. **Ungleiche Waagearme.** Bei Relativwägungen
ist eine Ungleicharmigkeit der Waage ohne Einfluß,
wenn das Objekt stets auf die linke Waageschale gelegt wird. Bei Absolutwägungen (Maßanalyse!) ist die
Kenntnis der wahren Massen an Stelle der relativen
Massen erforderlich. Die Ungleichheit kann experimentell nach folgenden Methoden bestimmt werden:
Verhältnis der Waagearme, S. 44, Methode von *Gauß*,
S. 44, Substitutionsmethode nach *Borda*, S. 44.

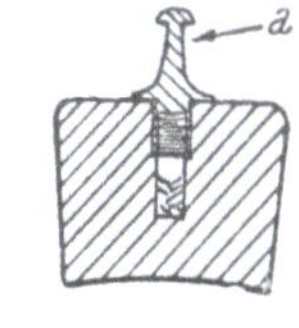

Abb. 24. Ein analy-
tisches Gewicht. Zur
Adjustierung wird
der Kopf *a* abge-
schraubt. 0,1- oder
0,05 - mg - Stückchen
werden in den Hohl-
raum gegeben, bzw.
der Boden der
Schraube wird vor-
sichtig abgefeilt.

6. **Breite und Höhe.** Mit der Breite und mit der Höhe über dem
Meeresspiegel wechselt die Entfernung der Waageschalen vom Erd-
mittelpunkt und damit die Gravitationskonstante. Wie S. 30 festgestellt
wurde, reicht dieser Effekt selten an 0,01% heran und ist im allgemeinen vernachlässigbar.

Wägemethoden.

1. **Wägung durch Bestimmung der Abweichung und der Empfindlichkeit.** Die *Empfindlichkeit* muß für das fragliche Gewicht bekannt sein. Die Bestimmung der Empfindlichkeit wurde S. 37 besprochen. Vor jeder Wägeserie wird die Abweichung der unbelasteten
Waage durch Ablesen einer ungeraden Anzahl von Umkehrpunkten bestimmt; die ersten zwei Schwingungen werden nicht berücksichtigt.

Links	Rechts
— 4,2	
— 3,9	5,2
— 3,6	4,8
Mittel — 3,9	Mittel 5,0

Die Abweichung beträgt für die unbelastete Waage 5,0—3,9 = 1.1.
Angenommen, das fragliche Gewicht liegt nahe an 20 g und die Emp-
findlichkeit beträgt bei dieser Belastung 0,0002 g pro Teilstrich. Beim
systematischen Versuchen der Gewichte wurde z. B. festgestellt, daß das
Objekt schwerer als 19.58 und leichter als 19,59 g ist. Bei geschlossenen
Waagetüren wird der Reiter auf die großen Abschnitte 9, 8, 7 usw. des
Reiterlineals gesetzt, bis gefunden wird, daß das Gewicht größer als

19,584 und geringer als 19,585 g ist, indem man die Skalenausschläge beobachtet. Die Verschiebung des Reiters wird bei arretierter Waage vorgenommen. Der Reiter wird auf Teilstrich 4 gesetzt und die Abweichung durch Aufnahme der Umkehrpunkte bestimmt:

	Links		Rechts
	— 2,1		
	— 1,9		4,2
	— 1,7		4,0
Mittel	— 1,9	Mittel	4,1

Die Abweichung beträgt dann $4,1 - 1,9 = 2,2$. Die Differenz zwischen den beiden Abweichungen, multipliziert mit der für die betreffende Last ermittelten Empfindlichkeit (0,0002 in diesem Falle), gibt das Gewicht an, das zu 19,584 addiert werden muß. Das Gewicht des Objektes ist daher $19,584 + (2,2 - 1,1) \cdot 0,0002 = 19,5842$ g.

1a. Wägung durch Bestimmung des Ruhepunktes und der Empfindlichkeit. Mit Dämpfungswaagen wird infolge der Eigenschaften des Dämpfungsprozesses der Ruhepunkt gefunden. Es wird für eine magnetisch oder luftgedämpfte Waage der Ausschlag für 1 mg Übergewicht bei verschiedener Last, z. B. 0, 10, 20 g usw., auf jeder Waageschale aufgenommen. Dann wird das Gewicht berechnet, das der Verschiebung von einem Teilstrich auf der Waageskala entspricht (0,0010 g dividiert durch den Gesamtausschlag = g pro Ausschlag von 1 Teilstrich). Aus diesen Werten stellt man eine Tabelle auf, analog jener auf S. 37, jedoch mit dem Unterschied, daß für die gleiche Waage die Ruhepunktverschiebungen pro Milligramm halb so groß sind wie die Abweichungen, und daher die Gewichte pro Skalenteilstrich doppelt so groß sind. Für das im vorhergehenden Abschnitt besprochene Wägebeispiel würde gefunden: Das Gewicht ist größer als 19,584 und geringer als 19,585 g. Der Ruhepunkt der unbelasteten Waage würde bei 0,6 gefunden worden sein; bei belasteter Waage zu 1,1. Die Empfindlichkeit wäre 0,0004 g pro Skalenteilstrich. Daraus ergibt sich das Gewicht zu $19,584 + (1,1 - 0,6) \cdot 0,0004 = 19,5842$ g.

Benedetti-Pichler (l. c.) stellte fest, daß der Gebrauch von Ruhepunkten an Stelle von Abweichungen zur Bestimmung der an der 4. Stelle zu addierenden Masse eine Division sowohl des Zählers als des Nenners des Bruches durch zwei beinhaltet: Masse = Differenz der Abweichungen $\times \dfrac{1}{\text{Änderung der Abweichung für 1 mg}}$. Deshalb ist der Gebrauch der Abweichungsmethode, wenn anwendbar, wünschenswert. Bei einer Dämpfungswaage können, wie schon festgestellt wurde, nur Ruhepunkte beobachtet werden, da sich der Zeiger infolge der Dämpfung sehr rasch auf den Ruhepunkt einstellt.

Die „*Abweichungsdifferenz*" ist die Differenz der Abweichungen der belasteten und der unbelasteten Waage.

2. Auf die Abweichung der unbelasteten Waage einstellen. Die Methode ist mit der unter 1 beschriebenen bis zu dem Punkt identisch, wo das Gewicht zwischen 19,584 und 19,585 g gefunden wurde. Durch Versuch wird das richtige Zehntel des Teilstriches zwischen 4 und 5 auf dem Reiterlineal aufgesucht, welches die unmittelbar vor der Wägung bestimmte Abweichung wiederherstellt.

2a. **Kurze Schwingungsmethode.** Man stellt auf kleine, annähernd gleiche Schwingungen ein. Die Methoden 2 und 2a haben den Vorteil, daß die Empfindlichkeit nicht bestimmt zu werden braucht. [Sie werden daher in den meisten Fällen Anwendung finden. Da es schwierig ist, feuchtigkeits- oder CO_2-empfindliche Niederschläge genügend rasch zu wägen, werden derartige Niederschläge samt dem Tiegel in einem passenden Wägeglas gewogen.]

3. **Die Einzelabweichungsmethode** wird bei luft- oder magnetisch gedämpften Waagen verwendet. Die Veränderung der Abweichung pro Milligramm für verschiedene Belastungen kann nach 1 oder nach 2 durch Reiterverstellung und Einstellung auf die Abweichung der unbelasteten Waage bestimmt werden. Bei anderen Waagen setzt man ein Übergewicht von 1 mg auf die linke Waageschale. Es ist dann möglich, die Einzelabweichung hiemit in Beziehung zu setzen oder die Abweichung in Milligrammen zu eichen.[1] *Brinton* fand, daß die Methode für Waagen nicht anwendbar ist, die einen gemeinsamen Arretierungsmechanismus für den Balken und die Schalen haben. Ausgenommen bei Dämpfungswaagen, kann die Methode nicht für den allgemeinen Gebrauch empfohlen werden, obwohl sie wertvolle Dienste leisten kann, wenn die Forderungen an Schnelligkeit und Genauigkeit sie zulassen.

Einführende Übungen. Es ist ratsam, entweder einen Satz von Probestücken zu wägen oder ein einfaches Experiment, wie jenes der quantitativen Trocknung, vgl. S. 48, auszuführen. Werden die Gewichte nach einer der genaueren, eben beschriebenen Wägemethoden kalibriert, so sind weitere einführende Übungen überflüssig. Es ist wünschenswert, die Arbeiten mit genauen Gewichten zu beginnen, so daß Korrektionen vernachlässigbar sind, oder für den ersten Kurs Korrektionstabellen beizustellen.

Methoden der Absolutwägung.

Die folgenden beiden Methoden werden hauptsächlich bei Forschungsarbeiten und Untersuchungen mit hoher Genauigkeit angewendet. Bei Analysen ist die Kenntnis der absoluten Gewichte unnötig. Nur die relativen Gewichtsverhältnisse (Anteile jedes Bestandteils in 100 Teilen des ursprünglichen Materials) sind von Interesse. Bei der Bestimmung von Konstanten muß man Absolutmessungen durchführen.

Bei der Kalibrierung von Gewichten muß man Fehler, herrührend

---

[1] *R. R. Turner:* Chemist-Analyst **1916**. — *P. H. M. P. Brinton:* J. Amer. chem. Soc. **41**, 1151 (1919).

von der Ungleicharmigkeit der Waage, ausschalten. Beim Kalibrieren von Gewichten oder bei anderen Bestimmungen, die hohe Genauigkeit verlangen, wende man eine der folgenden Wägemethoden an:

4. Methode der Doppelwägung von *Gauß*. Ist W das wahre Gewicht, w und w' die scheinbaren Gewichte eines Körpers, gewogen auf der linken bzw. rechten Waageschale, dann ist nach dem Hebelgesetz $W . l = = w . r$ und $w' . l = W . r$, wobei r und l die Längen des rechten und linken Waagearmes bedeuten. Durch Multiplikation und Kürzung erhält man $W^2 = w . w'$; $W = \sqrt{w . w'}$. Sind die Werte r und l sehr nahe gleich, wie dies praktisch stets der Fall ist, so kann der Wert von W genügend genau aus dem arithmetischen Mittel berechnet werden:

$$W = \frac{w + w'}{2}.$$

Verhältnis der Waagearme. Sind Gewichte von bekannten relativen Werten vorhanden, so kann das eben beschriebene Verfahren zur Bestimmung des Verhältnisses der Waagearme benutzt werden: Angenommen W ist das wahre Gewicht, w das scheinbare Gewicht, wenn sich das Objekt auf der linken Waageschale befindet. Dann ist $W . l = w . r$. Wägt man das Objekt nun auf der rechten Waageschale, so benötigt man das Gewicht $w + a$; $(w + a) l = W . r$. Durch Multiplikation dieser beiden Gleichungen ergibt sich $W (w + a) l^2 = W w r^2$; das Verhältnis der Waagearme ist $\dfrac{r}{l} = \sqrt{\dfrac{w + a}{w}}$. Ist dieses Verhältnis bekannt, so kann wie üblich gewogen werden. Das wahre Gewicht berechnet sich aus dem gefundenen Gewicht durch Multiplikation mit $\dfrac{r}{l}$.

5. Substitutionsmethode von *Borda*. Diese Methode wird häufig angewendet, um einen Gewichtssatz zu eichen. Sie ist von den Armlängen der Waage unabhängig. Das zu wägende Objekt wird mit einem entsprechenden Gegengewicht, Tara oder gewöhnlich Gewichten ausbalanciert. Dann wird das Objekt entfernt und an dessen Stelle Gewichte aufgelegt, bis das Gleichgewicht gegenüber dem unveränderten Gegengewicht wiederhergestellt ist.

Luftauftrieb. Dieser Effekt tritt in einem einführenden quantitativen Kurs nicht merklich in Erscheinung, ausgenommen bei der Kalibrierung von volumetrischen Glasgefäßen. Hiefür gibt es Tabellen, welche den Luftauftrieb angeben, bzw. berücksichtigen; vgl. S. 85. Die Korrektur wird folgendermaßen abgeleitet: W_0 sei das Gewicht *im Vakuum*, W das Gewicht in Luft, dann ist $W_0 = W + (V - V') a$. wobei V das Volum des Objektes, V' dasjenige der Gewichte und a das Gewicht von 1 ml Luft bedeuten. Letzteres beträgt bei Raumtemperatur und mittlerer Feuchtigkeit 0,0012 g. Ausgedrückt in Gewicht und Dichte ist $V = \dfrac{W_0}{s}$ und $V' = \dfrac{W_0}{s'}$, wobei s und s' die Dichten von Objekt und

Gewichten darstellen. Da W und W_0 nahezu gleich sind, gilt

$$W_0 = W\left(1 + \frac{a}{s} - \frac{a}{s'}\right).$$

Wägt man z. B. 10 ml Wasser mit Messinggewichten (d 8,4), so beträgt die zuzuzählende Korrektur $(10-1.19) \cdot 0{,}0012\,g = 0{,}0106\,g$.

Die Kalibrierung von Gewichtssätzen.

Die Substitutionsmethode von *Richards*[1] ist für alle Zwecke geeignet. Sie zeichnet sich durch die Einfachheit der Ableitung der Korrektionen aus einer Serie von Beobachtungsergebnissen aus, ohne von komplizierten algebraischen Formeln[2] Gebrauch zu machen.

Substitutionsmethode. Für die Kalibrierung muß ein zweiter analytischer Gewichtssatz ausgeliehen werden. Beachte, daß der Vergleich von Gewichtsstücken gleicher Bezeichnung mit ein und demselben Gegengewicht vorgenommen werden muß. Die Kalibrierung kann in kurzen Zwischenräumen erfolgen, da jede Vergleichsstufe unabhängig von der nächstfolgenden ist.

Die Abweichung der unbelasteten Waage muß nicht bestimmt werden. Hat jeder Waagearm ein graduiertes Reiterlineal [in Europa nur bei den älteren Waagen üblich], so möge das zu kalibrierende Gewicht auf die linke Waageschale gegeben werden. Hat die Waage nur ein Reiterlineal, dann ist es wahrscheinlich notwendig, die zu kalibrierenden Gewichte auf die rechte Waageschale zu legen, weil der auf Teilstrich 10 gestellte Reiter benötigt wird, um die Summe der Bruchgramme auf das Gewicht von 1 g zu bringen. Es wird im nachfolgenden angenommen, daß sich die zu kalibrierenden Gewichte auf der rechten Waageschale befinden, ferner, daß die Waage bei 0 bis 50 g Belastung eine gleichmäßige Empfindlichkeit von 0,00020 g besitzt. Folgende Beschreibung diene als Beispiel:

Lege 0,01 g des Extrasatzes auf die linke Schale, 0,01 g des zu kalibrierenden Gewichtssatzes auf die rechte Schale. Bestimme die Abweichung. Nun ersetze das Gewicht rechts durch ein anderes 0,01-g-Gewicht (bezeichnet als 0,01*) des zu kalibrierenden Satzes und bestimme wieder die Abweichung. Wiederhole die Beobachtung mit dem Reiter auf Teilstrich 10 rechts und ohne Gewicht rechts.

Lege ein 0,02-g-Gewicht des Extrasatzes auf die linke Schale. Auf die rechte Schale lege das 0,01- und das 0,01*-Gewicht (oder 0,01 **und** Reiter auf Teilstrich 10, wenn sich nur ein 0,01-g-Gewichtsstück im Satz befindet). Bestimme die Abweichung. Wiederhole die Operation mit dem 0,02-g-Gewicht des zu kalibrierenden Gewichtssatzes an Stelle der beiden 0,01-g-Gewichte.

So wiederholt man die Wägungen, indem man jedes Gewichtsstück mit der Summe der geringeren Gewichte und mit dem Gewichtsstück

---

[1] *T. W. Richards:* J. Amer. chem. Soc. **22**, 144 (1900).
[2] *F. C. Eaton:* J. Amer. chem. Soc. **54**, 3261 (1932).

gleicher Bezeichnung vergleicht. Sobald dieser Vorgang durchgeführt ist, wird eine Korrektionstabelle entsprechend Tab. 1, S. 47, angelegt.

In Kolonne 4 sind die Differenzen der Werte zwischen dem ersten und den folgenden Gewichten gleicher Bezeichnung angeführt. Befinden sich die zu kalibrierenden Gewichte auf der rechten Waageschale und wird ein konstantes Gegengewicht verwendet, so bedeutet eine Abweichung zur negativen Seite ein schwereres Gewicht (als die anderen gleicher Bezeichnung).

Die eingeklammerten Werte in Kolonne 6 wurden durch Addition der vorhergehend bestimmten Werte für die kleineren Gewichte erhalten. Da die Werte dieser Kolonne auf das erste Gewicht bezogen sind, welches man provisorisch als richtig angenommen hat, so ergeben sich häufig systematische Zu- oder Abnahmen, falls das erste Gewicht zufällig nicht in relativer Übereinstimmung mit den anderen stand. Nachdem dieses relative Verhältnis der Gewichte bestimmt wurde, werden dieselben auf eines der größeren Gewichte, z. B. 10, 20. oder 50 g, umgerechnet.

Diese Umrechnung kann durch Ausrechnung der einzelnen Proportionen vorgenommen werden. Es ist jedoch viel einfacher, dieselbe mit einem der größeren experimentell gefundenen relativen Gewichte der Kolonne 6 durchzuführen. Die in relativer Übereinstimmung befindlichen Gewichte sollten bestimmte Teile oder Vielfache dieses experimentellen Wertes sein. So sind in Kolonne 7 die Proportionalteile des 50-g-Gewichtes, welches nach Kolonne 6 den Wert 50,24734 g hat, berechnet. Vergleicht man die Werte der Kolonne 7 mit jenen der Kolonne 6, so ist sofort ersichtlich, welche der experimentell festgestellten Gewichte genaue Bruchteile oder Vielfache des gewählten größeren Gewichtes sind.

. Aus den Differenzen 6—7 ergeben sich die Korrekturen der Kolonne 8. Diese Korrekturen sind zu den auf den Gewichten vermerkten Nominalwerten algebraisch zu addieren; so wiegt z. B. das 0.02-g-Gewicht tatsächlich 0,0202 g relativ zu dem mit 50,0000 angenommenen 50-g-Gewicht, wogegen das 0,5-g-Gewicht 0,4999 g schwer ist. Alle 1-g-Gewichte sind schwerer als $^{1}/_{50}$ des 50-g-Gewichtes.

Sind die Korrektionen zahlreich, so möge eine Korrekturtafel zusammengestellt werden, um die in jedem Falle anzuwendende Gesamtkorrektur direkt ablesen zu können. Die Korrekturtafel wird unter der Annahme zusammengestellt, daß bei Gewichten gleichen Nominalwertes, z. B. 0,01, 0,01'; 0,1, 0,1' usw. stets das unbezeichnete bzw. niedriger bezeichnete Gewicht bei allen jenen Wägungen Verwendung findet, bei welchen nur ein Gewicht dieser Kategorie benötigt wird.

Methode der Doppelwägung nach *Gauß*. *Weatherill*[1] zeigte, daß die *Gauß*sche Methode der Doppelwägung, auf die Kalibrierung eines Gewichtssatzes angewendet, ungefähr die doppelte Genauigkeit zu er-

---

[1] *P. F. Weatherill:* J. Amer. chem. Soc. **52**, 1938 (1930).

Tab. 1. *Kalibrierung eines analytischen Gewichtssatzes. Substitutionsmethode.*

Tara linke Waageschale	Gewicht rechte Waageschale	Abweichung	Differenz der Abweichungen (3)	Differenz (4) Empfindlichkeit (0,0002)	Relative Werte, wenn 0,01 g richtig	Verhältnisteile des Wertes des 50-g-Gewichtes in Kolonne 6	Korrektion
1	2	3	4	5	6	7	8
0,01	0,01	0,4	—	—	0,01000	0,01005	— 0,0001
—	0,01′	0,0	+ 0,4	+ 0,00008	0,01008	—	± 0,0000
—	Reiter auf 10	0,4	0,0	—	0,01000	—	—
0,02	0,01, 0,01′	— 0,6	—	—	(0,02008)	—	—
—	0,02	— 1,8	1,2	0,00024	(0,02032)	0,02010	+ 0,0002
0,05	0,02, 0,01, 0,01′, Reiter	— 0,4	—	—	(0,05040)	—	—
—	0,05	0,2	— 0,6	— 0,00012	0 05028	0,05025	± 0,0000
0,1	0,05 und Summe	0,6	—	—	0,10068	—	—
—	0,1	1,4	— 0,8	— 0,00016	0,10052	0,10049	± 0,0000
—	0,1′	1,4	— 0,8	— 0,00016	0,10052	—	± 0,0000
0,2	0,1 + 0,1′	0,8	—	—	(0,20104)	—	—
—	0,2	0,8	0,0	—	0,20104	0,20099	± 0,0000
0,5	0,2, 0,1, 0,1′ und Summe	— 0,2	—	—	(0,50276)	—	—
—	0,5	+ 1,8	— 2,0	— 0,00040	0,50236	0,50247	— 0,0001
1,0	0,5 und Summe	0,4	—	—	(1,00512)	—	—
—	1	0,8	— 0,4	— 0,00008	1,00504	1,00495	+ 0,0001
—	1′	0,6	— 0,2	— 0,00004	1,00508	—	+ 0,0001
—	1′′	— 1,5	1,9	0,00038	1,00550	—	+ 0,0006
2,0	1 + 1′	1,8	—	—	(2,01012)	—	—
—	2	2,0	— 0,2	— 0,00004	2,01008	2,00989	+ 0,0002
5	2, 1, 1′, 1′′	— 2,6	—	—	(5,02570)	—	—
—	5	1,8	— 4,4	— 0,00088	5,02482	5,02473	+ 0,0001
10	5, 2, 1, 1′, 1′′	— 1,4	—	—	(10,05052)	—	—
—	10	2,8	— 4,2	— 0,00084	10,04968	10,04947	+ 0,0002
—	10′	3,8	— 5,2	— 0,00104	10,04948	—	± 0,0000
20	10 + 10′	— 0,6	— —	—	(20,09916)	—	—
—	20	— 0,8	0,2	0,00004	20,09920	20,09894	+ 0,0003
50	20, 10, 10′, 5, 2, 1, 1′, 1′′	— 2,2	—	—	(50,24888)	—	—
—	50	5,5	— 7,7	0,00154	50,24734	50,24734	± 0,0000

reichen gestattet. Ein weiterer Vorteil ist, daß kein zweiter Gewichtssatz benötigt wird.

Der Vorgang ist folgender: W_1 und W_2 seien Gewichte gleichen Nominalwertes, welche verglichen werden sollen. W_1 wird auf die linke, W_2 auf die rechte Waageschale gelegt und die Abweichung bestimmt. Nach dem Vertauschen der Gewichte wird neuerlich die Abweichung bestimmt. Bei bekannter Empfindlichkeit der Waage kann der Wert des einen Gewichtes durch das andere Gewicht ausgedrückt werden, wenn man annimmt, daß die Waage gleicharmig ist. In erster Stellung ist $W_1 = W_2 + w$; in zweiter Stellung $W_2 = W_1 + w'$, wobei w_1, w' positiv, negativ oder Null sein können. Durch Subtraktion erhält man

$$W_1 - W_2 = W_2 - W_1 + (w - w'),$$

$$2\,W_2 = 2\,W_1 - (w - w'),$$

$$W_2 = W_1 - \frac{(w - w')}{2} = W_1 + \left(\frac{w' - w}{2}\right),$$

wobei

$$w = (\mathrm{Abw}_1 - \mathrm{Abw}_0)\,.\,\mathrm{Empfindlichkeit},$$

$$w' = (\mathrm{Abw}_2 - \mathrm{Abw}_0)\,.\,\mathrm{Empfindlichkeit}$$

bedeuten. Abw_0 ist die Abweichung der unbelasteten Waage. Sie braucht nicht bestimmt zu werden, da sie bei der Rechnung herausfällt:

$$W_2 = W_1 + \frac{(\mathrm{Abw}_2 - \mathrm{Abw}_1)}{2}\,.\,\mathrm{Empfindlichkeit}.$$

Hat eine Waage ein doppeltes Reiterlineal, so wird kein Extragewicht benötigt. Ist nur ein Reiterlineal auf dem rechten Waagearm vorhanden, so benötigt man ein 0,01-g-Gewicht extra. Die Auswertung zeigt Tab. 2. Die Umrechnung der provisorischen Werte der Spalte 6 und die Bestimmung der Korrektionen erfolgt wie vorhergehend beschrieben. Die Werte der Spalte 7 wurden durch Division des Wertes des 50-g-Gewichtes (50,02760 g, Spalte 6) durch $^5/_2$, 5, 10, 25, 50 usw. erhalten und mit den relativen Werten der Spalte 6 verglichen. So erhält man die in Spalte 8 angegebenen, auf die 4. Stelle abgerundeten Korrektionen, welche, zu den Nominalwerten addiert, die relativen Massen der Gewichte ergeben.

Ein Versuch einer quantitativen Trocknung.

Wasserbestimmung in einem Salzhydrat oder anderem Material.

Oberflächlich an anorganischen Substanzen anhaftende Feuchtigkeit wird bei 100 bis 105° abgegeben. Ebenso verlieren gewisse Salzhydrate bei dieser Temperatur alle oder eine bestimmte Anzahl ihrer Kristallwasser-Molekel.

Zwei markierte Tiegel und Deckel werden erhitzt, bis die Markierung, wie S. 10 beschrieben, eingebrannt ist. Die Tiegel werden in einem Exsikkator auf Wägetemperatur abgekühlt und gewogen.

Ungefähr 1 g der gepulverten[1] und gut gemischten Substanz wird
nach der Methode der Differenzwägung S. 38 aus einem Wägegläschen
direkt in den gewogenen Tiegel eingewogen. Der Tiegel[2] steht auf
Glanzpapier, so daß jeder Verlust entdeckt und verschüttetes Material
quantitativ (mit einer Federfahne, Abb. 8, S. 21) gesammelt werden
kann. [Um dies bewerkstelligen zu können, muß das Glanzpapier
sauber beschnitten sein.] Das Wägeglas wird wieder gewogen, die
zweite Probe von etwa 1 g in den zweiten Tiegel abgefüllt und das
Wägeglas neuerlich gewogen. Bei fast allen gepulverten Substanzen
ist es nützlich, das durch Differenzwägung bestimmte Gewicht durch
direkte Wägung (Tiegel plus Probe) zu kontrollieren.

Jeder Tiegel nebst Deckel wird in das kleinstmögliche Becherglas
gestellt, dieses mit einem von Glashaken getragenen Uhrglas (Abb. 3,
S. 10) bedeckt und 2 Stunden oder über Nacht in einem Trockenschrank auf 100 bis 105° erhitzt. Die Tiegel werden samt Deckel in
einen Exsikkator gebracht und nach dem Abkühlen gewogen, neuerlich
eine Stunde oder mehr erhitzt, auskühlen gelassen, gewogen.
Dieser Vorgang wird so oft wiederholt, bis die Gewichte nicht mehr
als 0,0002 g voneinander abweichen. Der perzentuelle Verlust wird
berechnet und als Wasserverlust angegeben. Die Daten sollen in das
Journal in einer ordentlichen Form eingetragen werden, wie z. B.:

Bestimmung des Wasserverlustes einer kristallinen Substanz in Prozenten.

	1	2	
Wägeglas + Salz	11,6524	10,5495	Datum
Wägeglas allein	10,5495	9,5561	
Probe	1,1029	0,9934	
Tiegel + Deckel	19,7832	21,2455	
Gewicht vor dem Erhitzen.................	20,8861	22,2389	
Nach dem Erhitzen über Nacht (100 bis 105°)	20,7168	22,0881	Datum
Nach weiteren 2 Stunden Erhitzen..........	20,7166	22,0877	Datum
Nach weiteren 2 Stunden Erhitzen.........	—	22,0876	Datum
Gewichtsverlust	0,1695	0,1513	
$^o/_o$ Wasser	15,37	15,23	Datum
			Beendet

(Gewichte, Korrektionen, Berechnungen sowie jede andere wesentliche Beobachtung sollen im Journal, z. B. auf den linken Seiten, vermerkt werden. Manche Forscher ziehen es vor, alle Daten auf der
rechten Seite einzutragen und häufig Zusammenfassungen der Ergebnisse der Einzelbestimmungen und der Gesamtanalysen zu machen.
In manchen Unterrichts- und Industrielaboratorien bestehen strenge

---

[1] Ist das Material ein Salzhydrat in größeren Kristallen, so wird es zu
einem groben Pulver von etwa 0,5 mm Korngröße zerkleinert. Dadurch
wird ein Wasserverlust eher vermieden als beim feinen Pulverisieren.

[2] [Den Gewichtsverlust hygroskopischer Substanzen bei 100 bis 105°
wird man besser in breiten Wägegläsern bestimmen und die Tiegel zur Bestimmung des Glühverlustes verwenden.]

Tab. 2. *Kalibrierung eines Gewichtssatzes. Methode nach Gauß.*

Gewicht zuerst auf der linken Waageschale 1	Gewicht zuerst auf der rechten Waageschale 2	Abweichung$_1$ 3	Abweichung$_2$ nach dem Vertauschen 4	$\frac{1}{2}$ (Abw$_1$ — Abw$_2$) × × Empfindlichkeit (0,00020) 5	Relative Werte zum 0,01-g-Gew. 6	Bruchteile des Wertes des 50-g-Gew. (Kolonne 6) 7	Korrektionen auf 4 Stellen abgerundet, zu den Nominalwerten zu addieren 8
0,01	—	—	—	—	0,01000	—	—
—	0,01′	— 0,4	0,4	0,00008	0,01008	0,01006	—
—	0,01″	— 0,4	— 0,4	—	0,01000	—	— 0,0001
0,01, 0,01′	—	—	—	—	(0,02008)	—	—
—	0,02	1,2	— 0,4	— 0,00016	0,01992	0,02001	— 0,0001
0,01, 0,01′, 0,01″	—	—	—	—	—	—	—
0,02	—	—	—	—	(0,05000)	—	—
—	0,05	— 0,8	— 0,4	0,00004	0,05004	0,05003	—
0,01, 0,01′, 0,01″	—	—	—	—	—	—	—
0,02, 0,05	—	—	—	—	(0,10004)	—	—
—	0,1	— 1,2	0,4	0,00016	0,10020	0,10006	+ 0,0001
—	0,1′	0,4	— 0,8	— 0,00012	0,09992	—	— 0,0001
0,1, 0,1′	—	—	—	—	(0,20012)	—	—
—	0,2	— 0,4	1,0	0,00014	0,20011	0,20011	—
0,2, 0,1, 0,1′ usw.	—	—	—	—	(0,50042)	—	—
—	0,5	1,2	— 0,6	— 0,00018	0,50024	0,50028	—
0,5, 0,2 usw.	—	—	—	—	(1,00066)	—	—
—	1	1,0	— 1,6	— 0,00026	1,00040	1,00055	— 0,0002
—	1′	1,6	0,4	— 0,00012	1,00054	—	—
—	1″	0,6	0,4	— 0,00002	1,00064	—	+ 0,0001
1, 1′	—	—	—	—	(2,00094)	—	—
—	2	— 1,2	0,8	0,00020	2,00114	2,00110	—
2, 1, 1′, 1″	—	—	—	—	(5,00272)	—	—
—	5	1,6	2,4	0,00008	5,00280	5,00276	—
5, 2, 1, 1′, 1″	—	—	—	—	(10,00552)	—	—
—	10	0,0	— 0,4	— 0,00004	10,00548	10,00552	—
—	10′	— 0,6	0,4	0,00010	10,00562	—	+ 0,0001
10, 10′	—	—	—	—	(20,01110	—	—
—	20	— 2,0	— 1,2	0,00008	20,01118	20,01104	+ 0,0001
20, 10 usw.	—	—	—	—	(50,02780)	—	—
—	50	0,6	— 1,4	— 0,00020	50,02760	50,02760	Standard

Vorschriften über die Form, in welcher der Analysenbericht abzugeben ist. Die gewünschte Form soll beachtet werden.)

Rückblick; Fragen und Aufgaben.

1. Die Dichte von Al ist 2,6, jene von Bronze 8,5. Wie verhalten sich die Balkenlängen aus diesem Material bei gleichem Balkenquerschnitt und vernachlässigbarer Reibung, wenn die Waagen gleiche Empfindlichkeit besitzen sollen?

2. Auf einer gleicharmigen Waage stehen ein 20-g-Platintiegel und ein Nickeltiegel genau im Gleichgewicht. Welche Gewichtsdifferenz herrscht im Vakuum? Die Dichte von Pt ist 21,45, jene von Nickel 8,90. Welcher Tiegel ist im Vakuum schwerer?

3. Eine Waage mit 6 Teilstrichen von der Mittel- zur Außenschneide ist mit einem 10-mg-Reiter ausgestattet. Welcher Fehler wird auf Teilstrich 4 (mg) auftreten, wenn der Reiter ohne Prüfung für richtig angesehen wird?

4. Eine Probe (d 2,4) von 1,0000 g gibt 0,1650 g Oxyd (d 7,6), gewogen mit Messinggewichten (d 8,4). Berechne den Oxydgehalt in %, bezogen auf Luft bzw. auf das Vakuum.

5. 10 ml Wasser der ungefähren Dichte 1 werden gegen Messinggewichte (d 8,4) in Luft gewogen. Das gefundene Gewicht beträgt 9,972 g. Berechne das Gewicht des Wassers im Vakuum.

6. Kann eine analytische Waage zur Bestimmung absoluter Massen verwendet werden, wenn das Verhältnis der Waagearme nicht bekannt ist?

7. Es ist wesentlich, beim Kalabrieren eines analytischen Gewichtssatzes ein amtlich geeichtes Gewicht mit zu verwenden. Gründe hierfür.

8. Ein Wägeglas, welches 3 ml faßt, wird bei 100⁰ und 760 mm luftdicht verschlossen und schließlich bei 20⁰ gewogen. Berechne den Fehler, dadurch verursacht, daß die Luft im Gefäß nicht unter Atmosphärendruck steht.

9. Gegeben ist eine Waage mit einer Empfindlichkeit von 0,00020 g pro Skalenteilstrich; welche größte und kleinste Wägefehler treten auf, wenn das Mittel der Umkehrpunkte, sowohl rechts als links, für beide Abweichungen einem Fehler von je 0,2 Teilstrichen unterliegen? Antwort: Maximal 0,00016, minimal 0.

10. Ein Glasgefäß wird durch Auswiegen mit Quecksilber kalibriert. Welchen Fehler begeht man bei Vernachlässigung einer Vakuumkorrektur, wenn 159,65 g Quecksilber in Luft gegen Messinggewichte gewogen werden (Hg d 13,59; Gewichte d 8,4)? Antwort: Das gefundene Volum von 11,747 ml ist um 0,00065 ml zu groß.

IV. Wissenschaftliche Messungen.
Genauigkeit, Übereinstimmung, Fehler, Berechnungen.

Die bei quantitativen Arbeiten durchzuführenden Messungen zeigen alle Kennzeichen wissenschaftlicher Untersuchungen. Das Ziel ist, gewisse Tatsachen quantitativ festzustellen und in gebräuchlichen Einheiten unter Berücksichtigung der möglichen Fehler zahlenmäßig anzugeben.

Unter **Genauigkeit** im Zusammenhang mit wissenschaftlichen Tatsachen versteht man die Annäherung einer Messung oder einer Serie gleicher Messungen an den wahren Wert.

Da es keine Möglichkeit gibt, physikalische Größen absolut zu messen, wird der wahrscheinlichste Wert aus den verfügbaren Daten unter kritischer Betrachtung aller Fehlerquellen als der wahre Wert angenommen. Unser Vertrauen steigt, wenn verschiedene Beobachter beim Gebrauch unabhängiger Methoden zu experimentellen Werten gelangen, die innerhalb der durch diese Methoden gegebenen Fehlerquellen miteinander übereinstimmen. Die Anwendung der Wahrscheinlichkeitstheorie auf diese Probleme ist sehr wichtig; sie gestattet die kritische Diskussion der Versuchsergebnisse, die Berechnung von ausgeglichenen Werten und die Entscheidung, ob z. B. ein anscheinender Gang in einer Beobachtungsreihe real oder durch zufällige Meßfehler verursacht ist.

Unter **Übereinstimmung (Präzision)** versteht man die Annäherung einer Anzahl gleicher Messungen an einen bestimmten Wert. Übereinstimmung ist sehr wünschenswert, jedoch kein Beweis für die Richtigkeit einer Reihe von Messungen: Es kann in allen Gliedern der Serie ein konstanter Fehler enthalten sein. Die Übereinstimmung wird in Abweichungen der Einzelwerte von einem Mittelwert aus dieser Meßreihe ausgedrückt. Die Abweichungen werden ohne Berücksichtigung des Vorzeichens in der quantitativen Analyse am besten in Promillen des gemessenen Wertes ausgedrückt und durch Aufstellung der entsprechenden Proportionen berechnet. Beispiel: Bei einer Serie von Titerstellungen wurden folgende Werte gefunden:

	Normalität	Einzelabweichungen vom Mittelwert	Abweichungen $^0/_{00}$[1]
1.	0,0976	0,00002	0,2
2.	0,0974	0,00018	1,8
3.	0,0977	0,00012	1,2
4.	0,0976	0,00002	0,2
Mittel	$0,0975_8$[2]	Mittel 0,000085	Mittel 0,85

Dieses Beispiel zeigt die bei sauberen volumetrischen Arbeiten zu erreichende Übereinstimmung. Der Mittelwert 0,0976 kann von dem wahren Wert relativ entfernt liegen, wenn alle Einzelbestimmungen in gleichem Ausmaß mit einem systematischen Fehler behaftet sind. Führt man gute, genau bekannte Analysenvorschriften mit ausreichender Ausrüstung in guter Arbeitstechnik durch, so besteht große Wahrscheinlichkeit, daß übereinstimmende Ergebnisse auch richtig sind.

Fehler. Ein Meßfehler ist der Unterschied zwischen dem beobachteten und dem wahren Wert der gemessenen Menge. Wird letzterer experimentell bestimmt, so kann er nur innerhalb gewisser wahrscheinlicher Grenzen bekannt sein.

---

[1] Berechnet nach $\dfrac{0,00002}{0,09758} = \dfrac{x}{1000}$.

[2] Der Mittelwert $0,0975_8$ besitzt eine Stelle mehr als zulässig. Die Tieferstellung der Zahl 8 soll dies anzeigen. Bei Analysen wird der runde Wert 0,0976 verwendet.

Es gibt zwei Klassen von Fehlern: a) Systematische Fehler, b) unbestimmte Fehler. Systematische Fehler können festgestellt und korrigiert oder ausgeschaltet werden.

a) Systematische Fehler. Die wichtigsten Fehler dieser Klasse sind:

α) Individuelle Fehler. Diese beruhen auf Faktoren, für welche der Beobachter verantwortlich ist, z. B. Ungenauigkeiten beim Ablesen einer Bürette, Unfähigkeit, gewisse Farbänderungen beim Arbeiten mit Indikatoren zu erkennen; Verwendung nicht homogener, volumetrischer Lösungen, irrtümliche Ablesungen der Schwingungen der Waage oder von kleinen Gewichten usw.

β) Instrumentelle Fehler. Wie der Name sagt, sind dies Fehler, welche in den Instrumenten gelegen sind. Unrichtige Gewichte, Meßgefäße und Waagen liefern Fehler, die durch einfache Prüfungen festgestellt werden können. Müssen die wahren Gewichte bekannt sein, so sendet man ein passendes Gewicht des Gewichtssatzes an die Eichstelle ein. Man erhält es zu mäßigen Kosten mit einem Prüfschein zurück und verwendet es als Grundlage zum Kalibrieren der Gewichtssätze.

γ) Methodische Fehler. Die hierhergehörigen Fehler beruhen z. B. auf der Löslichkeit eines Niederschlages in einer unpassenden Waschflüssigkeit, auf der Verwendung einer ungeeigneten Temperatur beim Trocknen oder Konstantglühen eines Niederschlages, auf der Vernachlässigung einer Indikatorkorrektur bei gewissen maßanalytischen Bestimmungen usw.

Es werden ständig Anstrengungen gemacht, Bestimmungsmethoden von größerer Genauigkeit und, wenn möglich, größerer Bequemlichkeit und Schnelligkeit zu entwickeln. Unzulängliche Methoden werden so schnell als möglich durch andere ersetzt, die in der Ausführung oder im Prinzip verschieden sind. Ungewöhnliche oder neue Verfahren werden durch Anwendung derselben auf geeignete, vom National Bureau of Standards usw. analysierte Proben kritisch geprüft. Die Analysenwerte dieser Proben werden aus den Mittelwerten berechnet, welche durch eine Anzahl geübter Analytiker des Bureaus, von Industrie- und Universitätslaboratorien erhalten wurden, wobei bei dieser Berechnung die Anzahl der Parallelproben, die verwendete Methode usw. nach ihrer Zuverlässigkeit berücksichtigt werden.

Nachdem die systematischen Fehler ausgeschaltet, bestimmt oder berechnet wurden, bleiben bei einer Reihe von Parallelbestimmungen, bei Verwendung der gleichen Methode, noch kleine Verschiedenheiten bestehen; diese Fehler sind unbestimmt.

Unbestimmte Fehler. Ursache für diese Fehler sind wahrscheinlich kleine Abweichungen bei der Beurteilung von Erscheinungen oder geringe Veränderungen in der Güte der Instrumente. Fehler dieser Art haben eine mathematisch ausdrückbare Wahrscheinlichkeitsverteilung:

$$y = \frac{h}{\sqrt{\pi}} \cdot e^{-h^2 x^2} \quad [\text{\textit{Gauß}sches Fehlergesetz}],$$

wobei

y die Häufigkeit einer bestimmten Abweichung,

h eine für eine bestimmte Art von Messungen charakteristische Konstante,

x die Größe der Abweichung bei der Häufigkeit y,

e die Basis des natürlichen Logarithmensystems,

π 3,14159

bedeuten.

Eine große Anzahl von Beobachtungen zeigt eine Verteilung der Fehlergröße x von ihrer Häufigkeit y in der Form der Kurve Abb. 25. Um eine nahe Annäherung an den wahren Wert zu erreichen, welcher zwischen den positiven und negativen Werten der mittleren Abwei-

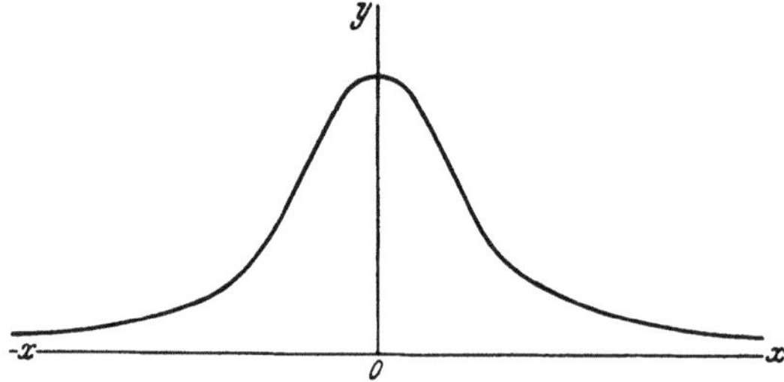

Abb. 25. Verteilung experimenteller Fehler. Die Ordinaten y geben die Häufigkeit des Eintreffens von Fehlern der Größe x an.

chung liegt, ist eine sehr große Anzahl von Beobachtungen notwendig. Da die positiven und negativen Abweichungen mit gleicher Häufigkeit auftreten, gibt das arithmetische Mittel den besten Wert.

Als Maß für die Übereinstimmung wurde S. 52 die mittlere Abweichung der Einzelmessungen vom arithmetischen Mittel definiert. Die Zuverlässigkeit der Annäherung des Mittelwertes an den wahren Wert steigt mit der Quadratwurzel aus der Anzahl der Einzelmessungen bei sonst gleichen Bedingungen. So sollte das Mittel aus 9 Parallelbestimmungen 3mal zuverlässiger sein als eine Einzelbestimmung oder $1^1/_2$mal zuverlässiger als 4 Parallelbestimmungen sein.

Es gibt verschiedene Möglichkeiten, die Daten einer ausgedehnten Meßreihe auszuwerten:

Mittlerer Fehler einer Einzelmessung: $f_m = \sqrt{\dfrac{d_1{}^2 + d_2{}^2 + \ldots + d_n{}^2}{n-1}}$,

Wahrscheinlicher Fehler einer Einzelmessung:

$$f_w = 0{,}67 \cdot \sqrt{\frac{d_1{}^2 + d_2{}^2 + \ldots + d_n{}^2}{n-1}} \sim {}^2/_3\, f_m.$$

In diesen Ausdrücken bedeuten $d_1, d_2, \ldots$ die Abweichungen der Einzelwerte vom arithmetischen Mittel und n die Anzahl der Messungen.

Der Ausdruck „wahrscheinlicher Fehler" sagt aus, daß die Anzahl der Messungen mit einem Fehler, größer als f_w gleich ist der Anzahl von Messungen mit kleinerem Fehler; diese Berechnung hat nur bei großen Meßreihen einen mathematischen Sinn. Es gibt noch andere Methoden der Fehlerrechnung, doch ist wenig Gelegenheit für den Studenten, diese im Zusammenhang mit einem Kurs aus quantitativer Analyse zu gebrauchen.[1]

Verwerfen von Beobachtungen. Im Prinzip sollte kein Ergebnis, außer bei klar erkannter Fehlerquelle, verworfen werden. Messungen, welche weit vom Mittelwert einer großen Versuchsreihe abweichen, werden bei der Mittelwertsbildung häufig ausgelassen. Die Gründe hierfür sind anzugeben. Das Auftreten eines ziemlich abweichenden Wertes in einer Reihe von vier Bestimmungen, ohne augenscheinliche Ursache, ist eine geläufige Erscheinung, besonders wenn man die Technik der quantitativen Analyse beherrscht. *Mellor* (1. c.) stellt fest, daß man einen abweichenden Wert mit 99,3% Sicherheit verwerfen kann, wenn seine Abweichung vom Mittel der drei anderen Werte 4mal größer ist als die mittlere Abweichung dieser drei Werte. Beispiel: Bei der Analyse eines bestimmten Materials wurden folgende Prozentgehalte gefunden:

$$(1) \quad (2) \quad (3) \quad (4)$$

10,12, 10,41, 10,25, 10,17. Die Mittelbildung der übereinstimmenderen Werte ergibt:

Werte	Abweichung
10,12	0,06
10,25	0,07
10,17	0,01
Mittel 10,18	Mittel ± 0,05

Die Abweichung des zweifelhaften Ergebnisses 10,41% ist 0,23 vom Mittelwert der drei anderen und 0,23 ist mehr als 4mal 0,05, der mittleren Abweichung der anderen Ergebnisse. Demnach kann der zweifelhafte Wert mit $^{993}/_{1000}$ Sicherheit, entsprechend der Regel, verworfen werden. Wurden weniger als vier Messungen durchgeführt, so besteht keine Auswahlregel. Wie in jeder speziellen Arbeitstechnik, so ist auch beim analytischen Arbeiten Übung zur Entwicklung des analytischen „Gefühles" notwendig.

---

[1] *A. de F. Palmer:* The Theory of Measurements. Mc Graw Hill. — *J. W. Mellor:* Higher Mathematics for Students of Chemistry and Physics. Longmans Green & Co. — *T. B. Crumpler* and *J. H. Joe:* Chemical Computations and Errors. J. Wiley & Sons, Inc. 1940.
Kurze Zusammenfassungen der verschiedenen Wege der Behandlung von Meßfehlern finden sich bei *H. A. Fales* und *F. Kenny:* Inorganic Quantitative Analysis. D. Appleton-Century-Co. — *I. M. Kolthoff* and *E. B. Sandell:* Textbook of Quantitative Inorganic Analysis. Macmillan Co.
Von deutschen Büchern seien genannt: *B. Baule:* Die Mathematik des Naturforschers und Ingenieurs, Bd. II: Ausgleichs- und Näherungsrechnung. S. Hirzel. 1947. — *F. Kohlrausch:* Praktische Physik.

Eine Unterscheidung ist zwischen *absoluten* und *relativen* Fehlern zu machen. Es kann z. B. in ziemlich weiten Grenzen unabhängig von der Einwaage ein konstanter Fehler von 0,002 g bei einer gegebenen Methode auftreten. Das ist ein *absoluter* Fehler. Bei einer Einwaage von 0,1000 g ergibt dies einen ziemlich großen Fehler von 2%; bei einer Einwaage von 1,0000 g beträgt der Fehler nur 0,2%. Bei einer konstanten Einwaage wird es immer schwieriger, gute Ergebnisse zu erzielen, je mehr sich der zu bestimmende Bestandteil 100% nähert. Je größer der absolute Fehler der Methode ist, desto größer ist die Schwierigkeit. Ein Beispiel für einen absoluten Fehler unter festgelegten Verhältnissen ist der Löslichkeitsverlust eines Niederschlages.

Ein *relativer* Fehler steht zu einer gemessenen Größe in einem bestimmten Verhältnis. Z. B. kann ein bestimmter Niederschlag stets 1% einer anderen Substanz adsorbieren. Er wiegt daher stets 1% mehr, unabhängig von der Einwaage.

Aus den angeführten Gründen ist es zweckmäßig, die Fehler einer neuen analytischen Methode in Milligrammen anzugeben.

Beobachtungs- und Rechenregeln. Das Mitführen von Zahlen ungerechtfertigten Stellenwertes durch die Rechnungen soll vermieden werden. Bei einer Messung ist das Ergebnis prinzipiell so anzuschreiben, daß die letzte Stelle unsicher ist. Diese unsichere Stelle erscheint als Ergebnis einer Schätzung von Bruchteilen eines Teilstriches bei einer Ablesung, z. B. bei der Ablesung der Schwingungen einer Waage an der Waageskala, oder bei der Ablesung einer nur in $^1/_{10}$ ml geteilten Bürette usw. Auf einer gewöhnlichen analytischen Waage werden Gewichte auf vier Dezimalen, z. B. 10,4563 g bestimmt. Bürettenablesungen werden auf Hundertstel, z. B. 44,56 ml geschätzt. Bei Zwischenrechnungen wird manchmal eine unsichere Stelle mitgeführt, besonders dann, wenn bei einer Mittelwertsbildung hinter den sicheren Zahlen eine 5 steht. Das Endergebnis wird so abgerundet, daß die letzte Stelle unsicher ist. Folgen wir dieser Regel, so nennen wir so niedergeschriebene Ziffern „*kennzeichnende Zahlen*" (significant figures). Null kann sowohl als kennzeichnende Zahl als auch als Größenordnungsbezeichnung verwendet werden. Beispiel: In einem Gewicht, z. B. 0,2050 g, ist die Null links keine kennzeichnende Zahl. sie zeigt lediglich an, daß das Gewicht geringer als ein Gramm ist; die anderen zwei Nullen sind kennzeichnende Zahlen. Ein Tausendstel des Äquivalentgewichtes des Wasserstoffes (= Milliäquivalent) beträgt 0,001008 g. Die Null links sowie die ersten beiden Nullen rechts vom Dezimalpunkt sind keine kennzeichnende Zahlen, sondern zeigen den Stellenwert an. Die beiden Nullen zwischen 1 und 8 sind kennzeichnende Zahlen. In der Bürettenablesung 40,06 ml sind beide Nullen kennzeichnende Zahlen. In einer Zahl wie $3{,}14 \cdot 10^{-5}$ oder $8{,}92 \cdot 10^{6}$ erscheinen drei kennzeichnende Zahlen in der Messung: 10^{-5} oder 10^{6} zeigt die Größenordnung an.

Berechnungen. Beim Abrunden von beobachteten oder berechneten Größen zur richtigen Anzahl kennzeichnender Zahlen wird 1 zur letzten kennzeichnenden Zahl addiert, wenn die Zahl von nächst niedrigerem Stellenwert gleich oder größer als 5 ist. So wird z. B. die Wägung $10,974 + 1,8 \cdot 0,00020 = 10,97436$ auf $10,9744$ abgerundet.

Addition oder Subtraktion. Bei einer Addition oder Subtraktion sollen die Zahlen zu jenem Stellenwert abgerundet werden, welcher der ungenauesten Zahl in dieser Rechenoperation entspricht. Es sind z. B. zu addieren: 72,95, 1,052, 5,436.

$$
\begin{array}{r}
72,95 \\
1,05 \\
5,44 \\
\hline
79,44
\end{array}
$$

Multiplikation und Division. Im allgemeinen soll ein Produkt oder Quotient ebensoviele kennzeichnende Zahlen enthalten wie der Faktor mit der geringsten Anzahl kennzeichnender Zahlen. Ein Produkt oder Quotient kann keine größere perzentuelle Sicherheit haben als jener Faktor, welcher die geringste Sicherheit hat. Beispiel: Es ist $0,3621 \cdot 1,4 \cdot 0,228$ zu multiplizieren. Das Ergebnis ist $0,12$. Bei vielen analytischen Bestimmungen haben alle Daten vier kennzeichnende Zahlen; daher kann das Ergebnis bestenfalls durch vier kennzeichnende Zahlen ausgedrückt werden. Wird von einer Substanz ein kleineres Gewicht erhalten, z. B. $0,0455\,g$ von einer Einwaage von $1,0000\,g$, dann können im Ergebnis nur drei kennzeichnende Zahlen erhalten werden.

Die zu erwartende Genauigkeit. Es ist unmöglich, irgendwelche allgemeingültige Feststellungen über die zu fordernde Genauigkeit in einem Anfängerkurs aus quantitativer Analyse zu treffen. Sie schwankt mit der Ausstattung, den analysierten Substanzen, den relativen Mengen der anwesenden Stoffe, der Größe der Einwaage, der Methode, den Zielen des Kurses usw. Mit der gewöhnlichen Labor-Ausstattung ist es möglich, bei Titerstellungen und gewissen Analysen eine Genauigkeit innerhalb $0.2^0/_0$ der fraglichen Substanz zu erreichen. Bei einfachen volumetrischen und gravimetrischen Bestimmungen können bei Parallelbestimmungen, Einwaagen von etwa $1\,g$, zu analysierendem Substanzgehalt von $10^0/_0$ und darüber, Genauigkeiten innerhalb von $0,2^0/_0$, bezogen auf die Einwaage, erreicht werden. Bei einer Einwaage von $1\,g$ entspricht dies einem Fehler von $2\,mg$. Bezogen auf die zu bestimmende Substanz entspricht dies bei Parallelbestimmungen einer Differenz von $0,2$ im Prozentgehalt, so daß Werte wie $30,5^0/_0$ und $30,7^0/_0$ als in guter Übereinstimmung zu betrachten sind. Es ist besser, die angestrebte Genauigkeit und Übereinstimmung unter den örtlichen Gegebenheiten und Zielen zu betrachten; $0,2^0/_0$ stellen wahrscheinlich die obere Grenze der Übereinstimmung dar, die im allgemeinen in einem quantitativen Anfängerkurs gefordert werden kann.

Rechenhilfen. Für annähernde Rechnungen ist ein 25-cm-Rechenschieber sehr nützlich, reicht jedoch in manchen Fällen für die erforderliche Genauigkeit nicht aus. Deshalb wurde eine fünfstellige Logarithmentafel in den Anhang aufgenommen. Eine kurze Anleitung zum Gebrauch der Logarithmen ist im Anhang vor der Tafel gegeben. Dort befindet sich ferner eine Erläuterung zum Rechnen mit sehr großen oder sehr kleinen Zahlen in Form von Zehnerpotenzen bzw. in logarithmischer Form.

Rückblick, Fragen und Aufgaben.

1. Diskutiere die Feststellung: Das elektrochemische Äquivalent von Silber beträgt 0,001118 g pro Ampere-Sekunde.

2. Wie viele kennzeichnende Zahlen sind in jedem der folgenden Werte gegeben: a) Eine Ionisationskonstante 0,00126; b) ein Gewicht, 10,9506 g; c) die Avogadrosche [Loschmidtsche] Zahl $6,0244 . 10^{23}$; d) in der Konstante $6,1 . 10^{-5}$, e) Im Molekulargewicht von $CaCO_3$ 100,09. Antwort: a) 3; b) 6; c) 5; d) 2; e) 5.

3. $CaCO_3$ enthält 56,04% CaO; berechne die Menge CaO in 10 kg von Calcit, einer reinen Form von $CaCO_3$. Kennzeichnende Zahl? Antwort: 5604 g.

4. Eine Probe von 1,0456 g eines Hydrats verlor 0,0268 g beim Erhitzen. Berechne den perzentuellen Gewichtsverlust auf die kennzeichnenden Zahlen. Antwort: 2,56%.

5. Vier Titrationen ergaben die Werte a) 0,1470; b) 0,1467; c) 0,1465; d) 0,1469. Berechne die Abweichungen in Promillen und stelle fest, ob eines der Ergebnisse entsprechend der Regel verworfen werden soll.

6. Berechne die kennzeichnenden Zahlen:

a) Im Produkt $107,88 . 0,001118 . 3600$.

b) Im Quotient $10,36854 : 0,2474$.

c) In der Summe $2 . 107,88 + 96,0 + 4 . 16,0000$ (Molekulargewicht von Ag_2MoO_4).

V. Grundgesetze und Theorien.

In der quantitativen Analyse wird angenommen, daß der Student eine ausreichende Kenntnis der Berechnungen besitzt, die auf den Gesetzen von der Erhaltung der Masse, der Verbindungsgewichte, der konstanten und multiplen Proportionen beruhen. Berechnungen volumetrischer Analysen setzen die Kenntnis des Begriffes des Äquivalentgewichtes voraus, wenn bei der Herstellung der Standardlösungen das System der Normallösungen gebraucht wird. Vgl. S. 75. Genaue Beispiele der in der quantitativen Analyse gebräuchlichsten Rechnungen werden in den Kapiteln VIII, IX, XI und XV gebracht.

Isotope, Atomgewichte. In der unmittelbaren Vergangenheit war der Fortschritt, sowohl der Herstellung radioaktiver Isotopen durch Bombardement von gewöhnlicher Substanz mit Teilchen hoher kinetischer Energie, als in der Trennung der natürlich vorkommenden Isotopen von Wasserstoff (1, 2), Chlor (35, 37), Kohlenstoff (12, 13) usw. so bedeutend, daß die Frage auftreten könnte, ob diese Ergebnisse die Gültigkeit des Gebrauches der Atomgewichte berühren, da die Atomgewichte oft Zahlen darstellen. die sich aus der Zusammensetzung eines Isotopengemisches ergeben. Es scheint, daß man, außer im Zusammenhang mit natürlichen oder künstlichen radioaktiven Prozessen, keine außergewöhnlichen Isotopenmischungen antrifft. Daher braucht bei der Analyse der größten Mehrzahl von Substanzen auf eine mögliche Verschiedenheit in der Isotopenzusammensetzung keine Rücksicht genommen zu werden. Die Trennung und Nutzbarmachung reiner oder teilweise gereinigter Isotopen ist ein sich rasch ausdehnendes Forschungsgebiet. Unter günstigen Umständen können die gebräuchlichen analytischen Methoden verwendet werden; bei kleinen Materialmengen oder geringen Anreicherungen eines Isotopes wurden mit Vorteil physikalisch-chemische Methoden. wie die Massenspektrographie, Interferometrie, Dichtemessung. Wärmeleitfähigkeit, angewendet.

Atomgewichte. Im Prinzip könnte man Substanzen ohne Kenntnis der Atomgewichte analysieren, vorausgesetzt, daß eine brauchbare Methode für die vollständige Trennung jedes Elementes von den anderen und eine Methode für ihre quantitative Erfassung ausgearbeitet werden könnte. Die Mehrzahl der Elemente ist so reaktionsfähig, daß diese Arbeitsweise in vielen Fällen unpraktisch, für gewisse Elemente, wie Fluor, tatsächlich unmöglich wäre. Die Kenntnis der genauen relativen Atomgewichte der Elemente in ihrer normalen Isotopenzusammensetzung ist daher von größter Wichtigkeit. Diese Werte werden häufigen Neubestimmungen oder Revisionen unter kritischer Prüfung mittels unabhängiger Methoden unterzogen. Auch die Massenspektrographie wurde zur Atomgewichtsbestimmung herangezogen.

Die chemische Atomgewichtsbestimmung ist die verfeinertste Art einer chemischen Analyse. Für die meisten Elemente bestand das Verfahren in der Herstellung eines reinen Halogenids des fraglichen Elementes und seiner Überführung in Silberhalogenid. Alle Operationen wurden mit der größten Sorgfalt durchgeführt. ohne auf Zeit. Mühe und Kosten Rücksicht zu nehmen. Dann wird die Silbermenge wiederholt bestimmt. welche mit einem bekannten Gewicht des reinen Halogenids des betreffenden Elementes reagiert. Jeder Versuch wird mit ziemlich großen Einwaagen. in der Größenordnung von 10 g. durchgeführt. Im Prinzip handelt es sich um eine Halogenbestimmung mit Silbernitrat. vgl. S. 252.

Für den Analytiker beruht die Wichtigkeit richtiger Atomgewichte auf der Tatsache. daß man leichter eine reine Verbindung des Elements als das Element selbst abtrennen und wägen kann; das Gewicht des gesuchten Elementes wird dann durch Rechnung ermittelt. Dieser Vorgang vermeidet nicht nur die Abtrennung und Wägung der reaktionsfähigeren Elemente, er führt sogar zu einer Genauigkeitssteigerung. weil man das zu bestimmende Element in seiner Verbindung „beschwert". Ein extremes Beispiel stellt die Bestimmung von Natrium als $NaC_2H_3O_2 \cdot Mg(C_2H_3O_2)_2 \cdot 3\,UO_2(C_2H_3O_2)_2 \cdot 6{,}5\,H_2O$ dar. Dieses Salz enthält nur 1,53% Natrium. Ebensolche Vorteile bietet die Kenntnis der korrekten Atomgewichte in der Volumetrie. Verbindungen mit hohem Äquivalentgewicht können z. B. mit größerer Genauigkeit zum Titerstellen von Lösungen verwendet werden.

Chemisches Gleichgewicht.

Besondere Wichtigkeit besitzen in der analytischen Chemie Reaktionen, welche schnell zu einem nahezu vollständig auf einer Reaktionsseite liegenden Gleichgewicht fortschreiten. Derzeit wird die Mehrzahl der analytischen Reaktionen in wässerigen Lösungen durchgeführt. Es ist deshalb notwendig, den Faktoren, welche diese Gleichgewichte beeinflussen, besondere Aufmerksamkeit zuzuwenden.

Das Massenwirkungsgesetz. Die erste klare Feststellung des Einflusses der Konzentration der Reaktionsteilnehmer auf die Vollständigkeit einer Reaktion stammt von *Guldberg* und *Waage*.[1] Dieses „Massenwirkungsgesetz" lautet: *„Der Ablauf einer Reaktion ist den aktiven Massen der Reaktionsteilnehmer proportional."* Entsprechend diesem Prinzip besteht jede im Gleichgewicht befindliche Reaktion aus zwei entgegengesetzt mit gleicher Geschwindigkeit verlaufenden Vorgängen. Infolge des starken Temperatureinflusses auf die Reaktionsgeschwindigkeit müssen Gleichgewichtsuntersuchungen bei konstanter Temperatur durchgeführt werden. Für eine umkehrbare Reaktion, welche durch $A + B \rightleftarrows C + D$ symbolisiert sei, sind die Reaktionsgeschwindigkeiten $\overrightarrow{v_1} = K_1.(A).(B)$ und $\overleftarrow{v_2} = K_2.(C).(D)$, wobei K_1, K_2 die den entgegengesetzten Vorgängen eigentümlichen Geschwindigkeitskonstanten und (A), (B) ... die aktiven Massen der Reaktionsteilnehmer bedeuten. Im Gleichgewicht ist $v_1 = v_2$ und daher $K_1.(A).(B) = K_2.(C).(D)$ oder

$$\frac{(C).(D)}{(A).(B)} = \frac{K_1}{K_2} = K \quad \text{(bei konstanter Temperatur).}$$

K ist die *Gleichgewichtskonstante* der Reaktion bei der fraglichen Temperatur. *Guldberg* und *Waage* verwendeten molare Konzentrationen als Maß der aktiven Massen.

Gleichgewichtskonstanten. Diese Konstanten, welche hier kinetisch abgeleitet wurden, können auch vollkommen unabhängig von dem Reaktionsmechanismus nach *van 't Hoff*[2] thermodynamisch abgeleitet werden. Die Kenntnis der Gleichgewichtskonstante vermittelt eine grundlegende Kenntnis einer Reaktion, sagt jedoch nichts über die Reaktionsgeschwindigkeit aus. Die ursprüngliche thermodynamische Ableitung wurde lediglich auf ideale verdünnte Lösungen oder ideale Gasmischungen angewendet, wobei die aktiven Massen in molaren Konzentrationen bzw. in Partialdrucken ausgedrückt wurden.

[1] *C. M. Guldberg* und *P. Waage:* J. prakt. Chem. (2), **19**, 69 (1879).
[2] *J. H. van 't Hoff:* Z. physik. Chem. **1**, 481 (1887).

Zur Erläuterung folgt die experimentelle Ableitung einer Gleichgewichtskonstanten nach der Arbeit von *Guldberg* und *Waage*, l. c.,
aus welcher der Einfluß der aktiven Massen hervorgeht.

Beispiel: Reaktion $BaSO_4$ (fest) $+ Na_2CO_3$ (Lösung) $\rightleftharpoons BaCO_3$ (fest)
$+ Na_2SO_4$ (Lösung). Die aktiven Massen der festen Stoffe werden als
konstant angenommen, daher vereinfacht sich der Ausdruck der Gleichgewichtskonstante zu $\dfrac{[Na_2SO_4]}{[Na_2CO_3]} = K$. Die eckigen Klammern bedeuten.
daß die aktiven Massen in Molkonzentrationen angegeben werden. *Guldberg* und *Waage* fanden für K einen abgerundeten Wert von 0,200. Ihre
Daten sind in Tab. 3 neu zusammengestellt.

Tab. 3. Daten der Reaktion $BaSO_4 + Na_2CO_3$.[1]

Mole ursprünglich vorhanden		Mole gebildetes Na_2SO_4		Gleichgewichtskonstante
Na_2SO_4	Na_2CO_3	beobachtet	berechnet $K=0{,}200$	K
1. 0,0	5,0	0,837	0,833	0,201
2. 0,0	3,5	0,605	0,583	0,209
3. 0,0	2,0	0,337	0,333	0,203
4. 0,0	1,0	0,157	0,167	0,184
5. 0,2956	3,0	0,234	0,254	0,192
6. 0,2956	3,86	0,438	0,397	0,214

Dies ist ein unvorteilhafter Fall, da die **molaren Konzentrationen**
der Salze als aktive Massen verwendet wurden. Wie später gezeigt wird,
ist es schwierig, einen korrekten Ausdruck für die aktiven Massen
hochkonzentrierter, stark dissoziierter Salze aufzustellen.

Der Gebrauch der Gleichgewichtskonstante möge an Hand der Berechnung des dritten Wertes (0,333) der Tabelle erläutert werden. Ist x
die Konzentration des gebildeten Na_2SO_4, so ist die Endkonzentration an

$$Na_2CO_3 = 2{,}0 - x \text{ und daraus folgt } \frac{x}{2{,}0 - x} = 0{,}200; \; 1{,}2\,x = 0{,}4;$$
$$x = 0{,}333.$$

Die Bestimmungen 1 bis 4 der Tabelle zeigen die rasche Verringerung der Umsetzung mit abnehmender Na_2CO_3-Konzentration. Die Be-
stimmungen 5 und 6 zeigen den hemmenden Einfluß des Zusatzes eines
Reaktionsproduktes, Na_2SO_4. (Vgl. 2 und 6.) Zur Extraktion von
Anionen aus unlöslichen Salzen muß in der qualitativen Analyse ein
großer Überschuß von Na_2CO_3 angewendet werden. In der quantitativen
Analyse werden unlösliche Sulfate mit einem großen Überschuß von
trockenem Na_2CO_3 geschmolzen. Dies ist infolge des Temperatur- und
Konzentrationseinflusses auf das Gleichgewicht viel wirksamer als der
Gebrauch einer wässerigen Lösung.

Die Formulierung der Gleichgewichtskonstante einer Reaktion vom
Typus $2\,A + B \rightleftharpoons C + D$ kann nach $A + A + B \rightleftharpoons C + D$ erfolgen:

$$\frac{[C] \cdot [D]}{[A] \cdot [A] \cdot [B]} = \frac{[C] \cdot [D]}{[A]^2 \cdot [B]} = K.$$

---

[1] *Guldberg* und *Waage:* J. prakt. Chem. (2), **19**, 69 (1879). Ohne Tem-
peraturangabe.

Die Konzentration jedes Reaktionsteilnehmers erscheint mit dem Koeffizienten potenziert, mit welchem die entsprechende Formel in der korrekten Reaktionsgleichung multipliziert ist. Dementsprechend wird die Gleichgewichtskonstante für die allgemeine Reaktion

$$n_1 A_1 + n_2 A_2 + n_3 A_3 + \ldots \rightleftarrows n_1' A_1' + n_2' A_2' + n_3' A_3' + \ldots$$

folgendermaßen formuliert:

$$\frac{[A_1']^{n_1'} \cdot [A_2']^{n_2'} \cdot [A_3']^{n_3'} \ldots}{[A_1]^{n_1} \cdot [A_2]^{n_2} \cdot [A_3]^{n_3} \ldots} = K.$$

Für die Reaktion $MnO_4^- + 8\,H^+ + 5\,Fe^{++} \rightleftarrows Mn^{++} + 5\,Fe^{+++} + 4\,H_2O$ wird folgende Gleichgewichtskonstante zu verwenden sein:

$$\frac{[Mn^{++}] \cdot [Fe^{+++}]^5 \cdot [H_2O]^4}{[MnO_4^-] \cdot [H^+]^8 \cdot [Fe^{++}]^5} = K.$$

Faktoren, welche Gleichgewichte beeinflussen. Die wichtigsten Einflüsse sind: 1. die Temperatur; 2. der Druck; 3. die Konzentrationen der Reaktionsteilnehmer; 4. die spezifische chemische Natur der reagierenden Stoffe.

Temperaturerhöhung verschiebt das Gleichgewicht in der Richtung eines erhöhten Wärmeverbrauches. Das ist das *Le Châtelier*(1884)-*Braun*(1888)sche Prinzip vom beweglichen Gleichgewicht. Wird z. B. bei der Auflösung der letzten Anteile einer Substanz zu einer gesättigten Lösung Wärme gebunden, so wird die Löslichkeit des Salzes bei Temperaturerhöhung zunehmen.

Der Druckeinfluß auf ein Gleichgewicht kann ebenfalls nach dem *Le Châtelier-Braun*schen Prinzip vorausgesagt werden: Die Veränderung irgend eines gleichgewichtsbestimmenden Faktors verursacht eine Verschiebung des Gleichgewichtes in dem Sinne, daß diese Veränderung des Faktors möglichst aufgehoben wird. Reagieren Gase unter Volumverringerung, so wird die Anwendung von Druck einen vollständigeren Reaktionsablauf bei sonst gleichen Bedingungen bewirken. Der Druckeinfluß wird mit Vorteil bei der Behandlung von Lösungen mit H_2S, ferner bei gewissen gasanalytischen Bestimmungen angewendet. Der Einfluß der Konzentration der Reaktionsteilnehmer ist eines der wertvollsten Hilfsmittel bei analytischen Prozessen. Fällungen werden stets durch Anwendung eines kleinen Überschusses des Fällungsmittels vollständiger gemacht. Andere Reaktionen werden durch Entfernen eines gasförmigen Reaktionsproduktes zum vollständigen Ablauf gebracht, z. B. die Entfernung von CO_2 aus Karbonaten, oder von Fluorid aus einer Lösung durch Abdestillieren als $H_2[SiF_6]$. Die Komplexbildung wird ebenfalls verwendet, um eine Reaktion in eine gewünschte Richtung zu zwingen.

Ist ein System im Gleichgewicht und die Gleichgewichtskonstante bekannt, so kann man die theoretische Genauigkeit eines analytischen Prozesses ableiten, welcher auf diesem Gleichgewicht beruht. So lassen sich die theoretischen Möglichkeiten der Anwendung von volumetrischen

Neutralisationsreaktionen, Fällungs- oder Oxydations-Reduktionsprozessen leicht ableiten, wenn die entsprechenden Gleichgewichtskonstanten bekannt sind.

Obwohl die Gleichgewichtskonstante für eine ausreichend vollständige Reaktion in einer Richtung günstig sein kann, besteht stets die Möglichkeit, daß die Reaktionsgeschwindigkeit infolge einer langsamen „geschwindigkeitsbestimmenden" Zwischenreaktion, über welche die Konstante nichts aussagt, unbrauchbar klein sein kann. In gewissen Fällen haben Veränderungen von Druck, Temperatur oder Konzentration, letztere durch Anwendung eines Überschusses des Reagens oder Entfernen des Reaktionsproduktes, nur geringen Einfluß. In solchen Fällen ist die Suche nach einem geeigneten Katalysator angezeigt. Es gibt zahlreiche Beispiele für die erfolgreiche Anwendung von Katalysatoren bei volumetrischen Oxydations-Reduktions-Prozessen.

Beispiele: Ag^+ katalysiert die Oxydation von Mn^{++} zu MnO_4^- durch $S_2O_8^=$ in saurer Lösung. — Eine Spur MoO_4^- katalysiert die Oxydation von Jodid zu J_2 durch H_2O_2 in saurer Lösung. Eine Spur J^- katalysiert die Oxydation von As^{+++} durch MnO_4^-. — Mn^{++} katalysiert die Oxydation von Oxalation durch MnO_4^-. Da Mn^{++}-Ion ein Reaktionsprodukt ist, verläuft diese Reaktion autokatalytisch. — JCl katalysiert eine große Zahl von Oxydations-Reduktions-Reaktionen.

Das Massenwirkungsgesetz in Aktivitäten-Schreibweise. Die aktive Masse einer Substanz kann unter idealen Bedingungen ihrer molaren Konzentration gleichgesetzt werden, z. B. bei einem idealen Gas von niedrigem Partialdruck, oder bei extrem verdünnten Lösungen von Nichtelektrolyten. Bei konzentrierten (nicht idealen) Systemen, wie komprimierten Gasen, konzentrierten Lösungen von Nichtelektrolyten, verdünnten Lösungen von stark dissoziierten Substanzen, muß die Beziehung zwischen der molaren Konzentration und der aktiven Masse experimentell oder theoretisch ermittelt werden.

Experimentell kann das Problem durch die Messung der Löslichkeit, der Dampfdruckerniedrigung, der elektromotorischen Kraft usw. gelöst werden, wobei die Messungen bis zu extremen Verdünnungen durchzuführen sind. Für Elektrolyte kann die Aktivität theoretisch aus den Ionenladungen und der Dielektrizitätskonstante des Lösungsmittels berechnet werden. Die ausführliche Beschreibung dieser Methoden findet sich in physikalisch-chemischen und elektrochemischen Handbüchern. Einige Schlüsse, die in Verbindung mit Ionengleichgewichten von Interesse sind, finden sich im nächsten Abschnitt, S. 64.

Betrachten wir das Massenwirkungsgesetz in der Formulierung mit Aktivitäten als streng gültig, so ist die Gleichgewichtskonstante einer Reaktion $A + B \rightleftarrows C + D$ durch die Gleichung

$$\frac{a_C \cdot a_D}{a_A \cdot a_B} = K$$

gegeben.

Die Symbole a_A, a_B usw. bezeichnen die „Aktivitäten" oder „wahren aktiven Massen" der fraglichen Reaktionsteilnehmer. Der Zusammenhang zwischen der Aktivität und der molaren Konzentration ist dann durch

$$a_A = c_A \cdot f_A; \quad a_B = c_B \cdot f_B \text{ usw.}$$

gegeben, wobei c die molare Konzentration und f den „Aktivitätskoeffizient" bedeutet.

Viele theoretische Betrachtungen der nachfolgenden Kapitel, besonders jene über Ionengleichgewichte, beruhen notwendigerweise auf der Verwendung von Gleichgewichtskonstanten. Der Gebrauch von molaren Konzentrationen ist nur in begrenzten Fällen gültig, aber gerade diese Fälle sind in der Theorie der analytischen Chemie von entscheidender Bedeutung. Im Grenzfall ist der Aktivitätskoeffizient gleich 1; daher können molare Konzentrationen als aktive Massen verwendet werden. Wo erforderlich, müssen Aktivitätskoeffizienten gebraucht werden. Dieselben können aus publizierten Arbeiten entnommen oder mit guter Annäherung durch Rechnung bestimmt werden.

Ionisierung; Ionengleichgewichte. Der Gebrauch der molaren Konzentrationen als aktive Massen ist für Gleichgewichte zwischen schwachen Elektrolyten und ihren Ionen mit guter Genauigkeit über einen großen Konzentrationsbereich anwendbar. Schwache Elektrolyte in wässeriger Lösung sind: die meisten organischen Säuren, ausgenommen die Sulfonsäuren; gewisse anorganische Säuren, wie Borsäure, Kohlensäure; die meisten organischen Basen außer $(CH_3)_4NOH$ und andere Verbindungen derselben Type; Ammoniak, Hydrazin; einige wenige Salze, wie Bleiazetat, Quecksilber(2)-Salze. Vgl. Tab. 22 des Anhanges: Die Dissoziation von Säuren und Basen. Eine strenge Behandlung ist auch bei schwachen Elektrolyten nur auf Grund der Aktivitätstheorie durchführbar.

Die Dissoziationskonstante der Essigsäure ist

$$\frac{[H^+] \cdot [C_2H_3O_2^-]}{[HC_2H_3O_2]} = K \quad \text{(bei konstanter Temperatur)}.$$

Der Wert dieser Konstanten kann aus elektrischen Leitfähigkeitsmessungen abgeleitet werden, da man die Grenzwerte Λ_0 aus den Äquivalentleitfähigkeit bei sehr großen Verdünnungen bestimmen kann. Dieser Λ_0-Wert von Essigsäure wird indirekt aus den Λ_0-Werten von HCl + $+ NaC_2H_3O_2 - NaCl$ erhalten. Der gemessene Wert der Äquivalentleitfähigkeit der Essigsäure bei beliebiger Konzentration, dividiert durch Λ_0 für Essigsäure, ergibt den Dissoziationsgrad. Nennen wir den Dissoziationsgrad α, so ist $1 - \alpha$ der nicht dissoziierte Anteil der Säure. Ist V das Volum von 1-g-Molekül der Säure (in Lösung), so ist $\frac{1-\alpha}{V}$ die Konzentration der nicht dissoziierten Säure und $\frac{\alpha}{V}$ die Konzentration sowohl des Wasserstoffions als auch des Acetions, da der dissoziierte Anteil α in diese beiden Ionen zerfällt. Es folgt aus dem Massenwirkungsgesetz

$$\frac{\dfrac{\alpha}{V} \cdot \dfrac{\alpha}{V}}{\dfrac{1-\alpha}{V}} = \frac{\alpha^2}{(1-\alpha)\,V} = K.$$

Auf diesem Wege fand *Kendall*[1] Werte von $1,81 \cdot 10^{-5}$ bis $1.85 \cdot 10^{-5}$ bei 25^0 C für Konzentrationen von 0,13 bis 0,001 m. Bei höheren Konzentrationen war in den Werten von K ein „Gang“ zu beobachten. In tieferstehender Tabelle sind Werte für die Dissoziationskonstante auf vier kennzeichnende Zahlen abgerundet angegeben. Die Werte unter der Kolonne K' sind aus Leitfähigkeitsmessungen ohne Korrektur für die Aktivitäten, jene der Kolonne K mit Korrektur für die Aktivitäten berechnet.

Dissoziationskonstante der Essigsäure bei 25⁰ C.[2]

Mol-Konzentration Mol/kg	$K' \cdot 10^5$	$K \cdot 10^5$
0,000114	1,779	1,754
0,001028	1,797	1,751
0,005912	1,823	1,749
0,01283	1,834	1,743
0,05000	1,849	1,721
0,1000	1,846	1,695
0,2000	1,821	1,645

Wie ersichtlich, wird eine gute Konstanz von K bei 2000facher Konzentrationsänderung erreicht.

Der durch Rechnung aus diesen Werten ermittelte Grenzwert $K = 1,753 \cdot 10^{-5}$ stimmt gut mit dem Wert $1,75 \cdot 10^{-5}$ überein, der indirekt aus Messungen der elektromotorischen Kraft erhalten wurde.[3]

Unseren Zwecken legen wir die runde Zahl $1,75 \cdot 10^{-5}$ für die Konstante zugrunde. Einige Hinweise, wie man solche Konstanten verwendet, finden sich am Ende dieses Kapitels und in Kapitel VII.

Werden in derselben einfachen Weise Leitfähigkeitsmessungen zur Bestimmung der Dissoziationskonstanten starker Elektrolyte (stark dissoziierter Elektrolyte), wie der Mehrzahl der gewöhnlichen anorganischen Säuren, Basen und Salzen angewendet, so findet man selbst in verdünnten Lösungen keine Annäherung an einen konstanten Wert. Diese Verhältnisse zeigt Tab. 4.

---

[1] *J. Kendall:* Medd. Vetenskapsakad. Nobel Inst. **2**, Nr. 38 (1911).

[2] Aus einer ausführlicheren Tabelle von *D. A. MacInnes* und *T. Shedlovsky:* J. Amer. chem. Soc. **54**, 1429 (1932) ausgewählt.

[3] *H. S. Harned* und *B. B. Owen:* J. Amer. chem. Soc. **52**, 5079 (1930).

Tab. 4. *Dissoziationskonstanten einiger starker Elektrolyte, aus Leitfähigkeits-messungen berechnet.*[1]

Mol-Konz. Mol/kg	KCl	K	HCl	K	KOH	K	$NaC_2H_3O_2$	K
0,001	0,973	0,043	(0,993)	(0,14)	(0,981)	0,06	(0,958)	(0,022)
0,01	0,941	0,16	0,972	0,34	0,917	0,10	0,894	0,077
0,1	0,861	0,56	0,920	1,06	0,894	0,75	0,778	0,273
1,0	0,755	2,3	0,791	3,0	0,771	2,6	0,525	0,58
3,0	0,679	4,3	0,565	7,2	0,590	2,6	0,278	0,32

Dieses Verhalten wurde die *Anomalie der starken Elektrolyte* genannt. Die ursprünglichen Annahmen waren natürlich falsch, da sie die hohe Konzentration der geladenen Teilchen in den Lösungen dieser Elektrolyte, die Einwirkung dieser Ladungen aufeinander und auf die dielektrischen Eigenschaften des Lösungsmittels bei Konzentrationsänderungen nicht berücksichtigten.

Eine Gegenüberstellung der Gegensätze zwischen der ursprünglichen Theorie von *Arrhenius* und den Ergebnissen, welche aus den Forschungen von *N. Bjerrum, A. A. Noyes* und anderen über die starken Elektrolyte folgten, ist hier zusammengefaßt:

Starke Elektrolyte.

Klassische Ionentheorie.

1. Die aktiven Massen der Ionen eines 1—1 wertigen Elektrolyten, z. B. NaCl, sind bei jeder Konzentration einander gleich.

2. Unvollständige Dissoziation. Die thermodynamischen Eigenschaften der Lösung setzen sich nur bei extremer Verdünnung aus jenen der Ionen zusammen.

3. In einer Lösung, welche HCl und KCl, NaCl oder LiCl enthält, sollte der Dissoziationsgrad der Säure geringer sein als in einer äquivalenten Lösung der Säure in reinem Wasser. Dies ist der Eigen-Ioneneffekt; er sollte für gleiche Salzkonzentrationen gleich groß sein.

4. Es wird angenommen, daß die aktiven Massen der Ionen unabhängig von spezifischen elektrischen Kräften sind und durch Hydratation nur unwesentlich beeinflußt werden.

Moderne Anschauungen.

1. Die Aktivitäten von Anion und Kation sind im allgemeinen nicht gleich. Es wird angenommen, daß die Aktivitäten von Na^+ und Cl^- bei starker Verdünnung gleich sind.

2. Vollständige Dissoziation. Die thermodynamischen Eigenschaften der Lösung setzen sich selbst in konzentrierten Lösungen im wesentlichen additiv aus jenen der Ionen zusammen.

3. HCl kann in Gegenwart eines Alkalichlorides eine größere Aktivität besitzen als in reinem Wasser. In äquivalenten Mischungen ist die Aktivität der Säure am größten in LiCl-Lösung, kleiner in NaCl-Lösung, am kleinsten in KCl-Lösung.

4. Der Aktivitätskoeffizient eines Ions hängt unter gegebenen Bedingungen von seiner Wertigkeit, Größe, Konzentration in der Lösung und von seiner elektrischen Wirkung auf andere Ionen und auf die Molekel des Lösungsmittels ab.

---

[1] Aus *L. Michaelis:* Die Wasserstoffionenkonzentration.

Die klassische Ionentheorie gestattete eine systematische Behandlung der analytischen Chemie in wässerigen Lösungen und ermöglicht eine rohe quantitative Behandlung von Vorgängen, an welchen Ionengleichgewichte beteiligt sind; das sind Fällungs-, Neutralisations- Komplexbildungs- und Oxydations-Reduktions-Reaktionen. Je konzentrierter die Lösungen und je höher die Wertigkeit der beteiligten Ionen, desto größer werden die Fehler, die man begeht, wenn man Molkonzentrationen als aktive Massen einsetzt.

Es wird jetzt angenommen, daß das in der klassischen Theorie postulierte, nicht ionisierte Molekül in vielen Fällen in der Lösung nicht existiert. Viele Salze bestehen im festen Zustand aus einem Ionengitter. Im flüssigen Zustand oder in entsprechenden Lösungsmitteln mit hoher Dielektrizitätskonstante sind die Ionen frei und bewegen sich unabhängig. In Lösung sind einfache Elektrolyte dieser Klasse, wie die Alkalihalogenide, anscheinend vollkommen ionisiert, aber ihre Ionen sind nicht unabhängig von gegenseitiger elektrischer Beeinflussung. außer bei extremen Verdünnungen.

Viele Mineralsäuren, wie HCl, HBr, HJ, HNO_3, $HClO_4$ und andere scheinen in wässeriger Lösung vollkommen dissoziiert zu sein und haben in Lösungen gleicher Normalität gleiche Aktivität. Der „nivellierende" Effekt des Wassers verdeckt jeden individuellen Unterschied in der relativen Stärke dieser Säuren. Es wird angenommen, daß in allen diesen Fällen eine vollständige Reaktion nach dem Schema

$$HCl + H_2O \rightarrow H_3O^+ + Cl^-$$

eintritt. Individuelle Verschiedenheiten der Säuren sind nur in anderen Lösungsmitteln oder bei hohen Konzentrationen in Wasser meßbar. Das Proton H^+ ist in allen Fällen vollständig zum Hydroniumion H_3O^+ solvatisiert. Die Ionen der Salze und Basen sind ebenfalls solvatisiert; und mit einer koordinierten Hülle von Wassermolekeln umgeben, deren Anzahl von dem Elektronenbau [und Radius] des Ions abhängt. Solange wir unsere Betrachtungen auf ein einziges Lösungsmittel, Wasser, beziehen, ist es nicht nötig, den Solvatationsgrad in den Gleichungen zu berücksichtigen. In vielen Fällen kennt man keine genauen Werte.

Im folgenden wird ein Beispiel der Anwendung einer Dissoziationskonstanten gegeben: Die Dissoziationskonstante von Benzoesäure ist $K = 6{,}86 \cdot 10^{-5}$; gesucht ist a) die Wasserstoffionenkonzentration; b) der Dissoziationsgrad; c) der perzentuelle Anteil der Dissoziation; alles für eine 0,0500 molare Lösung der Säure.

a) *Berechnung der Wasserstoffionenkonzentration.*

$$\frac{[H^+] \cdot [C_6H_5COO^-]}{[C_6H_5COOH]} = 6{,}86 \cdot 10^{-5} = 10^{-4{,}16}.$$

x sei die Anzahl der gebildeten Mole Wasserstoffion, dann ist die Anzahl Mole Benzoation ebenfalls x, und der Anteil der undissoziierten Säure beträgt 0,0500 — x:

$$\frac{x \cdot x}{0{,}0500 - x} = 10^{-4{,}16}.$$

Die Auflösung der Gleichung nach x ergibt

$$x = -\frac{10^{-4,16}}{2} \pm \sqrt{\left(\frac{10^{-4,16}}{2}\right)^2 + 10^{-5,46}},$$

$$x = 10^{-2,74} = 1,83 \cdot 10^{-3} \text{ Mol/Liter},$$

da nur die positive Wurzel physikalische Bedeutung hat. Ist bei Rechnungen dieser Art x im Vergleich zum Subtrahend im Nenner vernachlässigbar, wie im vorliegenden Falle, so kann die Rechnung wesentlich vereinfacht werden:

$$\frac{x^2}{0,0500} = 10^{-4,16}; \quad x = 10^{-2,73} = 1,86 \cdot 10^{-3}.$$

Es wird empfohlen, zunächst stets diese angenäherte Rechnung durchzuführen. Ist der so für x gefundene Wert klein, das ist 1 bis 5% des Wertes, von dem x im Nenner zu subtrahieren ist, so braucht die exaktere Berechnung nicht angewendet zu werden.

b) *Berechnung des Dissoziationsgrades* α. Nachdem wir bereits die Mole Wasserstoffion bestimmt haben, die in einer 0,0500 molaren Säurelösung gebildet werden, läßt sich der von 1 Mol Säure gebildete Anteil nach der Proportion $0,0500 : 1,86 \cdot 10^{-3} = 1 : \alpha$ berechnen.

$$\alpha = 0,0372.$$

Benützen wir die Formel $\dfrac{\alpha^2}{(1-\alpha) \cdot V} = K = 10^{-4,16}$, so haben wir für V die Anzahl Liter, in denen 1 Mol der Säure enthalten ist (das sind 20), einzusetzen. Vernachlässigen wir im Nenner α als klein gegenüber 1, so erhalten wir

$$\frac{\alpha^2}{20} = 10^{-4,16}; \quad \alpha = 10^{-1,43} = 0,0372.$$

c) *Perzentuelle Dissoziation.* Da α der Dissoziationsgrad, bezogen auf 1 Teil ist, wird die perzentuelle Dissoziation nach der einfachen Proportion $\alpha : 1 = \% : 100$ berechnet. Sie ist definitionsgemäß gleich $100\,\alpha$; im vorliegenden Falle sind 3,72% der Säure in Form ihrer Ionen vorhanden.

Aktivität. *Debye* und *Hückel*[1] fanden einen theoretischen Ausdruck zur Berechnung der Aktivitäten von Ionen in sehr verdünnten Lösungen. Die Behandlung dieses Problems beruht auf der gegenseitigen elektrischen Beeinflussung der Ionen, ihrem gegenseitigen Abstand und den dielektrischen Eigenschaften des Lösungsmittels. Ihre auf verdünnte Lösungen beschränkte Formel benötigt lediglich die Kenntnis der Ionenstärke μ in der Lösung sowie der Ladung Z der Ionen. Die Ionenstärke wird nach *G. N. Lewis* berechnet, indem man die Summe der Produkte aus der Molarität mal dem Quadrat der Wertigkeit der betreffenden Ionen bildet und durch 2 dividiert.[2] Der Ausdruck für den

---

[1] *P. Debye* und *E. Hückel:* Physik. Z. **24**, 185, 305 (1923).

[2] Für Salzmischungen und Doppelsalze verwendet man die Summe der Ionenstärken der für die einzelnen Salze berechneten Werte.

Aktivitätskoeffizienten nach der *Debye-Hückel*schen Theorie ist

$$\log f_i = -0{,}505 Z_i^2 \sqrt{\mu},$$

wobei f_i den Aktivitätskoeffizienten eines Ions der Ladung Z_i., μ die Ionenstärke bedeutet und der Faktor 0,505 mit der Dielektrizitätskonstante und den gegenseitigen Ionenabständen zusammenhängt.

Wünscht man den mittleren Aktivitätskoeffizienten für die Ionen eines Salzes zu berechnen, so lautet der Ausdruck für 25° C:

$$\log f = -0{,}505 Z_+ Z_- \sqrt{\mu}.$$

wobei Z_+, Z_- die Ladungen des positiven bzw. negativen Ions sind. Keine dieser Grenzformeln läßt sich auf Lösungen größerer Ionenstärke anwenden; sie sind gut im Gebiete $\mu \leq 0{,}01$ zu benützen.

Die Anwendung der *Debye-Hückel*schen Formel sei an dem Beispiel eines Salzes eines zweiwertigen und zwei einwertiger Ionen, z. B. $BaCl_2$ in 0,001 m Lösung gezeigt:

$$\mu = \frac{0{,}001 \cdot 2^2 + 2 \cdot 0{,}001 \cdot 1^2}{2} = 0{,}003,$$

$$\log f = -0{,}505 \cdot 2 \cdot 1 \cdot \sqrt{0{,}003} = -0{,}0555,$$

$$f = 0{,}880; \quad \text{vgl. Tab. 5.}$$

Experimentell kann man bloß die Aktivität von Verbindungen, d. h. für nicht dissoziierte Moleküle, oder mittlere Aktivitäten für vollständig

Tab. 5. *Aktivitätskoeffizienten verschiedener Substanzen.*[1]

Konzentration (m) .	0,001	0,01	0,1	1,0	2,0
HCl	0,966	0,904	0,796	0,809	1,01
$HClO_4$	—	—	—	0,81	1,04
HNO_3	0,965	0,902	0,785	0,720	0,783
NaOH	—	—	—	0,68	0,70
KOH	—	0,90	0,80	0,76	0,89
LiCl	0,963	0,89	0,78	0,76	0,91
NaCl	0,966	0,904	0,780	0,66	0,67
KCl	0,965	0,901	0,769	0,606	0,576
NH_4Cl	0,961	0,88	0,74	0,57	—
H_2SO_4	0,830	0,544	0,265	0,130	0,124
$Ba(OH)_2$	—	0,712	0,443	—	—
$BaCl_2$	0,88	0,72	0,49	0,39	0,44 (1,8 m)
$Ba(NO_3)_2$	0,88	0,71	0,43	—	—
$CaCl_2$	0,89	0,725	0,515	0,71	—
$Mg(NO_3)_2$	0,88	0,71	0,51	0,50	0,69
$CdSO_4$	0,73	0,40	0,17	0,045	0,033
$ZnSO_4$	0,70	0,39	0,15	0,045	0,036
$Al(NO_3)_3$	—	—	0,20	0,19	0,45
$K_4[Fe(CN)_6]$	—	—	0,14	—	—

[1] Aus einer Zusammenstellung von *W. M. Latimer:* Oxydation Potentials. Prentice Hall Inc., N. Y., 1938.

dissoziierte Verbindungen bestimmen. Die Aktivitäten der Ionen (z. B. Cl') werden aus jenen der Verbindungen auf Grund folgender Annahmen abgeleitet: 1. In verdünnten KCl-Lösungen ist die Aktivität des Chlorions gleich jener des Kaliumions; 2. die Aktivität des Chlorions ist in verdünnten Lösungen einwertiger Chloride gleicher Normalität gleich.

Die Aktivitätskoeffizienten in Tab. 5 vermitteln die Kenntnis, bis zu welchem Ausmaß die aktiven Massen verschiedener Substanzen von den molaren Konzentrationen bei verschiedenen Verdünnungen abweichen.

Im allgemeinen gehen die Aktivitätskoeffizienten durch ein Minimum und steigen dann stetig an, häufig den Wert 1 bei Konzentrationen von 1 bis 3 m übersteigend.

Moderne Ansichten über Säuren und Basen.

In Kapitel VII, S. 89, wird festgestellt, daß das Gleichgewicht einer Neutralisationsreaktion von dem Wettbewerb der verschiedenen Substanzen um das Wasserstoffion abhängt, das dort der Einfachheit halber mit H^+ bezeichnet wurde. Das Wasserstoffion (Proton) H^+ ist, exakter ausgedrückt, in wässeriger Lösung zum Hydroniumion H_3O^+ hydrolisiert. Aus dem Verhalten der Säuren in verschiedenen Lösungsmitteln folgt, daß für jede Neutralisationsreaktion das Gleichgewicht zwischen Proton und der damit reagierenden Substanz bestimmend ist.[1] Die *Brönsted*sche Definition einer Säure ist „eine Substanz. welche die chemische Eigenschaft besitzt, ein Proton an eine andere Substanz abzugeben" (Protongeber).[2] Eine Base wird in dem Vorgang Säure $\rightleftarrows$ Proton $+$ Base gebildet. Umgekehrt ist eine Base eine Substanz, welche mit Protonen unter Säurebildung reagiert. Säuren können sowohl neutrale Molekel oder positiv oder negativ geladene Ionen sein.

$$\text{Säure} \qquad \text{Proton} \qquad \text{Base}$$

$$HCl \rightleftarrows H^+ + Cl'$$

$$H_2PO_4{}^- \rightleftarrows H^+ + HPO_4{}''$$

$$NH_4{}^+ \rightleftarrows H^+ + NH_3$$

$$[Fe(H_2O)_6]^{+++} \rightleftarrows H^+ + [Fe(H_2O)_5]OH^{++}$$

$$H_3O^+ \rightleftarrows H^+ + H_2O$$

$$H_2O \rightleftarrows H^+ + OH^-$$

---

[1] Diese Ansicht wurde zuerst von *Brönsted* und von *Lowry* entwickelt. *J. N. Brönsted*: Recueil Trav. chim. Pays-Bas **42**, 718 (1923). — *T. M. Lowry*: Chem. & Industry **42**, 43 (1923).

[2] *H. N. Alyea* und andere: Bericht des Komitees über die Nomenklatur von Säuren und Basen. J. chem. Educat. **16**, 535 (1939).

Die Base kann ebenfalls ein positives, ein negatives Ion oder eine neutrale Molekel sein. Wasser hat sowohl saure wie basische Eigenschaften, wie viele andere Substanzen, z. B. Aminosäuren

$$NH_2 - \left(C \begin{matrix} H \\ H \end{matrix} \right)_n - COOH,$$

ferner Ionen wie HCO_3^-, $HPO_4^=$ usw.

Nach der *Brönsted*schen Theorie besteht demgemäß ein Dualismus in Säure-Basen-Systemen, derart, daß jeder Säure eine Base zugeordnet ist. Wird die Base eines anderen Säure-Basen-Systems zugefügt, so treten die beiden Basen wegen der Anlagerung des Protons untereinander in Wettbewerb. Beispiel: HCl zu Wasser zugesetzt, reagiert folgendermaßen:

$$HCl + H_2O \rightarrow H_3O^+ + Cl^-$$

$$\text{Säure}_1 \qquad \text{Base}_2 \qquad \text{Säure}_2 \qquad \text{Base}_1$$

In diesem Falle geht die Reaktion bis zum Verschwinden der HCl-Molekel vor sich. Bei Essigsäure wird das Gleichgewicht erreicht, nachdem ein sehr geringer Prozentsatz der Säure reagiert hat. Bei der Hydrolyse des NH_4Cl hängt die Gleichgewichtseinstellung von der Konkurrenz zwischen den Basen NH_3 und H_2O um das Proton des Ammoniumions ab:

$$NH_4^+ + H_2O \rightleftarrows H_3O^+ + NH_3$$

$$\text{Säure}_1 \qquad \text{Base}_2 \qquad \text{Säure}_2 \qquad \text{Base}_1$$

Die moderne Betrachtung ist zum Verständnis der Neutralisationsreaktionen in nicht wässerigen Lösungsmitteln nützlich. So hat z. B. eine Lösung von NH_4NO_3 in flüssigem (wasserfreiem) NH_3 saure Eigenschaften. Sie löst Mg, Na usw. unter Wasserstoffentwicklung. Bei Zugabe von KNH_2 kann eine Titration mit Hilfe eines Indikators oder mittels elektrometrischer Indikation durchgeführt werden. Das NH_4^+ ist in flüssigem NH_3 eine Säure; und NH_2^- ist eine weitaus stärkere Base als NH_3, welches hier das neutrale Lösungsmittel darstellt. Daher geht die Reaktion $NH_4^+ + NH_2^- = 2\,NH_3$ in flüssigem Ammoniak tatsächlich vollständig vor sich.

In wasserfreier Essigsäure[1] sind Säuren, wie HCl, $HClO_4$ usw., übersauer, das heißt stärker sauer, als dies zu erwarten wäre. Sie können benützt werden, um viele basische Substanzen, wie z. B. Natriumazetat, organische Amine usw., in diesem Lösungsmittel zu titrieren. Das Acetion ist in diesem Milieu eine starke Base, welche sich leicht mit dem Proton einer genügend starken Säure verbindet. Perchlorsäure ist am stärksten, dann folgt Schwefelsäure; Salzsäure ist am schwächsten. Obwohl die relative Stärke dieser drei Säuren in wasser-

---

[1] *N. F. Hall* und *J. B. Conant:* J. Amer. chem. Soc. **49**, 3047 (1927). — *J. B. Conant* und *N. F. Hall:* J. Amer. chem. Soc. **49**, 3062 (1927). — *N. F. Hall* und *T. H. Werner:* J. Amer. chem. Soc. **50**, 2367 (1928).

freier Essigsäure merklich verschieden ist, sind alle dennoch für die Titration vieler Basen in diesem Medium geeignet.

Viele organische Säuren, die in Wasser schlecht löslich sind, werden häufig in verschiedenen alkoholischen Lösungen titriert. In diesen Lösungsmitteln sind das Hydroxylion und das Äthylation $OC_2H_5^-$ starke Basen. NaOH, KOH oder $NaOC_2H_5$ werden üblicherweise verwendet, um diese Ionen zuzuführen. Es ist eine bemerkenswerte Tatsache, daß sich die relative Stärke zweier Säuren oder Basen umkehren kann, wenn wir ein anderes Lösungsmittel als Wasser verwenden. So ändert sich das Verhältnis der Dissoziationskonstanten von Pikrinsäure zu Benzoesäure beträchtlich in N-Butanol gegenüber seinem Wert in Wasser.[1]

Schließlich soll erinnert werden, daß Pionierarbeit über die allgemeinen Verhältnisse von Säure-Basen-Systemen in nicht wässerigen Lösungen durch *E. C. Franklin* und seine Mitarbeiter geleistet wurde. Fassen wir zusammen, so ist großer Nachdruck auf die Tatsache zu legen, daß Basen aus der Lösungsmittelmolekel abgeleitet werden können, indem man ein Wasserstoffatom durch ein Metallion ersetzt. So sind KOH, KNH_2, KSH, KHF_2 usw. die charakteristischen Basen der entsprechenden wässerigen, Ammoniak-, Wasserstoffdisulfid-, Fluorwasserstoff-Systeme.[2] Die hier dargestellten neueren Anschauungen stellen die Natur der Säurefunktion und die gegenseitigen Säure-Base-Beziehungen besonders heraus.

Rückblick, Fragen und Aufgaben.

1. Berechne die Gewichte von Wasser und von CO_2, die beim Verbrennen von 0,2000 g a) von $C^{12}H_4$, b) von $C^{13}H_4$, c) von $C^{13}D_4$ erhalten werden; die Atomgewichte sind: $O = 16,000$, $H^1 = 1,000$, $D = 2,000$, $C^{12} = 12,000$, $C^{13} = 13,000$.

Antwort: CO_2 a) 0,5500,   b) 0,5294,   c) 0,4286,
  H_2O 0,4500,   0,4235, D_2O 0,3809.

2. Das Gesetz der konstanten Proportionen wurde 1920 formuliert: „Jede chemische Verbindung besteht aus den gleichen Elementen, die in denselben Gewichtsverhältnissen zusammentreten, wo immer dies sei." Kritik dieser Definition im Lichte unserer jetzigen Kenntnis.

3. Formuliere die Ausdrücke für die Gleichgewichtskonstanten für a) die 1. Dissoziation der Phosphorsäure, b) die Dissoziation von Ammoniumhydroxyd, c) die Oxydation von Zinn(II)-Ion durch Eisen(III)-Ion.

4. Die Dissoziationskonstante von HCN ist $7 \cdot 10^{-10}$; berechne den Dissoziationsgrad und die Wasserstoffionenkonzentration in einer 1,000-molaren Säure. (Vernachlässige α im Ausdruck $1 - \alpha$.)

---

[1] Nach *Wooten* und *Hammet:* J. Amer. chem. Soc. **57**, 2289 (1935) verändert sich das Verhältnis um das Hundertfache. Vgl. *Mason* und *Kilpatrick:* J. Amer. chem. Soc. **59**, 572 (1937). — *Evans* und *Davenport:* J. Amer. chem. Soc. **59**, 1920 (1937) zeigten experimentell, daß dieses Verhältnis zur Entwicklung einer quantitativen Bestimmungsmethode dieser beiden Säuren in einem Gemisch verwendet werden kann.

[2] *E. C. Franklin:* J. Amer. chem. Soc. **46**, 2137 (1924) gibt eine breite Zusammenfassung dieses Gesichtspunktes.

5. Führe die gleichen Berechnungen wie in Aufgabe 4 für Borsäure HBO_2 ($K = 6{,}6 . 10^{-10}$) in einer 0,500 m-Lösung durch.

6. Wie groß ist die Ionenstärke μ einer 0,0002 m $AlCl_3$-Lösung? Berechne den mittleren Aktivitätskoeffizienten für $AlCl_3$ bei dieser Konzentration. Antwort: $\mu = 0{,}0012$; $f = 0{,}885$. (Dieser Wert ist infolge der eintretenden Hydrolyse hypothetisch.)

7. Berechne die Ionenstärke und den Aktivitätskoeffizienten von $CaCl_2$ in 0,01 m-Lösung. Antwort: $\mu = 0{,}03$; $f = 0{,}67$.

8. Berechne die Wasserstoffionenkonzentration einer 0,1000-molaren Essigsäure ($K = 1{,}8 . 10^{-5}$) aus den Aktivitäten, wenn jeder Aktivitätskoeffizient 0,9 beträgt, unter Anwendung der Näherungsformel. Mache dieselbe Rechnung unter der Annahme, daß der Aktivitätskoeffizient 1 ist. Antwort: a) $1{,}4 . 10^{-3}$; b) $1{,}34 . 10^{-3}$.

VI. Allgemeine Grundlagen der volumetrischen Analyse.

Kalibrierung der Geräte.

Die volumetrische Analyse beruht auf der Bestimmung des Volums einer Lösung bekannter Konzentration, welche quantitativ mit einer Lösung der eingewogenen oder volumetrisch gemessenen Probe reagieren muß. Das Gewicht der zu bestimmenden Substanz wird aus dem Volum des verbrauchten Reagens berechnet.[1]

Der Vorgang der Volumsmessung der zum vollständigen Reaktionsablauf benötigten Lösung heißt *Titration*. Der Punkt, an welchem eine bestimmte Erscheinung die Beendigung der Reaktion anzeigt, heißt *Endpunkt*. Der Endpunkt sollte so nahe wie möglich mit jenem Punkt zusammenfallen, bei welchem äquivalente Mengen von Reagens und zu titrierender Substanz miteinander zur Reaktion gebracht wurden. Dieser letztere Punkt heißt der *Äquivalenzpunkt*. Sobald der sichtbare Endpunkt nicht genau mit dem Äquivalenzpunkt zusammenfällt, ist es angezeigt, den Titer der Reagenslösung empirisch zu bestimmen und die Analysen unter den genau gleichen Bedingungen durchzuführen.

Eine Reaktion muß folgende Bedingungen erfüllen, um in der Volumetrie anwendbar zu sein: 1. Sie muß praktisch vollständig sein, wenn äquivalente Anteile der reagierenden Substanzen anwesend sind. 2. Sie muß praktisch augenblicklich erfolgen. 3. Der Endpunkt muß durch eine Änderung der physikalischen oder chemischen Eigenschaften der Lösung (Farbänderung, Bildung eines Niederschlages usw.) scharf definiert sein. Falls die Reagenzien selbst dies nicht möglich machen, wird eine dritte Substanz, ein *Indikator*, zugesetzt, welcher erst dann reagiert, wenn die Hauptreaktion beendet ist.

---

[1] Bei sehr genauen Untersuchungen kann mittels einer Wägebürette das Gewicht der Lösung bestimmt werden. *Friedman* und *La Mer*: Ind. Engng. Chem., Analyt. Edit. **2**, 54 (1930), beschreiben eine ausgezeichnete Form einer Wägebürette (vgl. S. 83).

Ist eine Reaktion nicht genügend schnell, oder muß zum vollständigen Umsatz ein geringer Überschuß an Reagens zugesetzt werden, so kann sie in manchen Fällen doch verwendet werden, indem man sie mit einer Reaktion kombiniert, welche den obigen Anforderungen entspricht, wobei man diese letztere Reaktion verwendet, um den Überschuß des Reagens „zurückzutitrieren".

Die Anzahl der zu volumetrischen Bestimmungen verwendbaren Reaktionen ist verhältnismäßig klein und viele Reaktionen, die den Bedingungen entsprächen, können nicht verwendet werden, weil kein Indikator bekannt ist, welcher den erreichten Endpunkt anzeigt. Die Auflösung von Fe_2O_3 in Salzsäure unter Bildung von Eisenchlorid erfüllt z. B. keine der volumetrischen Forderungen. Die Auflösung von $CaCO_3$ in Säuren benötigt einen Säureüberschuß; selbst dann ist die Reaktion nicht augenblicklich. Durch Titration des Säureüberschusses ist es möglich, die Menge festzustellen, welche zur Umsetzung mit dem Karbonat benötigt wurde.

Volumetrische Methoden stimmen häufig besser überein als gravimetrische Methoden, besonders wenn letztere schwer vermeidbaren Fehlern unterworfen sind. Aus diesem Grunde werden Fe, Cr, As, Sb am besten volumetrisch bestimmt. Lästige und schwierige Trennungen lassen sich oft so vermeiden und die Analyse ist rascher als nach einer gravimetrischen Methode. Trotzdem zeigen in vielen Fällen gravimetrische Methoden größere Genauigkeit.

Reaktionstypen.

Die in der Volumetrie verwendeten Reaktionen lassen sich in zwei Gruppen einteilen: a) Reaktionen ohne Valenzänderungen. b) Oxydations-Reduktions-Reaktionen. Aus Bequemlichkeitsgründen teilt man die Titrationsmethoden in drei Klassen[1] ein:

1. Acidimetrie und Alkalimetrie oder Neutralisations-Reaktionen umfassen lediglich die Neutralisierung von Säuren und Basen, die als solche oder als saure oder basische Salze vorhanden sein können oder durch Hydrolyse entstehen. Diese Reaktionen haben alle die Vereinigung von Wasserstoffion und Hydroxylion zu Wasser zur Grundlage. Die Standardlösungen sind starke Säuren oder Basen (Hydroxyde) und manchmal Salze, welche infolge Hydrolyse sauer oder alkalisch reagieren.

2. Fällungs- und Komplexbildungs-Reaktionen beruhen lediglich auf Ionenaustausch; sie können weiter unterteilt werden in jene, bei welchen einfach Fällung eintritt, wie bei der Titration von Silber mit einer Chloridlösung; und jene, bei welchen ein Komplexion gebildet

---

[1] Die volumetrischen Methoden in der organischen Chemie, wie die Verseifung und Esterspaltung, Halogenaddition, Bildung von Molekülverbindungen, Substitutionsreaktionen usw., werden im 8. Kapitel von *I. M Kolthoff:* Die Maßanalyse, 1. Teil: Die theoretischen Grundlagen der Maßanalyse, 2. Aufl., Berlin: Springer-Verlag, 1930, behandelt.

wird, wie bei der Titration des Cyanidions mit Silbernitrat, wobei das Ion $[Ag(CN)_2]^-$ gebildet wird. Valenzänderungen sowie Umsetzungen mit Wasserstoffion oder Hydroxylion treten nicht ein.

3. Oxydations-Reduktions-Reaktionen beruhen auf Änderungen der Wertigkeit oder des Oxydationsgrades der reagierenden Substanzen. Die Standardlösungen enthalten oxydierende oder reduzierende Stoffe.

Um volumetrische Analysen durchzuführen, benötigt man: a) Lösungen bekannter Konzentration und daher Substanzen bekannter Reinheit. b) Ein Mittel, um das Ende der Reaktion festzustellen, d. h. irgend eine Art von Indikator. Indikatoren für die verschiedenen Reaktionstypen werden in den Kapiteln VII, IX und X besprochen. c) Kalibrierte Geräte, wie Büretten, Pipetten und Flaschen.

Maßlösungen.

Standard- oder Maßlösungen sind Lösungen bekannter Konzentration und können entweder empirisch oder auf Grund theoretischer Überlegungen hergestellt werden.

Eine *empirische Standardlösung* wird so hergestellt, daß 1 ml mit einer bestimmten passenden Substanzmenge, z. B. mit 5 mg, reagiert. Dies ist oft wünschenswert, wenn die Lösung nur zur Bestimmung einer einzigen Substanz verwendet wird, doch zeigen verschiedene empirischen Lösungen gegenseitig keine einfachen Volumsbeziehungen.

Eine *molare Lösung* (m) enthält ein Mol des gelösten Stoffes im Liter Lösung. In der Volumetrie werden Lösungen allgemein auf der Normalitätsbasis hergestellt.

Eine *Normallösung* (n) enthält ein Grammäquivalent des gelösten Stoffes im Liter Lösung. Ist eine Normallösung für den gewünschten Zweck zu schwach oder zu stark, so kann jedes beliebige Vielfache oder jeder beliebige Bruchteil des Äquivalentgewichtes verwendet werden. Lösungen, welche ein Halbes (n/2), ein Zehntel (n/10) oder ein Zwanzigstel (n/20) usw. Grammäquivalent pro Liter enthalten, werden sehr häufig benützt. Sie werden als 0,5-, 0,1-, 0,05 n- oder $\frac{n}{2}, \frac{n}{10}, \frac{n}{20}$-Lösungen bezeichnet. Gleiche Volume aller Normallösungen sind, wenn sie für dieselbe Reaktionsart verwendet werden, gegenseitig äquivalent. Da die oben gegebene Definition die Begriffe „Äquivalent", Äquivalentgewicht, Wasserstoffäquivalent (als Synonima) verwendet, ist es notwendig, dieselben genau zu definieren. Keine Definition deckt alle Reaktionsarten vollständig, und da dieses Gebiet für den Studenten schwierig ist, soll es in den nachfolgenden Paragraphen ausführlich behandelt werden.

Das Äquivalentgewicht oder Wasserstoff-Äquivalent einer Substanz. Acidimetrie und Alkalimetrie. In dieser Reaktionsart ist das Äquivalentgewicht eines Reagens jene Menge von Reagens, welche 1 Grammatom ersetzbaren Wasserstoff bzw. 1 Grammion Hydroxyl enthält oder mit ihm reagiert. Z. B. enthält Ba(OH)$_2$ zwei Hydroxyl-gruppen, das Äquivalentgewicht ist daher die Hälfte des Molgewichtes oder $\frac{Ba(OH)_2}{2}$. Natriumkarbonat Na$_2$CO$_3$ reagiert mit 2 g-Atom Wasser-stoff in Salzsäure und bildet 2 Molekel NaCl; das Äquivalentgewicht beträgt daher $\frac{Na_2CO_3}{2}$.

Fällungs- und Komplexbildungs-Reaktionen. In dieser Reaktions-type ist ein Grammäquivalent jene Substanzmenge, welche mit einem Grammatom eines einwertigen Kations (einem halben Grammatom eines zweiwertigen Kations usw.) reagiert oder dasselbe enthält. Bei einem Kation ist das Äquivalentgewicht gleich dem Atomgewicht, divi-diert durch die Wertigkeit. Reagiert eine Substanz mit diesem Kation, so ist ihr Äquivalentgewicht jene Gewichtsmenge, welche mit einem g-Äquivalent des Kations reagiert. Hier wird das Kation als Bezugs-element betrachtet, wobei Alkalimetalle meist unberücksichtigt bleiben. Das Äquivalentgewicht von AgNO$_3$ ist gleich dem Molgewicht, da Silber die Wertigkeit 1 besitzt. Da 2 Molekel KCN mit einem Silberatom reagieren, ist das Äquivalentgewicht des Kaliumcyanids 2 KCN. Das Äquivalentgewicht von Nickel ist $\frac{Ni}{2}$. Da bei der Bildung von K$_2$[Ni(CN)$_4$] 4 Molekel KCN mit 1 Atom Ni, bzw. 2 KCN mit $\frac{Ni}{2}$ re-agieren, ist das Äquivalentgewicht des KCN wieder 2 KCN. In diesen Fällen hat das Alkalimetall mit dem Äquivalentgewicht nichts zu tun. Bei der Feststellung, welches Metall als Standard zu nehmen ist, muß man beachten, ob das Kation oder das Anion an der Reaktion beteiligt ist und ob irgend ein anderes Metall das erstere ersetzen kann, ohne daß sich die Reaktion wesentlich ändert. Dies wird klar ersichtlich, wenn die Reaktion in Form ihrer Ionengleichung angeschrieben wird. So ist in dem eben erwähnten Fall das CN-Ion und nicht das K-Ion an der Reaktion beteiligt; das K wird daher bei der Festlegung des Äquivalents nicht berücksichtigt.

Oxydations- und Reduktionsvorgänge. Bei dieser Reaktionsart ist das Äquivalentgewicht jene Reagensmenge, welche mit 1 g verfügbarem Wasserstoff oder $^1/_2$ g-Atom verfügbarem Sauerstoff oder einer äquiva-lenten Menge eines anderen Elementes, wie Chlor, Brom, Jod, reagiert oder diese enthält. „Verfügbar" bedeutet, bei der Oxydation bzw. Re-duktion in Reaktion tretend. Da die Oxydation und Reduktion von Me-tallen mit einer Valenzänderung verbunden ist, kann das Äquivalent-gewicht in solchen Fällen als Molgewicht, dividiert durch die Wertig-keitsänderung, definiert werden. Wird an Stelle der Wertigkeit die „Oxydationszahl"[1] betrachtet, so kann die oben gegebene Definition auf alle Elemente durch die Festlegung ausgedehnt werden, daß das g-Äqui-

---

[1] Vgl. *McAlpine* und *Soule:* Qualitative Chemical Analysis, S. 637ff. D. van Nostrand Co. 1933.

valent einer beliebigen Substanz gleich ist seinem Molgewicht, dividiert durch die Änderung der Oxydationszahl jenes Elementes in der Substanz, welches an der fraglichen Reaktion beteiligt ist. Der Student muß mit der Methode, diese Oxydationszahl zu finden, vollkommen vertraut sein; nicht nur wegen der eben genannten Gründe, sondern auch, weil sie die Aufstellung von Reaktionsgleichungen von Oxydations-Reduktionsvorgängen wesentlich erleichtert. Es sollte beachtet werden, daß jede Reaktion in diese Klasse gehört, bei welcher eine Änderung der Oxydationszahl des zu bestimmenden Elementes auftritt. Tritt keine Änderung auf, so gehört die Reaktion nicht hierher. Wird z. B. $KMnO_4$ zu $MnSO_4$ reduziert, so ändert sich die Oxydationszahl von $+7$ auf $+2$; daher ist das Äquivalent $\dfrac{KMnO_4}{5}$. Wird Oxalsäure $H_2C_2O_4$ zu CO_2 und H_2O oxydiert, so benötigt man 1 Atom Sauerstoff oder 2 Äquivalente; das Wasserstoffäquivalent ist $\dfrac{H_2C_2O_4}{2}$. Oder die Oxydationszahl des Kohlenstoffes (C_2) wechselt in einer Molekel von $+6$ auf $+8$, was das gleiche Ergebnis gibt. Diese Diskussion zeigt, daß das Äquivalent einer Substanz in der Volumetrie keine feststehende Menge ist, sondern von der betrachteten Reaktion abhängt. Dieselbe Substanz kann verschiedene Äquivalente haben. So hat Chromsäure als Säure ein Äquivalent $\dfrac{H_2CrO_4}{2}$, da sie zwei ersetzbare Wasserstoffatome besitzt. Als Oxydationsmittel ($Cr^{VI} \rightarrow Cr^{III}$; oder $CrO_4 = +8\,H^+ + 3\,e \rightarrow Cr^{+++} + 4\,H_2O$) enthält sie 3 Äquivalente pro Mol; ihr Äquivalentgewicht ist daher $\dfrac{H_2CrO_4}{3}$. — Als Säure ist das Äquivalent der Jodsäure HJO_3 gleich ihrem Molgewicht; als Oxydationsmittel ist ihr Äquivalentgewicht $\dfrac{HJO_3}{6}$, da sie zu HJ reduziert wird. Kaliumpermanganat kann zu Mn^{++}-Salz mit einem Äquivalent: $\dfrac{KMnO_4}{5}$; zu MnO_2 mit einem Äquivalent: $\dfrac{KMnO_4}{3}$; zu Mn^{+++} mit einem Äquivalent: $\dfrac{KMnO_4}{4}$ oder zu Manganat mit einem Äquivalent: $\dfrac{KMnO_4}{1}$ reduziert werden.

Bei der Bestimmung eines volumetrischen Äquivalents einer Substanz muß man die grundlegende Reaktion kennen. Es ist nicht nötig, stets die vollständige Reaktionsgleichung aufzuschreiben; jedoch müssen die Veränderungen der Substanz bekannt sein. So muß man zur Berechnung des Äquivalents von $K_2Cr_2O_7$ als Oxydationsmittel wissen, daß es zu einem Chrom(III)-Salz reduziert wird. Es ist gleichgültig, wie diese Reaktion abläuft oder was für ein Reduktionsmittel hiefür verwendet wird. Die Oxydationszahl des Chroms (Cr_2) in einer Molekel Dichromat wechselt von $+12$ nach $+6$, so daß das Äquivalent $\dfrac{K_2Cr_2O_7}{6}$ ist. Dieser Sauerstoff wird selbstverständlich niemals in freier Form abgegeben, sondern wird von dem Reduktionsmittel aufgenommen.[1] Man erinnere sich, daß es in der Volumetrie ohne Reaktionsgleichung kein definiertes Äquivalent gibt!

Ist das Äquivalent einer Verbindung bekannt, so läßt sich jenes irgend eines Bestandteiles dieser Verbindung leicht ableiten:

Das Äquivalent von $K_2Cr_2O_7$ ist $\dfrac{K_2Cr_2O_7}{6}$; das von CrO_3 ist $\dfrac{2\,CrO_3}{6} = \dfrac{CrO_3}{3}$, das von Chrom ist $\dfrac{Cr}{3}$. Wenn das Äquivalent von Eisen gleich dem Atomgewicht ist, dann muß jenes von Fe_2O_3 gleich $\dfrac{Fe_2O_3}{2}$ sein. So kann eine Reaktion, z. B. die Oxydation von $Fe^{++} \rightarrow Fe^{+++}$ zur Bestimmung des Äquivalents von Eisen und von seinen Verbindungen FeO, Fe_2O_3, Fe_3O_4, $FeSO_4$ usw. dienen, wenn sie in Oxydations-Reduktionsvorgängen vorkommen.

Werden im Verlaufe einer Analyse mehrere Reaktionen durchgeführt, *so bestimmt jene Reaktion das Äquivalent, bei welcher die Maßlösung gebraucht wird. Das Äquivalent einer Substanz ist stets jene Menge, welche dem Äquivalent des Reagens in der Standardlösung entspricht, mit ihm reagiert, bzw. von ihm gebildet wird.* Diese Feststellung ist von großer Wichtigkeit. Wenn z. B. KNO_3 zu NH_3 reduziert und letzteres mit Normalsäure titriert wird, so wird das Äquivalent des KNO_3 nicht durch den Reduktionsvorgang, sondern durch die Reaktion zwischen Ammoniak und Säure bestimmt. Da eine Molekel KNO_3 eine Molekel NH_3 gibt und das Äquivalent des NH_3 gleich dem Molekulargewicht ist, ist auch das Äquivalent des Kaliumnitrates $\dfrac{KNO_3}{1}$.

Die folgenden Aufgaben werden sich nützlich erweisen, um das Auffinden von Äquivalenten zu üben. Gehe bei jeder folgendermaßen vor: 1. Schreibe die wahre, oder bei Oxydations-Reduktions-Reaktionen die hypothetische Reaktionsgleichung auf. 2. Nenne die Art der volumetrischen Reaktion, in welche sie gehört. 3. Stelle den Wechsel der Oxydationszahl fest, wenn ein solcher auftritt. 4. Nenne das Äquivalent der ersten Substanz jeder Gleichung und begründe deine Ansicht. (Berechne dabei nicht die Molgewichte.)

1. $H_2CrO_4 \rightarrow Na_2CrO_4$

2. $H_2CrO_4 \rightarrow CrCl_3$

3. $HJO_3 \rightarrow HJ$

4. $N_2H_4 \rightarrow N_2$

5. $H_2SO_3 \rightarrow H_2SO_4$

---

[1] Selbst wenn kein Sauerstoff umgesetzt wird, ist es formell stets möglich, eine Gleichung mit einem fiktiven Sauerstoffumsatz aufzustellen. So kann man die Gleichung $SnCl_2 + Cl_2 = SnCl_4$ auch $SnCl_2 + O + 2\,HCl = SnCl_4 + H_2O$ schreiben, um zu zeigen, daß das Äquivalent von $SnCl_2$ gleich $\dfrac{SnCl_2}{2}$ ist. Solche hypothetische Gleichungen können zur Bestimmung von Äquivalenten sehr nützlich sein.

6. $FeCl_2 \rightarrow K_4[Fe(CN)_6]$

7. $KCN + NiCl_2 \rightarrow K_2[Ni(CN)_4]$

8. $CuCNS \rightarrow HCN + CuSO_4$

9. $KJ + HgCl_2 \rightarrow K_2HgJ_4$

10. $Na_2B_4O_7 \rightarrow NaCl + H_3BO_3$

11. $AsH_3 \rightarrow H_3AsO_4$

12. $Na_2S_4O_6 \rightarrow Na_2SO_4$

13. $PCl_5 \rightarrow 5\,NaCl + Na_2HPO_4$

14. $Na_2SiF_6 \rightarrow ThF_4 + H_4SiO_4$

15. $HNO_3 \rightarrow NH_3$

16. $KMnO_4 \rightarrow K_2MnF_5$

17. $HgCl_2 \rightarrow Hg$

18. $KF \rightarrow K_3[FeF_6]$

19. $K_2S_2O_8 \rightarrow K_2SO_4$

20. $K_2S_2O_7 \rightarrow K_2SO_4$

21. $NaClO_2 \rightarrow NaCl$

22. $Na_3PO_4 \rightarrow NaH_2PO_4$

23. $KNO_2 \rightarrow NO$

Bereitung von Maßlösungen. Es gibt zwei allgemeine Methoden, um Maßlösungen zu bereiten: 1. *Direkte Methode.* Dieselbe besteht darin, das Äquivalentgewicht oder einen definierten Bruchteil oder ein Vielfaches des Äquivalentgewichtes einer Substanz bekannter Reinheit in einem Lösungsmittel, gewöhnlich Wasser, aufzulösen und nach dem Auffüllen auf das genaue Endvolum durch Schütteln homogen zu machen. 2. *Indirekte Methode.* Es wird eine Lösung mit der ungefähr gewünschten Normalität hergestellt und durch Titration mit der Lösung einer Substanz bekannter Reinheit (Urtitersubstanz, siehe S. 80) genau „eingestellt".

Es ist nicht immer möglich, die direkte Methode zu gebrauchen. Z. B. kann ein Alkali wie NaOH oder KOH nicht in chemisch reiner Form hergestellt werden. Anderseits geben Salzsäure und Wasser, bei bekanntem Barometerstand, ein Konstantsiedegemisch definierter Zusammensetzung und Dichte. Das entsprechende Gewicht einer solchen Säure kann, zu einem Liter verdünnt und gründlich gemischt, zur Bereitung einer Lösung jeder gewünschten Stärke, z. B. 1,0, 0,5 oder 0,1 n dienen.

Folgende Substanzen können leicht in genügender Reinheit zur direkten Herstellung von Standardlösungen hergestellt werden und sind daher „Urtitersubstanzen": Benzoesäure, Kaliumhydrogenphthalat, Natriumkarbonat, Kaliumchlorid, Natriumchlorid, Silber oder Silbernitrat,

Kaliumbromat, Kaliumjodat, Kaliumdichromat, Arsentrioxyd, Jod, Natriumoxalat.

Die Lösungen der meisten Säuren (außer der Salzsäure), der Alkalien, sowie der sehr häufig verwendeten Reagenzien Kaliumpermanganat und Natriumthiosulfat, werden allgemein nach der indirekten Methode hergestellt.

Die indirekte Methode verlangt eine Titerstellung zur genauen Feststellung der Normalität. Der Prozeß der Titerstellung wird ebenso wie eine Analyse ausgeführt, wobei in diesem Falle das Gewicht der titrierten Substanz bekannt und die Normalität (der Titer) der Standardlösung unbekannt ist. Sowohl die direkte wie die indirekte Methode benötigen deshalb Substanzen von bekannter, vorzugsweise völliger Reinheit; das sind die Urtitersubstanzen.

Urtitersubstanzen sollten im Idealfalle folgende Eigenschaften haben:[1] 1. Leicht erhältlich, leicht zu reinigen und vorzugsweise bei 100 bis 105⁰ zu trocknen, ohne daß eine Änderung in der Zusammensetzung eintritt. Diese Forderung wird bei kristallwasserhaltigen Substanzen nicht erfüllt. 2. Eine einfache, empfindliche qualitative Reinheitsprüfung bekannter Empfindlichkeit soll anwendbar sein. 3. Während des Wägens in Luft unveränderlich und, wenn möglich, in Berührung mit Luft mittlerer Feuchtigkeit über längere Zeiträume stabil, d. h. nicht hygroskopisch, durch Luft nicht oxydabel, durch CO_2 nicht veränderlich. 4. Ein hohes Äquivalentgewicht, damit Wägefehler einen relativ geringen Einfluß haben. 5. Reaktion mit der Standardlösung nach einem einzigen, wohldefinierten, rasch und vollkommen verlaufenden chemischen Vorgang.

In der Praxis ist im allgemeinen ein Kompromiß zwischen diesen verschiedenen idealen Forderungen notwendig. Die gewöhnlich verwendeten Urtitersubstanzen sind in der *Alkalimetrie und Acidimetrie* — Na_2CO_3, Tl_2CO_3,[2] Bernsteinsäure $H_2C_4H_4O_4$, Amidosulfonsäure[3] HSO_3NH_2, Kaliumhydrogenphthalat $KHC_8H_4O_4$. Benzoesäure $HC_7H_5O_2$, konstantsiedende Salzsäure und manchmal Oxalsäure $H_2C_2O_4 \cdot 2 H_2O$, obwohl letztere nicht einfach getrocknet werden kann.

Oxydierende Agenzien — $K_2Cr_2O_7$, $KBrO_3$, KJO_3, J_2.

Reduzierende Agenzien — $Na_2C_2O_4$, As_2O_3, Fe (elektrolytisch).

Fällung oder Komplexbildung — Ag, $AgNO_3$, verschiedene Metalle und Salze, die von der speziell benützten Reaktion abhängen.

Es ist theoretisch möglich, mit einer einzigen Urtitersubstanz für mehrere oder alle volumetrischen Analysen das Auslangen zu

---

[1] *S. P. L. Sörensen:* Z. analyt. Chem. **44**, 141 (1905). — *J. Wagner:* Verh. Vers. dtsch. Naturf. u. Ärzte, Abt. angew. Chem. II, 183 (1901). — *I. M. Kolthoff:* Die Maßanalyse, 2. Aufl., Bd. I, S. 246; Bd. II, S. 39. Berlin: Springer-Verlag. — *N. Schoorl:* Chem. Weekbl. **25**, 534 (1928).

[2] *E. Jensen* und *B. Nilsen:* Ind. Engng. Chem., Analyt. Edit. **11**, 508 (1939).

[3] *M. J. Butler, G. F. Smith* und *L. F. Audrieth:* Ind. Engng. Chem., Analyt. Edit. **10**, 690 (1938).

finden. KJO_3 kann z. B. sowohl bei der Einstellung von Säuren sowie von Reduktionsmitteln verwendet werden:

$$JO_3^- + 5\,J + 6\,H^+ = 3\,J_2 + 3\,H_2O.$$

In dieser Gleichung ist die Menge des gebildeten Jods jenem der drei Reaktanten äquivalent, welcher im Unterschuß vorhanden ist. KJO_3 kann quantitativ in KJ verwandelt und letzteres als Titersubstanz bei Fällungs- und Komplexbildungsanalysen verwendet werden.

$Na_2C_2O_4$ wird als Urtitersubstanz für Permanganatlösungen verwendet. Ferner kann das Oxalat durch Erhitzen in Karbonat verwandelt:

$$Na_2C_2O_4 \to Na_2CO_3 + CO$$

und letzteres als Titersubstanz für Säuren verwendet werden. Die meisten Urtitersubstanzen werden nur bei einer Reaktionstype angewendet.

Es ist im allgemeinen vorzuziehen, eine Lösung mittels jener Reaktionstype einzustellen, für welche die Lösung verwendet werden soll, wobei soweit als möglich identische Bedingungen hinsichtlich Gesamtvolum, Konzentration der Säuren, Salze, des Indikators usw. eingehalten werden sollen. Fehler, welche darauf beruhen, daß der Indikator eine bestimmte Reagensmenge zum Ansprechen benötigt, sowie andere Fehlerquellen fallen so zu einem beträchtlichen Ausmaß heraus.

Das Messen von Lösungen. Fehler.

Die Genauigkeit volumetrischer Bestimmungen hängt von der Genauigkeit ab, mit welcher Volume von Lösungen gemessen werden können. Diese ist viel geringer als die Genauigkeit des Wägens. Es gibt gewisse Fehlerquellen, welche sorgfältig beachtet werden müssen. Temperaturänderungen verursachen Veränderungen des Volums von Glasgeräten und von Lösungen. Das Volum eines 1000-ml-Meßkolbens aus gewöhnlichem Glase nimmt pro Grad um 0,025 ml zu; bei einem Kolben aus Pyrexglas ist die Zunahme viel geringer. Bei einer Temperaturerhöhung von 1^0 (bei Raumtemperatur) nimmt das Volum von 1000 ml Wasser und der meisten 0,1 n-Lösungen um 0,20 ml zu. Die Geräte können Kalibrierfehler haben, d. h. das am Gerät markierte Volum kann unrichtig sein. Solche Fehler können nur durch eine Nacheichung der Geräte vermieden werden. Ein anderer, allen volumetrischen Methoden eigentümlicher Fehler hängt mit der Bestimmung des Endpunktes zusammen.

Volumetrische Geräte können auf Einguß oder auf Ausguß kalibriert sein. Maßkolben (Abb. 26) sind gewöhnlich auf Einguß kalibriert, d. h. wenn sie so gefüllt sind, daß der Boden des Flüssigkeitsmeniskus gerade die Ebene der in den Hals eingeätzten Ringmarke berührt. dann enthalten die Kolben bei der Eichtemperatur genau das aufgeätzte Volum. Um die richtige Einstellung eines Flüssigkeitsmeniskus genau feststellen zu können, hat man das Auge in die Ebene der Ringmarke zu bringen.

Pipetten (Abb. 27) sind „auf Ausguß" kalibriert; die gebräuchlichsten Größen sind 5, 10, 20, 25, 50, 100 ml. Sie werden folgendermaßen verwendet: Die Flüssigkeit wird über die Eichmarke im oberen Rohr aufgesaugt und das obere Ende schnell mit dem trockenen Zeigefinger

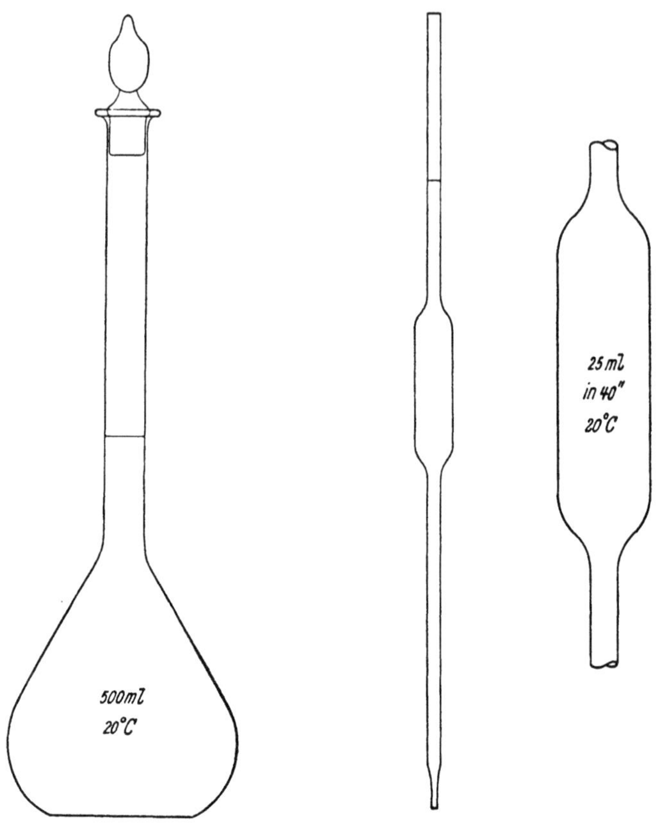

Abb. 26. Meßkolben.   Abb. 27. Pipette.

verschlossen. Am unteren Pipettenrohr außen anhaftende Flüssigkeit wird abgewischt. Durch vorsichtiges Lüften des Fingers läßt man den Flüssigkeitsmeniskus langsam fallen, bis er genau auf die Marke einspielt (siehe oben!). Ein etwa an der Pipettenspitze hängender Tropfen wird abgestreift und die Pipette nun durch freiwilliges Ausfließenlassen in das Auffanggefäß entleert, wobei die Pipettenspitze etwa 15 Sekunden nach erfolgtem Ausfluß für 1 bis 2 Sekunden an die (benetzte) Glaswand des Auffanggefäßes angehalten wird. *Die in der Spitze zurückbleibende Flüssigkeit darf nicht entfernt werden* (etwa durch Ausblasen). Dies ist sehr wichtig!

Büretten (vgl. Abb. 28; Abb. 29 zeigt eine Wägebürette) werden zur Abgabe *verschiedener* Volume verwendet. Sie enthalten gewöhnlich 50 ml, sind in Zehntelmilliliter geteilt und mit einem Quetschhahn oder Glashahn versehen. [Quetschhahnbüretten werden für stark alkalische Lösungen verwendet, welche das Schmiermittel des Glashahnes angreifen würden. Es ist darauf zu achten, daß der Schlauch, welcher die Bürette mit der Bürettenspitze verbindet, genügend starkwandig ist, damit er sich durch den wechselnden hydrostatischen Druck nicht

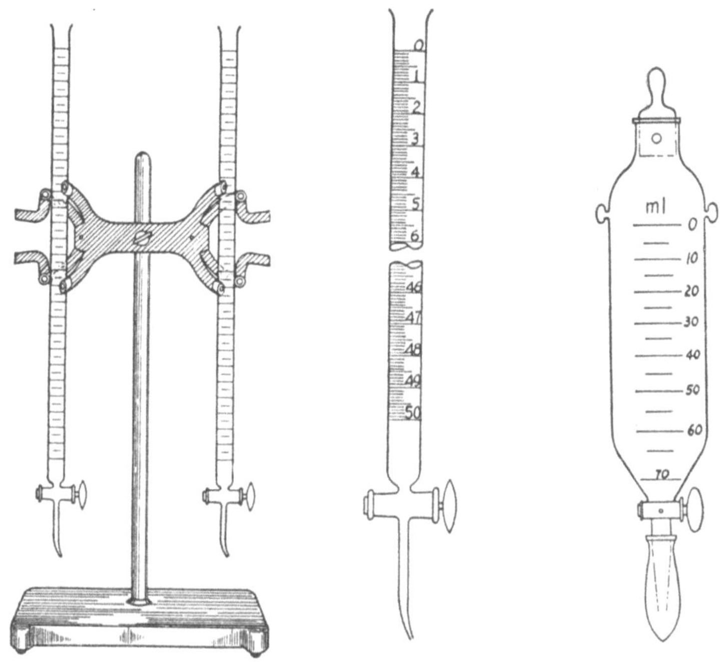

Abb. 28. Bürettenständer mit Büretten. Eine Bürette.   Abb. 29. Eine Wägebürette.

mehr oder weniger ausdehnt und dadurch Ablesungsfehler entstehen. Weiters ist sorgfältig jede Luftblase vor der Titration aus dem Schlauch zu entfernen.]

Glashähne müssen sauber gefettet werden, um ein Festsetzen des Kükens und ein Lecken des Hahnes zu vermeiden. Vgl. Abb. 30. Eine 50-ml-Bürette darf nicht schneller als mit 0,7 ml pro Sekunde entleert werden, sonst bleibt zuviel Flüssigkeit an den Wandungen hängen und das ausgeflossene Volum ist kleiner als das abgelesene (Nachlauffehler). Die Ablesung bleibt nicht konstant, der Meniskus steigt in dem Maße an, wie der „Nachlauf" zusammenfließt.

Einige allgemeine Regeln über die Behandlung der Büretten dürften von Wert sein. Versuche nicht, eine zum Gebrauch gereinigte Bürette zu trocknen; spüle sie 2- bis 3mal mit geringen Mengen der einzufüllenden Lösung aus. [Lasse vor jedem neuen Ausspülen gut ab-

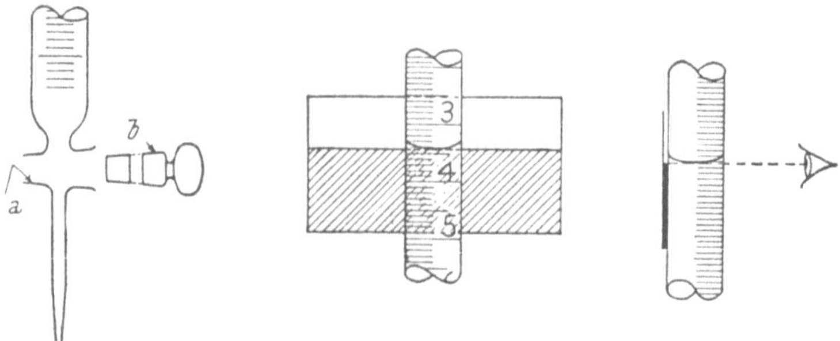

Abb. 30. Methode, den Bürettenhahn zu schmieren. Das Fett wird an den Stellen *a* und *b* leicht aufgetragen.[1]   Abb. 31. Gebrauch einer Karte beim Ablesen von Büretten.

tropfen.] Lasse alkalische Lösungen niemals in einer Bürette stehen. Das Glas wird angegriffen und der Glashahn frißt sich fest. [Lasse niemals, auch bei anderen Flüssigkeiten, halbgefüllte Büretten über Nacht stehen. Fülle sie über die Nullmarke auf oder entleere und reinige sie sogleich.] Die beste Methode, eine Bürette abzulesen, ist nahe hinter die Bürette eine Karte, deren obere Hälfte weiß, deren untere Hälfte schwarz ist, so zu halten, daß sich die Trennungslinie gerade unter dem Meniskus befindet. Vgl. Abb. 31. Wird der obere Teil der Karte an der Trennungslinie nach rückwärts abgebogen, so wirkt er als Reflektor und gibt bessere Beleuchtung. Bei dunkel gefärbten Flüssigkeiten liest man am oberen Flüssigkeitsrand ab. Ist die Teilung zumindest halb um die Bürette herumgeführt, so wird der Parallaxefehler vermieden. Büretten mit „Schellbachstreifen" sollten nicht verwendet werden; sie können nicht so genau abgelesen werden, außer man trifft besondere Vorkehrungen, um Parallaxefehler zu vermeiden.

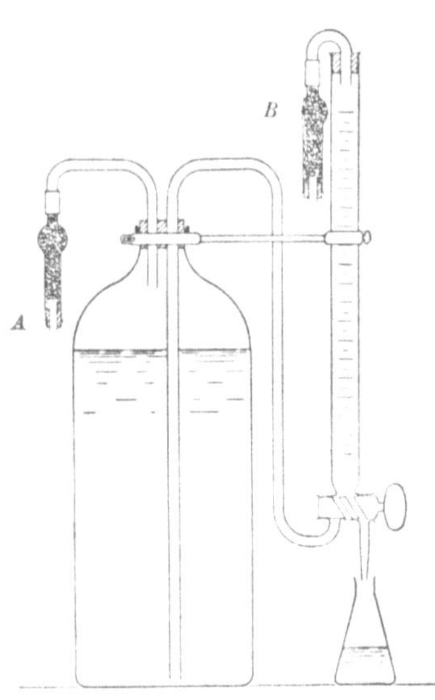

Abb. 32. Standflasche für Alkali. Die beiden Trockenröhrchen werden mit Natronkalk gefüllt, welcher von Wattepfropfen oder Glaswolle gehalten wird. Die Lösung wird durch Luftdruck bei *A* oder durch Saugen bei *B* in die Bürette gebracht.

[1] [Besser ist es, das Küken durchgehends dünn zu schmieren und in den völlig trockenen Hahn einzudrehen. Alte Hähne reinigt man mit Benzolin.]

Alle Geräte zur Abgabe von Flüssigkeitsmengen müssen absolut rein sein, so daß der Flüssigkeitsfilm am Glase an keiner Stelle aufreißt. Dieser Forderung muß sorgfältige Beachtung gezollt werden — oder die abgegebene Flüssigkeitsmenge stimmt nicht mit der abgelesenen Menge überein.

Ein gutes Reinigungsmittel erhält man durch Lösen von gepulvertem $Na_2Cr_2O_7$ [$K_2Cr_2O_7$ oder CrO_3] in konzentrierter Schwefelsäure. Diese Lösung muß einige Zeit in dem zu reinigenden Gefäß stehen und kann dann in eine Vorratsflasche zurückgegossen werden. Rauchende Salpetersäure wirkt schneller. Eine Mischung von rauchender Salpetersäure und konzentrierter Schwefelsäure ist noch wirksamer, doch sind diese rauchenden Säuren sehr unangenehm zu handhaben. In jedem Falle wird die Reinigungsmischung unwirksam, wenn die Säure verdünnter wird.

Alkalische Lösungen, alkoholische Kalilauge, verdünnte Lösungen von NaOH oder Na_3PO_4 entfernen Fett. Auf die alkalische Behandlung folgt ein Waschen mit Wasser, Säure und nochmals Wasser. Eine wirksame Reinigungslösung wurde S. 13 angegeben. Auch Aceton ist ein gutes Reinigungsmittel. Um Glasapparate zu trocknen, spüle man sie mit Aceton, nicht mit Alkohol oder Äther aus und blase oder sauge Luft durch.

Alkalische Lösungen können in einer Anordnung nach Abb. 32 vor Kohlendioxyd geschützt werden.

Kalibrierung volumetrischer Geräte.

Es ist wünschenswert, mit richtig geeichten Glasgeräten zu arbeiten. Ist dies nicht möglich, so müssen die verfügbaren Geräte nachgeeicht werden. Die Kalibrierung wird auf der Grundlage des wahren Liters

Tab. 6. *Ein Glasgefäß hat ein Volum von 1 wahren Liter bei 20° C, wenn es bei $t°$ C w g Wasser faßt.*

Temperatur $t°$ C	Gewicht eines wahren Liters in Luft, w g	Volum von 1 g ml	Temperatur $t°$ C	Gewicht eines wahren Liters in Luft, w g	Volum von 1 g ml	Temperatur $t°$ C	Gewicht eines wahren Liters in Luft, w g	Volum von 1 g ml
10	998,39	1,0016	17	997,66	1,0023	24	996,38	1,0036
11	998,32	1,0017	18	997,51	1,0025	25	996,16	1,00385
12	998,23	1,0018	19	997,35	1,0026	26	995,93	1,0041
13	998,14	1,00186	20	997,18	1,0028	27	995,69	1,0043
14	998,04	1,0019	21	997,00	1,0030	28	995,44	1,0046
15	997,93	1,0021	22	996,80	1,0032	29	995,18	1,0048
16	997,80	1,0022	23	996,59	1,0034	30	994,91	1,0051

durchgeführt. Ein wahrer Liter ist das Volum von 1 kg Wasser bei der Temperatur seiner größten Dichte, 4° C, gewogen im Vakuum. Es ist unmöglich, Wasser im Vakuum zu wägen; daher wird jenes

Gewicht des Wassers berechnet, welches, bei Raumtemperatur unter gewöhnlichen Bedingungen mit Messinggewichten gewogen, einen wahren Liter einnimmt. Diese Berechnung erfolgt unter Berücksichtigung des Luftauftriebes des Wassers und der Gewichte, sowie der thermischen Ausdehnung des Wassers bzw. des Glasgefäßes. In Tab. 6. S. 85 wurden alle diese Faktoren berücksichtigt.

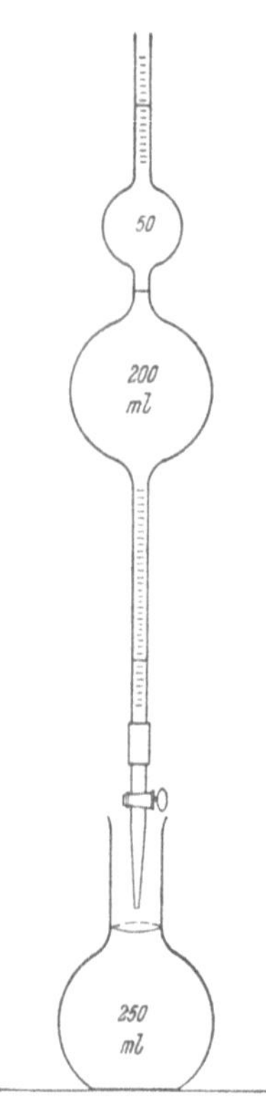

Abb. 33. Kolbeneichgerät nach *Morse-Blalock*.

Der Liter und die kleineren Raumeinheiten werden besser von der Masseneinheit als von der Längeneinheit abgeleitet; die Unterteilungen werden daher richtiger Milliliter (ml) als Kubikzentimeter genannt. Der Unterschied zwischen Liter und 1000 ccm ist so gering, daß er in der Volumetrie keine praktische Bedeutung besitzt: 1 l entspricht 1000,028 ccm. Der Inhalt moderner Meßgefäße wird üblicherweise in Millilitern angegeben.

Das Kalibrieren von Meßkolben. Die Prüfung wird vorgenommen, indem man das Gewicht des Wassers wägt, wenn der Kolben bis zur Marke gefüllt ist: Der Meßkolben muß sauber und trocken sein. Stelle ihn sowie ein entsprechendes Gewicht (z. B. 250 g für einen 250-ml-Meßkolben) auf die linke Waageschale einer gröberen Waage (Empfindlichkeit etwa 5 mg pro Skalenstrich) und tariere mit Gewichten, Schrot oder einer anderen geeigneten trockenen Tara genau aus. [Für genaueste Ansprüche muß die Tara aus Messing bestehen (Luftauftrieb!).] Entferne nun das Nominalgewicht von der linken Waageschale und setze ein Gewicht auf, welches den Korrektionen entspricht. Es sollten z. B. 250 ml Wasser bei 16^0 C $^1/_4$ von 997,80 g = = 249,45 g wiegen. Daher sind 250—249,45 = 0,55 g auf die linke Waageschale zu legen, so daß wieder Gleichgewicht herrscht, wenn man 249,45 g Wasser zufüllt. Die endgültige Einstellung macht man mittels einer Pipette oder eines Kapillarrohres, nachdem man vorher im Kolbenhals anhaftende Tropfen mittels Filtrierpapier entfernt hat. Falls bei der Nacheichung eine neue Einstellung gefunden wurde, wird diese mittels eines Zettels markiert, bzw. die Entfernung von der ursprünglichen Marke gemessen und notiert. Zweckmäßiger ist es meist, den Kolben bis zur Marke zu füllen, das Volum aus dem Gewicht des Wassers zu berechnen und die Korrektur auf dem Kolben zu notieren [Diamantstift, oder einätzen].

Einfacher kalibriert man mittels eines Eichgefäßes nach *Morse-Blalock*, Abb. 33.

Angenäherter Vergleich von Meßkolben und Pipette. Eine grobe Volumsprobe eines Kolbens im Vergleich mit einer Pipette kann folgendermaßen durchgeführt werden: Stelle z. B. eine trockene 50-ml-Pipette und einen trockenen 250-ml-Meßkolben bereit. Pipettiere den Pipetteninhalt fünfmal in den Kolben und vergleiche den Meniskus mit der Marke.

Pipetten prüft man auf folgende Weise: Fülle die saubere Pipette mit destilliertem Wasser bis zur Marke und entleere sie in ein gewogenes Wägeglas oder eine Flasche mit Glasstopfen. Weicht das Gewicht des ausgeflossenen Wassers von dem Sollwert ab, so berechne nach Tab. 6 die richtige Lage der neuen Marke. Oder man geht folgendermaßen vor: Ist das Gewicht zu gering (zu groß), so klebe einen schmalen Papierstreifen oberhalb (unter) der Marke um den Pipettenstiel, so daß mehr (weniger) als das gewünschte Gewicht ausfließen wird. Bestimme die ausgeflossene Gewichtsmenge von dieser neuen Marke und berechne aus der Differenz und dem Abstand der beiden Marken jenen Abstand, bei welchem das genaue Gewicht ausfließen wird. Prüfe auf jeden Fall die Richtigkeit dieser endgültigen Marke.

Eine andere Methode besteht darin, die Abweichung vom Sollwert als Korrektur in Rechnung zu stellen.

[Ungeeichte Meßkolben und Pipetten eicht man in derselben Weise, klebt einen Papierstreifen so um den Hals bzw. Pipettenstiel, daß die so hergestellte Ebene genau den Meniskus tangiert, überzieht den Hals mit Wachs und ritzt einen Kreisring mittels eines Messers genau an der Marke in das erkaltete Wachs. Man hält den Hals horizontal und bringt mittels einer Federfahne einen Tropfen starker Flußsäure auf die Ätzstelle. Man dreht den Kolben, so daß die Flußsäure überall das bloßgelegte Glas benetzt, hilft mit der Federfahne nach, läßt höchstens zwei Minuten einwirken, wäscht mit Wasser ab, entfernt Wachs- und Papiermarke und prüft die so hergestellte Marke durch Auswiegen.]

Die Fehlergrenzen von Meßkolben, Pipetten und Büretten sind:

Meßkolben.

Inhalt ml	50	100	250	500	1000
Fehler ml	0,05	0,08	0,11	0,15	0,3

Pipetten.[1]

Inhalt ml	5	10	25	50	100
Fehler ml	0,01	0,02	0,025	0,05	0,08

Büretten.

Inhalt ml	5	10	30	50	100
Fehler ml	0,01	0,02	0,03	0,05	0,10

(U. S. Bureau of Standards, Circular Nr. 9. Genauere Angaben bringt *I. M. Kolthoff*: Maßanalyse, 2. Aufl., Bd. II, S. 5ff.)

---

[1] [Die tatsächlich erreichbare Genauigkeit liegt über eine Zehnerpotenz höher.]

Büretten. Vor der Prüfung wird die Bürette gereinigt und der Hahn mit Spezialfett geschmiert. Dann wird die Bürette mit Wasser von Raumtemperatur gefüllt und die Temperatur gemessen. Das Wasser wird in entsprechenden Intervallen, z. B. 5 oder 10 ml in Wägegläschen aufgefangen und gewogen. Die Wägungen brauchen bloß auf Hundertstelgramm durchgeführt werden. Man kann die Korrektur für Intervalle, wie 0 bis 10 ml, 10 bis 20 ml oder [besser] Gesamtkorrektionen für 0 bis 10 ml, 0 bis 20 ml usw., aufstellen. Eine Karte oder ein anderes gutes Hilfsmittel soll beim Ablesen der Bürette benützt, die Ablesungen auf Hundertstel Milliliter geschätzt werden. Die Ergebnisse werden in einer Tabelle zusammengefaßt; vgl. Tab. 8.

Das tatsächliche Volum wird aus dem Gewicht des ausgeflossenen Wassers berechnet. Dieses Gewicht wird mit dem Volum multipliziert, das 1 g Wasser bei der betreffenden Temperatur einnimmt. Tab. 6, S. 85.

Tab. 7. *Inhalt für verschiedene Röhrendurchmesser. Längen, die 1 ml Inhalt entsprechen.*

Innerer Durch-messer des Pipettenstieles	1 ml entspricht einer Länge von mm	Innerer Durch-messer des Pipettenstieles	1 ml entspricht einer Länge von mm	Innerer Durch-messer des Pipettenstieles	1 ml entspricht einer Länge von mm
2	318	4,5	63	7	26
2,5	204	5	51	7,5	22,6
3	141	5,5	42	8	19,9
3,5	104	6	35	9	15,7
4	79	6,5	30	10	12,7

Tab. 8. *Kalibrierung einer Bürette.*
Temperatur 27° C.

Abschnitt	Ablesung ml	Ablese-differenz	Gewicht g	Gewichts-differenz	Ausgeflos-senes Volum	Fehler ml	Gesamt-korrektion ml
Anfang .	0,03	—	36,45	—	—	—	—
0—10 .	10,04	10,01	46,42	9,97	10,01	± 0,00	± 0,00
10—20 .	20,01	9,97	56,38	9,96	10,00	+ 0,03	+ 0,03
20—30 .	30,01	10,00	66,36	9,98	10,02	+ 0,02	+ 0,05
30—40 .	39,98	9,97	76,28	9,92	9,96	— 0,01	+ 0,04
40—50 .	50,00	10,02	86,29	10,01	10,05	+ 0,03	+ 0,07

Die Nacheichung wird wiederholt, einzelne Abschnitte werden kontrolliert, bis die Korrektionen innerhalb 0,02 ml in jedem Abschnitt übereinstimmen. Zum Gebrauch verwendet man die Mittelwerte der Gesamtkorrektion.

Rückblick, Fragen und Aufgaben.

1. Zeige, auf welche Weise HJO_3 vier verschiedene Äquivalente haben kann. Bemerkung: Eine Möglichkeit ist die Reduktion zu JCl.

2. Vergleiche die Äquivalente von $H_4[Fe(CN)_6]$ bei acidimetrischen und Oxydationsreaktionen.

3. Nenne zwei alkalische und vier saure Substanzen, die als Urtitersubstanzen verwendbar sind.

4. Eine Pipette läßt, von einer provisorischen Marke aus, 9,90 g Wasser von 20⁰ C ausfließen. Der innere Durchmesser des Pipettenstieles beträgt 3 mm. Wieviel höher muß die endgültige Marke angebracht werden, damit die Pipette genau 10 ml ausfließen läßt?

5. Welcher Fehler wird begangen, wenn man eine wie oben kalibrierte Pipette zum Messen organischer Flüssigkeiten oder konzentrierter Lösungen verwendet?

VII. Acidimetrie und Alkalimetrie oder Neutralisationsanalyse.

Theoretische Betrachtungen.

Acidimetrie nennt man die Bestimmung saurer Substanzen, *Alkalimetrie* die Bestimmung alkalischer Substanzen mittels Titrationsmethoden. Diese Bestimmungsmethoden gehören in die Gruppe der Neutralisationsmethoden und gehören zu den wichtigsten Anwendungsgebieten der Volumetrie.

Im vorhergehenden Kapitel wurden die Äquivalentgewichte und die Herstellung von Maßlösungen in allgemeiner Form besprochen. Weitere Einzelheiten werden im nächsten Kapitel gebracht.

Neutralisation. Die Gleichgewichtseinstellung bei einem Neutralisationsvorgang hängt von dem Wettbewerb mehrerer Substanzen um das Wasserstoffion ab. In wässerigen Lösungen handelt es sich dabei um die Beeinflussung des Wassergleichgewichtes $H^+ + OH^- \rightleftarrows H_2O$[1] durch andere Gleichgewichte. Daraus folgt, daß der stöchiometrische Punkt, das ist jener Punkt, bei welchem äquivalente Mengen einer Säure und einer Base zusammengebracht werden, nicht notwendig bei der „Reaktion" (Wasserstoffionenkonzentration) des reinen Wassers liegen muß.

Die Wasserstoffionenkonzentration und die p_H-Skala. Die Gleichgewichtskonstante von reinem Wasser lautet bei konstanter Temperatur

$$\frac{[H^+] \cdot [OH^-]}{[H_2O]} = K.$$

In beliebigen wässerigen Lösungen ist die Konzentration des nicht dissoziierten Wassers sehr groß, ungefähr 55,5 m, und angenähert konstant. Daraus folgt

$$[H^+] \cdot [OH^-] = [H_2O] \cdot K = K_w,$$

wobei man K_w als das „*Ionenprodukt" des Wassers* bezeichnet. Der numerische Wert von K_w dient bei beliebiger gegebener Temperatur als Grundlage der Messung des Säuregrades. Das Aktivitätsprodukt der

---

[1] Um die gegenseitigen Beziehungen zu verstehen, ist es nicht nötig, die Gleichung $2\,H_2O \rightleftarrows H_3O^+ + OH^-$ zu schreiben.

Ionen des Wassers ändert sich in Salzlösungen (KCl, NaCl usw.) bis zu hohen Konzentrationen bloß um den Faktor 2.[1] Die Konstante ändert sich von Raumtemperatur bis zum Siedepunkt um den Faktor 100, wie aus den Werten der Tab. 9 hervorgeht.

Tab. 9. *Ionenprodukt des Wassers bei verschiedenen Temperaturen.*[2]

Temp. ^{0} C	K_w
0	$0{,}12 \cdot 10^{-14}$
18	$0{,}59 \cdot 10^{-14}$
25	$1{,}04 \cdot 10^{-14}$
50	$5{,}66 \cdot 10^{-14}$
100	$58{,}2 \cdot 10^{-14}$

Um die Diskussion zu vereinfachen, wollen wir 10^{-14} als angenäherten Wert für die Konstante bei Raumtemperatur annehmen. In reinem Wasser ist bei beliebiger Temperatur

$$[\mathrm{H^+}] = [\mathrm{OH^-}] = \sqrt{K_w}.$$

Für eine beliebige wässerige Lösung benötigen wir bloß die Kenntnis eines Wertes der $[\mathrm{H^+}]$ oder $[\mathrm{OH^-}]$, um die Säurestufe zu kennzeichnen, da der andere Wert aus den Beziehungen

$$[\mathrm{H^+}] = \frac{K_w}{[\mathrm{OH^-}]} \quad \text{bzw.} \quad [\mathrm{OH^-}] = \frac{K_w}{[\mathrm{H^+}]}$$

folgt. So beträgt in einer Lösung, in welcher $[\mathrm{H^+}] = 1$ m, die Hydroxylionenkonzentration bei Raumtemperatur $[\mathrm{OH^-}] = \dfrac{K_w}{1} = 10^{-14}$.

Sörensen[3] schlug sowohl aus theoretischen wie auch aus praktischen Gründen vor, an Stelle der Wasserstoffionenkonzentration deren negativen Logarithmus zu verwenden. Diese p_H-Skala ist demnach folgendermaßen definiert:

$$p_\mathrm{H} = -\log[\mathrm{H^+}] \quad \text{oder} \quad [\mathrm{H^+}] = 10^{-p_\mathrm{H}}.$$

So entspricht eine Wasserstoffionenkonzentration von 10^{-8} einem p_H-Wert $p_\mathrm{H} = 8$. In gleicher Weise wird der p_OH-Wert durch die Gleichungen

$$p_\mathrm{OH} = -\log[\mathrm{OH^-}] \quad \text{oder} \quad [\mathrm{OH^-}] = 10^{-p_\mathrm{OH}}$$

definiert.

Die folgende Tabelle gibt das Verhältnis der $[\mathrm{H^+}]$ zu p_H und p_OH wieder:

	Sauere Lösungen						Reines Wasser	Alkalische Lösungen						
$[\mathrm{H^+}]$	10^0 10^{-1} 10^{-2} 10^{-3} 10^{-4} 10^{-5}					10^{-6}	10^{-7}	10^{-8}	10^{-9} 10^{-10} 10^{-11} 10^{-12} 10^{-13} 10^{-14}					
p_H	0 1 2 3 4 5					6	7	8	9 10 11 12 13 14					
p_OH	14 13 12 11 10 9					8	7	6	5 4 3 2 1 0					

Für Wasser ist bei beliebiger Temperatur $p_\mathrm{H} + p_\mathrm{OH} = p_{K_w}$; bei Raumtemperatur ist $p_{K_w} = 14$. p_{K_w} ist in gleicher Weise wie p_H und p_OH definiert, so daß $K_w = 10^{-p_{K_w}}$ ist. Ähnliche Ausdrücke können vorteil-

---

[1] *H. S. Harned:* Trans. Amer. electrochem. Soc. **51**, 571 (1929).
[2] *Kohlrausch* und *Heydweiler* (aus *Kolthoff* und *Furman:* Potentiometric Titrations. J. Wiley & Sons, Inc.).
[3] *S. P. L. Sörensen:* Biochem. Z. **21**, 131 (1909).

haft bei der Behandlung der Dissoziationskonstanten von Säuren und Basen, Löslichkeitsprodukten usw. angewendet werden. Ausdrücke, wie p_{K_w}, p_{K_A}, p_{K_B} usw. werden gewöhnlich zu p_w, p_A, p_B usw. abgekürzt.[1] Die Reaktion wässeriger Lösungen bei Zimmertemperatur ist wie folgt definiert:

$$p_\text{H} < 7 < p_\text{OH} \quad \text{sauere Reaktion,}$$

$$p_\text{H} = 7 = p_\text{OH} \quad \text{neutrale Reaktion,}$$

$$p_\text{H} > 7 > p_\text{OH} \quad \text{alkalische Reaktion.}$$

Die Reaktion einer Lösung kann quantitativ mit Hilfe zweier, in die Lösung eintauchender Elektroden gemessen werden, wobei eine Elektrode konzentrationsrichtig auf den p_H-Wert ansprechen muß. Die andere Elektrode, eine sogenannte „Bezugselektrode", hat konstantes Potential. Die elektromotorische Kraft (EMK) dieser Zelle wird mittels einer Kompensationsmethode gemessen. Abb. 46, S. 168, zeigt eine entsprechende experimentelle Anordnung. Eine andere Methode der p_H-Messung beruht auf dem Farbvergleich mittels geeigneter Indikatoren. Diese Methode hängt von der potentiometrischen Methode (EMK-Messung) ab, da nur letztere die nötigen Bezugswerte liefern kann. Bei bekannten Dissoziationskonstanten der Reaktionsteilnehmer ist eine Berechnung der Veränderung des p_H mit dem Fortschreiten der Titration mit guter Genauigkeit durchführbar. Im Anhang, Tab. 25, S. 387, werden die entsprechenden Formeln angegeben. Diagramme, welche die Änderung des p_H-Wertes in Abhängigkeit von der zugegebenen Menge Standardlösung aufzeigen, werden zur Erläuterung der allgemeinen Zusammenhänge bei der Theorie der Neutralisation besprochen.

Indikatoren.

Die im vorhergehenden Abschnitt kurz besprochene potentiometrische Indikation kann für Titrationen aller Arten als allgemein anwendbare Methode dienen. Sie wurde zur Aufklärung der Funktion der gewöhnlich bei Neutralisationsanalysen verwendeten Farbindikatoren verwendet. Letztere sind schwache organische Säuren oder Basen. Sie zeigen innerhalb ziemlich enger p_H-Grenzen scharfe Farbumschläge von farblos zu einer gefärbten oder von einer gefärbten zu einer andersfarbigen Form.

Theorie der Indikatorwirkung. Nach *Ostwald* beruht die Farbänderung auf einer Dissoziation des Indikators in andersgefärbte Ionen. Für eine Indikatorsäure ergibt sich folgendes Schema:

$$\text{HIn} \rightleftarrows \text{H}^+ + \text{In}^-$$

sauere Form   alkalische Form

---

[1] Im Anhang wird eine kurze Zusammenfassung über logarithmische Transformationen und die Überführung von Zahlenausdrücken in die Exponentialform gegeben.

[2] Vgl. *I. M. Kolthoff:* Der Gebrauch von Farbindikatoren, 3. Aufl. Berlin. 1926.

Phenolphthalein reagiert schwach sauer; nach obiger Anschauung ist die undissoziierte Form farblos, das Anion rot gefärbt. In gleicher Weise gilt für Methylorange, einer sehr schwachen Indikatorbase

$$InOH \rightleftarrows In^+ + OH^-$$

alkalische Form   sauere Form

wobei die Indikatorbase (alkalische Form) gelb, das Kation rot gefärbt ist. Es ist bekannt, daß diese Farbänderungen stets durch Strukturveränderungen, wie tautomere und Ionisationsumwandlungen, verursacht werden. Die Farbänderung rührt häufig von einer reversiblen Umlagerung einer oder mehrerer benzoider Gruppen in chinoide Gruppen des Indikators her:

Trotz dieser komplizierten Veränderungen ist es möglich, diese Farbänderungen in Abhängigkeit von der Wasserstoffionenkonzentration mit *Ostwalds* einfacher Anschauung quantitativ zu beschreiben. Die Gleichgewichtskonstante für eine Indikatorsäure lautet:

$$\frac{[H^+][In^-]}{[HIn]} = K,$$

wobei K zusammengesetzter Natur ist und auch die Beziehungen zwischen den tautomeren Formen usw. beinhaltet. K ist somit eine „scheinbare Gleichgewichtskonstante". Der Gleichgewichtsausdruck kann auch wie folgt geschrieben werden:

$$[H^+] = K \cdot \frac{[sauere\ Form]}{[alkalische\ Form]}.$$

Dieser Ausdruck zeigt, daß der Farbumschlag bei einer Wasserstoffionenkonzentration auftreten muß, welche numerisch der Gleichgewichtskonstante K gleich ist, wenn die beiden Formen des Indikators gleich leicht wahrnehmbar sind. Der Farbumschlag erfolgt nicht bei einem genau definierten Punkt der p_H-Skala, sondern erstreckt sich über ein Gebiet, welches davon abhängt, wie leicht die eine Farbe in Gegenwart der anderen wahrgenommen werden kann. In der Mehrzahl der Fälle können geringe Farbänderungen innerhalb eines p_H-Bereiches von 0,2 p_H-Einheiten beobachtet werden. Ein einziger Tropfen einer Maßlösung verursacht im Umschlagspunkt eine merkliche Farbänderung, manchmal einen vollständigen Umschlag von einer Farbe in eine andere. Bei Versuchen mit ziemlich großen Indikatormengen und mit entsprechenden Farbfiltern und optischen Hilfsmitteln kann man zeigen, daß nach dem Beginn der Titration beide Formen des Indikators vorhanden sind. Für das Auge schlägt die Farbe um, wenn etwa 0,1 der einen, neben 0,9 der anderen Form vorhanden sind, ausgenommen der Indikator hat eine farblose Form. In diesem Falle tritt der Umschlag auf, sobald sich eine genügende Menge der gefärbten Form gebildet hat, um die Lösung zu färben. Der Farbumschlag bei dieser Type von Indikatoren, zu welcher Phenolphthalein gehört, hängt von der zu-

Tab. 10. *Einige Säure-Basen-Indikatoren.*[1]

Indikator	Umschlagsbereich p_H	Farbe		Lösung	Umschlagsfarbe	
		in saurer Lsg.	in alkal. Lsg.			
Alizaringelb (S) ..	10,0—12,0	gelb	lila	0,1% in H_2O	lila	⎫
Thymolphthalein (S)	9,4—10,6	farblos	blau	0,1% in 90% Alkohol	blaßblau	
Thymolblau (S) . (alkal. Gebiet)	8,0—9,6	gelb	blau	0,1% in 20% Alkohol	blauviolett	alkalisch
Phenolphthalein (S)	8,0—10,0	farblos	rot	0,1% in 70% Alkohol	rosa	
Phenolphthalein in hoher Konz.	8—9	farblos	rot	1% in 70% Alkohol	rosa	
Kresolrot (S)	7,2—8,8	gelb	rot	0,1% in 20% Alkohol	rot	⎭
Bromthymolblau (S)	6,2—7,6	gelb	blau	0,1% in 20% Alkohol	grün	⎫
Bromkresolpurpur (S)	5,2—6,8	gelb	blau	0,1% in 20% Alkohol	purpurgrün	
Methylrot (S) ...	4,4—6,2	rot	gelb	0,2% in 90% Alkohol	gelblichrot	
Methylorange (B).	3,1—4,4	rot	gelb	0,1% in Wasser	orange	sauer
Dimethylgelb (B).	2,9—4,0	rot	gelb	0,1% in 90% Alkohol	gelborange	
Bromphenolblau .	3,0—4,6	gelb	blauviolett	0,1% in 20% Alkohol	blauviolett	
Thymolblau (S) .	1,2—2,8	rot	gelb	0,1% in 20% Alkohol	orange	⎭

gesetzten Indikatormenge ab. Mit Phenolphthalein findet z. B. der Umschlag bei einem gegebenen Flüssigkeitsvolum mit 2 Tropfen einer 0,1%igen Indikatorlösung bei p_H 9, mit einer großen Indikatormenge bei p_H 8 statt.

Der für eine Titration gewählte Indikator muß möglichst nahe beim Äquivalenzpunkt umschlagen. Für die größte Mehrzahl der Säure-

---

[1] Ergänzt.

Basen-Titrationen findet man mit den Indikatoren Methylorange oder Methylrot, bzw. Phenolphthalein das Auslangen. Trotzdem ist es wünschenswert, eine etwas größere Auswahl von Indikatoren für den Gebrauch zur Verfügung zu haben. Tab. 10 gibt eine Zusammenstellung. Hinter dem Indikatornamen ist in Klammern angegeben, ob es sich um eine Indikatorsäure (S) oder -base (B) handelt.

Lackmus wird selten verwendet, da der Umschlagspunkt bei p_H 7 schwierig zu erkennen ist.

Eine 0,00001 n HCl reagiert gegen Methylrot kaum sauer; gegen Methylorange oder Bromphenolblau alkalisch, da letztere erst mit 0,0001 n Säure umschlagen.

Die hier angestellten Betrachtungen gelten für Raumtemperatur. Die Dissoziationskonstanten des Wassers, der Indikatoren sowie der schwachen Elektrolyte verändern sich mit der Temperatur. Bei höheren Dissoziationskonstanten des Wassers, der Indikatoren, sowie der Wasserstoffionen; viele Indikatoren zeigen unbestimmtere Farbumschläge oder verschobene Umschlagsintervalle. Bromphenolblau läßt sich bei 100° gut verwenden. Methylorange und Methylrot, besonders ersteres, sollten für Titrationen in heißen Lösungen nicht verwendet werden.

Theorie der Neutralisation.

In der nachfolgenden Besprechung wird folgende grobe Einteilung der Elektrolyte nach ihrem Dissoziationsgrad gebraucht:

Die *„starken Elektrolyte"* sind, wie im vorhergehenden Kapitel ausgeführt wurde, anscheinend vollkommen dissoziiert. Der Aktivitätskoeffizient der Ionen beträgt im allgemeinen in 0,001 m Lösungen etwa 0,95; in 0,1 m Lösungen etwa 0,8. Die gewöhnlichen Mineralsäuren, sowie KOH, NaOH, $Ba(OH)_2$, $Ca(OH)_2$ und fast alle Salze sind starke Elektrolyte.

Unter *schwachen Elektrolyten* versteht man übereinkommensgemäß Säuren und Basen mit Dissoziationskonstanten zwischen 10^{-3} und 10^{-8}. Viele der wichtigeren, wie CH_3COOH, NH_4OH, haben Dissoziationskonstanten in der Größenordnung 10^{-5}.

Sehr schwache Säuren und Basen haben Dissoziationskonstanten unter 10^{-8}. Säuren und Basen dieser Klasse können in 0,1 n Lösungen mit der üblichen Indikatortechnik nicht mehr zufriedenstellend titriert werden.

Tab. 22 des Anhanges bringt eine Zusammenstellung von Dissoziationskonstanten.

Die wichtigsten Neutralisationstypen sollen nun betrachtet werden.

Es sollte stets daran gedacht werden, daß eine Titration um so unempfindlicher wird, je niederer der p_H-Wert des stöchiometrischen Punktes („Titrierexponenten")[1] unter p_H 7 liegt. Die logarithmische Natur

---

[1] *N. Bjerrum:* Z. analyt. Chem. **56**, 13, 81 (1917). — *N. Bjerrum:* Die Theorie der alkalimetrischen und acidimetrischen Titrierungen. 1914.

der p_H-Skala bedingt es, daß man 10mal mehr Säure benötigt, um in einer ungepufferten Lösung den p_H-Wert von 5 auf 4, als von p_H 6 auf 5 zu bringen. Die gleichen Betrachtungen gelten für die Veränderung des p_{OH} bei der Zugabe einer Base zu Wasser oder einer ungepufferten Lösung.

1. **Neutralisation einer starken Säure mit einer starken Base** oder umgekehrt. In diesen Fällen tritt am Ende der Titration eine sehr plötzliche, starke p_H-Änderung auf, wie aus den Abb. 34 und 35 hervorgeht. Der theoretische Endpunkt oder stöchiometrische Punkt liegt bei

$$[H^+] = [OH^-] = \sqrt{K_w} \quad \text{oder bei} \quad p_H = p_{OH} = \frac{1}{2}\, p_w = 7 \quad \text{bei Raumtempe-}$$

ratur. In diesem Punkt enthält die Lösung die Ionen eines Salzes wie

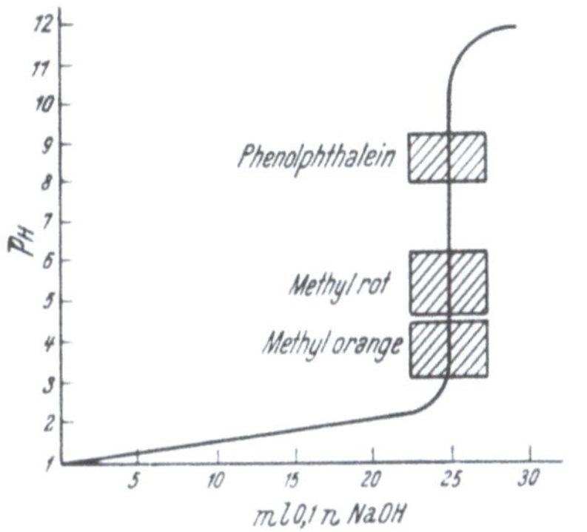

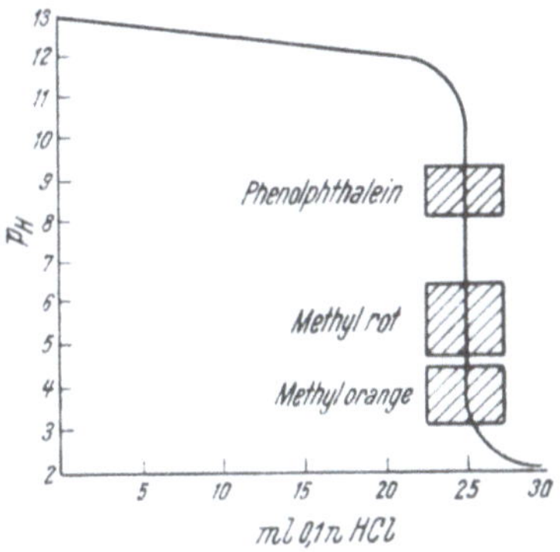

Abb. 34. Titration einer starken Säure mit einer starken Base. Abhängigkeit des p_H-Wertes bei der Titration von 25 ml $\frac{n}{10}$ HCl mit $\frac{n}{10}$ NaOH. In den Abbildungen 34 bis 40 zeigen die schattierten Bereiche die Umschlagsbereiche der Indikatoren an.

Abb. 35. Titration einer starken Base mit einer starken Säure. Abhängigkeit des p_H-Wertes bei der Titration von 25 ml $\frac{n}{10}$ NaOH mit $\frac{n}{10}$ Säure.

NaCl, welches die Reaktion des reinen Wassers nicht verändert. Da die Lösungen praktisch stets CO_2 aus der Luft enthalten, ist es zweckmäßiger, einen Indikator zu wählen, der näher bei 6 umschlägt. Bei vollständigem Ausschluß von CO_2 ändert ein einziger Tropfen einer 0,1 n Säure oder Lauge den p_H-Wert von 100 ml 0,1 n NaCl um etwa 3 Einheiten. Enthält die Lösung gelöstes CO_2 aus der Luft, so ist der Umschlag nicht so scharf. Es ist deshalb wünschenswert, Methylrot als Indikator bei der Titration starker Säuren mit starken Basen zu verwenden. Beim Arbeiten mit verdünnteren Lösungen als 0,1 n hat man CO_2 auszuschließen und in extremen Fällen die Menge der zugesetzten Indikatorsäure oder Indikatorbase zu berücksichtigen, [da zum Umschlag des Indikators eine bestimmte, allerdings sehr geringe Menge Säure oder Base benötigt wird].

2. **Neutralisation einer schwachen Säure mit einer starken Base,** oder einer schwachen Base mit einer starken Säure.

a) *Schwache Säure — starke Base.* Abb. 36 zeigt den typischen Verlauf der p_H-Kurve im Verlaufe der Titration. Der Titrierexponent (p_H-Wert im Äquivalenzpunkt) ist größer als 7 (alkalische Reaktion). Sein Wert hängt von der Konzentration und der Dissoziationskonstante der schwachen Säure ab. Hieher gehört z. B. die Titration der Essigsäure ($K_a = 1{,}75 . 10^{-5}$). Im Äquivalenzpunkt liegt eine Lösung von Natriumacetat der Konzentration c vor. Eine solche Lösung reagiert schwach alkalisch:

$$\text{Na}^+ + \text{C}_2\text{H}_3\text{O}_2{}^- + \text{H}^+ + \text{OH}^- \overset{\text{H}_2\text{O}}{\rightleftharpoons} \text{Na}^+ + \text{OH}^- + \text{HC}_2\text{H}_3\text{O}_2$$

oder

$$\text{C}_2\text{H}_3\text{O}_2{}^- + \text{H}^+ + \text{OH}^- \overset{\text{H}_2\text{O}}{\rightleftharpoons} \text{OH}^- + \text{HC}_2\text{H}_3\text{O}_2,$$

im allgemeinen

$$\text{A}^- + \text{H}^+ + \text{OH}^- \overset{\text{H}_2\text{O}}{\rightleftharpoons} \text{OH}^- + \text{AH},$$

wobei A^- das Anion der schwachen Säure bedeutet. Das Gleichgewicht hängt vom Wettbewerb der A^-- und OH^--Ionen um das Wasserstoffion ab. Die konkurrierenden Gleichgewichte sind jene der Dissoziation des Wassers und der Dissoziation der Säure:

$$[\text{H}^+] = \frac{K_w}{[\text{OH}^-]} \quad (1) \quad \text{und} \quad [\text{H}^+] = K_a \cdot \frac{[\text{HA}]}{[\text{A}^-]} \qquad (2)$$

Ausdruck (2) ist eine Umstellung des Ausdruckes

$$K_a = \frac{[\text{H}^+] \cdot [\text{A}^-]}{[\text{HA}]}.$$

Die Wasserstoffionenkonzentration muß im Gleichgewicht den Ausdrücken (1) und (2) genügen, so daß

$$\frac{K_w}{[\text{OH}^-]} = K_a \cdot \frac{[\text{HA}]}{[\text{A}^-]}, \quad \text{bzw.} \quad [\text{OH}^-] \cdot [\text{HA}^-] = \frac{K_w}{K_a} \cdot [\text{A}^-] \qquad (3)$$

wird.

Nun werden zwei vereinfachende Annahmen gemacht:

a) daß $[\text{OH}^-] = [\text{HA}]$, da äquivalente Mengen gebildet werden, wenn das Anion mit Wasser reagiert; b) daß $[\text{A}^-]$ gleich der Gesamtkonzentration c des Salzes im Äquivalenzpunkt gesetzt wird, obwohl eine gewisse Menge des Anions sich mit dem Wasserstoffion zu HA umgesetzt hat. Gleichung (3) lautet dann

$$[\text{OH}^-]^2 = \frac{K_w}{K_a} \cdot c; \quad [\text{OH}^-] = \sqrt{\frac{K_w}{K_a} \cdot c}. \qquad (4)^1$$

---

[1] Die in (4) gemachten vereinfachenden Annahmen, sowie die analoge Formel für den Fall schwache Base — starke Säure können mit sehr guter Annäherung für Fälle von größtem praktischen Interesse angewendet werden,

Der Gebrauch der Gleichung (4) sei an der Berechnung des Titrier-exponenten p_T von 0,1 n Essigsäure ($K_a = 1,75 \cdot 10^{-5} = 10^{-4,76}$) mit 0,1 n NaOH erläutert. Da gleiche Volume der beiden Lösungen reagieren, beträgt die Konzentration des Natriumacetats im Äquivalenzpunkt 0,05 n.

$$[OH^-] = \sqrt{\frac{10^{-14}}{10^{-4.76}} \cdot 0,05} = 10^{-5,27}.$$

$p_{OH} = 5,27$, $p_T = 14 - 5,27 = 8,73$. Wie aus Tab. 10 ersichtlich, sind Phenolphthalein oder Thymolblau brauchbare Indikatoren.

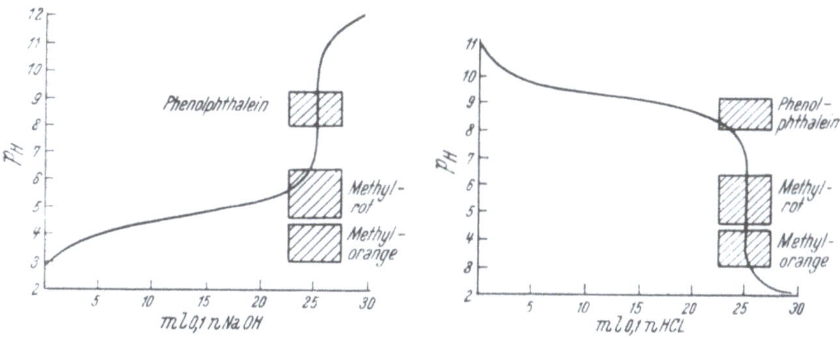

Abb. 36. Titration einer schwachen Säure mit einer starken Base. Abhängigkeit des p_H-Wertes bei der Titration von 25 ml 0,1 n Essigsäure mit 0,1 n NaOH.

Abb. 37. Titration einer schwachen Base mit einer starken Säure. Abhängigkeit des p_H-Wertes von 25 ml 0,1 n NH$_4$OH bei der Titration mit 0,1 n HCl.

b) *Schwache Base — starke Säure.* Abb. 37 zeigt den typischen Verlauf der p_H-Kurve bei Titrationen dieser Klasse. Wie in a) ist die Änderung des p_H-Wertes im Endpunkt nicht so plötzlich wie im Falle starke Säure — starke Base. In diesem Falle liegt der Endpunkt bei einem p_H-Wert unter 7, also im sauren Gebiet. Die Berechnung des p_T beruht auf denselben Überlegungen, die im umgekehrten Falle a) Anwendung fanden. In der Reaktion

$$H_2O$$
$$\updownarrow$$
$$B^+ + H^+ + OH^- \rightleftharpoons H^+ + BOH$$

bei welchen K_a bzw. K_b zwischen 10^{-4} und 10^{-6} liegt. Die Annahme, daß $[A^-] = c$ ist, ist um so weniger gültig, je stärker der Hydrolysegrad ist, d. h. je kleiner K_a und c sind. Anderseits wird die Annahme $[HA] = [OH^-]$ mit zunehmendem Hydrolysegrad um so gültiger. Daher ist die zweite Annäherung für Fälle, in denen (4) nicht genügt, durch die Formel gegeben:

$$[OH^-]^2 = \frac{K_w}{K_a} (c - [OH^-]).$$

Gleichung (4) kann umgeformt werden, indem man für $[OH^-]$ den Ausdruck $\frac{K_w}{[H^+]}$ einsetzt und den negativen Logarithmus der Gleichung verwendet. Man erhält dann

$$p_H = {}^1\!/_2\, p_w + {}^1\!/_2\, p_A + {}^1\!/_2 \log c.$$

enthält die Lösung im Endpunkt einen Überschuß an H^+. B^+ ist das Kation der schwachen Base. Die beteiligten Gleichgewichte sind

$$[OH^-] = \frac{K_w}{[H^+]} \quad (5) \quad \text{und} \quad [OH^-] = K_b \frac{[BOH]}{[B^+]}, \quad (6)$$

wobei (6) aus der Gleichung für die Dissoziationskonstante K_b abgeleitet wurde. Da beide Gleichungen (5) und (6) im Äquivalenzpunkt gelten müssen, folgt

$$\frac{K_w}{[H^+]} = K_b \frac{[BOH]}{[B^+]}. \quad (7)$$

Macht man wieder die Annahmen a) $[H^+] = [BOH]$ und b) $[B^+] = c$, wobei c die molare Konzentration des gebildeten Salzes im Äquivalenzpunkt bedeutet, so gilt

$$[H^+]^2 = \frac{K_w}{K_b} \cdot c \quad \text{bzw.} \quad [H^+] = \sqrt{\frac{K_w}{K_b} \cdot c}. \quad (8)^1$$

Beispiel: Wird 0,2 n NH_4OH ($K_b = 1,75 \cdot 10^{-5} = 10^{-4,76}$) mit 0,2 n HCl titriert, so ist die Konzentration des NH_4Cl im Äquivalenz punkt 0,1 n.

$$[H^+] = \sqrt{\frac{K_w}{K_b} \cdot c} = \sqrt{\frac{10^{-14}}{10^{-4,76}} \cdot 10^{-1}} = 10^{-5,12},$$

$p_T = 5,12$; der geeignete Indikator ist Methylrot.

Werden die Titrationskurven für immer schwächere Säuren bzw. Basen bestimmt, so erhält man Kurvenscharen, die den Abb. 38 und 39 entsprechen. Der „Sprung" des p_H-Wertes im Endpunkt wird immer undeutlicher. Sehr schwache Säuren und Basen, wie Blausäure, Borsäure usw. mit Konstanten in der Größenordnung von 10^{-10} kann man selbst in 1 n Lösungen mit keiner größeren Genauigkeit als 1 bis 2% titrieren.

3. **Titration einer schwachen Säure mit einer schwachen Base** oder umgekehrt. Diese Titrationstype wird in praxi vermieden, da keine scharfe p_H-Änderung im Äquivalenzpunkt erfolgt. Der Endpunkt liegt nahe bei p_H 7 und ist in erster Näherung von der Verdünnung unabhängig. Die $[H^+]$ kann aus der Gleichung[2]

$$[H^+] = \sqrt{\frac{K_w \cdot K_a}{K_b}}$$

berechnet werden.

4. **Die Titration mehrbasischer Säuren, mehrsäuriger Basen sowie von Mischungen von Säuren bzw. Basen.** Sind die Dissoziationskonstanten der verschiedenen Substanzen, bzw. der verschiedenen Dissoziationsstufen derselben Substanz größenordnungsmäßig

---

[1] Dieselben Beschränkungen, die in $(4)^1$ angeführt wurden, gelten auch hier. Die Gleichung lautet in der Exponentialform:

$$p_H = \tfrac{1}{2}\,p_w - \tfrac{1}{2}\,p_b - \tfrac{1}{2}\log c.$$

[2] Vgl. *I. M. Kolthoff:* Die Maßanalyse, 1. Teil: Die theoretischen Grundlagen der Maßanalyse, 2. Aufl. Berlin: Springer-Verlag. 1930.

genügend verschieden, so ist es möglich, bei der Titration mit entsprechenden Indikatoren eine Aufeinanderfolge von Endpunkten in derselben Lösung zu beobachten oder in einem jeweiligen Lösungs-

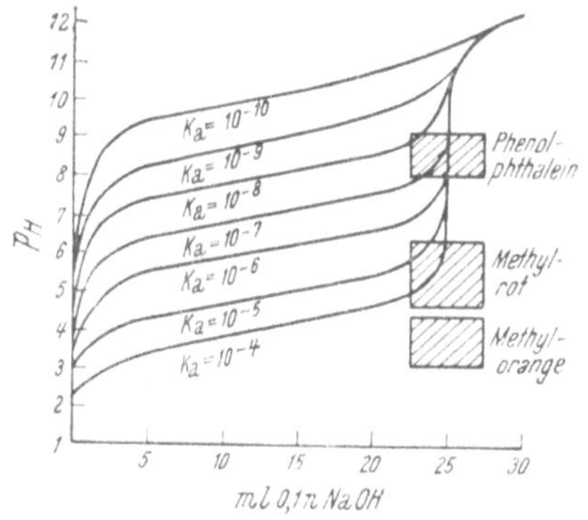

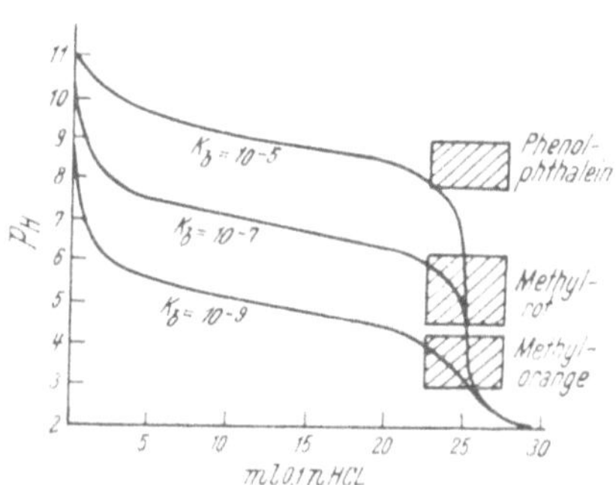

Abb. 38. Abhängigkeit der Titrationskurven schwacher Säuren mit starken Basen von der Dissoziationskonstanten K_a der schwachen Säure.

Abb. 39. Abhängigkeit der Titrationskurven schwacher Basen mit starken Säuren von der Dissoziationskonstanten K_b der schwachen Base.

anteil bei Verwendung verschiedener Indikatoren zu verschiedenen Endpunkten zu titrieren. Phosphorsäure verhält sich z. B. bei der Titration wie ein Gemisch von drei Säuren von stark verschiedener Stärke. Die Dissoziationskonstanten K sind:

Vorgang		Konstante
$H_3PO_4 \rightleftarrows H^+ + H_2PO_4^-$	$\dfrac{[H^+].[H_2PO_4^-]}{[H_3PO_4]} = K_1 = 1{,}1 . 10^{-2},$	
$H_2PO_4^- \rightleftarrows H^+ + HPO_4^{--}$	$\dfrac{[H^+].[HPO_4^{--}]}{[H_2PO_4^-]} = K_2 = 7{,}5 . 10^{-8},$	
$HPO_4^{--} \rightleftarrows H^+ + PO_4^{\equiv}$	$\dfrac{[H^+].[PO_4^{\equiv}]}{[HPO_4^{--}]} = K_3 = 5 . 10^{-13}.$	

Ein Drittel des Säurewasserstoffes kann ziemlich scharf bei Verwendung von Methylorange oder Dimethylgelb als Indikator titriert werden. Bei der Verwendung von Phenolphthalein erfolgt der Farbumschlag, nachdem $^2/_3$ des Säurewasserstoffes titriert wurden. Diese Verhältnisse sind graphisch in Abb. 40 wiedergegeben.

Das letzte Drittel des Säurewasserstoffes der H_3PO_4 ist so schwach dissoziiert und die Konstante K_3 liegt so nahe jener des Wassers, daß kein Indikator eine Veränderung anzeigt. Um diese Verhältnisse auf

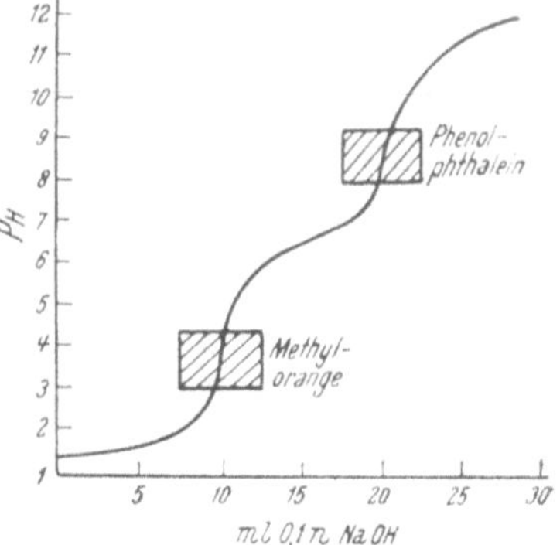

Abb. 40. Titrationskurve von 30 ml eines 0,1 m H_3PO_4 mit 0,1 n NaOH.

einem anderen Wege zu präzisieren: eine Lösung von auf trok-
kenem Wege dargestelltem Na_3PO_4 ist mittels Indikatoren nicht von
einer äquivalenten Mischung von $Na_2HPO_4 + NaOH$ zu unterscheiden.
Das letzte Drittel des Wasserstoffs der Phosphorsäure kann ziemlich
genau titriert werden, wenn man neutrales Calciumchlorid zusetzt.
nachdem $^2/_3$ des Wasserstoffs ersetzt wurden. So wird das Phosphat
gefällt und das Wasserstoffion in Freiheit gesetzt:

$$2\,Na_2HPO_4 + 3\,CaCl_2 = Ca_3(PO_4)_2 + 4\,NaCl + 2\,HCl.$$

Es besteht für die verschiedenen Dissoziationskonstanten ein
Grenzverhältnis, von welchem es abhängt, ob eine Säure oder Dissoziationsstufe in Gegenwart anderer scharf titriert werden kann. Wird
eine Genauigkeit von 1% gewünscht, so muß $\dfrac{K_1}{K_2} \geq 10^4$ sein, wenn
die verschiedenen Säuren in äquivalenten Mengen vorhanden sind.[1]

Es ist möglich eine starke Säure, oder schwache Säuren, wie Essigsäure, Ameisensäure, Benzoesäure usw. in Gegenwart einer sehr
schwachen Säure wie H_3BO_3 zu titrieren. Aus Tab. 22 des Anhanges
kann man entnehmen, welche Säuren man in Gegenwart anderer
titrieren kann.

Analoge Betrachtungen gelten für die Titration eines Gemisches
von Basen mit einer starken Säure.

Säuren und Salze, Basen und Salze. Die Titration einer Mischung
einer starken Säure oder Base mit einem Salz einer schwachen
Säure oder Base folgt denselben Regeln, die für die Titration dieser
schwachen Säure oder Base gelten. Ammoniak wird z. B. häufig
derart bestimmt, daß man es in eine vorgelegte Standardlösung von
HCl oder H_2SO_4 destilliert und die überschüssige Säure mit Alkali
zurücktitriert. Der Indikator muß entsprechend der Hydrolyse des
NH_4Cl oder $(NH_4)_2SO_4$ in der Lösung gewählt werden.

5. Titration von Lösungen hydrolysierter Salze.

Verdrängungstitrationen. Wird ein Salz einer extrem schwachen
Säure oder Base (z. B. $Na_2B_4O_7$, Na_2CO_3, KCN; $AlCl_3$, $C_6H_5NH_2 . HCl$)
mit einer starken Säure bzw. einer starken Base titriert, so wird die
extrem schwache Säure bzw. Base vollständig verdrängt; z. B.:

$$Na_2B_4O_7 + 2\,HCl + 5\,H_2O = 2\,NaCl + 4\,H_3BO_3,$$

$$C_6H_5NH_2 . HCl + NaOH = NaCl + H_2O + C_6H_5NH_2.$$

Ist die Dissoziationskonstante der verdrängten Säure oder Base
bekannt, so läßt sich der p_H-Wert des Endpunktes berechnen.

Beispiel: Die Dissoziationskonstante von Anilin $K_b = 3{,}5 . 10^{-10}$.
Wird eine 0,2 n Lösung von Anilinhydrochlorid mit 0,2 n NaOH titriert,

---

[1] [Sind die Säuren nicht in äquivalenten Mengen vorhanden, so gilt
$[H] = \sqrt{\dfrac{K_1\,K_2\,c_2}{c_1}}$, wobei c_1 bzw. c_2 die entsprechenden Säurekonzentrationen
bedeuten. Vgl. *I. M. Kolthoff:* Die Maßanalyse, 2. Aufl., Bd. I, S. 35. 1930.]

so ist die Konzentration des freien Anilins im Endpunkt 0,1 m. Die Dissoziationskonstante

$$K_b = \frac{[B^+] \cdot [OH^-]}{[BOH]}$$

kann unter den vereinfachenden Annahmen verwendet werden, a) daß $[OH^-] = [B^+]$ und b) daß die Konzentration $[BOH]$ der Base durch ihre Dissoziation nicht merklich verändert wird. Dann ergibt sich die vereinfachte Formel

$$[OH^-]^2 = K_b \cdot [BOH]; \quad [OH^-] = \sqrt{K_b [BOH]}.$$

In dem vorliegenden Falle beträgt

$$[OH^-] = \sqrt{3,5 \cdot 10^{-10} \cdot 10^{-1}} = \sqrt{10^{-10,46}} = 10^{-5,23},$$
$$p_{OH} = 5,23; \quad p_T = 14 - 5,23 = 8,77.$$

Für diese Titration wird Phenolphthalein ein geeigneter Indikator sein.

Der wichtigste Fall einer Verdrängungstitration ist offenbar die Titration eines Karbonats mit einer Säure. Die verdrängte Kohlensäure dissoziiert in zwei Stufen:

$$H_2CO_3 \rightleftharpoons H^+ + HCO_3^- \qquad K_1 = \frac{[H^+] \cdot [HCO_3^-]}{[H_2CO_3]} = 3,04 \cdot 10^{-7},$$

$$HCO_3^- \rightleftharpoons H^+ + CO_3^= \qquad K_2 = \frac{[H^+] \cdot [CO_3^=]}{[HCO_3^-]} = 4 \cdot 10^{-11}.$$

Im Endpunkt der Titration

$$Na_2CO_3 + HCl = NaHCO_3 + NaCl$$

liegt eine Hydrogenkarbonatlösung vor, deren p_H-Wert durch die Anwesenheit der Ionen des neutralen Salzes NaCl sehr geringfügig beeinflußt wird.

Die Reaktion von NaHCO₃: Der aus der Dissoziationskonstante K leicht ableitbare Ausdruck für die Wasserstoffionenkonzentration lautet[1]

$$[H^+] = \sqrt{\frac{K_1 K_2 \cdot c}{K_1 + c}},$$

wobei c die gesamte Salzkonzentration bedeutet. Da K_1 gewöhnlich kleiner als ein Millionstel von c ist, kann der Ausdruck vereinfacht werden und lautet in erster Näherung

$$[H^+] = \sqrt{K_1 \cdot K_2}.$$

Daraus ergibt sich für die Titration von Karbonat zu Hydrogenkarbonat:

$$[H^+] = \sqrt{3,04 \cdot 10^{-7} \cdot 4 \cdot 10^{-11}} = \sqrt{10^{-16,92}} = 10^{-8,46}; \quad p_H = 8,46.$$

Man hat somit auf den Titrierexponenten $p_T = 8,46$ zu titrieren. Der dazu geeignete Indikator ist Phenolphthalein oder Thymolblau,

---

[1] *Noyes:* Z. physik. Chem. **11**, 495 (1893). — *Kolthoff:* Der Gebrauch von Farbindikatoren, S. 38.

vgl. Tab. 10. Der Endpunkt ist nicht sehr scharf und ist manchmal unrichtig, falls CO_2 infolge eines lokalen Säureüberschusses während der Titration entweicht. Bei 0^0 ist der Umschlag schärfer; besonders bei Gegenwart eines Überschusses von NaCl. Die Titration zum Hydrogenkarbonat ist bei der Bestimmung kleiner Karbonatmengen in Gegenwart eines großen Überschusses von NaOH bzw. anderer Alkalihydroxyde wichtig.

Sobald das Phenolphthalein auf farblos umgeschlagen hat, kann ein anderer Indikator zugesetzt und das Hydrogenkarbonat unter Verdrängung der Kohlensäure weiter titriert werden:

$$NaHCO_3 + HCl = NaCl + H_2O + CO_2.$$

Eine angenäherte Berechnung des Titrierexponenten kann für jeden speziellen Fall durchgeführt werden.

Beispiel: Im Endpunkt einer Titration von 0,2 m $NaHCO_3$ mit 0,2 n HCl wird die Konzentration der H_2CO_3 0,1 m sein, wenn kein CO_2-Verlust eintreten würde. Da die erste Dissoziationsstufe der Kohlensäure mäßig, die zweite Stufe verschwindend gering ist, kann der Titrierexponent aus K_1 unter der vereinfachenden Annahme berechnet werden, daß $[H^+] = [HCO_3^-]$. Es folgt

$$[H^+] = \sqrt{K_1 \cdot [H_2CO_3]} = \sqrt{3{,}04 \cdot 10^{-7} \cdot 10^{-1}} = 10^{-3{,}76}.$$

$p_T = 3{,}76$: Indikator Methylorange oder Dimethylgelb. Die Rechnung hat die Dissoziation des HCO_3 vernachlässigt. Da bei der Titration etwas CO_2 entweicht, ist eine genauere Berechnung hier nicht angezeigt.

Mit $\frac{n}{10}$-Lösungen ist der Farbumschlag nicht sehr scharf. In solchen Fällen titriert man auf Farbgleichheit gegen eine Vergleichslösung mit einem p_H-Wert entsprechend dem berechneten Titrierexponenten.[1] Die Vergleichslösung hat das gleiche Volum und die gleiche Indikatorkonzentration wie die zu titrierende Lösung.

Wahl des Indikators.

[Eine in den meisten Fällen gut anwendbare Faustregel besagt, daß man bei der Titration einer schwachen Base mit einer starken Säure einen im sauren Gebiet umschlagenden Indikator (Methylorange), bei der Titration einer schwachen Säure mit einer starken Base einen im alkalischen Gebiet umschlagenden Indikator (Phenolphthalein), bei der Titration von schwachen Säuren mit schwachen Basen einen bei p_H 7 umschlagenden Indikator (Kresolrot, Bromthymolblau) zu verwenden hat.]

Für ungewöhnliche Fälle bestehen zwei Möglichkeiten, den richtigen Indikator auszuwählen: 1. Es wird der Titrierexponent berechnet und danach ein Indikator ausgewählt, der möglichst nahe diesem Wert umschlägt. Bei der Wahl zwischen mehreren Indikatoren prüft

---

[1] Vgl. *I. M. Kolthoff:* Die Maßanalyse, 2. Aufl., Bd. II, S. 69.

man ihr richtiges Ansprechen mit entsprechenden bekannten Lösungen. In der folgenden Tabelle werden für alle acidimetrischen Titrationstypen die Formeln für die $[H^+]$ bzw. p_H im Äquivalenzpunkt angegeben.

Formeln zur Berechnung von $[H^+]$ bzw. des Titrierexponenten.

Titrationsart.	*Formel.*

1. Starke Säure mit starker Base oder umgekehrt.

Theoretisch: $[H^+] = [OH^-] = \sqrt{K_w},$
$$p_H = p_{OH} = \tfrac{1}{2}\,p_w.$$

Ist ein Salz einer schwachen Säure oder Base anwesend, so sind die entsprechenden Formeln (2) oder (3) anzuwenden.

Praktisch: $[H^+] \simeq 10^{-6}$, falls CO_2 anwesend ist.
$$p_H \sim 6.$$

2. Schwache Säure mit starker Base, $K_a = 10^{-3}$—10^{-8}.

$$[H^+] = K_w - \sqrt{\frac{K_w}{K_a} \cdot c}.$$
$$p_H = 7 + \frac{1}{2}\,p_A + \frac{1}{2} \log c.$$

3. Schwache Base mit starker Säure, $K_b = 10^{-3}$—10^{-8}.

$$[H^+] = \sqrt{\frac{K_w}{K_b} \cdot c}.$$
$$p_H = 7 - \frac{1}{2}\,p_B - \frac{1}{2} \log c.$$

4. Salz einer sehr schwachen Säure, $K_a \sim 10^{-10}$, mit einer starken Säure titriert.

$$[H^+] = \sqrt{K_a \cdot [HA]}.$$
$$p_H = \frac{1}{2}\,p_A - \frac{1}{2} \log [HA].$$

5. Salz einer sehr schwachen Base, $K_b \sim 10^{-10}$, mit einer starken Base titriert.

$$[H^+] = K_w - \sqrt{K_b \cdot [BOH]}.$$
$$p_H = 14 - \frac{1}{2}\,p_B + \frac{1}{2} \log [BOH].$$

6. Gemische zweier schwacher Säuren verschiedener Stärke. Erster Äquivalenzpunkt.

$$[H^+] = \sqrt{\frac{K_1 \cdot K_2\,[HA_2]}{[HA_1]}}.$$
$$p_H = \frac{1}{2}\,(p_{A1} + p_{A2}) + \frac{1}{2} \log \frac{[HA_1]}{[HA_2]}.$$

2. Eine zweite Möglichkeit besteht darin, die im Äquivalenzpunkt vorhandene Mischung aus reinem Material herzustellen. In den Fällen (2) und (3) der obigen Tabelle werden reine Salze in den Konzentrationen gelöst, die im Äquivalenzpunkt zu erwarten sind. Hat man z. B. die geeigneten Indikatoren für die Titration von 1 m, 0,1 m und 0,01 m Benzoësäure mit 1 n, 0,1 n, 0,01 n NaOH aufzusuchen, so wird man reines Natriumbenzoat in reinem Wasser zu 0,5, 0,05, 0,005 m Lösungen auflösen. Es kommt häufig vor, daß ein einziger Indikator nicht für die Titration derselben zwei Substanzen bei verschiedenen Verdünnungen anwendbar ist. Bei Verdrängungstitrationen, (4) und (5) der Tabelle, besteht die Mischung aus dem Salz und der schwachen Säure oder Base im stöchiometrischen Verhältnis.

Ist z. B. ein Indikator für die Titration von 0,5 m Natriumborat mit 0,5 n HCl aufzufinden, so ist eine sowohl an NaCl wie an H_3BO_3

0,25 m Lösung zu bereiten. (H_3BO_3 kann in diesem Falle als einbasische Säure $HBO_2 \cdot H_2O$ betrachtet werden.) Die so dargestelle Lösung kann auf zweierlei Weise verwendet werden:

a) Es wird der p_H-Wert mittels einer entsprechenden Methode gemessen und der richtige Indikator aus einer Tabelle (wie Tab. 10 S. 93) ausgewählt. b) Wird der p_H-Wert nicht bestimmt, so werden Anteile der bereiteten Lösung mit verschiedenen Indikatoren geprüft, indem mit Standardsäure und -lauge hin- und rücktitriert wird, um festzustellen, welcher Indikatorumschlag am schärfsten ist.

Pufferlösungen.

Puffer oder Puffersysteme sind Verbindungen oder Gemische, welche die Fähigkeit haben, den p_H-Wert einer Lösung innerhalb enger Grenzen konstant zu halten, wenn derselben geringe Mengen Säure oder Alkali zugesetzt, oder wenn dieselbe beträchtlich verdünnt wird. Diese Erscheinungen prägen sich in den Titrationskurven schwacher Säuren und schwacher Basen (Abb. 38 und 39) aus: Die mittleren Teile der Kurven Abb. 38 und 39 sind alle ziemlich flach. Zwischen den Punkten, bei welchen die Lösung $\frac{1}{10}$ bzw. $\frac{9}{10}$ neutralisiert ist, ändert sich der p_H-Wert nur um 2 Einheiten. Aus der Betrachtung der Titrationskurven folgt, daß eine zur Hälfte titrierte Lösung, in welcher sich je ein Äquivalent einer schwachen Säure bzw. Base und ein Äquivalent des betreffenden Salzes befinden, mehr Säure oder Base benötigen wird, um ihren p_H-Wert nach *beiden* Richtungen um eine Einheit zu ändern, als jede andere Mischung dieser Titrationskurve. Die anderen Mischungen werden in der einen oder anderen Richtung weniger wirksam sein.

Es ist zwischen dem p_H-Wert des Puffers und seiner Fähigkeit, p_H-Änderungen auszugleichen, zu unterscheiden. Der p_H-Wert des Puffers hängt von der Dissoziationskonstanten der schwachen Säure oder Base, sowie dem Verhältnis der Konzentrationen von Säure bzw. Base und Salz ab. Die Konstanthaltung des p_H-Wertes hängt in erster Linie von dem Eigenion-Effekt ab. Die Pufferkapazität hängt von der Gesamtkonzentration der Pufferlösung ab. So benötigt z. B. eine je molare Essigsäure-Natriumacetatlösung 10mal soviel Säure oder Base, um den p_H-Wert um eine Einheit zu verändern, als eine je $\frac{1}{10}$-molare Pufferlösung dieser Substanzen.

In der analytischen Chemie werden Pufferlösungen verwendet, um den p_H-Wert während Fällungen, Oxydations-Reduktionsprozessen oder anderen Operationen auf einem optimalen Wert zu halten; bzw. zur p_H-Messung mittels Indikatoren. Z. B. genügt die bei der Reaktion $ZnSO_4 + H_2S \rightleftharpoons ZnS \downarrow + H_2SO_4$ freiwerdende Säure, um die vollständige Fällung des Zinks als ZnS zu verhindern.[1] Wird die Lösung

---

[1] Vgl. weiter S. 365 f.

mittels Ameisensäure und Ammoniumformiat gepuffert, so wird die freiwerdende H_2SO_4 „abgefangen":

$$2\,H^+ + SO_4^= + 2\,NH_4^+ + 2\,HCO_2^- \rightleftharpoons 2\,H_2CO_2 + 2\,NH_4^+ + SO_4^=.$$

Die Dissoziation der Ameisensäure wird durch die Anwesenheit von Formiationen aus dem NH_4HCO_2 zurückgedrängt und reguliert. Wird andernfalls etwas NaOH zu einer Ameisensäure-Ammoniumformiatlösung zugesetzt, so wird diese zu Natriumformiat neutralisiert. Die verbrauchten Wasserstoffionen werden sofort durch Dissoziation von etwas undissoziierter Ameisensäure ersetzt. Der Regulierungseffekt beruht auf dem Eigenion-Effekt, dem Neutralisationsvorgang und dem Vorhandensein eines Reservoirs nicht dissoziierter Säure oder Base.

Die Tatsache, daß sich die Wasserstoffionenkonzentration von Pufferlösungen, bestehend aus einer schwachen Säure und z. B. ihrem Na-Salz durch Verdünnung nicht ändert, kann aus der Umformung des Ausdruckes für die Dissoziationskonstante erklärt werden: $[H^+] = K_a \dfrac{[HA]}{[A^-]}$. Die Konzentration des Anions $[A^-]$ ist in der Mischung einer schwachen Säure mit ihrem Na-Salz durch die Salzkonzentration bestimmt. Das Salz ist vollständig dissoziiert; der von der Dissoziation der Säure herrührende Anteil an Anionen ist vernachlässigbar. Unter der Annahme, daß die Aktivität des Anions gleich der Salzkonzentration ist, folgt:

$$[H^+] = K_a \frac{[\text{Säure}]}{[\text{Salz}]}.$$

Eine Verdünnung hat bei einem beliebigen Verhältnis der Säurezur Salzmenge keinen Einfluß, da das Gesamtvolum V aus der Gleichung herausfällt:

$$[H^+] = K_a \cdot \frac{\dfrac{\text{Mole Säure}}{V}}{\dfrac{\text{Mole Salz}}{V}}.$$

Genau dieselben Betrachtungen gelten für eine Mischung einer schwachen Base mit ihrem Salz, z. B. $NH_4OH + NH_4Cl$. Aus diesen Betrachtungen folgt, daß der beste Puffer für eine beliebige $[H^+]$ durch eine Säure gegeben ist, deren K_a numerisch gleich der gewünschten Wasserstoffionenkonzentration, bzw. einer Base, deren K_b numerisch gleich der gewünschten $[OH^-]$ ist. Wird z. B. ein $p_H = 5$ gewünscht, so hat man eine Säure mit einem $K_a = 10^{-5}$ zu verwenden. Die äquimolare Mischung der Säure (bzw. Base) mit ihrem Na-Salz gibt den gewünschten Puffer. Die Pufferlösung wird in solcher Konzentration zu der zu puffernden Lösung zugesetzt, daß die im analytischen Prozeß freiwerdende Säure oder Lauge „abgefangen" wird.

Obwohl die optimalen Puffergemische aus äquimolaren Mischungen von Säure (bzw. Base) und einem ihrer gebräuchlichen Salze bestehen, läßt sich durch Veränderung des Molverhältnisses eine Serie von Pufferlösungen mit beliebigen p_H-Intervallen herstellen. Für kolorimetrische p_H-Messung benötigt man z. B. Intervalle von 0,2 p_H. Aus Mischungen von Essigsäure und Na-Acetat (siehe die tieferstehende Tabelle) lassen sich beliebige Puffermischungen in den p_H-Grenzen zwischen 3.8 und 5,6 herstellen.

Die Abhängigkeit des p_H-Wertes von dem Mischungsverhältnis bei 0.1-m-Acetat-Gesamtkonzentration beträgt:[1]

Na-Acetat ...... m	0,02	0,03	0,04	0,05	0,06	0,07	0,08
Essigsäure ...... m	0,08	0,07	0,06	0,05	0,04	0,03	0,02
p_H	4,11	4,34	4,52	4,69	4,86	5,05	5,28

und für Mischungen mit 1-m-Acetat-Gesamtkonzentration:

Na-Acetat ...... m	0,2	0,3	0,4	0,5	0,6	0,7	0,8
Essigsäure ...... m	0,8	0,7	0,6	0,5	0,4	0,3	0,2
p_H	4,03	4,26	4,46	4,65	4,83	5,04	5,28

Diese beiden Reihen von Werten zeigen den Einfluß zehnfacher Verdünnung. Zwischen 15 und 25° verändert sich der p_H-Wert des 0,1-m-Essigsäure-Acetat-Puffers (Gesamtkonzentration) um weniger als 0,01-p_H-Einheiten.

Mischungen von primärem und sekundärem Kaliumphosphat (KH_2PO_4 und K_2HPO_4) geben p_H-Werte, auf deren ungefähre Lage aus der Titrationskurve der Phosphorsäure, Abb. 40, geschlossen werden kann. Der Fall liegt analog dem Essigsäure-Acetat-Puffer: Das Salz KH_2PO_4 ist stark dissoziiert und die K^+-Ionen haben auf die Dissoziation des Ions $H_2PO_4^-$ wenig Einfluß. Der wesentliche Vorgang ist $H_2PO_4^- \rightleftharpoons H^+ + HPO_4^=$, welcher durch die zweite Dissoziationskonstante der Phosphorsäure K_2 geregelt wird. Diese Dissoziation wird durch Zugabe von K_2HPO_4 genau so zurückgedrängt, wie die Dissoziation der Essigsäure durch Zusatz von Na-Acetat zurückgedrängt wird. Die Dissoziation des HPO_4^+ in Wasserstoffion und Phosphation ist so gering, daß sie vernachlässigt werden kann. Daher lautet die Näherungsformel für diese Mischungen $[H^+] = K_2 \dfrac{[KH_2PO_4]}{[K_2HPO_4]}$.[2]

Pufferlösungen und p_H-Messung. Die p_H-Werte sorgfältig bereiteter Pufferlösungen wurden zunächst elektrochemisch bestimmt. Nachdem diese Werte für verschiedene Mischungen erhalten wurden, kann eine Standardserie von Pufferlösungen nach Belieben aus sorgfältig gereinigten Reagenzien („für p_H-Messung") und Standardsäure oder -lauge hergestellt werden. Daten zur Bereitung solcher Lösungen finden sich in den chemischen Handbüchern oder in Büchern über Wasserstoffionenkonzentration (vgl. Literaturzusammenstellung, Anhang, Abt. F und M). Es sei angenommen daß Puffer mit p_H-Werten 5,3; 5,4; 5,5 ... 6,8 hergestellt wurden. Man gibt nun in 16 gleiche Rohre je 10 ml

---

[1] *A. A. Green:* J. Amer. chem. Soc. **55**, 2331 (1933). (Ergebnisse interpoliert; dort sind weitere Puffersysteme angegeben.)

[2] *Green* (l. c.) gibt eine Korrektion dieser Formel unter Berücksichtigung der Aktivitäten.

jedes Puffers und eine angemessene Zahl von Tropfen eines Indikators, dessen Umschlagsbereich in dieses p_H-Gebiet fällt, z. B. Bromkresolpurpur. 10 ml der zu untersuchenden Lösung werden in einem gleichen Rohr mit derselben Indikatormenge versetzt und gut gemischt. Liegt die Farbe der Lösung in der letzteren Röhre zwischen den Farben zweier Röhren mit den Puffermischungen, so ist der p_H-Wert innerhalb eines Zehntels, z. B. zwischen 6,2 und 6,3 bestimmt. Es gibt viele Modifikationen der kolorimetrischen p_H-Messung. Manche verlangen die Herstellung eines dauerhaften Flüssigkeits- oder Glas-Farbenstandards, welcher die veränderliche Farbe eines Indikators bei bestimmten p_H-Werten ersetzen soll; andere mischen die saure und die alkalische Farbe des Indikators bestimmter Konzentration auf optischem Wege, indem man durch zwei Glasgefäße mit veränderlicher Schichtdicke hindurchblickt, in denen sich die beiden Formen des Indikators befinden, und stellt die Schichtdicke auf Farbgleichheit mit der Indikatorfärbung in der Flüssigkeit von unbekanntem p_H-Wert ein usw. Wegen Einzelheiten sei der Leser auf die einschlägige Literatur verwiesen.

Fehler bei Titrationsmethoden.

Auf die unbestimmten Fehler soll hier nicht weiter eingegangen werden. Dieselben gruppieren sich bei mehreren Parallelbestimmungen entsprechend der *Gauß*schen Fehlerfunktion um den Mittelwert. Treten Abweichungen von dieser geforderten Fehlerverteilung auf, so ist dies ein Anzeichen, daß ein systematischer Fehler vorliegt (vgl. S. 53).

Es sei vorausgesetzt, daß die benützten Geräte, Meßkolben, Büretten und Pipetten richtig kalibriert sind und daß die Waage und der Gewichtssatz richtig sind, daß somit keine *Eichfehler* vorliegen. Bei den Ablesungen ist sorgfältig darauf zu achten, daß keine *Ablesefehler*, speziell *Parallaxenfehler*, bei Bürettenablesungen gemacht werden. Bei der Entleerung von Büretten und Pipetten kann ein *Nachlauffehler* eintreten, falls die Entleerungsgeschwindigkeit zu groß ist, oder falls die Viskosität der Lösung merklich von jener des Wassers abweicht. Die Vorschrift, bestimmte maximale Ausflußgeschwindigkeiten nicht zu überschreiten, dient zur Vermeidung dieses Nachlauffehlers. Sind die Geräte fett, so entsteht durch die abweichende Benetzung der Glaswandungen ein *Benetzungsfehler*, der somit von der Oberflächenbeschaffenheit des Gerätes (und der beim Arbeiten mit 0,1 n wässerigen Lösungen praktisch konstanten Viskosität der Lösung) abhängt. Um den Benetzungsfehler zu vermeiden, müssen die benützten Meßgeräte peinlich sauber gehalten werden. Weicht die Arbeitstemperatur von der Eichtemperatur der Meßgeräte ab, so entsteht ein *Temperaturfehler*, der leicht berechnet und ausgeschaltet werden kann. Jeder Titration haften ferner bestimmte methodische Fehler an, die näher besprochen werden sollen.

Setzen wir bei einer Titration den letzten Tropfen zu, welcher den Umschlag des Indikators bewirkt, so wird im allgemeinen ein Teil (a)

des Tropfens benötigt, um die Reagenskonzentration in der Lösung bis
zum Umschlagsintervall des Indikators zu bringen. Ein zweiter Teil
des Tropfens (b) bewirkt den Indikatorumschlag; der Überschuß (c)
ist der „*Tropfenfehler*".[1] Hiemit stehen die verschiedenen Arten des
Titers in Zusammenhang.

Titriert man bei der Titerstellung auf eine bestimmte Farbnuance
eines bestimmten Indikators vorgeschriebener Konzentration, so erhält
man den *Gebrauchstiter* der betreffenden Lösung in bezug auf den bestimmten Indikator. Subtrahiert man von der verbrauchten Maßlösung
das zum Indikatorumschlag benötigte Reagensvolum sowie den Tropfenfehler, so erhält man den „*korrigierten Titer*". Den bei der Titration
auf den theoretischen Titrierexponenten berech-
neten Titer bezeichnet man als den „*absoluten
Titer*". Diese Verhältnisse sind aus Abb. 41 ersichtlich.

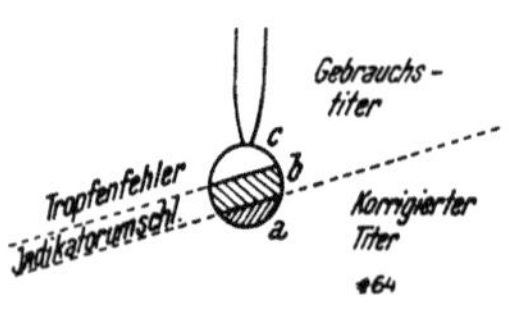

Abb. 41. Gebrauchstiter
und korrigierter Titer.

Titriert man z. B. Na_2CO_3 gegen Dimethylgelb
unter Auskochen der CO_2 (S. 125), so erhält man
den Gebrauchstiter der Säure gegen Dimethylgelb. Zur Bestimmung des korrigierten Titers
fügt man zum gleichen Volum Wasser (wie im
Endpunkt der Titerstellung) etwa dieselbe Kochsalzmenge und die
gleiche Indikatormenge zu und titriert nun mit Säure, bis der Farbton
genau mit jenem der austitrierten Lösung übereinstimmt. Die so ermittelte Korrektur beträgt auf 100 ml etwa 0,1 ml 0,1 n Säure. Will man
z. B. mit Bromthymolblau $p_I = 7$ titrieren, so hat man, wenn die Säure
gegen Dimethylgelb eingestellt wurde, den korrigierten Titer anzuwenden. Es ist auch durchaus nicht gleichgültig, ob man bei einem Indikator, der bei niederem p_H umschlägt, z. B. bei Dimethylgelb, von Gelb
auf Rot, oder von Rot auf Gelb titriert.

Eine Titration ist richtig, wenn der Titrierexponent mit dem Indikatorexponent zusammenfällt, d. h. wenn der Indikator genau im Äquivalenzpunkt anspricht. Der Fehler, welcher dadurch entsteht, daß der
benützte Indikator nicht genau im Äquivalenzpunkt anspricht, heißt der
Titrierfehler. Er ist ein spezifischer Fehler und hängt von der Art der
Reaktion, von der Temperatur, der Verdünnung der Maßlösung bzw.
der zu titrierenden Lösung und von der Empfindlichkeit des Indikators
ab. Letztere ist vom Indikatorexponenten, der Indikatorkonzentration,
der Temperatur, vom Neutralsalzeffekt und einem etwaigen Alkoholgehalt der Lösung abhängig.

Die relativen Fehler nehmen im allgemeinen mit steigender Verdünnung zu.

Die *Empfindlichkeit* eines Indikators hängt sehr stark vom p_H-Wert
ab, bei welchem er umschlägt. Das Umschlagsintervall beträgt im allgemeinen 2 p_H-Einheiten. Man benötigt daher theoretisch bei einem

---

[1] *N. Bjerrum:* Die Theorie der alkalimetrischen und acidimetrischen
Titrierungen. Sammlung *Herz*, S. 74. Stuttgart. 1914.

Tab. 11. *Indikatorexponent und notwendiger Überschuß an Säure oder Lauge für die gebräuchlichsten Indikatoren bei Zimmertemperatur.*[1]

Indikator	p_I	Farbe beim p_I	Vergleichsfarbe, Wasserfarbe bzw. rein saure oder rein alkalische Farbe	ml 0,1 n Säure auf 100 ml Wasser bei Titration bis p_I
Thymolblau	2,6	rosagelb	gelb	2,5
Dimethylgelb	3,9	orangegelb	gelb	0,12
Methylorange	4,0	orange	orangegelb	0,10
Bromphenolblau	4,0	purpurgrün	purpur	0,10
Methylrot	4,8 sauer	rot	dunkelrot (sauere Farbe)	0,016
	5,8 alkalisch	orange	gelb	0,0016
Bromkresolgrün	4,4 sauer	grüngelb	gelb (sauere Farbe)	0,04
	5,4 alkalisch	blaugelb	blau (alkalische Farbe)	0,004
Bromkresolpurpur	6	purpurgrün	purpur (alkalische Farbe)	—
Bromthymolblau	6,4	gelbgrün	gelb (sauere Farbe)	—
	7,4	blaugrün	blau (alkalische Farbe)	—
Phenolrot	7,0	orange	gelb (sauere Farbe)	—
	7,8	rosarot	rot (alkalische Farbe)	—
Kresolrot	7,4	orange	gelb (sauere Farbe)	—
	8,4	rot	dunkelrot (alkalische Farbe)	—

Indikator	p_I	Farbe beim p_I	Vergleichsfarbe, Wasserfarbe bzw. rein saure oder rein alkalische Farbe	ml 0,1 n Lauge auf 100 ml Wasser bei Titration bis p_I
Thymolblau	8,4	gelbgrün	gelb	—
	9,4	grünblau	blau	0,016
Phenolphthalein:				
0,1% Lösung	8,4	schwachrosa	farblos	—
1% Lösung	9,4	rosa		0,016
Thymolphthalein	10,0	schwachblau	farblos	0,06
Alizaringelb	11,0	lila	gelb	0,6
Nitramin	11,5	orangebraun	farblos	2,0

[1] Nach *Kolthoff:* Die Maßanalyse, 2. Aufl., Bd. II, S. 69.

Endvolum von 100 ml für eine Änderung des p_H-Wertes um 2 Einheiten folgende Säuremengen:

p_H	ml 0,1 n HCl für 100 ml Endvolum
7 → 5	0,01
6 → 4	0,09
5 → 3	0,99
4 → 2	9,9
3 → 1	99

Zum Vergleich sind in Tab. 11 eine Reihe von Indikatoren, deren Indikatorexponenten sowie der Säureverbrauch angegeben, wenn der Indikator in 100 ml dest. Wasser bis zum Umschlag titriert wird. Bei Verwendung von Vergleichslösungen kann man eine Titration auf 0,1 bis 0.2 p_H-Einheiten durchführen. Die Farbstärke der saueren Form des Indikators ist gewöhnlich viel größer, als die der basischen Form; man braucht daher beim Titrieren auf die „sauere Farbe" eine geringere Reagensmenge für das Ansprechen des Indikators als umgekehrt.

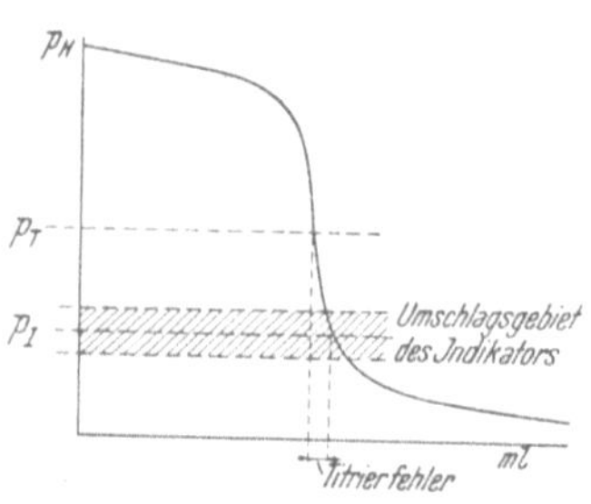

Abb. 42. Der Titrierfehler.

Der Neutralsalzeffekt[1] bewirkt bei schwachen Elektrolyten eine Erhöhung der Dissoziation. Da der Farbton einer Indikatorsäure vom Verhältnis der Konzentrationen $\frac{[J^-]}{[HJ]} = \frac{K_{HJ}}{[H^+]}$ abhängt, bewirkt ein Neutralsalzzusatz zu einer Indikatorsäure eine Farbverschiebung in das Gebiet niederen p_H; bzw. eine Verschiebung der scheinbaren Dissoziationskonstante zu größeren Werten. Bei Indikatorbasen liegen die Verhältnisse entgegengesetzt. In gleicher Weise bewirkt eine Temperaturerhöhung eine geringe Verschiebung des Indikatorexponenten zu niederen p_H-Werten.

Ein Alkoholzusatz verringert die Dielektrizitätskonstante des Wassers und damit die Dissoziation schwacher Elektrolyte. Der Farbumschlag einer Indikatorsäure wird daher in höhere p_H-Gebiete, jener einer Indikatorbase zu niedrigeren p_H-Werten verschoben. So beträgt der p_I für Phenolphthalein[2] in wässeriger Lösung 8,4, im 90%igem Alkohol 12,6.

Der Titrierfehler. Abb. 42 erläutert das Wesen des Titrierfehlers.

Nennen wir *a* die Empfindlichkeit des Indikators, ausgedrückt in Grammäquivalenten des zu bestimmenden Ions, und v_2 das Endvolum der Flüssigkeit, so beträgt die Menge des zu bestimmenden Ions beim

[1] *H. Falkenhagen:* Elektrolyte. Leipzig 1932. *H. v. Halban, L. Ebert:* Z. phys. Ch. **112**, (1924) 321. *A. Thiel, G. Coch:* Z. anorg. Ch. **217**, (1934) 353.

[2] *L. Michaelis, M. Mizubani:* Z. phys. Ch. **116**, (1925) 135. *R. Wegscheider:* Z. phys. Ch. **100**, (1922) 532.

Indikatorexponenten $(B^+) = \dfrac{a}{1000} \cdot v_2$ Grammäquivalente. In erster Näherung ist der Titrierfehler dieser (B^+) proportional und beträgt:

$$TF = \frac{a \cdot v_2}{v_1 \cdot n} \cdot 100\,\%,$$ wobei v_1 die ml Ausgangslösung der Normalität n bedeutet.

Wir haben bei der Aufstellung dieser Näherungsgleichung angenommen, daß (B^+) im Äquivalenzpunkt Null ist; dies ist nicht richtig; für genauere Berechnungen muß die $[B^+]$ aus der Gleichgewichtskonstante berechnet und berücksichtigt werden. Bei der Berechnung des Titrierfehlers starker Säuren mit starken Basen genügt stets obige Näherungsgleichung.

Beispiel: Es werden 50 ml 0,1 n HCl mit 0,1 n NaOH gegen Dimethylgelb $p_I = 4$ titriert. Die Empfindlichkeit des Indikators beträgt daher $a = [H^+] = 10^{-4}$. Der Titrierfehler TF berechnet sich aus obiger Gleichung zu

$$TF = \frac{a \cdot v_2}{v_1 \cdot n} \cdot 100 = \frac{-10^{-4} \cdot 100}{50 \cdot 0,1} \cdot 100 = -0,2\,\%.$$

Titrieren wir gegen Phenolphthalein $p_I = 9$, so ist die Rechnung auf die Hydroxylionenkonzentration abzustellen; $[OH^-] = a = 10^{-5}$; der Titrierfehler beträgt daher $+0,02\,\%$.

Haben wir 0,01 n Lösungen zu titrieren, so beträgt der Titrierfehler mit Dimethylgelb $-2\,\%$; dieser Indikator ist daher unbrauchbar. Bei Phenolphthalein beträgt der Titrierfehler $+0,2\,\%$; verwendet man Methylrot $p_I = 6$ als Indikator, so beträgt der Titrierfehler nur $-0,02\,\%$.

Die einfache Näherungsformel reicht bei der Titration von schwachen Säuren oder schwachen Basen nicht mehr aus.

Beispiel: Es ist der Titrierfehler der Titration von 0,1 n Essigsäure mit 0,1 n Lauge bei der Titration auf ein p_H 5, 6, 7, 8 zu berechnen. Der Titrierexponent ergibt sich aus der Dissoziationskonstanten der Essigsäure $K_a = 2 \cdot 10^{-5}$ zu $p_T = 7 + \frac{1}{2} p_A + \frac{1}{2} \log c = 8.85$.

Nehmen wir an, daß das Salz vollständig dissoziiert, so ergibt sich aus der Gleichung der Gleichgewichtskonstanten

$$\frac{[H^+] \cdot [Ac^-]}{[HAc]} = K_a = 2 \cdot 10^{-5}$$

das Verhältnis

$$\frac{[HAc]}{[Ac^-]} = \frac{[H^+]}{K_a} = \frac{10^{-5}}{2 \cdot 10^{-5}} = 0,5$$

bei einer Titration auf $p_H = 5$. Es sind daher erst $^2/_3$ der Säure neutralisiert; der Titrierfehler beträgt $-33,3\,\%$. Bei der Titration auf p_H 6, 7, 8 beträgt der Titrierfehler $-5\,\%$, $-0.5\,\%$ bzw. $-0,05\,\%$.

Durch Umkehrung einer derartigen Rechnung findet man, daß man bei einem Titrierfehler $< 0.2\,\%$ bei verschiedenen Dissoziationskonstanten auf folgende Titrierexponenten titrieren muß:

$$K_a > 2 \cdot 10^{-8} \quad p_T = 10$$
$$K_a > 3 \cdot 10^{-7} \quad p_T = 9$$
$$K_b > 3 \cdot 10^{-7} \quad p_T = 5$$
$$K_b > 2 \cdot 10^{-8} \quad p_T = 4$$

Sind die Dissoziationskonstanten noch kleiner als diese Werte, so berechnet man den Titrierexponenten, stellt eine Pufferlösung dieses Wertes her und titriert mit einem geeigneten Indikator gegen diese Vergleichslösung. Da die Titration auf $\pm 0{,}2\,p_H$ durchführbar ist, wird man bestenfalls eine Genauigkeit von 1% erreichen können.

Bei der Titration auf einen bestimmten Titrierexponenten werden häufig *Mischindikatoren* verwendet, da sie ohne Vergleichslösung Anwendung finden können und einen sehr scharfen Farbumschlag besitzen. Tieferstehend sind einige Mischindikatoren angeführt:[1]

	p_I	Farbe		
		sauer	alkalisch	
1 Vol. 0,1% Dimethylgelb in Alkohol 1 Vol. 0,1% Methylenblau in Alkohol in dunkler Flasche aufzubewahren	3,25	blauviolett	grün	bei p_H 3,4 nach grün bei p_H 3,2 blauviolett
3 Vol. 0,1% Bromkresolblau in Alkohol 1 Vol. 0,2% Methylrot in Alkohol	5,1	weinrot	grün	
1 Vol. 0,1% Neutralrot in Alkohol 1 Vol. 0,1% Methylenblau in Alkohol	7,0	violettblau	grün	
1 Vol. 0,1% Kresolrot-Na in Wasser 3 Vol. 0,1% Thymolblau-Na in Wasser	8,3	gelb	violett	bei p_H 8,2 rosa bei p_H 8,4 violett
1 Vol. 0,1% Thymolblau in 50% Alkohol 3 Vol. 0,1% Phenolphthalein in 50% Alkohol	9,0	gelb	violett	Farbe von Gelb über Grün nach Violett
1 Vol. 0,1% Phenolphthalein in Alkohol 2 Vol. 0,2% Nilblau in Alkohol	10,0	blau	rot	bei p_H 10 violett

Im allgemeinen beträgt der technische Fehler einer Titration unter normalen Versuchsbedingungen weniger als 0,1%. Dazu kommt der Titrierfehler, der bei der geeigneten Wahl des Indikators klein gehalten

[1] Nach *I. M. Kolthoff:* Die Maßanalyse, 2. Aufl., Bd. II, S. 64, 65.

werden kann. Mit steigender Verdünnung, durch Rücktitrationen mit einer anderen Maßflüssigkeit, nimmt der Fehler zu.

Die Ausführungen lassen sich sinngemäß auf Fällungstitrationen, Komplexbildungstitrationen und Oxydations-Reduktionstitrationen übertragen.

Rückblick, Fragen und Aufgaben.

1. a) $[OH^-] = 3,5 \cdot 10^{-5}$; berechne das p_H. b) $p_H = 3,8$; berechne $[H^+]$. c) $[H^+] = 0,2$; berechne das p_H. Berechne für a bis c das p_{OH}. Antwort: a) 9,5; b) $1,6 \cdot 10^{-4}$; c) 0,7; p_{OH} 4,5; 10,2; 13,3.

2. Die Dissoziationskonstante eines Indikators sei $K_a = 10^{-9}$; bei welchem p_H tritt der Farbumschlag ein, wenn a) beide Indikatorfarben gleich stark sind; b) ein Teil der alkalischen Form bereits bei Anwesenheit von 10 Teilen der sauren Form unterschieden werden kann? Antwort: a) $p_H = 9$; b) $p_H = 8$.

3. Welcher Indikator ist für jeden der folgenden Fälle zu wählen: a) Titration einer 1,0 m Base, $K_b = 10^{-7}$ mit 1 n HCl? b) Wie a, jedoch $\frac{m}{10}$-Lösungen? c) Titration einer 0,5 m Säure, $K_a = 10^{-6}$ mit $\frac{m}{10}$ NaOH?

4. Wieviel Phosphorsäure wird benötigt, um 40 g NaOH a) mit Phenolphthalein als Indikator, b) mit Methylorange als Indikator zu neutralisieren? Wie verhält sich das Äquivalentgewicht zum Molgewicht der Phosphorsäure in diesen beiden Fällen?

5. Die Dissoziationskonstante der Zimtsäure $K_a = 3,7 \cdot 10^{-5}$ ist gegeben. Berechne a) die $[H^+]$, b) den p_H im Endpunkt der Titration einer 1,0 n Säurelösung mit 1,0 n NaOH. c) Wähle einen passenden Indikator. Antwort: a) $8,9 \cdot 10^{-10}$; b) 9,05; c) Thymolblau oder Phenolphthalein.

6. Wiederhole die in Aufgabe 5 gestellten Berechnungen für a) 0,1 n, b) 0,01 n Lösungen von Säure und Lauge. Nenne die für diese Titrationen passenden Indikatoren.

7. Berechne den Titrierexponent für die Titration von 0,25 n NH_4OH ($K_b = 1,75 \cdot 10^{-5}$) mit 0,25 n HCl.

8. NH_3 wird in 50 ml 0,1 n HCl destilliert, wobei die Hälfte der Säure neutralisiert wird. Die überschüssige Säure wird mit 0,1 n NaOH zurücktitriert. Berechne den Titrierexponent. Antwort: $p_H = 5,36$.

9. a) Berechne den Titrierexponent einer Säure $K_a = 5 \cdot 10^{-7}$; die Konzentration des gebildeten Salzes sei 0,01 m. b) Welcher Indikator ist zu wählen? c) Ist der Endpunkt scharf? Gründe.

10. Bei der Titration von 0,5 n Essigsäure mit einer 0,5 n starken Base wird ein Indikator mit dem Indikatorexponenten 6 verwendet. Berechne a) den Bruchteil der neutralisierten Säure, b) wieviel % der ursprünglichen Säuremenge im Punkt des Indikatorumschlages zurückblieben. Antwort: a) 0,946; b) 5,54%.

11. Löse dieselbe Aufgabe wie in 10 für die Titration von 0,5 n NH_4OH mit 0,5 n HCl mit einem Indikator, der bei p_H 7 umschlägt.

12. Berechne das p_H, wenn 20% einer 0,1 n NH_4OH-Lösung ($K_b = 1,75 \cdot 10^{-5}$) neutralisiert wurden.

13. Berechne das p_H der Mischung einer einbasischen Säure 0,2 m, $K_a = 2 \cdot 10^{-5}$, mit ihrem K-Salz 0,85 m.

14. Es ist die Dissoziationskonstante von Anilin, $K_b = 3,5 \cdot 10^{-10}$, gegeben. Berechne für eine 0,1 m Lösung der Base: a) $[OH^-]$; b) p_H; c) den Dissoziationsgrad α; d) die perzentuelle Dissoziation $(1 - \alpha \approx 1)$.

15. Wieviel ml 0,1 n NaOH. muß zu 1 l Wasser zugegeben werden, um ein $p_H = 9$ zu geben (Phenolphthalein zu röten)? Wieviel ml 0,1 n HCl, um den p_H-Wert von 1 l Wasser auf $p_H = 4$ (Umschlagspunkt von Methylorange) zu bringen? Nimm vollständige Dissoziation der Säure bzw. Base an.

16. Berechne das p_H bei halber Titration von Essigsäure in folgenden Fällen: a) 2 n Säure mit 2 n NaOH. b) 0,2 n Säure mit 0,2 n NaOH. c) 0,02 n Säure mit 0,02 n NaOH. Erkläre die Bedeutung dieser Ergebnisse. d) Berechne für diese 3 Fälle (a bis c) den Titrierexponenten.

17. Berechne den p_H-Wert einer Mischung gleicher Volume von 0,1 m KH_2PO_4 und 0,1 m K_2HPO_4, wobei erstere Verbindung als einbasische Säure anzusehen ist. Antwort: $p_H = 7,13$.

18. In welchen Verhältnissen müssen die in 17 erwähnten Lösungen gemischt werden, um p_H-Werte 6,4; 6,8; 7,2 zu geben?

19. Berechne den Titrierexponenten für die Titration von einer 0,5 m Pyridinhydrochloridlösung mit 0,5 m NaOH (Pyridin $K_b = 1,25 \cdot 10^{-9}$). Antwort: 9,25.

VIII. Acidimetrie und Alkalimetrie.
Arbeitsvorschriften.
Herstellung einer Standard-Säure.

Eine Standard-Säure kann hergestellt werden durch Einwägen einer definierten Menge einer Titersubstanz, wie Benzoesäure, $HC_7H_5O_2$, Bernsteinsäure, $H_2C_4H_4O_4$, Kaliumhydrogenphthalat $KHC_8H_4O_4$, Amidosulfonsäure, $HSO_3 \cdot NH_2$, Oxalsäure, $H_2C_2O_4 \cdot 2\,H_2O$, oder selbst einer wässerigen Lösung von Salzsäure (wenn ihre genaue Zusammensetzung bekannt ist). Von den kristallisierten Verbindungen ist Kaliumhydrogenphthalat vorzuziehen. Es hat ein hohes Äquivalentgewicht von 204,22, ist wasserfrei, nicht hygroskopisch oder zerfließlich, kann bei 110° C getrocknet werden, ist leicht rein darstellbar und gut in Wasser löslich. Eine 0,1 n Lösung des Phthalats enthält 20,422 g im Liter. Die gleichen Vorteile hat $KJO_3 \cdot HJO_3$, obwohl es nicht leicht rein darstellbar ist; es wirkt außerdem als starke Säure, so daß verschiedene Indikatoren verwendet werden können.[1] Auch Benzoesäure ist zufriedenstellend, jedoch in Wasser schlecht löslich. Bernsteinsäure wird bisweilen verwendet, muß jedoch unter 100° C getrocknet werden, um die Bildung von Bernsteinsäureanhydrid zu vermeiden. Es wird am besten über $CaCl_2$ getrocknet. Eine 0,1 n Bernsteinsäure enthält 5,9044 g/l. Oxalsäure kann nicht durch einfaches Erhitzen getrocknet werden, ohne daß sie Kristallwasser verliert.[2] Lösungen organischer Säuren haben zwei Unannehmlichkeiten: Sie zersetzen sich nach einigen Tagen durch Bakterieneinwirkung, und sie sind schwache Säuren und können deshalb nur mit starken Basen titriert werden. Es sind deshalb Salzsäure

[1] *Kolthoff* und *van Berk:* J. Amer. chem. Soc. 48, 2799 (1926).
[2] *Hill* und *Smith:* J. Amer. chem. Soc. 44, 546 (1922). — *W. D. Treadwell:* Helv. chim. Acta 7, 533 (1924). — *K. O. Schmitt:* Z. analyt. Chem. 71, 273 (1927).

oder Schwefelsäure vorzuziehen. Diese beiden sind starke Säuren und können, falls erforderlich, auf Kaliumhydrogenphthalat als Urtitersubstanz eingestellt werden.

Die andere Methode zur Herstellung einer Standardsäure ist, eine Lösung annähernder Stärke herzustellen und diese gegen eine alkalische Titersubstanz einzustellen. Als solche wird meist Na_2CO_3 verwendet, welches am besten durch Erhitzen von $NaHCO_3$ auf 270 bis 300° bis zur Gewichtskonstanz, bzw. durch Schmelzen in einem trockenen CO_2-Strom in einem Pt-Tiegel hergestellt wird. Das Schmelzen im CO_2-Strom verhindert Dissoziation unter Na_2O-Bildung, welches die Substanz hygroskopisch macht.[1] Thallium(1)-karbonat kann ebenfalls verwendet werden. Natriumoxalat, das zur Einstellung von $KMnO_4$-Lösung dient, bildet beim Erhitzen Na_2CO_3, und kann ebenfalls zur Einstellung von Säuren dienen. Einige Säuren können gravimetrisch eingestellt werden. Zum Beispiel kann das Cl in einem bestimmten Volum Standard-Salzsäure als AgCl gefällt werden, dessen Gewicht zur Berechnung der Säurekonzentration dient. Dies ist eine der exaktesten Methoden zur Titerstellung von Salzsäure, da die Titrierfehler vermieden werden.

Direkte Darstellung von Standard-Salzsäure aus konstant siedender Säure. Konstant siedende Salzsäure von definierter Zusammensetzung kann nach der Methode von *Foulk* und *Hollingsworth*[2] erhalten werden: Konzentrierte Salzsäure wird auf die Dichte von etwa 1,1 verdünnt. Aus einem Destillierkolben werden $^3/_4$ davon mit einer Geschwindigkeit von 3 bis 4 ml pro Minute abdestilliert. Das Destillat wird verworfen. Nun wird der größte Teil des Zurückgebliebenen in derselben Weise destilliert und gesammelt. Während der Destillation wird der Barometerstand abgelesen. Bei einem gegebenen Barometerstand wird diese letzte Fraktion stets dieselbe Zusammensetzung haben. Tab. 12 gibt die von *Foulk* und *Hollingsworth* angegebenen Werte.

Tab. 12. *Zusammensetzung konstant siedender Salzsäure.*

Barometer Torr.	% HCl in der Säure	g Säure, in Luft gewogen, benötigt für 1 l 1,0 n HCl
770	20,197	180,407
760	20,221	180,193
750	20,245	179,979
740	20,269	179,766
730	20,293	179,555

Arbeitsvorschrift: Reinige und trockne ein kleines Wägefläschchen mit eingeschliffenem Stopfen und wäge es bei Zimmertemperatur. Berühre das Fläschchen nach dem Wägen nicht mit den Fingern, markiere es in keiner Weise. Halte es mit einem Stück Papier oder Tuch und lasse so rasch als möglich die für 1 l 0,1 n

---

[1] *Richards* und *Hoover:* J. Amer. chem. Soc. **37**, 109 (1915).

[2] *Foulk* und *Hollingsworth:* J. Amer. chem. Soc. **45**, 1223 (1923). — *Hulett* und *Bonner:* J. Amer. chem. Soc. **31**, 390 (1909). — *Bonner* und *Branting:* J. Amer. chem. Soc. **48**, 3093 (1926).

HCl benötigte Säuremenge einlaufen. Setzte den Stopfen wieder auf; beachte, daß nichts von der Säure an den Stopfen kommt und wäge sofort, um Gewichtsverluste oder -änderungen durch Verdampfung bzw. durch Feuchtigkeitskondensation auszuschließen. Beide Wägungen sollten innerhalb maximal einer Stunde durchgeführt werden. Bereite in der Zwischenzeit etwas mehr als 1 l destilliertes Wasser, koche dasselbe oder leite CO_2-freie Luft durch, um die gelöste CO_2 auszutreiben (welche sonst in gewissen Fällen als Säure wirkt) und kühle sodann ab. Setze sofort das gleiche Volum Wasser zu, nachdem die Säure gewogen wurde, um einen Säureverlust zu verhindern, und bringe die Lösung quantitativ in einen Liter-Meßkolben, wobei man das Wägefläschchen mehrfach mit dem gekochten Wasser auswäscht. Fülle zur Marke auf, nachdem die Lösung Zimmertemperatur angenommen hat; setze den Glasstopfen auf und mische die Lösung gründlich durch Schütteln und mehrmaliges Umkehren des Kolbens. Fülle die Säure in eine entsprechende trockene, reine Flasche mit Glasstopfen und beschrifte sie mit dem Datum der Herstellung sowie der Normalität der Lösung. Das Gewicht der Säure wird wahrscheinlich etwas größer oder kleiner als die theoretische Menge sein. Es ist daher notwendig, die Normalität aus dem eingewogenen Gewicht der Säure zu berechnen.

Berechnung der Normalität. Die Normalität ist das Gewichtsverhältnis des Gelösten in einem gegebenen Volum zum Gelösten im selben Volum einer Normallösung. Enthält die Lösung $\frac{1}{2}$ Grammäquivalent an Gelöstem im Liter, so ist sie halbnormal $\left(\frac{n}{2} \text{ oder } 0,5 \text{ n}\right)$. Aus der letzten Kolonne der Tab. 12, S. 115, sind die Gewichte zu entnehmen (in Luft gegen Messinggewichte gewogen), die an konstant siedender Salzsäure benötigt werden, um einen Liter Normal-Salzsäure herzustellen. Das Gewicht der ausgewogenen und zu einem Liter verdünnten Säure. dividiert durch das theoretisch (für das gleiche Volum zur Herstellung einer 1 n HCl) benötigte Gewicht der Säure, ergibt die Normalität der Lösung. *Beispiel:* Bei 750 mm Barometerstand werden für 1 l 1 n HCl 179,979 g der konstant siedenden Säure benötigt. Es sei angenommen, daß 18,0500 g der Säure auf 1 l verdünnt wurden. Dann wird die Normalität (der Titer) der Lösung $\frac{18,0500}{179,979} = 0,1003$ n sein.

Oft wird der *Faktor* einer Lösung verwendet. Dieser gibt die Zahl an, mit welcher ein beliebiges Volum einer speziellen Maßlösung multipliziert, das Volum einer exakten Lösung bestimmter Normalität, z. B. 0,5 n, 0,1 n usw., ergibt. Faktor $= \dfrac{\text{theoretisches Volum}}{\text{effektives Volum}}$ oder $\dfrac{\text{effektives Gewicht}}{\text{theoretisches Gewicht}}$ für dasselbe Volum. Im vorhergehenden Beispiel ist das theoretische Volum, zu welchem 18,0500 g der konstant siedenden Salzsäure verdünnt werden muß, 1003 ml. Effektiv wurde auf 1000 ml verdünnt. Daher ist der Faktor (auch Korrektionsfaktor genannt) 1,003.

Der Gebrauch der Normalitäten bei der Berechnung der Analysen wird später besprochen.

Herstellung einer Standard-Salzsäure durch Einstellung gegen Natriumkarbonat. *Arbeitsvorschrift* zur Darstellung einer 0,5 n HCl. Berechne aus der Dichte der vorrätigen konzentrierten Salzsäure mittels einer Dichtetabelle das Volum der Säure, welches auf 2 l verdünnt, eine 0,5 n Säure ergibt. Fülle diese Menge in einen 2-l-Meßkolben, fülle nahezu auf und warte, bis sich der Temperaturausgleich mit der Raumtemperatur vollzogen hat. Sodann wird genau zur Marke aufgefüllt und die Flüssigkeit gründlich durchgemischt.

Stelle aus $NaHCO_3$ reines Na_2CO_3 her:[1] Fülle einen gewogenen Platintiegel oder ein breites Wägeglas mit etwa 10 g $NaHCO_3$ zu $^3/_4$ voll und wäge wieder. Der Tiegel usw. wird $^3/_4$ bis 1 Stunde auf 270 bis 300° C in einem reinen Sandbad oder in einem Asbestring in einem weiteren Tiegel erhitzt. Die Thermometerkugel befinde sich in der Höhe des Hydrogenkarbonates, knapp neben dem Tiegel. Das Sandbad werde vorher erhitzt, um flüchtige organische Substanzen zu entfernen. Nach dem Erhitzen wird der Tiegel (Wägeglas) 40 Minuten in einem Exsikkator abkühlen gelassen und dann gewogen. Sodann wird der Tiegel auf ein Stück schwarzes Glanzpapier gestellt, der Inhalt mit einem Glasstäbchen oder Platindraht umgerührt und Stäbchen oder Draht mittels einer Federfahne in den Tiegel abgestaubt. Sodann wird neuerlich 30 bis 45 Minuten, wie vorher, erhitzt und wieder gewogen. Berechne den Prozentanteil des Rückstandes, sobald das Gewicht praktisch konstant ist; derselbe soll sehr nahe dem theoretischen Wert liegen. (Der Bericht hierüber ist gleichzeitig mit den Werten der Titerstellung abzugeben.) Bewahre das reine Na_2CO_3 bis zum Gebrauch in einem verschlossenen Wägegläschen im Exsikkator auf. [An Stelle dieser langwierigen Bereitung des Na_2CO_3 kann man mit derselben Exaktheit Na_2CO_3 sic. p. A. Merck verwenden, das man vor Gebrauch 1 Stunde bei etwa 120°, besser bei 300° trocknet.]

Wäge in einige markierte 250-ml-Titrierkolben je 1 g des Na_2CO_3 aus dem Wägeglas ein, löse in etwa 75 ml Wasser und titriere, wie auf S. 125 unter „Bestimmung von Na_2CO_3" beschrieben, mit der bereiteten Salzsäure und Methylorange oder Bromphenolblau als Indikator.

Die Normalität der Lösung wird aus jeder Titration berechnet. Da diese Berechnung nicht so einfach wie bei der vorher besprochenen direkten Methode ist, sei sie näher besprochen.

Berechnung der Normalität. 1. Methode. Man leitet die Normalität aus der Standardsubstanz, diesfalls Na_2CO_3, ab: Das Gewicht der Titersubstanz, dividiert durch die bei der Titration gefundene äquivalente Anzahl ml der Säure, ergibt das Gewicht der Titersubstanz pro 1 ml der Standardlösung. So ist z. B., wenn 1,0500 g Na_2CO_3 40,00 ml HCl be-

---

[1] *Lindner* und *Figala:* Z. analyt. Chem. **91**, 105 (1933). — *Smith* und *Croad:* Ind. Engng. Chem., Analyt. Edit. **9**, 141 (1937).

nötigen, 1 ml dieser Lösung $\frac{1,0500}{40,00} = 0,02625\,g\,Na_2CO_3$ äquivalent. Da das Äquivalentgewicht von Na_2CO_3 gleich dem halben Molgewicht ($= 53,00$) ist, beträgt das Gewicht eines Milliäquivalents ($=$ Gewicht in 1 ml der 1 n Na_2CO_3-Lösung) 0,0530 g. Die Normalität der Säure erhält man durch Division des Gewichtes von Na_2CO_3, welches 1 ml Säure entspricht, durch das Milliäquivalent des Na_2CO_3: $\frac{0,02625}{0,0530} = 0,4953$ n. Beachte, daß sich die Überlegung auf eine Na_2CO_3-Lösung bezieht, die der Salzsäurelösung exakt äquivalent ist. *2. Methode.* Es ist natürlich möglich, das Gewicht an HCl zu berechnen, das 1,050 g Na_2CO_3 äquivalent ist, und die Normalität, bezogen auf das Gewicht an HCl, zu berechnen. Diese Methode ist länger und gibt leichter zu Irrtümern Anlaß. *3. Methode.* Man berechnet das Volum einer exakten Normallösung, welches 1,050 g Na_2CO_3 entspricht. Dieses Volum, dividiert durch das bei der Titration tatsächlich gefundene Volum (40,00 ml), ergibt die Normalität. [Diese letztere Methode ist am einfachsten und empfehlenswertesten.]

Volume und Normalitäten äquivalenter Anteile zweier Lösungen. Es ist bei Bestimmungen mittlerer Exaktheit nicht notwendig, jede Lösung gegen eine geeignete Urtitersubstanz einzustellen, sondern man kann eine Reihe von Lösungen gegen eine exakt eingestellte Maßlösung einstellen. Reagiert das Volum v_1 einer Lösung der Normalität n_1 mit v_2 ml einer Lösung unbekannter Normalität n_2, so muß jede Lösung dieselbe Anzahl von Milliäquivalenten enthalten: $v_1 . n_1 = v_2 . n_2$. Beispiel: 50 ml 0,0500 n Oxalsäure werden von 24,95 ml einer NaOH-Lösung neutralisiert. Die Normalität der letzteren ist daher $50.00 . 0,0500 = n_2 . 24,95$; $n_2 = 0,1002$ n.

Um eine Lösung genau auf eine gewünschte Normalität einzustellen, setzt man die Lösung zunächst etwas stärker an und berechnet für ein bestimmtes Volum, wieviel Wasser zuzusetzen ist, um die gewünschte Normalität exakt zu erhalten. Man wägt, wie üblich, zur Titerstellung eine gewisse Menge Na_2CO_3 ein und berechnet die dieser Menge äquivalente Säuremenge der gewünschten Normalität v_1. Die Titration ergibt einen etwas kleineren Wert v_2; die Differenz dieser Werte $v_1 - v_2$ entspricht der Wassermenge, die zu v_2 hinzuzufügen ist, um eine exakte Lösung zu erhalten. Mittels einer einfachen Proportion berechnet man aus diesen Werten, wieviel Milliliter Wasser man zu z. B. 1000 ml der ursprünglichen Säure zuzusetzen hat. Um ein rundes Volum bei dieser Verdünnung zur Verfügung zu haben, setzt man zunächst 1050 oder 1100 ml der Säure an, so daß man nach der Titration auf genau 1000 ml einstellen kann.

Beispiel: Es soll eine genau 0,1 n HCl bereitet werden. Man berechnet aus den Dichtetabellen, wieviel Salzsäure man für 1050 ml einer etwas stärkeren als 0,1 n HCl benötigt, und verdünnt im Maßkolben auf etwa 1050 ml, mischt völlig durch und titriert mit dieser Säure eine eingewogene Probe von Na_2CO_3. Es seien z. B. 0,2342 g Na_2CO_3 eingewogen, die theoretisch 44,19 ml 0,1000 n HCl entsprechen. Bei der Titration wurden 43,74 ml verbraucht; es sind somit zu 43,74 ml der Säure noch 0,45 ml Wasser zuzusetzen, damit die Säure genau 0,1000 n ist. Daraus folgt die Proportion $43,74 : 0,45 = 1000 : x$; $x = 10,29$ ml. Man stellt den Säurestand im Maßkolben genau auf 1000 ml ein und fügt aus einer Bürette 10.29 ml Wasser zu. Durch mehrmalige Titerstellung gegenüber Na_2CO_3 überzeugt man sich von der Richtigkeit des Titers; eventuell muß man den Säuretiter nochmals korrigieren.

Bereitung einer Standard-Alkalilösung.

Hierfür werden die starken, genügend löslichen Basen KOH, NaOH, $Ba(OH)_2$ verwendet. Keines dieser Hydroxyde kann in reinem Zustand erhalten werden, da stets gewisse Mengen Karbonat und Wasser zugegen sind. Besonders KOH und NaOH sind stark hygroskopisch. Es ist daher nötig, eine Lösung von angenäherter Konzentration herzustellen und diese gegen Standardsalzsäure oder gegen eine der früher erwähnten Urtitersubstanzen, wie z. B. Kaliumhydrogenphthalat, einzustellen.

Entfernen des Karbonats aus einer Hydroxydlösung. Bei der Verwendung bestimmter Indikatoren können keine exakten Ergebnisse erhalten werden, wenn das Alkalihydroxyd Karbonat enthält. Letzteres kann auf folgende Weise entfernt werden: 1. Na_2CO_3 ist in einer konzentrierten NaOH-Lösung fast unlöslich und kann durch Dekantation (oder Filtration) entfernt werden. 2. Das Karbonation wird als $BaCO_3$ oder $SrCO_3$ ausgefällt. Letztere Methode ist etwas praktischer und soll hier beschrieben werden.

Arbeitsvorschrift. Wäge auf einer gröberen Waage für 1 Liter 0,1 n NaOH etwa 7 g der Kristalle oder 5 g der trockenen Stangen oder Plätzchen von NaOH ab (welches ist das theoretische Gewicht?), löse dieselben in einem 400 ml Becherglas in etwa 300 ml Wasser. Erhitze und setze langsam 20 ml einer 0,5 n $BaCl_2$-Lösung zu. Laß das $BaCO_3$ absetzen und dekantiere die klare Lösung in einen 1000-ml-Meßkolben und fülle mit CO_2-freiem Wasser bis zur Marke auf. Laß neuerdings absitzen und hebere oder filtriere die klare Lösung in eine entsprechende Flasche [alkalifestes Geräteglas!], die mit einem Gummistopfen mit zwei Bohrungen verschlossen wird. In die eine Bohrung kommt ein Natronkalkrohr eingesetzt, um den Zutritt von CO_2 zu verhindern. In die zweite Bohrung kommt ein Heberrohr, dessen unteres Ende mit einem kurzen Gummischlauch und Quetschhahn verschlossen ist. So kann die klare Lösung in die Bürette abgehebert werden, ohne daß der Niederschlag aufgewirbelt wird, oder CO_2 zutreten kann.

Einstellung einer 0,1 n NaOH. *Arbeitsvorschrift:* Reinige die Büretten gründlich, lasse das Wasser gut abfließen und spüle jede Bürette dreimal mit je einigen ml jener Lösung aus (stets gut abrinnen lassen), mit welcher dieselbe gefüllt werden soll. Fülle eine Bürette mit

0,1 n HCl, die aus konstant siedender Salzsäure bereitet wurde; die zweite Bürette mit der zu stellenden Natronlauge. Stelle die Büretten sorgfältig auf Null ein. Lasse in einen 250-ml-Titrierkolben etwa 40 ml der 0,1 n HCl einfließen. Die Ausflußgeschwindigkeit soll nicht schneller als 0,7 ml/sek sein. Füge 3 bis 4 Tropfen Methylrotlösung zu und titriere mit der Lauge, bis der Indikator eben nach Gelb umschlägt. Lese die Büretten ab; man erhält so das Volum der NaOH-Lösung, das einem bestimmten Volum der 0,1 n HCl äquivalent ist. Phenolphthalein ist ebenso verwendbar, wenn man bis zu einer *ganz schwachen* Rosafärbung titriert. Der Titrierkolben soll auf einem weißen Untergrund stehen. Während die Lösung aus der Bürette zufließt, muß der Titrierkolben mit einer Hand ständig geschwenkt werden, während die andere Hand den Bürettenhahn bedient. Es erfordert einige Übung, die Lösung in ruhig kreisende Bewegung zu versetzen, anstatt sie zu schütteln und zu verspritzen, wie dies der Anfänger meist tut. Wird Phenolphthalein verwendet, so wird die Rosafarbe infolge der CO_2-Absorption aus der Luft bald verschwinden, doch sollte sie für mindestens 10 bis 15 Sekunden bestehen bleiben. Aus diesem Grunde soll nicht die Natronlauge vorgelegt und mit der Säure titriert werden. (Würde diese Schwierigkeit auch bei Verwendung von Methylorange auftreten? Erklärung.) Der Endpunkt muß allmählich, Tropfen für Tropfen, erreicht werden. Etwas Erfahrung läßt einen bald erkennen, wann der Endpunkt kommt. Titriere nicht über! Ist es doch geschehen, so titriere mit der Säure vorsichtig zurück, bis der Umschlagspunkt erreicht ist, und lese beide Büretten ab. Man kann so hin und her titrieren, bis ein zufriedenstellender Endpunkt erreicht ist; eine solche Titration ist infolge der CO_2-Absorption nicht so exakt wie eine Titration, bei welcher der Endpunkt nicht überschritten wurde.

Es ist eine gute Titrationsregel, die Bürette abzulesen, sobald man glaubt, daß der Endpunkt erreicht ist.

Um sich zu vergewissern, daß man den richtigen Wert abgelesen, setzt man dann noch einen Tropfen zu. Ist der Umschlag überschritten, so war die vorhergehende Ablesung richtig; wenn nicht, wird diese Ablesung verworfen, die neue aufgeschrieben, und nochmals mit einem Tropfen geprüft. Der Tropfen an der Bürettenspitze muß stets durch Berühren mit der Glaswand oder mittels eines Glasstabes abgenommen und mit einigen Tropfen aus der Spritzflasche in die Titrierflüssigkeit gespült werden. Achte darauf, daß der Hahn nicht leckt und daß das Hahnküken nicht herausgeht, so daß die Flüssigkeit ausläuft!

Sobald man einen guten Endpunkt erhalten hat, notiert man sorgfältig die verbrauchte Menge (ml) von HCl bzw. NaOH. Wiederhole die Titration. Die erste Titration wird wahrscheinlich etwas ungenau sein, gibt jedoch Anhaltspunkte für die zweite Titration, so daß man rascher an den Endpunkt herangehen und dann um so sorgfältiger arbeiten kann. Bei dieser zweiten Titration sollte man keinesfalls übertitrieren. Differieren die beiden Titrationen um 0,2 ml, so muß man eine dritte

Titration machen. Sobald Parallelbestimmungen bei gleichen Einwaagen auf 0,1 ml übereinstimmen, können sie als zufriedenstellend betrachtet werden. Sonst müssen weitere Titrationen gemacht werden. Es ist angezeigt, um einen möglichst kleinen perzentuellen Fehler zu begehen, etwa 40 ml der Bürettenflüssigkeit zu verbrauchen. Dann ergibt sich bei einer Differenz von 0,1 ml ein Fehler von 0.25%; bei einem Verbrauch von bloß 20 ml würde der Fehler 0,50% betragen.

Ist konstant siedende Salzsäure nicht vorhanden, so ist Kaliumhydrogenphthalat pro Analyse als Titersubstanz zu empfehlen. Trockne das Präparat bei 110° C, wäge etwa 0,9 g ein, löse in 50 ml CO_2-freiem Wasser und titriere mit 0,1 n NaOH mit Phenolphthalein als Indikator. Phthalsäure ist eine schwache Säure, daher ist Methylrot als Indikator nicht verwendbar.

Alkalilösungen dürfen niemals über Nacht in Glashahnbüretten stehenbleiben.

Berechnung der Normalität. Die Anzahl ml der Säure, multipliziert mit ihrer Normalität, gibt die äquivalente Anzahl ml einer 1-normalen Säure [= Milliäquivalente]. Dieses Produkt ist der, bei der Titerstellung verbrauchten Anzahl ml Standardlauge äquivalent. Daher berechnet sich die Normalität der letzteren zu $\dfrac{\text{ml 1 n Säure}}{\text{ml verbrauchtes Alkali}}$.
Brauchen z. B. 40,00 ml der 0,1050 n HCl 45,00 ml Alkali, so beträgt die Normalität der letzteren $\dfrac{40,00 \cdot 0,1050}{45,00} = 0,0933$ n.

Nimm das Mittel der erhaltenen Werte, welche auf 0,0002 übereinstimmen sollen. Rechne nicht auf mehr als vier kennzeichnende Zahlen. Sobald die Lauge 1 bis 2 Wochen gestanden ist, sollte sie neu eingestellt werden. Alle Daten müssen in das Journal eingetragen werden.

Bestimmung von Säure-Wasserstoff.

Prinzip: Bei dieser Bestimmung werden feste Säuren oder sauere Salze analysiert. Da die in der Probe vorhandene Säure unbekannt ist, wird lediglich der Prozentgehalt des allen Säuren gemeinsamen, austauschbaren Wasserstoffes bestimmt. Die Probe wird in CO_2-freiem Wasser gelöst und mit karbonatfreier 0,1 n NaOH mit Phenolphthalein als Indikator (schwache Säure!) titriert.

Es ist oft wünschenswert, einen aliquoten Anteil einer großen Einwaage anstatt der ganzen Einwaage zu titrieren. Eine solche Methode ist augenscheinlich weniger genau als die Titration der ganzen Probe, da die Fehler der Volummessung hinzukommen. Aber sie erlaubt, die Lösungen hin und her zu titrieren, falls der Endpunkt überschritten wurde; ein Vorteil in den Händen des Studenten.

Diese Methode unterscheidet nicht zwischen verschiedenen Säuren; sie bestimmt lediglich den gesamten Säurewasserstoff, ohne Rücksicht, woher er stammt. Sind zwei bekannte Säuren anwesend, deren Summe durch Titration gefunden wurde. und kann eine mit anderen Mitteln bestimmt werden — z. B. gravimetrisch, wie bei Mischungen von HCl und H_2SO_4 —, so kann das Gewicht der zweiten Säure aus der Differenz berechnet werden. Um diese Subtraktion durchzuführen, müssen die Ergebnisse in die gleiche Einheit, z. B. ml einer 1 n Lösung, oder Gewicht des ersetzbaren Wasserstoffes, umgerechnet werden.

Fehler. Gewisse Fehler sind allen volumetrischen Bestimmungen eigen: Jene, welche auf der Temperaturänderung der Lösungen, den Meßvorrichtungen und dem Endpunkt beruhen. In dem speziellen Falle findet man infolge der Anwesenheit von CO_2 in der Luft und in der Lösung leicht zu hohe Ergebnisse, da H_2CO_3 gegen Phenolphthalein sauer reagiert. Karbonat in der Standardlauge hat denselben Effekt.

Arbeitsvorschrift: Wäge je eine entsprechende Menge (frage den Assistenten) der Probe in drei Titrierkolben (250 ml) ein und löse sie in je 50 ml CO_2-freiem Wasser (warum?).

Fülle eine Bürette mit Standard-HCl; die andere mit NaOH. Stelle letztere ein, wie vorher angegeben. Füge zur Säureprobe 2 bis 3 Tropfen Phenolphthalein zu und titriere mit NaOH, bis eine schwachrosa Färbung (10 bis 15 Sekunden) sichtbar ist, indem genau so wie bei der Stellung der Natronlauge vorgegangen wird. Es ist wichtig, den Endpunkt nicht zu überschreiten. Wurde übertitriert, so titriere den Alkaliüberschuß mit Standardsäure zurück. Werden mehr als 50 ml benötigt, so wird die Bürette einfach neu gefüllt und die Titration fortgesetzt. [Dieser Ausweg sollte vermieden werden!] Stimmen die Ergebnisse. bezogen auf die gleiche Einwaage, nicht innerhalb 0,1 ml überein, so wird eine weitere Probe titriert. [Die Ergebnisse sind einzeln auszurechnen. Eine Mittelwertsbildung aus zwei oder drei Werten ist strenggenommen nicht zulässig.] Es ist stets von Vorteil, im voraus ungefähr zu wissen, wieviel Lösung zur Titration erforderlich ist.

Anstatt Einzelproben einzuwägen, kann man eine größere Einwaage in einem 250-ml-Maßkolben in CO_2-freiem Wasser lösen, bis zur Marke auffüllen (gut mischen!) und aliquote Anteile mittels einer Pipette oder Bürette abmessen. [Bei Verwendung von Pipetten ist der Fehler weitaus geringer als beim Abmessen mittels einer Bürette. Vgl. die Tab. S. 87. Man wird daher Büretten nur für Titrationen verwenden, bestimmte Volume jedoch stets mit Pipetten ausmessen.]

Um Übung im Titrieren zu bekommen, wägt man je 0,15 bis 0,20 g (2 Tropfen) konzentrierte Schwefelsäure in Wägegläschen mit eingeschliffenen Stopfen ab, verdünnt mit etwas Wasser und spült in einen 250-ml-Titrierkolben. Man setzt 1 bis 2 Tropfen Methylrot zu (CO_2-freies Wasser!) und titriert mit Standardalkali. An Stelle des ersetzbaren Wasserstoffes wird der Prozentgehalt der Schwefelsäure berechnet. [Diese Methode ist infolge der Hygroskopizität der Säure sehr ungenau und nur als Titrationsübung zu betrachten, für genaue Analysen muß die Säure im vorher gewogene Glaskügelchen eingeschmolzen werden. Die Kügelchen werden neuerlich gewogen und in einer dicht schließenden Glasstopfenflasche, die etma 30 ml CO_2-freies Wasser enthält, durch heftiges Schütteln zertrümmert. Man wartet einige Minuten, damit die Säurenebel absorbiert werden, und titriert sodann.]

Berechnung der Ergebnisse. Man berechnet das Gewicht der Substanz, welches 1 ml einer 1 n Lösung äquivalent ist. Dieses Gewicht wurde S. 118 als Milliäquivalent definiert. 1 l 1 n Säure enthält definitionsgemäß 1,008 g ersetzbaren Wasserstoff; 1 ml daher 0.001008 g. Das Volum der bei der Titration verbrauchten Lauge, multipliziert mit ihrer Normalität, ergibt das Volum einer äquivalenten 1 n Lösung. Letzteres mit dem Milliäquivalent des H multipliziert, ergibt das Gewicht des ersetzbaren Wasserstoffes in der Einwaage. Zur Prozentberechnung hat man diese letztere Zahl mit 100 zu multiplizieren und durch die Einwaage zu dividieren. Der Wert wird auf vier kennzeichnende Ziffern ausgerechnet. Da der Prozentgehalt infolge des niedrigen Äquivalentgewichtes des H sehr klein ist, ist ein absoluter Fehler von 0,002% bereits bedeutend. Die Ergebnisse sollen auf mindestens 0,3% [des Wertes] übereinstimmen.

Wurde die Probe G auf ein bestimmtes Volum V aufgefüllt und zur Titration ein aliquoter Teil v verwendet, so beträgt das Gewicht der titrierten Probe $g = \dfrac{G \cdot v}{V}$.

Beispiel: 2,500 g einer Säure wurden auf 250 ml verdünnt. 40 ml davon benötigten bei der Titration 48,00 ml einer 0,0980 n NaOH; diese entsprechen 48,00 . 0,0980 = 4,704 ml einer 1 n NaOH. Das Gewicht des titrierten Säure-H in der Probe ist 0,001008 . 4,704 = 0,004742 g; das Gewicht der titrierten Probe beträgt $\dfrac{2,5}{250}$. 40 = 0,4000 g. Der Prozentgehalt an Säure-H ist daher $\dfrac{0,004742}{0,400}$. 100 = 1,186% H·.

Soll der Prozentgehalt einer bekannten Säure, z. B. H_2SO_4, berechnet werden, so wird das Milliäquivalent der Säure (H_2SO_4 = 0,04904) an Stelle jenes des Wasserstoffes eingesetzt.

Bei volumetrischen Arbeiten ist es meist üblich, zuerst das Milliäquivalent der gesuchten Substanz und mit diesem das Gewicht derselben zu berechnen, ohne, wie in der Gravimetrie, auf eine Proportion zurückzugreifen. Sei dessen eingedenk, daß das Äquivalentgewicht letzthin von der Reaktion mit der Standardlösung abhängt! *Die Konzentration der Standardlösung wird als Normalität ausgedrückt;* es ist unnötig, das Gewicht des Reagens in der Standardlösung zu berechnen; dies war nur für die Bereitung der Lösung erforderlich. Bei der obigen Berechnung wurde auch nur mit der Normalität, nicht mit dem Gehalt der Lösung (mg HCl/ml) gerechnet.

Rechnet man nach der *Faktor-Methode,* so wird das bei der Titration verbrauchte Volum der Standardlösung mit dem Faktor multipliziert, um dasselbe auf eine exakte Normalität, z. B. 0,1000 n, umzurechnen. Die weitere Rechnung unterscheidet sich nur geringfügig von der oben beschriebenen.

Ebenso soll die *Titermethode* erwähnt werden. Das Wort *Titer* bedeutet die durch Titration festgestellte Stärke (Gehalt) einer Lösung. Der Titer wird gewöhnlich in g/ml oder mg/ml ausgedrückt. Man kann Titer bestimmen und Aufgaben lösen, ohne von den Begriffen Äquivalentgewicht und Normalität Gebrauch zu machen.[1]

Beispiel. Der Titer einer NaCl-Lösung wurde zu $T = 0{,}005905$ g NaCl/ml gefunden. Bei der Titration von 0,3698 g einer Silberlegierung wurden $V = 30{,}50$ ml der NaCl-Lösung verbraucht. Der Prozentgehalt des Silbers ist gesucht. Dem Silber in der Probe ist eine Menge von $T \cdot V = 0{,}005905 \cdot 30{,}50$ g NaCl äquivalent. Das Gewicht des Silbers wird nach folgender Proportion berechnet:

$$\text{Gew. NaCl} : \text{Gew. Ag} = \text{Mol.-Gew. NaCl} : \text{At.-Gew. Ag}$$

$$0{,}00595 \cdot 30{,}50 : \quad x \quad = \quad 58{,}46 \quad : \quad 107{,}88$$

$$x = 0{,}3324 \text{ g Ag}$$

$$0{,}3698 : 0{,}3324 = 100 : \% \text{ Ag}$$

$$\% \text{ Ag} = 89{,}87$$

Das Gewicht x ist bei dieser Methode gleich $T \cdot V \cdot \dfrac{107{,}88}{58{,}46}$. Der Bruch ist ein gewöhnlicher gravimetrischer Faktor. Vgl. Kapitel 15, S. 231. Tabellen solcher Faktoren sind erhältlich. Die Prozentberechnung mittels Titer kann nach folgender allgemeiner Formel durchgeführt werden:

$$\% = \frac{N \cdot T \cdot \text{Faktor}}{G} \cdot 100,$$

wobei G die Einwaage bedeutet. Der Faktor muß dem speziellen chemischen Vorgang entsprechen.

Rückblick, Fragen und Aufgaben.

1. Gib a) die hypothetische oder tatsächliche Gleichung, b) die Art der Reaktion, c) das Äquivalent der ersten Substanz, d) die Gründe hierfür an: 1. $UO_2Cl_2 \rightarrow (UO_2)_2[Fe(CN)_6]$; 2. $AsCl_3 \rightarrow NaCl + H_3AsO_3$; 3. $FeS \rightarrow FeCl_3 + H_2SO_4$; 4. $HJO_3 \rightarrow JCl$.

2. 50 ml einer HCl-Lösung geben 0,8000 g AgCl. Berechne die Normalität der Säure.

3. Wieviel ml 30,00%iger $HClO_4$, d 1,207, benötigt man zur Herstellung von 5,000 Litern einer 0,1000 n Säure? Antwort: 138,7 ml.

4. 0,5000 g HSO_3NH_2 benötigen 40,00 ml NaOH zur Neutralisation. Berechne die Normalität der Lauge.

5. Berechne die Normalität der 70%igen Salpetersäure (d 1,42).

6. Der Schwefel in 1 g Stahl wird zu SO_3 verbrannt und in 50,00 ml 0,0100 n Lauge absorbiert. Der Überschuß der Lauge wird mit 24,00 ml einer 0,0150 n Säure zurücktitriert. Wieviel Prozente S sind im Stahl?

7. Berechne den p_H-Wert einer Lösung, die man durch Zugabe von 20 ml 0,5 m HCl zu 60 ml 0,5 m NH_4OH erhält.

---

[1] Diese und andere Vorteile der Titermethode werden von *W. P. Cortelyou:* J. chem. Educat. **9**, 1297 (1932) hervorgehoben.

8. 2,5 g einer wässerigen Lösung, die H_3PO_4 und KH_2PO_4 enthält, verbrauchen 40,00 ml 0,1000 n Lauge; Phenolphthalein als Indikator. 5 g derselben Lösung verbrauchen 30,00 ml Lauge mit Methylorange als Indikator. Berechne die Prozentgehalte an H_3PO_4 und KH_2PO_4. Antwort: 5,88% H_3PO_4, 5,45% KH_2PO_4.

9. Erkläre, wie die volumetrische Bestimmung eines Gemisches von Na_2HPO_4 und Na_3PO_4 neben inerten Substanzen durchzuführen ist.

10. Vergleiche die Titration einer schwachen Säure bei Zimmertemperatur und nahe beim Siedepunkt und erkläre den Unterschied.

11. 0,3000 g $Na_2C_2O_4$ wird durch Erhitzen in Karbonat übergeführt. Letzteres verbraucht 45,00 ml Säure gegen Methylorange. Berechne die Normalität der Säure, ohne das Gewicht des Na_2CO_3 zu berechnen.

12. Eine Salzsäure, wovon 50,00 ml 0,8000 g $AgCl$ geben, soll genau 0,1000 n gemacht werden. Auf welches Volum müssen 500 ml der Säure verdünnt werden?

13. Berechne die Normalität einer NaOH-Lösung, von der 50,00 ml zu 0,6000 g HSO_3NH_2 zugegeben, zur Rücktitration 10,00 ml einer Standardsäure verbrauchten, von welcher 1,00 ml 0,005300 g Na_2CO_3 entsprach. Antwort: 0,1436 n.

14. Eine mit Karbonat verunreinigte Natronlauge ergab, mit HCl gegen Methylorange titriert, eine Normalität 0,1100; gegen Phenolphthalein in der Kälte 0,1050 n. Berechne die Grammäquivalente von NaOH und Na_2CO_3 pro Liter.

15. 1,300 g einer Lösung von SO_3 in H_2SO_4 benötigen zur Titration 40,00 ml einer 0,700 n NaOH. Berechne den Prozentgehalt der beiden Bestandteile.

16. Welches Volum H_2O muß zu 100 ml 0,1 n CH_3COOH zugegeben werden, um ein $p_H = 3$ zu erhalten?

17. 0,5000 g einer Probe benötigen mit Phenolphthalein in der Kälte 20,00 ml einer 0,1000 n Säure; mit Methylorange 60,00 ml der Säure. Welche der Substanzen NaOH, Na_2CO_3 und $NaHCO_3$ ist anwesend und in welchem Prozentverhältnis? Antwort: 42,40% Na_2CO_3, 33,60% $NaHCO_3$.

18. Beschreibe die Titration eines Salzes einer sehr schwachen Säure einschließlich der Angabe a) von mehreren Beispielen, b) der verwendeten Standardlösung, c) des Titrierexponenten für einen speziellen Fall, d) des Indikators; Gründe hierfür. Warum ist es unmöglich, $NaC_2H_3O_2$ mit HCl zu titrieren?

19. 1,000 g einer Mischung von ausschließlich $K_2CO_3 + Li_2CO_3$ benötigen 39,02 ml einer 0,5000 n Säure mit Methylorange als Indikator. Berechne den Prozentgehalt der beiden Karbonate. x sei das Gewicht des K_2CO_3; dann ist $1 - x$ das Gewicht des Li_2CO_3. Antwort: 60,00% K_2CO_3, 40,00% Li_2CO_3.

20. Welche Einwaage muß gewählt werden, daß bei der Titration mit 0,100 n Säure die Anzahl der verbrauchten ml gleich ist dem Prozentgehalt an Na_2O? Antwort: 0,3100 g.

Bestimmung von Natriumkarbonat.

Prinzip. Die Titration des Salzes einer starken Base mit einer schwachen Säure (Verdrängungstitration) wurde bereits besprochen. Voraussetzung hierfür ist, daß die Lösung der schwachen Säure gegenüber dem verwendeten Indikator nichtsaure Reaktion zeigt. Es wurde festgestellt, daß eine gesättigte Lösung von CO_2 ein $p_H = 3,9$ besitzt; ein Wert, bei welchem Methylorange oder Bromphenolblau umschlagen. Wird dasselbe Prinzip auf das Salz einer stärkeren Säure als Kohlensäure angewendet, so wird diese die genannten Indikatoren merklich beeinflussen, da selbst die Kohlensäure nicht ganz ohne Wirkung ist. Es wäre notwendig, mit einem Indikator zu arbeiten, der bei niederem p_H umschlägt. So scheint es möglich, in Gegenwart von Säuren, die stärker als H_2CO_3 sind, zu titrieren. Wie auf S. 94 bis 110 ausgeführt wurde, wird der Endpunkt bei einem so niedrigen p_H so unscharf, daß eine solche Methode ohne Wert ist. Je schwächer die vorhandene Säure, desto schärfer der Endpunkt. Die Stärke einer Säure wird durch ihre Dissoziationskonstante ausgedrückt. Jene der ersten Dissoziation der Kohlensäure beträgt $3 \cdot 10^{-7}$. Die Titrationslösung muß eine starke Säure, etwa HCl sein. Der Student sollte fähig sein, aus der Liste im Anhang vier Säuren außer Kohlensäure auszuwählen, deren Alkalisalze nach dieser Methode titriert werden können.

Eingewogene Proben des Karbonats werden in Wasser gelöst und mit HCl titriert:

$$Na_2CO_3 + 2\,HCl = 2\,NaCl + (CO_2 + H_2O).$$

Die Kohlensäure zerfällt weitgehend in CO_2 und H_2O. Der braunrote Umschlagspunkt von Methylorange (weder gelb noch rot) kann durch Zugabe einer inerten blauen Farbe, wie Cyanol FF (vgl. S. 386) wesentlich verbessert werden. Auch die Kombination Methylenblau-Methylrot[1] zeigt einen guten Farbumschlag. Mit 0,1 n Lösungen ist der Endpunkt nicht sehr scharf, da die Kohlensäure selbst ein p_H von etwa 3,9 aufweist. Wird der Indikator einmal zu Wasser, anderseits zu einer Kohlensäurelösung zugesetzt, so ist die erstere Farbe gelb, letztere orange. Für genaue Bestimmungen verwendet man eine gesättigte Kohlensäurelösung mit gleicher Indikatorkonzentration als Farbstandard. Man führt die Titration auf den Farbton des Standards durch. Da diese Vergleichslösung infolge von CO_2-Verlusten unbeständig ist, wurden andere Standards vorgeschlagen. Eine Lösung von 0,2 g Kaliumhydrogenphthalat in 100 ml Wasser hat dasselbe p_H und zeigt daher mit dem Indikator dieselbe Farbnuance wie eine zum Endpunkt titrierte Lösung, aus welcher die CO_2 nicht entfernt wurde. Eine solche Lösung ist beständig. Mit Bromphenolblau wird auf eine grünblaue Mischfarbe zwischen Blau und Gelb als Endpunkt titriert. Kann die bei der Titration in Freiheit gesetzte Säure durch Kochen der Lösung verflüchtigt werden, wie z. B. CO_2, HCN, H_2S, so können andere Indikatoren, wie Methylrot, verwendet und ein scharfer Endpunkt erhalten werden. Man setzt Säure bis zum deutlichen Farbumschlag zu, kocht die in Freiheit gesetzte schwache Säure aus, kühlt ab und titriert wie üblich zu Ende. Die Empfindlichkeit des Farbumschlages ist mit Methylrot infolge des höheren p_H-Wertes etwa siebenmal größer als mit Methylorange.

Die geringe Menge der zurückbleibenden sehr schwachen Säure ist ohne merklichen Einfluß auf den Indikator. Bei künstlichem Licht kann die Farbänderung nicht so gut beobachtet werden.

---

[1] *A. H. Johnson* und *J. R. Green:* Ind. Engng. Chem., Analyt. Edit. **2,** 2 (1930).

Salze *flüchtiger* Säuren, wie Kohlensäure, Cyanwasserstoffsäure, können nach einer indirekten Methode unter Verwendung anderer Indikatoren (Methylrot, Bromthymolblau oder Phenolphthalein) analysiert werden. Zunächst wird ein Überschuß von Standardsäure zugesetzt; bei Na_2CO_3 etwas mehr als die doppelte Menge, die notwendig ist, um Phenolphthalein zu entfärben. Der Farbumschlag mit diesem Indikator erfolgt, wenn die Hälfte des Karbonats neutralisiert ist ($NaHCO_3$). Das CO_2 wird durch langes Kochen entfernt. Die Lösung enthält dann nur $NaCl$ und HCl. Der Überschuß der Säure wird mit Standardlauge zurücktitriert. Beide Methoden sollten identische Ergebnisse bei Verwendung von Methylrot geben. Mit Phenolphthalein sind die Werte etwas zu niedrig, da es schwierig ist, die letzten Spuren von CO_2 zu entfernen.

Ammoniumion in Salzen wird durch Zugabe eines Überschusses von Lauge, Abdestillieren des NH_3 in einen Überschuß von Standardsäure und Rücktitrieren der letzteren mit Lauge, mit Methylrot als Indikator, bestimmt. (Warum Methylrot?)

Fehler. Außer den allen volumetrischen Bestimmungen eigentümlichen Fehlern besteht die Hauptfehlerquelle bei diesen Bestimmungen in der Unbestimmtheit des Endpunktes. Die Anwesenheit von zuviel Indikator macht dies noch schlechter. Die Lösung kann beim Verkochen der CO_2 zu stark eingekocht werden, so daß etwas HCl entweicht, worauf die Werte zu hoch ausfallen; oder es wird zu kurz gekocht, um alles CO_2 auszutreiben, so daß zu niedrige Werte (warum?) gefunden werden.

Andere Anwendungen. Betrachte die verschiedenen Salze, die auf diese Weise titriert werden können, einschließlich jener von Ba, Sr, Ca. Unlösliche Salze müssen in einem Überschuß von Säure gelöst und dieser zurücktitriert werden. CO_2 wird titrimetrisch durch Absorption in einem Überschuß von Standard-Bariumhydroxydlösung absorbiert und der Überschuß, ohne vom $BaCO_3$ abzufiltrieren, mit Standardsäure zurücktitriert. Als Indikator wird Phenolphthalein verwendet. Ein guter Endpunkt wird erhalten. [Die Titration muß unter starkem Schwenken tropfenweise durchgeführt werden, um einen Angriff des $BaCO_3$ durch einen lokalen Säureüberschuß zu vermeiden.] Oder das $BaCO_3$ kann abfiltriert, in einem Überschuß von Standardsäure gelöst und der Überschuß zurücktitriert werden. [Ergibt infolge der Luft-CO_2 leicht zu hohe Werte.]

Zur Bestimmung von Karbonat neben Hydroxyd sind zwei Methoden anwendbar.

1. *Methode* [nach *Cl. Winkler*].[1] Das Karbonat wird mit $BaCl_2$ gefällt und die Lösung, ohne zu filtrieren, mit Standardsäure gegen Phenol-

---

[1] Besonders bei viel Karbonat neben wenig Hydroxyd geeignet. Vgl. *J. Lindner:* Z. analyt. Chem. **72**, 135 (1927); **78**, 188 (1929). — *W. Poethke* und *P. Manicke:* Z. analyt. Chem. **79**, 241 (1929).

phthalein titriert. Ein Strontiumsalz ist besser als ein Bariumsalz; das Karbonat wird schneller dicht und kristallin. Auf diesem Wege wird das Hydroxyd bestimmt. In einer zweiten Probe wird Hydroxyd und Karbonat gemeinsam mit Methylorange oder Bromphenolblau als Indikator titriert. Die Differenz dieser beiden Volume (bezogen auf die gleiche Einwaage) entspricht der zur Titration des Karbonats verbrauchten Menge. Das Karbonat hat ein Äquivalentgewicht entsprechend der Hälfte des Molgewichtes. Diese Methode ist genauer als die folgende.

2. Methode [nach *R. B. Warder*].[1] Die [mit zirka 10 g reinstem NaCl versetzte, auf 0^0 abgekühlte] Lösung wird gegen Phenolphthalein mit Säure auf farblos titriert. Dabei wird das Hydroxyd und die Hälfte des Karbonats erfaßt. Die Titration wird mit Methylorange oder Bromphenolblau als Indikator fortgesetzt, wobei das Hydrogenkarbonat in ein neutrales Salz, wie NaCl, übergeführt wird. In der letzteren Reaktion entspricht das Äquivalent des Na_2CO_3 dem Molgewicht; daraus läßt sich leicht die Menge berechnen. Wird das Volum der bei der zweiten Titration verbrauchten Säure von dem bei der ersten Titration verbrauchten Volum abgezogen, so entspricht die Differenz dem vom Hydroxyd verbrauchten Volum (warum?). Bei der Titration des Karbonats zu Hydrogenkarbonat ist der Endpunkt nicht sehr scharf, so daß in der Praxis andere Methoden vorzuziehen sind.

Zur Bestimmung von Karbonat neben Hydrogenkarbonat sind zwei Methoden anwendbar.

1. Methode [nach *Cl. Winkler*]. [Durch Zusatz eines gemessenen Überschusses von Standardalkali wird das Hydrogenkarbonat in Karbonat übergeführt]: $NaHCO_3 + NaOH = Na_2CO_3 + H_2O$, und das Problem auf die Bestimmung von Karbonat neben Hydroxyd zurückgeführt. Das Na_2CO_3 wird durch den NaOH-Zusatz nicht angegriffen. Sodann wird $BaCl_2$- oder Sr-Salz zugesetzt, um das Karbonat zu fällen und der Überschuß der Lauge mit Standardsäure gegen Phenolphthalein langsam (!) zurücktitriert. Aus dem zur Überführung des Hydrogenkarbonats in Karbonat benötigten Volum der Standardlauge (v ml) berechnet man die Menge des anwesenden Hydrogenkarbonats. Das Äquivalentgewicht des $NaHCO_3$ ist gleich dem Molgewicht.

Eine neue, gleich schwere Probe wird mit Standardsäure und Methylorange oder Bromphenolblau als Indikator titriert (V ml). Sind Säure und Lauge von gleicher Normalität, so benötigt das Hydrogenkarbonat dasselbe Volum v an Säure, wie bei der obigen Reaktion an Lauge. Die Differenz ($V - v$) entspricht dem Karbonat nach

$$Na_2CO_3 + 2\,HCl = 2\,NaCl + H_2O + CO_2.$$

---

[1] Besonders geeignet, wenn wenig Karbonat neben viel Hydroxyd vorliegt. Eine kritisch-vergleichende Untersuchung beider Methoden bei *A. Suchier:* Z. angew. Chem. **44**, 534 (1931).

Daraus läßt sich das Gewicht des Na_2CO_3 berechnen. Dies ist die genaueste Methode zur Bestimmung von Karbonat neben Bikarbonat.

2. Methode [nach R. B. Warder]. Bei der Titration einer kalten Lösung gegen Phenolphthalein tritt folgende Reaktion ein (v ml):

$$Na_2CO_3 + HCl = NaHCO_3 + NaCl.$$

Etwa vorhandenes Hydrogenkarbonat wird nicht angegriffen. Diese Titration bestimmt den Anteil des Karbonats, dessen Äquivalent dem Molgewicht entspricht. Nachdem das Phenolphthalein farblos geworden ist, wird Methylorange oder Bromphenolblau zugesetzt und die Titration fortgesetzt:

$$NaHCO_3 + HCl = NaCl + H_2O + CO_2.$$

Dieses Hydrogenkarbonat ist ein Gemisch des ursprünglich vorhandenen und des in der vorhergehenden Titration entstandenen Hydrogenkarbonats. Letzteres wird dasselbe Volum v an Säure wie bei der ersten Titration verbrauchen. Wird dieses Volum v von dem, bei der zweiten Titration benötigten Volum V abgezogen, so entspricht die Differenz ($V - v$) dem ursprünglich anwesenden Hydrogenkarbonat, dessen Äquivalent gleich dem Molgewicht ist.

Wird eine *zweite Probe gleicher Einwaage* gegen Methylorange titriert (V_1 ml), so entspricht dem ursprünglich anwesenden Hydrogenkarbonat ($V_1 - 2\,v$) ml, da nun $2\,v$ abzuziehen sind, an Stelle von v bei der Titration in derselben Lösung.

Arbeitsvorschrift. Titration von Na_2CO_3; Berechnung als Na_2O. Methylorange- oder Bromphenolblau-Methode. Wäge Proben von je 0.3 g in 250-ml-Titrierkolben ein, löse in 50 ml Wasser, füge einige Tropfen Methylorange oder Bromphenolblau zu, so daß die Lösung eine lichtgelbe bzw. hellblaue Farbe hat. Vermeide zuviel Indikator! Gib in einen gleichen Kolben 100 ml einer Lösung von 2,0 g Kaliumhydrogenphthalat in 1 l und setze dieselbe Menge an Indikator zu. Es entsteht eine orange bzw. purpurgrüne Färbung zwischen Gelb und Rot, bzw. Blau und Grün. Wird das modifizierte Methylorange (S. 386) verwendet, so sollte die Farbe fast ein Grau, halb zwischen Grün und Magenta sein. Fülle eine Bürette mit Standardalkali, die andere mit 0,1 n HCl. Lasse HCl zufließen, bis die Farbe genau jener des Phthalatpuffers von p_H 4 (vgl. S. 126) gleicht. Die Farben können nicht gut bei normalem künstlichem Licht verglichen werden; deshalb sollte diese Titration bei Tageslicht ausgeführt werden. Der Farbumschlag von Methylorange ist im Lichte der Tageslicht-Fluoreszenzlampe der General Electric Co. besser zu beobachten, vielleicht infolge eines sehr geringen Vorherrschens von Blau. Falls übertitriert wurde [was unbedingt zu vermeiden ist!], wird mit Standardalkali zurücktitriert. Es sei daran erinnert, was auf S. 120 über die Ablesung am Endpunkt gesagt wurde. Titriere eine zweite Probe. Falls die Ergebnisse, bezogen auf gleiche Einwaagen, nicht auf 0.1 ml übereinstimmen, wird eine dritte Titration vorgenommen.

Man kann auch so vorgehen, daß man 1,5 g der Probe in einem 250-ml-Maßkolben löst, die Lösung zur Marke auffüllt und für die Titration mittels einer Pipette aliquote Anteile (je 50 ml) entnimmt.

Berechnung der Ergebnisse. Das Volum der Salzsäure wird mit ihrer Normalität multipliziert, um es in ml Normalsäure umzurechnen. Entsprechend der Reaktionsgleichung reagiert 1 Mol Na_2CO_3 mit 2 Mol HCl; das Äquivalent des Na_2CO_3 ist daher $\frac{Na_2CO_3}{2}$; jenes von Natriumoxyd $\frac{Na_2O}{2}$ ($= 31,00$ g). Das Milliäquivalent ist daher 0,03100 g. Das Gewicht von Na_2O in der titrierten Probe berechnet sich aus dem Produkt ml Normalsäure mal dem Milliäquivalent. Das Gewicht der titrierten Probe und der Prozentgehalt an Na_2O wird nach S. 116 berechnet. Parallelbestimmungen sollten auf 0,2% der Werte übereinstimmen. Als wahrscheinlichster Wert wird der Mittelwert aus den Bestimmungen berechnet. Um die Berechnung anschaulich zu machen. sei ein Beispiel angeführt:

$$
\begin{aligned}
\text{Probe} + \text{Wägeglas} &\ldots\ldots\ 9,7320 \\
\text{Wägeglas} &\ldots\ldots\ldots\ldots\ 9,4248 \\
\hline
\text{Probe 1} &\ldots\ldots\ldots\ldots\ 0,3072
\end{aligned}
$$

Benötigt 40,20 ml einer 0,1050 n HCl $= 4,221$ ml 1 n HCl.

1 ml 1 n HCl $= 0,03100$ g Na_2O.

$4,221 \cdot 0,0310 = 0,1309$ g Na_2O.

$$\frac{0,1309}{0,3072} \cdot 100 = 42,61\% \ Na_2O.$$

Arbeitsvorschrift. Methylrot-Methode. a) Diese Methode ist für 0,1 n Säure ausgezeichnet verwendbar, dagegen bei 0,5 n Säure nicht zufriedenstellend. Füge zu jeder Probe 2 bis 3 Tropfen Methylrot zu. Lasse Standardsäure zufließen, bis die Farbe von Gelb nach Rot umgeschlagen hat. Füge 2 Tropfen Säure im Überschuß zu. Dies reicht noch nicht aus, um mit dem gesamten Karbonat zu reagieren. Ein großer Überschuß ist unerwünscht, da dann eine Rücktitration mit Alkali erforderlich wäre. Stelle den Kolben über eine Flamme, welche die Lösung in 2 Minuten zum Kochen bringt, und koche 2 bis 3 Minuten oder bis die Farbe infolge Entweichens der CO_2 nach Gelb umgeschlagen hat. Spüle die Wand des Kolbens mit destilliertem Wasser ab, kühle ab und setze die Titration mit Standardsäure fort, bis die rote Farbe eben wieder auftritt. Das ist der wahre Endpunkt. Berechne die Ergebnisse. Achte sorgfältig darauf, den Endpunkt nicht zu überschreiten.

Die Ergebnisse werden wie bei der vorhergehenden Bestimmung mit Methylorange als Indikator berechnet.

Methode b). Genauer ist es, einen Überschuß von Säure zuzusetzen, das CO_2 wegzukochen und mit Standardalkali zurückzutitrieren.

Füge jeder der Proben, die sich in 500-ml-Kolben befinden, 2 bis 3 Tropfen Methylrot zu und sodann Standard-HCl, bis die Farbe umschlägt; und dann noch 1 ml mehr, um sicher einen kleinen Überschuß zugesetzt zu haben. Ein großer Überschuß ist nicht wünschenswert, da die Möglichkeit eines Salzsäureverlustes beim nachfolgenden Kochen größer ist. Koche bis auf 40 ml ein (nicht weiter, damit nicht HCl weggeht). Achte darauf, daß kein Verlust durch Verspritzen oder Stoßen der Flüssigkeit eintritt. Vier oder fünf Glasperlen verhindern letzteres meist. Es ist schwierig, das gesamte CO_2 zu entfernen. Während dies bei der Methylorange-Methode nicht notwendig war, ist es hier erforderlich. (Was für eine Wirkung würde die Anwesenheit von CO_2 auf die Ergebnisse haben?)

Kühle die Proben ab und titriere mit NaOH bis zum Farbumschlag nach Orange oder Gelb. Vermeide Übertitrieren!

Wird Phenolphthalein an Stelle von Methylrot verwendet, so sind die Ergebnisse etwas zu niedrig, da die letzten Spuren von CO_2 schwierig zu entfernen sind und das p_H der Lösung erst bei einem geringfügigen Alkaliüberschuß die Werte 8 bis 9 erreicht, bei welchen der Farbumschlag nach Rot erfolgt.

Rechne die Anzahl der gebrauchten ml NaOH durch Multiplikation mit ihrer Normalität in 1 n NaOH um. Tue dasselbe mit der HCl. Die Differenz der verbrauchten Volume der Normalsäure minus der Normallauge ist das Volum der Normalsäure, welches mit dem Na_2CO_3 reagierte. Dieser Wert würde bei der direkten Titration mit Methylorange oder Bromphenolblau gefunden worden sein; die weitere Rechnung erfolgt in gleicher Weise wie dort beschrieben. Bei sorgfältigem Arbeiten sollten die Ergebnisse beider Methoden innerhalb etwa 0,3% übereinstimmen. Gib den Bericht über beide Methoden getrennt, jedoch am gleichen Vordruck, ab.

Die Kjeldahl-Methode zur Bestimmung von Stickstoff in organischen Verbindungen.

Diese wichtige, von *Kjeldahl* angegebene Methode der Stickstoffbestimmung in organischer Substanz beruht auf der Oxydation der letzteren zu CO_2 und H_2O mittels kochender, konzentrierter Schwefelsäure, welche dabei zu SO_2 und H_2O reduziert wird. Dabei wird der Stickstoff in Ammoniumsulfat übergeführt; außer er war ursprünglich als Azo- oder Nitroverbindung vorhanden. In diesem Falle wird die Substanz zunächst mit einem Gemisch von Salicylsäure und Schwefelsäure behandelt und die so gebildete Stickstoffverbindung mit Thiosulfat zu einem Aminokörper reduziert. Nachdem die organische Materie zerstört wurde, wird ein Überschuß von NaOH zur H_2SO_4 zugesetzt und das freigemachte Ammoniak in ein gemessenes Volum von Standardsäure überdestilliert. Der Überschuß der Säure wird mit Standardlauge gegen Methylrot zurücktitriert.

Es wurden viele Modifikationen der *Kjeldahl*-Methode vorgeschlagen, um das Digerieren mit Schwefelsäure zu beschleunigen. Zur katalytischen Beschleunigung werden Hg, Cu oder Se oder Kombinationen dieser Elemente zugesetzt. Hg oder Cu müssen vor der NH_3-Destillation durch Zusatz von Na_2S zur alkalischen Lösung ausgefällt werden. In der Modifikation von *Gunning* wird kein Katalysator verwendet, doch wird die Siedetemperatur durch Zugabe von K_2SO_4 oder Na_2SO_4 erhöht; sie erlaubt somit die Anwendung einer höheren Temperatur.

Arbeitsvorschrift. Wäge drei Proben von je 1 g aus, hülle jede in ein 9-cm-Filter und wirf sie in trockene 500-ml-*Kjeldahl*-Kolben. Die Papierhülle verhindert, daß Substanz am Flaschenhals hängen bleibt und so dem Aufschluß entgeht. Füge 0,1 g Selen und 10 g wasserfreies Na_2SO_4 oder K_2SO_4 zu. Fülle 25 ml konzentrierte H_2SO_4 sorgfältig in den Kolben. Stelle diesen, etwa 30 bis 45^0 geneigt, in ein passendes Gestell im Abzug, so daß die Schwefelsäuredämpfe entfernt werden. Erhitze das Gemisch allmählich, bis die Schwefelsäure gelinde siedet. Falls gewünscht, kann der Kolbenteil ober der Säure durch eine entsprechend ausgeschnittene Asbestplatte vor der Flamme geschützt werden. In den ersten Minuten des Erhitzens kann ein beträchtliches Schäumen auftreten; die Kolben müssen daher während dieser Zeit sorgfältig beobachtet werden, damit nichts von der Probe in den Kolbenhals gelangt. Bei sehr heftigem Schäumen setzt man ein kleines Stückchen Paraffin zu. Halte die Mischung gelinde siedend, bis die Flüssigkeit farblos oder hellgelb geworden ist und keine ungelösten Teilchen mehr anwesend sind: dann ist der ganze Kohlenstoff oxydiert. Je nach der Natur der Probe wird dies 30 Minuten bis zu 2 Stunden dauern. Sobald der Aufschluß vollendet ist, wird

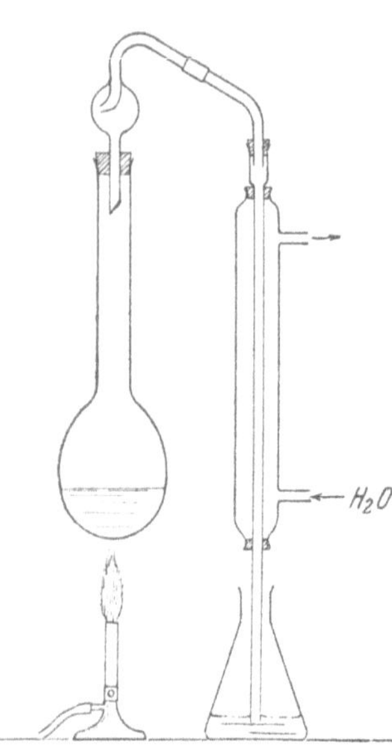

Abb. 43. Ammoniakdestillation nach einem *Kjeldahl*-Aufschluß. Der langhalsige *Kjeldahl*-Kolben wird mittels eines speziellen Destillieraufsatzes mit dem Kühler verbunden, um ein mechanisches Mitreißen von Tröpfchen der starken Lauge zu verhindern.

die Flamme entfernt. Sobald der Kolbeninhalt beim Erkalten zu erstarren beginnt, ist es zweckmäßig, ihn zu schütteln.

Gute Ergebnisse werden sowohl mit Alkalisulfat als auch mit Selen erzielt; bei der Verwendung beider wird die Dauer des Aufschlusses verringert. An Stelle von Selen kann man 0,2 bis 0,3 g Selenoxychlorid zur Schwefelsäure zusetzen, bevor letztere in den *Kjeldahl*-Kolben gegossen wird.

Etwas Selen verflüchtigt sich und setzt sich als roter Beschlag im Kolbenhals ab.

Setze zu der *vollkommen* erkalteten Säure unter Schütteln und unter Kühlung mit fließendem Wasser 100 ml H_2O in kleinen Anteilen zu. Stelle für jede Probe eine Lösung von 45 g NaOH (Stangen oder Plätzchen) in 75 bis 100 ml Wasser her und kühle sie ab. Man kann auch eine Stammlösung mit 35% NaOH ansetzen, von welcher man für jede Probe 100 ml verwendet.

Stelle einen Destillationsapparat nach Abb. 43 zusammen. Die Kugel zwischen der Flasche und dem Kühler heißt *Kjeldahl*-Falle; ihre Aufgabe ist, das Mitreißen von Tröpfchen aus der alkalischen Lösung zu verhindern. Das Kühlerrohr reicht nahezu bis auf den Boden eines 500-ml-*Erlenmeyer*-Kolbens. Klammere den Kolben, Kühler und Vorlage in der gewünschten Stellung fest.

Entferne die Vorlage und messe mittels einer Pipette 50 ml 0,1 n HCl oder H_2SO_4 hinein. Füge 3 Tropfen des Methylrot-Indikators zu. Stelle die Vorlage an ihren Platz, so daß die Spitze des Kühlerrohres bzw. eines angeschlossenen Vorstoßes unter die Oberfläche der Säure reicht. Entferne nun den *Kjeldahl*-Kolben, halte ihn schräg und gieße sorgfältig längs der Wand die oben angegebene NaOH-Lösung ein, als ob man die beiden Flüssigkeiten überschichten wollte. Wirf ein Stückchen Lackmuspapier und einige Zinkgranalien in den Kolben. letztere um durch die Wasserstoffentwicklung ein Stoßen der Flüssigkeit während der Destillation zu verhindern. Verbinde den Kolben mit der Falle und dem Kühler und mische allmählich die beiden Schichten von Säure und Lauge durch vorsichtiges kreisendes Schütteln. Die Lösung muß alkalisch sein. Ist das Lackmuspapier nicht blau, so muß noch NaOH zugesetzt werden.

Erhitze die Lösung zum Sieden und destilliere rasch etwa die Hälfte ab. Der Vorgang muß ständig überwacht werden, um Temperaturschwankungen auszuschließen, durch welche Säure aus der Vorlage in den *Kjeldahl*-Kolben rücksteigen kann. Manchmal wird hier eine Wasserdampfdestillation angewendet. Sollte die Lösung in der Vorlage alkalisch werden, kenntlich an dem Farbumschlag des Methylrots, so ist noch Standardsäure zuzusetzen. Löse die Verbindung mit dem *Kjeldahl*-Kolben, um die Destillation zu beenden und um zu verhindern, daß Säure zurücksteigt; *dann* entferne die Flamme und spüle den Kühler und den Vorstoß mit Wasser in die Vorlage hinein aus. Titriere den Überschuß der Säure mit Standardlauge zurück. Stelle letztere gegen ein gemessenes Volum der Säure ein.

Es ist angezeigt, den noch heißen *Kjeldahl*-Kolben auszuspülen.

Mit den Reagenzien allein sollte eine Blindprobe vorgenommen werden. Es ist Sorge zu tragen, daß während der Analyse kein Ammoniak aus der Atmosphäre absorbiert wird.

Berechnung. Multipliziere das Volum jeder Maßlösung mit ihrer Normalität, subtrahiere die ml n NaOH von den ml n HCl, um das Volum der n HCl zu finden, welches zur Neutralisation des Ammoniaks verbraucht wurde. Multipliziere den letzteren Wert mit dem Milliäquivalent von Stickstoff (0,01401) und berechne den Prozentgehalt an Stickstoff in der Probe.

Rückblick, Fragen und Aufgaben.

1. 1,0580 g einer stickstoffhaltigen Substanz wird nach der *Kjeldahl*-Methode aufgeschlossen. Das Ammoniak wird in 50,00 ml einer 0,1060 n Säure destilliert. Zur Rücktitration werden 10,10 ml einer 0,0980 n Lauge benötigt. Welchen Stickstoffgehalt hat die Substanz?

2. 25 ml einer Salzsäure geben bei der Fällung mit einem Überschuß von $AgNO_3$ 0,4030 g AgCl. Berechne die Normalität der Säure.

3. 1 g reines Kaliumhydrogentartrat $KHC_4H_4O_6$ wird zu K_2CO_3 verglüht. Bei der Titration werden gegen Methylorange 45,55 ml Säure verbraucht. Berechne die Normalität der Säure. Anmerkung: Berechne nicht das Gewicht des Karbonats, sondern das Äquivalent des Tartrates aus der Anzahl Äquivalente von K_2CO_3, die aus ihm entstehen.

4. Wieviel ml 0,1150 n Lauge würde in Aufgabe 3 zur Titration des Hydrogentartrates benötigt werden? Wie verhält sich das Äquivalent in dieser Aufgabe, verglichen mit dem Äquivalent in Aufgabe 3?

5. 0,5015 g einer Probe, welche NaOH, Na_2CO_3 und inerte Bestandteile enthält, benötigen nach dem Zusatz eines Überschusses von $BaCl_2$ bei der Titration gegen Phenolphthalein als Indikator 40,10 ml einer 0,2200 n Säure. Eine gleich schwere Probe benötigt gegen Bromphenolblau 50,50 ml. Berechne die Prozentgehalte von NaOH und Na_2CO_3 in der Mischung. Antwort: 70,36% NaOH, 24,18% Na_2CO_3.

6. 0,6020 g einer Probe, welche Na_2CO_3, $NaHCO_3$ und inerte Substanz enthält, wird in der Kälte gegen Phenolphthalein titriert und benötigt 40,20 ml einer 0,1060 n Säure. 0,3010 g derselben Substanz, gegen Bromphenolblau titriert, benötigen 47,70 ml. Berechne die Prozentgehalte von Na_2CO_3 und $NaHCO_3$ in der Mischung. Antwort: 75,02% Na_2CO_3, 22,19% $NaHCO_3$.

7. Zu 0,4850 g einer Probe, welche Na_2CO_3 und $NaHCO_3$ enthält, werden 40,00 ml 0,1000 n NaOH sowie ein Überschuß von $BaCl_2$ zugesetzt. Der Alkaliüberschuß wird mit 10,00 ml 0,1 n Säure gegen Phenolphthalein zurücktitriert. 0,2425 g derselben Probe, mit 0,1000 Säure gegen Bromphenolblau als Indikator titriert, benötigen 35,00 ml der Säure. Berechne den Prozentgehalt von Na_2CO_3 und $NaHCO_3$ in der Probe.

8. Zeichne Titrationskurven für H_3PO_4 und für Na_2CO_3.

9. Berechne den Titrierexponenten für die Titration von 0,10 n Natriumborat mit 0,10 n HCl, wobei die Borsäure als HBO_2 zu behandeln ist. Welcher Indikator würde verwendbar sein? Wird der Endpunkt scharf sein? Antwort: $p_H = 5,26$.

10. Wie groß ist der Gesamtfehler bei einem Verbrauch von 25 ml, 40 ml, 60 ml (nachgefüllte Bürette), wenn der Ablesefehler der Bürette 0,02 ml beträgt?

11. Bei der Einwirkung von 100 ml Salzsäure auf einen Überschuß von $CaCO_3$ werden 0,2500 g CO_2 entbunden. Welche Normalität hat die Säure?

12. Eine Lösung enthält nur HCl und H_3PO_4. Lege dar, wie beide Säuren allein durch Titration mit Alkali zu bestimmen sind.

13. 1 g unreines $NaNO_3$ wird zu NH_3 reduziert und letzteres in 90,10 ml 0,1250 n Säure destilliert. Zur Rücktitration werden 5,05 ml 0,1200 n Lauge benötigt. Gefragt: % $NaNO_3$?

14. Ein bestimmtes Gewicht von Na_2S_x benötigt 15,00 ml 1 n Säure, um das anwesende Na zu titrieren und 45,00 ml 1 n Lauge, um die mit einem Überschuß an H_2O_2 gebildete H_2SO_4 nach $Na_2S_x + (3x + 1) H_2O_2 + (2x - 2) NaOH = x Na_2SO_4 + 4x H_2O$ zu neutralisieren. Welchen Wert hat das x in der Formel? Antwort: 4.

15. Beschreibe vier Methoden, um Standard-Salzsäure herzustellen.

IX. Fällungsanalyse, Komplexbildungsreaktionen.
Theorie und Arbeitsvorschriften.

Die Anwendung von Fällungsreaktionen ist in gewisser Hinsicht in der Volumetrie einfacher als in der Gravimetrie. Bei der letzteren ist die Trennung des Niederschlages von den meisten oder allen Lösungsgenossen wesentlich, wogegen es bei einer Titration gleichgültig ist, ob der Niederschlag andere Bestandteile adsorbiert, vorausgesetzt, daß Reagens und Substanz in stöchiometrischen Verhältnissen miteinander reagieren. Nähere Einzelheiten über gravimetrische Fällungen und Trennungen werden in den Kapiteln XV, XVI und XVII gebracht. Die Theorie der Fällung und Komplexbildung beruht auf der Anwendung der Gleichgewichtslehre; die Berechnungen fordern die Kenntnis des Löslichkeitsproduktes bzw. der Komplexbildungskonstante.

Das Löslichkeitsprodukt. Das Produkt der molaren Konzentrationen der Ionen, die Konzentrationen zu jenen Potenzen erhoben, welche den Koeffizienten der betrachteten Ionen in der Ionengleichung entsprechen, ist bei konstanter Temperatur für Lösungen schwer löslicher Elektrolyte eine Konstante, das „Löslichkeitsprodukt L". *Beispiele:*

Reaktion	Löslichkeitsprodukt
$Ag^+ + Cl^- = AgCl \downarrow$	$[Ag^+] \cdot [Cl^-] = L_{AgCl}$
$2\,Ag^+ + CrO_4^= = Ag_2CrO_4 \downarrow$	$[Ag^+]^2 \cdot [CrO_4^=] = L_{Ag_2CrO_4}$
$Ce^{+++} + 3\,F = CeF_3 \downarrow$	$[Ce^{+++}] \cdot [F^-]^3 = L_{CeF_3}$

Der Buchstabe L bedeutet das Löslichkeitsprodukt, wobei die tiefergeschriebene Formel angibt, auf welche Substanz sich das L bezieht. Tab. 23 des Anhanges bringt Zahlenangaben für viele analytisch wichtige Substanzen.

In der Volumetrie hängt die Schärfe einer Titration davon ab, welcher Anteil der Ionen des Niederschlages beim Äquivalenzpunkt in der Lösung verbleibt, und wie sich ein leichter Überschuß des Reagens auf die Vollständigkeit der Fällung auswirkt. Im Falle der Bildung eines löslichen Komplexsalzes sind analoge Betrachtungen anzustellen. wobei an Stelle des Löslichkeitsproduktes die Komplexbildungskonstante einzusetzen ist.

Beispiel: Wieviel Ag bleibt im Endpunkt der Titration von Silberion mit Rhodanidion in Lösung? $L_{AgCNS} = 10^{-12}$ (Tab. 23, S. 384). Der Einfluß der im Endpunkt vorhandenen Lösungsgenossen KNO_3, HNO_3. $Fe(NO_3)_3$, letzteres als Indikator auf überschüssiges CNS^-, sei vernachlässigt, obwohl diese Lösungsgenossen die Löslichkeit des AgCNS etwas erhöhen. In der gesättigten Lösung ist $[Ag^+] = [CNS^-]$, da äquivalente Mengen der beiden Ionen zusammengebracht wurden. Es folgt $[Ag^+] = [CNS^-] = \sqrt{10^{-12}} = 10^{-6}$ m. 1 Mol Ag wiegt 107,88 g; es sind daher $107{,}88 \cdot 10^{-6}$ g oder rund 0,1 mg Silberion im Liter gelöst.

Wird ein Überschuß von einem Tropfen, das ist 0,05 ml 0,1 n KCNS-zu 100 ml der Lösung zugesetzt, so beträgt die CNS⁻-Konzentration
$[CNS^-] = \dfrac{0,05 \cdot 0,1}{100} = 5 \cdot 10^{-5}$ m. (Molgewicht und Äquivalentgewicht sind für CNS⁻ identisch.) Setzt man diesen Wert in den Ausdruck für das Löslichkeitsprodukt $[Ag^+] \cdot [CNS^-] = 10^{-12}$ ein, so ergibt sich $[Ag^+] = 2 \cdot 10^{-8}$ m. Die Rechnung zeigt, daß dieser geringe Rhodanidüberschuß die Silberionenkonzentration auf $^1/_{50}$ des Wertes der gesättigten Lösung vermindert. Dies wird durch elektrische Messung der Silberionenkonzentration bestätigt. Die Silbertitration nach *Volhard* (vgl. S. 152) beruht auf der Fällung von AgCNS.

In vielen solchen Fällen erhebt sich die Frage, mit welcher Genauigkeit die Rechnung durchzuführen ist. Es ist z. B. gefragt, wie groß die $[Ag^+]$ ist, wenn festes AgCl, $L_{AgCl} = 10^{-10}$, in 100 ml einer 0,0001 m KCl-Lösung durch Schütteln zu einer gesättigten Lösung gelöst wird. Bei dem sehr kleinen Löslichkeitsprodukt wird die Chlorionenkonzentration der KCl-Lösung durch die Auflösung der AgCl nicht wesentlich verändert werden. Daraus folgt

$$[Ag^+] = \frac{10^{-10}}{10^{-4}} = 10^{-6} \text{ m.}^{[1]}$$

Bei komplizierten Substanzen werden die Rechnungen mittels meist einfacher algebraischer Ansätze durchgeführt.

Beispiel: Wieviel Silber- und Chromationen sind in 500 ml einer gesättigten Lösung von Ag_2CrO_4 vorhanden? $L_{Ag_2CrO_4} = 2 \cdot 10^{-12}$.

Dissoziiert Ag_2CrO_4 in reinem Wasser, so gehen für jedes Chromation zwei Silberionen in Lösung. Ist die molare Konzentration des Chromations x, so ist jene des Silberions $2\,x$:

$$[Ag^+]^2 \cdot [CrO_4^{=}] = 2 \cdot 10^{-12},$$
$$(2\,x)^2 \cdot x = 4\,x^3 = 2 \cdot 10^{-12},$$
$$x = \frac{10^{-4}}{\sqrt[3]{2}} = [CrO_4^{=}].$$

Die Konzentration des Ag ist doppelt so groß. Die Menge Ag^+ in 500 ml berechnet sich zu

$$\frac{1}{2} \cdot \frac{2 \cdot 10^{-4}}{\sqrt[3]{2}} \cdot 107,88 = 0,0086 \text{ g.}$$

---

[1] Bei exakter Rechnung ist zu berücksichtigen, daß die $[Cl^-]$ durch einen Anteil x erhöht wird, der von der Dissoziation des gelösten AgCl herrührt. x ist gleichzeitig die Konzentration des in Lösung gehenden Ag^+, da $AgCl \rightleftharpoons Ag^+ + Cl^-$. Daraus folgt

$$[Ag^+] \cdot [Cl^-] = 10^{-10},$$
$$x \cdot [10^{-4} + x] = 10^{-10},$$
$$x = 0,99 \cdot 10^{-6} \text{ (vgl. Kap. XV).}$$

Diese genaue Rechenmethode ist bei den extrem unlöslichen Substanzen, um die es sich hier handelt, unnötig.

Äquivalentgewichte bei Fällungs- und Komplexbildungsreaktionen. Diese Fragen wurden bereits in Kapitel VI erörtert, doch sind einige Ergänzungen notwendig. Die Äquivalente von Substanzen für Fällungsreaktionen werden stets auf ein Äquivalent des Metallions (Kations) der betreffenden Reaktion bezogen. Das Äquivalentgewicht eines Metalles ist gleich dem Atomgewicht, dividiert durch seine Wertigkeit. Für einwertige Metalle, Na, K, Ag usw., ist das Äqu.-Gew. =
= At.-Gew.; für zweiwertige Metalle, Zn, Cd, Hg^{II}, Ca, Sr, Ba usw.,

$$\text{Äqu.-Gew.} = \frac{\text{At.-Gew.}}{2};$$ für dreiwertige Metalle Fe^{III}, Cr, Al usw.,

$$\text{Äqu.-Gew.} = \frac{\text{At.-Gew.}}{3}.$$

Silber kann z. B. als AgCNS, AgCl usw. gefällt werden. Die Äquivalentgewichte von $AgNO_3$, NH_4CNS, NaCl, KCl sind gleich den Molekulargewichten.

In komplizierten Fällen überlegt man nach den gleichen Gesichtspunkten.

Beispiel: Zink bildet bei der Titration mit $K_4[Fe(CN)_6]$ das Salz $K_2Zn_3[Fe(CN)_6]_2$. 3 Atome oder 6 Äquivalente Zink und $2[Fe(CN)_6]$ werden pro Molekel des Niederschlages benötigt. Um eine 1 n $K_4[Fe(CN)_6]$-Lösung zur Fällung von Zink herzustellen, hat man $\dfrac{2\,K_4[Fe(CN)_6]}{6}$ oder $^1/_3$ Mol $K_4[Fe(CN)_6]$ zu einem Liter aufzulösen. Dieses Äquivalentgewicht ist von dem acidimetrischen oder oxydimetrischen Äquivalent verschieden und gilt nur für diese Art von Ferrocyanidfällungen.

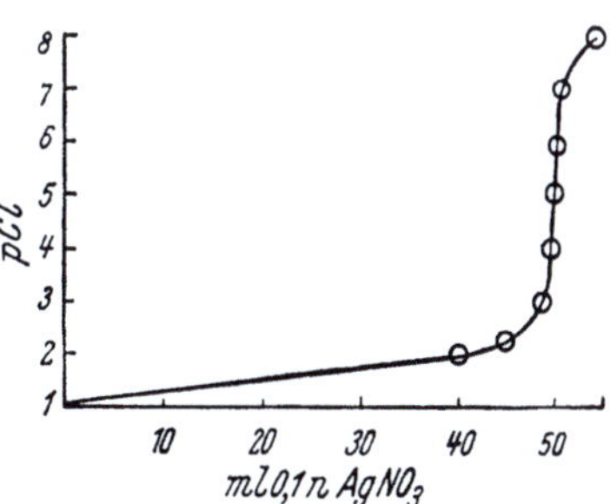

Abb. 44. Titrationskurve von 50 ml 0,1 n NaCl mit 0,1 n $AgNO_3$. Der Verdünnungseffekt während der Titration wurde berücksichtigt. Die Ordinaten sind die negativen Logarithmen der Chlorionenkonzentrationen:

$$[Cl^-] = 10^{-p_{Cl}} \text{ oder } p_{Cl} = -\log 10^{-p_{Cl}}.$$

Die Äquivalente von Substanzen für *Komplexbildungsreaktionen* werden in genau derselben Weise auf die Anzahl Metallionen (Kationen) in einer Molekel des Komplexes abgestellt, wie die Äquivalente der *Fällungsanalyse* auf die Anzahl Metallionen in einer Molekel des Niederschlages abgestellt sind. Beispiel für eine wichtige Reihe von Komplexbildungsreaktionen ist die Addition von Standard-KCN-Lösung in einer schwach ammoniakalischen Nickellösung:

$$Ni(NH_3)_4Cl_2 + 4\,KCN \rightleftharpoons K_2Ni(CN)_4 + 4\,NH_3 + 2\,KCl.$$

Das Äquivalent des Nickels beträgt die Hälfte seines Atomgewichtes. daher wird eine 1 n Cyanidlösung in bezug auf obige Reaktion 2 Mol KCN im Liter enthalten.

Verlauf der Ionenkonzentration während einer Fällung oder Komplexbildung. Es ist möglich, die Veränderung der Konzentration des zu fällenden Ions mit der fortschreitenden Fällung aus dem Löslichkeitsprodukt zu berechnen. Betrachten wir z. B. die Werte der Chlorionenkonzentration während der Fällung von 50 ml 0,1 n NaCl mit 0,1 n AgNO$_3$. Die Chlorionenkonzentration in Punkten vor dem Äquivalenzpunkt kann in guter Näherung aus dem unverbrauchten Anteil des Chlorids und dem Gesamtvolum berechnet werden. Wurden z. B. 45 ml 0,1 n AgNO$_3$ zugesetzt, so ist die Chlorionenkonzentration $\frac{5 \cdot 0,1}{95} = 5,26 \cdot 10^{-3}$ n. Im Äquivalenzpunkt ist die Chlorionenkonzentration gleich der Quadratwurzel aus dem Löslichkeitsprodukt, das ist $\sqrt{10^{-10}} = 10^{-5}$ n. Bei einem Überschuß an Silberionen kann die Chlorionenkonzentration in guter Näherung durch Einsetzen der Konzentration der im Überschuß vorhandenen Silberionen in den Ausdruck [Ag$^+$]. $\cdot$ [Cl'] $= 10^{-10}$ berechnet werden. Die so gefundenen Werte sind graphisch in Abb. 44 wiedergegeben.

Die Form der in Abb. 44 wiedergegebenen Kurve kann experimentell mittels elektrometrischer Methoden bestätigt werden. Am Endpunkt von Komplexbildungsreaktionen treten gleichfalls plötzliche Änderungen der Ionenkonzentration auf. Die Steilheit der Kurve im Endpunkt ist um so größer, je schwerer löslich der Niederschlag, bzw. je beständiger der Komplex und je konzentrierter die miteinander reagierenden Lösungen sind.

Indikatoren für Fällungs- und Komplexbildungsreaktionen.

Zur Bestimmung des Endpunktes werden bei diesen Titrationsverfahren eine Reihe von verschiedenen Prinzipien angewendet:

Bildung einer löslichen Verbindung anderer Farbe. Bei der Silberbestimmung nach *Volhard* wird die Bildung einer derartigen Verbindung zur Kennzeichnung des Endpunktes benützt. Wird eine beträchtliche Menge von Ferrinitrat (oder gesättigter Eisenammoniumalaunlösung) zu einer Silbernitratlösung zugesetzt, so kann letztere mit einer Standardlösung eines löslichen Rhodanides titriert werden. Sobald die Reaktion Ag$^+$ + CNS$^-$ = AgCNS $\downarrow$ vollständig ist ($L_{\mathrm{AgCNS}} = 1 \cdot 10^{-12}$), reagiert der erste überflüssige Tropfen des Rhodanides mit dem Eisen(III)ion und bildet komplexes Eisen(III)rhodanid, Fe^{+++} + 6 CNS$^- \rightleftharpoons$ Fe(CNS)$_6^{---}$,[1] und die Lösung nimmt eine blaß rötlichbraune Färbung an.

Ist das Fällungsreagens ein Oxydations- oder Reduktionsmittel, so kann man von dem Farbenumschlag eines Redoxsystems Gebrauch machen. So wird z. B. nach der Methode von *Cone* und *Cady*[2] Zink mit K$_4$[Fe(CN)$_6$] gefällt, welches etwa 1% K$_3$[Fe(CN)$_6$] enthält. Hexacyanoferrat (III) (Ferricyanid) oxydiert Diphenylamin oder Diphenylbenzidin

---

[1] *Schlesinger* und *van Valkenburgh:* J. Amer. chem. Soc. **53**, 1212 (1932) zeigten, daß wahrscheinlich ein komplexes Ion [Fe(CNS)$_6$]$^=$ gebildet wird. *C. L. French* und *H. E. Bent* (Abstract 23, p. P, 10. Cincinnati meeting Amer. chem. Soc. 1940) schreiben die Farbe den Ionen Fe(CNS)$^{++}$ und Fe(CNS)$_2^+$ zu.

[2] *Cone* und *Cady:* J. Amer. chem. Soc. **49**, 356 (1927).

zu einem blauen Farbstoff. Solange Zinkionen vorhanden sind, wird das Hexacyanoferrat(II) praktisch vollkommen in den Niederschlag gehen. Der erste Tropfen überschüssigen Hexacyanoferrats(II) reduziert die blaue zu einer farblosen oder schwach grünlichen Substanz.

Bildung eines zweiten Niederschlages von anderer Farbe. Beispiel hiefür ist die Chloridbestimmung nach *Mohr:* Bei der Titration von Chlorion mit einer Silberlösung wird eine entsprechende Menge von Chromation als Indikator zugefügt. Die Fällung des Silberchlorids ist praktisch vollständig, $Ag^+ + Cl' = AgCl \downarrow$, bevor die Fällung des Silberchromats beginnt:

$$2\,Ag^+ + CrO_4^{=} \rightleftharpoons Ag_2CrO_4 \downarrow.$$
rötliche Farbe

In diesen und ähnlichen Fällen beruht die Indikatorwirkung auf der Anwendung des Prinzipes des Löslichkeitsproduktes (vgl. Kapitel XV, S. 233). Die Löslichkeitsprodukte sind $L_{AgCl} = 10^{-10}$ und $L_{Ag_2CrO_4} = 2 \cdot 10^{-12}$. Die erste Bildung von Silberchromat tritt dann auf, wenn die Silberionenkonzentration mit beiden Niederschlägen im Gleichgewicht ist:

$$\frac{L_{AgCl}}{[Cl^-]} = [Ag^+] = \sqrt{\frac{L_{Ag_2CrO_4}}{[CrO_4^{=}]}}\,.$$

Daraus folgt

$$\frac{[Cl^-]}{\sqrt{[CrO_4^{=}]}} = \frac{10^{-10}}{\sqrt{2 \cdot 10^{-12}}} = 7 \cdot 10^{-5}.$$

Es ist möglich, jene Chromatkonzentration zu berechnen, bei welcher Ag_2CrO_4 im theoretischen Endpunkt der Reaktion $Ag^+ + Cl^- = AgCl$ ausfällt. Ist die Chromatkonzentration im Endpunkt 0,01 m, so ist $[Cl^-] = \sqrt{0,01} \cdot 7 \cdot 10^{-5} = 0,7 \cdot 10^{-5}$ m; somit etwas unter dem theoretischen Endpunkt ($1 \cdot 10^{-5}$ m). Durch eine Änderung der Chromatkonzentration kann man den Niederschlag von Ag_2CrO_4 sowohl etwas vor als auch etwas nach dem theoretischen Äquivalenzpunkt ausfällen. Das Gesamtvolum im Endpunkt ist wichtig; auf dieses bezogen, muß die Chromatkonzentration etwa 0,01 m sein. Die rötliche Farbe des Niederschlages wird sichtbar, sobald die Lösung mit Ag_2CrO_4 gesättigt ist.

Entstehen oder Verschwinden eines Niederschlages. Die Bildung oder das Verschwinden eines Niederschlages als Indikation des Endpunktes eines Komplexbildungsvorganges sei durch folgendes Beispiel beschrieben: Zu einer Nickellösung, welche mit Standard-KCN-Lösung titriert werden soll, wird eine Spur AgJ zugefügt. Nachdem die Reaktion $Ni(NH_3)_4Cl_2 + 4\,KCN \rightleftharpoons K_2[Ni(CN)_4] + 4\,NH_3 + 2\,KCl$ vollständig abgelaufen ist, verschwindet die von dem zugesetzten AgJ herrührende Trübung scharf, da ein überschüssiger Tropfen der KCN-Lösung mit dem AgJ unter Bildung des löslichen Komplexsalzes $K[Ag(CN)_2]$ reagiert:

$$AgJ \downarrow + 2\,KCN \rightleftharpoons KAg(CN)_2 + KJ.$$

Wird $HgCl_2$ zu einem löslichen Jodid zugesetzt, so wird zunächst ein lösliches Komplexsalz gebildet: $4\,KJ + HgCl_2 \rightleftharpoons K_2[HgJ_4] + 2\,KCl.$

Der erste Überschuß an Hg^{++} bewirkt eine rötliche Trübung, herrührend von ausfallendem HgJ_2: $[HgJ_4]^= + Hg^{++} \rightleftharpoons 2\,HgJ_2\downarrow$. Bei einer derartigen Reaktion müssen die Stabilität des Komplexes und die Löslichkeit des Niederschlages bekannt sein, um die Empfindlichkeit der Indikation des Endpunktes zu berechnen. Im obigen Falle fällt HgJ_2 etwas vor der vollständigen Bildung des Komplexsalzes aus, so daß für jeden speziellen Fall ein Korrektionsfaktor ermittelt werden muß.[1]

Tüpfelmethoden. Die Anwesenheit des ersten geringen Überschusses des Reagens oder das Verschwinden der letzten Spur des zu bestimmenden Ions kann oft festgestellt werden, indem man einen klaren Tropfen der Mutterlauge mit einem Tropfen einer passenden Reagenslösung in einer mit kleinen Näpfchen versehenen weißen Porzellanplatte („Tüpfelplatte") zur Reaktion bringt. [Dieser Weg wird dann einzuschlagen sein, wenn das Reagens nicht direkt zur zu titrierenden Lösung zugesetzt werden kann, weil die Gleichgewichtskonstante der Indikationsreaktion ungünstig liegt (so daß die Indikationsreaktion vor oder während der Hauptreaktion eintreten würde).] Diese „Tüpfelmethode" hat viele Anwendungen gefunden, z. B. bei der Fällung von Zink mit Hexacyanoferrat(II). Der erste leichte Überschuß von $[Fe(CN)_6]^=$ verursacht beim Tüpfeln mit $10^0/_0$iger Uranylazetatlösung Braunfärbung infolge Bildung von Uranylhexacyanoferrat(II). In gleicher Weise kann der Endpunkt der Titration von Blei- mit Molybdation an der Gelbfärbung beim Tüpfeln mit einer $0,5^0/_0$igen Tanninlösung festgestellt werden. Die Technik des „Tüpfelns" ist nicht auf Fällungsoder Komplexbildungsreaktionen beschränkt. Sie wird häufig bei Oxydationen mit Dichromat oder anderen Oxydations-Reduktions-Reaktionen angewendet (vgl. Kapitel XII).

Adsorptionsindikatoren. *Fajans* und Mitarbeiter[2] entwickelten im Zusammenhang mit Untersuchungen über das Wesen der Adsorption eine neue Art von Indikatoren für Fällungsanalysen. Während einer Titration adsorbiert ein kolloidaler Niederschlag (z. B. ein Silberhalogenid) gewisse Farbstoffionen stärker auf der einen Seite des Äquivalenzpunktes als auf der anderen Seite. Ein beträchtlicher Teil des adsorbierten Farbstoffes unterliegt einer Deformation seines Elek-

---

[1] *I. M. Kolthoff* bringt eine Korrekturtabelle für diese Reaktion. Die Maßanalyse, 2. Aufl., Bd. I, S. 131; Bd. II, S. 281.

[2] *K. Fajans* und *O. Hassel:* Z. Elektrochem. angew. physik. Chem. **29**, 495 (1923). — *Fajans* und *Wolff:* Z. anorg. allg. Chem. **137**, 221 (1924). — *Fajans* und *v. Beckerath:* Z. physik. Chem. **97**, 478 (1921). — *Fajans* und *T. Erdey-Gruz:* Z. physik. Chem., Abt. A **158**, 97 (1931). — Eine Zusammenfassung in „Die Chemische Analyse", herausgegeben von *W. Böttger*, Bd. **33**: Neuere Maßanalytische Methoden von *Brennecke, Fajans, Furman, Lang* und *Stamm*, Stuttgart, Enke, 1937, bringt *K. Fajans* im VII. Kapitel: Adsorbtionsindikatoren für Fällungstitrationen. — Ferner *Kolthoff* und *van Berk:* Z. analyt. Chem. **70**, 369 (1927); **71**, 235 (1927). — *Kolthoff, Lauer* und *Sunde:* J. Amer. chem. Soc. **51**, 3273 (1929). — *I. M. Kolthoff:* Die Maßanalyse, Bd. I und II.

tronensystems: Die Folge davon ist ein scharfer Farbumschlag. Bei einem Überschuß von positiven Ionen des Niederschlages werden Farbstoffanionen stärker adsorbiert als im Äquivalenzpunkt, oder bei einem Überschuß negativer Ionen. So werden z. B. Farben der Fluoreszeinreihe (Fluoreszein, Eosin, Erythrosin u. a.) in Form ihrer Natriumsalze verwendet, wobei die Anionen dieser Salze in Gegenwart eines geringen Silberionüberschusses an ein Silberhalogenid stärker adsorbiert werden, als in Gegenwart eines Halogenidüberschusses. Umgekehrt werden Kationen gewisser basischer Farbstoffe, wie z. B. der Rhodamine, stärker an kolloidales Silberhalogenid adsorbiert, wenn ein Überschuß des Halogenions vorhanden ist.

Im Kapitel XV, S. 238 bis 241. wird bemerkt, daß die kolloidalen Erscheinungen, welche die Fällungen begleiten, soweit als möglich vermieden werden müssen, um einen reinen Niederschlag zu erhalten. Die Wirksamkeit der Adsorptionsindikatoren hängt dagegen in manchen Fällen davon ab, möglichst viel Niederschlag in

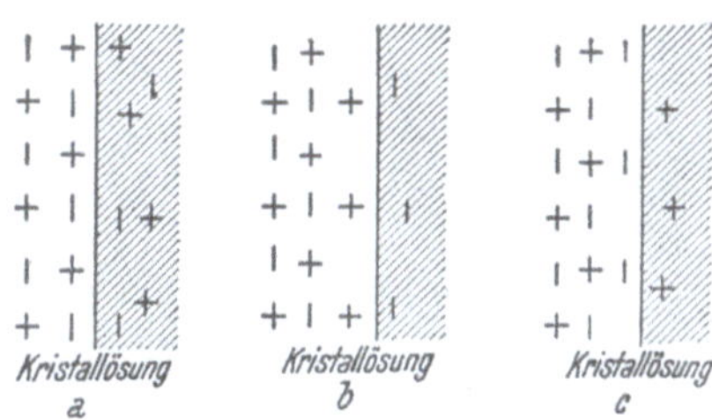

Abb. 45. Oberflächen von neutralen, positiven und negativen kolloidalen Silberhalogenidteilchen. (*Fajans* und *v. Beckerath*, Z. physik. Chem. **97,** 478 (1931).)

kolloidalem Zustand zu erhalten, da hiemit eine beträchtliche Vergrößerung der Oberfläche des Niederschlages und eine größere Adsorption des Indikators verbunden ist.

Abb. 45 a, b, c, zeigt schematisch das Verhalten von kolloidalen Silberhalogenidlösungen auf Grund der Vorstellungen von *Lottermoser, Fajans* u. a.[1] Abb. 45 a zeigt eine neutrale Oberfläche eines Silberhalogenidpartikels. Bei einem Überschuß von Silbernitrat entsteht infolge der Adsorption von Ag^+ ein positiv geladenes Teilchen, wie dies Abb. 45 b andeutet. Das Nitration bleibt in einer oberflächennahen Flüssigkeitsschicht. Bei einem Überschuß von (Kalium)halogenid ist die Oberfläche infolge Adsorption der Halogenionen negativ geladen; Abb. 45 c; die Kaliumionen bleiben in der Lösung.

Mit diesen Tatsachen ist die Regel von *Paneth* und *Fajans* in Übereinstimmung, derzufolge die Adsorbierbarkeit analoger Ionen im allgemeinen mit abnehmender Löslichkeit ihrer Verbindungen mit dem entgegengesetzt geladenen Ion des Niederschlages zunimmt. Auf der Oberfläche eines Silberhalogenids werden die Ag^+ und Halogenionen viel stärker als K^+ oder NO_3^- adsorbiert. Bei Titrationen ist die Tatsache von Wichtigkeit, daß die Adsorbierbarkeit der Halogenionen in der Reihenfolge $Cl^- < Br^- < J^-$ zunimmt. Für die Anionen der Fluoreszeinreihe ist die Reihenfolge: am schwächsten adsorbiert: ←

---

[1] *A. Lottermoser:* J. prakt. Chem. **72,** 39 (1905); **73,** 376 (1905). — *J. N. Mukherje:* Trans. Faraday Soc. **16 A,** 103 (1920).

Fluoreszein, Dichlorfluoreszein, Eosin (Tetrabromfluoreszein), Dijod-
fluoreszein, Erythrosin (Tetrajodfluoreszein) → am stärksten adsorbiert. Diese Reihenfolge entspricht der abnehmenden Löslichkeit der
entsprechenden Silbersalze.

Bei der Titration einer KCl-Lösung mit $AgNO_3$ und Fluoreszein als
Indikator sind die kolloidalen Teilchen von AgCl zunächst negativ geladen (Zustand Abb. 45 c). Der Indikator bleibt praktisch vollständig in
der Lösung und behält seine charakteristische grüngelbe Fluoreszenz.
Nach dem Äquivalenzpunkt wird der Indikator deutlich stärker adsorbiert; die Farbe schlägt scharf nach Rot um und scheint gleichmäßig
in der Lösung verteilt zu sein, ist jedoch tatsächlich an der Oberfläche der kolloidalen Teilchen adsorbiert. Dieser Zustand entspricht
Abb. 45 b. Zur Erklärung der Wirkungsweise der Adsorptionsindikatoren wurden drei Typen des Adsorptionsmechanismus vorgeschlagen.

Fajans nahm an, daß die Farbstoffionen entsprechend den Abb. 45 b
und c an die entgegengesetzt geladenen Ionen der Oberfläche des
Niederschlages gebunden sind. Neuere Forschungen von *Kolthoff* und
Mitarbeitern[1] zeigen, daß in manchen Fällen nach erfolgter Adsorption
des Indikators eine Austauschreaktion stattfindet. Wird z. B. Bromphenolblau von Hg_2Cl_2 adsorbiert, so werden Cl^- abgegeben und können in der Lösung nachgewiesen werden:

$$Hg_2{}^{++} Cl_2{}^= + 2\,\text{Bromph.}^- = Hg_2{}^{++}\,(\text{Bromph.})_2{}^= + 2\,Cl^-$$

Oberfläche Lösung Oberfläche Lösung

Bromph.$^-$ bedeutet das Anion des Indikators.

Kolthoff nahm an, daß die Chlorionen des Gitters selbst an diesem
Austausch beteiligt sind (Abb. 45 a). *Vervey*[2] macht die Chlorionen in
der Flüssigkeitsschicht nahe der Oberfläche für den Austausch verantwortlich (vgl. Abb. 56, S. 299).

Der Indikator wird in einer Menge von etwa $2 \cdot 10^{-4}$ bis $3 \cdot 10^{-3}$ Mol
auf 1 Mol des gebildeten Silberhalogenids zugesetzt. Die Farbänderung
im Endpunkt beruht auf der Adsorption einer beträchtlichen Menge des
Indikators; der Anteil desselben wechselt je nach der Reaktion. *Fajans*
fand, daß nur ein Teil des adsorbierten Farbstoffes eine Farbänderung
erleidet.

Mit Hilfe von Adsorptionsindikatoren sind viele interessante Titrationen möglich. So kann z. B. Chlorion oder Bromion in neutraler
Lösung mit Fluoreszein als Indikator bestimmt werden. Die Ergebnisse sind in 0,05 n oder verdünnteren Lösungen genauer als nach *Mohr*.
Kolthoff, Lauer und *Sunde*[3] fanden, daß leicht sauere ($p_H \geqq 4{,}4$) Chlorid-

---

[1] *I. M. Kolthoff:* Chem. Reviews **16**, 87 (1935). — *I. M. Kolthoff* und
W. D. Larson: J. Amer. chem. Soc. **56**, 1881 (1934). — *I. M. Kolthoff* und
C. Rosenblum: J. Amer. chem. Soc. **56**, 1264, 1658, 832 (1934).

[2] *E. J. W. Vervey:* Kolloid-Z. **72**, 187 (1935).

[3] *Kolthoff, Lauer* und *Sunde:* J. Amer. chem. Soc. **51**, 3273 (1929).

lösungen mit Dichlorfluoreszein titriert werden können. Bromide lassen sich in sauerer Lösung ($p_H \geqq 1$) mit Eosin (Tetrabromfluoreszein) titrieren. Jodid kann in Gegenwart von Chlorid mit Eosin oder Dimethyldijodfluoreszein als Indikator titriert werden. Für die Titration von Ag^+ mit Standardbromid ist Rhodamin 6 G ein besonders guter Indikator, da der Endpunkt auch in Gegenwart von Salpetersäure bis zu einer Konzentration von 0,5 n scharf ist. Die Summe von Chlorion und Jodion kann sehr befriedigend mit Tartrazin[1] als Indikator bestimmt werden.

Der Einfluß von Fremdsalzen hängt unter anderem von ihrer koagulierenden Wirkung, der damit verbundenen Verkleinerung der Oberfläche bzw. Verringerung der Adsorption des Indikators ab.

Dieser Effekt nimmt mit zunehmender Ladung der Fremdionen zu und ist bei höherwertigen Ionen sehr beachtlich. Auch die Verdrängung der Indikatorionen durch die anwesenden Fremdionen kann von Wichtigkeit sein. Die störende Wirkung der Wasserstoffionen beruht in manchen Fällen nicht nur auf dem eben beschriebenen Salzeffekt, sondern auch darauf, daß die H^+ mit den Indikatoranionen eine undissoziierte Säure bilden und dadurch die Adsorption der Anionen des Indikators [die nur in verschwindend kleiner Konzentration vorhanden sind] unmöglich machen.

Bei Verwendung von Phenosafranin[2] als Indikator sind diese Störungen von geringerer Bedeutung. Phenosafranin zeigt nach *Fajans* und *Weir*[3] einen anderen Adsorptionsmechanismus. Als basischer Farbstoff ist es in Gegenwart eines Überschusses von Halogenion stärker an AgCl oder AgBr adsorbiert als in Gegenwart eines Ag^+-Überschusses. Dieser Unterschied ist jedoch bei einem geringen Überschuß der Ionen nicht sehr ausgeprägt und für den Farbwechsel im Äquivalenzpunkt nicht wesentlich. Bei einem Halogenüberschuß wird Phenosafranin mit nahe der gleichen rötlichen Farbe, die es in Lösung zeigt, vom koagulierten Niederschlag adsorbiert. Wird im Verlaufe der Titration ein geringer Überschuß von $AgNO_3$ erreicht, so ändert sich die Farbe des *adsorbierten* (nicht des gelösten) Farbstoffes sehr scharf nach Blau (AgBr) bzw. Lila (AgCl). Für diesen Farbwechsel ist nicht nur die Anwesenheit von Silberionen, sondern ebenso von Nitrationen wesentlich.[4] Die blaue Farbe rührt von einer Phenosafranin-Silbernitrat-Komplexverbindung her, die an das Silberhalogenid adsorbiert ist. Da der Farbwechsel am koagulierten Niederschlag selbst beobachtet wird, stört die koagulierende Wirkung fremder Kationen einschließlich der Schwermetalle nicht. Die Farbänderung ist reversibel. Es ist möglich, die Titration in Gegenwart großer Mengen von Cd^{++}, Pb^{++}, Zn^{++} und auch gefärbter Ionen,

---

[1] *A. J. Berry* und *P. J. Durrant:* Analyst **55**, 613 (1930).

[2] Als Adsorptionsindikator von *Fajans* und *Weir* (Diss. München, 1926) und *Berry* und *Durant* [Analyst **55**, 613 (1930)], *Berry* [Analyst **57**, 511 (1932); **61**, 315 (1936)] voneinander unabhängig aufgefunden.

[3] Vgl. Fußnote 2, S. 140 (*K. Fajans*).

[4] $AgClO_4$ oder AgF können nicht titriert werden.

wie Cr^{+++}, Fe^{+++}, durchzuführen; die richtige Anzeige wird durch die Gegenwart von Wasserstoffionen bis zu einer Konzentration von 0,2 n nicht verändert; der Umschlag wird nur etwas weniger scharf.

Adsorptionsindikatoren wurden nicht nur zur Titration von Silber-Halogen, CN^-, CNS^-, sondern auch für Pb^{++}, Hg_2^{++}, Ba^{++}, $CrO_4^=$, $C_2O_4^=$ vorgeschlagen.

Nephelometrische Methode. Im Endpunkt einer Niederschlagsreaktion sollte eine gesättigte Lösung des Niederschlages neben jenen Ionen vorhanden sein, die von der Fällung herrühren. Wurden KCl und $AgNO_3$ zusammengebracht, so haben wir im Endpunkt eine mit AgCl gesättigte Lösung von KNO_3, vorausgesetzt, daß sich das Gleichgewicht eingestellt hat. Werden äquivalente Volume von $AgNO_3$- bzw. KCl-Lösungen zu je gleichen Volumen der klaren Mutterlauge zugesetzt, so sollten in beiden Fällen gleiche Trübungen von AgCl entstehen. Werden keine gleichen Trübungen beobachtet, so hat die Titration mit KCl-bzw. $AgNO_3$-Lösung bis zum Punkte gleicher Trübung fortgesetzt zu werden. Dies ist die klassische Methode der Ag-Bestimmung von *Gay-Lussac*, die über ein Jahrhundert eine der genauesten volumetrischen Methoden geblieben ist. Eine Verbesserung dieser Methode wird noch heute in Münzämtern verschiedener Staaten zur Silberbestimmung verwendet.

Neutralisationsindikatoren bei hydrolytischen Fällungsreaktionen. Kann das Salz einer schwachen Base mit einer starken Säure, oder das Salz einer schwachen Säure mit einer starken Base zur Fällung eines Ions verwendet werden, so besteht die Möglichkeit einer scharfen Änderung der Wasserstoffionenkonzentration im Endpunkt und weiters die Möglichkeit der Verwendung eines Neutralisatinosindikators. Kaliumpalmitat-(Seifen-)Lösung reagiert z. B. alkalisch gegen Phenolphthalein. Wird eine neutrale Calciumlösung mit diesem Reagens titriert, so wird die Lösung gegen Phenolphthalein erst alkalisch, sobald die Fällung des Calciums als Palmitat vollständig ist und ein kleiner Überschuß des Reagens zugesetzt wurde. Diese Methode ist zur Bestimmung von Ca und Mg (Härte des Wassers) wichtig.

Die Reagenzien Na_2CO_3, KCN, K_2CrO_4 werden häufig bei hydrolytischen Fällungs- oder Komplexbildungs-Reaktionen verwendet.

Es könnte angenommen werden, daß die Vollständigkeit der Fällung eines unlöslichen Hydroxydes [$Fe(OH)_3$, $Mg(OH)_2$] mit NaOH als Reagens mittels eines Neutralisationsindikators festgestellt werden kann. Diese Titrationsart ist jedoch nicht allgemein anwendbar, weil meist basische Salze wechselnder Zusammensetzung gebildet werden. Reine Lösungen von Kupfer(II)-, Nickel- oder Kobaltsalzen können ziemlich genau analysiert werden, indem man einen gemessenen Überschuß von Standardlauge zugibt, erhitzt, abkühlt, filtriert und im Filtrat den Alkaliüberschuß mit Standardsäure zurücktitriert.

Berechnung der Analysen. Für Fällungsanalysen gelten die allgemeinen, in Kapitel VIII gegebenen Formulierungen.

Beispiel: In der Lösung einer Legierung wurde Silber durch Fällung mit Standard-NH_4CNS-Lösung nach *Volhard* bestimmt. 0,4060 g der Legierung benötigten 22,30 ml einer 0,1016 n NH_4CNS-Lösung. Der Prozentgehalt an Silber wird wie folgt gefunden:

$$\text{Gewicht des Silbers} = 22{,}30 \cdot 0{,}1016 \cdot \frac{\overset{\text{ml einer 1 n Lösung} \qquad \text{M.-Ä.}}{107{,}88}}{1000}.$$

Einwaage: Gewicht des Ag = 100 : % Ag.

$$\% \, Ag = \frac{22{,}30 \cdot 0{,}1016 \cdot 0{,}10788}{0{,}4060} \cdot 100 = 60{,}20.$$

Rückblick, Fragen und Aufgaben.

1. Berechne die Chloridkonzentrationen in Abb. 44, S. 137 nach Zugabe von 40,00 bzw. 49,00, 49,90 und 49,95 ml einer 0,1000 n $AgNO_3$-Lösung.

2. Wieviel $K_4[Fe(CN)_6] \cdot 3\,H_2O$ wird zur Bereitung von 2 l einer 0,2000 n Lösung als Fällungsreagens für Zink benötigt? Wieviel KCN wird zur Bereitung von 5 Litern einer 0,05000 n Lösung zur Titration von Nickel benötigt?

3. Bei welcher Chlorionenkonzentration wird die Fällung von Ag_2CrO_4 in jedem der folgenden Fälle beginnen ($L_{AgCl} = 10^{-10}$; $L_{Ag_2CrO_4} = 2 \cdot 10^{-12}$): a) $[CrO_4^=] = 10^{-4}\,m$; b) $[CrO_4^=] = 10^{-2}\,m$; c) $[CrO_4^=] = 10^{-1}\,m$. Antwort: a) $7 \cdot 10^{-7}\,m$, b) $7 \cdot 10^{-6}\,m$, c) $2 \cdot 10^{-5}\,m$. Welche dieser Konzentrationen ist für die *Mohr*sche Titration am günstigsten?

4. Stelle die Chlortitrationsmethoden mit Ag nach abnehmender Brauchbarkeit zusammen! Welche Methoden werden gestört a) in gefärbten Lösungen, z. B. in Gegenwart von Chromionen, Farbstoffen usw., b) bei hohen Konzentrationen von Ca, Al oder anderen höherwertigen Ionen, c) bei Gegenwart von Säuren, wie HNO_3, $HClO_4$, H_2SO_4?

5. AgCl und AgCNS befinden sich in einer Lösung, die eine CNS^--Konzentration von $10^{-5}\,m^1$ aufweist. Wie groß ist die $[Cl^-]$? ($L_{AgCl} = 10^{-10}$, $L_{AgCNS} = 10^{-12}$).

6. Wird das AgCl bei einer Chlorbestimmung nach *Volhard* nicht abfiltriert, bevor der Silberüberschuß mit Rhodanid zurücktitriert wird, so entsteht ein Fehler. Berechne den Fehler (ml 0,1 n Lösung) für 200 ml Mutterlauge aus der Löslichkeit des AgCl in einer Rhodanidlösung nach Aufgabe 5. Antwort: 2,0 ml. (Der experimentell ermittelte Fehler ist etwas größer als 2 ml.)

7. Wie kann die *Mohr*sche Methode zur Bestimmung des Chlorids in einer Salzsäurelösung angewendet werden?

8. Es ist gegeben: $H^+ + CrO_4^= \rightleftarrows HCrO_4^-$; $K = \dfrac{[H^+] \cdot [CrO_4^-]}{[HCrO_4^-]} = 10^{-7}$; berechne das Verhältnis $[HCrO_4^-] : [CrO_4^=]$ bei p_H 5, 6, 7. Antwort: 100, 10, 1.

9. Zu einer Lösung wird soviel K_2CrO_4 zugesetzt, daß sie an diesem Salz 0,02 m ist. Wie groß wird die $[CrO_4^=]$ bei den p_H-Werten 5 bzw. 6, 7, 8 sein?

---

[1] Das ist etwa die Rhodanidkonzentration, welche mit der üblichen Eisen(III)salzkonzentration bei der *Volhard*-Titration einen gerade sichtbaren Farbumschlag bewirkt.

10. Bei welchem p_H fällt AgOH ($L_{AgOH} = 2 \cdot 10^{-8}$) aus einer 10^{-5} m Ag$^+$-Lösung? Warum wird ein $p_H = 10$ als obere Grenze für die *Mohr*-Titration angegeben, an Stelle des hier berechneten Wertes?

Arbeitsvorschriften.

Von den häufig angewendeten Fällungsreaktionen seien folgende erwähnt:

$$NaCl + AgNO_3 = AgCl \downarrow + NaNO_3. \tag{1}$$

Diese soll später ausführlicher besprochen werden.

$$3\, ZnCl_2 + 2\, K_4[Fe(CN)_6] = K_2Zn_3[Fe(CN)_6]_2 \downarrow + 6\, KCl. \tag{2}$$

Bei dieser Reaktion wird der Endpunkt durch Tüpfeln gegen ein Uranylsalz festgestellt. Ein Überschuß von [Fe(CN)$_6$]$\equiv$ gibt eine schokoladebraune Fällung von unlöslichem $(UO_2)_2[Fe(CN)_6]$. Weniger befriedigend ist der direkte Zusatz eines Eisen(III)-Salzes als Indikator, welcher im Äquivalenzpunkt eine Blaufärbung von Berlinerblau gibt. Als Redoxindikatoren können Diphenylbenzidin oder Diphenylamin (vgl. S. 163) angewendet werden.

$$Pb(C_2H_3O_2)_2 + (NH_4)_2MoO_4 = PbMoO_4 \downarrow + 2\, NH_4C_2H_3O_2. \tag{3}$$

Der Endpunkt wird durch Tüpfeln gegen eine wässerige Tanninlösung (Gelbfärbung) oder gegen eine Lösung von Pyrogallol in Chloroform (Braunfärbung mit einem Überschuß von Molybdat) festgestellt.

$$AgNO_3 + KCNS = AgCNS \downarrow + KNO_3. \tag{4}$$

Als Indikator wird Eisen(III)-sulfat oder Eisen(III)-nitrat zur Lösung zugesetzt, das mit einem Überschuß an Rhodanid den roten Komplex Fe[Fe(CN)$_6$] bildet. Diese Methode ist einer ausgedehnten Anwendung fähig, da sie zur direkten Bestimmung aller Substanzen verwendet werden kann, die unlösliche Silbersalze bilden. Man löst das gefällte Ag-Salz in HNO$_3$ und titriert das Ag-Ion in der Lösung, oder man fügt einen Überschuß von Standard-AgNO$_3$ zu und titriert den Überschuß mit Rhodanid zurück.

$$2\, NaCN + AgNO_3 = NaAg(CN)_2 + NaNO_3. \tag{5}$$

Diese Reaktion wird später besprochen werden.

$$[Ni(NH_3)_4]Cl_2 + 4\, NaCN = Na_2[Ni(CN)_4] + 2\, NaCl + 4\, NH_3. \tag{6}$$

Im Endpunkt verschwindet eine leichte Trübung von AgJ, welches als Indikator zugesetzt, in NH$_3$ unlöslich, in einem Überschuß an Cyanid jedoch löslich ist:

$$AgJ \downarrow + 2\, NaCN = Na[Ag(CN)_2] + NaJ. \tag{6a}$$

Da Eisen nicht stört und durch Zugabe von Citrat komplex in Lösung gehalten werden kann, wird diese Methode vielfach zur Nickelbestimmung in Stahl herangezogen.

$$\begin{aligned} 2\,[Cu(NH_3)_4](NO_3)_2 + 7\, NaCN + H_2O = Na_4[Cu_2(CN)_6] + \\ + NH_4CNO + 6\, NH_3 + 3\, NaNO_3 + NH_4NO_3. \end{aligned} \tag{7}$$

Der Endpunkt ist durch das Verschwinden der blauen Farbe der ammoniakalischen Kupfersalzlösung gekennzeichnet; die Zusammensetzung des Komplexes ist mit den Bedingungen etwas veränderlich. Eine Cyanidmolekel wirkt als Reduktionsmittel und wird zu Cyanat oxydiert, wobei ein komplexes Kupfer(I)-Cyanid gebildet wird. Ein NaCN reduziert $2\,Cu^{++}$. Diese Methode ist sehr empirisch. In der Praxis ist die jodometrische Bestimmung besser.

Herstellung einer 0,1 n $AgNO_3$-Lösung. Da Silber einwertig ist, sind die Äquivalente gleich dem Atomgewicht bzw. Molekulargewicht. Ein Liter einer 0,1 n Lösung enthält 10,788 g Silber, bzw. 16,989 g $AgNO_3$. Die Lösung kann durch genaues Einwägen der entsprechenden Silbermenge und Auflösen desselben in HNO_3 hergestellt werden. Wo, wie hier, die Anwesenheit von Säure nicht wünschenswert ist, wägt man die entsprechende Menge $AgNO_3$ ein, welches sehr rein erhalten und selbst ohne Zersetzung geschmolzen werden kann, wenn man dafür sorgt, daß jede organische Substanz, Staub und andere Reduktionsmittel ausgeschlossen werden. Die erstere Methode ist exakter.

Arbeitsvorschrift. Trockne ein reines Wägegläschen eine Stunde oder länger bei 100 bis 110⁰ C im Trockenschrank, lasse es abkühlen und wäge es. Gib 8,80 g $AgNO_3$ in das Wägegläschen, trockne zwei Stunden, kühle ab, wäge. Fasse das Wägeglas mit einem Tuch oder einem Rehleder an! Das Salz wird beim Trocknen einige Milligramme leichter und kann etwas dunkler werden. Bringe die Einwaage nun genau auf 8,4945 g. Löse das Silbernitrat in einem 500-ml-Meßkolben (einfüllen mittels eines weithalsigen Trichters) auf, spüle das Wägeglas mehrmals mit destilliertem Wasser aus und fülle den Kolben bei Zimmertemperatur zur Marke auf. Eine Trübung der Lösung rührt von Spuren von Chlorion im destillierten Wasser oder von unreinen Gefäßen her. War das Gewicht des Silbernitrats nicht genau das theoretische, so berechne die Normalität!

Bestimmung des Chlorions in einem löslichen Chlorid.

Methode nach Mohr. *Prinzip.* Die Fällung von Cl^-, Br^-, CN^-, CNS^- und anderen Ionen in Form ihrer unlöslichen Silbersalze kann zur Grundlage einer sehr genauen Analysenmethode gemacht werden, wenn ein geeignetes Mittel aufgefunden werden kann, um die Vollständigkeit der Fällung festzustellen. Man kann z. B. den Niederschlag absetzen lassen und die klare Lösung durch Zugabe von mehr Silbernitrat prüfen. Ein solches Verfahren gibt ausgezeichnete Ergebnisse, ist aber außerordentlich langweilig und benötigt Stunden zur Durchführung. Wenn es möglich ist, ein dunkles unlösliches Silbersalz zu finden, *das jedoch löslicher sein muß als das zu fällende Salz,* so würde ersteres erst dann ausfallen, wenn alles weniger lösliche Salz ausgefällt ist.[1] Solche Salze sind das dunkelrote Ag_2CrO_4 und das

---

[1] Diese Feststellung gilt für Reaktionen, bei welchen keine Mitfällung auftritt.

schokoladefarbene Ag_3AsO_4, welche beide löslicher sind als AgCl. Von diesen gibt das Chromat den besseren Endpunkt und wird gewöhnlich verwendet. Bei Raumtemperatur lösen sich in 100 ml Wasser etwa 4,2 mg Ag_2CrO_4, dagegen nur 0,16 mg AgCl. Bei Chromatüberschuß wird dieser Wert wesentlich verringert. Wegen dieser Löslichkeit wird ein beträchtlicher Überschuß von $AgNO_3$ benötigt, um eine zur Fällung von Ag_2CrO_4 eben ausreichende Silberionenkonzentration zu erreichen; und man benötigt noch mehr $AgNO_3$, um so viel Ag_2CrO_4 auszufällen, daß die Farbe des Ag_2CrO_4 sichtbar wird. Dieser Überschuß wird geringer, sobald die Chromatkonzentration ansteigt; doch wird dadurch die gelbe Farbe der Lösung so stark, daß sie die rote Farbe etwas verdeckt. Man muß daher eine mittlere Konzentration, etwa 0,05 g K_2CrO_4 auf 100 ml Lösung anwenden. Unter diesen Bedingungen benötigt man einen Überschuß von 0,05 bis 0,1 ml einer 0,1 n $AgNO_3$-Lösung zum Erkennen des Endpunktes. Um diese Menge genau zu bestimmen, ist es angezeigt, eine Blindprobe zu machen: Die Lösung enthält kein Chlorid, sondern allein das Chromat und einen inerten weißen Niederschlag, wie $CaCO_3$, in Suspension. Es wird nun so viel Silbernitratlösung zugesetzt, bis die bei der Titration erhaltene Färbung erreicht wird. Das in der Blindprobe ermittelte Volum wird von dem bei der Titration gefundenen abgezogen. Im Endpunkt sollten die Volume der beiden Lösungen etwa gleich sein. Die Farbänderung ist im gelben Licht ausgeprägter. Es ist sehr wichtig, daß das $CaCO_3$ frei von Chloriden ist, da die Blindprobe sonst zu hoch ausfällt. Bei zweifelhafter Reinheit des $CaCO_3$ sollte etwas davon in HNO_3 gelöst und mit $AgNO_3$ geprüft werden.

Die Titration wird durchgeführt, indem man unter ständigem Rühren [besser unter Schütteln in einer Glasstöpselflasche] Silbernitratlösung zufließen läßt, bis alles Cl^- gefällt ist und sich Silberchromat zu bilden beginnt:

$$K_2CrO_4 + 2\,AgNO_3 = Ag_2CrO_4 \downarrow + 2\,KNO_3. \tag{8}$$

Dies zeigt sich durch eine rötliche oder bräunliche Verfärbung der Lösung an.

Alles was die Löslichkeit des Ag_2CrO_4 erhöht, verringert die Richtigkeit des Endpunktes. Da selbst eine sehr schwach saure Lösung diesen Einfluß zeigt, sollte die Lösung neutral sein (p_H 6,3 bis 10). Bei sehr schwach alkalischer Reaktion entsteht kein Fehler; bei stärker alkalischen Lösungen fällt Ag_2O oder Ag_2CO_3 an Stelle von Ag_2CrO_4 aus. Eine einfache Methode, saure Lösungen zu neutralisieren, besteht im Zufügen eines Überschusses von $CaCO_3$, welches sich auflöst, solange Säure vorhanden ist; dessen Überschuß die Lösung aber nicht alkalisch macht. Die Chloride vieler Elemente, wie Al, bilden in neutralisierten Lösungen Niederschläge; andere sind gefärbt; andere Elemente bilden unlösliche Chromatniederschläge ($BaCrO_4$), sobald der Indikator zugesetzt wird. Es ist daher augenscheinlich, daß die Anwendbarkeit dieser Methode gering ist. Sie ist nur für Chloride von **Mg, Ca, K, Na, Li, NH$_4$** anwendbar. Andere Substanzen, die von Ag$^+$ gefällt werden, dürfen nicht anwesend sein.

Die zur Analyse ausgegebenen Proben sind neutrale Chloride, die nicht auf ihre Neutralität geprüft zu werden brauchen.

Fehler. Der Endpunktsfehler wurde bereits besprochen. Je größer das Flüssigkeitsvolum im Endpunkt ist, desto mehr Silbernitratlösung benötigt man für den Indikatorumschlag. Die Fehler, welche auf einer alkalischen oder saueren Reaktion beruhen, wurden ebenfalls schon erwähnt.

Eine weitere Fehlerquelle beruht darauf, daß der Niederschlag von Ag$_2$CrO$_4$, der sich an der Einfallsstelle des Tropfens gebildet hat, langsamer mit dem Chlorid reagiert als die Lösung:

$$Ag_2CrO_4 \downarrow + 2\,NaCl = 2\,AgCl \downarrow + Na_2CrO_4. \tag{9}$$

Die Lösung sollte man daher 1 bis 2 Minuten schütteln, um sicher zu sein, daß die Farbe bestehen bleibt. Die Methode gibt noch bessere Ergebnisse, wenn man die Lösung 5 Minuten kocht, sobald ein schwacher Endpunkt auftritt, sodann auf 20^0 oder tiefer abkühlt und zu Ende titriert.[1]

Andere Anwendungen. In gleicher Weise kann man Bromide löslicher neutraler Salze, nicht aber Jodide titrieren; andere Ionen können vorhanden sein, wenn sie nicht stören. Silber wird nach dieser Methode nie bestimmt, da die unbekannte Lösung aus einer Bürette zugegeben werden müßte, und da eine bessere Reaktion (Gleichung 4, S. 146) zur Verfügung steht.

Arbeitsvorschrift. Wäge Proben von 0,35 bis 0,45 g in 250-ml-Glasstöpselflaschen ein, löse jede in 50 ml Wasser auf. Füge 1 ml einer 5^0/$_0$igen K$_2$CrO$_2$-Lösung zu (warum kann nicht Dichromat verwendet werden?) und titriere, wie weiter unten beschrieben. Oder wäge 2 Proben von je 2 bis 2.5 g aus, löse und verdünne auf 250 ml in Meßkolben. Pipettiere je 50 ml in Glasstöpselflaschen ab und füge je 1 ml einer 5^0/$_0$igen K$_2$CrO$_4$-Lösung zu.

Füge unter ständigem Schütteln 0.1 n AgNO$_3$-Lösung zu, bis die rote Färbung an der Einfallsstelle der Tropfen langsamer zu schwinden beginnt — ein Anzeichen, daß der größte Teil des Chlorides bereits ausgefällt wurde (Gleichung 1, S. 146). Gib in eine zweite Flasche den Chromatindikator, das gleiche Volum Wasser wie in der ersten Flasche und so viel Cl$^-$-freies CaCO$_3$, daß die Trübung der beiden geschüttelten Flüssigkeiten gleich zu sein scheint. Eine Messerspitze voll CaCO$_3$ dürfte genügen. Diese Flüssigkeit ist die Blindprobe. Setze die Titration der unbekannten Probe fort, bis eine schwache, aber deutliche Farbänderung auftritt. Überzeuge dich durch kräftiges Schütteln der mit dem Glasstöpsel verschlossenen Flasche, daß die Farbe beständig ist. Die Farbe darf nicht zu dunkel sein; sie soll eben unterscheidbar sein von der Farbe der (kein Ag$_2$CrO$_4$ enthal-

---

[1] *Meldrum* und *Forbes:* J. chem. Educat. **5**, 205 (1928).

tenden) Blindprobe. Setze nun zur Blindprobe Silbernitratlösung zu, bis die Farbtöne der beiden Flüssigkeiten genau übereinstimmen. Die Farben können sehr genau — innerhalb 0,02 ml — gleichgemacht werden. Es werden 0,05 ml bis 0,1 ml der 0,1 n AgNO₃-Lösung verbraucht werden, je nach der Farbtiefe des Endpunktes. Dieses Volum ist die „Blindprobe" auf den Endpunkt und wird von dem Volum der bei der Titration verbrauchten Standardlösung abgezogen. Das CaCO₃ wird lediglich zugesetzt, um die Färbungen besser vergleichen zu können, da beide Flaschen dann einen weißen Niederschlag enthalten. Fällt die Blindprobe zu hoch aus, so kann dies von einem Chloridgehalt des Karbonates herrühren (prüfe letzteres!).

Titriere nun die Lösung in der zweiten Flasche. Bereite eine zweite Blindprobe mit annähernd jener Wassermenge, die am Ende der Titration vorhanden sein wird. Vergleiche die Farben der Probe und der Blindprobe und stelle die Korrektur wie früher fest. Stimmt der Verbrauch der Maßlösung bei beiden Titrationen nicht innerhalb 0,1 bis 0,15 ml, bezogen auf gleiche Einwaagen, überein, so ist eine dritte Titration zu machen. Die Silberrückstände werden in einer Standflasche gesammelt. Wenn die Farben, wie beschrieben, aufeinander eingestellt werden, stimmen die Ergebnisse sehr gut überein. Andernfalls können sie beträchtlich streuen.

Berechnung der Ergebnisse. Da sich ein Atom Chlor mit einem Atom Silber verbindet, ist das Äquivalent des Chlors gleich seinem Atomgewicht. 1 ml 1 n AgNO₃ entspricht 0,03546 g Chlor. Rechne das Volum des verbrauchten Silbernitrats in das äquivalente Volum einer 1 n Lösung um und berechne den Prozentgehalt an Chlor in der üblichen Weise.

Methode nach Fajans. 1. *Phenosafranin als Adsorptionsindikator.* Wie in der Erklärung S. 143 ausgeführt wurde, erfolgt der sehr scharfe und gut reversible Farbumschlag des Phenosafranins auf dem koagulierten Niederschlag des Silberhalogenides. Der Umschlag beruht auf der Addition sehr geringer Mengen von AgNO₃ an jenem Anteil des basischen Farbstoffes, welcher in Gegenwart eines Halogenüberschusses an den Niederschlag adsorbiert ist und von einem Silberüberschuß nicht verdrängt wird. Die Bereitung der Standardlösung und die Bestimmung eines Chlorids unterscheidet sich von der unter 2 tiefer unten beschriebenen Vorschrift in folgenden Punkten: Setze kein Dextrin zu. Gebrauche für 45 ml einer 0,1 n NaCl-Lösung 6 bis 7 Tropfen der 0,2⁰/₀igen Phenosafraninlösung (1 bis 2 Tropfen pro Millimol Silberhalogenid). Schüttle die Flasche während der Zugabe der Silbernitratlösung, besonders in der Nähe des Endpunktes heftig. um die Koagulation des Niederschlages so vollständig als möglich zu machen. Der Farbvergleich der Lösung mit dem Niederschlag ist so leichter durchführbar. In Gegenwart eines Chlorüberschusses ist der adsorbierte und der in Lösung befindliche Farbstoffe rot; ein Silbernitratüberschuß verändert die Farbe des Niederschlages nach Lila.

Beobachte den Niederschlag am Boden der Flasche mittels eines kleinen Spiegels von unten! Beobachte den Farbwechsel im Endpunkt bei der Titerstellung durch abwechselndes Zufügen von NaCl- bzw. $AgNO_3$-Lösung. Ein Tropfen einer 0,1 n Lösung verursacht eine sehr deutliche Farbänderung.

2. *Fluoreszein oder Dichlorfluoreszein als Adsorptionsindikator.* Diese Methode wurde S. 140 ausführlich besprochen. Die Menge der Anionen dieser an kolloidales oder gefälltes AgCl adsorbierten Farbstoffe ändert sich im Äquivalenzpunkte beträchtlich, d. h. im Übergangspunkt von einem Überschuß von Halogenion zu einem Überschuß von Silberion in der Lösung. Die Adsorption ist mit einer scharfen Farbänderung verbunden. Fluoreszein ist eine sehr schwache Säure; Dichlorfluoreszein ist etwas stärker. Da die Anionen adsorbiert werden müssen, muß die Lösung bei der Verwendung von Fluoreszein neutral sein; beim zweiten Indikator sollte das p_H nicht unter 4 liegen. Die Adsorption nimmt mit der Oberfläche des AgCl zu. Bedingungen, welche die Koagulation begünstigen, wie höhere Temperatur, mehrwertige Ionen, bewirken eine weniger ausgeprägte Farbänderung. Dextrin hat als Schutzkolloid den entgegengesetzten Effekt, da es das AgCl in Solform hält. Weiters ist die Farbänderung in der gesamten, anscheinend homogenen, kolloidalen Lösung leichter zu beobachten, als wenn der Farbstoff aus der Lösung an den koagulierten Niederschlag adsorbiert wird. Silberchlorid, welches adsorbierten Farbstoff enthält, ist lichtempfindlich; daher gibt die Titration in hellem Licht keinen befriedigenden Farbumschlag. Farbproben zum Vergleich bei Titrationen sollten nur kurze Zeit und im Dunkeln aufbewahrt werden. Kalziumkarbonat kann zur Neutralisation mäßiger Mengen freier Säuren verwendet werden. Man setzt sodann etwas Dextrin zu, um den koagulierenden Einfluß des Calciumions zu kompensieren. Auch die Neutralisation mittels chloridfreien Natriumhydroxids oder eventuell Salpetersäure, gegen Phenolphthalein als Indikator, ist zu empfehlen. Heftiges Schwenken und Schütteln der Flüssigkeit während der Titration ist vorteilhaft. Die erste bleibende Farbänderung von Gelbweiß zu einer lachsroten Färbung in der Suspension und dem abgesetzten Niederschlag wird als Endpunkt genommen. Durch Chloridzusatz werden die Erscheinungen rückläufig. Genaue Ergebnisse sind leicht erhältlich. Dichlorfluoreszein gibt einen schärferen Farbumschlag als Fluorezein.

Herstellung der Standardlösungen. Trockne 6 g NaCl p. A. 2 Stunden bei 100 bis 110°. Lasse im Exsikkator 1 Stunde auskühlen, wäge 5,846 g NaCl aus und löse dasselbe in einem 1-l-Meßkolben, fülle zur Marke auf und mische die Lösung gründlich durch. Schütte die Lösung in eine trockene Flasche, die mit einem gut schließenden Gummistopfen versehen ist. Die genannte Menge an NaCl entspricht 1000 ml einer genau 0,1 n Lösung; die tatsächliche Normalität kann davon etwas abweichen. Einhalb oder, wenn nötig, 1 Liter 0,1 n

AgNO$_3$ wird wie beschrieben bereitet und wird gegen die NaCl-Lösung wie folgt eingestellt: Miß in 250-ml-Titrierkolben mittels einer Bürette Mengen von etwa 45 ml der 0,1 n NaCl ein. Füge zu jeder dieser Proben 5 ml einer 2%igen Dextrinlösung, sowie 10 Tropfen einer 0,1%igen Dichlorfluoreszeinlösung in 70%igem Alkohol zu und titriere unter ständigem Schwenken des Kolbens mit der AgNO$_3$-Lösung in diffusem Licht. An Stelle des Dichlorfluoreszeins kann 1 ml einer 0,2%igen alkoholischen Lösung von Fluoreszein oder eine wässerige Lösung von Fluoreszeinnatrium verwendet werden. Bei Annäherung an den Äquivalenzpunkt wird die örtliche Rotfärbung an der Einfallsstelle der Tropfen immer ausgeprägter. Das Silberchlorid scheint beträchtlich auszuflocken. Im Endpunkt schlägt die Farbe der gesamten Lösung oder Suspension scharf nach Lachsrot um und der sich absetzende Niederschlag hat eine rosa oder heliotrope Farbe. Die Normalität der Silbernitratlösung, die nach Kapitel VIII, S. 118 zu berechnen ist, soll innerhalb 0,2% übereinstimmen.

Um mit dem Auftreten des Endpunktes vertraut zu werden, möge folgender Vorversuch ausgeführt werden: Gieße, knapp bevor der Endpunkt erreicht wird, etwa die Hälfte der Lösung in einen zweiten Kolben. Füge zu einer der halbierten Lösungen einen Tropfen AgNO$_3$ zu und vergleiche beide. Zeigen die beiden Flüssigkeitshälften keinen deutlichen Farbunterschied, so mische beide Teile, wiederhole sodann die Teilung und Mischung nach Zugabe jedes Tropfens, bis ein Tropfen eine deutliche Farbänderung von Blaßrötlichgelb nach Rötlich verursacht. Ist dieser Punkt erreicht und beide Hälften vereinigt, so sollte ein Tropfen einer 0,1 n NaCl-Lösung eine merkliche Veränderung zu einer blasseren Farbe, sodann ein Tropfen der 0,1 n AgNO$_3$-Lösung eine Veränderung zu einer röteren Farbe bewirken. Dies ist dann der richtige Umschlagspunkt, auf welchen bei normalen Titrationen ohne Teilung der Lösung titriert werden soll.

Halogenbestimmung nach Volhard. Es wurde gezeigt, daß die eben beschriebenen Methoden nur beschränkt anwendbar sind. Eine andere, diesen Beschränkungen nicht unterworfene Methode wird häufiger angewendet. Es ist dies eine indirekte Methode (eigentlich eine Silberbestimmung), die darauf beruht, daß jede Silbertitration zur Halogenbestimmung benützt werden kann, indem man einen Überschuß von Standard-Silberlösung zusetzt, das Halogen ausfällt und den Silberüberschuß zurücktitriert. Die hierfür geeignetste Reaktion ist jene zwischen Silberion und Rhodanid (Gleichung (4)), deren Endpunkt sehr scharf ist. Im Falle eines Chlorids verwendet man folgende Methode:

Arbeitsvorschrift: Füge einen Überschuß von Standard-Silbernitratlösung zu der neutralen oder sauren Lösung des Chlorids zu. Schüttle, um den Niederschlag zusammenzuballen, filtriere und wasche (Gleichung (1)). Säuere das Filtrat mit Salpetersäure an, füge zu je 100 ml der Lösung 2 ml einer gesättigten Lösung von Eisenammoniumalaun zu, welche etwas mit Salpetersäure angesäuert ist und kein Chlorion enthalten darf. Titriere mit KCNS-Lösung, welche gegen Silbernitrat (Gleichung (4)) eingestellt wurde, bis eine schwach rötliche Färbung von $[Fe(CNS)_6]^{\equiv}$ auftritt. Gleichung für den Endpunkt:

$$2 Fe(NO_3)_3 + 6 KCNS = Fe[Fe(CNS)_6] + 6 KNO_3. \qquad (10)$$

Man erhält das Volum der zur Bestimmung des Chlorides benötigten 1 n AgNO$_3$-Lösung, indem man das Volum des Rhodanids von jenem des Silbernitrats abzieht, nachdem man jedes Volum mit der entsprechenden Normalität der Lösung multipliziert hat. Diese Methode ist für jedes Chlorid, Bromid, Jodid anwendbar, dessen Farbe nicht zu tief ist, um den Endpunkt zu verdecken.

Das AgCl muß abfiltriert werden, da es löslicher als AgCNS ist und sonst nach

$$AgCl \downarrow + KCNS = AgCNS \downarrow + KCl \qquad (11)$$

reagieren (zu niedrige Ergebnisse!) würde. AgBr und AgJ sind weniger löslich als AgCNS; sie können daher mit KCNS nicht reagieren und brauchen deshalb nicht abfiltriert zu werden.

Die Notwendigkeit, das AgCl abzufiltrieren, kann dadurch umgangen werden, daß man es mit einem *Nitrobenzolfilm*[1] umhüllt. Für je 0,05 g AgCl wird 1 ml Nitrobenzol zugesetzt. Nach dem Zusatz eines Überschusses von Standard-AgNO$_3$ wird die Lösung heftig geschüttelt, bis das AgCl in großen Flocken absitzt. Eine völlig klare, überstehende Flüssigkeit ist nicht erforderlich. Der Überschuß des Silbers wird dann wie üblich titriert.

Andere Anwendungen. Diese Bestimmungsmethode kann auf jedes Ion angewendet werden, das ein unlösliches Silbersalz bildet. Infolgedessen ist Silbernitrat bei Fällungsreaktionen eine der brauchbarsten Maßflüssigkeiten. Die einzige Unannehmlichkeit ist die Verwendung von zwei, allerdings vollkommen beständigen Maßlösungen. Säuren, welche unlösliche Silbersalze bilden, sind: HCl, HBr, HJ. HJO$_3$, HCN, HCNS, H$_2$CrO$_4$. H$_3$PO$_4$. H$_3$AsO$_4$, H$_2$S, H$_2$C$_2$O$_4$. H$_2$CO$_3$, H$_4$[Fe(CN)$_6$], H$_3$[Fe(CN)$_6$]. Die in Salpetersäure löslichen Ag-Salze dieser Säuren. z. B. Ag$_3$AsO$_4$, Ag$_3$PO$_4$. Ag$_2$S, Ag$_2$C$_2$O$_4$, Ag$_2$CO$_3$, können in HNO$_3$ gelöst und das Silberion direkt mit Standard-Rhodanid titriert werden. In diesem Falle wird nur eine Standardlösung (KCNS) benötigt.

Silberbestimmung in Legierungen. Arbeitsvorschrift. Wäge Proben von 0,5 g der Silberlegierung ein, löse sie in 15 ml eines Gemisches gleicher Teile von Wasser und konzentrierter HNO$_3$. Koche die Lösung, bis alle Stickoxyde verjagt sind, kühle ab und verdünne auf 50 ml. Füge 2 ml der gesättigten Eisenammoniumalaunlösung (chlorfrei!) zu und titriere mit Standard-Rhodanidlösung, bis eine schwach braunrötliche Färbung des Eisen(III)-Komplexes auftritt. Aus dem Verbrauch der Maßlösung wird der Prozentgehalt des Silbers in der Legierung berechnet.

---

[1] *Caldwell* und *Moyer:* Ind. Engng. Chem., Analyt. Edit. **7, 38** (1935).

Cyanidbestimmung.

Prinzip. Wird eine Silbernitratlösung zu einer Cyanidlösung zugesetzt, so fällt kein Niederschlag aus, da sich das AgCN in einem Überschuß des Cyanids komplex löst:

$$2\,NaCN + AgNO_3 = Na[Ag(CN)_2] + NaNO_3$$

(die Gleichung wurde bereits S. 146 gebracht). Wurden genug Silberionen zugegeben, um sich auf diese Weise mit dem gesamten Cyanid zu verbinden, so reagiert ein Überschuß mit dem Komplexsalz nach

$$Na[Ag(CN)_2] + AgNO_3 = Ag[Ag(CN)_2] \downarrow + NaNO_3 \qquad (12)$$

wobei Silbercyanid ausfällt.

Die Bildung dieses Niederschlages zeigt den Endpunkt an. Chlorid-, Bromid-, Jodidionen usw. stören nicht, da nicht allein AgCN, sondern alle anderen Silbersalze außer dem Sulfid in einem Überschuß einer Alkalicyanidlösung gut löslich sind. Das AgCN fällt häufig an der Einfallsstelle des Tropfens in einer käsigen, schwer löslichen Form aus. Dies ist die einzige Schwierigkeit, einen scharfen Endpunkt zu erhalten. Die Fällung des AgCN im Endpunkt kann durch Zugabe von NH_4OH vermieden werden:

$$2\,AgCN \downarrow + 4\,NH_4OH = 2\,[Ag(NH_3)_2]CN + 4\,H_2O., \qquad (13$$

Man fügt vor der Titration etwas KJ zur Lösung zu, um den Endpunkt nach

$$[Ag(NH_3)_2]CN + KJ = AgJ \downarrow + KCN + 2\,NH_3 \qquad (14)$$

anzuzeigen. Bis zur Erreichung des Endpunktes wird AgJ durch einen Überschuß an Cyanid in Lösung gehalten:

$$AgJ + 2\,NaCN = Na[Ag(CN)_2] + NaJ. \qquad (15)$$

Wird im Endpunkt das letzte Cyanid verbraucht, so erscheint eine durch ausfallendes AgJ verursachte Trübung. Der erste überschüssige Tropfen der Silbernitratlösung reagiert mit dem vorhandenen KJ nach

$$AgNO_3 + KJ = AgJ \downarrow + KNO_3. \qquad (16$$

Das Cyanid, durch welches das AgJ in Lösung gehalten wurde, ist nicht mehr anwesend, und in NH_4OH ist AgJ, zum Unterschied von AgCN, unlöslich. Der Endpunkt ist gegen einen schwarzen Hintergrund leicht erkennbar. Die Methode gibt ausgezeichnete Resultate.

Da NaCN und KCN etwas zerfließlich sind und in trockener Form nicht gut zur Analyse aufbewahrt werden können, wird die Cyanidprobe in Lösung ausgegeben. Da diese sich beim Stehen langsam in NH_3, HCOOH und andere Produkte zersetzt, muß sie innerhalb 1 bis 2 Tagen nach ihrer Bereitung titriert werden.

Andere Reaktionen mit Cyanid. Die eben beschriebene Reaktion kann indirekt zur Silberbestimmung, speziell in Silberhalogeniden, verwendet werden, indem man einen Überschuß von Standard-Cyanid zusetzt und mit Standard-Silbernitrat zurücktitriert.[1] In den meisten anderen Fällen ist die Rhodanidmethode zweckmäßiger und gebräuchlicher.

Einige andere Metalle, besonders Ni und Cu (Gleichungen (6) und (7)) können durch Überführung ihrer Ionen in komplexe Cyanide titriert werden.

Arbeitsvorschrift. Reinige und trockne einen 100-ml-Meßkolben, der mit einem Korkstopfen versehen sei. Bezeichne den Kolben mit deinem Namen und der Platznummer und gib ihn dem Assistenten zur Füllung mit der Cyanidprobe. Infolge der Unbeständigkeit werden alle Cyanidproben gleichzeitig ausgegeben und müssen innerhalb einiger Tage analysiert und die Ergebnisse abgegeben werden. Setze mit den Arbeiten an anderen Aufgaben aus, bis diese Bestimmung beendet ist. Wäge zwei reine, trockene *Erlenmeyer*-Kolben mit Stopfen. Gieße in jeden Kolben 8 bis 9 ml der Cyanidlösung, verstöpsle den Kolben und wäge neuerdings. Füge zu jeder Probe 10 ml einer ammoniakalischen KJ-Lösung (10 g KJ + 300 ml konzentrierte NH_4OH (d 0,90) im Liter), so daß bei jeder Titration 3 ml NH_4OH und 0,1 g KJ zugegen sind. Die Lösung muß vor der Titration vollkommen klar sein.

Titriere mit 0,1 n $AgNO_3$ unter ständigem Schwenken des Kolbens, bis eine kaum sichtbare Trübung (beim Beobachten der Flüssigkeit gegen einen schwarzen Hintergrund) auftritt. (Gleichungen (5) und (13).) Falls übertitriert wurde, ist die Titration zu wiederholen. Die Ergebnisse sollten auf 0,02 bis 0,03% übereinstimmen, da die Lösungen ziemlich verdünnt sind. Die Ergebnisse sind zehnmal genauer als die Chloridanalysen.

Die Silberrückstände werden in einer Rückstandsflasche gesammelt.[2]

Berechnung der Ergebnisse. Aus Gleichung (5) folgt, daß 2 KCN mit 1 Ag reagieren; daraus folgt, daß das Äquivalentgewicht von CN^- doppelt so groß wie das Molekulargewicht (= 52,03) ist. Daher ist 1 ml 1 n $AgNO_3$ äquivalent 0,05203 g CN^-. Berechne in der üblichen Weise den Prozentgehalt an CN^- in der Lösung, wobei man die Normalität der $AgNO_3$-Lösung aus der Einwaage des $AgNO_3$ berechnet.

Rückblick, Fragen und Aufgaben.

1. Schreibe Gleichungen zur Trennung und volumetrischen Bestimmung von Zn und Ag in einer Legierung der beiden Metalle auf. Vorschlag: Trenne zunächst Ag als AgS ab.

2. Schreibe Gleichungen zur Trennung und volumetrischen Bestimmung von Cu und Pb in einer Legierung der beiden Metalle auf. Vorschlag: $PbSO_4$ ist in Ammoniumacetat löslich.

3. Schlage eine Volumetrische Bestimmungsmethode von Ag in AgBr vor.

---

[1] Vgl. auch *J. S. Pierce* und *J. L. Coursey*: Ind. Engng. Chem., Analyt, Edit. **4**, 64 (1932).

[2] (Die Rückstände müssen in einer sauren Lösung aufbewahrt werden, da sonst die Gefahr der Bildung von Knallsilber besteht.)

4. In 1,000 g einer Probe wird As_2O_3 zu Arsenat oxydiert und als Ag_3AsO_4 gefällt. Letzteres, in HNO_3 gelöst, benötigte 50,00 ml einer 0,1100 n NH_4CNS-Lösung. Berechne den Prozentgehalt an As_2O_3 in der Probe. (Verwende nicht das Atomgewicht des Silbers!) Antwort: 18,13% As_2O_3.

5. 1 g reines KJO_x benötigte nach der Reduktion zu Jodid 46,72 ml 0,1000 n $AgNO_3$-Lösung zur Fällung. Berechne den Wert von x.

6. Wie groß ist die $[Ag^+]$ nach der Fällung von Ag_2CrO_4 mit K_2CrO_4, wenn $BaCrO_4$ auszufallen beginnt und die $[Ba^{++}]$ in diesem Augenblick 0,040 m ist? Antwort: 0,020 m.

7. Wie groß ist die $[F^-]$ nach der Fällung von CaF_2 mit $Ca^{\cdot\cdot}$, wenn $CaCO_3$ bei einer $[CO_3^=] = 0,1000$ m zu fällen beginnt und Hydrolyseneffekte vernachlässigt werden?

8. Berechne die im Endpunkt der Titration von Bromid mit 0,100 n $AgNO_3$ nach *Mohr* zurückbleibende Menge des Bromidions (mg Br^-/l), wenn die Lösung an K_2CrO_4 0,020 m ist. Antwort: 0,0032.

9. Wie groß ist der Prozentgehalt an Nickel in Stahl, wenn 1,000 g der Probe 10,00 ml Cyanidlösung verbraucht, wobei 50,00 ml einer 0,1000 n $AgNO_3$-Lösung 35,00 ml der Cyanidlösung äquivalent sind.

10. 0,5000 g einer Mischung, die lediglich NaBr und NaJ enthält, benötigt zur vollständigen Fällung beider Halogene 44,01 ml 0,1000 n $AgNO_3$. In welchen Prozentgehalten sind die Salze vorhanden? Vorschlag: Sind x g NaJ und (0,5 x) g NaBr vorhanden, wieviel ml $AgNO_3$ benötigen x g NaJ?

11. Schreibe die Gleichungen auf, wie Cyanid und Rhodanid in einem Gemisch, welches auch inerte Salze enthält, zu bestimmen ist.

X. Oxydations-Reduktions-Reaktionen.
Einleitung und theoretische Betrachtungen.

In dieser Sparte der Volumetrie werden Standardlösungen von oxydierenden bzw. reduzierenden Stoffen verwendet. Es sind zahlreiche Oxydations- und Reduktionsmittel verschiedener Stärke verfügbar und es wurde bezüglich ihrer Anwendungsgebiete große Erfahrung gesammelt. So ist z. B. $KMnO_4$ eines der stärksten Oxydationsmittel, während Jod eines der schwächsten ist. Die in Maßlösungen sehr häufig verwendeten Oxydationsmittel sind $KMnO_4$, $K_2Cr_2O_7$, $Ce(SO_4)_2$, KJO_3, $KBrO_3$ und J_2.[1] Die gleichfalls häufig verwendeten Reduktionsmittel sind $FeSO_4$, $Na_2S_2O_3$, $NaAsO_2$ (Na_3AsO_3) und Oxalsäure. Die noch stärkeren Reduktionsmittel $TiCl_3$ oder $Ti_2(SO_4)_3$ und $CrCl_2$ oder $CrSO_4$ werden so leicht oxydiert, daß jeder Luftzutritt zum Reagens sowie zu der zu titrierenden Lösung ausgeschlossen werden muß.

Wenige der genannten Reagenzien haben die Eigenschaften guter Urtitersubstanzen. $K_2Cr_2O_7$, $KBrO_3$, KJO_3 und J_2 werden als Urtitersubstanzen verwendet; die erwähnten anderen Oxydationsmittel müssen gegen entsprechende Reduktionsmittel eingestellt werden. Die wichtigsten, als Urtitersubstanzen verwendeten Reduktionsmittel sind As_2O_3, $Na_2C_2O_4$ sowie reines Elektrolyteisen. Einige Standardlösungen können direkt aus den Titersubstanzen hergestellt werden. So kann z. B.

---

[1] Jod wird in einer KJ-Lösung aufgelöst; das Oxydationsmittel scheint das Trijodion J_3^- zu sein.

Na_3AsO_3 durch Auflösen von reinem As_2O_3 in Na_2CO_3-Lösung und Überführen des Überschusses an Na_2CO_3 in $NaHCO_3$ hergestellt werden. Oxalsäure als Reduktionsmittel kann aus der Urtitersubstanz $Na_2C_2O_4$ hergestellt werden. Natriumthiosulfat, $Na_2S_2O_3 . 5 H_2O$, kann nicht, Oxalsäure $H_2C_2O_4 . 2 H_2O$ kann nur unter speziellen Bedingungen getrocknet werden. Eisen(II)sulfatlösung und gewisse andere reduzierende Maßlösungen werden durch den Luftsauerstoff oxydiert und müssen entweder häufig nachgestellt, oder unter einer inerten Stickstoff- oder CO_2-Atmosphäre aufbewahrt werden.

Äquivalentgewichte von oxydierenden und reduzierenden Mitteln. Das Äquivalentgewicht eines Oxydationsmittels ist jenes Gewicht, welches unter festgelegten Bedingungen 1 g Wasserstoff oxydiert. Das Äquivalentgewicht eines Reduktionsmittels ist jenes Gewicht, welches unter bestimmten Bedingungen dieselbe Reduktionswirkung hat wie ein Grammatom Wasserstoff. Bei der Betrachtung der verschiedenen Oxydations-Reduktions-Reaktionen wird sofort erkannt, daß ein Grammatom Wasserstoff bei der Oxydation aus dem elementaren Zustand, oft durch das Zeichen H^0 gekennzeichnet, in den Zustand H^{+1} übergeht, wie z. B. in dem Vorgang

$$2 Fe^{+++} + 2 H \rightleftharpoons 2 Fe^{++} + 2 H^+$$

oder in

$$2 H_2 + O_2 \rightleftharpoons 2 H_2O.$$

Bei diesen Reaktionen identifizieren wir die Veränderungen mit dem durch die römischen Zahlen ausgedrückten Wechsel im Oxydationszustand:

$$Fe^{III} \rightleftharpoons Fe^{II}; \quad H^0 \rightleftharpoons H^I,$$

$$O^0 \rightleftharpoons O^{-II} \text{ und wieder } H^0 \rightleftharpoons H^I.$$

Das Molekül oder Ion des Oxydationsmittels ist in jedem Falle einer Veränderung unterworfen, welche die Gruppe als Ganzes oder einen ihrer Teile in einen niederen Oxydationszustand bringt. In einigen komplizierten Fällen kann ein Teil des Moleküls auf Kosten eines anderen Teiles desselben Maleküls oxydiert werden, doch kann auch hier die Gesamtänderung leicht abgeleitet werden. Das Reduktionsmittel wird gleichzeitig oxydiert, so daß dieses von einem niederen in einen höheren Oxydationszustand übergeht.

Das Äquivalentgewicht eines Oxydations- oder Reduktionsmittels kann daher als: Molekulargewicht der Substanz, dividiert durch die Gesamtänderung im Oxydationszustand, dargestellt werden. Es werde z. B. eine angesäuerte Eisen(III)sulfatlösung mit Wasserstoff reduziert:

$$Fe_2(SO_4)_3 + H_2 = 2 FeSO_4 + H_2SO_4,$$

wobei es augenscheinlich ist, daß $Fe_2(SO_4)_3$ zwei Grammatomen Wasserstoff äquivalent ist. In diesem Falle ist also das Äquivalent von Eisen(III)sulfat gleich seinem halben Molgewicht.

Oxydationszahl. Die Zahl, welche den Wechsel im Oxydationszustand einer Verbindung (oder eines Ions) während einer Reaktion
anzeigt, wird Oxydationszahl genannt. Man leitet die Oxydationszahl
aus dem Wertigkeitswechsel der einzelnen Atome in einer Molekel ab,
indem man das Produkt aus der Anzahl der Atome und ihrer Wertigkeit ober die Formel schreibt. So hat z. B. in $K_2Cr_2O_7$ Kalium die
Wertigkeit $+1$, Sauerstoff -2, Chrom $+6$. In einer neutralen Molekel
muß die algebraische Summe der Wertigkeiten der einzelnen Atome
stets den Wert Null ergeben.

$$\overset{+2}{K_2}\ \overset{+12}{Cr_2}\ \overset{-14}{O_7}$$

Unter bestimmten Bedingungen wird das Dichromat zu Chrom(III)-
salz reduziert $\overset{2.3}{Cr_2}(\overset{-6}{SO_4})_3$. Der Wechsel in der Oxydationszahl des
Chroms $12 - 6 = 6$ zeigt an, daß man in diesem Falle als Äquivalent-
gewicht des Kaliumdichromats den Wert $\dfrac{K_2Cr_2O_7}{6} = 49{,}035$ zu verwenden hat. Für jene, welche mit der „Ion-Elektron-Methode" vertraut
sind, ist der Wechsel der Oxydationszahl identisch mit der Anzahl der
Elektronen, die an einem entsprechenden Teilvorgang beteiligt sind.
Diese Teilreaktion kann z. B. für Dichromat folgendermaßen formuliert werden: $Cr_2O_7^{=} + 14\,H^+ + 6\,e = 2\,Cr^{+++} + 7\,H_2O$. Dieser Ausdruck zeigt, daß an der Reduktion von Dichromat zu 2 Chrom(III)-
ionen 6 Elektronen (e) beteiligt sind.

Bei der Oxydation von Oxalat wird der Kohlenstoff zu CO_2 oxydiert:
$\overset{+2}{N}\overset{+6}{a_2}\overset{-8}{C_2O_4} \to 2\,\overset{2(+4)-8}{CO_2}$. Die den 2 Kohlenstoffatomen zukommende Zahl steigt
von $+6$ auf $+8$; mit anderen Worten, das Äquivalentgewicht des Na-
triumoxalates als Reduktionsmittel beträgt die Hälfte seines Molekulargewichtes.

Bei den üblichen Anwendungen wird $Na_2S_2O_3$ zu $Na_2S_4O_6$ oxydiert:
$2\,\overset{2(+2+4-6)}{(Na_2S_2O_3)} \to \overset{+2+10-12}{Na_2S_4O_6}$. In dem Natriumthiosulfat beträgt die Oxydationszahl der beiden S-Atome $+4$ bzw. $+8$ für 2 Molekel der Verbin-
dung. Im Oxydationsprodukt ist den 4 Schwefelatomen eine Oxydationszahl $+10$ zuzuordnen. Daher beträgt der Wechsel der Oxydationszahl für 2 Molekel $Na_2S_2O_3$ zwei. Das Äquivalentgewicht ist daher
gleich dem Molekulargewicht $Na_2S_2O_3$ bzw. $Na_2S_2O_3 . 5\,H_2O$ des käuflichen kristallinen Salzes.

Unter verschiedenen Bedingungen kann das Äquivalentgewicht
einer Substanz bei Oxydations-Reduktions-Reaktionen verschieden sein.
$KMnO_4$ reagiert in der Mehrzahl seiner Anwendungen, in 1- bis 2 n
saueren Lösungen von $\overset{+1+7-8}{KMnO_4}$ zu $\overset{+2\ -2}{MnSO_4}$ mit einem Wechsel der Oxydationszahl von fünf. In neutralen, alkalischen oder schwach saueren
Lösungen ist das Reduktionsprodukt MnO_2; der Wechsel der Oxydationszahl beträgt drei $(+7 \to +4)$. In weniger wichtigen Fällen erfolgt

die Reduktion zu Manganat ($KMnO_4 \rightarrow K_2MnO_4$ in alkalischer Lösung in Gegenwart von Ba^{++}) oder zu Mangan(III)-salz, falls die Lösung Fluorid enthält. Daher kann das Äquivalentgewicht entweder $^1/_5$ oder $^1/_3$ des Molekulargewichtes, seltener das Molekulargewicht oder $^1/_4$ desselben (in den beiden letzten Fällen) betragen.

Die Aufstellung von Oxydations-Reduktions-Gleichungen. Die Änderung der Oxydationszahl muß für das System Oxydationsmittel und dazugehöriges Reduktionsprodukt bzw. für das System Reduktionsmittel und dazugehöriges Oxydationsprodukt bekannt sein. Kann der Einfluß des Säuregrades und möglicher Komplexbildungen vorausgesehen werden, so lassen sich auf Grund der elektrochemischen Theorie (S. 167 bis 175) auch in ungewöhnlichen Fällen Voraussagen bezüglich der Reaktionsprodukte machen. Die letzte Entscheidung hierüber wird am sichersten durch qualitative und quantitative Untersuchungen gefällt. Tabelle 15, S. 170, gibt eine Zusammenfassung unserer Kenntnisse über viele wichtige Oxydations-Reduktions-Systeme, der Änderungen der Oxydationszahl sowie der entsprechenden Ion-Elektron-Gleichungen der Teilvorgänge. Die Redoxsysteme sind in dieser Tabelle nach elektrochemischen und chemischen Gesichtspunkten derart geordnet, daß die stärksten Oxydationsmittel am Anfang, die stärksten Reduktionsmittel am Ende der Tabelle stehen.

Sind die Änderungen der Oxydationszahlen bekannt, so kann die einfachst mögliche Gleichung abgeleitet werden, indem man jene Zahl der Molekel des Oxydans bzw. Reduktans einsetzt, die dem kleinsten gemeinsamen Vielfachen der beiden Änderungen der Oxydationszahlen entspricht. Um es so einfach als möglich auszudrücken: die Änderung der Oxydationszahl des Oxydans gibt die benötigte Anzahl Molekel des Reduktans und umgekehrt. Ist z. B. die Änderung der Oxydationszahl für das System $MnO_4^- - Mn^{++}$, wie ausgeführt wurde, fünf, und jener für das System $C_2O_4^= - CO_2$ zwei, so ist das kleinste gemeinsame Vielfache 10, so daß $2 KMnO_4$ und $5 H_2C_2O_4$ miteinander in Reaktion treten müssen. Schwefelsäure muß in reichlichem Überschuß über die Erfordernisse der Reaktionsgleichung vorhanden sein, um eine unerwünschte Nebenreaktion zwischen MnO_4^- und Mn^{++} zu verhindern. Die Gleichung kann daher mit einer beliebigen Anzahl Molekeln H_2SO_4 angesetzt werden, sofern sie vernünftige Produkte ergibt.

$$2 KMnO_4 + 5 H_2C_2O_4 + 3 H_2SO_4 = 10 CO_2 + 2 MnSO_4 + K_2SO_4 + 8 H_2O.$$

Eine Molekulargleichung ist natürlich für eine Reaktion, welche in verdünnter Lösung abläuft, willkürlich, da die Ionen reagieren. Doch sind solche willkürliche Gleichungen sehr nützlich, um die grundlegende Stöchiometrie einer Reaktion zu verstehen.

Wird die Ionengleichung benützt, so hat man die Teilreaktionen der beiden Systeme so anzuschreiben, daß die Anzahl Elektronen in

jeder Teilreaktion gleich der Änderung der betreffenden Oxydationszahl ist:

$$MnO_4^- + 8\,H^+ + 5\,e = Mn^{++} + 4\,H_2O. \tag{1}$$

$$C_2O_4^= = 2\,CO_2 + 2\,e. \tag{2}$$

Das kleinste gemeinsame Vielfache sind 10 Elektronen; Gleichung (1) ist mit 2, Gleichung (2) mit 5 zu multiplizieren und die
Ausdrücke sind so zu addieren, daß die Elektronen herausfallen.

$$2\,MnO_4^- + 16\,H^+ + 10\,e = 2\,Mn^{++} + 8\,H_2O$$
$$5\,C_2O_4 = 10\,CO_2 + 10\,e$$
$$\overline{2\,MnO_4^- + 16\,H^+ + 5\,C_2O_4^= = 10\,CO_2 + 2\,Mn^{++} + 8\,H_2O}$$

Treten Wasserstoffion und Wasser, oder Hydroxylion und
Wasser auf beiden Seiten der Gleichung auf, die nach obiger Weise
durch Addition erhalten wurde, so wird die endgültige Gleichung
dadurch vereinfacht, daß man jede dieser Substanzen auf eine Seite
der Gleichung schafft. Beispiel: Oxydation von arseniger Säure
mittels Kaliumdichromat:

$$Cr_2O_7^= + 14\,H^+ + 6\,e = 2\,Cr^{+++} + 7\,H_2O \tag{1}$$
$$3\,HAsO_2 + 6\,H_2O = 3\,H_3AsO_4 + 6\,H^+ + 6\,e \tag{2}$$
$$\overline{Cr_2O_7^= + 3\,HAsO_2 + 8\,H^+ = 3\,H_3AsO_4 + 2\,Cr^{+++} + H_2O}$$

Beruhen die, in einer Tabelle zusammengestellten Teilreaktionen
(wie jene S. 170) auf ausführlichen elektrochemischen Untersuchungen
bei verschiedenen Säurestufen, so ist man in der Lage, für eine bestimmte Reaktion die günstigste Azidität, bzw. das günstigste p_H zu
wählen. S. 173 bis 175 werden einige Beispiele gebracht.

Redox-Indikatoren.[1]

Oxydations-Reduktions-Indikatoren wechseln die Farbe innerhalb
eines beschränkten Bereiches des Oxydationspotentials in genau der
gleichen Weise, wie Säure-Basen-Indikatoren die Farbe innerhalb
eines engen p_H-Bereiches ändern. Solche Indikatoren können verwendet werden, um die Änderung der Oxydations-Reduktions-Intensität
einer Lösung mittels Farbänderung anzuzeigen. Diese Anwendung,
welche der kolorimetrischen p_H-Messung analog ist, wird außer bei
biochemischen Untersuchungen selten benützt. Die Hauptanwendung
solcher Indikatoren in der analytischen Chemie liegt derzeit in Zusammenhang mit Oxydations-Reduktions-Titrationen. Die Umschlagsbereiche vieler Redox-Indikatoren ändern sich systematisch mit wech-
selndem p_H.

**Das Oxydationsmittel oder Reduktionsmittel ist sein eigener
Indikator.** Unterliegt das Reagens einer entsprechenden Farbände-

---

[1] Bezeichnung nach *L. Michaelis:* Oxydations-Reduktionspotentiale.
Berlin: Springer-Verlag. 1929.

rung bei seiner Oxydation oder Reduktion, so wird der erste Tropfen (0,05 ml oder weniger) des überschüssigen Reagens eine wahrnehmbare Farbänderung bei der Titration bewirken. Wegen seiner eigenen Indikatorwirkung ist $KMnO_4$ eines der wertvollsten Oxydationsmittel für gewöhnliche Zwecke. Solange das zu einer Lösung zugesetzte Standard-Permanganat reduziert wird, verschwindet die Permanganatfarbe rasch. Sobald das Reduktionsmittel oxydiert ist, bewirkt ein einziger Tropfen der $KMnO_4$-Lösung eine schwach rötliche oder purpurne Färbung der Lösung, selbst wenn deren Volum mehrere hundert ml beträgt. Ist, wie bei Chromsalzen, die Lösung bereits stark gefärbt, so kann die Beobachtung des Endpunktes auf diesem Wege schwierig oder unmöglich werden.

Die Farbe von Jod oder von Cer(IV)-sulfat wurde in derselben Weise zur Kennzeichnung des Endpunktes von Titrationen herangezogen. Da diese Substanzen eine ziemlich schwache Färbekraft besitzen, werden gewöhnlich andere Mittel zur Kennzeichnung des Endpunktes vorgezogen.

Diese Methode, den Endpunkt festzustellen, hat den Nachteil, daß der wahre Äquivalenzpunkt vor dem Endpunkt erreicht wird. Im Letzteren ist ein sichtbarer Überschuß des Reagens vorhanden. Werden die Bedingungen bezüglich des Gesamtvolums und des Hintergrundes bei eigenfärbigen Lösungen nicht festgelegt, so wird die gleiche, als Endpunkt angesehene Färbung je nach dem Volum usw. verschieden weit hinter dem Äquivalenzpunkt liegen. Wird große Genauigkeit verlangt, so kann man eine Differenzmethode anwenden, um den Endpunkt festzustellen, oder mittels einer Blindprobe die Menge des Reagens zu bestimmen, die zur Erzielung der Farbe im Endpunkt erforderlich ist.

Interne Redox-Indikatoren.

a) *Reversible Systeme.* Es gibt viele anorganische und organische Redox-Systeme, welche bei verschiedenen Oxydationspotentialen (vgl. S. 165) einen reversiblen Oxydations-Reduktionszustand einnehmen.

Im Äquivalenzpunkt einer Oxydations-Reduktions-Titration tritt eine plötzliche Änderung des Oxydationspotentials auf. Ein idealer Indikator wechselt die Farbe in einem kleinen Bereich des Oxydationspotentials, welches symmetrisch zu dem berechneten oder experimentell gefundenen theoretischen Äquivalenzpunkt liegt. Das Oxydationspotential wird am gebräuchlichsten in Volt ausgedrückt, bezogen auf das Nullsystem Wasserstoff-Wasserstoffion bei 1 n Wasserstoffionenkonzentration. In den Endpunkten verschiedener Redoxsysteme verursacht die Zugabe eines einzigen Tropfens eines 0,05 n Oxydations- oder Reduktionsmittels einen Potentialsprung von mehreren Hundertstel oder sogar Zehntel Volt. Jeder Indikator ist verwendbar, der scharf innerhalb dieses Bereiches umschlägt, doch ist jener am besten, welcher bei dem für den Äquivalenzpunkt charakteristischen Potential umschlägt.

Ein bekanntes anorganisches Redoxsystem ist das System Jod-Jodid allein oder mit Stärke. Wird ein wenig dieser Mischung, die Stärke enthält, z. B. einer Zinn(II)-salzlösung zugesetzt, so wird der blaue Jodstärkekomplex entfärbt. Wird nun die Zinn(II)-salzlösung mit Dichromat oder Cer(IV)-sulfat oder einem anderen kräftigen Oxydationsmittel titriert, so erscheint die blaue Farbe wieder und bleibt bestehen, sobald alles Zinn(II)-ion oxydiert worden ist. Das Jod-Jodid-system liegt etwa in der Mitte zwischen den charakteristischen Potentialen des Sn^{II}-Sn^{IV}-Systems und des $Cr_2O_7^{--}$-Cr^{III}-Systems.

Ein anderes anorganisches Indikatorsystem, das besonders in Lösungen hoher Salzsäurekonzentration (3 bis 6 n) angewendet wird, ist das System Jod-Jodmonochlorid. In einer Zwischenreaktion wird in reduzierendem Milieu aus dem als Katalysator und Indikator zugesetzten JCl Jod in Freiheit gesetzt.[1] Am Ende der Oxydation verschiedener Reduktionsmittel, wie Jodid, Arsenit usw. mit kräftigen Oxydantien [$KMnO_4$, $Ce(SO_4)_2$, $K_2Cr_2O_7$, KJO_3] wird dieses freie Jod im Endpunkt scharf entfärbt. Die Farbänderung wird am besten in einer Schicht von Chloroform oder Tetrachlorkohlenstoff beobachtet. Gegen den Endpunkt wird nach jedem Reagenszusatz geschüttelt, um das Gleichgewicht zwischen der wässerigen und der nichtwässerigen Phase herzustellen. In dieser Schicht ändert sich die purpurrote Jodfärbung in die schwachgelbe Farbe des Jodmonochlorids.

Reversible organische Systeme. Eine organische Substanz kann fähig sein, unter charakteristischer Farbänderung bei einer bestimmten Azidität oxydiert oder reduziert zu werden. Die Änderung tritt bei einem Potential auf, welches in definierter Weise vom Säuregrad der Lösung abhängt; daher kann eine gute Wahl nur für Reaktionen getroffen werden, welche in einem bekannten Aziditätsbereich verlaufen. In der Reihe von den kräftigen Reduktionsmitteln, wie Titan(II)-salzlösung, zu den mäßigen und kräftigen Oxydationsmitteln, Fe^{III}, $AsO_4^{\equiv}$ usw. bis zu MnO_4^- oder Ce^{IV} gibt es viele Substanzen, welche durch Zusatz eines einzigen Tropfens einer 0,1 n Ti^{II}-Lösung im Endpunkt scharf entfärbt oder verändert werden. In diesem Gebiet sind Methylenblau, viele Indophenole und andere Substanzen anwendbar.[2] Von praktischem Interesse sind jene Indikatoren, welche bei Titrationen verwendbar sind, die ohne Ausschluß der Luft durchgeführt werden

---

[1] $J^+ + 2\,Cl^- \rightleftharpoons JCl_2^-$ bzw. $JCl + Cl^- \rightleftharpoons JCl_2^-$, $JCl_2^- + J^- \rightleftharpoons J_2 + 2\,Cl^-$.

[2] Eine ausführliche Zusammenfassung über Redox-Indikatoren für volumetrische Analysen befindet sich in den „Neueren maßanalytischen Methoden" von *E. Brennecke*, *K. Fajans*, *N. H. Furman*, *R. Lang* und *H. Stamm*, 2. Aufl. Stuttgart: Enke. 1937. Bd. XXXIII: Die Chemische Analyse, herausgegeben von *W. Böttger*. — Studien über das Verhalten organischer Redoxindikatoren speziell bei niederen Oxydationspotentialen: *W. M. Clark* und Mitarbeiter: Studies on Oxidation-Reduction I—X, Bull. Nr. 151 US. Hygienic Laboratory, Public Health Service, ferner in den US. Public Health Reports 1928 und später.

können. Einige Indikatoren, die bei höheren Oxydationspotentialen verwendbar sind, sollen nun besprochen werden.

Tri-Ortho-Phenanthrolin-Eisen(II)-Ion. $Fe(C_{12}H_8N_2)_3^{++}$. Der rote Eisen(II)-Komplex wird bei hohem Oxydationspotential (etwa 1,14 V) zu dem blaßblauen Eisen(III)-Komplex oxydiert:

$$Fe(C_{12}H_8N_2)_3{}^{++} \rightleftharpoons Fe(C_{12}H_8N_2)_3{}^{+++} + e.$$

tiefrot   blaßblau

Dieser Komplex wurde von *Blau*[1] entdeckt und von *Walden, Hammet* und *Chapman*[2] als Indikator in die Volumetrie eingeführt. Der Indikator wurde bei der Reaktion zwischen Eisen(II)-Ion und Dichromatlösung verwendet. Die Farbänderung ist bei der Titration mit Dichromatlösung träge; bei der umgekehrten Titration rascher. Der Indikator wird hauptsächlich bei folgenden Titrationen angewendet: Fe^{II}, $C_2O_4{}^=$, As^{III}, Sb^{III}, $[Fe(CN)_6]^\equiv$, Tl^I, U^{IV}, H_2O_2 mit Ce^{IV}-Lösung oder zur Titration von Ce^{IV}-Lösungen mit Fe^{II}, $NO_2{}^-$, H_2O_2 usw.[3] In den letzteren Fällen wird der Indikator erst zugesetzt, nachdem die Hauptmenge des Ce^{IV}-Ions reduziert worden ist. *Blau*[2] fand, daß einige Tropfen einer 0,01 m OsO_4-Lösung die Oxydation von As^{III} durch Ce^{IV} oder $MnO_4{}^-$-Ion katalysieren. Die Titrationen können dann bei Zimmertemperatur durchgeführt werden. Das ist wichtig, da der Indikator in heißen Lösungen in wenigen Minuten zersetzt wird. Gegen hohe Konzentrationen von Cd^{++}, Zn^{++}, Co^{++}, Ni^{++} und Cu^{++} ist der Indikator bemerkenswert beständig; ziemlich hohe Konzentrationen von Mineralsäuren haben bei Zimmertemperatur eine nur schwach zersetzende Wirkung. Der Nitroabkömmling des Indikators wechselt bei noch höherem Potential (1,25 V) die Farbe.

Diphenylbenzidin, Diphenylamin, Diphenylaminsulfosaures Natrium. Diphenylbenzidin oder substituierte Derivate bilden sich als Oxydationsprodukte des Diphenylamins oder des Sulfonates:

$$2\,(C_6H_5)_2NH + O = C_6H_5NC_6H_4 \cdot C_6H_4NC_6H_5 + H_2O.$$

H   H

Das Diphenylbenzidin wird weiter zu einem tiefblauen Körper, der eigentlichen Indikatorsubstanz, oxydiert:

$$C_6H_5NC_6H_4C_6H_4NC_6H_5 \rightleftharpoons C_6H_5N=C_6H_4 \cdot C_6H_4=NC_6H_5 + 2\,H^+ + 2\,e.$$

H   H   blau

Bei der Reduktion entsteht ein grünes Additionsprodukt, so daß die Farbänderung in dieser Richtung von Blau nach Grün verläuft. Wurden Diphenylamin oder seine Abkömmlinge benützt, so tritt zunächst eine irreversible Oxydation zum Diphenylbenzidin ein. Letzteres wird durch schwache Oxydationsmittel nahezu reversibel

---

[1] *Blau:* Mh. Chem. **19**, 647 (1898).

[2] *G. H. Walden* jr., *L. P. Hammett* und *R. P. Chapman:* J. Amer. chem. Soc. **53**, 3908 (1931); **55**, 2649 (1933). — *G. H. Walden* jr., *L. P. Hammett* und *S. M. Edmonds:* J. Amer. chem. Soc. **56**, 57, 350 (1934).

[3] *H. H. Willard* und *P. Young:* J. Amer. chem. Soc. **55**, 3260 (1933).

in die blaue Verbindung übergeführt; bei kräftiger Oxydation wird das System zerstört. *Knop*[1] führte Diphenylamin als Indikator bei der Titration von Fe^{II} mit $K_2Cr_2O_7$ ein. Die p-Sulfosäureverbindung hat vor der Muttersubstanz den Vorteil größerer Stabilität und Farbtiefe,[2] wobei Molybdän im Gegensatz zu Diphenylamin nicht stört.[3] Diphenylbenzidinlösungen sind ziemlich unbeständig. Werden die Muttersubstanzen (Diphenylamin usw.) verwendet, so müssen Korrektionen bezüglich des irreversiblen Teiles der Oxydation in Rechnung gesetzt werden. Bei 0,1 n Lösungen erfolgt der Farbumschlag mit einem Tropfen (0,05 ml) des Oxydationsmittels in einer Lösung, die 2 bis 3 Tropfen der 1%igen Indikatorlösung enthält. Da alle diese Systeme ziemlich nahe an dem Fe^{III}-Fe^{II}-Potential (0,75 V) liegen, wird Phosphorsäure zugesetzt, um das Fe^{III}-Ion komplex zu binden und das Fe^{III}-Fe^{II}-Potential unter das Umschlagspotential des Indikators zu bringen.

Die Einführung einer Carboxylgruppe in das Diphenylamin in Orthostellung (Phenylanthranylsäure) erhöht das Umschlagspotential des Indikators auf 1,08 V.[4]

Triphenylmethanindikatoren. Viele Verbindungen dieser Klasse erleiden in 1- bis 2 n-saueren Lösungen bei 0,99 bis 1,09 V eine reversible Farbänderung. Eriogrün, Erioglaucin und ähnliche Substanzen sind bei der Titration von $[Fe(CN)_6]^{\equiv}$, Fe^{II} mit $KMnO_4$ oder mit $Ce(SO_4)_2$ verwendbar. Die Indikatoren sind in angesäuerten, reduzierenden Lösungen blaß grüngelb und schlagen scharf nach rosa um, sobald das Reduktionsmittel oxydiert wurde.

b) Irreversible Indikatoren. In gewissen Fällen, speziell bei Titrationen mit $KBrO_3$ werden einige Tropfen einer 0,1%igen Methylorangelösung oder anderer organischer Farbstoffe zugesetzt. Im Endpunkt reagiert der erste kleine Überschuß von Bromat mit dem bereits vorhandenen Bromid unter Brombildung: letzteres bleicht (zerstört) den Indikator. Die Korrektur kann bestimmt, oder die Titerstellung unter gleichen Bedingungen vorgenommen werden.

Elektrochemische Indikation. Über den Verlauf von Oxydo-Reduktions-Reaktionen gibt allgemein die Beobachtung der Veränderung der elektromotorischen Kraft Auskunft, die in einem System Platinelektrode—zu titrierende Lösung—Bezugselektrode auftritt.[5]

[1] *J. Knop:* J. Amer. chem. Soc. 46, 263 (1924). Vgl. Neuere Maßanalytische Methoden, l. c. VI. Kapitel.

[2] *L. A. Sarver* und *I. M. Kolthoff:* J. Amer. chem. Soc. 53, 2902, 2906 (1931).

[3] *H. H. Willard* und *P. Young:* Ind. Engng. Chem., Analyt. Edit. 4, 187 (1932).

[4] *W. S. Syrokomsky* und *V. V. Stiepin:* J. Amer. chem. Soc. 58, 928 (1936).

[5] Genaue Apparaturbeschreibung und Anwendungen: *I. M. Kolthoff* und *N. H. Furman:* Potentiometric Titrations, 2nd Ed. New York: J. Wiley u. Sons, Inc. 1931. — *E. Müller:* Die elektrometrische (potentiometrische) Maßanalyse, 6. Aufl. Dresden u. Leipzig: Steinkopff. 1942.

Bei dieser Arbeitsweise kann eine gelegentliche Vergiftung der Elektrode oder deren irreversibles Verhalten zu Mißerfolgen führen, doch stellt sie die derzeit nahezu ideale Lösung des Indikatorproblems bei Redoxvorgängen dar.

Tab. 13. *Angenäherte Potentiale (E_H), bei welchen verschiedene Redox-Indikatoren in 1 n Säurelösung die Farbe wechseln.*

Indikator	E_H (Volt) bei der Farbänderung	Farbe des Indikators	
		oxydierte Form	reduzierte Form
Nitro-o-phenanthrolin-Eisen(II)-sulfat (Nitro-Ferroin)	1,25	blau	tiefrot
o-Phenanthrolin-Eisen(II)-sulfat(Ferroin)	1,14	blau	tiefrot
Phenylanthranylsäure	1,08	purpurrot	gelb
Triphenylmethanfarbstoffe, (Eriogrün, Erioglaucin usw.)..................	0,99—1,09	rosa	grünlich
Diphenylamin, Diphenylaminsulfosäure, Diphenylbenzidin..................	0,76—0,88	blau	grün
Indophenole	0,6	—	—
Jodstärke (Jod-Kaliumjodid-Stärke)...	0,535	blau	farblos
Methylenblau	0,52	blau	farblos
Indigosulfonate	0,26—0,38	blau	farblos

Tüpfelindikatoren. In einigen wenigen Fällen wurden keine brauchbaren, direkt in der Lösung anwendbaren Indikatoren gefunden. In diesen Fällen wird der Endpunkt durch Tüpfeln festgestellt: Eine Anzahl Tropfen einer passenden Indikatorlösung wird auf eine weiße Platte gebracht, oder es wird ein spezielles Reagenspapier bereitet, welches mit dem Indikator getränkt wurde. Gegen Ende der Reaktion nimmt man nach jedem Reagenszusatz einen kleinen Tropfen der Probelösung heraus und bringt ihn auf der weißen Platte mit dem Indikatortropfen in Berührung. Bei der Titration von Zn mit $K_4[Fe(CN)_6]$ wird ein Uranylsalz als Tüpfelindikator benützt. Bei der Titration von Pb^{++} mit $MoO_4^=$ in essigsaurer Lösung wird ein Überschuß von $MoO_4^=$ durch Tüpfeln gegen eine Tanninlösung oder eine Lösung von Pyrogallol in Chloroform festgestellt.

Oxydationen und Reduktionen vor der Titration. Verschiedene Substanzen können im Verlauf ihrer Lösung und Zerlegung bei der Analyse in mehr als einer Oxydationsstufe erhalten werden, so z. B. Fe^{II} und Fe^{III}, V^{IV} und V^V, AsO_2^- und AsO_4^{--} usw. Die zu bestimmenden Substanzen müssen vor einer Titration gewöhnlich einer Vorbehandlung unterworfen werden: Entweder 1. einer vollständigen Oxydation aller anwesenden Stoffe, bzw. einer selektiven Oxydation bestimmter Stoffe mittels eines geeigneten Oxydationsmittels. Bei der Titration wird dann eine reduzierende Maßlösung verwendet, oder 2. die Lösung wird vollständig oder selektiv reduziert und sodann mit einem Oxydationsmittel titriert.

Bei jeder dieser vorbereitenden Maßnahmen ist es notwendig, vor der Titration den Überschuß des Oxydations- oder Reduktionsmittels zu zerstören. Als kräftige Oxydationsmittel werden häufig Natriumwismutat, $K_2S_2O_8$ oder $(NH_4)_2S_2O_8$, H_2O_2 und $KMnO_4$ benützt. Der Überschuß von Natriumwismutat wird durch Filtration entfernt. Die Peroxysulfate und Wasserstoffperoxyd werden durch Kochen, eventuell in Gegenwart von Ag^+ als Katalysator, zerstört. $KMnO_4$ wird auf eine der folgenden Arten zerstört: a) durch Zugabe von HCl und Kochen; b) durch Reduktion zu MnO_2 und nachfolgende Filtration; c) durch Zugabe von NaN_3 und Kochen, um den Überschuß des Acids zu zerstören. Vorhergehende Oxydation wird bei Stahl und Ferrolegierungen häufig zur Analyse von Mn, Cr, V angewendet. Hiefür sind zahlreiche selektive Verfahren bekannt (vgl. Eisen und Stahl, Literaturverzeichnis, Anhang).

Tab. 14. *Reduktionswirkung verschiedener Reduktionsmittel auf Fe^{III} und Legierungselemente des Eisens.*

Reduktionsmittel	Fe^{III} reduziert zu	Ti^{IV} reduziert zu	V^{V} reduziert zu	Cr^{VI} reduziert zu	Mo^{VI} reduziert zu
1. Ein aktives Metall (Zn, Al, Cd) plus Säureüberschuß	Fe^{II}	Ti^{III}	V^{III}, V^{II}	Cr^{III}, Cr^{II}	Mo^{III}
2. Amalgame:					
Zn.................	Fe^{II}	Ti^{III}	V^{II}	Cr^{II}	Mo^{III}
Bi	Fe^{II}	Ti^{III} (a)	V^{IV}	—	Mo^{V} oder Mo^{III} (b)
Pb	Fe^{II}	Ti^{III}	V^{II}	—	Mo^{III}
3. $SnCl_2$ in HCl-Lösung ..	Fe^{II}	Ti^{III} (teilweise)	V^{II}, V^{III} V^{IV}	Cr^{III}	Mo^{V}, Mo^{III} (b)
4. Silber; die zu reduzierende Substanz in salzsauerer Lösung	Fe^{II}	in 1 n HCl nicht reduziert	V^{IV}, V^{III}	Cr^{III}	Mo^{V} (b)
5. Quecksilber, mit Chlorion in der Lösung	Fe^{II}	nicht reduziert	V^{IV} (b)	Cr^{III}	Mo^{V} (b)
6. Schwefelwasserstoff....	Fe^{II}	nicht reduziert	V^{IV}	Cr^{III}	gefällt
7. SO_2.................	Fe^{II}	nicht reduziert	V^{IV}	Cr^{III}	teilweise

Bemerkungen: Luft muß bei der Titration von Ti^{III}, V^{II}, V^{III}, Cr^{II}, Mo^{III} ausgeschlossen werden.

a) Bei hoher Azidität vollständig. Vgl. Abb. 52.

b) In diesen Fällen schreitet die Reduktion bei höheren Aziditäten weiter fort. Bei geringen Aziditäten ist die Reduktion zu V^{IV} oder Mo^{V} quantitativ, weitere Reduktion tritt bei höherer Azidität ein. Vgl. Abb. 51.

Literaturhinweise zu Tab. 14. Einzelheiten bezüglich der Reduktionswirkung verschiedener Amalgame finden sich in den zahlreichen Arbeiten von *N. Kano, T. Nakazono, K. Someya* u. a. in der Zeit von 1921 bis 1928. — *K. Someya:* Sci. Rep. Tôhoku Imp. Univ., Ser. I 14, 47 (1925) gibt Hinweise auf frühere Arbeiten. Z. anorg. allg. Chem. 145, 168 (1925); 148, 58 (1925); 152, 368, 382, 386 (1926); 160, 355, 404 (1927); 163, 208 (1927); 169, 293 (1928).

Einzelheiten bezüglich des Silberreduktors geben *G. H. Walden* jr., *L. P. Hammett* und *S. M. Edmonds:* J. Amer. chem. Soc. 56, 350 (1934). — *N. Birnbaum* und *G. H. Walden* jr.: J. Amer. chem. Soc. 60, 64 (1938). — *N. Birnbaum* und *S. M. Edmonds:* Ind. Engng. Chem., Analyt. Edit. 12, 155 (1940).

Quecksilberreduktor: *L. W. McCay* und *W. T. Anderson* jr.: J. Amer. chem. Soc. 43, 2372 (1921); 44, 1014 (1922). — *N. H. Furman* und *W. M. Murray* jr.: J. Amer. chem. Soc. 58, 1689 (1936). — *McCay:* Ind. Engng. Chem., Analyt. Edit. 5, 1 (1933).

Die zweite allgemeine Methode der vorhergehenden Reduktion wird sehr häufig bei der Analyse von Substanzen angewendet, welche Eisen neben Titan, Molybdän usw. enthalten. Tab. 14 zeigt, bis zu welchen Stufen verschiedene Elemente mit den gebräuchlichsten Reduktionsmitteln reduziert werden.

Es sei festgestellt, daß Eisen in allen Fällen zur zweiwertigen Stufe reduziert wird, während andere Elemente, besonders Cr, V und Mo, je nach der Art des Reduktionsmittels und je nach der Säurestufe, scharf zu verschiedenen Reduktionsstufen reduziert werden. Es ist daher möglich, z. B. einen aliquoten Teil einer Lösung, welche Molybdän und Eisen enthält, zu Fe^{II} und Mo^V, einen zweiten aliquoten Teil zu Fe^{II} und Mo^{III} zu reduzieren. Die Differenz der Volume des Oxydationsmittels, welches in beiden Fällen zur Reoxydation zu Fe^{III} und Mo^V führt, gibt ein Maß für das vorhandene Molybdän. Ein Studium der Tabelle wird die Möglichkeit einer Anzahl anderer „Differentialreduktionen" und Titrationen aufzeigen. Bezüglich des Gebrauches der verschiedenen Reduktionsmittel wird auf S. 183 bis 185 verwiesen.

Die elektrochemische Theorie der Oxydations-Reduktions-Reaktionen.[1]

Die Spannungsreihe der Elemente kann als Oxydations-Reduktionsreihe aufgefaßt werden, welche die Neigung eines Elementes aufzeigt, die oxydierte Form eines anderen Elementes zu reduzieren: $Zn + Cu^{++} \rightleftarrows Cu + Zn^{++}$. Die Triebkraft der Reaktion und die Gleichgewichtseinstellung hängt von den Normalpotentialen der beiden Elektroden Zn/Zn^{++} und Cu/Cu^{++} ab. Alle anderen Systeme, die ein reversibles Elektrodenverhalten zeigen, können dieser Reihe zugezählt werden. Sind sowohl die oxydierte wie die reduzierte Form des Systems lösliche Ionen, z. B. Fe^{+++} und Fe^{++}, so wird das Potential mittels einer Platinelektrode gemessen. Diese spricht vermutlich auf das Gleichgewicht $Fe^{+++} + e \rightleftarrows Fe^{++}$ in derselben Weise an, wie eine Kupferelektrode

---

[1] Weitere Besprechung von Elektrodenvorgängen in Kapitel XIX.

auf das Gleichgewicht $Cu^{++} + 2\,e \rightleftarrows Cu$ oder eine platinierte Platinelektrode auf das Gleichgewicht des Vorganges $2\,H^+ + 2\,e \rightleftarrows H_2$ (Wasserstoffelektrode) anspricht. Die auftretenden Potentiale werden nach Abb. 46 mittels einer Kompensationsmethode gemessen. Die Apparatur dient zur Messung der Reduktionstendenz von Wasserstoff von 1 Atm. Druck in 1 m Salzsäure gegenüber Ferriion in einer je 1 m Lösung von $FeCl_3$, $FeCl_2$ und HCl. In derartigen Zellen besteht an der Berührungsstelle der beiden Flüssigkeiten stets ein Flüssigkeitspotential. Dieser Effekt ist im allgemeinen klein und soll hier vernachlässigt werden.

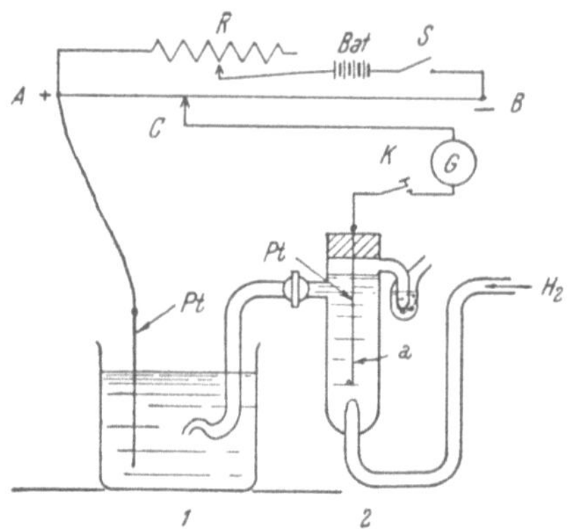

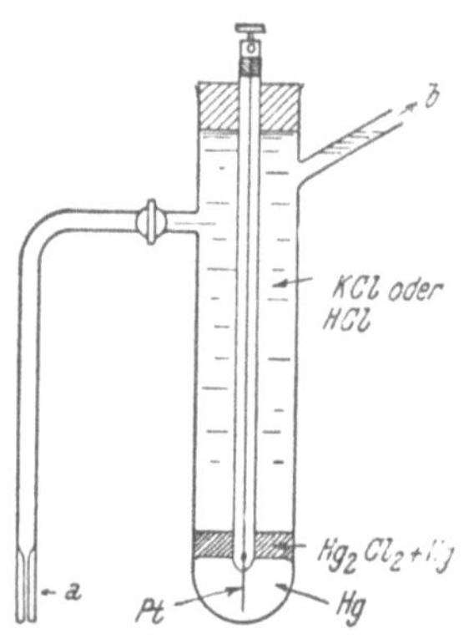

Abb. 46. Apparat zur Messung von elektromotorischen Kräften. Der gleichmäßige Draht AB hat von A nach B pro Längeneinheit ein konstantes Potentialgefälle. Der Gesamtwert $A - B$ wird über die Batterie Bat, Widerstand R, Schalter S gegen einen (nicht gezeichneten) Standard, der zwischen A und K liegt, eingestellt. C ist ein Gleitkontakt, G ein Galvanometer, K ein Taster. Becher 1 enthält das Redoxsystem, in diesem Falle eine an $FeCl_3$, $FeCl_2$ und HCl je 1 m Lösung. Gefäß 2 enthält 1 m HCl, in welcher ein platinierter Platindraht a von Wasserstoff von 1 Atm. Druck umspült wird. Das Halbelement 2 ist eine Normal-Wasserstoff-Elektrode. Es wird die Stellung für C gesucht, bei welcher das Galvanometer G beim kurzen Schließen des Tasters k keinen Ausschlag zeigt. Dann verhält sich die EMK der Zelle $1-2$ zur EMK $A-B$ so wie die Strecken $AC : AB$.

Abb. 47. Kalomelelektrode. Das Potential an der Grenzschicht Quecksilber—Kalomel wird durch die Quecksilber(I)-ionenkonzentration bestimmt, die bei gegebener Temperatur und Chlorionenkonzentration durch das MWG festgelegt ist. Die Bezugselektroden werden mit 0,1; 1; 3,5 m oder gesättigter KCl-Lösung gefüllt; oft werden 0,1 m oder 1 m HCl-Lösungen verwendet. Jede dieser sechs Füllungen gibt eine Bezugselektrode von definiertem Potential gegenüber der Normal-Wasserstoffelektrode.

An Stelle der Wasserstoffelektrode wird, weil leichter zu handhaben, häufig eine Kalomelelektrode, Abb. 47, verwendet: In einer KCl- oder HCl-Lösung bekannter Konzentration ist Quecksilber mit einer Mischung von Kalomel und Quecksilber bedeckt. Jede Messung gegen solche Halbelemente kann auf die Wasserstoffelektrode bezogen werden, da für zahlreiche Halbelemente sorgfältige Messungen in bezug auf die Normal-Wasserstoffelektrode vorliegen. Hat z. B. eine bestimmte Bezugselektrode gegenüber der Normalwasserstoffelektrode (deren Potential definitionsgemäß 0 ist) den gemessenen Wert + 0,246 V, und ist ein Redoxsystem 0,504 V positiver als die Bezugselektrode, so hat das System gegenüber der Normal-Wasserstoffelektrode das Potential $0.504 + 0.246 = 0.750$ V.

Es wurde experimentell festgestellt, daß das elektrochemische Verhalten eines Redoxsystems als Funktion der Temperatur und der Konzentrationen des Oxydans und des Reduktans in den Ausdrücken zusammengefaßt werden kann:

$$Ox + n\,e \rightleftarrows Red,$$

$$E = E_0 + \frac{0{,}0001983 \cdot T}{n} \log \frac{[Ox]}{[Red]}.$$

E ist die EMK in Volt, bezogen auf die Normal-Wasserstoffelektrode, [Ox] die molare Konzentration des Oxydans, [Red] jene des Reduktans, n die Veränderung der Oxydationszahl oder Ladungsänderung pro Molekel des Oxydans, T die absolute Temperatur, log bezeichnet den *Briggs*schen Logarithmus.[1] E_0 ist der Wert für das System im Grundzustand;[2] [Ox] = [Red] = 1 m.

Diese E_0-Werte sind charakteristische Konstanten für jedes Redoxsystem. In Tab. 15 ist eine Anzahl dieser Normalpotentiale E_0, welche für die analytische Chemie von Interesse sind, nebst anderen charakteristischen Daten zusammengestellt. Nehmen Wasserstoffionen an den Elektrodenreaktionen teil, oder sind diese zur Verhinderung von Hydrolyse notwendig, so beziehen sich die Werte auf Lösungen, die 1 m an Wasserstoffion sind.

Bei konstanter Azidität und Temperatur (25° C) ändert sich das Oxydationspotential von Fe^{III}-Fe^{II}-Salzlösungen um 0,0591 V für jede zehnfache Änderung des Konzentrationsverhältnisses von $Fe^{III} : Fe^{II}$:

Verhältnis: $\dfrac{[Fe^{+++}]}{[Fe^{++}]} = \dfrac{1}{1000}\quad \dfrac{1}{100}\quad \dfrac{1}{10}\quad 1\quad \dfrac{10}{1}\quad \dfrac{100}{1}\quad \dfrac{1000}{1}$

$E_{Fe^{+++}/Fe^{++}}$ 0,594   0,653   0,712   0,771   0,830   0,889   0,948 V

Die Veränderung beträgt $\dfrac{0{,}0591}{n}$ V für eine Veränderung 1 : 10 des Verhältnisses $\dfrac{[Ox]}{[Red]}$, wobei n die Oxydationszahl ist. Es ist üblich, das Verhalten der verschiedenen Systeme bei konstanter Azidität und Temperatur als Funktion des Prozentgehaltes des oxydierten Bestandteiles graphisch darzustellen, wie dies in Abb. 48 für eine Anzahl gebräuchlicher Systeme geschah.

Der Verlauf von Redox-Titrationen. Die Änderung des Oxydationspotentials (gegen eine Bezugselektrode) während einer Titration folgt im allgemeinen den in Abb. 48 dargestellten Kurvenzügen. Der Verlauf des Oxydationspotentials bei der Titration einer Eisen(II)-salzlösung mit

---

[1] Der Ausdruck $0{,}0001983 \cdot T$ entspricht 0,0591 bei 25° C.

[2] Für Lösungen ist der Grundzustand 1 Molal (1 Mol + 1000 g H_2O). Genaue Begriffsbestimmungen finden sich bei *W. M. Latimer:* Oxidation Potentials, 1. Kapitel. New York: Prentice-Hall, Inc. 1938. — *H. Ulich:* Kurzes Lehrbuch der Physikalischen Chemie, 4. Aufl., S. 56. Steinkopff. 1942.

Tab. 15. *Oxydationspotentiale (relative Oxydationskraft) verschiedener Systeme in saurer Lösung.* $[H^+] = 1$, *falls nicht anders bemerkt.*

E_0 Volt bezogen auf die Normal-Wasserstoff-elektrode $= 0$ [1]	Oxydierte Form	Reduzierte Form	Änderung in der Oxydations-zahl	Ionen-Teilreaktion	Äquivalentgewicht. Verhältnis zum Mol-Gewicht
1,67	$KMnO_4$	MnO_2	3	$MnO_4^- + 4\,H^+ + 3\,e \rightleftharpoons MnO_2 + 2\,H_2O$ [2]	$\dfrac{KMnO_4}{3}$
1,61	$H_2[Ce(NO_3)_6]$	Ce^{+++}	1	$[Ce(NO_3)_6]^= + e \rightleftharpoons Ce^{+++} + 6\,NO_3^-$	$(NH_4)_2[Ce(NO_3)_6]$
1,52	$KMnO_4$	Mn^{++}	5	$MnO_4^- + 8\,H^+ \rightleftharpoons Mn^{++} + 4\,H_2O$	$\dfrac{KMnO_4}{5}$
1,52	$KBrO_3$	Br^-	6	$BrO_3^- + 6\,H^+ + 6\,e \rightleftharpoons Br^- + 3\,H_2O$	$\dfrac{KBrO_3}{6}$
1,44	$Ce(SO_4)_2$	Ce^{+++}	1	$Ce^{++++} + e \rightleftharpoons Ce^{+++}$ [3]	$Ce(SO_4)_2$
1,36	$K_2Cr_2O_7$	$2\,Cr^{+++}$	6	$Cr_2O_7^= + 14\,H^+ + 6\,e \rightleftharpoons 2\,Cr^{+++} + 7\,H_2O$	$\dfrac{K_2Cr_2O_7}{6}$
1,3583	$\dfrac{1}{2}\,Cl_2$	Cl^-	1	$\dfrac{1}{2}\,Cl_2 + e \rightleftharpoons Cl^-$	$\dfrac{1}{2}\,Cl_2;\ Cl^-$
1,28	MnO_2	Mn^{++}	2	$MnO_2 + 4\,H^+ + 2\,e \rightleftharpoons Mn^{++} + 2\,H_2O$	$\dfrac{MnO_2}{2}$
1,229	$\dfrac{1}{2}\,O_2$	$O^=$	2	$\dfrac{1}{2}\,O_2 + 2\,H^+ + 2\,e \rightleftharpoons H_2O$	$\dfrac{O}{2},\ \dfrac{O_2}{4}$
1,085	KJO_3	J^-	6	$JO_3^- + 6\,H^+ + 6\,e \rightleftharpoons J^- + 3\,H_2O$	$\dfrac{KJO_3}{6}$
1,0652	$\dfrac{1}{2}\,Br_2$	Br^-	1	$\dfrac{1}{2}\,Br_2 + e \rightleftharpoons Br^-$	$\dfrac{1}{2}\,Br_2;\ Br^-$
1,000	$HVO_3,\ H_3VO_4$	VO^{++}	1	$H_4VO_4^+ + 2\,H + e \rightleftharpoons VO^{++} + 3\,H_2O$	$HVO_3,\ V$
0,771	Fe^{+++}	Fe^{++}	1	$Fe^{+++} + e \rightleftharpoons Fe^{++}$	$Fe,\ \dfrac{1}{2}\,Fe_2(SO_4)_3$
0,566	$CuCl_2$	$CuCl$	1	$Cu^{++} + 2\,Cl^- + e \rightleftharpoons CuCl_2^-$	Cu
0,559	H_3AsO_4	$HAsO_2$ oder H_3AsO_3	2	$H_3AsO_4 + 2\,H^+ + 2\,e \rightleftharpoons HAsO_2 + 2\,H_2O$	$\dfrac{H_3AsO_4}{2},\ \dfrac{As_2O_3}{4}$

E_0					
$0,5345$	$\frac{1}{2}\,J_2$ od. $\frac{1}{2}\,J_3^-$	J^-	1	$\frac{1}{2}\,J_2 + e \rightleftharpoons J^-$	$\frac{1}{2}\,J_2$, KJ
$0,36$	$K_3[Fe(CN)_6]$	$K_4[Fe(CN)_6]$	1	$[Fe(CN)_6]^= + e \rightleftharpoons [Fe(CN)_6]^{\equiv}$	$K_3[Fe(CN)_6]$; $K_4[Fe(CN)_6]$
$0,3448$	Cu^{++}	Cu	2	$Cu^{++} + 2\,e \rightleftharpoons Cu$	$\frac{Cu}{2}$
$0,33$	UO_2^{++}	U^{++++}	2	$UO_2^{++} + 4\,H^+ + 2\,e \rightleftharpoons U^{++++} + 2\,H_2O$	$\frac{U}{2}$, $\frac{UO_2^{++}}{2}$
$0,314$	VO^{++}	V^{+++}	1	$VO^{++} + 2\,H^+ + e \rightleftharpoons V^{+++} + 2\,H_2O$	V, $VOSO_4$
$0,15$	Sn^{++++}	Sn^{++}	2	$Sn^{++++} + 2\,e \rightleftharpoons Sn^{++}$	$\frac{Sn^{++}}{2}$, $\frac{SnCl_2}{2}$
$0,1$	Ti^{++++}	Ti^{+++}	1	$TiO^{++} + 2\,H^+ + e \rightleftharpoons Ti^{+++} + H_2O$	Ti, $TiCl_3$
$0,000$ (Standard)	H^+	$\frac{1}{2}\,H_2$	1	$2\,H^+ + 2\,e \rightleftharpoons H_2$	H^+, $\frac{1}{2}\,H_2$
$-\,0,136$	Sn^{++}	Sn	2	$Sn^{++} + 2\,e \rightleftharpoons Sn$	$\frac{1}{2}\,Sn^{++}$; $\frac{1}{2}\,Sn$
$-\,0,2$	V^{+++}	V^{++}	1	$VO^+ + 2\,H^+ + e \rightleftharpoons V^{++} + H_2O$	VO^+, V^{++}, V
$-\,0,41$	Cr^{+++}	Cr^{++}	1	$Cr^{+++} + e \rightleftharpoons Cr^{++}$	Cr^{+++}, $CrCl_2$
$-\,0,7620$	Zn^{++}	Zn	2	$Zn^{++} + 2\,e \rightleftharpoons Zn$	$\frac{1}{2}\,Zn$, $\frac{1}{2}\,ZnCl_2$

[1] Die numerischen Werte aus *W. M. Latimer:* Oxidation Potentials. New York: Prentice Hall Inc. 1938. Die Vorzeichen entsprechen den experimentell ermittelten Werten in einer Zelle Pt (Redoxysystem) Normal-Wasserstoffelektrode.

[2] In neutraler oder alkalischer Lösung.

[3] Die Cer(IV)-ionen sind wahrscheinlich als $[Ce(SO_4)_3]^=$ vorhanden.

Die Tabelle umfaßt nicht die folgenden gebräuchlichen Reagenzien, deren angenäherte E_0-Werte *Latimer* wie folgt angibt:

	E_0 V		E_0 V
Natriumwismutat $[Bi_2O_5$ (annähernd) $\rightarrow BiO^+]$	$1,6$	Salpetrige Säure $(HNO_2 \rightarrow NO)$	$0,99$
Ammoniumpersulfat $\rightarrow$ Sulfat	$2,05$	Salpetersäure $(HNO_3 \rightarrow HNO_2)$	$0,94$
Wasserstoffperoxyd $\left(H_2O_2 \rightarrow H_2O + \frac{1}{2}\,O_2\right)$	$1,77$	Antimonsäure $(Sb_2O_5 \rightarrow SbO^+)$	$0,64$
Reduktionspotential $(O_2 \rightarrow H_2O_2)$	$0,682$	Thiosulfat (zu Tetrathionat oxydiert)	$0,17$
Salpetersäure, conc. $(HNO_3 \rightarrow NO_2)$	$0,81$	Sulfid (zu freiem Schwefel oxydiert)	$0,14$

$KMnO_4$ ist in Abb. 49 wiedergegeben. Das Verhältnis $\dfrac{[Fe^{+++}]}{[Fe^{++}]}$ ändert sich in den mittleren Titrationspartien nicht wesentlich; sobald man sich jedoch dem Endpunkt nähert, ändert sich das Verhältnis um mehrere

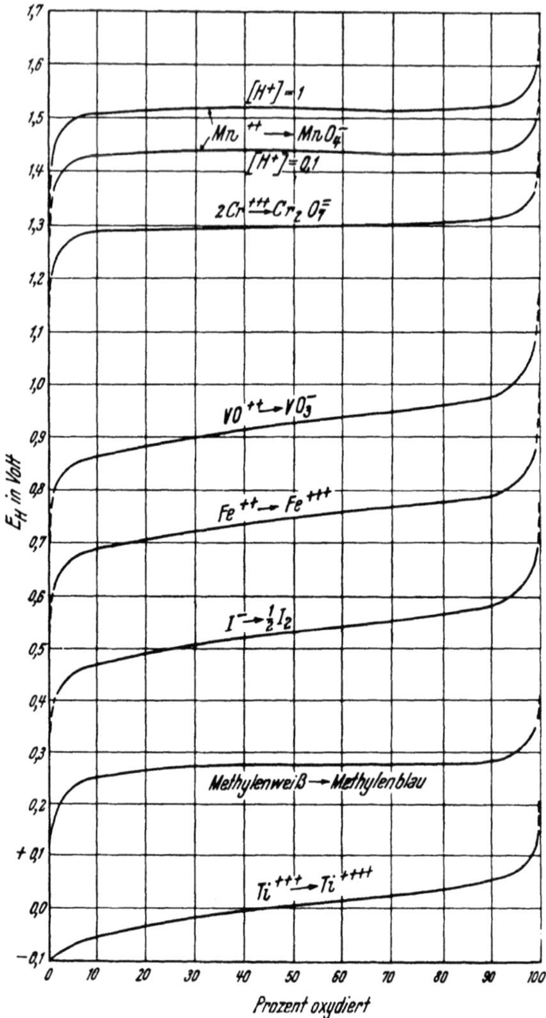

Abb. 48. Oxydationspotentiale verschiedener Systeme in Abhängigkeit vom Verhältnis [Oxyd.] : [Red.].

Zehnerpotenzen $\left(\dfrac{100}{1}, \dfrac{1000}{1}\ \text{usw.}\right)$, und das Oxydationspotential steigt steil zu jenem des $\dfrac{[MnO_4^-]}{[Mn^{++}]}$-Systems an. Der Äquivalenzpunkt liegt im Wendepunkt der Kurve und kann aus den E_0-Werten der beiden Systeme berechnet werden.[1] Ist das Gleichgewichtspotential bekannt, so wird in jenen Fällen, wo das Reagens nicht sein eigener Indikator ist, ein Redoxindikator gewählt, dessen Färbänderung möglichst nahe dem Gleichgewichtspotential liegt.

Einfluß des Säuregrades auf Redox-Titrationen. Komplexbildung. Sind Wasserstoff- oder Hydroxylionen an der Elektrodenreaktion beteiligt, so ist für jede gegebene Azidität im wesentlichen die gleiche Behandlung wie bei den einfacheren Fällen anzuwenden. Treten Komplexbildungen oder sehr große Aktivitätsänderungen der Ionen des Oxydans bzw. Reduktans auf, so werden diese Effekte durch die Untersuchung der scheinbaren E_0-Werte für die 1 : 1-Mischung des Oxydans und seines

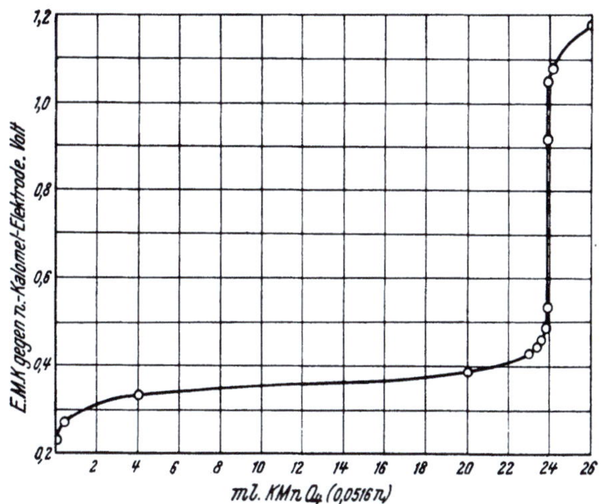

Abb. 49. Titrationskurve von 25 ml 0,0493 n FeSO₄ mit 0,0516 n KMnO₄. Die Potentiale sind auf eine annähernde Normal-Kalomel-Elektrode bezogen. Bezogen auf die n-Wasserstoff-Elektrode müßte die Kurve um etwa 0,3 Volt in der Ordinate nach oben verschoben werden.

Reduktionsproduktes bei verschiedenen Aziditäten und verschiedenen Konzentrationen der komplexbildenden Substanz dargestellt.

Das System Arsenat/Arsenit ist analytisch sehr wichtig; das Gleichgewichtspotential ändert sich beträchtlich bei einer Änderung der Azidität, wie aus der Gleichung

$$\mathrm{H_3AsO_4 + 2\,H^+ + 2\,e \rightleftharpoons HAsO_2 + 2\,H_2O}$$

---

[1] In diesem Falle liegt er bei $\dfrac{5\,E_0 + E_0'}{5 + 1}$, wobei E_0 das Normalpotential des Permanganatsystems (oder allgemein des stärkeren Oxydationsmittels), E_0' jenes des $\mathrm{Fe^{III}}$-$\mathrm{Fe^{II}}$-Systems bedeutet. Das Gleichgewichtspotential E_E einer Reaktion $a\,\mathrm{Ox_1} + b\,\mathrm{Red_2} \rightleftharpoons a\,\mathrm{Red_1} + b\,\mathrm{Ox_2}$ liegt bei $E_E = \dfrac{b\,E_0 + a\,E_0'}{a + b}$. Vgl. *Kolthoff* und *Furman*: Potentiometric Titrations, 2. Aufl., S. 45ff. New York: J. Wiley u. Sons, Inc.

erwartet werden kann. Betrachtet man die Konzentration des Wassers als konstant, so ergibt sich für 25° C der Ausdruck

$$E = E_0 + \frac{0,0591}{2} \cdot \log \frac{[H_3AsO_4] \cdot [H^+]^2}{[HAsO^2]}.$$

$$E_0 = 0,559 \text{ V}.$$

Die Gleichung kann umgeformt werden:

$$E = 0,559 + \frac{0,0591}{2} \cdot \log \frac{[H_3AsO_4]}{[HAsO_2]} + 0,0591 \log [H^+].$$

Treten keine Störungen auf, so kann der Einfluß der p_H-Änderung auf das Redox-Potential vorausgesagt werden. Das Jod-

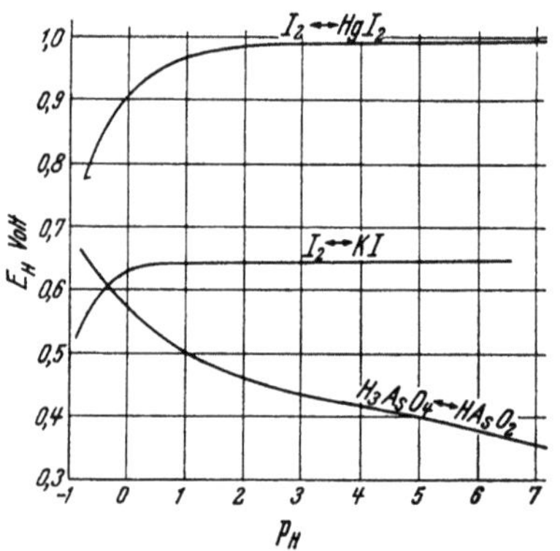

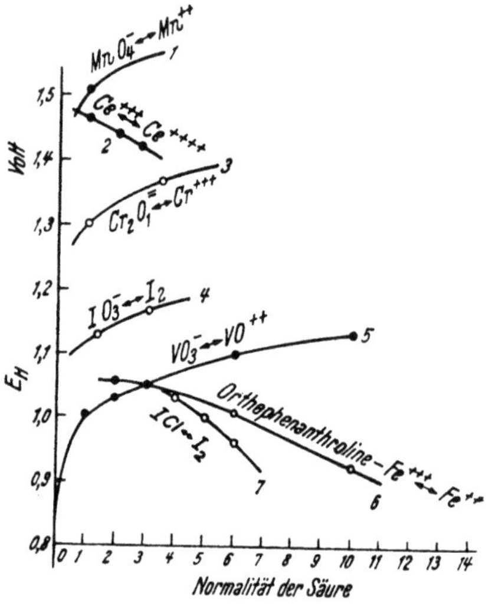

Abb. 50. Einfluß der Komplexbildung und der Azidität auf einige Redoxsysteme. Die Azidität hat von $p_H = 0$ ($[H^+] = 1$) bis $p_H = 7$ geringen Einfluß auf das J_2KJ^+-System, jedoch starken Einfluß auf das System $AsO_4^= - AsO_3^=$. Die Zugabe von 2 g $HgCl_2$ zu 50 ml der zur Bestimmung der J_2-KJ-Kurve benützten Lösung verschiebt die Potentialwerte zur $J_2^-HgJ_2$-Kurve. Bei höheren als 1 m Aziditäten wird das J_2-KJ-System gestört, vermutlich durch Änderung der Dissoziation und Aktivität der Ionen, da die Messungen in verdünnten Lösungen (0,01 n für jeden Reaktionspartner) gemacht wurden.

Abb. 51. Einfluß der Azidität auf Redox-Potentiale. Die Werte gelten für äquivalente Mischungen des Oxydationsmittels und seiner reduzierten Form bei verschiedenen Säurekonzentrationen. Die Werte für die Systeme 1, 2, 5, 6 beziehen sich auf $H_2SO_4^-$, die anderen auf HCl-saure Lösungen. Die Werte für die Systeme 1 und 3 sind angenähert, da diese kein meßbares Gleichgewicht geben.

Jodidsystem wird im p_H-Bereich von 0 bis 7 nur wenig beeinflußt. Der überwiegende Einfluß der Azidität auf das Potential des Arsenat-Arsenit-Systems ist auch aus der Tatsache ersichtlich, daß Jod Arsenit in Hydrogenkarbonatlösung quantitativ oxydiert, während in einer 4 bis 6 n Säurelösung Arsenat Jodid praktisch vollkommen zu freiem Jod oxydiert; also der umgekehrte Vorgang abläuft.

Das Potential des Jod-Jodidsystems wird durch die Gegenwart von $HgCl_2$ in der zu titrierenden Lösung beträchtlich verändert. Das Jodid wird dann entweder als undissoziiertes HgJ_2 oder als komplexes Anion gebunden und das Jod-Jodidpotential liegt nun so hoch, daß Arsenit sogar in 1 bis 2 m HCl-Lösung mit Jod titriert werden kann.[1]

Liegen Meßergebnisse über den Einfluß der Azidität auf das Potential von äquimolaren Mischungen von verschiedenen Oxydationsmitteln und ihren Reduktionsprodukten vor, so können diese graphisch ausgewertet und die Systeme miteinander verglichen werden. Es kann entschieden werden, wie weit eine gegebene Reaktion abläuft, und ob die Möglichkeit besteht, einen geeigneten Indikator aufzufinden.

Beispiel. Bei der Oxydation von Arsenit mit Jod in Gegenwart von $HgCl_2$ liegt der scheinbare E_0-Wert in 1 m HCl-Lösung etwa 0,34 V höher (Abb. 50). Dies entspricht einer Vollständigkeit der Reaktion innerhalb $1^0/_{00}$ im Endpunkt. Experimentell wurde gefunden, daß die Reaktion innerhalb des Meßfehlers bei niederen Aziditäten quantitativ war; jedoch nicht in 4 m Säure, wo die Differenz der E_0-Werte zur vollständigen Reaktion ungenügend ist.

In den Abb. 51 und 52 sind die scheinbaren E_0-Werte einer Reihe wichtiger Systeme in Abhängigkeit vom Säuregrad dargestellt.[2]

Die elektrochemische Theorie gibt die Gleichgewichtsbedingung annähernd wieder, sagt jedoch über die Schnelligkeit der Gleichgewichtseinstellung nichts aus. Zum Beispiel sollten Arsenite bei Zimmertemperatur leicht und vollständig durch eine äquivalente Menge $KMnO_4$ oder $Ce(SO_4)_2$

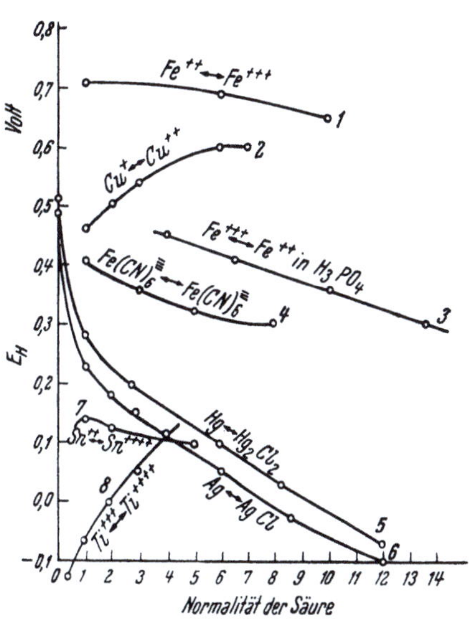

Abb. 52. Einfluß der Azidität auf Redoxpotentiale. (Fortsetzung, vgl. Abb. 51.) System 1 wurde in Schwefelsäure gemessen. In 1 n HCl liegt das Potential bei 0,7 V, in 8 n HCl bei 0,6 V. Das gleiche System liegt in phosphorsaurer Lösung infolge Komplexbildung (Bildung nicht dissoziierter Komplexe mit Fe^{III}-Ion) wesentlich tiefer; Kurve 3. Die anderen Systeme wurden in HCl-Lösungen gemessen.

oxydiert werden. In beiden Fällen muß ein Katalysator zugesetzt werden, um die Reaktionsgeschwindigkeit den Anforderungen bei der Titration anzupassen. Die Permanganatreaktion wird bereits durch 0,05 ml einer 0,0025 m Lösung irgendeiner Jodverbindung katalysiert; die Ce^{IV}-Reaktion wird durch eine Spur OsO_4 katalysiert; bei hohen Aziditäten werden beide Reaktionen durch JCl katalysiert. Hunderte in dieser Art wirksame Katalysatoren wurden aufgefunden.[3]

[1] *N. H. Furman* und *C. O. Miller:* J. Amer. chem. Soc. **59**, 153 (1937). Abb. 50 stammt aus dieser Arbeit.

[2] Diese Daten wurden von Dr. *W. M. Murray* jr. aus der Literatur zusammengestellt.

[3] *G. Woker:* Die Katalyse. Die Rolle der Katalyse in der analytischen

Gleichgewichtskonstante, Vollständigkeit der Reaktion im Äquivalenzpunkt. Gleichgewichtspotential.

Eine vollständige und ins einzelne gehende Behandlung dieser Fragen liegt außerhalb der Aufgabe dieses Buches.[1] Die aus den Normalpotentialen abzuleitenden Aussagen werden ausführlich in den Lehrbüchern der physikalischen Chemie behandelt.

Für eine Reaktion vom Typus

$$Ox_1 + Red_2 \rightleftharpoons Red_1 + Ox_2,$$

wobei Ox_1 und Red_1 dem Oxydationsmittel und seinem Reduktionsprodukt und Red_2, Ox_2 dem Reduktionsmittel und seinem Oxydationsprodukt zuzuordnen sind, lautet die Gleichgewichtskonstante

$$K = \frac{[Red_1][Ox_2]}{[Ox_1][Red_2]}.$$

Beispiel:[2] $Ce^{++++} + Fe^{++} \rightleftharpoons Ce^{+++} + Fe^{+++}.$

Es wird angenommen, daß im Gleichgewicht das Ce^{IV}-Ce^{III}- und das Fe^{III}-Fe^{II}-System nicht allein gleiches chemisches Potential, sondern ebenso gleiches elektrisches Potential haben. Daher können die beiden Elektrodenvorgänge gleichgesetzt werden (25^0 C):

$$E_0{}' + \frac{0,0591}{n} \log \frac{[Ox_1]}{[Red_1]} = E_0{}'' + \frac{0,0591}{n} \log \frac{[Ox_2]}{[Red_2]},$$

$$E_0{}' - E_0{}'' = \frac{0,059}{n} \left(\log \frac{[Ox_2]}{[Red_2]} - \log \frac{[Ox_1]}{[Red_1]} \right),$$

$$E_0{}' - E_0{}'' = \frac{0,059}{n} \log \frac{[Red_1][Ox_2]}{[Ox_1][Red_2]} = \frac{0,0591}{n} \log K,$$

$$\log K = \frac{n}{0,0591} (E_0{}' - E_0{}'').$$

Die Konstante kann für Cer(IV)-nitrat und Fe(II)-lösung berechnet werden, wobei für ersteres 1,61 V, für letzteres 0,771 V einzusetzen ist:

$$\log K = \frac{1}{0,059} (1,61 - 0,771) = 14,2:$$

$$K = 10^{14,2}$$

Die Reaktion sollte weitgehend nach rechts verlaufen.

Chemie, Bd. XI, XII: Die chemische Analyse, herausgegeben von *W. Böttger*. Stuttgart: F. Enke.

[1] *Kolthoff* und *Furman:* Potentiometric Titrations, 2. Aufl. New York: John Wiley u. Sons, Inc. 1931.

[2] Es ist wahrscheinlich, daß Ce^{IV}-Ionen als komplexe Anionen, wie $[Ce(ClO_4)_6]^=$, $[Ce(SO_4)_3]^=$ usw., auftreten [*G. F. Smith, C. A. Getz:* Ind. Engng. Chem., Analyt. Edit. 10, 191 (1938)]. Die E_0-Werte sind in Perchlorsäure am höchsten, dann folgt Salpetersäure und sind in Schwefelsäure am niedrigsten. Die wahre Gleichgewichtskonstante sollte diesen Effekt des Anions in Rechnung setzen. Um das Prinzip der Rechnungen zu erläutern, wurde hier eine einfache Formulierung verwendet.

Die Berechnung der Gleichgewichtskonzentrationen ist am einfach-sten, wenn äquivalente Mengen der beiden Reaktionsteilnehmer zusam-mengebracht wurden, wie dies stets im Äquivalenzpunkt der Fall ist. Wer-den a Mole $Ce(SO_4)_2$ zur gleichen Anzahl a Molen $FeSO_4$ zugesetzt, so sei im Gleichgewicht x die Anzahl Mole an nicht umgesetzten $Ce(SO_4)_2$; ebenso werden x Mole Fe^{++} zurückbleiben und die Anzahl Mole Ce^{III}- und Fe^{III}-Ionen wird je $(a-x)$ betragen. Es folgt:

$$K = \frac{[Ce^{+++}] \cdot [Fe^{+++}]}{[Ce^{++++}] \cdot [Fe^{++}]} = \frac{(a-x)}{x} \cdot \frac{(a-x)}{x} = \frac{[Ce^{+++}]^2}{[Ce^{++++}]^2} = \frac{[Fe^{+++}]^2}{[Fe^{++}]^2} =$$
$$= 10^{14,2},$$

$$\frac{a-x}{x} = 10^{7,1}.$$

Im Gleichgewicht ist die Konzentration an Fe^{III}-Ion annähernd 10 Mil-lionen größer als jene des zurückbleibenden Fe^{II}-Ions.

Sei $a = 0,002$ m $(= 0,1117$ g Fe/l$)$, so wird x aus $0,002 - x = 10^{7,1} \cdot x$ gefunden:

$$(10^{7,1} + 1)\, x = 0,002$$

$$x = 1,6 \cdot 10^{-10} \text{ Mol oder etwa } 9 \cdot 10^{-9} \text{ g/l.}$$

Bei komplizierteren Reaktionen wird der Einfluß des Wasserstoff-ions getrennt betrachtet, wie dies bei der Oxydation von Arsenit, S. 173, ausgeführt wurde. Der übrigbleibende Vorgang kann formuliert werden:

$$a\, Ox_1 + b\, Red_2 \rightleftarrows b\, Ox_2 + a\, Red_1.$$

Die Gleichgewichtskonstante K ist

$$K = \frac{[Red_1]^a \cdot [Ox_2]^b}{[Ox_1]^a \cdot [Red_2]^b}.$$

Im Äquivalenzpunkt ist das Verhältnis

$$\frac{[Red_1]}{[Ox_1]} = \frac{[Ox_2]}{[Red_2]},$$

da die Reaktionsteilnehmer in diesem Punkt im Verhältnis der Koeffi-zienten a und b der Reaktionsgleichung zusammengebracht wurden. Da die Substanzen im Verhältnis $a:b$ reagieren, stehen die im Gleich-gewicht nicht in Reaktion getretenen Anteile ebenfalls im Verhält-nis $a:b$. Die Gleichgewichtskonzentrationen seien unter die Gleichung geschrieben:

$$a\, Ox_1 + b\, Red_2 \quad \rightleftarrows \quad a\, Red_1 + b\, Ox_2$$

Gleichgew.-Konz. $\qquad (a-a\,x)\quad (b-b\,x)\qquad\quad a\,x\qquad\quad b\,x$ Mole

a und b sind selbstverständlich kleine, ganze Zahlen. Im Verhältnis

$$\frac{[Red_1]}{[Ox_1]} = \frac{a\,x}{a-a\,x} \quad \text{und} \quad \frac{[Ox_2]}{[Red_2]} = \frac{b\,x}{b-b\,x}$$

kürzen sich die a und b heraus; jedes Verhältnis ist $= \dfrac{x}{1-x}$.

$$K = \left(\frac{[\mathrm{Red_1}]}{[\mathrm{Ox_1}]}\right)^{a+b} = \left(\frac{[\mathrm{Ox_2}]}{[\mathrm{Red_2}]}\right)^{a+b},$$

$$\frac{[\mathrm{Red_1}]}{[\mathrm{Ox_1}]} = \frac{[\mathrm{Ox_2}]}{[\mathrm{Red_2}]} = \sqrt[a+b]{K}.$$

K wird aus den scheinbaren E_0-Werten der beiden Systeme bei der entsprechenden Säurekonzentration berechnet. Es ist möglich, für jedes K zu berechnen, wie groß der Unterschied der beiden E_0-Werte sein muß.

Rückblick, Fragen und Aufgaben.

1. Leite die Änderung der Oxydationszahl für folgende Reaktionen in saueren Lösungen ab:

    a) Natriumwismutat → Wismutnitrat.
    b) Kaliumjodat → Jodmonochlorid.
    c) Antimonige Säure → Antimonsäure.
    d) Hydroxylamin → Nitrat.
    e) Natriumthiosulfat → Natriumtetrathionat.

· 2. Schreibe die a) Molekular-, b) Ionengleichungen für folgende Reaktionen auf:

    a) Kaliumpermanganat, Vanadylsulfat und Schwefelsäure.
    b) Kaliumdichromat, Kaliumjodid in 0,5 bis 1,5 m HCl.
    c) Kaliumjodat, arsenige Säure in 4 bis 6 m HCl.
    d) Cer(IV)sulfat, Antimon(III)-chlorid in 1 m H_2SO_4.
    e) Kaliumbromat und arsenige Säure in HCl-Lösung.

3. Berechne die zur Herstellung von 1 l 0,1 n Lösung nötigen Einwaagen für 1. Kaliumjodat, das zu a) Jodmonochlorid, b) zu Jod reduziert wird; 2. Kaliumpermanganat, das zu MnO_2 reduziert wird; 3. Cer(IV)-sulfat.

4. Eine Lösung ist im Moment der Mischung an Eisen(III)-ion 0,1 molar, an Zinn(II)-ion 0,05molar und an Säure 1-molar; wieviel Eisen(III)ion wird nach Einstellung des Gleichgewichtes in a) Mol/l, b) g/100 ml zurückbleiben? Antwort: a) $\sim 1 \cdot 10^{-8}$ Mol; b) $5,5 \cdot 10^{-8}$ g.

5. Berechne, wieviel Eisen(II)-ion a) in Gramm, b) in Mol pro Liter zurückbleiben, wenn 25 ml 0,1 m $Ce(SO_4)_2$ mit 25 ml 0,1 m $FeSO_4$ gemischt wurden. Benutze die Normalpotentiale der Tab. 15, S. 170.

6. Die Gleichgewichtskonstante der Reaktion zwischen arseniger Säure und Jod ist $K = \dfrac{[H_3AsO_4][J^-]^3[H^+]^2}{[H_3AsO_3][J_3^-]} = 0,16$. Berechne annähernd das Verhältnis $[H_3AsO_3] : [H_3AsO_4]$ bei Wasserstoffionenkonzentrationen von 10^{-8}, 10^{-6} und 10^{-3} m, wenn äquivalente Mengen von Jod und arseniger Säure, kenntlich am Stärkeendpunkt, miteinander gemischt werden. (Bemerkung: Im Stärkeendpunkt ist ein geringer Überschuß von Jod bzw. Trijodion, etwa $2 \cdot 10^{-5}$ mol/l, anwesend; die Jodidkonzentration kann 1 m angenommen werden.) Welche $[H^+]$ ist korrekt und wie kann sie aufrechterhalten werden?

7. Welche Substanzen werden in 1 n saurer Lösung durch Jod quantitativ oxydiert? In neutralen Lösungen? Welche Substanzen werden durch eine äquivalente Menge KJ in 1 n saurer Lösung quantitativ reduziert?

8. Nenne die verschiedenen Methoden zur Bestimmung des Endpunktes der Reaktion zwischen Cer(IV)-sulfat und Eisen(II)-sulfat in 1 n saurer Lösung. Welche ist wahrscheinlich die gebräuchlichste und welche die genaueste?

9. Kritisiere folgende Verfahren: Zinn(IV)-chlorid wird mit KJ reduziert und das Jod mit Standard-Natriumthiosulfat titriert. — Ein Sulfid wird mit Na_2CO_3 geschmolzen und das Sulfat mit $BaCl_2$ gefällt.

10. Berechne das Potential, bei welchem in einer 0,1 m $FeSO_4$-Lösung nicht mehr als 0,001% des Eisens unoxydiert zurückbleibt. Wie groß ist der theoretische E_0-Wert eines Reagens, welches Fe^{II} im Äquivalentpunkt in diesem Ausmaß oxydiert? (Stelle fest, welches der gebräuchlichen Oxydationsmittel einen gleichen oder höheren E^0-Wert als den berechneten hat.)

11. Aus dem Experiment weiß man, daß $SnCl_2$ ein viel besseres Reduktionsmittel ist als $SnSO_4$ unter gleichen Bedingungen. Worauf ist dieser Unterschied im Verhalten der beiden Salze wahrscheinlich zurückzuführen?

12. Berechne die Gleichgewichtskonzentration an Fe^{+++} in Mol/l und g/100 ml, wenn 50 ml 0,1 m Fe^{+++} mit 50 ml 0,1 m Cu^+ gemischt werden.

13. Berechne das Ausmaß, zu welchem 0,1 m $Ce(SO_4)_2$ in 1 n H_2SO_4 durch Wasser oder dessen Ionen im Sinne einer Reaktion $4\,Ce^{++++} + 2\,H_2O \rightleftharpoons O_2 + 4\,Ce^{+++} + 4\,H^+$ reduziert werden kann. Wie kann diese Rechnung im Hinblick auf die bekannten Eigenschaften von Cer(IV)-lösungen, Kapitel XIII, interpretiert werden? Vergleiche ferner „Überspannung".

Antwort: $\dfrac{[Ce^{+++}]}{[Ce^{++++}]} = 10^{3,57}$, das ist praktisch vollständige Reduktion, wenn sich das Gleichgewicht einstellt.

14. Berechne das Gleichgewichtsverhältnis von Titan(IV)- zu Titan(III)-chlorid in einer, im Moment der Mischung, an Titan(III)- und Chrom(II)-chlorid je 0,1 m Lösung bei 25⁰ C. Die Lösung ist 1 m an HCl.

15. Ist es möglich, o-Phenanthrolin-eisen(II)-sulfat als Indikator zur Titration von Eisen(II)-ion in Gegenwart von Vanadylion zu verwenden, ohne letzteres zu oxydieren?

16. Schlage eine Methode zur Simultanbestimmung von Eisen und Vanadium in einem Gemisch vor, ohne eine physikalische Indikationsmethode zu verwenden. Vgl. Abb. 51.

XI. Oxydationen mit Kaliumpermanganat.

Standard-Kaliumpermanganat. $KMnO_4$ ist ein wertvolles und kräftiges Oxydationsmittel. Seine Lösung ist sehr stabil, die intensive Farbe macht den Gebrauch eines Indikators unnötig. Bereits 0,01 ml einer 0,1 n $KMnO_4$-Lösung färbt 100 ml Wasser erkennbar rosa. Gewöhnlich werden Titrationen mit diesem Reagens in saurem Medium durchgeführt, wobei die Reduktion zu Mangan(II)-salz erfolgt. Am günstigsten ist Schwefelsäure, da diese in verdünnter Lösung nicht auf Permanganat einwirkt. Salzsäure verursacht manchmal infolge ihrer Reduktionswirkung Komplikationen,

$$2\,KMnO_4 + 16\,HCl = 2\,KCl + 2\,MnCl_2 + 5\,Cl_2 + 8\,H_2O, \qquad (1)$$

indem ein Teil des Permanganats zur Oxydation der Salzsäure verbraucht wird. Gelegentlich wird $KMnO_4$ in neutraler Lösung verwendet, wobei es zu MnO_2 reduziert wird.

$KMnO_4$ ist selten vollkommen MnO_2-frei und auf jeden Fall bewirken Spuren von Staub und organischen Stoffen im Wasser eine geringe Reduktion zu diesem Oxyd. Aus diesem Grund läßt sich eine genaue Standardlösung nicht durch Einwägen des $KMnO_4$ herstellen, sondern wird nach dem Entfernen des MnO_2 (durch Filtration durch eine Glassinternutsche usw.) gegen As_2O_3, $Na_2C_2O_4$ oder reines Elektrolyteisen eingestellt. Andere Substanzen, wie *Mohr*sches Salz, $(NH_4)_2SO_4$ . . $FeSO_4$. $6 H_2O$. und Oxalsäure. $H_2C_2O_4$. $2 H_2O$, deren Nachteile augenscheinlich sind. wurden auch vorgeschlagen. Eisendraht wird manchmal verwendet: er kann nicht empfohlen werden. weil er Kohlenstoff enthält und stark in der Zusammensetzung wechselt. Da die Darstellung von reinem Eisen schwierig ist, während reines $Na_2C_2O_4$ und As_2O_3 relativ einfach darzustellen sind, wurden letztere vom Bureau of Standards als geeignetste Substanzen zur Titerstellung von $KMnO_4$ vorgeschlagen.

$$5 Na_2C_2O_4 + 2 KMnO_4 + 8 H_2SO_4 =$$
$$= 10 CO_2 + 5 Na_2SO_4 + K_2SO_4 + 2 MnSO_4 + H_2O. \qquad (2)$$

$$5 H_3AsO_3 + 2 KMnO_4 + 6 HCl = 5 H_3AsO_4 + 2 KCl + 2 MnCl_2 + 3 H_2O. \quad (3)$$

$Na_2C_2O_4$ ist anhydrisch, kann ohne Zersetzung bis 240^0 C erhitzt werden und gibt eine vollständig beständige. farblose Lösung. Durch Glühen wird das Oxalat in Karbonat übergeführt und ist daher auch in der Acidimetrie als Standard von Wert.

As_2O_3 kann leicht rein erhalten werden; es kann bei 105 bis 110^0 getrocknet werden und ist für Jodlösungen ebenfalls eine ausgezeichnete Urtitersubstanz. Da As_2O_3 in Wasser schwer löslich ist, wird es in Alkali zu Arsenit gelöst, welches sodann angesäuert wird, um arsenige Säure zu bilden. Die Reaktion (3) zwischen $KMnO_3$ und H_3AsO_3 verläuft nur in Gegenwart eines geeigneten Katalysators. Ohne diesen wird das Mangan zur drei- und vierwertigen Stufe reduziert. Als Katalysator verwendet man eine sehr kleine Menge von KJ oder KJO_3.[1]

Eine reinlich hergestellte $KMnO_4$-Lösung ist unter Ausschluß von Staub und starkem Licht vollkommen stabil. Zu diesem Zweck benötigt man eine Vorrichtung. welche die in die Flasche eintretende Luft reinigt und die Lösung durch einen Glasheber oder eine ähnliche Vorrichtung zu entnehmen gestattet. Werden diese Vorkehrungen nicht getroffen, so wird die Lösung allmählich MnO_2 abscheiden und schwächer werden; daher muß sie vor Gebrauch standardisiert werden. Permanganat darf mit organischer Substanz, wie Kautschuk, Papier usw., nicht in Berührung kommen. (Warum?)

Anwendung von $KMnO_4$. $KMnO_4$ kann in saurer Lösung zu folgenden Oxydationen verwendet werden: $Mn^{II} \rightarrow Mn^{III}$, $Fe^{II} \rightarrow Fe^{III}$; $Sb^{III} \rightarrow Sb^{V}$; $As^{III} \rightarrow As^{V}$; $Cu^{I} \rightarrow Cu^{II}$; $Sn^{II} \rightarrow Sn^{IV}$; $Ti^{III} \rightarrow Ti^{IV}$; $Mo^{III, IV} \rightarrow Mo^{VI}$; $U^{IV} \rightarrow U^{VI}$; V^{II} oder $V^{IV} \rightarrow V^{V}$; $H_4[Fe(CN)_6] \rightarrow H_3[Fe(CN)_6]$; $HCNS \rightarrow$ $\rightarrow HCN + H_2SO_4$; $H_2O_2 \rightarrow H_2O + O_2$; $H_2C_2O_4 \rightarrow CO_2 + H_2O$; $HJ \rightarrow J_2$.

---

[1] *R. Lang:* Z. analyt. Chem. **152**, 197 (1926).

In alkalischen[1] oder neutralen Lösungen wird oxydiert: $NO_2^- \rightarrow NO_3^-$, $J^- \rightarrow JO_3^-$; in neutraler oder schwach saurer Lösung: $Mn^{II} \rightarrow MnO_2$.

Bereitung einer 0,1 n $KMnO_4$-Lösung. Das Äquivalent von $KMnO_4$ beträgt bei seiner Reduktion zu Mn^{II}, wie S. 158 ausgeführt wurde, $\frac{KMnO_4}{5} = 31,605$ g $KMnO_4$. Ein Liter einer Zehntelnormallösung sollte daher theoretisch 3,1605 g $KMnO_4$ enthalten. Wäge etwa 3,200 g der Kristalle ab, löse sie in etwa 200 ml warmem, destilliertem Wasser, gieße die Lösung in ein 1000-ml-Becherglas oder Zylinder und verdünne auf 1 Liter. Mische die Flüssigkeit gut durch und lasse sie 24 Stunden, besser 2 bis 3 Tage ruhig stehen, so daß die vorhandene organische Substanz oxydiert wird und sich das MnO_2 vollkommen absetzen kann. Filtriere die klare Lösung durch einen ungewogenen *Gooch*-Tiegel, der nach S. 25 präpariert wurde, oder durch einen Glas- oder Porzellanfiltertiegel. Vermeide Papier, welches Permanganat reduziert. Anstatt die Lösung zu filtrieren, kann sie auch mittels eines Glashebers in eine reine Glasstopfenflasche abgehebert werden. Das Heberende muß sich 2 bis 3 cm ober dem Boden des Zylinders befinden, so daß der MnO_2-Niederschlag nicht aufgewirbelt wird. Bewahre die Lösung in der verstöpselten Flasche im Schrank auf und bedecke den Flaschenhals mit einem Becherglas, um Staub fernzuhalten.

Die Ablesung der Bürette erfolgt wegen der tiefen Farbe der Lösung am oberen Flüssigkeitsrand, anstatt am unteren Rande des Meniskus. Nicht gebrauchte Lösung darf nicht in die Vorratsflasche zurückgegossen werden.

Titerstellung der Permanganatlösung. *Arbeitsvorschrift mit As_2O_3.*[2] As_2O_3 p. A. wird 1 bis 2 Stunden bei 105 bis 110° C getrocknet und drei Proben von je etwa 0,25 g in 400-ml-Bechergläser oder 500-ml-*Erlenmeyer*-Kolben eingewogen. Löse 3 g kristallisierte NaOH oder permanganatfeste Plätzchen in 10 ml Wasser und füge diese Lösung zum As_2O_3 zu. Laß unter gelegentlichem Rühren 10 Minuten stehen. Überzeuge dich, daß an den Wandungen des Glases keine Partikelchen von As_2O_3 zurückbleiben! Sobald vollständige Lösung eingetreten ist, füge 100 ml Wasser, 10 ml HCl d 1,18 und einen Tropfen einer 0,0025 m KJO_3- (oder KJ- oder JCl-) Lösung zu. Titriere mit der Permanganatlösung bis zur 30 Sekunden bestehenbleibenden Rötung. Füge den letzten ml tropfenweise zu; lasse nach dem Zusatz jedes Tropfens etwas Zeit verstreichen, da die Reaktion nicht sehr rasch verläuft. Die kleine Korrektion, die der Permanganatmenge entspricht, die zum Färben der Lösung nötig ist, kann mittels einer Blindprobe unter Verwendung der gleichen Mengen an Wasser, Reagenzien und Katalysator, bestimmt werden. Sie sollte weniger als 0,03 ml betragen.

---

[1] Neuere maßanalytische Methoden, l. c. III. Kapitel, *H. Stamm:* Alkalische Permanganatlösung als maßanalytisches Oxydationsmittel.

[2] *H. A. Bright:* Bur. Standards J. Res. **19**, 691 (1937); Ind. Engng. Chem., Analyt. Edit. **9**, 577 (1937).

Falls OsO_4 als Katalysator verwendet wird, darf nur Schwefelsäure zugegen sein.

Berechnung der Normalität. Das Äquivalent von As_2O_3 ist ein Viertel des Molgewichtes ($= 49,455$ g). 1 ml einer Normallösung enthält ein Milliäquivalent $= 0.049455$ g As_2O_3.

Wird die Einwaage an As_2O_3 durch die Anzahl bei der Titration verbrauchten ml $KMnO_4$ dividiert, so erhält man das einem ml $KMnO_4$-Lösung äquivalente Gewicht an As_2O_3. Wird dieser letztere Wert durch das Milliäquivalent des As_2O_3 dividiert, so erhält man die Normalität der Permanganatlösung.

Arbeitsvorschrift mit $Na_2C_2O_4$.[1] $Na_2C_2O_4$ pro Analysi wird 2 Stunden oder länger bei 105 bis 110° getrocknet. (Wie hoch darf die Temperatur ohne Gefahr einer Zersetzung sein?) Wäge aus einem Wägeglas drei Proben von je etwa 0,3 g in 500-ml-*Erlenmeyer*-Kolben oder 400-ml-Bechergläser ein, füge 250 ml verdünnte Schwefelsäure (5 ml auf 100 ml) zu, die vorher 10 bis 15 Minuten gekocht und sodann auf $27 \pm 3°$ C abgekühlt wurde. Rühre, bis sich das Oxalat gelöst hat. Füge 39 bis 40 ml (bzw. einige ml weniger als benötigt) 0,1 n $KMnO_4$-Lösung unter langsamem Rühren (25 bis 35 ml pro Minute) in einem zu. Lasse etwa 45 Sekunden stehen, bis die rote Farbe verschwindet. Verschwindet sie nicht, so verwirf diese Probe und beginne eine neue, bei welcher einige ml Permanganatlösung weniger zugesetzt werden. Erhitze sodann auf 55 bis 60° C und beende die Titration durch Permanganatzugabe, bis eine schwachrosa Färbung 30 Sekunden bestehen bleibt. Füge den letzten ml des Oxydationsmittels langsam zu, besonders darauf achtend, daß jeder Tropfen vollständig entfärbt ist, bevor der nächste zugesetzt wird. Das Permanganat darf nicht an der Glaswand hinabfließen, da sonst ein brauner Film von MnO_2 gebildet wird. Die Temperatur der Flüssigkeit darf vor der Erreichung des Endpunktes nicht unter 55° C sinken.

Berechnung der Normalität. Das Äquivalent des $Na_2C_2O_4$ beträgt nach Gleichung (2) die Hälfte des Mol.-Gew. $= \dfrac{134,0}{2} = 67,00$ g: 1 ml einer 1 n Lösung enthält ein Milliäquivalent $= 0,06700$ g. Wird das Gewicht des eingewogenen $Na_2C_2O_4$ durch die Anzahl ml verbrauchter $KMnO_4$-Lösung dividiert, so erhält man das Gewicht des Oxalats, das einem ml der Permanganatlösung äquivalent ist. Wird letzterer Wert durch das Milliäquivalent des $Na_2C_2O_4$ dividiert, so erhält man die Normalität der $KMnO_4$-Lösung. Die Ergebnisse sollten auf 2 Teile auf 1000 übereinstimmen. Man ziehe das Mittel aus den Werten der Titerstellung.

---

[1] *R. M. Fowler* und *H. A. Bright:* Bur. Standards J. Res. **15**, 493 (1935).

Bestimmung von Eisen in Eisenoxyd oder Erz. Permanganatmethode.

Prinzip. Wie bereits festgestellt wurde (S. 165), ist es oft nötig, ein Metall vor seiner Titration zu einer definierten Oxydationsstufe zu reduzieren. Eisen ist ein solches Metall. Da Eisen(II)-salze sehr leicht, selbst durch den Luftsauerstoff, oxydierbar sind, müssen spezielle Vorkehrungen getroffen werden, um sicher zu sein, daß alles Eisen in der zweiwertigen Form vorliegt. Das Oxyd wird in HCl gelöst, da H_2SO_4 meist ohne Wirkung ist.

$$Fe_2O_3 + 6\,HCl = 2\,FeCl_3 + 3\,H_2O. \tag{4}$$

Da die Abwesenheit von HCl sehr wünschenswert ist, wird dieselbe mit einem Überschuß von H_2SO_4 abgeraucht:

$$2\,FeCl_3 + 3\,H_2SO_4 = Fe_2(SO_4)_3 + 6\,HCl\uparrow. \tag{5}$$

Zur Reduktion des Fe^{III} sind eine Reihe von Reduktionsmitteln, wie Zn, Cd, Hg, Al, Pb, $SnCl_2$, H_2S, SO_2 verwendbar; am häufigsten werden Zn, Cd, Al, $SnCl_2$ verwendet.

$$Fe_2(SO_4)_3 + Zn = 2\,FeSO_4 + ZnSO_4. \tag{6}$$

$$2\,FeCl_3 + SnCl_2 = 2\,FeCl_2 + SnCl_4. \tag{7}$$

Nach der vollständigen Reduktion muß der Überschuß des Reduktionsmittels entfernt werden. Überschüssiges Metall wird völlig gelöst oder abfiltriert; ein Überschuß von H_2S oder SO_2 wird in einem CO_2-Strom weggekocht, um die Luftoxydation zu verhindern; ein Überschuß von $SnCl_2$ wird mit $HgCl_2$ zu $SnCl_4$ oxydiert.

$$SnCl_2 + HgCl_2 = SnCl_4 + Hg_2Cl_2. \tag{8}$$

Das unlösliche Kalomel hat unter den Bedingungen der Titration eine sehr geringe reduzierende Wirkung.

$KMnO_4$ wird direkt zur *kalten* Eisen(II)-sulfatlösung zugesetzt, bis alles Fe zur dreiwertigen Stufe oxydiert ist. Der geringste Überschuß an $KMnO_4$ verleiht der Lösung die charakteristische rosa Färbung.

$$10\,FeSO_4 + 2\,KMnO_4 + 8\,H_2SO_4 =$$
$$= 5\,Fe_2(SO_4)_3 + 2\,MnSO_4 + K_2SO_4 + 8\,H_2O. \tag{9}$$

Wird Zink als Reduktionsmittel verwendet, so wird die Reduktion gewöhnlich in einem „*Jones*-Reduktor" durchgeführt, einem langen Glasrohr, welches mit granuliertem amalgamiertem Zink gefüllt ist. Angenehmer ist der Gebrauch von Cd-, Zn- oder Al-Draht in Form einer Spirale oder Kette, da diese nach beendeter Reduktion leicht entfernt werden kann. Zink und Cadmium sind eisenfrei erhältlich; bei Aluminium muß stets eine Korrektion, entsprechend dem geringen Eisengehalt des Al, angebracht werden. Zink enthält gewöhnlich Spuren von Blei, welches bei der Auflösung des Zinks ausgefällt wird und in der Lösung herumschwimmend, zu Störungen Anlaß gibt. Die Amalgamation des Zinks vermindert diese Schwierigkeit. Salzsauere Lösungen lösen Zn und Al so rasch, daß sich der größte Teil des Metalls ohne Reduktionswirkung löst.[1] Cadmiumdraht löst sich langsam, doch ist seine Reduktionswirkung auf Eisen(III)-lösungen etwas langsamer.

Es muß Sorge getragen werden, die Reoxydation des $FeSO_4$ zu vermeiden, die eintritt, sobald die Lösung einige Zeit steht.

Da das Abrauchen der Salzsäure mit Schwefelsäure viel Zeit beansprucht, ist es wünschenswert, diese Operation womöglich zu vermeiden und direkt eine salzsauere Lösung zu verwenden. Wie bereits festgestellt, reduziert aber Salzsäure das Permanganat und bewirkt dadurch, daß die Ergebnisse zu hoch ausfallen. Bei geringer HCl-Konzentration und kalter Lösung kann dieser Fehler nicht sehr groß sein; er wird durch Zugabe von $MnSO_4$ vernachlässigbar, da das Oxydationspotential von $KMnO_4$ herabgesetzt, dieses also zu einem schwächeren Oxydationsmittel gemacht wird. [Methode von *Reinhard-Zimmermann*.] Die Fähigkeit des Permanganats, Chlorion zu oxydieren, ist vermindert, doch seine Wirkung auf Eisen(II)-ion ist noch rasch. Bei dieser Methode wird das $FeCl_3$ mittels $SnCl_2$ in der Hitze reduziert und der Überschuß des letzteren in der Kälte mittels $HgCl_2$ entfernt; dann werden H_2SO_4, $MnSO_4$ und H_3PO_4 zugesetzt. Letztere bildet mit Fe^{III} einen farblosen Komplex und bewirkt dadurch einen schärferen Endpunkt. Der Hauptzweck des Phosphorsäurezusatzes beruht jedoch auf der Erniedrigung des Oxydationspotentials des Systems Fe^{III}/Fe^{II}, wodurch das Fe^{II}-Ion ein stärkeres Reduktionsmittel wird. Dadurch ist weniger Gelegenheit, daß Permanganat mit dem Chlorion reagiert. Diese Methode gibt ausgezeichnete Ergebnisse, wenn folgende Vorsichtsmaßregeln beobachtet werden:

1. Durch Verdampfen muß möglichst viel HCl entfernt werden.

2. Es darf nur ein geringer Überschuß an $SnCl_2$ zugesetzt werden, sonst entsteht ein schwerer, zum Teil zu Quecksilber reduzierter Niederschlag von Hg_2Cl_2. Sowohl Hg als Hg_2Cl_2 üben eine beachtliche Reduktionswirkung auf Fe^{III}-Salz aus.

3. Die Lösung muß kalt und verdünnt sein.

4. Es muß genügend $MnSO_4$ und H_3PO_4 zugesetzt werden.

5. Das Permanganat muß langsam unter ständigem Rühren zugesetzt werden.

Entsprechend den vielen zu beachtenden Vorsichtsmaßregeln und dem undeutlichen Endpunkt, gibt diese Methode in der Hand des Anfängers nicht so gute Ergebnisse, wie die Eisentitration in schwefelsauerer Lösung.

Der Student soll imstande sein, die Notwendigkeit jeder dieser Vorsichtsmaßregeln zu erklären.

---

[1] Sehr reines Al und Zn lösen sich sehr langsam.
[2] *Barneby:* J. Amer. chem. Soc. **36**, 1429 (1914).

Fehler, die bei der Reduktion von Fe^{+++} mit Al, Zn oder Cd in schwefelsauerer Lösung auftreten können:

Wird nicht alle HCl entfernt, so wird etwas Permanganat reduziert.

Die Reduktion des Eisen(III)-ions kann unvollständig sein. Es gibt kein Mittel, um genau zu erkennen, wann die Reduktion beendet ist; sie soll daher noch eine Zeit fortgesetzt werden, nachdem die Gelbfärbung der Lösung verschwunden ist.

Die Lösung kann, speziell heiß, bei zu langem Stehen an der Luft oxydiert werden. Kalte Lösungen sind beständiger.

Zu viel H_2SO_4 verursacht einen unscharfen Endpunkt. Die besten Ergebnisse werden mit 3 bis 5 ml H_2SO_4 erhalten.

Der Endpunkt ist auf Grund der folgenden, in kalter sauerer Lösung sehr langsam verlaufenden Reaktion nicht beständig:

$$2\,KMnO_4 + 3\,MnSO_4 + 2\,H_2O = 5\,MnO_2 + K_2SO_4 + 2\,H_2SO_4. \quad (10)$$

Andere Anwendungen. Mit entsprechenden Abänderungen können folgende Ionen bestimmt werden: Sb^{III}, Mn^{II}, Cu^{I}, Mo^{V}, Mo^{III}. Ti^{III}, U^{IV}, V^{IV}, V^{II}, ferner die auf S. 180, 181 erwähnten Säuren. Auch Sn^{II} und As^{III} können titriert werden, doch kennt man hiefür bessere Bestimmungsmethoden.

Folgende Oxydationsmittel können durch Zugabe eines gemessenen Überschusses von Standard-Eisen(II)-sulfatlösung und Rücktitrieren des Überschusses mit Standard-Permanganatlösung bestimmt werden: Permanganate, MnO_2 und andere höhere Oxyde, Chromate, Peroxysulfate und Chlorate. Bei Chromsäure ist eine direkte Titration möglich. $Fe(SO_4)$ ist stabiler, wenn die Lösung stark schwefelsauer ist: sie muß stets am Tage, an dem sie gebraucht wird. nachgestellt werden.

Arbeitsvorschrift. Wäge drei Proben von je 0,35 bis 0,40 g in 150-ml-Bechergläser ein. Füge 10 ml Wasser und 20 ml konzentrierte Salzsäure zu. Bedecke das Becherglas mit einem Uhrglas und halte die Mischung auf einer geeigneten Heizplatte knapp unter dem Siedepunkt, bis der Rückstand rein weiß erscheint (Kieselsäure). Die zur Lösung benötigte Zeit, in der Regel eine halbe bis eine Stunde, hängt stark von der Temperatur ab; bei Raumtemperatur ist die Reaktion außerordentlich langsam. Die Lösung soll nicht auf weniger als 5 bis 10 ml eindampfen; wenn nötig wird Salzsäure zugesetzt. Schwenke die Flüssigkeit im Becherglas stark, um zu sehen. ob das ganze Eisenoxyd gelöst ist. Alle ungelösten Teilchen sammeln sich in der Mitte an. Das Erhitzen muß so lange erfolgen, bis die dunklen Teilchen verschwinden.[1] Kühle die Lösungen ab, füge 4 ml konzentrierte H_2SO_4 zu und erhitze im Sandbad oder auf einer Heizplatte bei niederer Temperatur, bis Schwefelsäurenebel auftreten (Glei-

---

[1] Unlösliche dunkle Teilchen, die weiter zu behandeln sind, werden von der verdünnten Lösung durch ein Papierfilter abfiltriert, der Rückstand gewaschen und nach S. 200 aufgeschlossen.

chung (5)). Man darf nicht zu stark erhitzen, da die Masse zum
Spritzen neigt und der Rückstand sonst schwierig aufzulösen ist.
Hänge drei Glashaken über den Becherrand, um die Verdampfung
zu erleichtern und lege ein Uhrglas auf die Haken. Um Glashaken
herzustellen, biegt man dünne Glasstäbe (keine Röhren!) in U-Form
und schneidet einen Schenkel etwa 15 mm, den anderen 20 mm lang ab.
Die Enden müssen in der Flamme rundgeschmolzen werden. Der
kürzere Schenkel gehört stets innen in das Becherglas. Der Anfänger
pflegt den feuchten Rückstand entweder zu lange oder bei zu hoher
Temperatur zu erhitzen — oder die Erhitzung zu beenden, bevor die
ganze Salzsäure vertrieben ist. Es ist weder notwendig, noch wünschenswert, viel Schwefelsäure abzurauchen. Der Rückstand soll
schwefelsäurefeucht sein. Sobald die Salzsäure entweicht, wird die
Farbe der Mischung lichter, bis eine hellgelbe oder strohfarbene Masse
von Eisen(III)-sulfat und Schwefelsäure zurückbleibt. Sobald kein
stechender Geruch nach Salzsäure an der noch warmen (nicht heißen)
Substanz wahrnehmbar ist, ist alles Chlorid entfernt. Ist die Mischung
sehr heiß, so stören die Dämpfe der Schwefelsäure. Die ganze Salzsäure ist ausgetrieben, bevor die Schwefelsäure zu verflüchtigen beginnt (warum?). Das bedeckende Uhrglas soll trocken sein.

Setze zum kalten Rückstand vorsichtig 25 ml Wasser zu, entferne
die Glashaken und erhitze, bis alles $Fe_2(SO_4)_3$ gelöst ist. Ersetze das
verdunstende Wasser. Geringe Mengen flockiger Kieselsäure können
vernachlässigt werden. Die zum Auflösen des Sulfats notwendige
Zeit kann zwischen 20 Minuten und vielen Stunden schwanken und
hängt davon ab, wie hoch das feste Salz erhitzt wurde. Hat sich das
Eisen(III)-sulfat nach einigen Stunden Erhitzen nicht gelöst, so füge
Salzsäure zu, die es schnell lösen wird, und verdampfe die Flüssigkeit
von neuem. Trage diesmal Sorge, nicht zu hoch zu erhitzen. Die
Lösung von Eisen(III)-sulfat kann auf zwei Wegen reduziert werden:
Mittels Cadmium-, Aluminium- oder amalgamierten Zinkdrahtes oder
indem man sie durch einen *Jones*-Reduktor durchtropfen läßt.

Reduktion mit Cd-, Zn- oder Al-Draht. Fülle die Lösung, deren
Volum nicht über 100 ml betragen soll, in einen 250-ml-*Erlenmeyer*-
Kolben und gib mindestens 1 m reinen Al-, Cd- oder amalgamierten
Zn-Draht in Form einer Spirale von 2,5 bis 3 mm Durchmesser zu.[1]
Werden kleinere Spiralen benützt, so sind 2 bis 3 nötig. Der Draht
soll an einem Ende zu einem Haken gebogen sein, so daß die Spiralen
leicht aus der Flasche herausgehoben werden können.

Bedecke den Kolben mit einem umgekehrten Tiegeldeckel und koche
die Lösung gelinde, schließlich noch 10 bis 15 Minuten, nachdem
die Lösung farblos wurde (Gleichung (6)). Lasse sie nicht zu stark
verdampfen. Kühle Kolben und Flüssigkeit rasch unter dem Wasserhahn ab, spüle den Deckel ab, entferne ihn und nimm sodann die
Spirale mit einem hakenförmig gebogenen Glasstab heraus und spüle

---

[1] *Smith* und *Rich:* J. chem. Educat. **7,** 2948 (1930).

sie dabei sorgfältig mit kaltem Wasser ab. Titriere die Lösung sofort (warum?) mit 0,1 n $KMnO_4$ bis zur ersten Farbänderung, einem blassen, bräunlichen oder gelblichen Rosa, das 15 bis 20 Sekunden bestehen bleiben soll (Gleichung (9)). Die Rosafarbe wird durch die gelbe Farbe des Ferrisulfates verändert, die in der kalten Lösung viel weniger ausgeprägt ist als in der heißen. In gutem Licht ist der Endpunkt gegen einen weißen Hintergrund sehr scharf. Sollte übertitriert worden sein, so ist die Analyse zu verwerfen. Aus dem Ergebnis der ersten Analyse können die von den Parallel-proben benötigten Volume Permanganat annähernd berechnet werden. Dies hat den Vorteil, bei den folgenden Titrationen rascher an den Endpunkt heran-gehen zu können. Die Permanganat-lösung soll (innerhalb von 2 bis 3 Tagen) nach ihrem Gebrauch nachgestellt werden. Die Spirale wird durch Abbürsten gereinigt. Nach dem Abspülen ist sie zu weiterem Gebrauch bereit. Wird gewöhnlicher Aluminiumdraht benützt, so muß die trockene Spirale vor und nach Gebrauch auf 0,02 g genau gewogen werden. In einer Blindprobe wird der Eisen-gehalt des Aluminiums bestimmt und die entsprechende Korrektion vom Volum des bei der Titration gebrauchten Permanganats abgezogen.

Reduktion im Jones-Reduktor. Dieser Apparat (vgl. Abb. 53) besteht aus einem Glasrohr von 18 bis 20 mm Durchmesser und 35 bis 45 cm Länge, welches mit einem Hahn versehen ist. Ober dem Hahn befindet sich ein durchlochtes Porzellan-

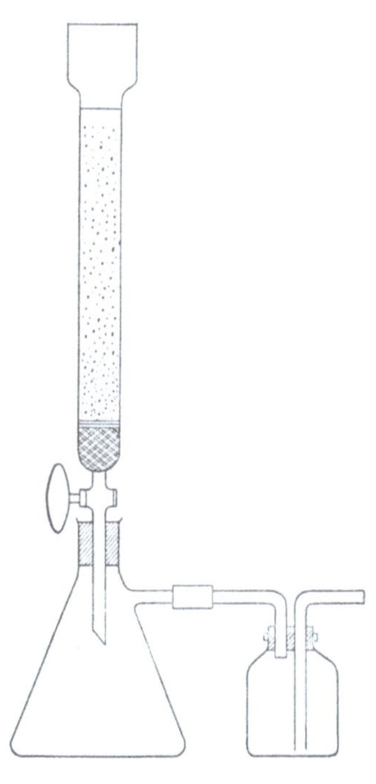

Abb. 53. *Jones*-Reduktor.

filterplättchen, auf diesem ein Asbestpolster. Auf letzterem ruht eine Kolonne von amalgamierten Zinkkörnern (20 bis 30 Maschen pro cm²).

Das Zink wird durch Schütteln mit 2% seines Gewichtes an $HgCl_2$ oder $Hg(NO_3)_2$ mit 0,1 bis 1% Quecksilber amalgamiert.[1] Diese Zinkko-lonne sollte 30 bis 40 cm lang sein. Das Rohr unter dem Hahn sitzt mit einem Gummistopfen in einem 500-ml-Absaugkolben, der mit einer Wasserstrahlpumpe verbunden ist. Die Sauggeschwindigkeit wird mittels eines Quetschhahnes reguliert. Man saugt 50 bis 100 ml warme 2 bis

---

[1] *H. W. Stone* und *D. N. Hume:* Ind. Engng. Chem., Analyt. Edit. **11**, 598 (1939), untersuchten den Einfluß wechselnder Quecksilbermengen im Zinkamalgam.

3%oige Schwefelsäure durch den Reduktor, entfernt ihn sodann und setzt zur Lösung im Absaugkolben einen Tropfen 0,1 n Permanganat zu, welcher die Lösung färben sollte. Wird das Permanganat entfärbt, so muß die Kolonne neuerlich mit verdünnter Schwefelsäure gewaschen werden. — Der Apparat ist sodann gebrauchsfertig.

Verdünne die $Fe_2(SO_4)_3$-Lösung auf etwa 100 ml; gieße einige ml 2 bis 3%oige Schwefelsäure durch den Reduktor und sauge sodann die Eisenlösung von Zimmertemperatur mit einer Geschwindigkeit von 75 bis 100 ml pro Minute durch den Reduktor. Schließlich wäscht man mit 25 bis 50 ml 2 bis 3%oiger H_2SO_4 und 100 bis 150 ml Wasser nach. Entferne den Reduktor und titriere die Eisen(II)-sulfatlösung sofort mit Permanganat, wie bei der ersten Methode angegeben. Wasche den Reduktor nochmals durch und prüfe das Waschwasser mit einem Tropfen der Permanganatlösung, um sicher zu sein, daß alles von der Probe ausgewaschen war. Der Zinkreduktor muß stets mit Wasser gefüllt aufbewahrt werden. War er einige Zeit nicht in Gebrauch, so müssen beträchtliche Mengen Säure durchgesaugt werden.

Berechnung der Ergebnisse. Die Reaktion beruht auf der Oxydation von Fe^{II} zu Fe^{III}; das Äquivalent des Eisens ist daher gleich seinem At.-Gew. = 55,85 g. (Wie groß würde jenes von Fe_2O_3 sein?) Das Milliäquivalent ist daher 0,05585 g. Das Volum des verbrauchten Permanganats wird mit seiner Normalität multipliziert, um das Volum einer äquivalenten 1 n Lösung zu finden. Letzteres wird mit dem Milliäquivalent des Eisens multipliziert, um das Gewicht des Eisens in der betreffenden Probe zu erhalten. Daraus wird der Prozentgehalt wie üblich berechnet. Das Labor-Journal muß alle Daten der Titerstellung der Permanganatlösung enthalten.

Bestimmung von Wasserstoffperoxyd.

Wasserstoffperoxyd reagiert mit Permanganat nach folgender Gleichung:

$$5\,H_2O_2 + 2\,KMnO_4 + 3\,H_2SO_4 = K_2SO_4 + 2\,MnSO_4 + 5\,O_2 + 8\,H_2O. \qquad (11)$$

Die Bestimmung der Konzentration des handelsüblichen 3%oigen H_2O_2 ist eine einfache Titration: Wäge eine kleine Stöpselflasche, pipettiere etwa 2 ml der Wasserstoffperoxydlösung ein und wäge neuerlich. Spüle die Probe in einem 250-ml-Titrierkolben, in welchen vorher 75 ml Wasser und 2 bis 3 ml konzentrierte H_2SO_4 eingefüllt wurden. Titriere mit 0,1 n $KMnO_4$ bis zur ersten rosa Färbung. Das Milliäquivalent des H_2O_2 ist 0,01701 g. Berechne den Prozentgehalt der Lösung. Geringe Mengen organischer Substanzen werden oft zur Stabilisierung des handelsüblichen H_2O_2 zugegeben. Da diese Substanzen mit Permanganat ebenfalls reagieren, gibt diese Titration keine genauen Resultate.

Betrachtungen über Probleme, die im Zusammenhang mit einem Wechsel des Äquivalents auftreten.

Bei der Lösung derartiger Aufgaben ist, außer den bereits erwähnten Prinzipien, folgendes zu beachten:

Wird eine Substanz mittels zweier verschiedener volumetrischer Reaktionen bestimmt, und ist das Äquivalent der Substanz bei diesen Reaktionen verschieden, so stehen die auf die gleiche Einwaage bezogenen Volume der Maßlösungen gleicher Normalität im umgekehrten Verhältnis zu den Zahlen (Brüchen), welche die Äquivalente als Bruchteile der Molgewichte ausdrücken.

Dies wird klar, wenn man bedenkt, daß man um so mehr Standardlösung braucht, je kleiner das Äquivalent einer Substanz von gegebenem Gewicht ist.

Folgende Beispiele sollen die Anwendung dieses Prinzips erläutern:

1. Ein bestimmtes Gewicht von H_2CrO_4 benötigt zur Neutralisation 40 ml 0,1 n Alkali. Wieviel ml 0,1 n Reduktionsmittel wird zur Reduktion desselben Gewichtes H_2CrO_4 zu $CrCl_3$ benötigt?

$$\text{Acidimetrisches Äquivalent der } H_2CrO_4 = \frac{H_2CrO_4}{2};$$

$$\text{Äquivalent der } H_2CrO_4 \text{ bei Reduktion} = \frac{H_2CrO_4}{3};$$

$$40 : x = \frac{1}{3} : \frac{1}{2};$$

$$x = 60 \text{ ml 0,1 n Reduktionsmittel.}$$

2. 1 g einer Lösung, die $FeCl_3$ und HCl enthält, benötigt zur vollständigen Neutralisation der freien sowie der durch Hydrolyse erhaltenen Säure 50 ml 0.1 n Lauge. In einer zweiten 1-g-Probe benötigt das Eisen 10 ml 0.1 n $KMnO_4$ zur Titration. Berechne die Prozentgehalte an $FeCl_3$ und an HCl.

$$\text{Äquivalent von } FeCl_3 \text{ gegen } KMnO_4 : \frac{FeCl_3}{1} = 162,2 \text{ g};$$

$$\frac{0,1622 \cdot 10 \cdot 0,1 \cdot 100}{1} = 16,22\% \ FeCl_3;$$

$$\text{Äquivalent von } FeCl_3 \text{ gegen Lauge} : \frac{FeCl_3}{3};$$

$$10 : x = \frac{1}{3} : 1;$$

$$x = 30 \text{ ml 0,1 n Lauge für das } FeCl_3.$$

$$50 - 30 = 20 \text{ ml 0,1 n Lauge für die freie } HCl.$$

$$\frac{0,03647 \cdot 20 \cdot 0,1 \cdot 100}{1} = 7,29\% \ HCl.$$

3. 50 ml verdünntes $KMnO_4$ wird zu einer Lösung von schwefliger Säure zugesetzt und der Überschuß der letzteren verkocht. Die gebildete

freie H_2SO_4 benötigt zur Neutralisation 18 ml 0.1 n Lauge. Berechne die Normalität des Permanganats gegen Oxalsäure.

$$2\,KMnO_4 + 5\,H_2SO_3 = K_2SO_4 + 2\,MnSO_4 + 2\,H_2SO_4 + 3\,H_2O.$$

Äquivalent des $KMnO_4$ gegen Lauge (Acidimetrie) $= \dfrac{KMnO_4}{2}$;[1]

Äquivalent des $KMnO_4$ gegen $H_2C_2O_4$ (Reduktion) $= \dfrac{KMnO_4}{5}$;

$$18 : x = \frac{1}{5} : \frac{1}{2};$$

$$x = 45 \text{ ml } 0{,}1 \text{ n } KMnO_4; \; = 4{,}5 \text{ ml } 1 \text{ n};$$

$$\frac{4{,}5}{50} = 0{,}09 \text{ n}.$$

Rückblick, Fragen und Aufgaben.

1. Wieviel ml 0,095 n $KMnO_4$, gegen As_2O_3 eingestellt, wird zur Titration von a) 2,1500 g 2,80%igem H_2O_2, b) 1,050 g $K_4[Fe(CN)_6]$ benötigt?

2. 1 g einer Lösung, die Na_3AsO_3 und Na_2CO_3 enthält, benötigt 50,00 ml 0,1000 n Säure gegen Methylorange als Indikator. Das Na_3AsO_3 in 1 g der Lösung benötigt nach dem Ansäuern 20 ml 0,1000 n $KMnO_4$ zur Oxydation. Berechne den Prozentgehalt der beiden Salze. Antwort: 10,60% Na_2CO_3. 19,19% Na_3AsO_3.

3. 5 g einer Lösung, die HJ und H_2SO_4 enthält, benötigen 47,50 ml 0,1000 n Lauge zur Neutralisation und 45,00 ml 0,1000 n $KMnO_4$ zur Überführung des Jodids in Jodat. Berechne den Prozentgehalt jeder der beiden Säuren.

4. Ein Calciumoxalatniederschlag ist mit $CaCO_3$ und SiO_2 verunreinigt. 0,3200 g benötigen 40,00 ml 0,1000 n $KMnO_4$ zur Titration. Dasselbe Gewicht benötigt nach dem Verglühen zu Oxyd 46,40 ml 0,1000 n Säure zur Neutralisation. Berechne die im Niederschlag vorhandenen Prozentgehalte an CaC_2O_4 und $CaCO_3$.

5. 50 ml 0,1000 n $KMnO_4$ (gegen Oxalat) reagieren mit einem Überschuß von $MnSO_4$ nach

$$2\,KMnO_4 + 3\,MnSO_4 + 2\,H_2O = 5\,MnO_2 + 2\,KHSO_4 + H_2SO_4.$$

Wieviel ml 0,1 n Lauge werden zur Neutralisation der bei obiger Reaktion gebildeten Säure benötigt? Antwort: 20,00 ml.

6. Welches Gewicht an KJ ist vorhanden, wenn in der Reaktion

$$2\,KMnO_4 + KJ + H_2O = 2\,KOH + 2\,MnO_2 + KJO_3$$

30,00 ml 0,1000 n Alkali gebildet werden?

7. 5 g einer Lösung, die nur HCNS, HCl und Wasser enthält, benötigen 20,00 ml 1 n $AgNO_3$, um beide Anionen zu fällen, und 30,00 ml 1 n Oxydationsmittel, um das HCNS in HCN und H_2SO_4 überzuführen. In welchen Prozentgehalten sind beide Säuren anwesend?

8. Eine wässerige Lösung von Ameisensäure HCO_2H und H_2SO_4 benötigt 30,00 ml 0,1000 n Lauge zur Neutralisation und 20,00 ml 0,1000 n Oxydations-

---

[1] Nach (12) entsprechen $2\,KMnO_4$ $2\,H_2SO_4$; letztere wird mit Lauge titriert; daher das Äquivalent $\dfrac{KMnO_4}{2}$.

mittel, um die Ameisensäure zu $CO_2 + H_2O$ zu oxydieren. Berechne den Prozentgehalt jeder der beiden Säuren in der Lösung.

9. Eine Permanganatlösung ist gegen $FeSO_4$ 0,1500 n. Wie groß ist ihre Normalität, wenn sie a) zur Titration von $MnSO_4$ nach

$$2\,KMnO_4 + 3\,MnSO_4 + 2\,ZnO = K_2SO_4 + 5\,MnO_2 + 2\,ZnSO_4;$$

b) zur Titration von MnF_2 nach

$$KMnO_4 + 4\,MnF_2 + 8\,HF + 9\,KF = 5\,K_2MnF_5 + 4\,H_2O$$

benutzt wird. Antwort: a) 0,0900 n; b) 0,1200 n.

10. 10 g einer wässerigen Lösung von $H_4[Fe(CN)_6]$ und H_2SO_4 benötigen 15,00 ml 0,1000 n $KMnO_4$ zur Oxydation der $H_4[Fe(CN)_6]$. 5 g derselben Lösung benötigen zur Neutralisation beider Säuren 35,00 ml 0,1000 n Lauge. Berechne den Prozentgehalt an beiden Säuren. Antwort: 3,240% $H_4[Fe(CN)_6]$. 0,490% H_2SO_4.

11. 60 ml $KH_3(C_2O_4)_2$. $2\,H_2O$-Lösung, die 0,1000 n gegen Alkali sind, brauchen zur Titration des Oxalates 40,00 ml einer Permanganatlösung. Berechne die Normalität der letzteren. Antwort: 0,2000 n.

12. Welcher Fehler entsteht bei der Eisentitration mit Permanganat durch die unvorhergesehene Anwesenheit von 1% dreiwertigen As? Antwort: 1,49%.

13. Welcher Fehler wird durch die unvorhergesehene Anwesenheit von 1% KCNS, bezogen auf das Gewicht der Probe, verursacht, wenn CaO als Oxalat mittels Permanganat bestimmt wird?

14. Welche Normalität muß eine $KMnO_4$-Lösung haben, damit bei einer Einwaage von 0,5000 g 1 ml der Lösung 1% Eisen entspricht?

15. Vervollständige die Gleichungen Nr. 6 bis 15 auf S. 230.

16. 0,3500 g einer Probe, die nur aus Eisen und Eisenoxyd besteht, wurde gelöst, zu Fe^{II} reduziert und mit 50 ml 0,1100 n $KMnO_4$ titriert. Berechne die Prozentgehalte an Fe und an Fe_2O_3 in der Probe.

17. 1 ml $KMnO_4$-Lösung ist 0,004000 g As_2O_3 äquivalent; welcher Menge Eisenoxyd ist sie äquivalent? Welche Normalität hat die Lösung?

18. 1 g einer Mischung von metallischem Silber und Ag_2O wurde in einem großen Überschuß von $Fe_2(SO_4)_3$-Lösung gelöst. Das durch die Wirkung des Metalls gebildete $FeSO_4$ benötigt 25,00 ml 0,0900 n $KMnO_4$. Wieviel Prozente metallisches Silber waren anwesend?

19. Zeige mittels hypothetischer Gleichungen, wieviel Elektronen an den Reaktionen a) $KMnO_4 \rightarrow Mn^{III}$, b) $Sn^{II} \rightarrow Sn^{IV}$ beteiligt sind. Definiere ein Elektron. Schreibe die entsprechenden hypothetischen Sauerstoffgleichungen auf.

20. Wie läßt sich die Schwierigkeit überwinden, daß eine Reaktion zweier Systeme praktisch nicht eintritt, obwohl die beiden Redoxpotentiale voneinander so entfernt liegen, daß eine quantitative Reaktion möglich scheint? Erläutere durch ein Beispiel!

Bestimmung von Calcium.

Prinzip. Die bei der Titerstellung von Permanganat benützte Reaktion ist nicht nur zur Titration von Natriumoxalat geeignet, sondern ebenso für Oxalsäure und alle Oxalate, die mit Schwefelsäure zerlegt werden. Die Reaktion dient daher zur Bestimmung von Ca, Cu, Pb, Zn und anderer Metalle. Calcium ist davon das einzige häufig vorkommende Metall, das am besten auf diesem Wege gefällt wird, so daß die Methode in diesem Falle von besonderer Bedeutung ist.

Das Calcium wird aus der saueren, einen Überschuß von Oxalsäure enthaltenden Lösung durch Neutralisation mit Ammoniak als $CaC_2O_4 \cdot H_2O$ ausgefällt. Der Niederschlag wird mit kaltem Wasser gewaschen und in heißer, verdünnter Schwefelsäure gelöst:

$$CaC_2O_4 + H_2SO_4 \rightleftharpoons CaSO_4 + H_2C_2O_4. \qquad (12)$$

Die in Freiheit gesetzte Oxalsäure wird mit $KMnO_4$ titriert:

$$5\,H_2C_2O_4 + 2\,KMnO_4 + 3\,H_2SO_4 =$$
$$= 10\,CO_2 + K_2SO_4 + 2\,MnSO_4 + 8\,H_2O. \qquad (13)$$

Fehler. Die in der Gravimetrie so wichtigen Fehler, verursacht durch Adsorption von SiO_2 oder unvollständige Dissoziation des Karbonats (vgl. S. 271) werden hier vermieden. Jede Mitfällung von anderen Oxalaten, wie MgC_2O_4. wird offenbar in beiden Methoden dieselben Fehler verursachen. Bei ungebührlich verlängerter Titration kann die Gegenwart von Filterpapier eine geringe Reduktion des Permanganates verursachen.

Störende Substanzen. Mit Ausnahme der Alkalien bilden alle häufigen Metalle unlösliche Oxalate. Magnesiumoxalat ist merklich löslich; ist jedoch viel Mg anwesend, so muß eine doppelte Fällung angewendet werden, um reines Calciumoxalat zu erhalten. Alle anderen Metalle müssen abwesend sein.

Arbeitsvorschrift. Bestimmung von Calcium in einem Kalkstein.
Wäge drei Proben von je 0,35 bis 0,40 g in drei 400-ml-Bechergläser ein, füge je 20 ml Wasser zu, bedecke die Bechergläser mit Uhrgläsern und setze je 5 ml konzentriertes HCl zu. Erhitze, bis sich die Proben gelöst haben. Spüle das Uhrglas und die Becherwandungen ab und verdünne auf etwa 250 ml. Erhitze die Lösung zum Sieden und setze etwa 1 g $(NH_4)_2C_2O_4$ oder 0,9 g Oxalsäure, in zirka 25 ml Wasser gelöst, zu. Filtriere letztere Lösung, falls sie nicht ganz klar ist. Diese Oxalatmenge stellt einen beträchtlichen Überschuß dar; ein Teil des Calciums wird gewöhnlich schon aus der saueren Lösung gefällt. Setze mittels einer Bürette langsam (etwa 5 ml pro Minute) zur heißen Lösung eine verdünnte, filtrierte Ammoniaklösung (5 ml konz. NH_4OH auf 50 ml H_2O) zu, bis die Lösung neutral oder schwach alkalisch ist. Als Indikator werden einige Tropfen Methylrot zugesetzt. Lasse die Lösung zur Vervollständigung der Fällung eine Stunde an einem warmen Ort (Wasserbad) stehen. Prüfe auf die Vollständigkeit der Fällung mit einigen Tropfen einer Ammoniumoxalatlösung. Lasse die Lösung nicht über Nacht in der Wärme stehen!

Eine andere Methode der Neutralisation der Lösung. weniger verdrießlich als das langsame Zusetzen des Ammoniaks, beruht auf dem Zusatz von 10 bis 15 g Harnstoff $(NH_4)_2CO$ nach dem Zufügen des Ammoniumoxalates. Die Lösung wird zur Hydrolyse des Harnstoffes in CO_2 und NH_3 siedend gehalten, bis die Farbe des Indikators Neutralität anzeigt.

Dekantiere die klare, überstehende Flüssigkeit durch ein Filter. Das Filtrat wird verworfen, nachdem es auf Calciumfreiheit geprüft wurde. Bringe den Niederschlag mit einem Strahl der Spritzflasche auf das Filter, reibe die Glaswandungen mittels eines Gummiwischers, um anhaftende Partikelchen zu entfernen; spüle diese auf das Filter und wasche den Niederschlag im Filter zehnmal mit kaltem Wasser, um das Ammoniumoxalat zu entfernen. (Prüfung?) Richte den Strahl der Spritzflasche mehrmals gegen den Filterrand. Breite das feuchte Filter auf der Wand eines 400-ml-Becherglases auf und spüle den Niederschlag mit dem Strahl der Spritzflasche in das Becherglas. Stelle in einem zweiten Gefäß eine Lösung von 60 ml H_2O und 5 ml konz. H_2SO_4 her, erhitze auf etwa 70⁰ C und lasse die Lösung über einen Glasstab auf das Filter tropfen, um die letzten Spuren des Niederschlages aufzulösen (Gleichung (12)). Wasche das Filter nochmals mit Wasser und verwirf es sodann. [Wesentlich einfacher und eleganter ist die Verwendung eines Glassintertiegels mit polierter Sinterplatte (Schott G 4 p) zum Filtrieren des Calciumoxalates. Der Niederschlag wird viermal mit kaltem Wasser gewaschen und kann sodann quantitativ abgespritzt werden. Das Auswaschen des Filtertiegels mit der Schwefelsäurelösung ist unnötig.] Die saure Lösung kann klar sein, sie kann bei entsprechender Konzentration einen weißen Niederschlag von Gips in Suspension enthalten. Verdünne die Lösung auf etwa 200 ml, erhitze nahe zum Sieden und titriere die Oxalsäure mit $\frac{n}{10}$ $KMnO_4$ (Gleichung (13)). Beobachte die Vorsichtsmaßregeln, die bei der Titration des Natriumoxalates, S. 182, besprochen wurden. Berechne aus dem Volum des für die erste Titration benötigten Permanganates ungefähr die für die anderen Einwaagen benötigten Volume. Nach dem Auflösen des CaC_2O_4 in Säure darf die Lösung vor der Titration nicht über Nacht stehen!

Berechnung der Ergebnisse. Ein Mol CaC_2O_4 gibt ein Mol $H_2C_2O_4$; wie aus Gleichung $H_2C_2O_4 + O = H_2O + 2 CO_2$ hervorgeht, benötigt ein $H_2C_2O_4$ zwei Äquivalente Sauerstoff. Beide Substanzen haben daher Äquivalente, die der Hälfte ihrer Molgewichte entsprechen. Da ein Mol CaC_2O_4 ein Mol CaO gibt, hat letzteres ein Äquivalent von $\frac{56,08}{2} = 28,04$ g; sein Milliäquivalent beträgt daher 0,002804 g CaO. Das zur Titration benötigte Volum der Permanganatlösung wird auf das äquivalente Volum einer 1 n Lösung umgerechnet und die Rechnung, wie bei Eisen beschrieben, durchgeführt.

Bestimmung des oxydierenden Sauerstoffes in Mangandioxyd oder Pyrolusit.

Prinzip. Das reine Mineral Pyrolusit besteht aus MnO_2. Der an Mangan über die Oxydationsstufe MnO gebundene Sauerstoff ist für Oxydationsvorgänge verfügbar und wird daher „oxydierender Sauerstoff" genannt. Der Wert des verwendeten Oxyds hängt in vielen Fällen von seinem Gehalt an oxydierendem Sauerstoff ab, der gewöhnlich als Prozente MnO_2 ausgedrückt wird. Es wurde S. 185 festgestellt, daß höhere Oxyde, wie MnO_2, durch Reduktion mit einem Überschuß von Standard-$FeSO_4$-Lösung bestimmt werden können. Der Überschuß des Reduktionsmittels wird mit Standard-$KMnO_4$-Lösung zurücktitriert. Die Verwendung von Ferrosulfat hat den Nachteil, daß die Operation in einer luftfreien Atmosphäre durchgeführt werden muß, um eine Oxydation des $FeSO_4$ durch den Luftsauerstoff auszuschließen. Gewöhnlich wird in Kohlendioxydatmosphäre gearbeitet. Ein in Luft beständiges Reduktionsmittel, womöglich eine Urtitersubstanz, ist bequemer. $Na_2C_2O_4$ ist eine solche Substanz. Die MnO_2-Probe wird in verdünnter Schwefelsäure mit einer gewogenen Menge von $Na_2C_2O_4$ erhitzt, bis alles Dioxyd gelöst ist:

$$MnO_2 + H_2C_2O_4 + H_2SO_4 = MnSO_4 + 2\,CO_2 + 2\,H_2O. \qquad (14)$$

Der Überschuß der Oxalsäure wird mit 0,1 n $KMnO_4$, wie bei der Titerstellung beschrieben, titriert.

Fehler. Bei zu langem oder zu hohem Erhitzen und bei einer zu hohen Schwefelsäurekonzentration kann etwas Oxalsäure zersetzt werden. War die Probe nicht feinstens gepulvert, so benötigt sie zur Reduktion zu lange Zeit.

Störende Substanzen. Andere höhere Oxyde oder starke Oxydationsmittel oxydieren ebenfalls die Oxalsäure.

Andere Anwendungen. Die Methode kann zur Bestimmung des oxydierenden Sauerstoffes in anderen höheren Oxyden, wie PbO_2 und Pb_3O_4, verwendet werden.

Arbeitsvorschrift. Wäge von der feinstgepulverten [und gebeutelten], bei 110 bis 120° C getrockneten Substanz Proben von etwa 0,5 g in *Erlenmeyer*-Kolben ein. Füge zu jeder Probe etwa 1 g getrocknetes, genau gewogenes $Na_2C_2O_4$ p. A., gieße 100 ml etwa 4 n H_2SO_4 zu und erhitze am Wasserbad oder auf einer schwachen Heizplatte unter gelegentlichem Schütteln, bis alle schwarzen oder dunkelbraunen Teilchen gelöst sind. Ein weißer oder hellbrauner Rückstand bleibt unbeachtet. Die zur völligen Lösung notwendige Zeit schwankt zwischen 15 Minuten und 2 Stunden und hängt von der Feinheit der Probe, der Temperatur und der Bewegung der Lösung ab. Titriere die heiße Lösung mit 0,1 n $KMnO_4$, wie bei der Titerstellung der Permanganatlösung (S. 182) beschrieben.

Berechnung der Ergebnisse. Das Milliäquivalent von $Na_2C_2O_4$ ist 0.06700 g. Wird das Gewicht des zugesetzten $Na_2C_2O_4$ durch diese Zahl dividiert, so erhält man das Volum der benötigten 1 n $KMnO_4$-Lösung, im Falle kein MnO_2 anwesend wäre. Die Differenz zwischen diesem Volum und jenem des tatsächlich verbrauchten Permanganats, nachdem dieses letztere in das äquivalente Volum einer 1 n Lösung umgerechnet wurde, gibt das Volum der zur Reduktion des MnO_2 verbrauchten 1 n Lösung. Das Äquivalent des MnO_2 beträgt die Hälfte des Molgewichtes; das Milliäquivalent ist 0,04346 g. Daraus ist der Prozentgehalt an MnO_2 in der Probe zu berechnen.

Rückblick, Fragen und Aufgaben.

1. 0,5250 g Magnetit, Fe_3O_4, werden bei Luftausschluß in Salzsäure gelöst und ohne weitere Behandlung mit 0,1080 n $KMnO_4$ titriert. Es werden 35,05 ml des letzteren benötigt. Wieviel Prozent Magnetit, berechnet auf obige Formel, ist anwesend?

2. Eine Probe MnO_2 wird durch Erhitzen in Wasserstoff zu MnO reduziert. Der Gewichtsverlust beträgt 0,0960 g. Welches Volum einer 1 n $FeSO_4$-Lösung wäre nötig gewesen, um den oxydierenden Sauerstoff zu titrieren? Bemerkung: Setze das Molgewicht der Oxyde nicht in Rechnung!

3. In 0,1500 g eines Arsenerzes wird das Arsen als As_2S_3 gefällt und letzteres durch Zugabe von 100 ml 0,1 n $KMnO_4$-Lösung zu Arsenat und Sulfat oxydiert. Der Überschuß des Permanganates wurde mit 15,00 ml 0,1 n $FeSO_4$ zurücktitriert. Wie groß ist der Prozentgehalt an Arsen im Erz? Antwort: 30,32%.

4. 0,5000 g einer Mischung, die nur aus CaC_2O_4 und PbC_2O_4 besteht, benötigt 44,00 ml 0,1250 n $KMnO_4$. Gefragt ist der Prozentgehalt an jedem der beiden Oxalate. Antwort: 47,86% CaC_2O_4; 52,14% PbC_2O_4.

5. Der CaC_2O_4-Niederschlag von 1,0565 g Kalkstein benötigt 40,25 ml 0,2080 n $KMnO_4$. Berechne den Prozentgehalt an CaO.

6. Eine Probe reinen Calciumkarbonats verliert beim Verglühen zu Oxyd 0,3500 g. Wieviel einer 0,2500 n $KMnO_4$-Lösung würde man zur Titration des als Oxalat gefällten Calciums brauchen? Wieviel 0,2500 n Säure würde man zur Neutralisation des Oxyds benötigen?

7. Wie hoch würde der Fehler einer oxydimetrischen CaO-Bestimmung bei einer Einwaage von 1,000 g ausfallen, wenn der als reines CaC_2O_4 angenommene Niederschlag tatsächlich Magnesiumoxalat enthält, das 20,0 mg MgO äquivalent ist? Antwort: 2,78% zu hoch.

8. Eine Probe von H_2O_2 benötigte zur Titration 41,25 ml 0,1065 n $KMnO_4$. Welchem Sauerstoffgewicht würde dies bei Erhitzung bis zur völligen Zersetzung entsprechen? Welches Volum würde der Sauerstoff unter Normalbedingungen einnehmen?

XII. Oxydationen mit Kaliumdichromat.

Chromsäure, H_2CrO_4, und ihre Salze haben, obwohl nicht so starke Oxydationsmittel wie $KMnO_4$, gegenüber letzterem gewisse Vorteile. $K_2Cr_2O_7$ kann leicht rein erhalten werden, ist bis zum Schmelzpunkt stabil und ist deshalb ein ausgezeichneter oxydimetrischer Standard.[1] Das handelsübliche Präparat „pro Analysi" ist genügend rein, um direkt als Standard verwendet zu werden.[2] Die Lösungen können direkt einge-

---

[1] *McCroskey:* J. Amer. chem. Soc. **40**, 1662 (1918). — *Vosburgh:* J. Amer. chem. Soc. **44**, 2120 (1924). — *G. Jander, H. Beste:* Z. anorg. allg. Chem. **133**, 73 (1924). — *K. Böttger* und *W. Böttger:* Z. analyt. Chem. **69**, 145 (1926). — *I. M. Kolthoff:* Z. analyt. Chem. **59**, 401 (1920).

[2] *Willard* und *Young:* Ind. Engng. Chem., Analyt. Edit. **7**, 57 (1935). — Vgl. dagegen *I. M. Kolthoff:* Die Maßanalyse, 2. Aufl., Bd. II, S. 386.

wogen werden; dieselben unterliegen beim Stehen sehr geringer oder keiner Veränderung. Das Dichromat wird nur in sauerer Lösung verwendet und wird zu Cr^{III} reduziert; es wird durch kalte, mäßig verdünnte Salzsäure nicht reduziert. Infolgedessen können Titrationen in salzsaurer Lösung ebenso zufriedenstellend wie in Gegenwart einer anderen Säure durchgeführt werden.

$$FeCl_2 + K_2Cr_2O_7 + 14\,HCl = 6\,FeCl_3 + 2\,KCl + 2\,CrCl_3 + 7\,H_2O. \qquad (1)$$

Ist Fe^{II} in salzsaurer Lösung zu titrieren, so wird gewöhnlich $SnCl_2$ zur Reduktion des Fe^{III} verwendet. In einer solchen Lösung können Spuren Fe^{II} mittels des blauen Niederschlages von Eisen(II)-hexacyanoferrat(III) nach Zugabe von $K_3[Fe(CN)_6]$ erkannt werden:

$$2\,K_3[Fe(CN)_6] + 3\,FeCl_2 = Fe_3[Fe(CN)_6]_2 + 6\,KCl. \qquad (2)$$

Dies ist eine Methode, um Fe^{II} festzustellen, nicht Dichromat. Das Hexacyanoferrat(III) kann nicht zur zu titrierenden Lösung zugesetzt werden, da der blaue Niederschlag von Eisen(II)-hexacyanoferrat(III) durch einen Überschuß von Dichromat nicht angegriffen wird. Man muß daher das Hexacyanoferrat(III) als Tüpfelindikator verwenden, indem man der Lösung von Zeit zu Zeit einen Tropfen entnimmt und diesen prüft. Zunächst wird ein blauer Niederschlag entstehen, doch dieser wird schwächer und schwächer und verschwindet schließlich vollständig, wenn der Endpunkt erreicht ist. Es ist augenscheinlich, daß die Verwendung eines Tüpfelindikators viel mühevoller ist; überdies wird etwas von der Lösung entnommen und kann nicht ersetzt werden. Aus diesen Gründen wird diese Methode der Eisenbestimmung selten verwendet.

Diphenylamin oder Diphenylbenzidin gibt, als Indikator zugesetzt, mit Fe^{II} und Fe^{III} eine grünliche Färbung, die bei einem geringen Überschuß des Oxydationsmittels nach Tiefblau umschlägt.[1] Ein Indikator mit solchen Eigenschaften ist zweckentsprechender als $[Fe(CN)_6]^{=}$. Die blaue Farbe rührt von einem organischen Oxydationsprodukt her. Die Farbreaktion des Indikators ist reversibel, so daß beim Überschreiten des Endpunktes eine Rücktitration mit $FeSO_4$-Lösung möglich ist. Vgl. S. 163. Diphenylaminsulfonsäure[2] hat vor den eben erwähnten zwei Indikatoren mehrere Vorteile. Sie ist wasserlöslich, reagiert rascher, unterliegt nicht der Hemmung durch $HgCl_2$, Mo, oder durch mäßige Veränderungen des p_H. Bei allen diesen Indikatoren ist die Anwesenheit beträchtlicher Mengen von Phosphorsäure oder eines Fluorides notwendig, um die Fe^{III}-Ionenkonzentration durch Komplexbildung zu verringern. Andernfalls verhindert das Fe^{III}-Ion infolge seiner Tendenz, den Indikator zu oxydieren, eine scharfe Endpunktsreaktion.

Bereitung einer 0,1 n Kaliumdichromatlösung. Wie aus der Gleichung $Cr_2O_7^{=} + 14\,H^+ + 6\,e = 2\,Cr^{+++} + 7\,H_2O$ hervorgeht, enthält

<hr>

[1] *J. Knop:* J. Amer. chem. Soc. **46**, 263 (1924). — *Mehlig:* J. chem. Educat. **3**, 824 (1926). — Vgl. S. 163.

[2] *Sarver* und *Kolthoff:* J. Amer. chem. Soc. **53**, 2902, 2906 (1931).

dieses Salz pro Molekel 6 Oxydationsäquivalente. Infolgedessen ist das Äquivalent des $K_2Cr_2O_7$ ein Sechstel seines Molgewichtes; $\dfrac{294,21}{6} =$ =. 49,035 g. Ein Liter 0,1-n-Lösung enthält somit 4,9035 g $K_2Cr_2O_7$. Wäge in ein Wägeglas 3 bis 4 mg mehr als die theoretische Menge ein und trockne nicht weniger als 2 Stunden im Trockenschrank bei 110° C. Wäge das Wägeglas mit dem Salz, leere das Salz in ein kleines Becherglas und wäge das Wägeglas neuerlich. Löse das Salz in warmem Wasser, gieße die Lösung sorgfältig in einen 1-l-Maßkolben und fülle bei Zimmertemperatur zur Marke auf. Mische die Lösung gut und gieße sie in eine trockene Literflasche. Etikettiere diese mit Datum und Normalität. Berechne die Normalität durch Division des tatsächlichen Gewichtes des $K_2Cr_2O_7$ durch das theoretische Gewicht für 1 Liter 1 n Lösung (= 49,035 g).

Bestimmung von Eisen in einem Eisenerz. Dichromatmethode.

Prinzip. Eisenerze können in drei Gruppen eingeteilt werden:
1. Anhydrische Oxyde, wie Hämatit, Fe_2O_3, oder Magnetit, Fe_3O_4.
2. Hydratisierte Oxyde, wie Limonit $2\,Fe_2O_3 . 3\,H_2O$.
3. Eisen(II)-karbonate, wie Siderit, $FeCO_3$.
Erze der ersten Gruppe müssen feinstgepulvert werden, um die Lösung zu erleichtern, da sie sich in Säure viel schwieriger lösen als jene der zweiten oder dritten Gruppe. Das beste Lösungsmittel ist HCl. Königswasser ist viel weniger wirksam, HNO_3 oder H_2SO_4 ist meist ohne Wirkung. Hohe Temperatur beschleunigt die Auflösung wesentlich; die Temperatur ist jedoch durch die niedere Siedetemperatur der Salzsäure begrenzt.

Eine viel höhere Temperatur, selbst bis zur Rotglut, kann bei Verwendung von $K_2S_2O_7$ erreicht werden, ohne daß dabei zuviel Säure ausgetrieben wird. Das $K_2S_2O_7$ entsteht durch Erhitzen von $KHSO_4$. Da es schwierig ist, größere Erzmengen im Schmelzverfahren aufzuschließen, wird die Pyrosulfatschmelze meist zum Aufschluß des kieselsäurereichen Rückstandes verwendet, welcher bei der Behandlung des Erzes mit Salzsäure zurückbleibt. Wird das Erz mit Alkali geschmolzen, so erhält man ein Oxyd. welches sich viel leichter in Säure löst. Alle Eisenerze können. wenn feinst gepulvert, ohne Vorbehandlung in Salzsäure gelöst werden. Die zur Analyse ausgegebenen Proben sind nach feinstem Mahlen in der Achatreibschale und Trocknen analysenfertig. Zusatz von $SnCl_2$ beschleunigt die Auflösung, doch muß darauf geachtet werden, nicht zu viel zu verwenden.

Nachdem das Erz gelöst ist, wird das $FeCl_3$ mit einem sehr geringen Überschuß von $SnCl_2$ reduziert:

$$2\,FeCl_3 + SnCl_2 = 2\,FeCl_2 + SnCl_4. \qquad (3)$$

Der Überschuß des $SnCl_2$ wird mit $HgCl_2$ oxydiert:

$$2\,HgCl_2 + SnCl_2 = Hg_2Cl_2 + SnCl_4. \qquad (4)$$

Die FeCl$_2$-Lösung wird mit 0,1 n K$_2$Cr$_2$O$_7$ mit Diphenylamin-sulfosäure als Indikator titriert. Der unlösliche Kieselsäurerückstand kann Eisen enthalten. Ist er weiß, so wird er vernachlässigt, obwohl er selbst dann Eisensilikate enthalten kann, welche nur mittels H$_2$F$_2$ + H$_2$SO$_4$ zersetzt werden können. Ist er nicht weiß, so wird er mit K$_2$S$_2$O$_7$ geschmolzen. Dadurch wird alles Eisen, sofern es nicht in silikatischer Form vorliegt, gelöst. Die Schmelze wird in Salzsäure gelöst und die Lösung zur Lösung des Erzes zugesetzt.

Fehler. Die Reduktion kann unvollständig sein, wenn zu wenig SnCl$_2$ zugesetzt wurde. In diesem Falle fällt beim Zusatz von HgCl$_2$ kein Niederschlag von Hg$_2$Cl$_2$ aus. Der Fehler kann durch einen neuerlichen Zusatz von SnCl$_2$ nicht behoben werden, da dieser mit dem HgCl$_2$ und nicht mit dem FeCl$_3$ reagieren würde.

Wurde zuviel SnCl$_2$ zugefügt, so entsteht ein schwerer Niederschlag von Hg$_2$Cl$_2$ oder selbst von freiem Hg. Beide Substanzen verursachen zufolge ihrer reduzierenden Wirkung zu hohe Ergebnisse.

$$HgCl_2 + SnCl_2 = Hg + SnCl_4. \tag{5}$$

Ein großer Säureüberschuß ist nachteilig, da die hiedurch bewirkte stärkere Oxydationswirkung den Indikator zum Teil zerstört und dadurch den Wert der Blindprobe erhöht.

Die reduzierende Lösung kann vor oder während der Titration durch zu langes Verbleiben an der Luft teilweise oxydiert werden; Beim Gebrauch von Tüpfelindikatoren kann zu viel Lösung zum Tüpfeln verbraucht werden. In beiden Fällen erhält man zu niedere Ergebnisse.

Wird eine K$_3$[Fe(CN)$_6$]-Lösung benützt, so muß diese frisch bereitet sein und darf nicht konzentrierter als 0,1% sein; sonst wird der Endpunkt unscharf. Übermäßige Zusätze von Redox-Indikatoren müssen vermieden werden. Der auf der Unsicherheit des Endpunktes beruhende Fehler kann praktisch dadurch vermieden werden, daß man die Dichromatlösung nach dem gleichen Verfahren auf Elektrolyteisen einstellt.

Sind Spuren von Platin in der Lösung anwesend, wie dies der Fall ist, wenn ein Schmelzaufschluß in einem Platintiegel erfolgte, so entsteht eine gelbe Färbung, die durch SnCl$_2$ nicht entfärbt wird. Dadurch ist es unmöglich, genau festzustellen, wann genug SnCl$_2$ zugesetzt wurde.

Andere Anwendungen. Die Reaktion kann umgekehrt zur Bestimmung von Chrom benützt werden; dies ist eine gebräuchlichere Anwendung als die Eisentitration. Alle volumetrischen Chrombestimmungen beruhen auf der Oxydation des erhaltenen Chrom(III)-salzes zu Chromsäure. Der Überschuß des Oxydationsmittels wird entfernt und die H$_2$CrO$_4$ mit einem Reduktionsmittel wie FeSO$_4$ titriert. Bei Stählen und anderen Legierungen, die Chrom enthalten, benötigt man ein Reagens, welches das Chrom in schwefel- oder salpetersauerer Lösung oxydiert. Bei Gegenwart von Chlorid findet die Oxydation nicht statt. Stähle werden in verdünnter H_2SO_4 gelöst, das Ferrosalz und ausgeschiedener Kohlenstoff mit HNO_3 oxydiert, und schließlich wird zur Oxydation des Cr^{III} eines der folgenden Oxydationsmittel zugesetzt:

a) *Persulfat* mit etwas $AgNO_3$; der Überschuß wird durch Kochen zerstört.

$$Cr_2(SO_4)_3 + 3\,(NH_4)_2S_2O_8 + 8\,H_2O + (AgNO_3) =$$
$$= 2\,H_2CrO_4 + 3\,(NH_4)_2SO_4 + 6\,H_2SO_4. \qquad (6)$$

Anwesendes Mangan(II)-salz wird dabei zu Permanganat oxydiert. Letzteres würde mit der Standard-Ferrosulfatlösung ebenfalls reagieren und wird deshalb vor der Titration durch Zugabe einiger Tropfen HCl und Kochen (3 bis 5 Minuten) reduziert. Das anwesende AgCl wirkt dabei als Katalysator. In verdünnter Lösung reagieren Chlorionen in geringen Mengen nicht mit H_2CrO_4. Oder das MnO_4^- wird mit NaN_3 zersetzt.

b) *Permanganat*; der Überschuß wird durch Kochen der Lösung zu MnO_2 reduziert, welches abfiltriert wird.

$$5\,Cr_2(SO_4)_3 + 6\,KMnO_4 + 16\,H_2O =$$
$$= 10\,H_2CrO_4 + 6\,MnSO_4 + 3\,K_2SO_4 + 6\,H_2SO_4. \qquad (7)$$

(Dies ist keine volumetrische Reaktion.)

Die Reaktion des Permanganates mit $MnSO_4$ in siedender Lösung erfolgt nach

$$2\,KMnO_4 + 3\,MnSO_4 + 2\,H_2O = 5\,MnO_2 + K_2SO_4 + 2\,H_2SO_4. \qquad (8)$$

c) Konzentrierte kochende *Perchlorsäure* wird ebenfalls zur Oxydation des Chroms in Stählen verwendet. Mangan wird nicht oxydiert.

Chromeisenstein, $Cr_2O_3 \cdot FeO$, wird am besten durch Schmelzen mit Na_2O_2 aufgeschlossen; das Chrom wird dabei in Chromat übergeführt. Der Überschuß des Peroxyds wird durch Kochen der Lösung zerstört. Auf Stahl hat Na_2O_2 nur geringe Einwirkung; für eine Lösung des Stahls ist es kein befriedigendes Oxydationsmittel, da zuviel Eisenoxydhydrat ausfällt.

Nachdem das Chrom in diesen Materialien oxydiert und der Überschuß des Oxydationsmittels entfernt wurde, wird die H_2CrO_4 mit $FeSO_4$ titriert, welches gegen $K_2Cr_2O_7$ eingestellt worden war. Man kann auch einen gemessenen Überschuß von $FeSO_4$ zusetzen und den Überschuß mit Standard-$K_2Cr_2O_7$ oder $KMnO_4$ zurücktitrieren. In allen Fällen können Diphenylamin, Diphenylbenzidin oder Diphenylsulfonat als Indikatoren verwendet werden. Der Tri-Orthophenanthrolin-Eisen(II)-Komplex kann nur in sehr stark schwefelsaueren Lösungen verwendet werden, in welchen das Oxydationspotential der H_2CrO_4 entsprechend hoch ist.

Arbeitsvorschrift. Wäge drei Proben von je 0,35 bis 0,40 g in 400-ml-Bechergläser ein, füge 25 ml konz. HCl und 5 ml H_2O zu, bedecke den Becher und halte die Flüssigkeit gerade unter dem Siedepunkt, bis alles gelöst ist. Die zur Lösung benötigte Zeit kann zwischen 30 Minuten und mehreren Stunden schwanken und hängt von der Art des Erzes ab. Füge, wenn nötig, Salzsäure zu, um die durch Verdampfung verlorene zu ersetzen. Scheint die Einwirkung selbst in der heißen Lösung sehr langsam zu sein, so füge eventuell etwas $SnCl_2$ zu; ist das Erz gelöst und die Lösung farblos, so setze einen Kristall $KClO_3$ zu. Es ist wichtig, daß die Lösung so heiß als möglich gehalten wird, ohne daß sie richtig siedet. Wenn das Erz gelöst ist, bleibt ein flockiger Rückstand von Kieselsäure, jedoch keine dunklen schweren Partikel des Erzes zurück.

Da der Rückstand gewöhnlich etwas Eisen enthält, sollte er bei exakten Analysen in einem Platintiegel mit $H_2F_2 + H_2SO_4$ aufgeschlossen werden. Nicht silikatisch gebundenes Eisen kann durch Schmelzen mit $K_2S_2O_7$ aufgeschlossen werden.

Ist der Rückstand nicht weiß, so verdünne die Lösung des Erzes mit demselben Volum Wasser und filtriere in ein 400-ml-Becherglas. Wasche den Rückstand mit 1%iger HCl, um das Eisen zu entfernen, sodann mit Wasser, um die Säure zu entfernen, und erhitze das feuchte Filter in einem Porzellantiegel, bis aller Kohlenstoff verbrannt ist. Ist der Rückstand weiß, so kann er verworfen werden, da die vorhergehende Farbe von organischer Substanz herrührte. Ist er gefärbt, so füge etwa 1 g geschmolzenes $KHSO_4$ oder besser $K_2S_2O_7$ zu und erhitze die Mischung sorgfältig, bis das Salz ruhig schmilzt und das Spritzen aufhört. Erhöhe langsam die Temperatur des bedeckten Tiegels zur dunklen Rotglut und halte die Masse 15 bis 20 Minuten geschmolzen. SO_3 wird abgegeben und nach einiger Zeit beginnt die Masse infolge der Bildung von Na_2SO_4 zu erstarren; die Temperatur muß dann etwas erhöht werden. Kühle sodann ab, löse in Salzsäure, die mit dem gleichen Volum Wasser verdünnt ist und füge diese Lösung dem Hauptfiltrat zu. Die Kieselsäure kann abfiltriert werden, kann aber auch in der Lösung belassen werden. — Konzentriere die Lösung auf 10 bis 12 ml. Alle Proben können bis zu diesem Punkt gemeinsam gearbeitet werden, von nun muß eine Probe nach der anderen weiterbehandelt werden; die anderen können stehenbleiben. Erhitze eine Lösung bis nahe zum Siedepunkt und füge unter ständigem Schwenken langsam, tropfenweise 0,5 n $SnCl_2$-Lösung zu, bis alles Eisen reduziert ist und ein Tropfen des Reduktionsmittels eine Farbänderung von Gelb nach Farblos oder einem sehr blassen Grün bewirkt. Füge dann noch 1 bis 2 Tropfen, jedoch nicht mehr, zu. Diese Reduktion ist der schwierigste Teil des Verfahrens und es muß besondere Sorgfalt angewendet werden, um einen größeren Überschuß von $SnCl_2$ zu vermeiden. (Warum?) Der Endpunkt muß auf einen Tropfen exakt sein; dies wird in einem kleinen Volum (10 bis 12 ml) der sehr heißen Lösung erreicht, da die Farbe des $FeCl_3$ unter diesen Umständen besonders ausgeprägt ist. Die Reduktion geht in heißer Lösung sehr rasch, wenn auch nicht momentan, vor sich. Es ist zweckmäßig, sich stets etwas frische, etwa 0,5 n $SnCl_2$-Lösung, zu bereiten, da die Lösung sehr leicht oxydiert. Reduziere nur eine Probe, stelle die anderen beiseite, bis diese Titration beendet ist. (Warum?) Eine ausgezeichnete Einteilung ist, die nötigen Reagenzien im voraus auszumessen und alles bereit zu haben, so daß nach der Zugabe des $SnCl_2$ keine unnütze Verzögerung eintritt, bis die Titration beendet ist. Füge sofort nach der Reduktion 10 ml konz. HCl zu, spüle die Wandungen des Kolbens ab und verdünne die Lösung mit kaltem Wasser auf 250 ml. Füge 5 ml gesättigte $HgCl_2$-Lösung zu, um den Überschuß des $SnCl_2$ zu fällen. Es bildet sich ein feiner, seidenartige Schlieren gebender Niederschlag von Hg_2Cl_2, dessen Menge davon abhängt, wieviel $SnCl_2$ man im Überschuß zugesetzt hat. Der Niederschlag wird in einigen Sekunden erscheinen; in 1 bis 2 Minuten ist die Reaktion vollständig. Entsteht ein schwerer Niederschlag, so wurde zuviel $SnCl_2$ zugesetzt und die Ergebnisse werden ungenau.

1. *Diphenylaminsulfosaures Natrium als Indikator.* Nachdem der Überschuß des $SnCl_3$, wie beschrieben, oxydiert wurde, werden 10 ml H_3PO_4 d = 1.37 (Herstellung tieferstehend) und 0,3 ml (= 5 Tropfen) 0.01 m diphenylaminsulfosaueres Na zugesetzt. Titriere langsam mit 0.1 n $K_2Cr_2O_7$ unter ständigem Rühren, bis die rein grüne Farbe sich nach Grau oder Grünlichgrau ändert. Ist viel Eisen anwesend, so kann die Farbe sogar bläulichgrün werden. Setze nun das Dichromat Tropfen für Tropfen zu, bis die Farbe nach Purpur oder Violettblau umschlägt und beim Rühren bestehenbleibt. Dies ist der richtige Endpunkt. Ziehe 0,05 ml vom Volum des Dichromates als Verbrauch des Indikators ab.

Die Phosphorsäure, d = 1,37, wird durch Mischen der sirupösen Phosphorsäure, d = 1,70, mit dem gleichen Volum Wasser hergestellt.

Die 0,01 m Lösung des diphenylaminsulfosaueren Natriums wird durch Auflösen von 0.32 g des Bariumsalzes in 100 ml Wasser, Zufügen von 0,5 g $Na_2SO_4 . 10 H_2O$ und Abdekantieren der klaren Lösung von dem $BaSO_4$, bereitet.

Diphenylamin oder Diphenylbenzidin kann in konzentrierter H_2SO_4 gelöst und die so erhaltene Lösung mit Eisessig verdünnt werden. Jede dieser Lösungen kann in genau derselben Weise wie das Sulfonat verwendet werden. Da diese Indikatoren, wie bereits erwähnt, eine Reihe von Nachteilen haben, ist das Sulfonat vorzuziehen.

2. *Hexacyanoferrat(III) als Tüpfelindikator.* Obwohl dieser Indikator nicht empfohlen wird, da er viel unbequemer als ein „interner" (der Flüssigkeit zugesetzter) Indikator ist, und von letzterem fast völlig verdrängt wurde, wird seine Anwendung als Beispiel für den Gebrauch eines Tüpfelindikators beschrieben.

Stelle eine Lösung von 0,03 bis 0,04 g $K_3[Fe(CN)_6]$ in 50 ml Wasser her. Die Kristalle werden vorher mit destilliertem H_2O abgespült, um $[Fe(CN)_6]^{---}$ zu entfernen. Die Lösung hält nur einige Stunden und darf nicht konzentrierter, als oben angegeben, verwendet werden.

Fülle 10 bis 15 Vertiefungen einer Tüpfelplatte zur Hälfte damit.

oder setze Tropfen auf eine weiße Platte, die paraffiniert wurde, um das Ausbreiten der Tropfen zu verhindern. Die Tropfen sollen 6 bis 7 mm Durchmesser haben. — Sobald die Reaktion zwischen $SnCl_2$ und $HgCl_2$ vollständig ist, titriert man unter ständigem Rühren mit 0,1 n $K_2Cr_2O_7$ (Gleichung (1)). Nimm in Abständen mit dem Glasstab einen Tropfen der Lösung heraus und lasse ihn auf einen Tropfen des $K_3[Fe(CN)_6]$ fallen, ohne zu rühren. Es wird ein dunkelblauer Niederschlag (Gleichung (2)) erscheinen. Fahre fort, Dichromat in Portionen von 2 ml zuzusetzen, bis ein aus der Lösung entnommener Tropfen mit dem Ferricyanid eine lichtblaue Färbung gibt. Prüfe nun nach Zugabe von je 2 Tropfen, nahe beim Endpunkt nach Zugabe je eines Tropfens der Dichromatlösung. Sobald bei der Tüpfelprobe keine blaue oder grünliche Farbe auftritt, ist der Endpunkt erreicht. Achte sorgfältig darauf, nichts von dem $K_3[Fe(CN)_6]$ in die Lösung zu bringen. Selbst wenn kein Fe^{II} anwesend ist, erscheint oft in einer Tüpfelprobe nach längerem Stehen eine blaue oder grünliche Farbe, die von der Zersetzung des Ferricyanides herrührt.

Eine der gewöhnlichsten Fehlerquellen ist, die Lösung nach jedem Tropfen Dichromat nicht lange genug zu rühren, um eine vollständige Mischung zu erzielen. Es muß zumindest mehrere Sekunden kräftig gerührt werden.

Um für einen Test einen entsprechend großen Tropfen zu bekommen, wird der Glasstab rasch nahezu horizontal aus der Lösung gezogen; sodann hält man ihn senkrecht über den Tropfen des Indikators.

Die erste Titration wird infolge der benötigten Zeit (wodurch etwas Fe^{II} oxydiert wird), der für die Tüpfelproben verbrauchten Lösung und der Unsicherheit des Endpunktes wahrscheinlich etwas ungenau sein. Das Ergebnis dient jedoch als Grundlage zur annähernden Schätzung des bei den anderen Proben benötigten Volums der Dichromatlösung. Diese brauchen erst ab 2 ml oder weniger vor dem Endpunkt getüpfelt zu werden. Dann wird durch das Herausnehmen der Tropfen für die Tüpfelproben kein merklicher Fehler verursacht.

Titerstellung der Dichromatlösung. Ist $K_2Cr_2O_7$ definierter Reinheit erhältlich, so ist keine weitere Prüfung nötig, falls die Standardlösung mittels eines bekannten Gewichtes dieser Titersubstanz hergestellt wurde. Manchmal ist geeignetes $K_2Cr_2O_7$ nicht erhältlich. Deshalb und weil eine Einstellung gegen Eisen mögliche Endpunkts- und andere Fehler weitgehend ausschließt, kann die nachstehende Methode in manchen Fällen angezeigt sein, wenn reines Eisen erhältlich ist. Elektrolyteisen kann mit einem Reinheitsgrad von 99,97% und darüber hergestellt werden. Manchmal wird Eisendraht für diesen Zweck vorgeschlagen; er ist jedoch gewöhnlich ziemlich unrein und wechselt so stark in seiner Zusammensetzung, daß er als Titersubstanz unverwendbar ist. *Mohr*sches Salz ist ebenfalls unzuverlässig.

Wäge in 400-ml-Kolben Proben von je etwa 0,25 g reinem Eisen ein, füge 10 ml konz. HCl und 1 bis 2 ml Wasser zu, bedecke den Kolben mit einem Trichter und halte ihn bis zur Auflösung der Probe warm. Die zur Lösung benötigte Zeit kann 15 Minuten, auch länger, betragen und hängt von der Größe der Stücke ab. Die Lösung soll nicht kochen. Das Eisen löst sich zu $FeCl_2$.

$$Fe + 2\,HCl = FeCl_2 + H_2. \tag{9}$$

Etwas wird durch den Luftsauerstoff zu $FeCl_3$ oxydiert,

$$4\,FeCl_2 + O_2 + 4\,HCl = 4\,FeCl_3 + 2\,H_2O, \tag{10}$$

und muß mittels $SnCl_2$ reduziert werden. Folge der Vorschrift „Eisen in Eisenerz", S. 199.

Rückblick, Fragen und Aufgaben.

1. Warum ist die Zugabe von H_3PO_4 bei der Verwendung von Diphenylaminsulfosäure als Indikator bei der Titration von Fe^{++} mit Dichromat notwendig? Wie verändert diese Zugabe die Lage der Titrationskurve? Warum ist dieser Zusatz bei Verwendung von Orthophenanthrolin-eisen(II)-komplex als Indikator unnötig?

2. Eine Probe, die Blei enthält, wiegt 1,0600 g. Das Blei wird als $PbCrO_4$ gefällt und letzteres benötigt 46,00 ml 0,1200 n $FeSO_4$ zur Titration. Berechne den Prozentgehalt an Blei.

3. 0,5300 g einer Probe Chromeisenstein ($FeOCr_2O_3$) wurde mit Na_2O_2 geschmolzen und das Chromat mit 39,10 ml 0,2550 n $FeSO_4$ titriert. Berechne die Prozente Cr_2O_3 in der Probe.

4. Bei der Bestimmung von Eisen mit Dichromat wurden 0,50% Sb^{III} ebenfalls oxydiert. Wie groß ist der dadurch hervorgerufene Fehler?

5. In 1,0000 g einer Lösung, die nur $CrCl_3$, HCl und H_2O enthält, benötigt das Chrom nach seiner Oxydation zu Chromsäure 30,00 ml 0,1000 n $FeSO_4$ zur Titration. Zu einer gleichschweren Probe werden 75,00 ml 0,1000 n NaOH und ein Überschuß von H_2O_2 zugegeben:

$$2\,CrCl_3 + 10\,NaOH + 3\,H_2O_2 = 2\,Na_2CrO_4 + 6\,NaCl + 8\,H_2O.$$

Der Überschuß des Alkali wird mit 15,00 ml 0,1000 n Säure zurücktitriert. Berechne den Prozentgehalt an HCl in der Lösung. Antwort: 3,65% HCl.

6. Berechne jene $K_2Cr_2O_7$-Konzentration, bei welcher 1 ml der Lösung äquivalent ist 2 mg Fe.

7. Eine Lösung enthält nur Chromsäure, Schwefelsäure und Wasser. 10 g benötigen 40,00 ml 0,1015 n $FeSO_4$ zur Reduktion der Chromsäure; eine andere gleichschwere Probe benötigt 35,00 ml 0,2000 n Alkali, um beide Säuren zu neutralisieren. Berechne die Prozentgehalte der beiden Säuren. Antwort: 1,65% H_2CrO_4; 2,058% H_2SO_4.

8. Schreibe die Gleichungen für jeden Vorgang bei der Bestimmung von Chrom in Stahl auf. (Etwas Mangan ist stets anwesend.)

XIII. Oxydationen mit Cer(IV)-salzen. (Cerimetrie.)

Es ist seit langem bekannt, daß Cer(IV)-salze sehr starke Oxydationsmittel sind; ihr Wert für analytische Verfahren wurde jedoch erst kürzlich aufgezeigt.[1] Soll ein Oxydationsmittel bei analytischen Ar-

---

[1] *Willard* und *Young:* J. Amer. chem. Soc. 50, 1322, 1334, 1372 (1928); 51, 149 (1929); 55, 3260 (1933). — *Furman* und *Wallace:* J. Amer. chem. Soc. 51, 1449 (1929); 50, 755 (1928); *Furman,* ibid, 52, 2347 (1930). — *Kunz:* J. Amer. chem. Soc. 53, 98 (1931). — *Gleu:* Z. analyt. Chem. 95, 305 (1933). — *Smith* und *Getz:* Ind. Engng. Chem., Analyt. Edit. 10, 191, 304 (1938).

beiten allgemein anwendbar sein, so muß es eine Reihe von Forderungen erfüllen. Deren wichtigste sind: 1. Es muß beim Vergleich seiner Eigenschaften gegenüber jenen der bereits gebräuchlichen Oxydationsmittel Vorteile aufweisen. 2. Es muß in einer entsprechenden Form erhältlich sein, so daß Lösungen leicht herstellbar sind. 3. Es muß entweder eine Urtitersubstanz sein, oder eine Substanz, deren Titer leicht (vorzugsweise gegen eine Urtitersubstanz) festzustellen ist. 4. Es muß bei der Erreichung des Äquivalenzpunktes sein eigener Indikator sein, oder es müssen für seinen Gebrauch geeignete Indikatoren zur Verfügung stehen. 5. Es muß mit einer beträchtlichen Anzahl von Reduktionsmitteln stöchiometrisch reagieren. Diese Punkte sollen besprochen werden.

Vergleich von Cer(IV)-salzen mit Kaliumpermanganat. Das gebräuchlichste starke Oxydationsmittel in der Volumetrie war früher $KMnO_4$. Hiemit verglichen, ergeben sich folgende Vor- und Nachteile der Cer(IV)-salze:

1. Cer(IV)-salze sind in sauerer Lösung sehr starke Oxydationsmittel. Einige sind sogar stärker als $KMnO_4$ unter gleichen Bedingungen. Beide (Ce^{IV} und MnO_4^-) sind in sauerer Lösung viel stärkere Oxydationsmittel als $K_2Cr_2O_7$.

2. Cer(IV)-salze sind (mit einer Ausnahme), wie $KMnO_4$, keine Urtitersubstanzen.

3. Sauere Cer(IV)-sulfatlösungen sind Jahre haltbar. Die Lösungen brauchen nicht vor Licht geschützt zu werden und können kurze Zeit gekocht werden, ohne ihre Normalität zu ändern. Eine sauere Cer(IV)-sulfatlösung übertrifft daher in ihrer Beständigkeit weit eine Permanganatlösung. Für das Nitrat und Perchlorat trifft dies nicht zu.

4. Cer(IV)-sulfat kann zur Titration von Reduktionsmitteln in Gegenwart einer hohen Salzsäurekonzentration verwendet werden. Permanganatlösungen sind unter solchen Umständen unbrauchbar, weil das Permanganat die Salzsäure zu Chlor oxydiert.

5. Ein als Oxydationsmittel reagierendes Cer(IV)-salz hat nur eine Möglichkeit der Valenzänderung $Ce^{++++} + e = Ce^{+++}$, während mit Permanganat eine Anzahl von Reduktionsprodukten möglich sind und es nicht immer einfach ist, die Bedingungen so einzustellen, daß nur ein Reduktionsprodukt entsteht.

6. Ein Cer(IV)-salz kann nur in einer farblosen Lösung als sein eigener Indikator dienen. Bei Permanganatlösungen ist ein Indikator gewöhnlich unnötig.

7. Cer(IV)-salze können als volumetrische Reagenzien nur in saurem Medium verwendet werden; in alkalischer Lösung können Perverbindungen gebildet werden. Dagegen kann $KMnO_4$ auch in neutraler oder alkalischer Lösung, allerdings weniger häufig als in saurer Lösung verwendet werden.

8. Beide Oxydationsmittel können gegen die Urtitersubstanzen $Na_2C_2O_4$, As_2O_3 und reines Fe eingestellt werden.

Smith und *Getz*[1] zeigten, daß das in Cer(IV)-salzlösungen anwesende Anion auf das Redoxpotential einen beträchtlichen Einfluß hat. In 1 n saueren Lösungen betragen die Oxydationspotentiale 1,44 V für das Sulfat, 1,61 V für das Nitrat, 1,70 V für das Perchlorat. Die Stabilität der Lösungen nimmt in dieser Reihenfolge ab. Eine Steigerung der Konzentration der Perchlorsäure von 1 n auf 8 n erhöht das Potential dieses Systems auf 1,87 V; dagegen fällt es in salpetersauerer Lösung von 1,61 auf 1,56 V. In schwefelsauerer Lösung tritt nur eine Verminderung um 0,02 V auf. Um diese Effekte zu erklären, nehmen *Smith* und *Getz* an, daß z. B. Cer(IV)-nitrat nicht als solches, sondern als Hexanitrato-Cer(IV)-säure $H_2[Ce(NO_3)_6]$ vorhanden ist, welche weitgehend zum $[Ce(NO_3)_6]_=$-Ion dissoziiert. Die Ammoniumsalze $(NH_4)_2[Ce(NO_3)_6]$[2] und $(NH_4)_2[Ce(SO_4)_3] \cdot 2 H_2O$ sind leicht darstellbar und im Handel erhältlich. Das Perchlorat ist zu instabil, um in kristalliner Form dargestellt zu werden.

Die höheren Potentiale des Nitrats und Perchlorats sind bei jenen Titrationen vorteilhaft, welche mit dem Sulfat ziemlich langsam verlaufen (wie z. B. die Titration von Oxalat und von Vanadylion), da jene bei Zimmertemperatur durchführbar sind. In solchen Fällen ist es vorteilhaft, den bei hohem Potential ansprechenden Nitro-o-phenanthrolin-Eisen(II)-Komplex als Indikator zu verwenden (vgl. S. 163, 165).

Bereitung einer 0,1 n $Ce(SO_4)_2$-Lösung. Früher war es notwendig, Cer(IV)-sulfatlösungen aus CeO_2 herzustellen. Jetzt sind Ammonium-Cer(IV)-sulfat und andere Cer(IV)-salze käuflich. Man löst das Salz in kaltem Wasser, das eine genügende Menge der entsprechenden Säure enthält, um Hydrolyse zu vermeiden. Diese Salze brauchen nicht besonders rein zu sein. Die Anwesenheit anderer seltener Erden verursacht keine Schwierigkeiten, da diese Metalle ihre Wertigkeit nicht ändern. Eine solche Lösung ist schneller zu bereiten als eine Permanganatlösung, da letztere, um stabil zu bleiben, vor der Titerstellung vom MnO_2 befreit werden muß.

Entsprechend der Reaktion $Ce^{++++} + e = Ce^{+++}$ ist der Wechsel der Oxydationszahl eins; das Äquivalentgewicht von $Ce(SO_4)_2 \cdot 2 (NH_4)_2SO_4 \cdot 2 H_2O$ oder von $Ce(SO_4)_2$ ist gleich dem Molgewicht, 632,5 bzw. 332,1. Daher soll ein Liter einer 0,1 n-Lösung annähernd 63 g des Ammonium-Cer(IV)sulfates oder 33 g des wasserfreien Cer(IV)-sulfates enthalten.

Arbeitsvorschrift. Füge in einem 1500-ml-Becherglas langsam 28 ml konz. H_2SO_4 zu 500 ml Wasser. Wäge auf einer gewöhnlichen Waage 64 bis 66 g Ammonium-Cer(IV)-sulfat oder 35 bis 40 g Cer(IV)-

[1] *G. F. Smith* und *C. A. Getz:* l. c.; Ind. Engng. Chem., Analyt. Edit. **12**, (1940).

[2] *G. F. Smith, V. R. Sullivan* und *G. Frank:* Ind. Engng. Chem., Analyt. Edit. **8**, 449 (1936).

[3] *Willard* und *Young:* J. Amer. chem. Soc. **51**, 149 (1929).

sulfat ab. Füge das Salz zur saueren Lösung und rühre, bis sich alles gelöst hat. Verdünne mit 500 ml H_2O, mische die Lösung gut durch und fülle sie in eine reine Glasstopfenflasche. Die Titerstellung kann sofort vorgenommen werden.

Titerstellung der $Ce(SO_4)_2$-Lösung. Eine $Ce(SO_4)_2$-Lösung kann gegen eine der drei Urtitersubstanzen As_2O_3, $Na_2C_2O_4$ oder Elektrolyteisen eingestellt werden. Da die ersteren zwei leichter erhältlich sind, seien die diesbezüglichen Vorschriften angegeben. Für alle diese Titrationen stehen Redox-Indikatoren zur Bestimmung des Endpunktes zur Verfügung.

1. *Gegen As_2O_3.* Das As_2O_3 wird in NaOH gelöst und die Lösung mit H_2SO_4 angesäuert. Um die Reaktion zu katalysieren, wird OsO_4, ferner o-Phenanthrolin-Eisen(II)-sulfat als Redox-Indikator zugesetzt und bei Zimmertemperatur mit Cerisulfatlösung titriert.[1]

$$As_2O_3 + 2\,NaOH = 2\,NaAsO_2 + H_2O. \tag{1}$$

$$2\,NaAsO_2 + H_2SO_4 = 2\,HAsO_2 + Na_2SO_4. \tag{2}$$

$$HAsO_2 + 2\,Ce(SO_4)_2 + 2\,H_2O = H_3AsO_4 + Ce_2(SO_4)_3 + H_2SO_4. \tag{3}$$

Arbeitsvorschrift für die Titerstellung gegen As_2O_3. Wäge Proben von 0,20 bis 0,30 g von getrocknetem As_2O_3 p. A. in 400-ml-Bechergläser ein. Füge 20 bis 30 ml H_2O und 2 g krist. NaOH hinzu. erwärme gelinde und rühre, bis das As_2O_3 gelöst ist. Überzeuge dich. daß keine Partikeln von As_2O_3 an den Wandungen des Becherglases zurückbleiben. Verdünne mit 100 ml H_2O, füge sodann 20 bis 30 ml 5 n H_2SO_4, 2 Tropfen 0,01 m OsO_4-Lösung als Katalysator, 2 Tropfen 0,025 m Triorthophenanthrolin-Eisen(II)sulfat zu. Titriere mit der Cer(IV)-sulfatlösung, deren Titer zu bestimmen ist. Vor Beginn der Titration ist die Lösung blaßrot; nach Zugabe einiger weniger Tropfen $Ce(SO_4)_2$ wird die rote Färbung ausgeprägter, und im Endpunkt ist die Farbänderung von Rot nach einem sehr blassen Blau außerordentlich scharf.

Die 0,01 m OsO_4-Lösung wird durch Lösen von 1 g OsO_4 in 400 ml 0,1 n H_2SO_4 hergestellt.

Die 0,025 m Tri-o-phenanthrolin-Eisen(II)-sulfat-(Ferroin)-Lösung $[(C_{12}H_8N_2 . H_2O)_3FeSO_4]$ wird durch Lösen der genauen Menge o-Phenanthrolin $(C_{12}H_8N_2 . H_2O)$ in einer 0,025 m wässerigen $FeSO_4$-Lösung hergestellt.

2. *Gegen $Na_2C_2O_4$.* Die Reaktion ist ähnlich jener, die bei der Titerstellung der $KMnO_4$-Lösung verwendet wurde, und kann durch folgende Formel ausgedrückt werden:

$$H_2C_2O_4 + 2\,Ce(SO_4)_2 = 2\,CO_2 + Ce_2(SO_4)_3 + H_2SO_4. \tag{4}$$

In heißer, salzsaurer oder schwefelsaurer Lösung wird das Oxalat mit der Cerisulfatlösung titriert, bis ein Tropfen eine Farb-

---

[1] *Gleu:* Z. analyt. Chem. **95**, 305 (1933).

änderung der Lösung von farblos nach lichtgelb verursacht.[1] Ist die
Lösung genügend heiß, so kann die geringste Gelbfärbung leicht gesehen werden. Für den Endpunkt sollte eine Blindprobe gemacht und
das Volum des hiezu benötigten Reagens, gewöhnlich etwa 0,05 ml
einer 0,1 n Lösung, von dem Volum, das bei der Titerstellung gebraucht
wurde, an Abzug gebracht werden.

Dieselbe Reaktion zwischen $Na_2C_2O_4$ und $Ce(SO_4)_2$ kann in
salzsauerer Lösung mit JCl als Katalysator bei viel niederer Temperatur (50^0 C) durchgeführt werden. Unter diesen Bedingungen ist
die Reaktion genügend rasch, so daß Ferroin als Indikator dienen
kann.[2] Eine Temperatur um 50^0 C ist am zweckmäßigsten; bei höherer
Temperatur wird zu viel Indikator zerstört, während die Reaktion
bei viel niederer Temperatur nicht genügend rasch verläuft. Hohe
Schwefelsäurekonzentration verursacht eine langsame Reaktion.

Bei der Titration von Oxalat mit Cer(IV)-nitrat oder -perchlorat
bei Raumtemperatur wird, wie bereits erwähnt, kein Katalysator
benötigt.

Arbeitsvorschrift für die Titerstellung gegen $Na_2C_2O_4$. Wäge in
250-ml-Bechergläser so viel $Na_2C_2O_4$ p. A. ein, als 25 bis 35 ml der
Cer(IV)-sulfatlösung benötigen. Ist die $Ce(SO_4)_2$-Lösung 0,25 m an
H_2SO_4, so können 40 bis 50 ml für eine Titration gebraucht werden.
Füge zum Natriumoxalat etwas Wasser, 10 bis 20 ml konz. HCl,
5 ml 0,005 m JCl-Lösung zu und verdünne auf etwa 100 ml. Nach
dem Erhitzen der Lösung auf 50^0 C (gebrauche das Thermometer als
Rührer) wird ein Tropfen einer 0,025 m Ferroinlösung zugegeben und
mit der Cerisulfatlösung titriert, bis die Lösung blaßblau geworden ist
und nach einer Minute keine rötliche Färbung wiedergekehrt ist. Fällt
die Temperatur unter 45^0 C, so ist die Lösung wieder auf 50^0 C zu
erhitzen.

Die Jodmonochloridlösung wird durch Lösen von 0,279 g KJ und
0.178 g KJO_3 in 250 ml H_2O und Zufügen von 250 ml konz. HCl in
einem Guß hergestellt.[3] Die so erhaltene Lösung ist 0,005 m an JCl.
Sie wird entweder potentiometrisch durch Zugabe von verdünntem
KJ oder KJO_3 oder nach der Methode von *Swift* und *Gregory*[4] eingestellt.

Andere Methoden zur Titerstellung von Cerisulfatlösungen. Cerisulfatlösungen können weiters in HCl-sauerer Lösung mit JCl als
Katalysator und Ferroin als Indikator gegen As_2O_3,[5] gegen
$K_4[Fe(CN)_6]$[6] oder gegen Elektrolyteisen, das in HCl gelöst und mit

[1] *Willard* und *Young:* J. Amer. chem. Soc. **50**, 1322 (1928).
[2] *Willard* und *Young:* J. Amer. chem. Soc. **55**, 3260 (1933).
[3] *G. S. Jamieson:* „Volumetric Jodate Methods“, S. 8, 9. New York:
The Chemical Catalog Co. 1926.
[4] *Swift* und *Gregory:* J. Amer. chem. Soc. **52**, 901 (1930).
[5] *Willard* und *Young:* J. Amer. chem. Soc. **55**, 3260 (1933).
[6] *K. Someya:* Z. anorg. allg. Chem. **181**, 183 (1929).

SnCl$_2$ usw. reduziert wurde, eingestellt werden. Dabei ist die Arbeitsvorschrift „Cerimetrische Bestimmung von Eisen in Eisenerz", zu beachten.

Indikatoren für die Cerimetrie. Zur Titration des Fe^{II}-Ions sind Diphenylamin, Diphenylbenzidin, Diphenylaminsulfosäure, Eriogrün, Erioglaucin[1] und Ferroin geeignete Indikatoren, obwohl die ersten beiden durch die Gegenwart von Quecksilber(II)-salzen angegriffen werden. Ferroin mit seinem hohen Oxydationspotential ist speziell für die Cerimetrie und Permanganatometrie wertvoll; mit Dichromat ist die Reaktion im Endpunkt zu langsam. Eisen(III)-ion oder andere mäßige Oxydationsmittel sind auf diesen Indikator ohne Einfluß, so daß er viel allgemeinerer Anwendung fähig ist als die anderen. Die Nitroverbindung ist nur in salpetersaueren oder perchlorsaueren Lösungen zweckmäßig. Diese Indikatoren wurden ausführlicher S. 162 bis 164 behandelt.

Cerimetrische Bestimmung von Eisen in Eisenerz.

Prinzip. Das Prinzip der Bestimmungsmethode und die dabei auftretenden Fehler wurden bereits bei der Dichromat-Titrationsmethode für Eisen S. 197 besprochen. Die Fe^{III}-Lösung kann mittels eines metallischen Reduktionsmittels oder mittels SnCl$_2$ reduziert werden, da Chlorion bei der Titration mit Cerisulfat nicht stört.

Nach der Lösung des Erzes wird das FeCl$_3$ mit einem sehr geringen Überschuß an SnCl$_2$ reduziert:

$$2\,FeCl_3 + SnCl_2 = 2\,FeCl_2 + SnCl_4 \tag{5}$$

und der Überschuß mit HgCl$_2$ oxydiert:

$$2\,HgCl_2 + SnCl_2 = Hg_2Cl_2 + SnCl_4. \tag{6}$$

Sodann wird das FeCl$_2$ mit 0.1 n Ce(SO$_4$)$_2$-Lösung titriert:

$$2\,FeCl_2 + 2\,Ce(SO_4)_2 + 2\,HCl = 2\,FeCl_3 + Ce_2(SO_4)_3 + H_2SO_4. \tag{7}$$

wobei einer der vorgenannten Indikatoren verwendet wird.

Arbeitsvorschrift. Dieselbe ist in jeder Hinsicht gleich der „Bestimmung von Eisen in Eisenerz, Dichromat-Titrationsmethode", S. 199 bis 202, ausgenommen, daß an Stelle der Dichromatlösung eine Cer(IV)-sulfatlösung und an Stelle von Diphenylaminsulfonsäure auch Eriogrün, Erioglaucin oder Ferroin als Indikatoren verwendet werden können. Im Endpunkt schlägt die rote Farbe des Ortho-phenanthrolinkomplexes in ein blasses Gelblich oder manchmal Grünlich mit einem Stich ins Rot um, wenn mehr als eine schwache Trübung von Hg$_2$Cl$_2$ vorhanden ist (herrührend von einer geringen Adsorption des Farbstoffes an den Niederschlag). Nach einigen Minuten kehrt die rote Farbe, infolge der reduzierenden Wirkung des Hg$_2$Cl$_2$ auf den oxydierten Indikator, zurück. Vor Zugabe des Indikators setzt man zweckmäßig 10 ml konz. HCl zu.

---

[1] *Furman* und *Wallace:* J. Amer. chem. Soc. **52**, 2347 (1930).

Wird Eriogrün oder Erioglaucin verwendet, so ist die Farbänderung von blaß Grüngelb nach Orange oder Blaßrosa nicht momentan, sondern läßt das Herannahen des Endpunktes deutlich wahrnehmen. Wird das Reagens gegen Ende der Titration Tropfen für Tropfen zugesetzt, so ist die Gefahr gering, den Endpunkt zu überschreiten.

Andere Anwendungen von Cer(IV)-sulfat. Einige der untersuchten Reaktionen sind tieferstehend angeführt. Auf jeden Fall wird Ortho-phenanthrolin-Eisen(II)-sulfat als Indikator verwendet. Diese und andere Reaktionen werden in Arbeiten von *Young* und von *Furman*[1] erwähnt. Über neue Anwendungen von $Ce(SO_4)_2$ wird häufig in der Literatur berichtet.

Calcium kann als Oxalat gefällt, der Niederschlag filtriert, gewaschen und in verdünnter Salzsäure gelöst und die Oxalsäure mit Cer(IV)-sulfatlösung titriert werden.

$$CaC_2O_4 + 2\,HCl = H_2C_2O_4 + CaCl_2. \tag{8}$$

$$H_2C_2O_4 + 2\,Ce(SO_4)_2 = Ce_2(SO_4)_3 + 2\,CO_2 + H_2SO_4. \tag{9}$$

Arsenik wurde bereits unter den Methoden der Titerstellung von Cer(IV)-sulfatlösungen erwähnt.

Hexacyanoferrat(II) [Ferrocyanid] kann in salz- oder schwefelsauerer Lösung mit Cer(IV)-sulfat titriert werden.

$$\begin{aligned} 2\,K_4[Fe(CN)_6] + 2\,Ce(SO_4)_2 + (H_2SO_4) = \\ = 2\,K_3[Fe(CN)_6] + Ce_2(SO_4)_3 + K_2SO_4. \end{aligned} \tag{10}$$

Wasserstoffperoxyd kann mit Cer(IV)-sulfat titriert, bzw. die Reaktion auch umgekehrt durchgeführt werden.

$$H_2O_2 + 2\,Ce(SO_4)_2 = Ce_2(SO_4)_3 + H_2SO_4 + O_2. \tag{11}$$

Cer wird mit $S_2O_8^=$ und $Ag^{\cdot}$ als Katalysator in die 4wertige Stufe übergeführt; der Überschuß des $S_2O_8^=$ wird durch Kochen zerstört und das $Ce(SO_4)_2$ mit einer Standard-Eisen(II)-sulfatlösung und Ortho-phenanthrolin-Eisen(II)-sulfat als Indikator titriert. Die Oxydation kann auch mit Natriumwismutat durchgeführt werden; der Überschuß des Wismutats wird abfiltriert.

Rückblick, Fragen und Aufgaben.

1. Diskutiere die Vor- und Nachteile von $Ce(SO_4)_2$ als volumetrisches Oxydationsmittel.

2. Warum ist der Indikator Nitro-ortho-phenanthrolin-Eisen(II)-sulfat für den Gebrauch mit $Ce(SO_4)_2$ nicht geeignet, jedoch in Lösungen, die nur Nitrat enthalten, gut verwendbar?

3. Bei einer Chrombestimmung wird 1% Ce^{IV} mittitriert. Wie groß ist der dadurch verursachte Fehler?

---

[1] *Young:* J. chem. Educat. **11**, 466 (1934). Neuere Maßanalytische Methoden, l. c. 2. Kapitel: Cer(IV)-sulfat als analytisches Oxydationsmittel von *N. H. Furman.*

4. Wie groß muß die Normalität einer Cer(IV)-sulfatlösung sein, bei welcher die Anzahl ml bei einer Einwaage von 0,6000 g gleich dem Prozentgehalt an Eisen ist?

5. 0,5000 g unreines NaN_3 benötigt zur Oxydation zu Stickstoff 45,00 ml 0,1600 n $Ce(SO_4)_2$-Lösung. Welchen Prozentgehalt hat das Salz? Antwort: 93,63%.

6. 25 g 80%iges CeO_2 wird in $Ce(SO_4)_2$ übergeführt und auf 1 l verdünnt. Welche Normalität hat die Lösung?

XIV. Oxydations- und Reduktionsprozesse mit Jod (Jodometrie).

Viele wertvolle volumetrische Bestimmungsmethoden beruhen auf der Bestimmung von Jod. Diese „jodometrischen Methoden" können in 2 Hauptgruppen eingeteilt werden:

1. *Direkte Methoden*, in welchen eine Standard-Jodlösung als Oxydationsmittel in saurer oder neutraler Lösung verwendet wird. Ein Beispiel hiefür ist die Titration der schwefeligen Säure:

$$H_2SO_3 + J_2 + H_2O = H_2SO_4 + 2\,HJ. \tag{1}$$

Bei allen Reaktionen dieser Gruppe wird das Jod zu Jodid reduziert. Man kann auf diese Weise u. a. die Reduktionsmittel Sulfid-, Sulfit-, Thiosulfat-, Arsenit-. Hexacyanoferrat(II)-, Zinn(II)- und Antimon(III)-ion bestimmen.

Die Reaktion des Jods mit den schwächsten Reduktionsmitteln verläuft nicht vollständig, da Jod ein verhältnismäßig schwaches Oxydationsmittel ist. Mit etwas stärkeren Reduktionsmitteln kann nur in neutralen Lösungen eine vollständige Reaktion eintreten, wie dies S. 222 beschrieben wurde. Beispiele hiefür sind die jodometrischen Titrationen von $[Fe(CN)_6]^=$, As^{III} und Sb^{III}. Anderseits verlaufen Reaktionen mit starken Reduktionsmitteln selbst in saurer Lösung vollständig. Beispiele hiefür sind die jodometrischen Titrationen von H_2SO_3. $SnCl_2$ und H_2S.

2. *Indirekte Methoden*, bei welchen Oxydationsmittel in neutraler oder saurer Lösung (gewöhnlich letztere) mit einem löslichen Jodid reagieren, wobei eine äquivalente Jodmenge in Freiheit gesetzt wird, die sodann mit einem Standard-Reduktionsmittel titriert wird. Als letzteres wird gewöhnlich Natriumthiosulfat verwendet, das zu Natriumtetrathionat oxydiert wird:

$$K_2Cr_2O_7 + 6\,KJ + 14\,HCl = 2\,CrCl_3 + 3\,J_2 + 8\,KCl + 7\,H_2O. \tag{2}$$

$$2\,Na_2S_2O_3 + J_2 = Na_2S_4O_6 + 2\,NaJ. \tag{3}$$

Da Jodwasserstoffsäure ein starkes Reduktionsmittel ist, kann man mittels dieses Verfahrens eine sehr große Anzahl von Oxydationsmitteln bestimmen, unter anderen J_2, Cl_2, Br_2, JO_3^-, JO_4^-, OBr^-, BrO_3^-, OCl^-, ClO_2^-, ClO_3^-, $S_2O_8^=$, H_2O_2, NO_2^-, $AsO_4^=$, $[Fe(CN)_6]^=$, $CrO_4^=$, MnO_4^-, MnO_2 und andere höhere Oxyde, Fe^{III}-, Cu^{II}- und Sb^V-Ion.

Das Normalpotential des Systems Jod-Jodid, 0,535 V, ändert sich bei einer mäßigen Veränderung des p_H nicht wesentlich, dagegen steigt das Potential oxydierender Anionen mit zunehmender Wasserstoffionenkonzentration an. Dieses Verhalten wurde bei der Besprechung des Arsenit-Arsenat-Systems, S. 173, behandelt. Arsensäure kann durch Jodid nur in sehr stark saurer Lösung (≥ 4 n HCl) vollständig reduziert werden. Bei geringerer Azidität ist das Oxydationspotential der Arsensäure für eine quantitative Reduktion zu gering. Viele schwache oxydierende Anionen können mittels Jodid vollkommen reduziert werden, wenn ihre Oxydationspotentiale durch die Anwesenheit einer großen Säuremenge zu einem Höchstwert gesteigert werden.

Washburn[1] hat berechnet, daß das p_H bei der Titration von Arsenit mit Jod zwischen 4 und 9 liegen muß, um eine Titrationsgenauigkeit von 0,1% zu erreichen. Schwache Reduktionsmittel, wie ein Arsenit oder Antimonit, können mittels Jod nur in neutraler Lösung vollständig oxydiert werden, in welcher die [H+] so gering ist, daß das Oxydationspotential des Reduktionsmittels ein Minimum oder seine Reduktionskraft ein Maximum besitzt. Starke Reduktionsmittel, wie H_2SO_3, können mittels Jod selbst in stark saurer Lösung vollständig oxydiert werden.

Das Potential einfacher Kationen ist theoretisch von dem p_H nicht abhängig, sondern hängt lediglich von dem Verhältnis der Konzentrationen der oxydierten zur reduzierten Form des Kations, z. B. $\dfrac{[Fe^{+++}]}{[Fe^{++}]}$ ab. Um Fe^{III}-Ion vollständig zu reduzieren, benötigt man eine hohe Jodidionenkonzentration. Um umgekehrt jede Reduktion des Fe^{III}-Ions zu verhindern, setzt man ein Fluorid oder Phosphat zu, das mit dem Fe^{III}-Ion einen Komplex oder ein undissoziiertes Salz bildet und seine Konzentration dadurch sehr klein macht.

Ist eine vollständige Reduktion schwacher Oxydationsmittel schwierig zu erreichen, so können eine oder mehrere der nachstehenden Maßnahmen getroffen werden:

1. Die [H+] kann erhöht werden, wenn dies, wie eben erklärt, das Oxydationspotential des Oxydationsmittels erhöht.

2. Die [J−] kann erhöht werden, wie z. B. in der Reaktion zwischen Fe^{+++} und J^-.

3. Das Jod kann weggekocht und in einem geeigneten Reagens aufgefangen oder mittels eines unlöslichen Lösungsmittels, wie $CHCl_3$ oder CS_2, extrahiert werden.

In manchen Fällen ist das Jodid ein zu starkes Reduktionsmittel; dann kocht man das zu analysierende Oxydationsmittel mit HCl oder HBr und leitet das entwickelte Chlor oder Brom in eine KJ-Lösung. Das dabei in Freiheit gesetzte Jod wird mit Thiosulfat titriert. MnO_2 enthält z. B. gewöhnlich etwas Fe_2O_3; beide Oxyde setzten aus HJ Jod in Freiheit; aber nur MnO_2 setzt aus HCl Chlor in Freiheit.

---

[1] *Washburn:* J. Amer. chem. Soc. **30**, 31 (1908).

Der große Vorteil der jodometrischen Bestimmungen beruht auf dem scharfen Endpunkt, der erhalten werden kann. 1 Tropfen einer 0,1 n Jodlösung verleiht 200 ml Wasser eine erkennbare Farbe. Der Test kann durch Zugabe einer Stärkelösung noch viel empfindlicher gemacht werden. Dabei entsteht eine dunkelblaue Adsorptionsverbindung, die Jod und Jodid enthält; das Jod ist so locker adsorbiert, daß es sich wie das freie Element verhält. Die in der Jodometrie verwendeten Lösungen sind ganz beständig. Einige dieser Bestimmungsmethoden gehören bei Beachtung gewisser Vorsichtsmaßregeln zu den genauesten der Volumetrie.

Es muß beachtet werden, daß alle jodometrischen Reaktionen in neutraler oder sauerer Lösung durchgeführt werden. In alkalischer Lösung reagiert das Jod mit dem Hydroxylion unter Bildung von Jodid und Hypojodit:

$$J_2 + 2\,KOH = KJ + KJO + H_2O. \tag{4}$$

Das Hypojodit ist sehr unbeständig und zersetzt sich sofort in Jodat:

$$3\,KJO = 2\,KJ + KJO_3. \tag{5}$$

Diese Zersetzung erfolgt infolge Hydrolyse selbst in Gegenwart eines gewöhnlichen Karbonates, ist jedoch in einer Hydrogenkarbonatlösung. deren p_H nicht über 9 liegt, nicht merklich.

Wie eben festgestellt, benötigt man manchmal bei direkten Titrationen mit Jod annähernd neutrale Lösungen, die mittels verschiedener Pufferlösungen erhalten werden können. S. 104 wurde gezeigt, daß der Bereich eines Puffers durch die Dissoziationskonstante des schwächeren Bestandteiles bestimmt wird. Die am häufigsten angewendeten Puffergemische, um ein p_H von etwa 7 aufrechtzuhalten, sind: 1. Eine mit CO_2 gesättigte $NaHCO_3$-Lösung. 2. Borax und Borsäure. 3. Die beiden Phosphate Na_2HPO_4 und NaH_2PO_4 in entsprechendem Verhältnis. Wird Jod in einer direkten jodometrischen Titration gebraucht, so wird ein Jodid oder Jodwasserstoffsäure gebildet. Letztere reagiert sofort mit der ersten Puffermischung unter H_2CO_3-Bildung, einer flüchtigen und sehr schwachen Säure; mit der zweiten Puffermischung unter Bildung von Borsäure, die ebenfalls sehr wenig dissoziiert ist. So wird das p_H der Lösung sich während der Titration in keinem Falle wesentlich ändern.

Bei indirekten jodometrischen Reaktionen kann die Oxydation der Jodwasserstoffsäure durch den stets in beträchtlichem Überschuß vorhandenen Luftsauerstoff als wesentliche Fehlerquelle auftreten:[1]

$$4\,HJ + O_2 = 2\,J_2 + 2\,H_2O. \tag{6}$$

Diese Reaktion tritt in neutralen KJ-Lösungen nicht ein, ihre Geschwindigkeit steigt mit zunehmender Säurekonzentration und wird durch starkes Licht und durch die Anwesenheit gewisser katalytisch

---

[1] H. *Ditz:* Z. analyt. Chem. **72**, 360 (1927). — *W. Böttger:* Z. analyt. Chem. **72**, 367 (1927).

wirkender Verunreinigungen, wie z. B. Spuren von Cu, beschleunigt. Die, einen Überschuß von HJ enthaltende Lösung darf daher vor der Titration des Jods mit Thiosulfat, nicht länger als notwendig stehen. Benötigt die Reaktion zwischen dem Oxydationsmittel und dem Jodid längere Zeit zum vollständigen Ablauf, so sollte unter CO_2-Atmosphäre gearbeitet werden. Da die indirekten jodometrischen Verfahren gewöhnlich in saurem Medium durchgeführt werden, ist die Wichtigkeit dieses „Sauerstoffehlers" augenscheinlich. In allen angeführten Fällen werden saure Lösungen verwendet, obwohl freies Chlor und Brom mit KJ auch in neutraler Lösung reagieren wird.

Die in der Jodometrie gebräuchlichen Maßlösungen sind Lösungen von Jod, von $Na_2S_2O_3$ und manchmal von $NaAsO_2$. $Na_2S_2O_3$ ist ein besseres Reduktionsmittel als das letztere, da es zur Titration einer sauren Jodlösung verwendbar ist, während $NaAsO_2$ eine neutrale Jodlösung benötigt.

Stärkelösung. Eine klare oder nur schwach opalisierende Lösung, die mittels löslicher Stärke hergestellt wird, ist am zweckmäßigsten. Reibe 5 g lösliche Stärke mit wenig Wasser zu einer Paste an und gieße diese unter ständigem Rühren in 500 ml siedendes Wasser. Füge nach dem Abkühlen 10 g KJ zu. Unter Toluol hält diese Lösung lange Zeit in einer verschlossenen Flasche.

Wird gewöhnliche Stärke verwendet, so reibt man 2 g mit kaltem Wasser zu einer dünnen Paste an, die man langsam in 200 ml siedendes Wasser gießt und 2 Minuten kochen läßt. Man läßt absitzen und dekantiert die klare Lösung, die jeden Tag frisch bereitet werden soll, außer man konserviert sie mit einigen Milligramm Quecksilberjodid.

Beim Gebrauch der Stärke als Indikator müssen gewisse Regeln beachtet werden. Die Lösung soll frisch oder gut konserviert sein. Sie darf erst kurz vor Erreichen des Endpunktes zur zu titrierenden Lösung zugesetzt werden. Sonst kann selbst im Endpunkt etwas Jod adsorbiert bleiben. Stärke kann in einer stark sauren Lösung infolge Hydrolyse zu anderen Produkten nicht verwendet werden; ebensowenig ist sie in alkoholischer Lösung verwendbar. Da die blaue Adsorptionsverbindung Jodid und Jod enthält, sollte in der Stärkelösung pro 100 ml mindestens 1 g KJ anwesend sein. Wird zu einer brauchbaren Stärkelösung die erste Spur Jod zugesetzt, so entsteht zunächst eine rote Färbung, die bei Zugabe von mehr Jod blau wird. Beim Erhitzen verschwindet die Farbe. Bei den Titrationen sollte stets dieselbe Stärkemenge zugesetzt werden. Auf 100 ml der zu titrierenden Lösung nimmt man 2 ml einer 1%igen Stärkelösung.

Standard-Natriumthiosulfatlösung. Mit ziemlich schwachen Oxydationsmitteln reagiert $Na_2S_2O_3$ unter Bildung von Tetrathionat:

$$2\,Na_2S_2O_3 + O + H_2O = Na_2S_4O_6 + 2\,NaOH \qquad (7)$$
$$\text{(ebenfalls Gleichung (3)).}$$

Da zwei $Na_2S_2O_3$ zwei Äquivalente Sauerstoff benötigen, ist das Äquivalent des $Na_2S_2O_3$ gleich seinem Molgewicht. Das kristallisierte Salz hat die Formel $Na_2S_2O_3 \cdot 5\,H_2O$; sein Molgewicht beträgt 248,19. Daher enthält 1 l einer 0,1 n Lösung 24,819 g. Die Lösung kann nicht exakt durch Einwägen hergestellt werden, da das Salz verwittert und seine Zusammensetzung daher unsicher ist.

Die Reaktion zwischen $Na_2S_2O_3$ und schwachen Oxydationsmitteln, wie Jod oder $FeCl_3$, verläuft wie angegeben; mit stärkeren Oxydationsmitteln, wie Brom oder Dichromat, ist die Reaktion nicht mehr eindeutig, da zusammen mit anderen Produkten beträchtliche Mengen Sulfat gebildet werden.[1] Thiosulfat kann vollständig zu Sulfat oxydiert werden, doch ist die Reaktion volumetrisch nicht brauchbar. Das Reagens wird daher *nur zur Titration von Jod in mehr oder minder saurer Lösung verwendet.*

Freie Thioschwefelsäure ist sehr unbeständig:

$$H_2S_2O_3 = H_2SO_3 + S. \tag{8}$$

Eine Thiosulfatlösung bleibt beim Ansäuern kurze Zeit klar, dann fällt freier Schwefel aus. Infolge dieser Zersetzung kann Thiosulfat zur Titration einer sauren Jodlösung nur dann verwendet werden, wenn die Lösungen so vollkommen gemischt werden, daß kein örtlicher Thiosulfatüberschuß vorhanden ist. Thiosulfatlösungen sind stabil, wenn sie steril aufbewahrt werden. Die Bakterien, welche eine Zersetzung bewirken, scheinen im p_H-Bereich zwischen 9 und 10 weniger aktiv zu sein; daher wirkt der Zusatz einer geringen Menge eines Alkalis günstig. Sauerstoff ist auf die Lösung ohne Wirkung.

Löse 24,85 g der reinen Kristalle (auf der groben Waage gewogen) in heißem, vorher durch Kochen sterilisiertem Wasser. Füge 1 ml 0,1 n NaOH oder 0.1 g Na_2CO_3 zu, lasse abkühlen und fülle zu einem Liter auf. Lasse die Lösung in verschlossener Flasche 1 bis 2 Tage vor der Titerstellung stehen. Sie sollte 1 bis 2 Tage vor oder nach Gebrauch eingestellt werden, um die Möglichkeit einer Veränderung der Normalität durch Bakterieneinwirkung auszuschließen.

Titerstellung der $Na_2S_2O_3$-Lösung. Es muß ein Oxydationsmittel verwendet werden, welches, zu einer sauren KJ-Lösung zugesetzt, eine äquivalente Jodmenge in Freiheit setzt. Unter diesen sind folgende Urtitersubstanzen verwendbar: $K_2Cr_2O_7$, KJO_3, $KBrO_3$, Cu, J_2. Es ist ziemlich schwierig, das Jod in reinem, trockenem Zustand zu erhalten und zu wägen. Gegen $Na_2C_2O_4$ eingestellte $KMnO_4$-Lösung kann als sekundärer Standard dienen. $K_2Cr_2O_7$ kann leicht rein erhalten werden; seine einzigen Unannehmlichkeiten sind die grüne Farbe des gebildeten Cr^{III}-Salzes und der Sauerstoffehler, der auftritt, wenn die Acidität genügend hoch ist, damit die Reaktion vollständig verläuft. KJO_3 ist von diesen beiden Unannehmlichkeiten frei. Es wird auch in essigsaurer Lösung vollständig reduziert. Kupfer ist eine wünschenswerte Titersubstanz, wenn die Thiosulfatlösung zur Kupferbestimmung dienen soll.

Titerstellung gegen $K_2Cr_2O_7$. Die Reaktion wird in einer 4% KJ enthaltenden, an Salzsäure 0,2 bis 0,4 n Lösung durchgeführt. Vor der

---

[1] *I. M. Kolthoff:* Z. analyt. Chem. **60**, 341 (1921).

Titration wird die Lösung auf eine Acidität unter 0,1 n verdünnt.[1]
Gib 4 g KJ und 2 g $NaHCO_3$ (um den Sauerstoff aus dem Kolben mittels
CO_2 zu verdrängen) in einen 500-ml-*Erlenmeyer*-Kolben und füge 100 ml
kaltes Wasser zu, das kurz vorher gekocht wurde, um den Sauerstoff
zu entfernen. Sobald die Salze vollkommen gelöst sind, fügt man unter
Umschwenken langsam 5 bis 6 ml konzentrierte Salzsäure zu. Dieses
Säurevolum entspricht einem Überschuß von etwa 3 ml. Beachte, daß
das Hydrogenkarbonat nicht zur Neutralisation der Lösung zugesetzt
wurde, die zur Reaktion zwischen Dichromat und Jodid stark sauer
sein muß. Wirksamer, aber weniger gebräuchlich könnte eine inerte
Atmosphäre durch Füllen des Kolbens mit CO_2 mittels eines Kipp oder
dergleichen erhalten werden. Halte den Kolben soweit als möglich bedeckt. Die Lösung muß vollkommen farblos sein. Einzelne Sorten von
KJ zeigen beim Ansäuern mit HCl eine Gelbfärbung, die von freiem
Jod herrührt. Tritt dies ein, so füge 0,1 n $Na_2S_2O_3$ zu, bis die Lösung
farblos ist. Setze etwa 45 ml (genau gemessen) 0,1 n $Na_2Cr_2O_7$-Lösung
zu, mische die Lösungen gut durch und spüle die Wände des Kolbens
mit einigen ml gekochten Wassers aus der Waschflasche so ab, daß das
Wasser eine dünne Schicht ober der Lösung bildet. Verstöpsle den Kolben mit einem reinen Stopfen und stelle ihn 5 bis 6 Minuten ins Dunkle,
um die folgende Reaktion zu Ende zu führen.

$$6 \text{ KJ} + K_2Cr_2O_7 + 14 \text{ HCl} = 8 \text{ KCl} + 2 \text{ CrCl}_3 + 3 J_2 + 7 H_2O. \quad (9)$$

(Diese Reaktion verläuft nur in erhitzter Lösung momentan, doch das
Erhitzen bewirkt einen Jodverlust.) — Kühle die Lösung, um jeden Jodverlust zu vermeiden, entferne den Stopfen, spüle ihn ab und verdünne
die Lösung mit kaltem, gekochtem Wasser auf 300 bis 400 ml. Titriere
mit Thiosulfat unter ständigem Schwenken des Kolbens, um die Lösungen sofort zu mischen (warum?), bis die dunkelbraunrote Farbe sich
nach Gelbgrün verändert hat (Gleichung (3)). Sobald das Jod fast ganz
verschwunden ist und die Farbe der Lösung sich einem reinen Grün
nähert, fügt man 1 bis 2 ml der Stärkelösung zu und spült die Wandungen des Kolbens ab. Die Farbe sollte nach Dunkelblau oder Grünlichblau umschlagen. Ein Grund, warum die Stärke nicht sofort zugesetzt werden darf, ist, daß man die Annäherung an den Endpunkt
nicht sehen würde. Diese Methode wird bei allen ähnlichen Titrationen
angewendet, da sehr wenig Jod, welches einer Lösung eine hellgelbe
Färbung verleiht, mit Stärke eine fast ebenso dunkle Färbung gibt wie
eine große Jodmenge. (Welches ist ein anderer Grund, um die Stärkelösung nicht früher zuzusetzen?)

Fahre fort, das Thiosulfat tropfenweise zuzusetzen. Die dunkelblaue Farbe wird allmählich heller, wird grünlichblau, schließlich erscheint auf Zusatz eines Tropfens Thiosulfat eine rein grüne Farbe. Der
Endpunkt ist bei gutem Licht gegen einen weißen Hintergrund sehr

---

[1] *Vosburgh:* J. Amer. chem. Soc. **44**, 2120 (1922). — *Bray* und *Müller:*
J. Amer. chem. Soc. **46**, 2204 (1924). — *Popoff* und *Whitman:* J. Amer.
chem. Soc. **47**, 2259 (1925).

scharf, wenn die Lösung nicht zu konzentriert und deshalb zu tief gefärbt ist. Setze den Stopfen auf und schüttle die Lösung einen Augenblick, um festzustellen, ob die blaue Farbe sofort wiederkehrt (Joddämpfe im Kolben). Ist dies der Fall, so titriere neuerlich. bis jede Blaufärbung verschwunden ist. Nach kurzem Stehen kehrt die Farbe gewöhnlich wieder (warum?). Der Endpunkt ist ziemlich plötzlich und benötigt etwas Erfahrung, um die schließliche Farbänderung festzustellen. Der Endpunkt kann sehr leicht überschritten werden, da die Farbe sehr plötzlich von Blau nach Grün umschlägt. In einem solchen Falle muß die Titration verworfen werden. Es ist nicht möglich, Dichromat zuzusetzen und die Titration fortzuführen, da der Überschuß des Thiosulfates von der Säure zersetzt worden sein kann und auch, weil die Reaktion mit dem Dichromat (in der verdünnten Lösung) zu langsam ist. Berechne aus dem Ergebnis der ersten Titration annähernd die Volume des Thiosulfates für die weiteren Titrationen und gehe sorgfältiger an den Endpunkt heran! Wiederhole die Titration, bis die Normalitäten innerhalb 2 Teile auf Tausend übereinstimmen. Beachte bei der Berechnung, daß das Milliäquivalent von $K_2Cr_2O_7$ 0.049035 g beträgt (vgl. S. 196).

An Stelle einer Standard-Dichromatlösung kann die Verwendung von Einzelproben von $K_2Cr_2O_7$ von etwa 0,22 g vorgezogen werden. So werden alle Fehler vermieden, die bei der Bereitung und beim Abmessen der Dichromatlösung auftreten können.

Einstellung gegen KJO_3. Diese Substanz hat zwei Vorteile: Sie bildet ein farbloses Reduktionsprodukt und reagiert in so schwach sauerer Lösung mit Jodid fast momentan, daß der „Luftfehler" vernachlässigbar ist. Daher ist eine CO_2-Atmosphäre unnötig. Das Salz muß besonders gereinigt sein. Sein Äquivalent beträgt ein Sechstel des Molgewichtes, so daß 3,567 g KJO_3 für 1 Liter einer 0,1 n Lösung benötigt werden. Werden Einzelproben verwendet, so wäge in 250-ml-Titrierkolben etwa 0,12 bis 0,17 g des Salzes ein und löse in 50 ml frisch gekochtem, kaltem Wasser. Füge 2 g KJ, und sobald dieses gelöst ist, 1 ml konz. HCl in 10 bis 15 ml Wasser zu. Wird eine Standard-Jodatlösung verwendet, so füge etwa 45 ml der 0,1 n Lösung und die Säure zu 2 g KJ zu, das in wenig Wasser im 250-ml-Titrierkolben gelöst wurde. Die Reaktion (Gleichung (2)) ist fast augenblicklich. Titriere das Jod sofort mit der Thiosulfatlösung. Füge Stärke als Indikator zu, sobald die Lösung blaßgelb geworden ist. Berechne die Normalität der Thiosulfatlösung. Das Milliäquivalent von KJO_3 beträgt 0,03567 g.

Einstellung gegen eine $KMnO_4$-Lösung.[1] Die schließliche Acidität der Lösung zu Ende der Titration sollte zwischen 0,05 und 0,2 n. vorzugsweise bei 0,1 n liegen; die KJ-Konzentration soll 6% betragen; vor der Titration soll die Lösung an einem dunklen Ort 10 Minuten stehen.

[1] *Popoff* und *Whitman:* J. Amer. chem. Soc. **47**, 2259 (1925). — *Bray* und *Miller:* J. Amer. chem. Soc. **46**, 2204 (1924).

Genauere Angaben werden für diese Methode nicht gemacht, da $KMnO_4$ ein sekundärer Standard ist. Da so viele gute Urtitersubstanzen zur Einstellung der Thiosulfatlösung verfügbar sind, scheint es überflüssig, eine indirekte Methode anzuwenden.

Einstellung gegen Kupfer. Diese Methode wird nur empfohlen, wenn das Thiosulfat zur Kupferbestimmung verwendet wird. In schwach saurer Lösung reagieren Kupfer(II)-salze mit einem Jodid unter Bildung von Jod und unlöslichem Kupfer(I)-jodid:

$$2\,Cu(C_2H_3O_2)_2 + 4\,KJ = Cu_2J_2 + J_2 + 4\,KC_2H_3O_2. \qquad (10)$$

Das Jod wird mit Thiosulfat titriert. Bei dieser Reaktion ist das Äquivalent des Kupfers gleich seinem Atomgewicht; daher das Milliäquivalent 0,06357 g.

Das bei dieser Reaktion gebildete Cu_2J_2 ist gewöhnlich durch adsorbierte Jodstärke gefärbt und im Endpunkt nicht rein weiß. *Foote* und *Vance*[1] zeigten, daß das Cu_2J_2 durch Zugabe von Rhodanid knapp vor dem Endpunkt in das weiße, weniger lösliche Kupfer(I)-Rhodanid umgewandelt wird, welches kein Jod adsorbiert.

Schneide reine Elektrolytkupferfolie in kleine Stücke. Wäge Proben von etwa 0,25 g in 150-ml-Bechergläser ein und löse sie in 10 ml H_2O und 4 ml konz. HNO_3. Dampfe die Lösung auf einer Niedertemperatur-Heizplatte oder am Wasserbad ein, bis der Überschuß der Säure entfernt ist und das Salz beim Abkühlen erstarrt. Treibe das Eindampfen nicht so weit, daß ein basisches Nitrat entsteht, da sich so ein Salz nicht leicht löst. Löse das Kupfernitrat in etwa 25 ml Wasser und füge. Tropfen für Tropfen, 1 n NaOH zu, bis sich ein geringer, bleibender Niederschlag von $Cu(OH)_2$ bildet. Löse diesen durch Zugabe von 4 ml Eisessig und verdünne mit Wasser auf etwa 70 ml. Gib zur kühlen Lösung 3 g KJ, in einigen ml Wasser gelöst, zu, lasse die Mischung eine halbe Minute stehen und titriere sodann unverzüglich mit Thiosulfat, bis die braune Jodfärbung sich in Hellgelb verwandelt hat. Füge nun 2 ml Stärkelösung zu und setze die Titration unter ständigem Rühren oder Schwenken fort, bis die blaue Farbe beinahe verschwindet. Gib 2 g NH_4- oder KONS zu und titriere bis zum vollkommenen Verschwinden der blauen Farbe. Die blaue Farbe kann nach einigen Minuten wieder auftreten; der Endpunkt ist durch das erste, vollkommene Verschwinden auf 5 oder 10 Sekunden gekennzeichnet.

Fehler. Die hauptsächlichsten Fehlerquellen bei den eben beschriebenen Methoden sind die Oxydation des HJ durch den Luftsauerstoff, durch welche die Normalität der Thiosulfatlösung zu nieder gefunden wird; der mögliche Jodverlust durch Verdampfung, der zu einem zu hohen Wert der Normalität führt; und unvollständige Reduktion des Oxydationsmittels (vgl. S. 211), wodurch eine zu hohe Normalität gefunden wird.

---

[1] *H. W. Foote* und *J. E. Vance:* J. Amer. chem. Soc. **58,** 845 (1935); Ind. Engng. Chem., Analyt. Edit. 8, 119 (1936), **9,** 205 (1937).

Andere Anwendungen. Es ist klar, daß diese Methoden der Titerstellung einer Thiosulfatlösung umgekehrt werden und zur Bestimmung von JO_3^-, MnO_4^-, Cr und Cu dienen können. Bei der Bestimmung der anderen Oxydationsmittel (S. 210) wird im wesentlichen dieselbe Arbeitsweise verwendet; die hauptsächlichste Verschiedenheit liegt in der Säurekonzentration, die manchmal, wie beim Arsenat, sehr hoch sein muß, manchmal, wie beim Jodat, ziemlich gering sein kann. Die Reaktion mit Fe^{+++} ist sehr langsam. Genaue Arbeitsvorschriften werden zur Bestimmung des Hypochlorits in einem Bleichmittel und von Kupfer in einem Erz gegeben.

Um die volumetrische Bestimmung oxydierender Substanzen nach dieser Methode zu beschreiben, benötigt man stets zwei Gleichungen: eine, in der Jod in Freiheit gesetzt wird, und eine, in welcher das Jod mit Thiosulfat titriert wird.

Bestimmung des bleichenden Chlors in Chlorkalk.

Chlorkalk besteht hauptsächlich aus einem Calciumsalz sowohl der Salzsäure, als auch der unterchlorigen Säure, und hat die (vereinfachte) Formel $CaCl \cdot OCl$. Der aktive Bestandteil ist das Hypochlorit; es ist üblich, den Wert von Chlorkalk in Prozenten „bleichendes Chlor" auszudrücken, entsprechend der bei Säurebehandlung in Freiheit gesetzten Chlormenge:

$$CaCl_2O + 2\,HCl = CaCl_2 + Cl_2 + H_2O. \tag{11}$$

Reine unterchlorige Säure reagiert in gleicher Weise:

$$HClO + HCl = Cl_2 + H_2O. \tag{12}$$

Das „bleichende Chlor" kann auf folgenden Wegen bestimmt werden:
1. Das durch die Wirkung des Hypochlorits auf überschüssiges Kaliumjodid in saurer Lösung in Freiheit gesetzte Jod wird mit einer Standard-Thiosulfatlösung titriert.

$$CaCl_2O + 2\,KJ + 2\,HCl = CaCl_2 + 2\,KCl + J_2 + H_2O. \tag{13}$$

2. Das Hypochlorit kann mittels Standard-Arsenitlösung reduziert werden:

$$CaCl_2O + NaAsO_2 + 2\,NaOH = CaCl_2 + Na_3AsO_4 + H_2O. \tag{14}$$

Der Endpunkt wird durch Tüpfeln gegen Kaliumjodid-Stärke-Papier festgestellt; er ist erreicht, wenn ein Tropfen der Lösung das Papier nicht mehr blau färbt.

Thiosulfat-Methode. *Arbeitsvorschrift.* Wäge Proben von 5 g des Chlorkalks genau ab und verreibe in der Reibschale unter steigendem Wasserzusatz, bis alles gleichmäßig fein gemahlen ist. Spüle den Brei in einen 500-ml-Maßkolben, fülle mit Wasser bis zur Marke auf und schüttle die Mischung, bis der Chlorkalk völlig suspendiert ist. Ist er nicht zu feinem Pulver gemahlen, so werden Klümpchen Hypochlorit einschließen. Pipettiere 50 ml der frisch hergestellten, homogenen Suspension in einen 250-ml-*Erlenmeyer*-Kolben ab, verdünne auf 100 ml, füge 2 g KJ und 15 ml Eisessig zu. Titriere das in Freiheit gesetzte Jod mit 0,1 n $Na_2S_2O_3$. Füge 2 ml Stärkelösung zu, bevor die gelbe Farbe in der Lösung eben verschwindet.

Der Prozentgehalt an bleichendem Chlor wird aus dem Mittelwert von Parallelanalysen berechnet, die gut übereinstimmen sollten. Beachte, daß das Milliäquivalent des Chlors 0,03546 g Cl beträgt und daß nur ein Zehntel der ursprünglichen Probe titriert wurde.

Arsenit-Methode. *Arbeitsvorschrift.* Verfahre, wie oben beschrieben, pipettiere jedoch 50 ml der Suspension in ein 250-ml-Becherglas. Titriere mit 0,1 n Arsenitlösung, bis beim Tüpfeln mit einem Tropfen der Lösung keine Blaufärbung von KJ-Stärkepapier mehr auftritt. Das Test-Papier wird durch Eintauchen von Filterpapierstreifen in eine Stärkelösung hergestellt, welche etwas KJ enthält (S. 213). Lasse die Streifen abrinnen und trockne sie auf einem Uhrglas.

Herstellung der 0,1 n Natriumarsenitlösung. Löse 4,9455 g reines getrocknetes As_2O_3 (p. A.) in einer Lösung von 10 g NaOH in 30 ml H_2O auf. Das Oxyd löst sich leicht in der erwärmten Lösung. Verdünne die Lösung im 1000-ml-Maßkolben auf etwa 500 ml, neutralisiere durch Zugabe von 21 ml konz. HCl und füge dann 10 g $NaHCO_3$ zu. Schließlich wird die Lösung genau auf 1 l verdünnt und gründlich gemischt.

Bestimmung von Kupfer in einem Erz.

Eine jodometrische Methode für reines Kupfer wurde bereits beschrieben. In Erzen können neben Cu Fe, As, Sb vorhanden sein. Diese Metalle setzen in ihren höheren Oxydationsstufen ebenfalls Jod in Freiheit. Fe^{III} kann in den $[FeF_6]^{≡}$-Komplex übergeführt werden, in welchem die Konzentration an freiem Fe^{III}-Ion so gering ist, daß sie keine Oxydationswirkung auf ein Jodid ausübt. As^V- und Sb^V-Verbindungen oxydieren Jod nicht in einem Milieu, dessen p_H größer ist als 3,5, wohingegen die Reduktion des Cu^{II}-Ions selbst in einer Lösung mit einem p_H 5,5 vollständig ist. *Park*[1] hat unter sorgfältiger Berücksichtigung derartiger Unterschiede eine Schnellmethode der Kupferbestimmung in Erzen ausgearbeitet. Diese von *Crowell* und von *Foote* und *Vance*[2] modifizierte Methode, deren Arbeitsvorschrift gegeben wird, ist viel kürzer als jede Methode, in welcher Kupfer von störenden Metallen abgetrennt wird.

Arbeitsvorschrift. Erhitze 0,5 bis 1 g einer Probe des feingepulverten Erzes mit Salpetersäure, bis alles Kupfer gelöst ist. Enge die Lösung auf etwa 5 ml ein, füge 30 ml H_2O zu und koche, um sicher zu sein, daß alles Lösliche gelöst ist und um die Stickoxyde zu verjagen.

---

[1] *B. Park:* Ind. Engng. Chem., Analyt. Edit. **3**, 77 (1931).

[2] *W. R. Crowell* und Mitarbeiter: Ind. Engng. Chem., Analyt. Edit. **8**, 9 (1936). — *H. W. Foote* und *J. E. Vance:* Ind. Engng. Chem., Analyt. Edit. **8**, 119 (1936); **9**, 205 (1937).

Filtriere und wasche den Rückstand sorgfältig mit heißer, verdünnter Salpetersäure. Ist der Rückstand gering oder von lichter Farbe, so kann die Filtration unterbleiben. Konzentriere die Lösung auf etwa 30 ml und füge zur erkalteten Lösung Ammoniak zu, bis das Eisen vollkommen ausgefällt ist und die Lösung deutlich nach Ammoniak riecht. Vermeide einen Ammoniaküberschuß. Füge unter ständigem Rühren $2 \pm 0,1$ g NH_4HF_2 und 3 g KJ zu; rühre, bis sich die Salze gelöst haben. Die Lösung hat ein p_H von etwa 3,5. Titriere sie sofort mit 0.1 n $Na_2S_2O_3$ und füge nahe dem Endpunkt 2 ml Stärkelösung zu. Sobald die blaue Farbe zu verblassen beginnt, werden 2 bis 3 g NH_4CNS zugesetzt und die Titration wird beendet. Nach Erreichen des Endpunktes soll die blaue Farbe innerhalb 15 Sekunden nicht wiederkehren. Eine rasche Wiederkehr der Farbe kann von ungenügend Fluorid herrühren. Für jedes 0,1 g Fe oder Al sollte 1 g NH_4HF_2 zugefügt werden. Die Genauigkeit der Methode nimmt in dem Maße ab, als der Eisengehalt des Erzes wächst. Ist das p_H der Lösung zu hoch, so ist die Reaktion zwischen Cu^{II} und J^- langsam und der Endpunkt ist nicht beständig.

Nach *Caldwell*[1] kann der Endpunkt bei Abwesenheit von Rhodanid durch Zusatz eines Schutzkolloids verbessert werden. Man setzt 0.5 bis 1 ml einer 4%igen alkoholischen Lösung von weißem Schellack zu, sobald die Hauptmenge des Jods titriert ist. Dadurch wird das Cu_2J_2 ausgeflockt und die Oberfläche desaktiviert, so daß eine weitere Adsorption vermindert wird.

Wird das Kupfer durch die Behandlung des Erzes mit HNO_3 nicht völlig gelöst, so muß eine andere Methode angewendet werden. Vor der Reduktion des Cu^{II}-Ions sollten 10 ml Bromwasser zugesetzt werden, um As oder Sb zu oxydieren. Die Lösung wird sodann gekocht, bis alles Brom entfernt ist. Solche Umstände können vorliegen, wenn das Erz in Königswasser gelöst und mit Schwefelsäure abgeraucht wurde. Anwesender Schwefel würde dann As und Sb in die dreiwertige Stufe reduziert haben. — Berechne den Prozentgehalt des Kupfers im Erz. Das Milliäquivalent von Cu beträgt 0,06357 g.

Es wird oft vorgezogen, das Kupfer als Sulfid oder Metall vom Eisen abzutrennen, indem zur Lösung Zn oder Al zugesetzt wird und die letzten Spuren von Kupfer mittels Schwefelwasserstoff gefällt werden. Der gemischte Kupfer-Kupfersulfidniederschlag wird in HNO_3 gelöst, die Lösung filtriert und As und Sb mit Bromwasser oxydiert. Der Überschuß des Broms wird durch Kochen entfernt; die Lösung wird ammoniakalisch gemacht, sodann mit Essigsäure angesäuert. Dann wird KJ zugesetzt und die Titration, wie beschrieben, durchgeführt.

Standard-Jodlösung. Jod ist in Wasser nur wenig löslich: die Löslichkeit wird durch die Anwesenheit von KJ infolge Bildung des Trijodions J_3^- wesentlich erhöht. Je konzentrierter die KJ-Lösung ist, desto leichter löst sich in ihr das Jod. Obwohl sich letzteres in ver-

---

[1] *Caldwell:* J. Amer. chem. Soc. **57**, 96 (1935).

dünnter KJ-Lösung sehr langsam löst, kann eine konzentrierte Jod-Jodkaliumlösung beträchtlich verdünnt werden, ohne daß Jod ausfällt. Da es ziemlich schwierig ist, Jod in reinem und trockenem Zustand zu erhalten, wird eine Standard-Jodlösung nicht direkt hergestellt. Überdies hat Jod einen merklichen Dampfdruck, so daß beim Öffnen der Flasche mit der Jodlösung etwas Jod entweichen kann. Eine aus reinen Reagenzien hergestellte Jodlösung ist, versiegelt im Dunkeln aufbewahrt, haltbar.

Bereitung und Titerstellung einer 0,1 n Jodlösung. Aus der Gleichung

$$J_2 + 2\,e \rightleftharpoons 2\,J^- \tag{15}$$

geht hervor, daß sich die Oxydationszahl des Jods von 0 auf -1 ändert. Daher ist das Äquivalent des Elements gleich seinem Atomgewicht 126,92; 1 l 0,1 n Lösung enthält 12,692 g Jod. Um diese Jodmenge in Lösung zu halten, braucht man 20 bis 24 g KJ. Da sowohl Jod als auch Kaliumjodid ziemlich teuer sind, sollen für die nachfolgende Arsenbestimmung nur 500 ml der Lösung bereitet werden.

Wäge auf der groben Waage (niemals auf der analytischen Waage wegen der Joddämpfe) 6,5 g reines Jod ab, gib dieses in ein 150-ml-Becherglas und füge 10 bis 11 g KJ und 20 ml Wasser zu. Rühre gelegentlich, bis das Jod gelöst ist, erhitze aber nicht. (Warum?) Verdünne auf 500 ml. Sieh sorgfältig nach, ob ungelöste Teilchen von Jod vorhanden sind; eventuell muß die Lösung filtriert werden (Glassintertiegel). Überleere die Flüssigkeit in eine trockene Glasstopfenflasche. Bewahre diese vor Licht geschützt auf, da die Oxydation des Jodids zu Jod durch Licht beschleunigt wird.

Die Thiosulfatlösung, deren Titer bereits bestimmt wurde, kann zur Einstellung der Jodlösung dienen (Gleichung (3)). Etwa 45 ml (genau gemessen) der Jodlösung werden in einem 250-ml-Titrierkolben auf etwa 100 ml verdünnt; man setzt 1 ml Eisessig zu und titriert mit der Thiosulfatlösung, bis die gelbe Farbe verblaßt. Sodann fügt man 2 ml Stärkelösung zu und setzt die Titration fort, bis die blaue Farbe eben verschwindet. Ein guter Endpunkt kann ohne Indikator in hellem Licht gegen einen weißen Hintergrund erhalten werden. Ist der Endpunkt überschritten, so titriere mit der Jodlösung zurück. Manchmal ist es zweckmäßiger, zum Erscheinen der blauen Farbe zu titrieren, als zum Verschwinden derselben. Wiederhole die Titration, bis befriedigende Übereinstimmung (2 bis 3 Teile auf 1000 Teile) erhalten wird.

Die verbrauchte Anzahl ml der Thiosulfatlösung wird mit der Normalität derselben multipliziert, um das äquivalente Volum einer 1 n Thiosulfatlösung zu erhalten. Letzteres wird durch das Volum der titrierten Jodlösung dividiert, um die Normalität der letzteren zu berechnen.

Es ist angezeigt, die Titerstellung der Thiosulfat- und der Jodlösung sowie die Titration der As_2O_3-Probe innerhalb einer möglichst kurzen Zeit vorzunehmen, um Fehler auszuschließen, die von möglichen Veränderungen der Lösungen herrühren könnten.

Die genaueste Titerstellung einer Jodlösung erfolgt mittels reinen As_2O_3.[1] Ein Standardpräparat garantierter Reinheit kann vom National Bureau of Standards bezogen werden. As_2O_3 ist auch in sehr reiner Form im Handel erhältlich; es kann durch Kristallisation aus Salzsäure und anschließende Sublimation gereinigt werden. Bei einer derartigen Titerstellung wird so vorgegangen, wie im nächsten Abschnitt, „Bestimmung von As in Arsenoxyd", angegeben ist. Diese Methode der Titerstellung ist viel genauer als die oben beschriebene, da hiezu keine andere Standardlösung benötigt wird.

Bestimmung von As in Arsen(III)oxyd. Jodometrische Methode.

Prinzip. Das As_2O_3 wird in Na_2CO_3- oder NaOH-Lösung gelöst, wobei Na-Arsenit gebildet wird:

$$As_2O_3 + Na_2CO_3 = 2\,NaAsO_2 + CO_2. \tag{16}$$

Die Lösung wird angesäuert, um alles Natriumhydroxyd oder -karbonat zu entfernen. Es wird mehr Säure zugesetzt, als zur Hydrogenkarbonatbildung nötig ist. Sodann wird festes $NaHCO_3$ zur Neutralisation der Säure zugesetzt. Eine derartige, mit CO_2 gesättigte $NaHCO_3$ enthaltende Lösung wirkt als Pufferlösung. Das Arsenit ist hauptsächlich als $NaAsO_2$ vorhanden. Eine derartige Pufferlösung ist neutral und reagiert nicht mit Jod. Es ist wesentlich, daß die Lösung einen Überschuß von $NaHCO_3$ enthält, um zu verhindern, daß das p_H infolge der Bildung von HJ während der Titration sinkt. Um eine vollständige Oxydation des Arsenits zu erreichen und um die Reaktion zwischen Jod und Hydroxylion zu vermeiden, muß das p_H der Lösung zwischen 4 und 9 liegen;[2] der beste Wert liegt bei p_H 6,5, das sehr nahe am Neutralpunkt liegt. Das p_H einer 0,12 n $NaHCO_3$-Lösung, die mit CO_2 gesättigt ist, liegt bei 7; eine an Borax und Borsäure gesättigte Lösung hat ein p_H 6,2; in einer Lösung, die 2 Molekel Na_2HPO_4 auf 1 Molekel NaH_2PO_4 enthält, beträgt das p_H etwa 7. Daher sind alle diese Lösungen geeignet. Ist die Lösung alkalisch, so wird etwas Jodid und Jodat gebildet (Gleichungen (4) und (5)); ist sie zu sauer, so verläuft die Reaktion mit dem Arsenit nicht vollständig.

Wie früher festgestellt (S. 174), ist es möglich, die $[J^-]$ durch Zugabe von $HgCl_2$ zu verringern und damit das Oxydationspotential des Systems genügend zu erhöhen, um eine vollständige Oxydation des Arsenits in saurer Lösung zu ermöglichen.[3]

---

[1] *Chapin:* J. Amer. chem. Soc. **41**, 351 (1919). — *C. W. Foulk* und *P. G. Horton:* J. Amer. chem. Soc. **51**, 2416 (1929).

[2] *Washburn:* J. Amer. chem. Soc. **30**, 31 (1908); **35**, 681 (1913). — *Thiel* und *Meyer:* Z. analyt. Chem. **6**, 365 (1902); **9**, 727 (1905). — *I. M. Kolthoff:* Z. analyt. Chem. **60**, 393 (1921).

[3] Da Hg^{++} den Jodstärkeindikator stört, wird die Farbe des Jods als Indikator verwendet.

Das Arsenit wird sodann mit Standard-Jodlösung und Stärke als Indikator titriert:

$$NaAsO_2 + J_2 + 3\,NaHCO_3 = Na_2HAsO_4 + 2\,NaJ + 3\,CO_2 + H_2O. \quad (17)$$

Unter bestimmten Bedingungen ist der Endpunkt sehr scharf, und diese Methode gibt daher sehr genaue Ergebnisse. Die Reaktion

$$H_3AsO_3 + J_2 + H_2O \rightleftharpoons H_3AsO_4 + 2\,HJ \quad\quad (18)$$

kann entsprechend den Bedingungen nach beiden Richtungen verlaufen und kann so dazu dienen, Arsen in jeder Form zu bestimmen. Die Reaktion verläuft in neutraler Lösung von links nach rechts, wobei eine Standard-Jodlösung verwendet wird. Bei Anwesenheit ziemlich konzentrierter Salzsäure verläuft die Reaktion von rechts nach links, und zur Titration des in Freiheit gesetzten Jods verwendet man eine Thiosulfatlösung.

Fehler. Ist die zu titrierende Lösung infolge der Anwesenheit von etwas normalem Karbonat oder infolge eines Mangels an CO_2 schwach alkalisch, so wird zu viel Jod verbraucht. (Warum?) Dies kann gezeigt werden, indem man eine austitrierte Lösung an der Luft stehen läßt: CO_2 entweicht, die Lösung wird alkalisch und die blaue Farbe verschwindet. Dieser Fehler ist besonders bei einer warmen Lösung merklich. Die Titration sollte in einem Kolben, niemals in einem Becherglas durchgeführt werden; und die Lösung sollte kühl sein.

Wird die Lösung infolge Fehlens von Hydrogenkarbonat schwach sauer, so kommt die Reaktion zum Stillstand, bevor alles Arsenit oxydiert ist; der Endpunkt der Reaktion wird zu früh eintreten.

Die Jodlösung kann sich in der Konzentration ändern: Sie kann Jod durch Verflüchtigung verlieren oder kann, falls schwach sauer, bei Anwesenheit katalytisch wirkender Substanzen, welche die Wirkung des Sauerstoffs beschleunigen, durch Oxydation jodreicher werden.

Andere Anwendungen. Antimon in Brechweinstein[1] (Antimonyltartrat) wird gleicherweise titriert. Die Reaktion ist wie bei Arsen (18) umkehrbar. Bei anderen Antimonverbindungen wird etwas Tartrat zugesetzt, um die Fällung von antimoniger Säure zu verhindern. Es entsteht mit dem Antimon ein lösliches Komplexsalz, Kaliumantimonyltartrat $K(SbO)C_4H_4O_6$:

$$SbCl_3 + KHC_4H_4O_6 + 3\,NaHCO_3 =$$
$$= K(SbO)C_4H_4O_6 + 3\,NaCl + 3\,CO_2 + 2\,H_2O. \quad (19)$$

$$K(SbO)C_4H_4O_6 + 4\,NaHCO_3 + J_2 =$$
$$= NaH_2SbO_4 + 2\,NaJ + KNaC_2H_4O_6 + H_2O + 4\,CO_2. \quad (20)$$

H_2SO_3, H_2S und $SnCl_2$ werden nur in saurer Lösung titriert. Um das Entweichen von H_2S zu verhindern, kann ein Überschuß an Jodlösung zugesetzt und der Überschuß mit Thiosulfat zurücktitriert

---

[1] Eine kurze Arbeitsvorschrift für lösliche Antimonyltartratpräparate findet sich S. 225.

werden. Die jodometrische Methode ist zur Bestimmung des Schwefels in Sulfiden sehr wichtig. Sie wird zur Bestimmung des Schwefels in Eisen und Stahl allgemein angewendet: H_2S wird oft durch die Einwirkung von HCl auf ein Sulfid entwickelt und in NaOH-Lösung absorbiert. Die Lösung wird sodann (stark verdünnt) angesäuert und das H_2S titriert. H_2S kann in einer ammoniakalischen Cadmium- oder Zinksalzlösung absorbiert werden. Das CdS oder ZnS wird mit HCl behandelt und das H_2S mit Jodlösung titriert:

$$CdS \downarrow + 2\,HCl = CdCl_2 + H_2S. \tag{21}$$

$$H_2S + J_2 = 2\,HJ + S. \tag{22}$$

Zinn muß vor der Bestimmung zur zweiwertigen Stufe reduziert werden. Hiezu wird gewöhnlich entweder Ni, Pb, Fe, Sb oder ein Gemisch von Fe und Sb benützt.

$$SnCl_4 + Fe = SnCl_2 + FeCl_2 \text{ oder} \tag{23}$$

$$SnCl_4 + Pb = SnCl_2 + PbCl_2.$$

Viele indirekte jodometrische Methoden sind möglich. So kann z. B. Zn als ZnS gefällt und letzteres wie oben beschrieben titriert werden; doch ist diese Methode bei den meisten Sulfiden nicht anwendbar.

Die beschriebene Arsen-Bestimmungsmethode kann umgekehrt zur Titration von freiem Jod und gewissen anderen Oxydationsmitteln dienen. Die Bereitung der hiezu benötigten Standard-Natriumarsenitlösung wurde bereits S. 219 beschrieben.

Arbeitsvorschrift.[1] Wäge drei Proben von je 0,3 bis 0,4 g Arsenik, die nicht länger als 2 Stunden getrocknet wurden (vgl. S. 16), in 250-ml-*Erlenmeyer*-Kolben ein. Füge 1 g Na_2CO_3 und 15 ml Wasser zu und spüle die Wandungen des Kolbens ab. Erhitze zum Sieden und halte die Mischung siedend, bis sich die Probe gelöst hat (Gleichung (16)). 10 bis 15 Minuten können benötigt werden, da sich As_2O_3 bei der Lösung schlecht benetzt. Versichere dich, daß keine ungelösten Partikel der Probe an den Wandungen des Kolbens haften bleiben. Manchmal bleibt ein geringer Rückstand (Kieselsäure) zurück. NaOH löst As_2O_3 schneller; ist jedoch etwas Eisen anwesend, so tritt häufig durch den Luftsauerstoff eine Oxydation des Arsenits ein. Die NaOH-Lösung darf nicht gekocht werden. Verdünne die Lösung auf 100 ml und kühle mit fließendem Wasser. Füge 2 ml konz. HCl zu, um das Karbonat zu neutralisieren, und setze sodann 10 g $NaHCO_3$ zu, um die Lösung zu puffern. Um die Lösung neutral zu halten, muß ein Überschuß an $NaHCO_3$ angewendet werden. (Warum?) Halte die Flasche bis zur Titration verstöpselt, um ein Entweichen von Kohlendioxyd zu verhindern. (Warum?)

Füge 2 ml Stärkelösung zu und titriere mit 0,1 n Jodlösung, bis eine schwache rote, lavendel oder blaue Farbe auftritt, die zumindest

---

[1] Der erste Teil dieser Vorschrift ist auf lösliches Antimonyltartrat nicht anwendbar. Vgl. S. 225.

eine halbe Minute bestehen bleibt. Die Farbe wechselt mit der Art der verwendeten Stärke, der Azidität der Lösung, der Menge des anwesenden Jodids und vielleicht anderen Faktoren. Ist die Lösung kalt und die Flasche geschlossen, so wird die Farbe gewöhnlich mehrere Minuten bestehen bleiben; sonst entweicht CO_2 und die Farbe verschwindet. (Warum?) Achte sorgfältig darauf, den Endpunkt nicht zu überschreiten. Dies kann vermieden werden, indem man zu Beginn der Titration ein reines Glasrohr von 3 bis 4 mm Durchmesser in die Flüssigkeit stellt, das bis zum Hals des Kolbens reicht. Die Titration wird dann wie üblich durchgeführt, bis der Endpunkt erreicht oder geringfügig überschritten ist. Die Lösung im Rohr wird sich mit der übrigen Lösung nicht gemischt haben und kann nun durch Herausziehen und Abspülen des Rohres zugefügt werden. — Ist der Endpunkt nur geringfügig überschritten, so kann der Jodüberschuß mit Standard Thiosulfat zurücktitriert werden. Schätze aus dem Ergebnis der ersten Titration annähernd das für die nächste benötigte Jodvolum und nähere dich mit Sorgfalt dem Endpunkt. Der oben erwähnte Kunstgriff hat bei einer zweiten Titration keine Vorteile.

Anstatt Einzelproben zu verwenden, kann eine Probe von 1.5 bis 2 g in 2 g NaOH oder Na_2CO_3 und 20 ml Wasser gelöst und in einen 250-ml-Maßkolben überführt werden. Füge 3 ml konz. HCl zu und verdünne die Lösung zur Marke. Pipettiere 40 bis 45 ml für jede Titration aus, füge 5 g $NaHCO_3$ zu, verdünne auf 100 ml und titriere wie oben beschrieben. Die erste Variante vermeidet den Fehler, der durch das Ausmessen aliquoter Anteile entsteht.

Berechnung der Ergebnisse. Entsprechend der Gleichung

$$As_2O_3 + O_2 = As_2O_5 \tag{24}$$

benötigt jede Molekel As_2O_3 4 Sauerstoffäquivalente; das Äquivalent beträgt daher $\dfrac{As_2O_3}{4} = 49{,}45$ g. Das Äquivalent des Arsens ist $\dfrac{As}{2} = 37.45$ g; das Milliäquivalent 0.03745 g.

Arbeitsvorschrift. Auf lösliches Antimonyltartrat anwendbar. Wäge 1-g-Proben des ungetrockneten Gemisches in 250-ml-*Erlenmeyer*-Kolben genau ein, löse in 100 ml H_2O, füge 2 g Seignettesalz zu, falls ein Niederschlag ausfällt. Füge zur klaren Lösung 2 g $NaHCO_3$ zu und rühre oder schüttle, bis alles gelöst ist. Titriere nach Zufügen von 2 ml Stärkelösung nach der Vorschrift für As_2O_3, S. 224. Berechne aus dem Ergebnis den Prozentgehalt an Antimon. Die Berechnungsweise ist jener für Arsen vollkommen analog.

Titrationen mit stärkeren Oxydationsmitteln.

Jodat und Bromat.[1] Der Gebrauch von KJO_3 als primärer Oxydationsstandard wurde bereits erwähnt. Jodat und Jodid reagieren nicht in neutraler Lösung, reagieren jedoch selbst in sehr schwach sauren

---

[1] Neuere maßanalytische Methoden, l. c., 2. Aufl., 4. Kapitel: Jodat- und Bromatmethoden von *R. Lang*.

Lösungen, wobei für jedes Äquivalent Säure ein Grammatom Jod in Freiheit gesetzt wird. Infolge dieser Reaktion ist es möglich, zur Bestimmung freier Säuren oder von Säuren in Verbindung mit sehr schwachen Basen, wie in $AlCl_3$, eine jodometrische Methode zu verwenden. Das in Freiheit gesetzte Jod wird mit Thiosulfat titriert. Es muß ein Überschuß der Jodid-Jodatmischung vorhanden sein, in welcher das Jodid im Überschuß vorliegt.

Folgende Gleichungen zeigen eine Methode der Jodatbestimmung:

$$KJO_3 + 5\,KJ\ (\text{Überschuß}) + 6\,HCl = 6\,KCl + 3\,J_2 + 3\,H_2O. \tag{25}$$

$$2\,Na_2S_2O_3 + J_2 = 2\,NaJ + Na_2S_4O_6. \tag{26}$$

In ziemlich konzentrierter salzsauerer Lösung ist Jodat ein viel stärkeres Oxydationsmittel, das Jodid nicht bloß zu Jod, sondern zu Jodchlorid, JCl, oxydiert und selbst ebenfalls zu JCl reduziert wird. Wird Jodid unter diesen Bedingungen titriert, so verläuft als erste Reaktion Gleichung (25). Das dabei in Freiheit gesetzte Jod wird weiter oxydiert.

$$2\,J_2 + KJO_3 + 6\,HCl = KCl + 5\,JCl + 3\,H_2O. \tag{27}$$

In wässeriger Lösung sind Jod und Jodchlorid braungelb gefärbt, während sich Jod in organischen Lösungsmitteln, wie $CHCl_3$, CCl_4 purpurfarben löst, bleibt JCl gelb. Der Punkt, bei welchem die letzte Spur Jod verschwindet, kann aus der Farbänderung eines Chloroformtropfens von Purpur nach Gelb erkannt werden, der während der Titration mit der Lösung geschüttelt wird. Das Äquivalent des Jodats bei dieser Reaktion geht aus der Ionengleichung hervor:

$$JO_3^- + Cl^- + 6\,H^+ + 4\,e = JCl + 3\,H_2O. \tag{28}$$

Es beträgt demnach $\dfrac{KJO_3}{4}$.

Die Reaktion wird auch zur Titration von Rhodanid (speziell $Cu_2(CNS)_2$) herangezogen:

$$4\,CuCNS + 7\,KJO_3 + 14\,HCl = 4\,HCN + 4\,CuSO_4 + 7\,JCl + 7\,KCl +$$
$$+ 5\,H_2O. \tag{29}$$

Weiter zur Titration von As^{III}, Sb^{III}, Hg_2Cl_2 usw.

Diese Methoden sind bei *Jamieson*[1] beschrieben.

$KBrO_3$ ist in stark salzsauerer Lösung ein sehr starkes Oxydationsmittel. Bromat wird speziell zur Titration von As^{III} und Sb^{III} verwendet:

$$3\,HAsO_2 + KBrO_3 + H_2O\ (+ HCl) = 3\,H_3AsO_4 + KBr. \tag{30}$$

$$3\,HSbO_2 + KBrO_3 + H_2O\ (+ HCl) = 3\,H_3SbO_4 + KBr. \tag{31}$$

Ein geeigneter, organischer Farbstoff, gewöhnlich Methylrot oder Methylorange, wird als Indikator zugesetzt. Der Farbstoff wird durch

---

[1] *Jamieson:* Volumetric Jodate Methods. New York: The Chemical Catalog Co. 1926. Ferner: Neuere maßanalytische Methoden, l. c.

das Brom gebleicht, das bei der Reaktion des ersten geringen Bromatüberschusses mit dem Bromid in der Lösung entsteht:

$$KBrO_3 + 5\,KBr + 6\,HCl = 6\,KCl + 3\,Br_2 + 3\,H_2O. \qquad (32)$$

Andere, scheinbar bessere Indikatoren als die beiden angegebenen, wurden vorgeschlagen.[1] Dies ist eine der besten Bestimmungsmethoden für Arsen und Antimon.

Rückblick, Fragen und Aufgaben.

1. In saurer, KJ-hältiger Lösung benötigt die durch 0,3050 g reines KJO_3 ausgeschiedene Jodmenge 40,10 ml einer Thiosulfatlösung zur Titration. Welche Normalität hat die Lösung?

2. Warum setzt man bei einer jodometrischen Kupferbestimmung in einem Erz, welches As und Fe enthält, Fluorid zu und warum darf das p_H nicht unter 3,5 sinken?

3. Erkläre an Hand der Theorie der Redoxpotentiale drei mögliche Methoden, direkte jodometrische Titrationen vollständiger zum Ablauf zu bringen. Gib zu jeder ein Beispiel.

4. Erkläre die theoretischen Grundlagen von vier Methoden, die, bei indirekten jodometrischen Reaktionen angewendet, die Reaktionen vollständiger machen. Gib hiefür Beispiele.

5. Erkläre, warum bei direkten jodometrischen Titrationen manchmal Puffer, die um den Neutralpunkt liegen, notwendig sind. Gib drei an, die zur Aufrechterhaltung eines p_H von etwa 7 dienen.

6. Zu 1,0000 g einer Probe, die K_2SO_4 und $KHSO_4$ enthält, wird ein Überschuß einer neutralen Lösung von Jodat und Jodid (letzteres im Überschuß) zugegeben. Das in Freiheit gesetzte Jod benötigt 40,00 ml 0,1200 n $Na_2S_2O_3$. Berechne den Prozentgehalt an $KHSO_4$ in der Probe.

7. Durch Hypochlorit werden Ammonsalze zu Stickstoff oxydiert. Berechne den Stickstoffgehalt in 1,0600 g einer Probe, zu welcher 40,10 ml 0,1080 n Hypochlorit zugefügt wurde. Nach Zugabe von KJ wurde der Überschuß mit 10,80 ml 0,1100 n $Na_2S_2O_3$ zurücktitriert.

8. Erkläre den Unterschied der Wirkung von $KBrO_3$ als Oxydationsmittel in Gegenwart bzw. in Abwesenheit von Quecksilbersulfat.

9. Eine KJO_3-Lösung enthält $^1/_6$ des Molgewichtes im Liter. Sie wird zur Titration von $Cu_2(CNS)_2$ (Gleichung (29)) verwendet, wobei für 0,5000 g einer Probe 35,00 ml benötigt werden. Berechne den Prozentgehalt an Kupfer in der Probe. Antwort: 42,38% Cu.

10. Eine bestimmte Menge CrO_3 wird zu Cr_2O_3 verglüht, wobei der Gewichtsverlust 0,2400 g beträgt. Welches Volum einer 1 n $FeSO_4$-Lösung würde zur Titration benötigt worden sein, wenn man annimmt, daß der gesamte Gewichtsverlust nur von Sauerstoff herrührt. Anmerkung: Berechne nicht das Gewicht der Oxyde!

11. In 1,000 g einer Probe wird Hg als $Hg_5(JO_6)_2$ gefällt und in einem Überschuß von HCl und KJ gelöst, wobei Jod in Freiheit gesetzt wird und sich $K_2[HgJ_4]$ bildet. Das Jod benötigt zur Titration 32,00 ml 0,1000 n $Na_2S_2O_4$. Berechne den Prozentgehalt an Quecksilber in der Probe. Antwort: 20,06% Hg.

Anleitung: Schreibe die Gleichung für die Reduktion des Perjodats auf.

---

[1] *Smith* und *Bliss:* J. Amer. chem. Soc. **53**, 2091 (1931).

12. 5 g einer Stahlprobe mit $0,12\%$ S benötigen 15,30 ml Jodlösung. Dasselbe Gewicht einer Stahlprobe mit $0,05\%$ S benötigt 6,55 ml. Welche Menge wird für den Umschlag verbraucht?

13. Lege dar, wie arsenige Säure und Arsensäure nebeneinander jodometrisch bestimmt werden können. Definiere genau die Bedingungen für jede Bestimmung.

14. In 1,000 g einer Probe wird Arsen zu Metall reduziert, welches in 100,00 ml einer neutralen 0,2000 n Jodlösung gelöst wird. Der Überschuß der letzteren wird mit 8,00 ml einer 0,2500 $Na_2S_2O_3$-Lösung titriert. Berechne den Arsengehalt der Probe.

15. Eine bestimmte Menge Oxalsäure wird zu H_2O, CO_2 und CO umgesetzt, wobei letzteres mit Jodpentoxyd nach $J_2O_5 + 5\,CO = J_2 + 5\,CO_2$ reagiert. Das in Freiheit gesetzte Jod benötigt zur Titration 30,00 ml 0,1000 n $Na_2S_2O_3$. Wieviel Oxalsäure war vorhanden? Antwort: 0,9454 g.

16. In 1,0350 g einer Legierung wurde das Zinn zu $SnCl_2$ reduziert, welches 40,15 ml 0,1155 n Jodlösung zur Titration benötigte. Berechne den Prozentgehalt des Zinns in der Legierung.

17. Der Schwefel in 3,000 g Stahl wurde als H_2S entwickelt und in 50,00 ml einer 0,0100 n Hypochloritlösung absorbiert, wobei er zu Sulfat oxydiert wurde. Nach Zugabe von KJ wurde der Überschuß des Hypochlorits mit 7,50 ml einer 0,0200 n $Na_2S_2O_3$-Lösung zurücktitriert. Berechne den Prozentgehalt an Schwefel im Stahl. Antwort: $0,0467\%$ S.

18. 10 g einer Lösung, die nur Jodsäure, Schwefelsäure und Wasser enthält, benötigt zur Neutralisation 35,00 ml 1 n Alkali. Um die Jodsäure zu titrieren, benötigt dasselbe Gewicht 48,00 ml 1 n $Na_2S_2O_3$-Lösung. Berechne die Prozentgehalte der beiden Säuren in der Lösung.

19. Berechne den Fehler in der jodometrischen Bestimmung von Brom in Bromwasser, verursacht durch die nicht erkannte Anwesenheit von $0,293\%$ HJO_3, welches aus KJ ebenfalls Jod in Freiheit setzte.

20. 10 g einer Lösung, die nur HCNS, Oxalsäure und Wasser enthält, benötigen zur Neutralisation beider Säuren 20,00 ml 1 n Lauge bzw. 45,00 ml 1 n Oxydationsmittel, um beide Säuren zu oxydieren, wobei die HCNS zu $HCN + H_2SO_4$ oxydiert wird. Berechne den Prozentgehalt der beiden Säuren in wasserfreiem Zustand. Antwort: $2,954\%$ HCNS; $6,751\%$ $H_2C_2O_4$.

21. 0,2450 g reines $K_2Cr_2O_7$ benötigen bei der Titerstellung einer Thiosulfatlösung 45,52 ml der letzteren. Berechne die Normalität der Lösung.

22. Nenne möglichst viele oxydierende Maßlösungen, die zur Titration von As^{III} und Sb^{III} verwendet werden können. Schreibe für drei dieser Oxydationsmittel die Reaktionsgleichungen für As oder Sb auf.

23. 0,1575 g reines As_2O_3 benötigen zur Titration 40,12 ml Jodlösung. Berechne die Normalität der letzteren!

Zusammenfassung der volumetrischen Reaktionen.

Die folgenden volumetrischen Bestimmungen wurden untersucht. Der Student soll fähig sein, die nachstehenden Gleichungen zu vervollständigen.

Silber.	*Blei.*
$AgNO_3 + KCNS =$	$PbSO_4 + NH_4C_2H_3O_2 =$
(Indikator) $Fe(NO_3)_3 + KCNS =$	a) $Pb(C_2H_3O_2)_2 + Na_2MoO_4 =$

b) $Pb(C_2H_3O_2)_2 + K_2Cr_2O_7 + H_2O =$
$PbCrO_4 + HCl + FeSO_4 =$

Kupfer.

a) $CuSO_4 + KJ =$
b) $CuSO_4 + NH_4CNS + H_2SO_3 +$
$+ H_2O =$
$CuCNS + HJO_3 + HCl =$
$CuCNS + KMnO_4 + H_2SO_4 =$
c) $[Cu(NH_3)_4](NO_3)_2 + KCN + H_2O =$

Arsen.

a) $NaAsO_2 + NaHCO_3 + J_2 =$
b) $HAsO_2 + KBrO_3 + HCl =$
c) $HAsO_2 + KJO_3 + HCl$ konz. $=$
d) $H_3AsO_4 + KJ + HCl =$
e) $HAsO_2 + Ce(SO_4)_2 + H_2O =$

Chrom.

$Cr_2(SO_4)_3 + (NH_4)_2S_2O_8 (+ AgNO_3) +$
$+ H_2O =$
oder $Cr_2(SO_4)_3 + KMnO_4 + H_2O =$
$H_2CrO_4 + FeSO_4 + H_2SO_4 =$
In Abwesenheit von Eisen:
$K_2Cr_2O_7 + KJ + HCl =$

Mangan.

a) $Mn(NO_3)_2 + NaBiO_3 + HNO_3 =$
$HMnO_4 + FeSO_4 + H_2SO_4 =$
b) $MnSO_4 + (NH_4)_2S_2O_8 (+ AgNO_3) =$
$HMnO_4 + H_2O_2 + H_2SO_4 =$
c) $MnCl_2 + KMnO_4 + ZnO =$

Zink.

$ZnCl_2 + K_4[Fe(CN)_6] =$
Endpunkt $UO_2SO_4 + K_4[Fe(CN)_6] =$

Nickel.

$NiCl_2 + NH_4OH =$
$Ni(NH_3)_4Cl_2 + KCN =$
Endpunkt $AgJ + KCN =$

Antimon.

a) $NaSbO_2 + NaHCO_3 +$
$+ NaHC_4H_4O_6 + J_2 =$
b) $SbCl_3 + KBrO_3 + HCl =$
c) $SbCl_3 + KMnO_4 + HCl =$
d) $SbCl_3 + KJO_3 + HCl$ konz. $=$
e) $H_3SbO_4 + KJ + HCl =$

Zinn.

$SnCl_4 + Ni, (Pb, Fe) =$
$SnCl_2 + J_2 + HCl =$

Eisen.

a) $Fe_2(SO_4)_3 + Al, (Zn, Cd) =$
b) $Fe_2(SO_4)_3 + H_2SO_3 + H_2O =$
c) $FeSO_4 + KMnO_4 + H_2SO_4 =$
d) $FeCl_3 + SnCl_2 =$
$SnCl_2 + HgCl_2 =$
$FeCl_2 + K_2Cr_2O_7 + HCl =$
$FeCl_2 + Ce(SO_4)_2 =$

Calcium.

$CaCl_2 + (NH_4)_2C_2O_4 =$
$CaC_2O_4 + H_2SO_4 + KMnO_4 =$

Chlor.

$Cl_2 + KJ =$
$NaCl + AgNO_3 =$
$\left.\begin{array}{l} NaClO \\ NaClO_2 \\ NaClO_3 \end{array}\right\} + KJ + HCl =$
$J_2 + Na_2S_2O_3 =$
$NaClO_3 + FeSO_4$ (Überschuß) $=$
$NaClO + Na_3AsO_3 =$

Brom.

Wie bei Chlor; $NaBrO_2$ ist nicht bekannt.
$FeSO_4$ wird für $NaBrO_3$ nicht verwendet.

Jod.

$KJ + AgNO_3 =$
$KJO_3 + KJ + HCl$ (verd.) $=$
$J_2 + Na_2S_2O_3 =$
$KJ + HJO_3 + HCl$ (konz.) $=$
$KJ + KMnO_4$ (Überschuß) $+ H_2O =$

Schwefel.

$H_2S + J_2 =$
$Na_2S_2O_3 + J_2 =$
$H_2SO_3 + J_2 + H_2O =$
$H_2S_2O_8 + KJ =$
$K_2S_2O_8 + FeSO_4$ (Überschuß) $=$

Verschiedene.

$H_2O_2 + Ce(SO_4)_2 =$
$H_2O_2 + KMnO_4 + H_2SO_4 =$
$H_2O_2 + KJ + HCl =$
$KNO_2 + KJ + HCl =$
$KNO_2 + KMnO_4 + H_2SO_4 =$
$HCNS + AgNO_3 =$
$HCNS + HJO_3 + HCl =$
$HCNS + KMnO_4 + H_2SO_4 =$
$NaCN + AgNO_3 =$

$Na[Ag(CN_2)] + AgNO_3 + KJ + NH_4OH =$

$H_2C_2O_4 + Ce(SO_4)_2 =$

$H_2C_3O_4 + KMnO_4 + H_2SO_4 =$

$K_4[Fe(CN)_6] + KMnO_4 + H_2SO_4 =$

$H_4[Fe(CN)_6] + Ce(SO_4)_2 =$

$K_3[Fe(CN)_6] + KJ + HCl =$

$MnO_2 + FeSO_4 + H_2SO_4 =$

$MnO_2 + HCl =$

$PbO_2 + HCl =$

$Na_2CO_3 + HCl \ (M. \ O.) =$

$Na_2CO_3 + HCl \ (Ph.) =$

Gleichungen, die den Gebrauch der wichtigsten Standardlösungen aufzeigen. Vervollständige:

Natriumhydroxyd.

1. $NaOH + H_3PO_4 \ (M. \ O.) =$
2. $NaOH + H_3PO_4 \ (Ph.) =$

Salzsäure.

3. $HCl + Na_2CO_3 \ (M. \ O.) =$
4. $HCl + Na_2CO_3 \ (Ph.) =$
5. $HCl + Na_2B_4O_7 + H_2O =$

Kaliumpermanganat.

6. $KMnO_4 + FeSO_4 + H_2SO_4 =$
7. $KMnO_4 + MnSO_4 + ZnO =$
8. $KMnO_4 + HAsO_2 + HCl =$
9. $KMnO_4 + HSbO_2 + HCl =$
10. $KMnO_4 + KNO_2 + H_2SO_4 =$
11. $KMnO_4 + KJ + H_2O =$
12. $KMnO_4 + HCNS + H_2SO_4 =$
13. $KMnO_4 + H_4[Fe(CN)_6] + H_2SO_4 =$
14. $KMnO_4 + H_2C_2O_4 + H_2SO_4 =$
15. $KMnO_4 + H_2O_2 + H_2SO_4 =$

Kaliumdichromat.

16. $K_2Cr_2O_7 + FeSO_4 + H_2SO_4 =$
17. $K_2Cr_2O_7 + FeCl_2 + HCl =$
18. Endpunkt $FeSO_4 + K_3Fe(CN)_6 =$

Eisen(II)-sulfat.

19. $FeSO_4 + Ce(SO_4)_2 =$
20. $FeSO_4 + HMnO_4 + H_2SO_4 =$
21. $FeSO_4 + MnO_2 + H_2SO_4 =$
22. $FeSO_4 + H_2CrO_4 + H_2SO_4 =$
23. $FeSO_4 + K_2S_2O_8 =$
24. $FeSO_4 + KClO_3 + H_2SO_4 =$

Jod.

25. $J_2 + H_2S =$
26. $J_2 + H_2SO_3 + H_2O =$
27. $J_2 + Na_2S_2O_3 =$
28. $J_2 + KCN = JCN +$
29. $J_2 + K_4[Fe(CN)_6] =$
30. $J_2 + NaAsO_2 + NaHCO_3 =$
31. $J_2 + NaSbO_2 + NaHCO_3 + NaHC_4H_4O_6 =$
32. $J_2 + SnCl_2 + HCl =$

Natriumthiosulfat; überschüssiges KJ in saurer Lösung.

33. $Na_2S_2O_3 + J_2 =$
34. $KJ + Cl_2 =$
35. $KJ + KClO + HCl =$
36. $KJ + KClO_2 + HCl =$
37. $KJ + KClO_3 + HCl =$
38. $KJ + Br_2 =$
39. $KJ + KBrO_3 + HCl =$
40. $KJ + KJO_3 + HCl =$
41. $KJ + K_2S_2O_8 =$
42. $KJ + KMnO_4 + HCl =$
43. $KJ + H_2O_2 + H_2SO_4 =$
44. $KJ + H_2CrO_4 + HCl =$
45. $KJ + H_3AsO_4 + HCl =$
46. $KJ + KNO_2 + HCl =$
47. $KJ + H_3[Fe(CN)_6] + HCl =$
48. $KJ + CuSO_4 =$
49. $KJ + H_3SbO_4 =$
50. $KJ + FeCl_3 =$
51. $KJ + MnO_2 + HCl =$

Kaliumjodat.

52. $KJO_3 + As_2O_3 + HCl \ konz. =$
53. $KJO_3 + SbCl_3 + HCl \ konz. =$
54. $KJO_3 + KJ + HCl \ konz. =$
55. $KJO_3 + CuCNS + HCl \ konz. =$

Kaliumbromat.

56. $KBrO_3 + HAsO_2 \ (+ \ HCl) =$
57. $KBrO_3 + SbCl_3 \ (+ \ HCl) =$
58. Endpunkt $KBrO_3 + KBr + HCl =$

Cer(IV)-sulfat.

59. $Ce(SO_4)_2 + FeSO_4 =$
60. $Ce(SO_4)_2 + H_2C_2O_4 =$
61. $Ce(SO_4)_2 + HAsO_2 + H_2O =$
62. $Ce(SO_4)_2 + H_2O_2 =$
63. $Ce(SO_4)_2 + H_4[Fe(CN)_6] =$

Silbernitrat.

64. $AgNO_3 + KCl =$
65. Endpunkt $AgNO_3 + K_2CrO_4 =$

66. $AgNO_3 + KBr =$
67. $AgNO_3 + KJ =$
68. $AgNO_3 + KCNS =$
69. $AgNO_3 + KCN$ (Überschuß) $=$
70. Endpunkt $AgNO_3 + Na[Ag(CN)_2] +$
   $+ KJ + NH_4OH =$

Natriumcyanid.

71. $NaCN + [Ni(NH_3)_4]Cl_2 =$

72. Endpunkt $NaCN + AgJ =$
73. $NaCN + [Cu(NH_3)_4](NO_3)_2 +$
   $+ H_2O =$

Verschiedene.

74. $K_4[Fe(CN)_6] + ZnCl_2 =$
75. $(NH_4)_2MoO_4 + Pb(C_2H_3O_2)_2 =$
76. $KCNS + AgNO_. =$
77. Endpunkt $KCNS + Fe(NO_3)_3 =$

XV. Gravimetrische Analyse.
Fällen, Waschen, Veraschen; Berechnungen.

Die Grundlagen einer gravimetrischen Analyse wurden im 1. Kapitel, S. 3, die gebräuchlichen Operationen einer vollständigen Analyse S. 7 und 8 besprochen. Diesem Kapitel sollte das Studium von Kapitel II vorausgehen, da dort sowohl eine Einführung in die Laboratoriumsarbeit, als auch eine eingehende Betrachtung der allgemeinen Operationen: Probenahme. Lösen und Filtrieren, sowie eine kurze Behandlung des Waschens und der Veraschung gegeben wurde. Das Wägen wurde eingehend in Kapitel III besprochen. Es verbleiben daher folgende allgemeine Operationen, die hier eingehend behandelt werden sollen: Fällung, Auswaschen und einige Ergänzungen über die Veraschung. Ferner werden die häufig gebrauchten Methoden der Berechnung gravimetrischer Analysen besprochen. Das wichtige Gebiet der quantitativen Trennungen wird im XVII. Kapitel, die elektrolytischen Trennungen werden in den Kapiteln XIX und XX behandelt.

In der Gravimetrie wird das zu bestimmende Element aus einer gewogenen Materialprobe [*Einwaage*] abgeschieden und als solches oder in Form einer reinen. stabilen Verbindung [*Auswaage*] gewogen. Wird das Element durch Fällung abgetrennt. so muß der Niederschlag so unlöslich sein. daß beim Filtrieren, Waschen und nachfolgendem Trocknen oder Glühen kein merklicher Verlust eintritt. Das Trocknen oder Glühen des Niederschlages erfolgt. um die „*Fällungsform*" in eine geeignete „*Wägeform*" überzuführen. Kann der Niederschlag nach dem Trocknen oder Glühen infolge wechselnder Zusammensetzung nicht gewogen werden. so kann er aufgelöst und in eine zur Wägung besser geeignete Form gebracht werden. Es ist wünschenswert, daß ein Element durch einen einzigen Fällungsvorgang abgetrennt und bestimmt werden kann, doch dies ist oft nicht durchführbar. Häufig kann der zur Trennung eines Elementes von anderen Elementen bestgeeignete Niederschlag nicht zufriedenstellend erhitzt und gewogen werden; oder der zur Glühung und Wägung bestgeeignete Niederschlag läßt keine zufriedenstellende Trennung von anderen Elementen zu.

Beispiel. Mangan kann in einer Chlorat enthaltenden konzentriert salpetersaueren Lösung von fast allen Elementen als MnO_2 abgetrennt werden. doch dieser Niederschlag ist nicht zum Glühen und Wägen geeignet. Das Element wird besser als $Mn_2P_2O_7$ gewogen, welches durch Glühen der Fällungsform $MnNH_4PO_4$ erhalten wird. Da alle Elemente außer den Alkalimetallen bei der Fällung des $MnNH_4PO_4$ stören, ist es bei der gravimetrischen Mn-Bestimmung oft nötig, Spezialmethoden zur Trennung des Mn von allen jenen störenden Substanzen anzuwenden.

Falls möglich, sollte eine Fällungsform gewählt werden, die nicht nur zum Glühen und Wägen geeignet ist, sondern die gleichzeitig eine quantitative Trennung von allen anderen Substanzen ermöglicht, die vorhanden sein können. Eine zweite Fällung und Filtration wird dabei vermieden. Es können verhältnismäßig wenig Verbindungen der verschiedenen Metalle und Nichtmetalle, die zur quantitativen Bestimmung dieser Elemente geeignet sind, in genügend reiner Form leicht erhalten werden.

Tab. 16 gibt eine Zusammenstellung der Wägeformen der häufigeren Elemente, ohne auf die Gründe einzugehen, die andere Verbindungen weniger geeignet erscheinen lassen.

Tab. 16. Wägeformen.

Element	Wägeform	Element	Wägeform
Ag	$AgCl$	H	H_2O [1]
Al	Al_2O_3; $AlPO_4$	Hg	Hg; HgS
As	$Mg_2As_2O_7$; As_2S_3	J	AgJ
Ba	$BaSO_4$	Mg	$Mg_2P_2O_7$
Bi	Bi_2O_3; $BiPO_4$	Mn	$Mn_2P_2O_7$; Mn_3O_4
Br	$AgBr$	Ni	Ni; Dimethylglyoxim-
C	$BaCO_3$; CO_2 [1]		nickel; NiO
Ca	$CaCO_3$; CaO	P	$Mg_2P_2O_7$
Cd	Cd; $Cd_2P_2O_7$	Pb	$PbSO_4$; PbO_2
Cl	$AgCl$	S	$BaSO_4$
Co	Co_3O_4; $CoSO_4$	Sb	Sb_2O_4; Sb_2S_3
Cr	Cr_2O_3; $PbCrO_4$	Si	SiO_2
Cu	Cu; CuO	Sn	Sn; SnO_2
Fe	Fe_2O_3	Sr	$SrSO_4$
		Zn	$Zn_2P_2O_7$; ZnO

Fällung.

Die Mehrzahl der gravimetrischen Bestimmungen beruht auf einer Abtrennung des gewünschten Elementes durch Fällung, gefolgt vom Auswaschen, Trocknen oder Glühen des Niederschlages. Soweit möglich, wird der Fällungsvorgang zu einem Trennungsvorgang von allen anderen Elementen gemacht. Folgende Faktoren sind in einem Fäl-

---

[1] CO_2 wird in einem alkalischen Reagens, wie „Ascarite" [oder Natronkalk], absorbiert und der Gewichtszuwachs bestimmt. Gebundener Wasserstoff wird zu Wasser verbrannt und letzteres durch Absorption in einem geeigneten Absorptionsmittel, wie $CaCl_2$, $Mg(ClO_4)_2$, P_2O_5 etc. bestimmt.

lungsvorgang von wesentlicher Bedeutung: a) Die Löslichkeit des Niederschlages; b) der physikalische Charakter des Niederschlages; c) die Reinheit des Niederschlages. Diese Faktoren sollen nun eingehend besprochen werden.

Die Löslichkeit der Niederschläge. 1. Der Eigenioneffekt. Dieses Thema wird im qualitativ-analytischen Kurs ausführlich behandelt. Wie aus dem Prinzip des Löslichkeitsproduktes hervorgeht, hat der Gebrauch eines geringen Überschusses des Fällungsmittels einen beträchtlichen Einfluß auf die Löslichkeit des Niederschlages. Modern ausgedrückt bezieht sich das Löslichkeitsprodukt auf das Gleichgewicht zwischen einem Niederschlag und seinen Ionen, daher auf eine gesättigte Lösung des ersteren. Z. B. ist in der Reaktion $AgCl \rightleftharpoons Ag^+ + Cl^-$ die Gleichgewichtskonstante $K = \dfrac{[Ag^+].[Cl^-]}{[AgCl]}$. Da die aktive Masse oder Aktivität des AgCl unter diesen Umständen eine Konstante ist, ist $[Ag^+]$. $.[Cl^-] = L_{AgCl}$, wobei L das Löslichkeitsprodukt bedeutet, das von der Temperatur abhängig ist. Da die Aktivitäten der Ionen durch die allgemeine elektrische Umgebung (die totale Ionenstärke) bestimmt sind, ist das Prinzip in Aktivitäten ausgedrückt richtiger, als in Molkonzentrationen ausgedrückt. Für den Vorgang $BA \rightleftharpoons B^+ + A^-$ seien die Aktivitäten der Ionen durch a_B, a_A, die Aktivitätskoeffizienten durch f_B, f_A ausgedrückt. Dann gilt $L_{AB} = a_B . a_A = [B^+] . f_B . [A^-] . f_A$. Bei extremen Verdünnungen werden f_B und f_A gleich eins; der Ausdruck geht in die klassische Form $L_{BA} = [B^+] . [A^-]$ über.

Ein klassisches Beispiel für die Gültigkeit des Prinzips des Löslichkeitsproduktes gibt Tab. 17.

Tab. 17. *Einfluß der Chlorionenkonzentration auf die Löslichkeit von Silberchlorid.*[1]

Konzentration von KCl	Konzentration von Cl^-	Konzentration von Ag^+	L_{AgCl}
0,00670	$6,4 . 10^{-3}$	$1,7 \quad . 10^{-8}$	$1,1 \quad . 10^{-10}$
0,00833	$7,9 . 10^{-3}$	$1,39 . 10^{-8}$	$1,10 . 10^{-10}$
0,01114	$10,5 . 10^{-3}$	$1,07 . 10^{-8}$	$1,12 . 10^{-10}$
0,01660	$15,5 . 10^{-3}$	$0,738 . 10^{-8}$	$1,14 . 10^{-10}$
0,03349	$30,3 . 10^{-3}$	$0,388 . 10^{-8}$	$1,17 . 10^{-10}$

Mit zunehmender Fremdsalzkonzentration steigt die Löslichkeit und damit das Löslichkeitsprodukt leicht an.

Abb. 54 zeigt nach Ergebnissen von *Bray* und *Winninghoff*[2] den Einfluß der Eigen- und einiger Fremdionen auf die Löslichkeit (des etwas löslicheren) Thallium(I)-chlorids.

---

[1] Nach Messungen der E. M. K. von *Jahn:* Z. physik. Chem. **33**, 545 (1900).

[2] *Bray* und *Winninghoff:* J. Amer. chem. Soc. **33**, 1663 (1911). — Vgl. ferner *Noyes:* Z. physik. Chem. **6**, 241 (1890); J. Amer. chem. Soc. **33**, 1807 (1911). — *Harkins* und *Paine:* J. Amer. chem. Soc. **41**, 1155 (1919).

Berechnungen auf Grundlage des Löslichkeitsproduktes. Diese Berechnungen beruhen auf einfachen algebraischen Gleichungen bzw. Überschlagsrechnungen von der Art $xy = $ konst., xy^2 oder $x^2y = $ konst. usw., wobei x oder y bekannt ist. *Beispiel.* Es ist $L_{AgCl} = 10^{-10}$ gegeben: wieviel Gramm AgCl sind in einer gesättigten Lösung des

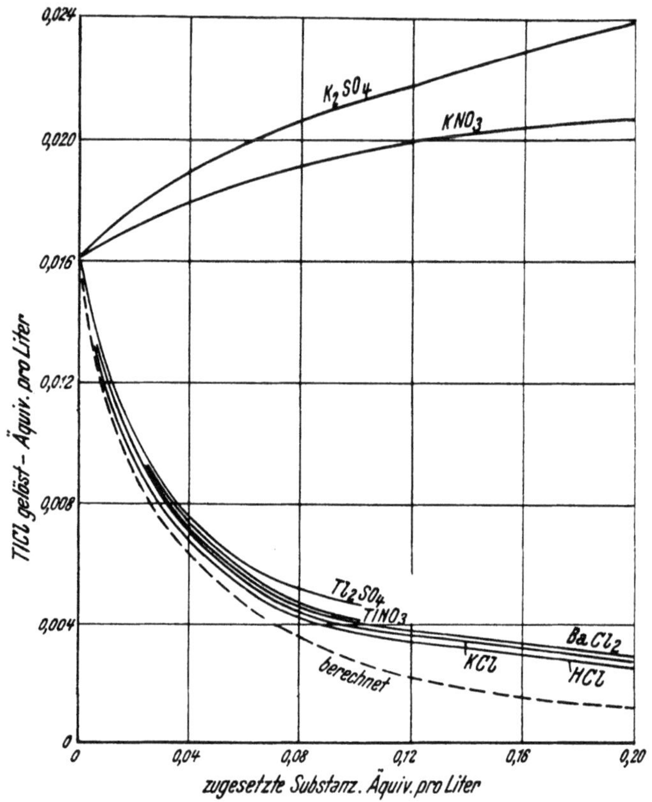

Abb. 54. Einfluß verschiedener Substanzen auf die Löslichkeit von TlCl. Die strichlierte Kurve ist für Thallium- oder Chlorionen (Aktivität = Konzentration) berechnet. Die Kurven für K$_2$SO$_4$ und KNO$_3$ zeigen den Fremdioneneffekt auf.

Salzes a) in reinem Wasser, b) in 0,001 n KCl, c) in 0,05 n AgNO$_3$ gelöst?

a) In einer gesättigten AgCl-Lösung in reinem Wasser:

$$[Ag^+] = [Cl^-] = \sqrt{10^{-10}} = 10^{-5} \text{ m.}$$

g gelöst $= 10^{-5} \cdot$ Mol.-Gew. AgCl $= 10^{-5} \cdot 143 = 0,00143$ g AgCl/l.

b) Unter der Annahme, daß die $[Cl^-]$ im wesentlichen gleich der Konzentration des KCl $= 0,001 = 10^{-3}$ m ist

$$[Ag^+] = \frac{10^{-10}}{[Cl^-]} = \frac{10^{-10}}{10^{-3}} = 10^{-7} \text{ m.}$$

$$10^{-7} \cdot 143 = 0,0000143 \text{ g AgCl/l.}$$

c) Unter der Annahme, daß $[Ag^+] = 0,05 = 5 \cdot 10^{-2}$ m.

$$[Cl^-] = \frac{10^{-10}}{5 \cdot 10^{-2}} = 2 \cdot 10^{-9} \text{ m.}$$

$$2 \cdot 10^{-9} \cdot 143 = 0,00000029 \text{ g AgCl/l.}$$

Eine genauere Berechnung kann durchgeführt werden, welche die Konzentrationsänderung infolge der geringen Menge des in Lösung gehenden AgCl berücksichtigt. Die Berechnung erfolgt nach einer einfachen, quadratischen Gleichung. Vgl. Anhang.

Das Prinzip des Löslichkeitsproduktes ist um so exakter erfüllt, a) je unlöslicher der Niederschlag ist, b) je einfacher der Typus des Niederschlages ist, c) je weniger Fremdionen in der Lösung sind. Bei Niederschlägen komplizierter Typen mit Ionen hoher Wertigkeit, wie $MgNH_4PO_4$, MoS_3, $K_2Zn_3[Fe(CN)_6]_2$ usw., machen es Hydrolyseneffekte. Säureeigenschaften (Gleichgewichte mit $HPO_4^=$, $H_2PO_4^-$, SH^- usw.) und elektrische Beeinflussung der hochgeladenen Ionen schwierig, das Prinzip in einfacher Weise anzuwenden, obwohl der Einfluß eines geringen Reagensüberschusses auf jeden Fall in qualitativer Übereinstimmung mit dem Prinzipe steht.

Einfluß eines großen Überschusses des Fällungsmittels. Es gibt viele Beispiele, wo ein Überschuß des Fällungsmittels den zuerst gebildeten Niederschlag infolge einer weiteren Reaktion mit definierter Verbindungsbildung wieder auflöst, wie z. B. die Löslichkeit von AgCN in einem Überschuß von KCN unter Bildung des löslichen Komplexsalzes $KAg(CN)_2$, oder die Löslichkeit von Kupfer-, Nickel- oder Kobalthydroxyd in Ammoniak unter Komplexsalzbildung, wie $[Cu(NH_3)_4]SO_4$ usw. In jenen Fällen, wo keine definierte Komplexbildung bekannt ist, bewirkt ein sehr großer Reagensüberschuß häufig eine Erhöhung der Löslichkeit. In manchen Fällen entstehen schlecht definierte oder unbeständige Komplexe oder eine Reihe von Komplexen. In bestimmten Fällen wird die Natur des Lösungsmittels verändert.

2. **Einfluß fremder Substanzen auf die Löslichkeit eines Niederschlages. a) Salzeffekt.** *Fremdioneneffekt.* Dieser Einfluß wird durch Abb. 54, S. 234, erläutert. Die Fremdionen verändern die Aktivität der Ionen des Niederschlages; letztere werden bei der Wiedervereinigung zum Niederschlag weniger wirksam, als wenn sie in gleicher Konzentration in reinem Wasser vorhanden wären. Die Folge ist eine erhöhte Löslichkeit. Aus diesem Grunde, sowie aus Gründen, die unter „Reinheit des Niederschlages" auf S. 238 behandelt werden, wird eine analytische Fällung bei der größtmöglichen Verdünnung durchgeführt, die mit einer vollständigen Erfassung der zu bestimmenden Substanz verträglich ist.

Bildung von Komplexionen. Ein in Wasser scheinbar unlöslicher Niederschlag kann leicht aufgelöst werden, wenn er einen wenig dissoziierten Komplex oder ein undissoziiertes Salz bildet. Die Bildung von Komplexionen, wie z. B. mit Ammoniak $[Cu(NH_3)_4]^{++}$, $[Ag(NH_3)_2]^+$, von Sulfosalzen, wie $SnS_3^=$, oder Cyaniden, wie

$[Cu(CN)_3]^=$, wird in der qualitativen Analyse benützt. Viele quantitative Methoden beruhen auf der Kenntnis der Neigung verschiedener Substanzen. mehr oder minder stabile Komplexe zu bilden. Einige Komplexdissoziationskonstanten sind in Tab. 24 des Anhanges zusammengestellt.

Es treten Abstufungen des Lösungseffektes von einer geringfügigen Zunahme der Löslichkeit infolge einer gegenseitigen elektrischen Beeinflussung der Ionen, d. h. durch den wenig ausgeprägten Fremdioneneffekt, bis zur völligen Löslichkeit infolge Bildung definierter Komplexe auf. Diese Effekte werden durch geeignete Veränderungen der Methoden und Arbeitsvorschriften vermieden oder nutzbar gemacht, wie es die Sachlage erfordert.

b) Einfluß von Säuren und Basen auf die Löslichkeit eines Niederschlages. Im allgemeinen ist das Salz einer stark dissoziierten Säure in stark dissoziierten Säuren nicht löslicher als in Salzlösungen. So ist z. B. die Löslichkeit von AgCl in 0,001 n HNO_3 und in 0.001 n KNO_3 fast gleich. Ist der Niederschlag das Salz einer schwach dissoziierten Säure, so kann die lösende Wirkung infolge des Entzuges von Anionen aus dem Niederschlag sehr beträchtlich sein:

$$BA \downarrow \rightarrow B^+ + A^-.$$
$$B^+ + A^+ + H^+ + Cl^- \rightarrow HA + B^+ + Cl^-.$$

Bei einer sehr kleinen Dissoziationskonstante der Säure kann eine vollständige Lösung des Niederschlages erfolgen. Folgende, in Wasser fast unlösliche Substanzklassen lösen sich in gewissen starken Säuren leicht auf:

Arsenate von Ag, Pb,

Karbonate von Ca, Sr, Ba. Pb.

Chromate von Ag, Pb, Ba,

Oxalate von Ca, Ba usw., ähnliche Salze vieler organischer Säuren,

Phosphate von Ag, Ba usw., ebenso Doppelammoniumphosphate von Mg, Mn, Cd, Zn,

Sulfate von Pb, und in geringerem Ausmaße von Ba.

Der in Wasser gelöste Anteil jedes dieser Salze liegt in Ionenform vor. Die Zugabe einer Säure verändert das Gleichgewicht zwischen dem Niederschlag und seinen Ionen durch Bildung von Säuren oder Ionen, mit denen der Niederschlag nicht in einem direkten Gleichgewicht steht, z. B. $H_2AsO_4^-$, $HAsO_4^=$, H_2CO_3 (zersetzt sich), HCO_3^-, $HCrO_4^-$, $HC_2O_4^-$, $H_2PO_4^-$, $HPO_4^=$, HSO_4^-.

Beispiele:

$$CaC_2O_4 \downarrow + HCl \rightarrow Ca^{++} + C_2O_4^= + H^+ + Cl^- \rightarrow Ca^{++} + HC_2O_4^- + Cl^-.$$
$$Ag_3AsO_4 \downarrow + HNO_3 \rightarrow 3\,Ag^+ + AsO_4^- + H^+ + NO_3^- \rightarrow 3\,Ag^+ + HAsO_4^= +$$
$$+ NO_3^-.$$

Im Falle der Sulfate ist der Effekt nicht beträchtlich, da das Ion HSO_4^- sehr stark ionisiert ist, während Ionen. wie $HPO_4^=$, $HAsO_4^=$, außerordentlich gering in Wasserstoffionen und die einfachen Anionen $PO_4^=$, AsO_4^- dissoziiert sind.

Basen. Die meisten der schwach dissoziierten anorganischen Basen sind so unlöslich, daß analoge Beispiele der Löslichkeit von Salzen starker Säuren und schwacher Basen in Alkalien, wie NaOH oder KOH schwierig zu finden sind. Werden wasserunlösliche Salze dieser Type durch starke Alkalien gelöst, so erfolgt dies gewöhnlich infolge Komplexbildung oder infolge saurer Eigenschaften. Beispiel: Frisch gefällte Metazinnsäure löst sich leicht in einem Überschuß von KOH:

$$SnCl_4 + 4\,KOH = Sn(OH)_4 \downarrow + 4\,KCl$$

$$Sn(OH)_4 \downarrow + 2\,KOH = K_2[Sn(OH)_6]$$

3. **Temperatureinfluß auf die Löslichkeit eines Niederschlages.** Die Mehrzahl der analytischen Niederschläge ist bei höheren Temperaturen löslicher als bei niedrigeren Temperaturen. In vielen Fällen nimmt die Löslichkeit bei einer Temperaturerhöhung von Zimmertemperatur auf 100° C so geringfügig zu, daß die Filtration in heißer Lösung vorgenommen werden kann. Dies ist sehr vorteilhaft, da die Verunreinigungen gewöhnlich leichter löslich sind und leichter vom Niederschlag durch Wasser entfernt werden können; heiße Lösungen filtrieren infolge der Verringerung der Viskosität unter sonst gleichen Bedingungen schneller. $BaSO_4$, die Hydroxyde von Fe, Al, Cr, ihre basischen Azetate und viele andere Substanzen sind so schwer löslich, daß sie aus heißen Lösungen filtriert werden können. Anderseits sollen die Ammoniumdoppelphosphate von Mg, Mn, Zn, sowie $PbSO_4$ und AgCl aus kalten Lösungen filtriert werden. Der Temperatureinfluß auf die Löslichkeiten einiger wichtiger analytischer Niederschläge ist aus Tab. 18 ersichtlich.

Tab. 18. *Temperatureinfluß auf die Löslichkeit einiger Niederschläge.*

Temperatur	$BaSO_4$	AgCl	CaC_2O_4	$MgNH_4PO_4$	$PbSO_4$
15°	0,00021	—	—	0,0066	—
20°	0,00024	0,00015	0,00068[1]	0,0074	0,0041
100°	0,00031	0,0022	0,0014[2]	[3]	0,0082

[1] Bei 25° C.   [2] Bei 95° C.   [3] Wird durch Kochen mit Wasser zersetzt.

Zu Beginn des Auswaschens ist die Löslichkeit eines Niederschlages durch die Anwesenheit eines seiner Ionen wesentlich verringert.

4. **Einfluß des Lösungsmittels.** Gewisse Niederschläge sind in Mischungen von Wasser und einem zweiten Lösungsmittel, wie Alkohol, Dioxan usw., viel weniger löslich, als in Wasser allein. Bei Zugabe von 10 bis 20 Vol.-% Alkohol ist die Löslichkeit von $PbSO_4$ in der Mutterlauge praktisch vernachlässigbar.

Wechsel des Lösungsmittels. Es ist manchmal vorteilhaft, das Wasser aus einer Lösung zu verdampfen, nachdem gewisse Trennungen durchgeführt wurden. Sodann bestehen zwei Möglichkeiten: a) Zwei

Substanzen können voneinander ziemlich wirksam getrennt werden, indem der trockene Rückstand mit einem zweiten Lösungsmittel behandelt wird, in welchem alles außer einer Substanz löslich ist. Z. B. löst eine Alkohol-Äthermischung nur $Ca(NO_3)_2$ und nicht $Sr(NO_3)_2$ aus einer getrockneten Mischung beider Salze. b) Ein zweites Lösungsmittel kann alle Substanzen lösen; beim Zufügen eines geeigneten Reagens wird nur die gewünschte Substanz gefällt. So können z. B. K, Rb und Cs von Na und Li in n-butylalkoholischer Lösung als Perchlorate abgetrennt werden. Setzt man sodann eine Lösung von Chlorwasserstoff in Butylalkohol zu, so fällt das Na als $NaCl$ aus, während Li in Lösung bleibt.[1]

5. **Zeiteinfluß.** Gewisse Niederschläge haben die Neigung, längere Zeit übersättigte Lösungen zu bilden, wenn die Lösung nicht bewegt wird oder mehrere Stunden abstehen kann. Magnesiumammoniumphosphat, die Phosphormolybdate und die Tripelazetatniederschläge zeigen oft in ausgesprochenem Maße Übersättigungserscheinungen. Für alle Niederschläge ist eine gewisse Zeitdauer des *„Alterns"* in Berührung mit der Mutterlauge wünschenswert, um kolloidale Teilchen niederzuschlagen und damit die kleineren Partikelchen anwachsen und sich gegenseitig verkitten. Dieser Alterungsvorgang beruht auf der Wirkung vieler Faktoren, wobei der Niederschlag weniger löslich und leichter filtrierbar wird. Bei erhöhten Temperaturen lösen sich die kleineren Kriställchen mancher Verbindungen sehr langsam und rekristallisieren an den größeren Kristallen an. Dieser Effekt ist bei Zimmertemperatur vernachlässigbar.

Der physikalische Charakter und die Reinheit des Niederschlages. Die allgemeinen Bedingungen während einer analytischen Fällung bestimmen die Filtrierbarkeit und Reinheit des Niederschlages. Die letztere Frage wird im Kapitel Trennungen, S. 298, behandelt. Der physikalische Charakter des Niederschlages hängt weitgehend davon ab, ob die Primärteilchen kristallin oder amorph sind, und wenn kristallin, ob die Bedingungen zu einer ausgesprochenen Übersättigung mit einer darauffolgenden Bildung einer sehr großen Zahl kleiner Kriställchen oder zu einem langsameren Wachstum einer verhältnismäßig geringen Zahl von Keimen zu größeren Kristallen führen.[2] In vielen Fällen bestimmt die Fällungstemperatur und die Geschwindigkeit der Reagenszugabe, ob der Niederschlag ohne Verluste filtrierbar ist, oder ob ein sehr feinkörniger oder kolloidaler Niederschlag entsteht, der selbst durch dichtes Filtrierpapier oder andere Filterstoffe leicht hindurchgeht.

Gelatinöse Niederschläge. Die Hydroxyde oder Oxydhydrate, die basischen Azetate, Benzoate, Formiate von Fe^{III}, Al^{III}, Cr^{III} usw., die auf übliche Weise durch Neutralisation der Lösung entstehen, haben die

---

[1] Standard Methods of Chemical Analysis, 5. Aufl., Bd. I, S. 884—886. D. van Nostrand Co. (Aus dem Kapitel Alkalimetalle von *W. B. Hicks.*)

[2] Vgl. *G. Tammann's* Untersuchungen über Kristallisationsgeschwindigkeit und Keimzahl.

Eigenschaft, in amorpher, zwischen Sol- und Gelzustand liegender Form auszufallen. Bei der Koagulation der Teilchen, die ursprünglich durch eine Schicht adsorbierter Hydroxylionen voneinander getrennt gehalten wurden, werden positive Ionen, wie Cu^{++}, Ni^{++}, Zn^{++}, Ca^{++}, Mg^{++}, adsorbiert, die in dem Filtrate verbleiben sollten. Diese Ionen sind schwierig oder gar nicht durch Auswaschen aus dem Niederschlag zu entfernen. Die Anionen wirken bei der Bildung der geladenen kolloidalen Teilchen mit und werden bei der Fällung mitgerissen.[1]

Die Anwesenheit einer hohen Ammoniumionenkonzentration verringert die Adsorption von anderen positiven Ionen. Die Verunreinigung des Niederschlages ist häufig so stark, daß der erste Niederschlag abfiltriert, gewaschen, gelöst und aus der an Fremdionen nun relativ verdünnten Lösung nochmals gefällt werden muß.

Die basische Azetatfällung und analoge Verfahren haben den Vorteil, daß die Endstadien der Neutralisation durch langsames Erhitzen der Lösung erreicht werden, wobei sich die Azetionen mit den bei zunehmender Hydrolyse freiwerdenden Wasserstoffionen vereinen und dadurch eine Pufferwirkung ausüben. Eine weitere Verbesserung in der Dichte und den Filtrationseigenschaften des Niederschlages und damit in der Trennschärfe wird durch eine, gleichmäßig in der kochenden Flüssigkeit eintretende langsame Ammoniakentbindung durch Hydrolyse von zugesetztem Harnstoff bewirkt: $CO(NH_2)_2 + H_2O =$ $= CO_2 \uparrow + 2\,NH_3$. Eine weitere Beschreibung dieser von *Willard* und *Tang* eingeführten Harnstoffmethode[2] wird S. 279, 280 gegeben.

Käsige Niederschläge. Die Silberhalogenide, Silbermolybdat und andere Substanzen pflegen in käsiger Form auszufallen, obwohl die Teilchen, wie Röntgenstrukturuntersuchungen zeigen, kristallin sind. Diese Eigentümlichkeit wird von *Kolthoff*[3] damit erklärt, daß die Primärteilchen etwa dieselbe Löslichkeit wie die größeren Kristalle haben. Daher sind sehr viele Fällungskeime vorhanden und es besteht wenig Bestreben, daß die größeren Teilchen auf Kosten der kleineren wachsen. Die Lösung erschöpft sich sehr rasch an den Ionen, die eine Vergrößerung der Teilchen verursachen könnten, und der Niederschlag bildet ein ausgeflocktes Kolloid. Die Flockung wird durch Adsorption von Ionen bewirkt, die entgegengesetzt geladen sind wie die Teilchen des Sols. Diese Adsorption ist ein Oberflächenphänomen und der Niederschlag verliert zum Teil diese adsorbierten Ionen bei der Alterung. Wird ein Halogen mit $AgNO_3$ gefällt, so ist die Anwesenheit von Wasserstoffionen günstig, da die kolloiden Teilchen dann eher durch die Adsorption von Wasserstoffionen als von Silberionen entladen werden.

Gut ausgebildete Kristalle. Wird ein Niederschlag unter Bedingungen gebildet, unter welchen er etwas löslich ist, oder haben die

---

[1] Vgl. Abb. 45, S. 141, Kapitel IX und Abb. 56, S. 299, Kapitel XVIII und die diesbezügliche Erörterung.

[2] *H. H. Willard* und *N. K. Tang:* J. Amer. chem. Soc. **59**, 1190 (1937); Ind. Engng. Chem., Analyt. Edit. **9**, 357 (1937).

[3] *I. M. Kolthoff:* J. physic. Chem. **36**, 860 (1932).

Primärteilchen eine wesentlich größere Löslichkeit als die größeren Kristalle, so besteht bei der Kristallisation die allgemeine Tendenz, von wenigen Keimen oder Kristallisationszentren auszugehen, wobei größere Kristalle zu entstehen pflegen. Dieser Effekt darf nicht mit der Tatsache verwechselt werden, daß ein ursprünglich infolge zu rascher Fällung unfiltrierbarer Niederschlag nach einigen Minuten oder Stunden Abstehenlassens filtrierbar werden kann. Nachdem sich die Teilchen gebildet haben, scheint der Effekt, der später zu einer leichteren Filtration führt, eher in einem Verkitten der kleineren Teilchen als einer Lösung und Wiederabscheidung der kleineren Teilchen an den größeren zu bestehen.

Da die analytisch wertvollen Niederschläge geringe Löslichkeit besitzen, besteht stets die Möglichkeit, durch zu rasches Zusetzen des Reagens eine starke Übersättigung zu erzeugen. Die Kristallisation erfolgt dann von einer großen Anzahl von Keimen aus. Es ist wahrscheinlich möglich, jeden Niederschlag durch extreme Veränderung der Konzentrationen und Fällungsbedingungen in gelatinöser, bzw. in käsiger oder sichtbar kristalliner Form zur Abscheidung zu bringen.[1] Wurde das Reagens zu schnell zugesetzt, so pflegen Niederschläge wie CaC_2O_4 und $BaSO_4$ unter analytischen Bedingungen in mikrokristalliner oder selbst käsiger Form zu fallen, die schwierig oder unmöglich zu filtrieren ist, während bei langsamem Zusatz des Reagens zur erhitzten Lösung leicht filtrierbare Kristalle erhalten werden. Ein idealer Fällungsvorgang erfolgt, wenn die zur Fällung benützte Substanz durch eine Reaktion in der Lösung selbst gebildet wird, ohne daß das Fällungsreagens direkt zugesetzt wird. Diese Bedingung kann nicht häufig verwirklicht werden; ein Beispiel ist die Verwendung von Harnstoff zur Bildung von Ammoniak für Hydroxydfällungen (S. 239).

Bei jeder Fällung, bei welcher das Reagens aus einer Bürette oder Pipette langsam zugetropft wird, tritt eine örtlich mehr oder weniger erhöhte Konzentration auf und es besteht die Gelegenheit für Fremdsubstanzen, sich bei der Kristallbildung mit einzubauen. Ist der Niederschlag ein ausgeflocktes Sol, so ist die Adsorption oberflächlich. Wachsen Kristalle zu merklicher Größe an, so erfolgt die Adsorption während des Kristallwachstums; dieser Vorgang wird von *Kolthoff* als „Mitfällung" bezeichnet. Diese Unreinheiten sind als Unvollkommenheiten (Störungen) im Kristallgitter aufzufassen. Beim Digerieren bei erhöhter Temperatur haben die gestörten, ein ziemlich lose vereinigtes Haufwerk von Mosaikblöckchen darstellenden Kristalle die Tendenz, zu rekristallisieren, wobei die Struktur vollkommener wird („ausheilt") und Verunreinigungen aus dem Gitterverband ausgeschieden werden. Durch diesen beschleunigten Alterungsprozeß werden reinere und leichter filtrierbare Niederschläge erhalten.

---

[1] *Von Weimarn* zeigte, daß $BaSO_4$ durch schnelles Mischen der konzentrierten Lösungen als gelatinöse Masse, durch schnelles Mischen wenig konzentrierter Lösungen als käsiger Niederschlag erhalten werden kann.

Zusammenfassung der Regeln über analytische Fällungen.

1. Das Reagens und die Lösung, die das zu fällende Ion enthält, sollten so verdünnt sein, als dies mit der Löslichkeit der Substanz und mit der Zahl der nachfolgenden Operationen, die mit dem Filtrat vorzunehmen sind, verträglich ist. 2. Falls die Anwendung von Hitze gestattet ist, werden eine oder beide Lösungen während der Fällung knapp unter dem Kochpunkt gehalten. 3. Das Reagens wird langsam unter Rühren zugesetzt, bis ein geringer Überschuß des Fällungsmittels vorhanden ist. In Ausnahmsfällen kann ein ziemlich großer Überschuß des Reagens gebraucht werden, meist um eine zweite Funktion, wie eine Pufferwirkung, auszuüben. 4. Zur Vervollständigung der Fällung muß eine bestimmte Zeitspanne gewartet werden. Digerieren bei 90 bis 95° C verbessert die Filtrierbarkeit und Reinheit vieler analytischer Niederschläge.

Tritt trotz Beobachtung dieser Regeln eine zu große Verunreinigung des Niederschlages ein, so müssen entweder die störenden Ionen vor der Fällung abgetrennt werden, oder der Niederschlag wird abfiltriert, gewaschen, gelöst und nochmals gefällt.

Das Auswaschen der Niederschläge. Die Einzelheiten der Filtration wurden im II. Kapitel, S. 20 betrachtet. Nachdem der Niederschlag erzeugt und gealtert wurde, wird die überstehende Flüssigkeit durch das Filter dekantiert, worauf es häufig vorteilhaft ist, den Niederschlag in dem Gefäß, in welchem die Fällung erfolgte, mehrmals mit kleinen Portionen der Waschflüssigkeit gut aufzuwirbeln, dann absitzen zu lassen, die Hauptmenge der Flüssigkeit durch das Filter zu dekantieren usw. Das Auswaschen ist auf diese Weise für gelatinöse Niederschläge weit wirkungsvoller, während das Waschen derselben auf dem Filter gewöhnlich ungenügend und wenig wirksam ist. Beim öfteren Gebrauch kleiner Mengen von Waschflüssigkeit wird das Verteilungsgesetz angewendet: Eine bestimmte Flüssigkeitsmenge, in vier oder fünf Portionen angewendet, ist viele Male wirksamer, als wenn eine oder zwei Portionen verwendet werden. Von Zeit zu Zeit werden einige Tropfen des Filtrates qualitativ geprüft, um sich zu überzeugen, ob die fremden Substanzen entfernt worden sind. Werden im Filtrat weitere Fällungen vorgenommen, so müssen die Prüfungen so angestellt werden, daß keine unerwünschten Substanzen zugesetzt werden.

Die Wahl einer Waschflüssigkeit. Verhältnismäßig wenige Niederschläge können mit Wasser gewaschen werden. Nach einer bestimmten Auswaschperiode diffundieren die Ionen, welche die Neutralisation der Ladung der kolloiden Teilchen bewirkten; die Teilchen haben das Bestreben, wieder in den kolloidalen Zustand zurückzukehren und gehen durch das Filter. Die Wahl einer geeigneten Waschflüssigkeit ist daher von großer Wichtigkeit. Die Wahl wird durch folgende Fragen bestimmt: 1. Wird Wasser einen beträchtlichen Teil des Niederschlages auflösen? 2. Hat der Niederschlag die Neigung, gelatinös oder kolloidal zu fallen? In diesen Fällen kann sich das Filter verstopfen, bzw. der Niederschlag kann kolloidal durchlaufen. 3. Wird Wasser die zu entfernenden Substanzen vollständig auswaschen? 4. Wird die Waschflüssigkeit vollkommen ohne Wirkung auf den Niederschlag sein, und wird die Waschflüssigkeit in Berührung mit dem zu wägenden Niederschlag einen wägbaren Rückstand nach dem Trocknen bzw. Glühen hinterlassen?

Alle Waschflüssigkeiten können in drei Klassen eingeteilt werden:

Lösungen, welche die Löslichkeit des Niederschlages verringern. Dies kann in zweierlei Weise bewirkt werden: a) Durch Zugabe einer mäßigen Konzentration einer Substanz, die ein Ion mit dem Niederschlag gemeinsam hat. Es wird von der allgemeinen Erscheinung Gebrauch gemacht, daß eine Substanz in Gegenwart eines geringen Überschusses eines Eigenions schwerer löslich ist. b) Durch Verwendung eines organischen Lösungsmittels, wie Alkohol, Äther usw. Viele Salze sind in Alkohol und ähnlichen Lösungsmitteln unlöslich; selbst in Alkohol-Wassermischungen wird die Löslichkeit oft auf einen vernachlässigbaren Wert verringert. Gelegentlich ist Methode a) oder b) allein nicht ausreichend, so daß die Löslichkeit gewisser Niederschläge durch Kombination dieser Methoden weiter verringert wird. Beispiele sind das Auswaschen von $SrSO_4$ oder $PbSO_4$ mit einer Mischung von verdünnter H_2SO_4 und Alkohol. Verhältnismäßig wenige Substanzen sind so schwer löslich, daß 100 ml Wasser nicht eine merkliche Menge lösen würden. Sehr schwer lösliche („unlösliche") Niederschläge sind unter anderem die Oxydhydrate der schwachen Basen. wie Fe^{III}, Al, Cr, Sn; die Sulfide; $BaSO_4$; die Silberhalogenide; $PbCrO_4$. Die Wirksamkeit dieser ersten Art von Waschlösungen erhellt daraus, daß z. B. 100 ml H_2O bei 25^0 C 0,7 mg CaC_2O_4 lösen, während das gleiche Volum verdünnte Ammoniumoxalatlösung praktisch keine lösende Wirkung auf CaC_2O_4 ausübt. Anderseits wird CaC_2O_4 durch verdünntes Ammoniumhydroxyd, das mit dem Oxalat kein gemeinsames Ion hat, in etwa dem gleichen Ausmaß gelöst wie von Wasser. — 100 ml H_2O lösen 4,1 mg $PbSO_4$, verdünnte Schwefelsäure oder $50^0/_0$iger Alkohol üben praktisch keine lösende Wirkung aus.

Lösungen, die das Kolloidalwerden und Durch-das-Filter-Laufen des Niederschlages vermeiden. Diese Neigung wird bei wohldefinierten kristallinen Niederschlägen selten beobachtet; sie tritt sehr häufig bei gelatinösen oder ausgeflockten kolloidalen Niederschlägen auf, deren Aggregate aus sehr kleinen Teilchen bestehen, die manchmal durch ziemlich schwache Kräfte zusammengehalten werden. Waschflüssigkeiten dieser zweiten Klasse enthalten einen Elektrolyten — eine Säure. Base oder Salz —, am häufigsten letzteres. Die Natur des Elektrolyten ist unwesentlich, sofern er während des Waschens oder des Glühens des Niederschlages auf diesen ohne Wirkung ist. Daher werden Ammoniumsalze häufig verwendet.

Gelatinöse oder ausgeflockte Niederschläge sind unter anderen die Oxyde, Hydroxyde, Sulfide und die Silberhalogenide. So wird z. B.

Eisen(III)-hydroxyd oder -oxydhydrat mit einer NH_4NO_3-Lösung gewaschen. NH_4Cl ist zum Waschen gleich wirksam, würde jedoch die Bildung von flüchtigem $FeCl_3$ beim Glühen des Niederschlages bewirken. Na- oder K-Salze sind ungeeignet, da sie beim Glühen nicht flüchtig sind. AgCl wird mit 1%iger HNO_3 gewaschen, die ohne Wirkung auf den Niederschlag und leicht verdampfbar ist. Hydroxyde werden natürlich von saueren Waschflüssigkeiten gelöst. Es ist manchmal notwendig, eine Waschflüssigkeit zu verwenden, die dem doppelten Zweck dient, die Löslichkeit zu verringern und das Kolloidalwerden des Niederschlages zu verhindern.

Lösungen, welche die Hydrolyse von Salzen schwacher Basen oder Säuren verhindern. Werden Salze schwacher Basen, wie Fe^{III}, Al, Cr, Sn usw. durch Auswaschen mit Wasser von einem Niederschlag, z. B. Kieselsäure, getrennt, so haben die Salze die Neigung, zu hydrolysieren, wobei die unlöslichen basischen Salze oder Hydroxyde vom Filter zurückgehalten werden:

$$FeCl_3 + 3\,H_2O \rightleftharpoons Fe(OH)_3 + 3\,HCl.$$

Da bei derartigen Hydrolysen eine Säure gebildet wird, verhindert das Zufügen einer Säure zur Waschflüssigkeit jede Hydrolyse von Fe^{III}-Salzen oder anderen derartigen Verbindungen. Verdünnte Salzsäure wird als Waschflüssigkeit verwendet, um Eisen- und Aluminiumsalze aus Niederschlägen auszuwaschen, die in dieser Säure unlöslich sind.

Ist der Niederschlag selbst hinlänglich löslich, so kann er selbst Neigung zur Hydrolyse zeigen, falls er das Salz einer schwachen Säure oder schwachen Base ist. Da der Niederschlag gewöhnlich das Salz einer schwachen Säure ist, wird das Hydrolysenprodukt in diesem Falle nicht eine Säure, sondern eine Base sein; die Waschflüssigkeit muß daher alkalisch reagieren. Solche Fälle sind selten. Ein Beispiel ist $MgNH_4PO_4$, das bei der Hydrolyse $MgHPO_4$ und NH_4OH bildet und das daher mit verdünnter Ammoniumhydroxydlösung gewaschen werden muß. $MnNH_4PO_4$ kann dagegen mit Wasser gewaschen werden, da der Niederschlag so unlöslich ist, daß die Hydrolyse unmerklich ist. Es wird erinnert, daß nur die Salze schwacher oder sehr wenig löslicher Basen oder Säuren hydrolysieren können.

Zusammenfassung. Folgende Punkte sollten bei der Wahl einer Waschflüssigkeit stets berücksichtigt werden: 1. Die Löslichkeit des Niederschlages, 2. sein Zustand, ob kristallin, ausgeflocktes Kolloid oder gelatinös; 3. welche Substanzen auszuwaschen sind — ob diese in reinem Wasser ohne Hydrolyse löslich sind, und ob der Niederschlag selbst, falls er etwas löslich ist, merklich hydrolysiert. Überdies muß man gewiß sein, daß die gewählte Waschflüssigkeit unter allen praktisch möglichen Bedingungen ohne Einwirkung auf den Niederschlag ist, sowie daß jeder Elektrolyt in der Waschflüssigkeit bei der Temperatur, auf die der Niederschlag erhitzt wird, vollkommen flüchtig ist, da sonst ein genaues Wägen des letzteren unmöglich ist.

Das Trocknen und Glühen der Niederschläge.

Die Kennzeichnung von Tiegeln und die Art des Erhitzens eines Porzellan- oder *Gooch*-Tiegels wurde im II. Kapitel (Abb. 15 und Abb. 16, S. 27) besprochen.

Trocknen. Gewisse Niederschläge und elektrolytische Abscheidungen verlieren unter 100^0 Wasser oder werden oxydiert, sind flüchtig usw. Solche Substanzen werden, wenn möglich, im Filtertiegel gesammelt und schließlich mit Alkohol, sodann mit Äther oder mit anderen geeigneten flüchtigen Lösungsmitteln gewaschen. Das flüchtige Lösungsmittel wird durch genügend langes Stehenlassen des Tiegels im Exsikkator entfernt. Häufig wird ein Vakuumexsikkator verwendet, welcher mittels einer Wasserstrahl- oder anderen Pumpe evakuiert wird, um die Entfernung des Äthers oder eines anderen Lösungsmittels zu beschleunigen. Metallisches Quecksilber, gewisse Hydrate und metallorganische Niederschläge müssen bei Zimmertemperatur oder bei einer bestimmten niedrigen Temperatur, z. B. 60^0 oder 80^0 C, getrocknet werden.

Glühen. Durch Filterkohle leicht reduzierbare Niederschläge werden, wenn möglich, in Glas-, Porzellan- oder Platinfiltertiegeln filtriert. Nach dem Trocknen bei 100^0 C oder vorsichtigem Erhitzen in einem Schutztiegel (Abb. 16, S. 27) wird die Temperatur auf die geeignete Höhe gebracht. Ist diese viel höher als 100^0 C, so verwendet man einen Brenner oder besser einen elektrischen Tiegelofen oder eine Muffel.

Muß ein reduzierbarer Niederschlag mittels Papierfilter filtriert werden, weil z. B. die Filtertiegel das Erhitzen auf die hohe Temperatur und das nachfolgende Abkühlen nicht aushalten, dann ist es nötig, das Papierfilter samt dem Niederschlag zu trocknen[1] und die Hauptmenge des trockenen Niederschlages sorgfältig über einem schwarzen Glanzpapier [in einen gewogenen Tiegel überzuführen. Das Filterpapier wird zusammengedreht und in einer Platinspirale verbrannt, die Asche kommt ebenfalls in den gewogenen Tiegel.] Sind Teilchen des Niederschlages zu Metall reduziert worden, so können sie durch Behandeln mit einer geeigneten Säure, Ammoniumsalz oder anderem flüchtigen Reagens in die gewünschte Form zurückverwandelt werden. Um danebengefallene Stäubchen des Niederschlages zu sammeln, verwendet man eine Federfahne, Abb. 8, S. 21. Diese Arbeitsmethode des „getrennten Veraschens‟ war früher eher die Regel als eine Ausnahme; sie kann jetzt durch Verwendung von Filtertiegeln und infolge der Entwicklung neuer Reagenzien und Fällungsmethoden vermieden werden.

Wird der Niederschlag durch Papier und dessen Zersetzungsprodukte bei mäßigem Erhitzen nicht leicht reduziert, so wird das feuchte Filter samt Inhalt in einen passenden gewogenen Tiegel gebracht. Am Trichter haftender Niederschlag wird mit einem kleinen Stückchen

---

[1] Der Trichter wird mit einem vorher bezeichneten und mit dest. H_2O befeuchteten Filterpapier bedeckt, so daß ein guter Abschluß erreicht wird.

quantitativem Filtrierpapier weggewischt und ebenfalls in den Tiegel gegeben.

Der Platintiegel wird in geneigter Stellung auf einem Platin- oder Quarzdreieck an seinem oberen Drittel mäßig erhitzt. Die Hitze wird zum Papier geleitet; in den späteren Zersetzungsperioden beschleunigt die katalytische Wirkung des Platins wesentlich die Verbrennung des Papiers bei niederen Temperaturen. In einem Porzellantiegel ist der Vorgang langsamer. Viele ziehen vor, den Tiegel etwa $^1/_4$ cm offen, aufrecht in einem passenden Tiegeldreieck zu erhitzen, um zu vermeiden, daß der Deckel durch teerige Zersetzungsprodukte des Papiers festklebt. Keinesfalls sollte das Papier oder seine gasigen Zersetzungsprodukte zu brennen beginnen. Nachdem das Filter vollkommen verkohlt ist, wird der Tiegel gegen eine Spitze des Tiegeldreiecks geneigt und der Deckel gegen die Öffnung des Tiegels gestellt (Abb. 15, S. 27), damit Luft zum Niederschlag zutreten kann. Von Zeit zu Zeit wird der Tiegel um seine Achse etwas gedreht und die Flamme allmählich verstärkt, bis alle Filterkohle weggebrannt ist. Schließlich wird der Tiegel 10 bis 15 Minuten mittels eines Bunsen-, Mekerbrenners, des Gebläses oder im elektrischen Ofen auf die entsprechende Temperatur erhitzt. Wird ein Gebläse verwendet, so wird die Flamme oxydierend eingestellt und in einem Winkel von etwa 45⁰ gegen den unteren Teil des vorgewärmten Tiegels gerichtet, der so geneigt wird, daß seine Vertikalachse mit der Flamme etwa einen rechten Winkel bildet.

Der Tiegel wird an der Luft etwas erkalten gelassen [bis er nicht mehr glüht] und sodann 30 Minuten im Exsikkator [in den Wägeraum] gestellt, gewogen, wieder erhitzt und gewogen usw., bis er auf 0.0002 g gewichtskonstant ist.

In einigen Fällen ist es wünschenswert, den kalten Niederschlag zwischen den Wägungen chemisch zu behandeln, um auch geringe Einwirkungen des Papiers während der Verbrennung rückgängig zu machen. Sulfate von Pb, Ba usw. können mit einem kleinen Tropfen (0,02 bis 0,03 ml) verdünnter Schwefelsäure befeuchtet werden. Der Säureüberschuß wird durch vorsichtiges, fächelndes Erhitzen mit einer kleinen Flamme tief unter dem Tiegelboden verjagt; der Tiegel steht dabei aufrecht im Dreieck, mit dem Deckel halb bedeckt. Vorhandenes BaS wird dabei in $BaSO_4$ verwandelt usw. [Besser ist die Verwendung eines *Meyer*schen Luftbades zum Abrauchen der Säure.] Zu SnO_2 wird oft ein kleines Stückchen $(NH_4)_2CO_3$ zugegeben, um adsorbierte Anionen, besonders Sulfat, leichter zu entfernen. Manchmal wird NH_4NO_3 oder rauchende Salpetersäure zugesetzt, um Kohlepartikelchen vom Filterpapier zu oxydieren. Eine bessere Alternative ist, vorsichtig mittels eines *Rose*-Tiegeldeckels und -Pfeife gereinigten Sauerstoff einzuleiten. Diese speziellen Methoden sind gelegentlich nützlich, nachdem einige Übung erworben wurde, doch sie sind beschwerlich und zeitraubend; die modernen Bestrebungen gehen dahin, Verfahren zu entwickeln, bei denen sie unnötig sind.

Die Berechnung gravimetrischer Analysen.

1. Nach dem Abtrennen und Wägen eines zu bestimmenden Elementes in einer Substanz kann sein Prozentgehalt mittels einer Proportion berechnet werden.

Ist E das Gewicht der Analysenprobe (die Einwaage), A das Gewicht des gefundenen Elementes (die Auswaage), so ist

$$E : A = 100 : x,$$

wobei x der Prozentgehalt des gesuchten Elementes ist.

2. In einer bestimmten Substanz kann der Prozentgehalt an einem Element durch Fällung des letzteren in Form einer stabilen Verbindung und Wägen dieser bestimmt werden. Ist E die Einwaage, A die Auswaage (in diesem Falle eine reine Verbindung), so kann das Gewicht des Elementes in der Verbindung folgendermaßen berechnet werden:

Mol.-Gew. der Verbindung: (At.-Gew. des Elementes $\times$ Anzahl der betreffenden Atome in der Verbindung) $= A : y$, wobei y das Gewicht des gesuchten Elementes ist. Sodann ist $E : y = 100 : x$; x ist der gesuchte Prozentgehalt.

Beispiel. 1,0020 g eines Eisensalzes wurden gelöst; nach entsprechender Behandlung wurde das Eisen als Eisenoxydhydrat gefällt und schließlich in Fe_2O_3 übergeführt. Die Auswaage betrug 0,1663 g. Wieviel Prozente Eisen enthält das Salz?

$$\underset{\text{Mol.-Gew. } Fe_2O_3}{159,70} \quad : \quad \underset{2 \times \text{At.-Gew. Fe}}{111,70} \quad = 0,1663 : y,$$

$$y = \frac{111,70}{159,70} \cdot 0,1663 = 0,1163 \text{ g Fe}.$$

$$1,002 : 0,1163 = 100 : x,$$

$$x = 11,61\% \text{ Fe}.$$

Beachte, daß bei der Bestimmung jeder Substanz ein konstantes Verhältnis auftritt; in obigem Falle ist es

$$\frac{111.70}{159.70} = 0,6994.$$

Die folgende Betrachtung soll die Berechnungsmethode an einem etwas komplizierteren Beispiel darlegen.

Es wird nicht stets der Prozentgehalt eines Elementes in der analysierten Substanz gesucht. Aus dem Gewicht des reinen Niederschlages kann man die äquivalente Menge einer beliebigen Substanz berechnen.

Beispiel. Der in einer Substanz enthaltene Schwefel wurde in lösliches Sulfat übergeführt und dieses als $BaSO_4$ gefällt. Es ist gefragt, wieviel SO_3 dem in der Probe enthaltenen Schwefel äquivalent ist. Aus den bereits besprochenen Gründen ergibt sich folgendes Verhältnis:

Mol.-Gew. SO_3 : Mol.-Gew. $BaSO_4 = x$: Auswaage, da 1 Molekel SO_3 in 1 Molekel $BaSO_4$ enthalten ist. Diese Verhältnisse werden gewöhnlich als Brüche dargestellt. Danach ist

$$\underset{\text{Gew. v. } SO_3}{x} \quad = \quad \underset{\text{Gew. v. } BaSO_4}{\text{Auswaage}} \quad \cdot \quad \frac{\text{Mol.-Gew. } SO_3}{\text{Mol.-Gew. } BaSO_4}.$$

Der Ausdruck $\left(\dfrac{\text{Mol.-Gew. } SO_3}{\text{Mol.-Gew. } BaSO_4}\right)$ ist offenbar eine Konstante, die ein für allemal durch Einsetzen der entsprechenden Zahlen $\dfrac{80,06}{233,46} = 0,3430$ ausgerechnet werden kann. Diese Zahl (der „Faktor") kann bei allen Rechnungen verwendet werden, in denen $BaSO_4$ in SO_3 umzurechnen ist. Der Faktor entspricht offenbar der Menge SO_3 pro Gewichtseinheit $BaSO_4$. Tabellen dieser Faktoren sind in einer Anzahl von Handbüchern über Konstanten zusammengestellt.

$$\text{Gew. v. } SO_3 = (\text{Gew. v. } BaSO_4) \cdot 0,3430.$$

Hat man das Gewicht des SO_3 im Niederschlag und daher in der Probe gefunden, so wird der Prozentgehalt gefunden, indem man diesen hundertfachen Wert durch die Einwaage dividiert.

$$\frac{\text{Gew. } SO_3 \text{ in der Probe}}{\text{Einwaage}} \cdot 100 = \% \ SO_3 \text{ in der Probe} =$$
$$= \frac{100 \cdot \text{Auswaage} \cdot \text{Faktor}}{\text{Einwaage}}.$$

Es ist angezeigt, zur Berechnung der Ergebnisse Logarithmen oder einen Rechenschieber zu verwenden, da beide Methoden Zeit sparen und die Möglichkeit, Rechenfehler zu begehen, weitgehend verringern. Der Logarithmus des Faktors $0,34297$ ist $-1,53526$. Fünfstellige Logarithmen sind ausreichend. In den abzugebenden Resultaten sollen die Prozentgehalte bloß auf vier kennzeichnende Zahlen angegeben werden.

Obiger Fall ist der einfachste. Nun soll ein komplizierterer betrachtet werden: Die Berechnung der SO_3-Menge in einem Sulfat, das mehr als ein Atom S enthält, wie $Al_2(SO_4)_3$. Dann ist

$$\frac{\text{Gewicht } SO_3}{\text{Gewicht } Al_2(SO_4)_3} = \frac{3 \cdot \text{Mol.-Gew. } SO_3}{\text{Mol.-Gew. } Al_2(SO_4)_3}, \quad \text{bzw.}$$
$$\text{Gew. } SO_3 = \text{Gew. } Al_2(SO_4)_3 \cdot \frac{3 \cdot \text{Mol.-Gew. } SO_3}{\text{Mol.-Gew. } Al_2(SO_4)_3}.$$

In diesem Falle ist der Faktor $\dfrac{3\,SO_3}{Al_2(SO_4)_3}$.

Im folgenden sei noch ein weiteres Beispiel angeführt. Das Eisen in einer Probe von Fe_3O_4 wird in Fe_2O_3 übergeführt und letzteres gewogen. Es ist das Gewicht an Fe_3O_4 zu berechnen.

$$\frac{\text{Gewicht an } Fe_3O_4}{\text{Gewicht an } Fe_2O_3} = \frac{2 \text{ Mol.-Gew. } Fe_3O_4}{3 \text{ Mol.-Gew. } Fe_2O_3}.$$

Der Umrechnungsfaktor ist $\dfrac{2\,Fe_3O_4}{3\,Fe_2O_3}$, da die Anzahl der Eisenatome dieselbe sein muß. Wäre nach dem Gewicht von Eisen(II)-oxyd gefragt, so wäre der Faktor $\dfrac{2\,FeO}{Fe_2O_3}$. In dieser Art können die Faktoren für alle möglichen Verbindungen berechnet werden.

Bei der Berechnung gravimetrischer Analysen sind folgende wichtige Punkte zu beachten, deren Außerachtlassen die Ursache der meisten Fehler ist. die vom Studenten bei den Analysenrechnungen gemacht werden:

1. Die Zahl der Molekel jeder der beiden Substanzen in einem gravimetrischen Faktor muß so sein, daß sie dieselbe Anzahl Atome des fraglichen Elementes enthalten.

2. Wird das Verhältnis als Bruch, als gravimetrischer Faktor ausgedrückt, so steht das Molgewicht der ausgewogenen Substanz (oder ein Vielfaches davon) stets im Nenner, jenes der gesuchten Substanz im Zähler des Bruches.

3. Um das Verhältnis zu bilden, wird nur die ausgewogene Substanz und die gesuchte Substanz berücksichtigt. Alle Zwischenprodukte bleiben unbeachtet.

Dieser letzte Punkt kann stets durch Anschreiben vollständiger Reaktionsgleichungen für einander folgende Reaktionen beachtet werden, aus welchen man die Anzahl Molekel der gewogenen und der gesuchten Substanz ableitet, auch wenn diese Substanzen keine gemeinsamen Elemente haben. So kann Arsen in Ag_3AsO_4, dieses in $AgCl$ übergeführt und letzteres gewogen werden:

$$As \rightarrow Ag_3AsO_4 \rightarrow 3\,AgCl.$$

Der Faktor, der angibt, welches Gewicht an Arsen einem bestimmten Gewicht an Silberchlorid äquivalent ist, ist daher $\dfrac{As}{3\,AgCl}$.

Gib in jedem der nachstehenden Fälle das Verhältnis der Molgewichte für den Faktor an; rechne die Faktoren aber nicht numerisch aus.

Gewogene Substanz	Gesuchte Substanz	Faktor
$BiPO_4$	Bi_2S_3	
Mn_3O_4	Mn_2O_3	
$Mn_2P_2O_7$	Mn_3O_4	
$AgCl$	$Ag_4[Fe(CN)_6]$	
Al_2O_3	Al_4C_3	
$BaSiF_6$	CaF_2	
$BaSO_4$	K_3AsS_4	
AgJ	$KJO_3 . HJO_3$	
$KClO_4$	$K_3[AlF_6]$	

Ein Gewichtsverlust oder -zuwachs infolge einer definierten chemischen Reaktion kann in einer Berechnung geradeso benützt werden, als ob er eine chemische Substanz wäre. Bromion wird in Gegenwart von Chlorion oft so bestimmt, daß beide Ionen als Silbersalze ($AgBr +$ $+ AgCl$) gefällt, gewogen und sodann in einer Chloratmosphäre erhitzt werden:

$$2\,AgBr + Cl_2 = 2\,AgCl + Br_2 \uparrow.$$

Der Gewichtsverlust bei der Verdrängung des Broms durch Chlor beträgt

$$AgBr - AgCl = Br - Cl = 79{,}92 - 35{,}46 = 44{,}46.$$

Bei der Berechnung des Umwandlungsfaktors ist Br die gesuchte, Br — Cl die gewogene Substanz:

$$\frac{Br}{Br - Cl} = \frac{79.92}{44.46} = 1{,}7976.$$

Bei den Berechnungen mache man es zur Regel, daß im Endergebnis nur eine unsichere Stelle angegeben wird. Besteht z. B. das Gewicht einer Probe aus vier kennzeichnenden Zahlen (wie 0,1544 g), und beträgt die Wägegenauigkeit nicht mehr als ± 0,1 bis 0,2 mg, so ist der Wert der letzten Zahl im Gewicht unsicher. Daher soll das Ergebnis einer derartigen Analyse durch vier kennzeichnende Zahlen ausgedrückt werden, [vorausgesetzt, daß durch die Analyse selbst keine größere Ungenauigkeit entsteht].

Faktor-Gewicht-Proben. Für jede beliebige Bestimmungsmethode kann jenes Gewicht der Probe berechnet werden, bei welchem der Prozentgehalt der gesuchten Substanz direkt aus dem Gewicht des Niederschlages ohne weitere Umrechnungen, außer der Stellenwertbestimmung, entnommen wird. Die Berechnung des Prozentgehaltes besteht aus folgenden Schritten:

$$\text{Auswaage} \times \text{Faktor} = \text{Gewicht der gesuchten Substanz.}$$

$$\text{Einwaage} : \text{Gewicht der gesuchten Substanz} = 100 : x\,(\%).$$

Daher ist

$$x = \frac{\text{Auswaage} \cdot \text{Faktor} \cdot 100}{\text{Einwaage}}.$$

Diese allgemeine Formel kann zur Lösung aller besprochenen Aufgaben verwendet werden, in welchen über drei der vier Bestimmungsstücke hinreichende Aussagen gemacht werden.

Beispiel. Es wird eine solche Einwaage gesucht, daß eine Auswaage von je 0,01 g $BaSO_4$ 1% Schwefel in der Analysensubstanz anzeigt. Der zu benützende Faktor ist $\dfrac{S}{BaSO_4} = 0{,}1374$. Es folgt

$$1 = \frac{0{,}01 \cdot 0{,}1374 \cdot 100}{\text{gesuchte Einwaage}}; \quad \text{Einwaage} = 0{,}1374\ \text{g}.$$

Beträgt in einem speziellen Falle die Auswaage z. B. 0,8295 g $BaSO_4$, so enthält die Probe 82,95% S. Diese Fragestellung wurde gelöst, indem eine dem Faktor numerisch gleiche Einwaage gewählt wurde; Aufgabenstellungen dieser allgemeinen Art sind daher als Faktor-Gewicht-Aufgaben bekannt.

Indirekte Analyse. Es ist theoretisch möglich, die Prozentgehalte von zwei reinen Substanzen in einer Mischung ohne Trennung derselben abzuleiten. Diese Analysenmethode wird, wenn möglich, vermieden, da die experimentellen Fehler meist durch die Berechnung sehr vergrößert werden, so daß einer kleinen Veränderung in einem Bestimmungsstück eine sehr große Veränderung in dem Prozentgehalt entspricht.[1]

Zwei Substanzen, die einen gemeinsamen Bestandteil enthalten, wie KCl und NaCl, werden zusammen gewogen; dann wird die Menge des gemeinsamen Bestandteiles, in diesem Falle des Cl^-, bestimmt. Oder die ursprünglichen Substanzen können in ein zweites Substanzpaar mit einem zweiten gemeinsamen Radikal übergeführt werden. Die Mischung $KCl + NaCl$ kann z. B. in eine Mischung $K_2SO_4 + Na_2SO_4$ übergeführt und wieder gewogen werden.

Die Berechnung derartiger Aufgaben wird auf zwei Bestimmungsgleichungen mit zwei Unbekannten zurückgeführt: Die Einwaage E setzt sich aus den Gewichtsanteilen x und y des KCl, bzw. NaCl zusammen, so daß wir schreiben können

$$x \underset{\text{KCl}}{} + y \underset{\text{NaCl}}{} = E \tag{1}$$

Die Chlorbestimmung ergab eine Auswaage A g AgCl. Dieselbe setzt sich aus den Anteilen des AgCl zusammen, die von dem KCl bzw. NaCl stammen. Durch einfache Anwendung der Faktorenrechnung findet man

$$x \cdot \underset{u}{\frac{\text{AgCl}}{\text{KCl}}} + y \underset{v}{\frac{\text{AgCl}}{\text{NaCl}}} = A. \tag{2}$$

Wir wollen diese Faktoren zur Vereinfachung u und v nennen. Dann haben wir zwei Gleichungen und können aus diesen x und y ausrechnen.

$$x = \frac{v}{v-u} \cdot E - \frac{1}{v-u} \cdot A.$$

Setzen wir die speziellen Werte ein, so erhalten wir

$$\frac{\text{AgCl}}{\text{KCl}} = u = 1{,}9225; \qquad \frac{\text{AgCl}}{\text{NaCl}} = v = 2{,}4520;$$

$$v - u = 0{,}5295,$$

$$x = 4{,}6305 \cdot E - 1{,}8886 \cdot A.$$

Ist in einem speziellen Falle $E = 0{,}2230$ g, $A = 0{,}5194$ g AgCl, so berechnet sich $x = 0{,}0517$ g KCl; das entspricht 23,18% KCl. Der Prozentgehalt an NaCl ergibt sich aus der Differenz auf 100,00; er kann auch durch Berechnung von y aus den beiden Gleichungen (1) und (2) ermittelt werden.

Man hätte auch das Gemisch $KCl + NaCl$ mit Schwefelsäure abrauchen können. In diesem Falle hätte man die Gleichungen anzusetzen:

$$x + y = E_1,$$

$$x \cdot \frac{\text{K}_2\text{SO}_4}{2\,\text{KCl}} + y \frac{\text{Na}_2\text{SO}_4}{2\,\text{NaCl}} = A_1.$$

---

[1] Die Berechnung indirekter Analysen wird in einigen der im Anhang angeführten Lehrbücher genau beschrieben. *Caley J.*; Chem. Educat. **6,** 1979 (1929), hat die Grundlagen dieser Berechnungen in einfacher Weise dargelegt.

Es ergeben sich in analoger Weise die Faktoren

$$u = \frac{K_2SO_4}{2\,KCl} = 1{,}1687; \quad v = \frac{Na_2SO_4}{2\,NaCl} = 1{,}2151; \quad v - u = 0{,}0464$$

und die Gleichung

$$x_{KCl} = 26{,}817 \cdot E - 21{,}551 \cdot A.$$

Aufgabe: E sei 0,4550 g KCl + NaCl; $A = 0{,}5415$ g K_2SO_4 + Na_2SO_4. Berechne aus obigem Ansatz die Prozentgehalte an NaCl und KCl.

Die Analysen werden um so genauer ausfallen, je kleiner die Koeffizienten und je geringer die Fehler von E und A sind. Demnach erhält man bei der Halogenbestimmung befriedigende Ergebnisse, dagegen sind die Resultate bei Überführung der Chloride in die Sulfate unbrauchbar. Die Fehler der indirekten Analysen sind meist so schwerwiegend, daß sich eine weitere Behandlung in einem Buche dieses Ausmaßes erübrigt.

Rückblick, Fragen und Aufgaben.

1. Formuliere Ausdrücke für das Löslichkeitsprodukt der folgenden Substanzen: Silbermolybdat, Magnesiumhydroxyd, Silberhexacyanoferrat(III), Arsentrisulfid, Calciumkarbonat.

2. Stelle für jeden der unter 1 genannten Niederschläge zweckentsprechende Waschflüssigkeiten zusammen.

3. $L_{AgCl} = 10^{-10}$; wieviel Silber ist in 500 ml einer an Chlorion 0,001 molaren, mit AgCl im Gleichgewicht befindlichen Lösung gelöst?

4. $L_{CaC_2O_4} = 2 \cdot 10^{-9}$; wieviel anhydrisches Calciumoxalat ist in 200 ml einer an Oxalation 0,01normalen, mit CaC_2O_4 gesättigten Lösung gelöst? Antwort: 0,00001 g.

5. $L_{Ag_2CrO_4} = 2 \cdot 10^{-12}$; wieviel Gramm Ag_2CrO_4 sind a) in 5,00 l der gesättigten Lösung in reinem Wasser, b) in 500 ml einer an Ag^+ 0,001 n Lösung vorhanden? Antwort: a) 0,1317 g; b) 0,00033 g.

6. Die Löslichkeitsprodukte von Silberchlorid und Silbercyanid betragen 10^{-10} bzw. $2 \cdot 10^{-12}$. Welches ist die bessere Form, um Silber zu fällen? Gründe?

7. Die Löslichkeit von AgCl beträgt bei 100° C in 100 ml 0,0022 g. Berechne das Löslichkeitsprodukt bei dieser Temperatur.

8. $L_{Mg(OH)_2} = 1{,}2 \cdot 10^{-11}$. a) Bei welchem p_H wird die Hydroxydfällung in einer 0,005 m $MgCl_2$-Lösung beginnen? (Nimm an, daß das $MgCl_2$ völlig dissoziiert ist.) b) Ist zu erwarten, daß sich in einer an $MgCl_2$ 0,005 molaren und an NH_4OH ($K_b = 10^{-4{,}76}$) 0,001 molaren Lösung ein Niederschlag von $Mg(OH)_2$ bilden wird? Antwort: a) $p_H = 9{,}7$; b) ja, da das p_H etwa 10,12 beträgt.

9. Wiederhole die Rechnung b der Aufgabe 8 für eine Lösung, die 0,01 m $MgCl_2$ (vollständige Ionisation angenommen), 0,01 m NH_4OH und 0,1 m NH_4Cl (vollständige Ionisation angenommen) im Liter enthält.

10. $L_{BaSO_4} = 10^{-10}$; berechne die lösliche Menge a) in Molen, b) in Gramm in 2,00 Litern einer Lösung, welche 0,0077 g $(NH_4)_2SO_4$ in 100 ml enthält. (Es werde völlige Dissoziation des Ammoniumsulfates angenommen.)

11. $L_{Fe(OH)_2} = 2 \cdot 10^{-14}$; berechne, ob das Hydroxyd in einer Lösung fallen wird, die 0,01 m an Fe^{II}, 0,1 m an NH_4^+ und 0,01 m an NH_4OH ist.

12. 0,4825 g einer Kupfer-Silber-Legierung wurden in HNO_3 gelöst und das Silber quantitativ als AgCl gefällt. Die Auswaage betrug 0,5768 g AgCl. Berechne den Prozentgehalt an Silber in der Legierung.

13. Ein Gemisch enthält 10% KBr; das übrige ist KNO_3. Wieviel ml 0,5 n $AgNO_3$ würden zum Fällen des Bromides in 0,4000 g dieser Substanz benötigt werden?

14. In 0,4964 g einer Arsenatprobe wurde das Arsen quantitativ in Arsenpentasulfid übergeführt. Das Gewicht des letzteren betrug 0,3320 g. Berechne a) die Prozente Arsen, b) die Prozente As_2O_5 im Arsenat. Antwort: a) 32,31% As; b) 49,56% As_2O_5.

15. Wie groß muß die Einwaage sein, damit je 0,02000 g gefundenes Al_2O_3 1% Al in der Substanz entsprechen?

16. Berechne folgende gravimetrische Faktoren: gesucht PbO, gewogen $PbSO_4$; gesucht $K_2Cr_2O_7$, gewogen Cr_2O_3; gesucht Mn, gewogen $Mn_2P_2O_7$.

17. Eine Probe, bestehend aus einem Gemisch von KCl + NaCl, wiegt 0,4520 g. Alles Chlorid wurde in AgCl übergeführt, das 0,9785 g wog. Berechne die Prozente K und Na in der Mischung.

18. 0,3684 g einer Pyritprobe ergaben 0,1910 g Fe_2O_3. Berechne den Prozentgehalt an FeS_2 im Mineral unter der Annahme, daß dies die einzige anwesende Eisenverbindung war.

19. 0,5000 g einer Probe, die Magnesium enthält, ergab 0,2830 g reines $Mg_2P_2O_7$. Berechne die Prozente MgO in der Probe.

20. Ein Gemisch enthält Calciumhypochlorit, Calciumoxyd und Feuchtigkeit. 0,2000 g dieses Gemisches wurden so behandelt, daß alles vorhandene Chlor in Silberchlorid übergeführt wurde. Letzteres wog 0,3344 g. Berechne den Prozentgehalt an Calciumhypochlorit (CaClOCl) im Gemisch.

21. 1,0000 g einer Probe ergab 0,3640 g Fe_2O_3 + Al_2O_3. Das Oxydgemisch verlor, in Wasserstoff erhitzt, 0,0786 g. Berechne die Prozentgehalte an Fe und an Al in der Probe. [Praktisch ergibt dieses Verfahren falsche Werte.]

22. 0,6200 g eines Gemisches von Magnetit (Fe_3O_4) und unlöslichem kieselsäurehaltigem Material wurden mit Säure behandelt, das Eisen gefällt und 0,3500 g Fe_2O_3 ausgewogen. Gefragt ist der Prozentgehalt an Magnetit im Gemisch.

23. 1,0000 g einer Mineralprobe ergab einen Calciumoxalatniederschlag, der zu CaO verglüht wurde. Letzterer wurde durch Behandeln mit Ammoniumkarbonat in $CaCO_3$ übergeführt. Dabei ergab sich eine Gewichtserhöhung von 0,0927 g. Berechne die Prozente CaO im Mineral.

XVI. Einfache gravimetrische Bestimmungen.

Die Reihenfolge, in der die Bestimmungen durch den Studenten ausgeführt werden sollen, hängt etwas von den Zielen des Lehrganges ab. Die Aufgaben dieses Kapitels wurden nach steigender Schwierigkeit geordnet. Jede Bestimmungsmethode ist vollständig beschrieben, so daß Abweichungen von dieser Reihenfolge weder dem Studenten noch dem Lehrer Schwierigkeiten bereiten.

Halogenbestimmung in einem Halogenid.
Chlorbestimmung in einem Chlorid.

Prinzip. Das Chlorid wird in Wasser gelöst, die Lösung mit Salpetersäure angesäuert, um einen besseren Niederschlag zu bekommen und um die Fällung anderer Silbersalze (wie des Phosphats, des Karbonats usw.), die sich in neutraler Lösung bilden können, zu verhindern. Das Chlorion wird durch einen geringen Überschuß von Silbernitrat als Silberchlorid gefällt:

$$NaCl + AgNO_3 = AgCl \downarrow + NaNO_3. \tag{1}$$

Um den Niederschlag zu Flocken zu koagulieren, wird die Lösung erhitzt und kräftig gerührt oder geschüttelt. Der Niederschlag wird sodann durch einen Filtertiegel filtriert, mit sehr verdünnter Salpetersäure gewaschen um ein Kolloidalwerden zu verhindern, bei 150 bis 200° C getrocknet und als AgCl gewogen. Wird zur Filtration ein Papierfilter verwendet (nicht empfehlenswert), so wird dieses zum Schluß mit Wasser gewaschen, um die Säure zu entfernen, die das Papier beim Trocknen angreifen würde. Das Filter wird getrennt verascht; nachdem das durch die Filterkohle reduzierte Silber wieder in AgCl zurückverwandelt wurde, wird die Hauptmenge des Niederschlages in den Tiegel gegeben und bei etwa 200° C getrocknet und gewogen.

Fehler. AgCl zeigt, wenn richtig gefällt, verhältnismäßig wenig Neigung, andere Salze zu okkludieren. Die schwammige Beschaffenheit des Niederschlages läßt ein vollkommenes Auswaschen zu. Die Löslichkeit des AgCl beträgt bei 20° C in 100 ml H_2O nur 0,14 mg; dieser Wert steigt bei 100° C auf 2,2 mg an. Die Löslichkeit wird durch die Anwesenheit von Ammonium- und Alkalisalzen sowie durch hohe Säurekonzentrationen erhöht, obwohl sehr verdünnte Salpetersäure ohne Einfluß ist und *sehr* verdünnte Salzsäure infolge Anwesenheit eines Eigenions die Löslichkeit verringert. AgCl ist ein ausgeflocktes Kolloid und zeigt daher die Neigung, kolloidal zu werden und durch das Filter zu laufen, sobald die adsorbierten Ionen durch den Waschvorgang entfernt werden. Aus diesem Grunde muß die Waschflüssigkeit einen Elektrolyten enthalten. Es wird Salpetersäure gewählt, da sie auf den Niederschlag ohne Einwirkung ist und leicht flüchtig ist. Wird an Stelle des Chlorions das Silberion bestimmt, so wird als Waschflüssigkeit sehr verdünnte Salzsäure verwendet; dies hat den weiteren Vorteil, die Löslichkeit herabzusetzen.

Silberchlorid wird durch Licht angegriffen, indem es in Silber und Chlor zerlegt wird. Das Silber bleibt im AgCl kolloidal gelöst und verleiht ihm dabei Purpurfarbe. Die Zersetzung durch das Licht ist nur oberflächlich und ist vernachlässigbar, wenn der Niederschlag nicht bei hellem Licht häufig gerührt wird. Daher soll AgCl, soweit möglich, vor hellem Licht geschützt werden. Das Ausmaß des Fehlers sei durch die Ergebnisse von *Lundell* und *Hoffman*[1] aufgezeigt:

---

[1] *Lundell* und *Hoffman:* J. Res. nat. Bur. Standards **4**, 109 (1930).

a) Die Lösung enthält AgCl und einen Überschuß von HCl.

Gewicht AgCl		Fehler	Art der Belichtung
berechnet	gefunden		
1. 1,3971	1,3915	— 0,0056	2 Stunden im direkten Sonnenschein, ohne zu rühren.
2. 1,3971	1,3948	— 0,0023	7 Stunden, Licht von Norden, gelegentliches Rühren.
3. 0,7859	0,7851	— 0,0008	2 Stunden in hellem Labor; kein direktes oder reflektiertes Sonnenlicht; gelegentliches Rühren.

b) Die Lösung enthält AgCl und 1 bis 2% Überschuß von 0.2 n $AgNO_3$.

Gewicht AgCl		Fehler	Art der Belichtung
berechnet	gefunden		
1. 1,2903	1,3179	+ 0,0276	5 Stunden im direkten Sonnenlicht. Gelegentliches Rühren.
2. 0,5184	0,5194	+ 0,0010	2 Stunden im hellen Laboratorium; kein direktes oder reflektiertes Sonnenlicht. Gelegentliches Rühren.

Ist Chlorion im Überschuß vorhanden, so ist der Fehler infolge des Verlustes an Chlor, welches aus dem Niederschlag entweicht, stets negativ. In solchen Fällen kann das Gewicht durch Behandeln des Niederschlages mit Salpetersäure, sodann mit Salzsäure, auf den korrekten Wert gebracht werden. Im umgekehrten Falle (Überschuß an Silberion) wird mehr Silber niedergeschlagen, als dem anwesenden Chlorion äquivalent ist, weil sich das im AgCl durch Licht in Freiheit gesetzte Chlor mit den Ag-Ionen in der Lösung vereinigt und dadurch mehr AgCl ausgefällt wird:

$$3\,Cl_2 + 5\,AgNO_3 + 3\,H_2O = 5\,AgCl + HClO_3 + 5\,HNO_3. \qquad (2)$$

In diesem Falle ist kein Mittel bekannt, um das fehlerhafte Gewicht auf den richtigen Wert zurückzuführen. Der Fehler kann nur durch Schutz des Niederschlages vor der Wirkung von direktem Sonnenlicht oder starkem Kunstlicht vermieden werden.

Lundell und *Hoffman* fanden weiter, daß Proben von trockenem AgCl nach 2- bis 7stündiger starker Belichtung Gewichtsverluste von 0,0001 bis 0,0009 g zeigten. Bei der Belichtung feuchter Niederschläge wurden größere Gewichstverluste beobachtet.

Der Säureüberschuß [vom Waschwasser] wird durch sorgfältiges Erhitzen entfernt. Es muß darauf geachtet werden, den Niederschlag nicht zu schmelzen, da AgCl durch die im Niederschlag verbleibende

organische Substanz beim Schmelzen reduziert wird und zu niedrige
Ergebnisse unvermeidlich sind. Völlig reines Silberchlorid kann in
Abwesenheit reduzierender Substanzen ohne Verluste geschmolzen
werden. Zur Filtration von AgCl ist stets ein Filtertiegel zu empfeh-
len, da ein Papierfilter unbequem ist und sein Gebrauch zu ungenauen
Ergebnissen führen kann.

Die Chlorbestimmung als Silberchlorid ist, weil alle Fehlerquellen
praktisch ausgeschaltet werden können, einer größeren Genauigkeit
fähig, als alle anderen gravimetrischen Fällungsmethoden; sie wird
aus diesem Grunde bei Atomgewichtsbestimmungen gern verwendet.

Andere Anwendungen. Die Methode dient zur Silberbestimmung
und zur Trennung des Silbers von anderen Metallen. Sie kann ferner
zur Bestimmung aller Ionen angewendet werden, deren Silbersalze in
verdünnter Salpetersäure unlöslich sind, wie das Chlor-, Brom-, Jod-,
Cyan- und Rhodanion.

Die Löslichkeit in 100 ml Wasser bei 20⁰ C beträgt in mg:[1]

AgCl 0,14	AgCN 0,02
AgBr.............. 0,008	AgCNS............. 0,013
AgJ.............. 0,0003	

Das Anion einer beliebigen Halogen-Sauerstoffsäure, und zwar
ClO^-, ClO_2^-, ClO_3^-, ClO_4^-, BrO^-, BrO_3^-, JO^-, JO_3^-, JO_6^{5-}, kann nach
erfolgter Reduktion zum entsprechenden Halogenid als Silberhalogenid
in verdünnter salpetersaurer Lösung bestimmt werden. Außer der
Perchlorsäure können alle genannten Sauerstoffsäuren mit schwefliger
Säure reduziert werden.

Störende Substanzen. Wird eines der fünf genannten Anionen
bestimmt, so müssen die anderen vier abwesend sein. Bei der Silberbestimmung stören nur Quecksilber(I)-salze, da $PbCl_2$ in heißer verdünnter Lösung nicht fällt.

Arbeitsvorschrift. Richte Filtertiegel, wie S. 25 beschrieben, her,
trockne sie bei 110 bis 120⁰ C, und wäge sie. [Wesentlich angenehmer
sind die käuflichen Glas- oder Porzellanfiltertiegel, durch die einige
Male konz. HNO_3, sodann Wasser bis zur Säurefreiheit durchgesaugt
wird. Nach dieser einfachen Vorbehandlung sind diese Filtertiegel
meist gewichtskonstant.]

Wäge Proben von etwa [0,2 bis 0,3 g] in 250-ml-Bechergläser ein,
löse in wenig Wasser, verdünne die Lösung auf etwa 150 ml und füge
10 Tropfen konz. Salpetersäure zu. Füge sodann, ohne die Lösung zu
erhitzen, unter ständigem Rühren [0,2 m] $AgNO_3$ zu (Gleichung (1)).
Laß den Niederschlag absitzen, nachdem etwa 10 ml des Reagens zugefügt wurden, und prüfe die überstehende Flüssigkeit durch Zugabe
einiger Tropfen Silbernitratlösung, ob die Fällung vollständig ist.
Prüfe die Lösung solcherart nach jedesmaliger Zugabe von 2 bis 3 ml
der Fällungslösung, bis kein weiterer Niederschlag entsteht. Eine

---

[1] International Critical Tables **6**, 256.

Probe sollte nicht mehr als 20 ml 0,2 n AgNO$_3$ benötigen. Erhitze die Lösung unter ständigem Rühren nahe an den Siedepunkt und belasse sie bei dieser Temperatur, bis sich der Niederschlag zusammenballt und die überstehende Flüssigkeit klar ist. Setze den Niederschlag nicht zu lange hellem Licht aus. Die Koagulation des Niederschlages wird durch starkes Rühren sehr beschleunigt. Auch die oft empfohlene Methode, die Fällung in einem *Erlenmeyer*-Kolben durchzuführen, der sodann zugestöpselt und geschüttelt wird, ist sehr wirksam. Prüfe die Lösung nochmals mit etwas Silbernitrat, sobald die Lösung klar ist, um dich zu überzeugen, daß die Fällung vollständig ist. Sodann wird die Lösung durch einen gewogenen Filtertiegel dekantiert. Füge dann etwa 25 ml kalte, sehr verdünnte Salpetersäure (0,5 ml oder 8 Tropfen der konzentrierten Säure auf 200 ml Wasser) zum Niederschlag in dem Becherglas zu (warum wird dieses verwendet?), rühre gründlich um, lasse absitzen und dekantiere die überstehende Flüssigkeit durch den Filtertiegel. Wasche den Niederschlag auf diese Weise [drei- bis viermal], bringe ihn sodann in den Filtertiegel und wasche mit der verdünnten Salpetersäure, bis das Filtrat keine Reaktion auf Ag$^+$ ergibt. Man wird insgesamt etwa [5- bis 6-]mal zu waschen haben. (Warum wird keine heiße Waschflüssigkeit verwendet?) Der Niederschlag kann im Becherglas durch Rühren mit verdünnter Salpetersäure besser ausgewaschen werden, daher wird diese Waschmethode für die ersten Waschungen verwendet. Die Filtertiegel werden auf den Boden eines 400- oder 600-ml-Becherglases gestellt, dieses mit einem Uhrglas bedeckt und mehrere Stunden oder über Nacht im Trockenschrank bei 110 bis 120° C getrocknet. Man kann schließlich auch auf höhere Temperatur erhitzen; wesentlich ist eine allmähliche Erhitzung. Sonst kontrahiert sich der Niederschlag so schnell, daß Wasser in den Poren eingeschlossen wird und erst beim Schmelzen ausgetrieben werden kann. Silberchlorid schmilzt bei 455° C, es sollte nicht geschmolzen werden, wenn nicht die absolute Abwesenheit organischer Substanz gewährleistet ist, und selbst dann nicht in einem Filtertiegel.

Die bereits erwähnten Nachteile der Verwendung von Filterpapier sind so ausgeprägt, daß in Hinblick auf die allgemeine Verwendung von Filtertiegeln davon abgesehen wird, näher darauf einzugehen.

Berechnung der Ergebnisse. Berechne den Prozentgehalt an Chlorion nach den im vorhergehenden Kapitel gegebenen Richtlinien aus dem Gewicht des Silberchlorides. Der Faktor, um Silberchlorid auf Chlorion umzurechnen, beträgt 0,24738.

Rückblick, Fragen und Aufgaben.

1. 0,2150 g einer Probe unreinen Natriumbromats wird zu Bromid reduziert und als Silberbromid gefällt. Die Auswaage beträgt 0,2420 g. Berechne den Prozentgehalt an NaBrO$_3$. *Bemerkung:* Berechne nicht das Gewicht von NaBr.

2. 0,5410 g einer Natriumphosphatprobe, die Kristallwasser enthält, wird als Ag$_3$PO$_4$ gefällt, dieses in AgCl übergeführt. Die Auswaage an AgCl

beträgt 0,2900 g. Berechne den Prozentgehalt an Na_2HPO_4. *Bemerkung:* Berechne nicht das Gewicht des Ag_3PO_4. Vgl. Regel 3, S. 248.

3. Eine bestimmte Menge Arsen wurde als As_2S_3 gefällt, letzteres in Salpetersäure gelöst und die Arsensäure als Silberarsenat gefällt. Letzteres wurde in Silberbromid übergeführt, das 1,1268 g wog. Berechne die Menge des vorhandenen Arsens. *Bemerkung:* Berechne nicht das Gewicht des Sulfides oder Arsenides. Vgl. Regel 3, S. 248. Antwort: 0,1498 g.

4. Aus 0,1000 g eines Chlorid-Bromid-Gemisches werden die Halogene als Silberbromid und Silberchlorid gefällt; dieselben wiegen zusammen 0,1850 g. Durch Erhitzen im Chlorstrom wird das Silberbromid in Silberchlorid übergeführt. Der Gewichtsverlust beträgt 0,0200 g. Berechne die Prozente Chlor und Brom in der Probe! Antwort: 35,9% Br; 24,9% Cl.

5. 0,2500 g einer Chlorid enthaltenden Probe geben eine Silberchloridfällung. Infolge Lichteinwirkung enthält der Niederschlag 0,0025 g Silber und 0.2475 g Silberchlorid. Welcher Fehler wird unter der Annahme gemacht, daß alles reines Silberchlorid ist?

6. 0,2 g einer nur NaCl und NaJ enthaltenden Mischung geben 0,3664 g Silberhalogenide. Wie groß ist der Prozentgehalt an NaCl und NaJ? Antwort: 30,00% NaCl; 70,00% NaJ.

7. Wie groß wäre bei Aufgabe 6 der Gewichtsverlust, wenn das Jodid durch Erhitzen im Chlorstrom in Chlorid übergeführt worden wäre?

8. In welchem Verhältnis ist wasserfreies Bariumchlorid und Natriumchlorid zu mischen, damit die Mischung 40,00% Chlor enthält?

9. Wieviel Silberchlorid wird bei Zugabe eines Überschusses von Silbernitrat zu 10,00 ml HCl, d 1,098, die 20 Gew.-% HCl enthält, entstehen?

10. Wieviel reines Silbernitrat braucht man zur Fällung des Broms in 2,000 g einer Mischung, die aus 60% NaBr, 20% KBr und 20% NH_4Br besteht?

11. Das Cyanid in 0,1207 g einer Probe von Kaliumcyanid wurde als Silbercyanid gefällt und zu Metall verglüht. Letzteres wog 0,1980 g. Berechne den Prozentgehalt an Kaliumcyanid in der Probe. Antwort: 99,00% KCN.

12. Eine Eisen(III)-chloridlösung wurde in einem Silberreduktor zu Eisen(II)-chlorid reduziert. Zur Titration des Eisen(II)-salzes wurden 20,00 ml 0,1000 n Oxydationsmittel benötigt. Wieviel Silber wurde theoretisch in Chlorid verwandelt?

Sulfatbestimmung in einem löslichen Sulfat.

Prinzip. Das Sulfat wird in Wasser oder verdünnter Salzsäure gelöst und das Sulfation durch langsamen Zusatz von $BaCl_2$ zur heißen Lösung, die nur einen geringen Säureüberschuß enthält, gefällt.

$$K_2SO_4 + BaCl_2 = BaSO_4 \downarrow + 2\,KCl. \tag{1}$$

Der Niederschlag wird abfiltriert, mit Wasser gewaschen, sorgfältig bis zur Rotglut erhitzt und als $BaSO_4$ gewogen. Aus dem Gewicht wird der Prozentgehalt an $SO_4^=$ bzw. SO_3 berechnet.

Fehler. 1. $BaSO_4$ ist in Salzsäure merklich löslich, außer letztere ist sehr verdünnt. Obwohl die Fällung in saurer Lösung gemacht werden muß (warum?), muß deshalb ein größerer Säureüberschuß vermieden werden. Folgende Zahlen geben ein Bild von der möglichen

Größe dieses Fehlers: Die Löslichkeit des Bariumsulfates beträgt in 100 ml Lösung bei 26° C: in Wasser 0,3 mg; in 1 n HCl 8,9 mg; in 2 n HCl 10,1 mg; in 2 n HNO_3 17 mg; sie ist jedoch in Anwesenheit von Bariumion viel geringer.

2. Bariumsulfat hat die Neigung, andere Salze mitzureißen und wird deshalb niemals rein erhalten. Ob die Ergebnisse zu hoch oder zu niedrig ausfallen, hängt von den Verunreinigungen im Niederschlag ab. Bei der Sulfatbestimmung werden richtige Ergebnisse gewöhnlich infolge einer Kompensation der Fehler erhalten.

Fremde *Anionen*, wie Chlorid-, Nitrat-, Chlorationen werden als entsprechende Bariumsalze mitgefällt und erhöhen das korrekte Sulfatgewicht. Dieser Fehler wird daher bei einer Sulfatbestimmung zu hohe Ergebnisse verursachen; beim Glühen wird das Nitrat in Oxyd verwandelt. Sind Chloride anwesend, so kann dieser Fehler durch sehr langsamen Bariumchloridzusatz zur Lösung, unter ständigem Rühren, recht gut vermieden werden. Bei der Anwesenheit von Nitrat und Chlorat ist der Fehler nicht zu vermeiden. Diese Ionen müssen daher stets durch Abdampfen mit einem großen Überschuß an Salzsäure entfernt werden.

Fremde *Kationen*, wie die Alkalimetalle, Calcium, Fe^{+++}, werden mitgefällt. Der Niederschlag enthält bis zu einem gewissen Grad fremde Sulfate, z. B. K_2SO_4, okkludiert, so daß die Ergebnisse von Sulfatbestimmungen zu niedrig sein werden, da das Äquivalentgewicht des fremden Kations geringer als jenes des Bariums sein wird. Die Größe des Fehlers wird von dem Unterschied zwischen dem Gewichte dieses Sulfates und jenem einer äquivalenten Menge Bariumsulfat abhängen. Werden die fremden Sulfate beim Glühen zersetzt, so wird der Fehler noch größer. Ist z. B. Ammoniumsulfat anwesend, so geht dieses völlig verloren; Eisen(III)-sulfat verliert SO_3 und geht in Eisenoxyd über. So wiegt eine bestimmte Menge Schwefel als Na_2SO_4 nur etwa sechs Zehntel so viel als er als $BaSO_4$ wiegen würde. Diese Fehler können nur durch Entfernen der störenden Ionen vollkommen vermieden werden. Eisen(III)-ionen können gefällt oder zur zweiwertigen Stufe reduziert werden, die bei dieser Bestimmung nicht in größerem Ausmaß mitgefällt werden. Natrium- und Kaliumionen können nicht einfach entfernt werden. Eine Verdünnung der Lösung wird den Fehler verringern. *Popoff* und *Neumann*[1] zeigten, daß beim Zusatz des Sulfats zur Bariumlösung zwar die Fehler dieser letzteren Type weitgehend verringert werden, jedoch die Fehler infolge der Anionen zunehmen. Eine Umfällung, die gewöhnliche Methode, einen Niederschlag zu reinigen, ist leider nicht anwendbar, da Bariumsulfat in allen gebräuchlichen Reagenzien fast unlöslich ist. Es kann durch Schmelzen mit Natriumkarbonat in Bariumkarbonat umgewandelt werden, doch ist diese Methode umständlich.

---

[1] *Popoff* und *Neumann:* Ind. Engng. Chem., Analyt. Edit. **2**, 45 (1930).

Über die Fehler bei der Fällung von Bariumsulfat wurden viele Arbeiten publiziert.[1]

3. $BaSO_4$ wird bei hoher Temperatur durch die Filterkohle leicht zu Bariumsulfid reduziert:

$$BaSO_4 + 4\,C = BaS + 4\,CO. \qquad (2)$$

Die Reduktion kann völlig vermieden werden, wenn man die Filterkohle bei möglichst niederer Temperatur — nicht über schwacher Rotglut — wegbrennt.

Wird Barium bestimmt, so können die durch fremde Anionen bedingten Fehler leicht behoben werden, indem man den Niederschlag mit einem Tropfen Schwefelsäure befeuchtet und sodann glüht.

Andere Anwendungen. Die Methode dient umgekehrt zur Trennung und Bestimmung von Barium. Sie wird ferner zur Trennung und Bestimmung von Blei und von Strontium verwendet. Die Sulfate dieser Metalle sind leichter löslich als das Bariumsulfat ($PbSO_4$ 4,1 mg; $SrSO_4$ 15,4 mg in 100 ml bei 25⁰ C); bei ihrer Fällung und beim Auswaschen sind daher besondere Vorsichtsmaßregeln erforderlich. Bei Strontiumsulfat wird Alkohol zugesetzt, um die Löslichkeit des Niederschlages zu verringern. Die Bleibestimmung als Sulfat wird später bei der Messinganalyse besprochen. Diese Sulfatfällungsmethode dient nicht nur zur Abtrennung von Ba, Sr und Pb von den Metallen. die lösliche Sulfate bilden, sondern auch zur Trennung des Sulfations von anderen Ionen, die unter den Fällungsbedingungen nicht gefällt werden. Schwefel in jeder Form, als Sulfid, Sulfit, Thiosulfat, Tetrathionat, Persulfat usw. kann in Sulfat übergeführt und nach dieser Methode bestimmt werden. $PbSO_4$ kann von $BaSO_4$ recht gut getrennt werden, indem man ersteres in einer Lösung von Ammonium- oder Natriumazetat, die etwas Sulfat enthält, auflöst.[2]

Arbeitsvorschrift. Wäge drei Proben [etwa 0,3 bis 0,5 g] in 400-ml-Bechergläser ein, füge 15 ml Wasser dazu und erhitze. Ist die Probe in Wasser unlöslich, so füge sorgfältig tropfenweise konz. Salzsäure zu, bis die Lösung erfolgt ist. Sodann gib 0,5 ml (8 Tropfen) Säure im Überschuß zu. Ist die Probe in Wasser löslich, so setze ebenfalls 0,5 ml konz. HCl zu. Verdünne auf 200 bis 250 ml, bedecke das Becherglas mit einem Uhrglas, erhitze die Flüssigkeit zum Sieden und setze unter ständigem Rühren Tropfen für Tropfen[3] 0,25 m $BaCl_2$ (61 g

---

[1] Eine ausführlichere Behandlung dieses Themas bei *Kolthoff* und *Sandell:* Textbook of Quantitative Inorganic Chemical Analysis, S. 309. Macmillan. 1936. — Vgl. ferner: *H. G. Grimm* und *G. Wagner:* Z. physik. Chem. **132,** 131 (1928). — *D. Balareff:* Z. analyt. Chem. **72,** 303 (1928). — *L. Moser* und *P. Kohn:* Z. anorg. allg. Chem. **122,** 299 (1922). — *Z. Karaoglanow:* Z. analyt. Chem. **56,** 225 (1917). — *L. W. Winkler:* Z. angew. Chem. **33,** 287 (1920). — *F. L. Hahn* und *R. Klein:* Z. anorg. allg. Chem. **206,** 398 (1932).

[2] *Marden:* J. Amer. chem. Soc. **38,** 310 (1916).

[3] *F. L. Hahn* und *R. Otto:* Z. anorg. allg. Chem. **126,** 257 (1923). — *Z. Karaoglanow:* Z. analyt. Chem. **57,** 77 (1918).

$BaCl_2 . 2 H_2O$ zu einem Liter gelöst) zu. Halte die Lösung eben kochend. Ständiges Rühren ist notwendig, um ein Stoßen der Flüssigkeit zu verhindern. Das Reagens wird gewöhnlich aus einer schief eingespannten Bürette so zugegeben, daß die Tropfen die Becherwandung hinabfließen. (Warum wird das Bariumchlorid so langsam zugesetzt?) Laß den Niederschlag nach Zugabe von [10 ml] der Bariumchloridlösung 1 bis 2 Minuten absitzen. Prüfe die überstehende Flüssigkeit mit 1 bis 2 Tropfen des Reagens auf Vollständigkeit der Fällung. Füge noch 5 ml des Reagens langsam zu, falls ein Niederschlag ausfällt, und prüfe neuerlich. Wiederhole dies, bis ein Überschuß des Bariumchlorides vorhanden ist. Das Volum der Lösung soll nicht unter 150 bis 200 ml eindampfen; setze eventuell Wasser zu. Halte die Lösung eine Stunde heiß, damit die Fällung vollständig wird; die letzten Spuren des $BaSO_4$ fallen nicht sofort aus. Lasse die Lösung nicht kochen. Halte die Bechergläser stets mit Uhrgläsern bedeckt, deren Unterseite, bevor man sie wegnimmt, stets mittels eines Strahles aus der Spritzflasche in das betreffende Becherglas abgespült werden soll. Lege die Uhrgläser nicht auf den Arbeitstisch, da sie dort staubig werden; man muß sie sonst mit destilliertem Wasser abspülen, bevor man sie wieder auf die Bechergläser legt. Der Niederschlag soll sich leicht absetzen und es soll eine klare überstehende Flüssigkeit erhalten werden, ein Anzeichen, daß eine langsame Fällung einen grobkörnigen Niederschlag gab. Beim Stehenlassen der heißen Lösung werden die Kristalle etwas reiner (vgl. S. 240).

Gibt die klare überstehende Flüssigkeit nach einer Stunde (längeres Erhitzen ist nicht nachteilig) auf den Zusatz von 1 bis 2 Tropfen Bariumchloridlösung keine Fällung, so ist das Bariumsulfat zum Filtrieren fertig. Dekantiere die Flüssigkeit, ohne den Niederschlag aufzuwirbeln, durch ein aschefreies Filter. Verwirf das klare Filtrat (das auf Zusatz einiger Tropfen $BaCl_2$ keinen Niederschlag geben darf, sonst war die Fällung unvollständig und die ganze Probe muß verworfen werden), spüle das Becherglas aus und stelle es wieder unter den Trichter. Das Filtrat hier zu verwerfen, hat den Zweck, zu vermeiden, daß das gesamte Filtrat nochmals durch das Filter gegossen werden muß, wenn etwas von dem Niederschlag durchlaufen sollte. Überführe nun den Niederschlag mittels eines Strahles heißen Wassers aus der Spritzflasche in das Filter. Sollte etwas vom Niederschlag durchgelaufen sein, so gießt man etwas Filterschleim in das Filter und gießt das Filtrat nochmals durch das Filter, nachdem man ein reines Becherglas unter den Trichter stellte. Man wiederholt diesen Vorgang, bis man ein klares Filtrat erhält. War die Fällung richtig durchgeführt worden, so tritt diese Schwierigkeit niemals auf. Betrachte Becherglas und Glasstab sorgfältig, um dich zu überzeugen, daß der ganze Niederschlag in das Filter gebracht wurde. Anhaftende Partikelchen werden mittels eines gummiarmierten Glasstabes und eventuell eines kleinen Stückchens aschefreien Filtrierpapiers losgerieben und in das Filter gespült. Wasche den Niederschlag mit heißem Wasser. Der Strahl der Spritzflasche wird auf die Oberkante des Filtrierpapiers gerichtet [ohne daß der Trichter ober dem Filter benetzt wird]. Jede Portion der Waschflüssigkeit wird vollkommen ablaufen gelassen, bevor man die nächste zufügt. Man prüft einige ml der ablaufenden Flüssigkeit nach dem vierten bis fünften Auswaschen mit Silbernitrat. Das Auswaschen des Niederschlages wird fortgesetzt, bis das Filtrat frei von Chlorion ist; ein Anzeichen, daß alle löslichen Salze entfernt wurden.

Falte das vollkommen abgetropfte Filter über die Ecke zusammen, so daß der Niederschlag eingehüllt wird, entferne es sorgfältig aus dem Trichter und lege es in einen vorher zur Gewichtskonstanz gebrachten Porzellantiegel. Der Deckel wird nicht mitgewogen. Am Trichter haftender Niederschlag wird mit einem feuchten Stückchen aschefreien Filtrierpapiers abgewischt und in den Tiegel gegeben. Stelle den Tiegel in einem Dreieck mehrere Zentimeter über eine kleine Flamme und trockne das Filter, stelle dann den Brenner auf eine Unterlage, so daß die Flamme sich 1 cm unter dem Tiegel befindet, und verkohle das Filter bei möglichst tiefer Temperatur, jedenfalls unter Rotglut. Rauch und flüchtige Substanz entweichen. Steigt die Temperatur auf Rotglut, so kann etwas Bariumsulfat zu Sulfid reduziert werden; dies tritt nicht ein, wenn das Papier beim Verkohlen nicht entflammt.[1] Sobald das Papier verkohlt ist, verstärkt man die Flamme, bis der Boden des stets unbedeckten Tiegels dunkelrot glüht, und brennt die Filterkohle und die von der Zersetzungsdestillation des Papiers herrührenden teerigen Beschläge weg. Stelle den Tiegel schräg, um der Luft freien Zutritt zu gewähren (Abb. 15, S. 27). Sobald der Niederschlag weiß ist, erhitzt man zur Rotglut und glüht etwa 10 Minuten. Lasse den Tiegel etwas abkühlen, stelle ihn in den Exsikkator und wäge das Bariumsulfat.

Die Filterasche ist vernachlässigbar, da das Filterpapier durch Behandeln mit Salzsäure und Flußsäure von nahezu aller mineralischen Substanz befreit wurde. Verwende nur dieses „quantitative" Filtrierpapier!

Das Bariumsulfat kann auch durch einen *Gooch*-Tiegel oder besser Porzellanfiltertiegel filtriert werden.

Berechne den Prozentgehalt an $SO_4^=$ (oder, wenn gewünscht, SO_3) in der Probe. Der Faktor zur Umrechnung von Bariumsulfat auf $SO_4^=$ beträgt 0,4115, jener auf SO_3 0,3430.

Rückblick, Fragen und Aufgaben.

1. Erkläre die durch Mitfällung von Na_2SO_4, $(NH_4)_2SO_4$, $Ba(ClO_3)_2$, $Fe_2(SO_4)_3$ bei der Sulfatbestimmung auftretenden Fehler.

2. Wie groß ist der Fehler einer SO_3-Bestimmung, wenn 0,2000 g Bariumsulfat, das als rein angesehen wird, tatsächlich vor dem Glühen 2,0 mg $(NH_4)_2SO_4$ enthält?

3. Wie groß ist der Fehler in Aufgabe 2, wenn die Verunreinigung 2,0 mg $Ba(NO_3)_2$ beträgt? Antwort: $+ 0,20\%$.

---

[1] *T. W. Richards* und *H. G. Parker:* Z. anorg. allg. Chem. **8**, 417 (1895).

4. Zur SO_2-Bestimmung werden 20 Liter Luft durch alkalische Wasserstoffperoxydlösung geleitet und das gebildete Sulfat als $BaSO_4$ gefällt. Die Auswaage beträgt 0,0423 g. Berechne die Vol.-% SO_2 in der Luft; 1 ml SO_2 wiegt 2,90 mg. Antwort: 0,0200% SO_2.

5. Das Gewicht einer Probe beträgt 0,1130 g, das Gewicht des daraus erhaltenen $BaSO_4$ beträgt 0,2801 g. Berechne den Prozentgehalt an FeS_2 in der Probe.

6. Das Gewicht einer Probe beträgt 0,1248 g; das Gewicht des daraus erhaltenen $BaSO_4$ beträgt 0,2101 g. Berechne den Prozentgehalt an $Fe_2(SO_4)_3$ in der Probe.

7. Der Schwefel in 0,1191 g eines reinen Natriumsalzes einer Polythionsäure $Na_2S_xO_6$ wird in Bariumsulfat übergeführt. Letzteres wiegt 0,3501 g. Berechne x. Antwort: 3,0.

8. Wieviel $BaCl_2 . 2 H_2O$ wird zur Fällung des Sulfates in 1,0000 g $(NH_4)_2Fe(SO_4)_2 \cdot 6 H_2O$ benötigt?

9. Schlage eine Methode vor, um Blei und Barium in einer Legierung dieser beiden Metalle zu bestimmen.

10. Schlage eine Methode vor, um das Sulfat in einem unlöslichen Sulfat, wie $BaSO_4$, zu bestimmen.

11. Ein Zehntelgramm reines Eisen(II)-sulfid wird zu Eisenoxyd verglüht. Berechne den Gewichtsverlust.

Magnesiumbestimmung in einer Magnesiumverbindung.

Prinzip. Die Substanz wird in Wasser oder verdünnter Salzsäure gelöst. Zu dieser saueren Lösung wird Ammoniumphosphat zugegeben. Wenn genug Säure zugegen ist, fällt kein Niederschlag aus. Durch langsames Zufügen eines Überschusses von konzentriertem Ammoniumhydroxyd zur kalten Lösung wird $MgNH_4 PO_4 . 6 H_2O$ in grobkristalliner Form ausgefällt.

$$MgO + 2 HCl = MgCl_2 + H_2O. \qquad (1)$$

$$MgCl_2 + (NH_4)_2HPO_4 + NH_4OH = MgNH_4PO_4 \downarrow + 2 NH_4Cl + H_2O. \quad (2)$$

Infolge seiner größeren Löslichkeit bildet sich der Niederschlag langsamer als Bariumsulfat; die Lösung sollte daher eine beträchtliche Zeit vor dem Filtrieren abstehen.[1] Der Niederschlag wird mit kaltem, verdünntem Ammoniumhydroxyd (1 Volum konzentrierte Lösung auf 19 Volumteile Wasser) gewaschen, um seine Löslichkeit zu verringern und um eine Hydrolyse des Doppelphosphates zu verhindern. Das Magnesiumammoniumphosphat wird sodann bei heller Rotglut (1000 bis 1100° C) zu Magnesiumpyrophosphat verglüht und dieses gewogen.

$$2 MgNH_4PO_4 \rightarrow Mg_2P_2O_7 + 2 NH_3 + H_2O. \qquad (3)$$

Bei sehr genauen Bestimmungen ist eine doppelte Fällung erforderlich.[2]

---

[1] [Beim Schütteln des Niederschlages mit der Mutterlauge in einem verstöpselten *Erlenmeyer*-Kolben (Schüttelmaschine) erhält man nach 15 Minuten eine quantitative, gut filtrierbare Fällung.] Vgl. *P. Dickens:* Chem. Fabrik 4, 61 (1931).

[2] Vgl. *Epperson:* J. Amer. chem. Soc. 50, 321 (1928). — *Hoffman* und *Lundell:* J. Res. nat. Bur. Standards 5, 279 (1930).

Fehler. 1. Magnesiumammoniumphosphat ist beträchtlich stärker löslich als die meisten, in der quantitativen Analyse gebrauchten Niederschläge. Um diese Löslichkeit zu verringern, muß ein Eigenion, entweder Mg^{++}, PO_4^{---} oder NH_4^+, zur Waschflüssigkeit zugesetzt werden. Da sowohl Phosphat- als Ammoniumionen im Überschuß in der Lösung vorhanden sind, ist die Fällung quantitativ und es würde keine Schwierigkeit auftreten, wenn eine verdünnte Ammoniumphosphatlösung als Waschflüssigkeit verwendet werden könnte. Dies ist jedoch unmöglich, da dieses Salz nicht flüchtig ist, sondern beim Glühen einen Rückstand von Metaphosphorsäure, HPO_3, hinterläßt. Daher ist nur das Ammoniumion zur Verringerung der Löslichkeit verfügbar. Ammoniumnitrat ist nicht geeignet, weil es die Hydrolyse des Niederschlages nicht verhindert:

$$MgNH_4PO_4 + H_2O = MgHPO_4 + NH_4OH. \qquad (4)$$

Obwohl die Anwesenheit des Magnesiumhydrogenphosphates $MgHPO_4$ die Zusammensetzung des geglühten Niederschlages nicht verändern würde, ist dieses Phosphat, da es kein gemeinsames Ammoniumion enthält, in Ammoniumsalzlösungen leichter löslich als das Doppelphosphat. Ammoniumhydroxyd enthält nicht nur das benötigte gemeinsame Ion, sondern verhindert auch die Hydrolyse des Niederschlages, da es selbst ein Hydrolysenprodukt ist. Die folgenden Zahlenangaben[1] bestätigen dies.

Lösungsmittel	$MgNH_4PO_4 \cdot 6\,H_2O$ g in 100 ml Lösungsmittel bei 20° C gelöst
Wasser	0,0516
5% NH_4Cl	0,1055
1,1 n NH_4OH	0,0098
1,1 n NH_4OH + 5% NH_4Cl	0,0165
1,1 n NH_4OH + 10% NH_4Cl	0,0541

Aus diesen Zahlen ist ersichtlich, daß der Löslichkeitsverlust recht beträchtlich sein kann, wenn außergewöhnliche Mengen an Waschflüssigkeit verwendet werden. Je 100 ml einer 1,1 n Ammoniumhydroxydlösung würden, entsprechend den oben gegebenen Zahlen, 1,6 mg MgO oder 0,96 mg Mg^{++} lösen. In der benützten Waschflüssigkeit kann die Löslichkeit geringer sein; sie kann durch Abkühlen der Lösung weiter vermindert werden. Dieser Fehler, herrührend von der Löslichkeit des Niederschlages, kann durch Verwendung der geringsten, eben notwendigen Menge einer eventuell gekühlten Waschflüssigkeit weitgehend vermindert werden.

2. Sind Kaliumionen in der Lösung anwesend, so können diese das Ammonium bis zu einem gewissen Ausmaß im Doppelphosphat ersetzen. Natrium kann mitgefällt werden. Ein derartiger Niederschlag kann beim Verglühen nicht vollständig in Pyrophosphat übergeführt werden; zu hohe Ergebnisse werden erhalten. Eine zweite Fällung ver

---

[1] *Wenger:* Dissertation, Genf. 1911.

meidet diesen Fehler beim Natriumion, nicht aber, wenn viel Kalium anwesend ist.

3. Die Anwesenheit eines großen Überschusses von Ammoniumhydroxyd oder von Ammonsalzen verursacht wahrscheinlich infolge Mitfällung von Ammoniumphosphat, das beim Verglühen HPO_3 gibt, zu hohe Ergebnisse. Manche Autoren nehmen an, daß dieser Fehler auf die Gegenwart eines anderen Doppelphosphates, $(NH_4)_4Mg(PO_4)_2$, zurückzuführen ist, das beim Glühen Metaphosphat, $Mg(PO_3)_2$, bildet. Doppelte Fällung vermeidet diesen Fehler. Mäßige Citratmengen haben keinen schädlichen Einfluß. Oxalat verzögert die Fällung[1] und bewirkt manchmal, daß sie infolge Bildung komplexer Oxalate unvollkommen ist.

4. Zugabe des Phosphats zur *ammoniakalischen* Lösung bewirkt zu hohe Werte; der Fehler ist manches Mal sehr erheblich. Umfällung unter richtigen Bedingungen bringt keine vollkommene Abhilfe, doch werden die Ergebnisse gewöhnlich besser. Obwohl diese Fällungsmethode 4 von einigen Autoren empfohlen wurde, darf sie niemals so durchgeführt werden.

5. Wird die Erhitzung nicht sorgfältig vorgenommen, so kann der Niederschlag durch die Filterkohle geringfügig reduziert werden. Der Gebrauch von Filtertiegeln vermeidet diesen Fehler, doch lassen sich auch mit Papierfiltern sehr zufriedenstellende Ergebnisse erhalten.

6. Verbleibt eine ammoniakalische Lösung längere Zeit in einem Glasgefäß, so wird letzteres etwas angegriffen, Kieselsäure wird gelöst und oft vom Niederschlag mitgerissen. Dieser Effekt führt selten zu größeren Fehlern.

7. Der Niederschlag haftet sehr fest an gekratzten Glasstellen. Ein neues Becherglas ist daher sehr angebracht, und es sollte sorgfältig darauf geachtet werden, es mit dem Glasstab nicht zu kratzen.

Andere Anwendungen. Einige andere Metalle bilden ähnliche unlösliche Ammoniumdoppelphosphate. Jene von Magnesium und von Mangan sind in Ammoniak unlöslich und werden in ammoniakalischer Lösung gefällt. Jene von Cadmium, Zink und Kobalt sind in Ammoniak löslich und müssen daher aus neutraler Lösung gefällt und mit Wasser an Stelle von Ammoniumhydroxyd gewaschen werden. Dies kann ohne besondere Verluste erfolgen, da diese Doppelphosphate wesentlich weniger löslich sind als das entsprechende Magnesiumsalz, so daß keine spezielle Waschflüssigkeit benötigt wird, um ihre Hydrolyse zu verhindern. Sämtliche Doppelphosphate sind in verdünnten Säuren leicht löslich. Alle, außer dem Magnesiumammoniumphosphat, werden gewöhnlich aus der heißen Lösung gefällt. Mn-, Zn-, Cd- und Co-Ionen fallen zunächst als einfache Phosphate, die sich später in die Doppelsalze umwandeln. Hitze beschleunigt diese Umwandlung. Diese Methode wird bei der Zinkbestimmung in Messing beschrieben. Alle gebräuchlichen Metalle (ausgenommen die Alkalien), bilden unlösliche

---

[1] *K. L. Malgarow* und *V. B. Matskievich:* Z. analyt. Chem. **98**, 31 (1934).

Phosphate. doch nur die fünf genannten bilden leicht Doppelphosphate. Magnesium kann auch als Magnesiumammoniumarsenat, $MgNH_4AsO_4$. gefällt werden.

Es könnte scheinen. daß Magnesium von Zink und Cadmium nach dieser Methode getrennt werden kann, da die letzteren beiden Phosphate in Ammoniak löslich sind. Eine derartige Trennung ist jedoch nicht möglich.

Störende Substanzen. Da alle Metalle, außer Arsen, Kalium, Natrium und Ammonium, unlösliche Phosphate bilden, kann die Phosphatfällung nicht zur Trennung verwendet werden; sie wird zur Bestimmung eines der oben genannten Metalle (Mg, Mn, Cd, Zn, Co) herangezogen. nachdem alle anderen abgetrennt wurden.

Arbeitsvorschrift. Wäge drei Proben in 250-ml-Bechergläser ein. gib 15 ml Wasser dazu und bedecke die Bechergläser mit Uhrgläsern. Füge sodann 5 ml konzentrierte Salzsäure zu und erhitze, falls nötig. um völlige Lösung zu bewirken. Spüle das Uhrglas und die Wände des Becherglases ab. verdünne die Lösung auf 150 ml und kühle auf Zimmertemperatur ab (Gleichung (1)). Füge zur kalten, saueren Lösung etwa 2 g Ammoniumphosphat $(NH_4)_2HPO_4$ zu, das in wenig Wasser gelöst worden war. Es darf kein Niederschlag ausfallen. Füge einige Tropfen Methylrot als Indikator zu. Zur klaren, saueren, mit Eiswasser gekühlten Lösung wird unter ständigem Rühren tropfenweise eine filtrierte Lösung von konzentriertem Ammoniak zugesetzt. bis der Indikator sich gelb färbt. Vermeide, daß der Glasstab die Wandungen des Becherglases kratzt. Füge noch 5 bis 10 ml konzentriertes Ammoniak zur Lösung zu. rühre einige Minuten[1] und lasse mindestens 4 Stunden. besser über Nacht an einem kalten Platz abstehen. Der kristalline Niederschlag wird trotz der oben genannten Vorsichtsmaßregeln etwas an den Glaswandungen und am Glasstab anhaften. der deshalb in der Lösung belassen werden sollte.

Dekantiere die überstehende klare Flüssigkeit durch ein Filter oder einen Filtertiegel und verwirf das Filtrat. Spüle den Niederschlag mit kaltem verdünntem Ammoniumhydroxyd (1 Teil der filtrierten konzentrierten Ammoniumhydroxydlösung auf 19 Teile Wasser) in den Filtertiegel, reibe mit einem gummiarmierten Glasstab anhaftenden Niederschlag von den Wandungen des Becherglases und vom Glasstab und spüle ihn in das Filter. Wasche sodann mit der Waschflüssigkeit, bis einige ml des mit HNO_3 angesäuerten Filtrates mit $AgNO_3$ keine Chloridreaktion geben. Es werden etwa [5 bis 6] Waschungen benötigt. Verwende so wenig Waschflüssigkeit als möglich; gieße jedesmal nur wenig auf und lasse die Waschflüssigkeit vollkommen ablaufen. Verwendet man ein Filter. so richtet man den Strahl der Spritzflasche rundum auf die Oberkante des Filters. Trockne den Filtertiegel mit dem Niederschlag im Trockenschrank oder stelle ihn in einen größeren Porzellantiegel oder „Tiegelschuh" und trockne ihn zunächst über

---

[1] Vgl. Anmerkung 1, S. 262.

einer sehr kleinen Flamme. Sobald der Niederschlag trocken ist, erhitzt man langsam, bis kein Ammoniak mehr entwickelt wird, schließlich erhitzt man [$^1/_4$ bis $^1/_2$] Stunde[1] vor dem Gebläse oder einem Mekerbrenner. Nach dem Abkühlen wird der Tiegel gewogen, neuerlich 5 bis 10 Minuten erhitzt, bis der Gewichtsverlust nicht mehr als 0,3 mg beträgt. Bei einer Temperatur von 1000° wird das konstante Gewicht sehr bald erreicht. Erhitzen in einem elektrischen Tiegelofen oder Muffel ist am zweckmäßigsten.

Wird ein Papierfilter benützt, so kann man entweder den getrockneten Niederschlag vom Filter trennen und das Filter zunächst in einem gewogenen Tiegel veraschen, oder man bringt Niederschlag samt Filter in den gewogenen Tiegel. Wird der Niederschlag vom Papier getrennt, so bringe ihn auf ein reines Uhrglas, das auf schwarzem Glanzpapier steht, und bedecke ihn mit einem reinen, trockenen Becherglas, während das Papier verascht wird. Verasche das Papier auf jeden Fall bei möglichst niederer Temperatur im offenen Tiegel. Sobald das Ammoniak aus dem Niederschlag bei einer Temperatur unter Rotglut ausgetrieben ist, brennt man die Filterkohle bei schräggestelltem Tiegel, um guten Luftzutritt zu gewährleisten, bei möglichst niedriger Temperatur weg. [Bei zu raschem Erhitzen bleibt der Niederschlag von Spuren unverbrannter Kohle grau gefärbt.] Wurde der Niederschlag vom Filter getrennt, so wird der Tiegel nach vollständiger Veraschung des Filters abkühlen gelassen; dann fügt man die Hauptmenge des Niederschlages zu, wobei man sich einer Federfahne bedient. Nachdem das Ammoniak ausgetrieben wurde und der Niederschlag fast weiß geworden ist, wird er $^1/_4$ bis $^1/_2$ Stunde auf helle Rotglut (1000 bis 1100° C) erhitzt, abkühlen gelassen und gewogen. Glühe den Niederschlag je [$^1/_4$] Stunde bis zur Erreichung konstanten Gewichtes.

Ist Zeit für eine doppelte Fällung, so werden die Ergebnisse infolge der genaueren Kontrolle der überschüssigen Reagenzien besser. In diesem Falle sollte der erste Niederschlag stets durch ein Papierfilter filtriert werden. Löse den Niederschlag in 50 ml warmer 1,1 n HCl (erhalten durch Vermischen von 1 Volum der konzentrierten Säure mit 9 Volumteilen Wasser), wasche das Filtrierpapier völlig mit heißer 0,1 n Salzsäure aus und verdünne die so erhaltene Lösung auf 125 bis 150 ml. [Sehr bequem ist die Verwendung eines Schottschen Glassintertiegels G4p mit polierter Sinterplatte, von der man den Niederschlag quantitativ durch Abspritzen mit dem Strahl der Spritzflasche entfernen kann.] Füge zur Lösung 0,25 g $(NH_4)_2HPO_4$ zu, kühle sie in Eiswasser und fälle das Magnesium wie oben beschrieben. Lasse die Lösung 4 bis 24 Stunden stehen, filtriere sodann durch einen (Porzellan-) Filtertiegel oder ein Papierfilter und glühe den Niederschlag wie angegeben.

---

[1] *M. Wunder* und *C. Schuller*: Ann. Chim. analyt. Chim. appl. **18**, 221 (1913).

Berechne den Prozentgehalt an Magnesium bzw. Magnesiumoxyd aus dem Gewicht des erhaltenen Pyrophosphates. Der Umrechnungsfaktor für Mg ist 0,2184, für MgO 0,3621.

PO$_4$-Bestimmung in einem löslichen Phosphat.

Prinzip. Magnesiumion kann in Gegenwart von Ammoniumion zur Fällung von Phosphat oder Arsenat dienen. Dies ist die übliche gravimetrische Bestimmungsmethode von Phosphor oder Arsen bei Abwesenheit störender Substanzen. Arsensäure ist in ihren Reaktionen der Phosphorsäure sehr ähnlich; das Magnesiumammoniumarsenat ist mit dem Magnesiumammoniumphosphat isomorph. So kann Ammoniumarsenat zur Magnesiumbestimmung verwendet werden; es bildet sich MgNH$_4$AsO$_4$. 6 H$_2$O, das zu Mg$_2$As$_2$O$_7$ verglüht wird. Ist Arsen zu bestimmen, so wird es zunächst durch ein geeignetes Oxydationsmittel. wie HNO$_3$, zu Arsensäure oxydiert. Nach Zusatz von MgCl$_2$ und NH$_4$Cl oder -azetat wird das Doppelarsenat durch Ammoniakzusatz gefällt, wie bei dem Phosphat beschrieben.

Die Phosphatbestimmung erfolgt vollkommen analog der Magnesiumbestimmung. Zur kalten, saueren, das Phosphat, Magnesium- und Ammonsalz enthaltenden Lösung wird Ammoniumhydroxyd zugesetzt. Der Niederschlag von MgNH$_4$PO$_4$. 6 H$_2$O wird vorteilhaft durch einen Porzellanfiltertiegel filtriert, mit kaltem, verdünntem Ammoniak gewaschen und in oxydierender Atmosphäre auf helle Rotglut (1000 bis 1100⁰ C) erhitzt.

Die Fehler dieser Bestimmungsmethode wurden bereits unter „Mg-Bestimmung“ besprochen.

Störende Substanzen. Arsensäure muß abwesend sein. Sie kann aus stark salzsauerer Lösung durch Fällung mit Schwefelwasserstoff als Arsen(V)-sulfid entfernt werden. Oder man verdampft die vorher mit SO$_2$ zu As^{III} reduzierte Lösung nach Zugabe eines großen Überschusses konzentrierter Salzsäure und etwas Bromwasserstoffsäure ein- bis zweimal zur Trockene. Das Arsen wird dabei als AsCl$_3$ verflüchtigt. [Sehr gut ziehender Abzug!] Alle Säuren. die unlösliche Magnesiumsalze bilden, werden stören. Mineralsäuren können anwesend sein. Alle Metalle. außer den Alkalien, bilden unlösliche Phosphate und müssen daher abwesend sein. Wird diese Methode auf die Bestimmung von Phosphat in Calciumphosphat (Phosphorit) angewendet, so wird die Phosphorsäure zunächst in salpetersauerer Lösung als Phosphorammoniummolybdat gefällt, um sie von anderen Metallen zu trennen. Dieser Niederschlag wird in Ammoniak gelöst, wobei sich Ammoniumphosphat und Ammoniummolybdat bilden. Das Phosphat wird sodann mit einem Magnesiumsalz gefällt. Bei richtigen Bedingungen stört das Molybdat nicht.

Arbeitsvorschrift. Wäge drei Proben von je etwa [0,2 bis] 0,5 g in unzerkratzte 250-ml-Bechergläser ein, füge 15 ml Wasser und 5 bis 10 ml konzentrierte Salzsäure zu und verdünne nach erfolgter Lösung

auf 125 bis 150 ml. Setze einige Tropfen Methylrot als Indikator, sowie
je 10 bis 20 ml Magnesiamixtur (Bereitungsvorschrift tieferstehend)
für je 0,1 g anwesendes P_2O_5 zu und kühle die Lösung in Eiswasser.
Sodann setze unter heftigem Rühren filtrierte konzentrierte Ammoniumhydroxydlösung zu, bis die Lösung schwach alkalisch ist. Rühre die
Flüssigkeit einige Minuten, bis sich der Niederschlag kristallin ausge-
bildet hat und füge sodann 5 bis 10 ml konzentrierte filtrierte Ammoniumhydroxydlösung zu. Lasse die Lösung mindestens 4 Stunden.
besser über Nacht stehen. Filtriere durch einen Filtertiegel und wasche
den Niederschlag mit kalter verdünnter Ammoniumhydroxydlösung
(1 Teil der konzentrierten Lösung auf 19 Teile Wasser). Trockne den
Niederschlag etwa eine Stunde oder länger im Trockenschrank. stelle
den Filtertiegel sodann in einen größeren Porzellantiegel und erhitze
zunächst sehr allmählich, schließlich [$^1/_4$ bis $^1/_2$] Stunde auf die Temperatur eines guten Gebläsebrenners vom *Meker*-Typ (1000 bis 1100⁰).
mit dem Gebläse oder am besten im elektrischen Tiegelofen. Der Tiegel
wird erhitzt und gewogen, bis die Werte auf 0,3 mg übereinstimmen.
[Bei zu raschem Erhitzen ist das $Mg_2P_2O_7$ infolge eingehüllter mini-
maler Mengen von Kohlenstoff (herrührend von organischen Substanzen aus dem Steinkohlenteer-Ammoniak) grau gefärbt; bei sorgfältigem Arbeiten kann man es rein weiß erhalten.]

Die Magnesiamixtur wird wie folgt bereitet: Löse 50 g Magnesium-
chlorid, $MgCl_2 . 6H_2O$, und 100 g NH_4Cl in 500 ml Wasser. Mache die
Lösung schwach ammoniakalisch. lasse sie über Nacht stehen und filtriere sie sodann. Säuere das Filtrat mit Salzsäure an und füge 5 ml
konzentrierte Salzsäure im Überschuß zu. Verdünne die Lösung auf
1 Liter.

Der Magnesiumammoniumphosphatniederschlag kann auch durch ein
Papierfilter filtriert und im Porzellantiegel, wie unter „Arbeitsvorschrift für Magnesium" beschrieben, geglüht werden.

Haftet etwas vom Niederschlag so fest an der Glaswand oder am
Glasstab, daß er nicht abgewischt werden kann, so löse ihn in einigen
Tropfen [!] konzentrierter Salzsäure. füge einige ml Magnesiamixtur
zu und fälle das $MgNH_4PO_4$ in einem sehr kleinen Volum wieder aus.
Filtriere den Niederschlag durch ein 5,5-cm-Filter, glühe ihn in einem
kleinen Tiegel und überführe den Rückstand mittels einer Federfahne
quantitativ in den Tiegel, welcher den Hauptniederschlag enthält. Ein
solcher Vorgang ist selten erforderlich.

Ist Zeit zu einer doppelten Fällung, so werden die Ergebnisse genauer, weil der Niederschlag dann die richtige Zusammensetzung haben
wird. In diesem Falle sollte der Niederschlag stets durch ein Papierfilter
[oder einen Glasfiltertiegel mit polierter Filterplatte, vgl. S. 266] filtriert werden. Löse den Niederschlag in 50 ml warmer 1,1 n HCl (1 Teil
konzentrierter Säure auf 9 Teile Wasser), wasche das Filter vollkommen mit heißer 0,1 n HCl aus und verdünne die Lösung auf 125 bis
150 ml. Füge 1 bis 3 ml Magnesiamixtur zu, kühle die Flüssigkeit in

Eiswasser und fälle das Phosphat, wie oben beschrieben, wieder aus. Lasse die Lösung 4 bis 24 Stunden abstehen, filtriere sodann durch einen Filtertiegel oder ein Papierfilter und glühe den Niederschlag, wie oben angegeben.

Berechne den Prozentgehalt an PO_4 bzw. an P_2O_5 aus dem erhaltenen Gewicht des Pyrophosphates. Der Faktor, um das Pyrophosphat auf PO_4 umzurechnen, ist 0,8534, auf P_2O_5 0,6379.

Phosphatbestimmung in einem Phosphorit.

Prinzip. Phosphorit besteht hauptsächlich aus tertiärem Calciumphosphat mit größeren Mengen Fluor, kleineren Mengen Karbonat, Silikat, Eisen. Aluminium und Magnesium. Er wird in Salpetersäure gelöst, die Kieselsäure abgeschieden und das Fluorid durch Zugabe von Borsäure in die harmlose Fluoborsäure HBF_4 übergeführt.[1] Die Phosphorsäure wird durch Ausfällung als Phosphorammonmolybdat $(NH_4)_3PO_4 . 12 MoO_3$ von den störenden Elementen, wie Ca. Fe, Al, abgetrennt. dieser Niederschlag in Ammoniak gelöst und als $MgNH_4PO_4$ gefällt. Letzteres wird zu Pyrophosphat verglüht. Bei weniger genauem Arbeiten wird das Phosphomolybdat gewogen oder mit NaOH titriert (Phenolphthalein):

$$(NH_4)_3PO_4 . 12 MoO_3 + 23 NaOH =$$
$$= NaNH_4HPO_4 + 11 Na_2MoO_4 + (NH_4)_2MoO_4 + 11 H_2O. \qquad (5)$$

Arbeitsvorschrift.[2] Wäge Proben von 0,25 g bis 0,5 g[3] des gut gemahlenen und getrockneten Materials in 150-ml-Bechergläser ein und füge 5 ml konzentrierte Salzsäure und 2 ml konzentrierte Salpetersäure zu. Dampfe die Lösung auf der Niedertemperatur-Heizplatte zur Sirupdicke ein, füge 0,2 g Borsäure zu und löse den Rückstand in einer Mischung von 1 ml konzentrierter HNO_3 und 10 ml Wasser. Erhitze zum Sieden, filtriere durch ein kleines Filter in ein 250-ml-Becherglas. Wasche mit insgesamt 50 ml kaltem Wasser in kleinen Portionen aus.

Füge zu dem vereinigten Filtrat und Waschwasser 15 ml konzentrierte HNO_3 zu, neutralisiere die Lösung nahezu mit Ammoniak, bis ein geringer bleibender Niederschlag auftritt. Erhitze die Lösung auf 60°. füge 75 bis 125 ml des Molybdatreagens unter Rühren mit einem Thermometer zu und halte die Lösung unter häufigem Umrühren eine halbe Stunde bei 60°. Sodann lasse sie 4 Stunden bei Zimmertemperatur stehen. Filtriere und wasche fünf- bis sechsmal durch Dekantation mit 5%iger NH_4NO_3-Lösung. Stelle das Becherglas, das die Hauptmenge des Niederschlages enthält. unter den Trichter mit dem Filter und löse den Niederschlag. indem man in kleinen Anteilen eine Lösung von 5 g

---

[1] *F. W. Neuhaus:* Z. analyt. Chem. **104**, 416 (1936).
[2] *Lundell* und *Hoffman:* J. Assoc. off. agric. Chemists **8**, 184 (1924); U. S. Bur. Stand. J. Res. **5**, 279 (1930).
[3] Vgl. das S. 282 über die Größe der Einwaage Gesagte.

Zitronensäure in 140 ml Wasser plus 70 ml konzentriertem NH_3 aufgießt. Wasche das Filter mehrmals mit heißem Ammoniumhydroxyd (1 Vol. konzentriertes NH_3 + 20 Vol. H_2O), dann mit heißem Wasser, schließlich mit heißer, verdünnter Salzsäure (1 Vol. konzentrierte Salzsäure + + 20 Vol. Wasser). Das Volum der Lösung soll 100 bis 150 ml nicht übersteigen. Füge Methylrot-Indikator zu, neutralisiere die Lösung mit konzentrierter Salzsäure, setze 1 ml der Säure im Überschuß zu, und sodann 10 ml Magnesiamixtur. Kühle die Lösung in kaltem Wasser ab, füge langsam unter Rühren konzentrierte Ammoniaklösung zu, bis die Lösung alkalisch ist, sodann noch 5 ml mehr. Lasse den Niederschlag mindestens 4 Stunden, besser über Nacht abstehen.

Filtriere, wasche mit verdünntem Ammoniumhydroxyd, löse und fälle nochmals aus, wie vorher unter „PO_4-Bestimmung", S. 268. angegeben, und wäge als $Mg_2P_2O_7$.

Berechne den Phosphorgehalt als Prozente P_2O_5.

Bereitung des Molybdatreagens. Mische 100 g des reinen Molybdänsäureanhydrides oder die äquivalente Menge Molybdänsäure (85% MoO_3) mit 40 ml Wasser, füge 80 ml konzentriertes Ammonik zu. Filtriere, sobald die Lösung vollständig ist, und gieße das Filtrat unter Umrühren langsam in ein kaltes Gemisch von 400 ml konzentrierter Salpetersäure und 600 ml Wasser. Lasse die Lösung über Nacht stehen und filtriere sodann.

Rückblick, Fragen und Aufgaben.

1. 0,5190 g einer Phosphoritprobe ergaben 0,3050 g $Mg_2P_2O_7$. Berechne den Prozentgehalt an P_2O_5 im Phosphorit.

2. Nenne die Formeln für Ortho-, Pyro- und Metaphosphorsäure und zeige, wie sich die beiden letzteren Säuren aus der Orthosäure ableiten lassen. Wie können sie in die Orthosäure übergeführt werden? Wie wird Kaliumpyrosulfat aus dem Hydrogensulfat abgeleitet? Aus dem Peroxysulfat?

3. Der Niederschlag von $MgNH_4PO_4$ von einer Einwaage von 1,0000 g enthält so viel Ammoniumphosphat, daß beim Glühen 10,0 mg Metaphosphorsäure HPO_3 gebildet werden. Berechne den Fehler bei der Bestimmung von MgO in der Probe.

4. Wieviel $Mg_2P_2O_7$ entsteht aus 1 g Ammoniumphosphomolybdat?

5. 1 Liter der gesättigten wässerigen Lösung von $MgNH_4AsO_4 . 6 H_2O$ enthält bei 20° C 206,6 mg des Salzes. Drücke die Löslichkeit als mg As pro Liter aus.

6. Ein Niederschlag von reinem $MgNH_4PO_4$ wird erhitzt und das Ammoniak in 50,00 ml 0,1000 n HCl absorbiert. Der Säureüberschuß wird mit 9,00 ml 0,1200 n Alkalilösung zurücktitriert. Berechne das Gewicht an MgO in der Probe. Antwort: 0,1581 g.

7. Beweise, daß man in der Gravimetrie eine Einwaage gleich dem Umrechnungsfaktor verwenden muß, wenn man wünscht, daß die hundertfache Auswaage (in Gramm) den gesuchten Prozentgehalt direkt angeben soll.

8. Stelle die Gleichungen für die gravimetrische Bestimmung des Mangans in Kaliumpermanganat auf.

9. Entwickle eine Methode zur Analyse einer Magnesium-Cadmium-Legierung.

10. Nenne die Reaktionen, die bei der Bestimmung von Arsen und Phosphor in einer Lösung verwendet werden, die sowohl H_3AsO_4 und H_3PO_4 enthält.

Calciumbestimmung in Calciumkarbonat.

Prinzip. Die Probe wird in verdünnter Salzsäure gelöst; zur saueren Lösung wird Ammoniumoxalat und Oxalsäure zugesetzt und das Calcium durch allmähliches Neutralisieren der Säure mit Ammoniak als Oxalat $CaC_2O_4 . H_2O$ gefällt.

$$CaCO_3 + 2\,HCl = CaCl_2 + CO_2 + H_2O. \tag{1}$$

$$CaCl_2 + (NH_4)_2C_2O_4 = CaC_2O_4 \downarrow + 2\,NH_4Cl. \tag{2}$$

Der kristalline Niederschlag wird abfiltriert und mit heißer $0{,}25\%$iger Ammoniumoxalatlösung gewaschen, um seine Löslichkeit zu verringern. 100 ml Wasser lösen bei 18^0 C 0,6 mg, bei 95^0 C 1,4 mg CaC_2O_4. In Gegenwart von Ammoniumoxalat ist die Löslichkeit praktisch Null. Calciumoxalat ist in Säuren entsprechend deren Wasserstoffionenkonzentration löslich; durch einen Ammoniaküberschuß wird die Löslichkeit des Calciumoxalates nicht verändert.

Beim Glühen des Niederschlages finden zwei Reaktionen statt: Die erste ist bei 500^0 in 1 Stunde vollständig.

$$CaC_2O_4 \xrightarrow{\;500^\circ\ C\;} CaCO_3 + CO. \tag{3}$$

Die zweite beginnt bei etwa 600^0 C und verläuft bei etwa 850^0 rasch.

$$CaCO_3 \xrightarrow{\;850^\circ\ C\;} CaO + CO_2. \tag{4}$$

Um eine Temperatur von 850^0 C mit Leuchtgas in einem Porzellantiegel zu erreichen, muß der Tiegel in einer *Winkler*schen Tonesse stehen, welche die Hitze des Meker-Brenners zusammenhält. Der Niederschlag wird zu hygroskopischem Calciumoxyd verglüht. [Tiegel samt Niederschlag werden deshalb in einem Wägeglas gewogen.]

Das Glühen zum Oxyd hat einige Nachteile. Die richtige Temperatur wird im Porzellantiegel schwierig erreicht, dagegen leicht in einem Platintiegel. Das CaO absorbiert rasch Wasser und Kohlendioxyd aus der Luft. Das Verglühen zu Karbonat hat keine dieser Nachteile, benötigt jedoch das genaue Einhalten einer Temperatur zwischen 475 und 525^0 C.[1] Bei 450^0 ist die Zersetzung des Oxalates langsam; die vollständige Umwandlung in das Karbonat braucht 4 bis 5 Stunden. Bei 550^0 C verliert das Karbonat etwas CO_2. Die Dissoziation des Karbonates ist eine Gleichgewichtsreaktion, diejenige des Oxalates nicht. Bei 500^0 C ist der Dissoziationsdruck des $CaCO_3$ 0,11 Torr; ein Wert, der geringer ist als der Kohlendioxyd-Partialdruck in gewöhnlicher Luft. Daher wird bei dieser Temperatur keine Dissoziation des $CaCO_3$ eintreten. Bei 600^0 C ist der Dissoziationsdruck des $CaCO_3$ 2,35 Torr; daher wird Kohlendioxyd langsam entweichen. Bei 890^0 beträgt der Dissoziationsdruck 760 Torr.

---

[1] *Willard* und *Boldyreff:* J. Amer. chem. Soc. **52**, 1888 (1930).

Es ist nicht schwierig, eine Temperatur zwischen 475 und 525⁰ C in einer elektrisch geheizten Muffel einzuhalten. Ist ein solches Gerät verfügbar, so kann der Niederschlag leichter und genauer als $CaCO_3$ ausgewogen werden, besonders wenn Porzellantiegel verwendet werden. In diesem Falle muß das Oxalat durch einen *Gooch*- oder Porzellanfiltertiegel, nicht durch Papier filtriert werden. Diese Methode, das Oxalat in Karbonat überzuführen, wird empfohlen, da sie ausgezeichnete Ergebnisse zeitigt.

Eine Methode, das Calcium als Karbonat zu bestimmen, indem das Oxalat in einer CO_2-Atmosphäre auf etwa 700⁰ C erhitzt wird, wurde von *Foote* und *Bradley*[1] beschrieben. Diese Technik erfordert spezielle Apparate und ist daher nicht so einfach wie das Erhitzen in Luft bei einer niederen Temperatur. Die CO_2-Atmosphäre verhindert die Dissoziation des $CaCO_3$ bei der höheren Temperatur.

Fehler. Calciumoxalat reißt die Alkalimetalle etwas mit. Magnesium kann in beträchtlichem Ausmaß mitgefällt werden; die Menge hängt weitgehend davon ab, wie lang der Niederschlag mit der Mutterlauge vor der Filtration in Berührung stand. Alle anderen Metalle müssen abwesend sein. Durch Fällung aus saurerer Lösung wird der Fehler der Mitfällung verringert, da der Niederschlag auf diese Weise fast vollständig gebildet wird, bevor die Lösung neutral wird. Dieser Vorgang bewirkt ferner die Bildung eines viel gröberen Niederschlages, als er bei Zugabe von Oxalat zur ammoniakalischen Lösung entsteht. (Warum?) Ist viel Magnesium zugegen, so kann eine zweite Fällung notwendig sein. Die Fällung ist unvollständig, wenn nicht genug Oxalat zugesetzt wurde, um alles Calcium und Magnesium in Oxalate überzuführen.

Die Löslichkeit in kaltem Wasser ist gering, in heißem Wasser merklich. In kalter Lösung wird die Löslichkeit durch Zugabe eines Eigenions in Form von Ammoniumoxalat praktisch auf Null verringert. Oxalsäure kann nicht verwendet werden, da der Eigenioneffekt durch die lösende Wirkung der Wasserstoffionen (Dissoziation der Oxalsäure nach $H_2C_2O_4 \rightleftharpoons H^+ + HC_2O_4^-$) übertroffen wird.

Wird ein Ammoniaküberschuß zugesetzt, so besteht die Möglichkeit, daß das Glas durch die heiße alkalische Lösung angegriffen wird und die gelöste Kieselsäure den Niederschlag verunreinigt. Da dieser Effekt von der Konzentration des anwesenden Ammoniumhydroxyds abhängt, kann der Fehler vermieden werden, indem man eben genug Ammoniak zusetzt, um die Lösung zu neutralisieren oder sie schwach alkalisch zu machen, und indem man die (warme) alkalische Lösung nicht länger als einige Stunden vor dem Filtrieren stehen läßt. Man kann Methylorange oder Methylrot als Indikator verwenden. CaC_2O_4 kann aus einer Lösung mit einem $p_H = 4$ quantitativ gefällt werden.

$CaCO_3$ kann etwas CaO enthalten, falls die Glühtemperatur zu hoch war, oder etwas Oxalat, falls die Temperatur zu niedrig war.

---

[1] *Foote* und *Bradley:* J. Amer. chem. Soc. 48, 676 (1926).

Da CaO durch Kohle nicht reduziert wird, ist beim Verbrennen des Filters keine besondere Sorgfalt erforderlich. Dennoch muß Sorge getragen werden, während des Glühens eine sehr hohe Temperatur zu halten und genügend lange zu erhitzen, um das ganze $CaCO_3$ zu zersetzen. Die Dissoziation wird durch Entfernen des Kohlendioxyds gefördert. (Wie könnte die Dissoziation des $CaCO_3$ bei 800° verhindert werden?)

Da CaO Feuchtigkeit und Kohlendioxyd absorbiert, darf es nicht zu lange im Exsikkator stehen.

Andere Anwendungen. Anstatt das Calciumoxalat zu Karbonat oder zu Oxyd zu verglühen, kann es volumetrisch bestimmt werden. Viele andere Metalle, wie Pb, Cu, Zn, Ni, Sr, Th, können als Oxalate gefällt werden, doch wird diese Methode, außer bei den seltenen Erden, seltener verwendet, da bessere Bestimmungsmethoden zur Verfügung stehen.

Störende Substanzen. Alle gewöhnlichen Metalle, außer den Alkalien, bilden unlösliche Oxalate. Magnesiumoxalat ist etwas löslich; seine scheinbare Löslichkeit wird durch Bildung übersättigter Lösungen und Komplexverbindungen wesentlich erhöht. Alle anderen Metalle, außer Magnesium und den Alkalien, müssen daher vor der Calciumfällung abgetrennt werden. Die Oxalatfällung ist keine Trennungsmethode für Calcium, außer von Magnesium und den Alkalien.

Arbeitsvorschrift. Auswaage als Calciumkarbonat. Wäge Proben von [0.2 bis] 0,5 g in 400-ml-Bechergläser ein. Füge 20 ml Wasser und 5 ml konz. Salzsäure durch den Ausguß des mit einem Uhrglas bedeckten Becherglases zu. Erhitze, bis alles gelöst ist (Gleichung (1)). Spüle die Wandungen des Becherglases und das Uhrglas ab und verdünne auf etwa 250 ml. Erhitze die Lösung zum Sieden und füge tropfenweise (für je 0,5 g der Probe) eine Lösung von 1 g Ammoniumoxalat $(NH_4)_2C_2O_4 \cdot H_2O$ oder 0,9 g Oxalsäure $H_2C_2O_4 \cdot 2 H_2O$ in 25 ml Wasser zu. Filtriere letztere Lösung, falls sie nicht vollkommen klar ist. Die empfohlenen Mengen der Fällungsmittel entsprechen etwa einem 50%igen Überschuß über die theoretisch zur Fällung von reinem Calciumkarbonat erforderliche Menge. Ein Teil des Calcium wird gewöhnlich aus dieser saueren Lösung gefällt. Einige Tropfen Methylrot sollten als Indikator zugegeben werden. Füge zur heißen Lösung aus einer Bürette eine filtrierte, verdünnte Ammoniaklösung (5 ml konz. Ammoniaklösung + 50 ml H_2O) sehr langsam, etwa 5 ml pro Minute, zu, bis die Lösung neutral oder sehr schwach alkalisch reagiert (Gleichung (2)). Lasse die Lösung eine Stunde an einem warmen Ort stehen, um sicher zu sein, daß die Fällung vollständig ist. Halte die Lösung nicht warm, falls sie über Nacht stehenbleibt. (Warum?) Prüfe die Lösung mit einigen Tropfen Ammoniumoxalatlösung auf Vollständigkeit der Fällung, nachdem sich der Niederschlag abgesetzt hat. (Wie kann man am besten einen großen Ammoniaküberschuß vermeiden?)

Dekantiere die klare überstehende Flüssigkeit durch einen Filtertiegel. Prüfe das Filtrat auf Calcium, bevor es verworfen wird. Spüle den Niederschlag mit einem Wasserstrahl aus der Spritzflasche in den Tiegel; reibe mit einem gummiarmierten Glasstab alle festhaftenden Partikelchen von den Becherwandungen und dem Rührstab herunter und spüle sie in den Tiegel. Wasche den Niederschlag [unter jedesmaligem Aufwirbeln desselben] mit kalter, sehr verdünnter Ammoniumoxalatlösung (etwa 0,5 g Ammoniumoxalat in 200 ml Wasser gelöst), bis das Waschwasser keine Chloridreaktion mehr zeigt. Hiezu gibt man zu einer Probe des Waschwassers verdünnte Salpetersäure, bevor man $AgNO_3$ zusetzt, um jede Bildung von Silberoxalat auszuschließen.

Trockne den Niederschlag eine Stunde im Trockenschrank: stelle den Filtertiegel sodann in die elektrische Muffel, die zwei Stunden auf 500° C erhitzt wird. Der Tiegel kann auch über Nacht in der Muffel bleiben, falls dies bequemer ist. Lasse den Tiegel mit Inhalt im Exsikkator erkalten und wäge. Weiteres Erhitzen des Niederschlages sollte keine Gewichtsänderung bewirken. Befeuchte den Niederschlag mit 1 bis 2 Tropfen einer gesättigten $(NH_4)_2CO_3$-Lösung, trockne bei 110° und wäge wieder. Eine Gewichtserhöhung ist ein Anzeichen, daß etwas Oxyd zugegen war, das durch diese Behandlung in das Karbonat übergeführt wurde. Diese Vorsichtsmaßregel sollte *stets* befolgt werden. Berechne die Prozente Ca bzw. CaO aus dem Gewicht des erhaltenen Calciumkarbonates. Der Umrechnungsfaktor von $CaCO_3$ auf Ca beträgt 0,4005, auf CaO 0,5604.

Arbeitsvorschrift. Auswaage als Calciumoxyd. Führe die Fällung und das Waschen des Calciumoxalates, wie in der vorhergehenden Methode angegeben, aus; filtriere jedoch durch ein quantitatives Papierfilter. Gib das Filter mit dem Niederschlag in einen Porzellan- oder Platintiegel, [der vorher in einem gut schließenden Wägeglas gewogen wurde]. Verkohle das Filter unter Rotgluthitze. Wird sorgfältig erhitzt, so braucht der Tiegel nicht zugedeckt werden; die Bildung eines Teerniederschlages auf dem Deckel wird so vermieden. Brenne die Kohle wie üblich weg. Es ist keine Vorsicht notwendig, um die Reduktion des Niederschlages zu vermeiden. Das Oxalat wird zunächst in das Karbonat verwandelt (Gleichung (3)); manchmal zündet das entwickelte Kohlenmonoxyd und brennt mit blauer Flamme. Nachdem die Kohle weggebrannt ist, bringt man den bedeckten Tiegel auf ein Tiegeldreieck in eine [*Winkler*sche] Tonesse. Nun wird mit einem Brenner vom Meker-Typ, der eine große Flamme gibt, erhitzt. Nur so ein Brenner, dessen Luftöffnungen vollkommen geöffnet sein müssen, ist für diese Bestimmung geeignet. Glühe den Niederschlag bei voller Brennerhitze etwa eine Stunde, um das gesamte Calciumkarbonat in Calciumoxyd überzuführen (Gleichung (4)). Man läßt den Tiegel sodann etwas abkühlen, bevor man ihn in den Exsikkator stellt. [Nach 30 Minuten wird der Tiegel in das Wägeglas gestellt, das Wägeglas verschlossen 10 Minuten in den Waagekasten gestellt und sodann gewogen. Das Wägeglas steht sonst ständig offen im Waagekasten; es wird mit Papier oder Rehleder angefaßt. Auf die geschilderte Art wird vermieden, daß das Calciumoxyd beim Wägen — auch im bedeckten Tiegel — Feuchtigkeit und Kohlendioxyd anzieht. Glühe neuerlich etwa 15 Minuten, lasse, wie beschrieben, auskühlen und wiederhole diese Operation, bis die Gewichte zweier aufeinanderfolgender Wägungen nicht mehr als 0,2 bis 0,3 mg differieren.] Nur so ist man sicher, daß die Dissoziation des Calciumkarbonates vollständig war und daß das gesamte Kohlendioxyd ausgetrieben worden ist. Verfügt man über einen Platintiegel, so wird die notwendige Temperatur mit einem Mekerbrenner leicht erhalten, ohne daß man den Tiegel in die Tonesse stellen muß.

Anstatt das Calcium nach der eben beschriebenen Methode zu fällen, kann man Ammoniak zur heißen saueren Lösung zusetzen, bis das Calciumoxalat eben zu fallen beginnt. Der Rest der Säure kann dann langsam neutralisiert werden, indem man 15 g Harnstoff zugibt und die Lösung gerade unter dem Kochpunkt hält, bis sie neutral geworden ist. Dieser langsame Neutralisationsvorgang dauert 20 Minuten bis eine Stunde.[1]

Der Harnstoff wird langsam hydrolysiert:

$$(NH_2)_2CO + H_2O = CO_2 + 2\,NH_3 \tag{5}$$

und der so erhaltene Niederschlag ist sehr grobkörnig.

Rückblick, Fragen und Aufgaben.

1. Schlage eine Methode zur Bestimmung von Calcium, Magnesium und Mangan in einem Gemisch ihrer Karbonate vor.

2. Schreibe Gleichungen der Reaktionen auf, die bei der Bestimmung von Zink und Arsen in einem Gemisch von ZnO und As_2O_5 neben inerten Substanzen in Frage kommen.

3. Das Löslichkeitsprodukt von Strontiumoxalat $L_{SrC_2O_4} = 5 \cdot 10^{-8}$. Berechne die Löslichkeit des Salzes in einer 0,01 m Ammoniumoxalatlösung.

4. In 1,000 g einer Probe wird das Calcium als Oxalat gefällt, dieses zu Calciumkarbonat erhitzt und das dabei gebildete CO nach $5\,CO + J_2O_5 = 5\,CO_2 + J_2$ oxydiert. Das Jod benötigt zur Titration 30,00 ml 0,1000 n $Na_2S_2O_3$. Berechne den Prozentgehalt an CaO in der Probe. Antwort: 42,06% CaO.

5. Das Calcium von 1,000 g einer Kalksteinprobe wird als Karbonat gewogen. Berechne den Fehler, wenn in dem gewogenen Niederschlag 10 mg Calciumoxyd anwesend sind und der Calciumgehalt als % CaO angegeben wird.

6. 0,8820 g einer Mischung der anhydrischen Oxalate von Calcium und Magnesium verlierten beim Verglühen zu den Oxyden 0,5402 g. Wieviel Prozente an CaC_2O_4 bzw. MgC_2O_4 waren anwesend? Antwort: 36,31% CaC_2O_4, 63,69% MgC_2O_4.

7. Welches Volum Schwefelsäure der Dichte 1,06, enthaltend 8,77 Gew.-% H_2SO_4, würde theoretisch benötigt werden, um 1,0600 g wasserfreies Calciumoxalat in Sulfat überzuführen?

---

[1] *F. L. Chan:* Dissertation Univ. Michigan. 1932.

8. Welches Gewicht von $(NH_4)_2C_2O_4 . H_2O$ wird theoretisch benötigt, um das Calcium in $1,0690$ g Calciumoxyd zu fällen, das als Verunreinigung $2,50\%$ MgO enthält?

9. $L_{CaC_2O_4} = 2 . 10^{-9}$; $L_{PbC_2O_4} = 3,4 . 10^{-11}$. Welche Bleiionenkonzentration wird sich einstellen, wenn man zu einer Lösung, die an Pb^{++} und an Ca^{++} je $0,01$ molar ist, Oxalat zusetzt, bis Calciumoxalat eben zu fallen beginnt? Es werde angenommen, daß sich das Volum nicht ändert.

10. In einer Lösung, die nur KCl, K_2SO_4, Li_2SO_4, LiCl und H_2O enthält, wurde analytisch festgestellt, daß sie $1,1729$ g K^+, $1,3880$ g Li^+ und $4,803$ g $SO_4^=$ enthält. Wieviel Chlorion ist anwesend? Antwort: $4,6094$ g Cl^-.

Eisenbestimmung in Eisenoxyd.

Prinzip. Das Oxyd, entweder Fe_2O_3 oder Fe_3O_4 wird in Salzsäure gelöst, da Schwefelsäure sehr unwirksam und Salpetersäure meist vollkommen ohne Einwirkung ist.

$$Fe_2O_3 + 6\,HCl = 2\,FeCl_3 + 3\,H_2O. \tag{1}$$

$$Fe_3O_4 + 8\,HCl = FeCl_2 + 2\,FeCl_3 + 4\,H_2O. \tag{2}$$

Anwesendes Eisen(II)-salz wird durch Kochen der Lösung mit etwas Salpetersäure zur dreiwertigen Stufe oxydiert:

$$3\,FeCl_2 + 3\,HCl + HNO_3 = 3\,FeCl_3 + NO + 2\,H_2O. \tag{3}$$

Das Eisen wird sodann durch Zusatz eines geringen Ammoniaküberschusses als Eisen(III)-oxydhydrat $Fe_2O_3 . x\,H_2O$ gefällt. Ein hydratisches Oxyd hat keine definierte stöchiometrische Zusammensetzung, da es wechselnde Mengen Wasser enthält, das teilweise adsorbiert, teilweise chemisch gebunden ist. Bei Reaktionsgleichungen, die Oxydhydrate betreffen, sowie bei der Berechnung von Löslichkeitsprodukten ist es üblich, die Hydroxydformel zu verwenden, obwohl die Zusammensetzung des Niederschlages in den meisten Fällen dieser Formel nicht entspricht. Die Reaktionsformel für die Fällung eines Oxydhydrates wird daher üblicherweise wie folgt geschrieben:

$$FeCl_3 + 3\,NH_4OH = Fe(OH)_3 \downarrow + 3\,NH_4Cl. \tag{4}$$

Der gelatinöse Niederschlag wird leicht kolloidal und wird deshalb mit einer 1%igen Ammoniumnitratlösung zuerst durch Dekantation, dann am Filter gewaschen. Der Niederschlag wird bei mäßiger Rotglut in die Wägeform Fe_2O_3 übergeführt.

$$2\,Fe(OH)_3 \xrightarrow{\text{glühen}} Fe_2O_3 + 3\,H_2O, \tag{5}$$

oder korrekter

$$Fe_2O_3 . x\,H_2O \xrightarrow{\text{glühen}} Fe_2O_3 + x\,H_2O. \tag{6}$$

Sind in der Lösung genügende Mengen von Zitronensäure, Weinsäure, Sulfosalizylsäure oder ähnliche Säuren, Glyzerin, gewisse Zuckerarten, Alkalipyrophosphat anwesend, so wird die Fällung der Oxydhydrate in alkalischer Lösung verhindert. In Wasser beständige Sulfide, wie FeS, können auch aus derartigen Lösungen gefällt werden. Auf diese Weise sind Trennungen, wie jene des Eisens und Mangans von Aluminium, Chrom und Titan, möglich.

Fehler. Eisenoxydhydrat ist, wie alle Niederschläge von Oxydhydraten, infolge seiner gelatinösen Beschaffenheit schwieriger zu filtrieren und vollkommen auszuwaschen, als alle bis jetzt besprochenen Niederschläge. Es zeigt kolloidale Eigenschaften und hat die ausgeprägte Neigung, andere Substanzen, speziell negative Radikale, zu adsorbieren, da es selbst ein positiv geladenes Kolloid ist. Eisenhydroxyd [wir gebrauchen die übliche Bezeichnung] soll aus ziemlich verdünnter Lösung gefällt und zunächst durch Dekantation gewaschen werden, da der Niederschlag hiebei in der Waschflüssigkeit vollkommen aufgeschlämmt werden kann. Am Filter bildet Eisenhydroxyd eine feste Masse, die vom Waschwasser nicht leicht durchdrungen wird, besonders wenn der Niederschlag längere Zeit am Filter verbleibt, oder wenn man absaugt, um die Filtration zu beschleunigen. Im letzteren Falle scheint der Niederschlag rascher ausgewaschen zu werden, doch das Wasser läuft durch kleine Kanäle und durchdringt nicht die Hauptmenge des Niederschlages. Bei Verwendung von Filterschleim erfolgt die Filtration rascher und das vollständige Auswaschen wird erleichtert. [Man wäscht den Niederschlag aus, indem man den Strahl der Waschflüssigkeit aus einer Spritzflasche stets fast parallel zur Trichterwandung in das Filter richtet. Dadurch wird der Niederschlag (der bei einem 11-cm-Filter in geglühtem Zustand nicht über 0.3 g schwer sein soll, da das Auswaschen sonst viel zu lange dauert) durchgehend aufgewirbelt und viel wirksamer ausgewaschen, als wenn die Waschflüssigkeit einfach aufgegossen wird. Man läßt die Flüssigkeit jedesmal vollständig ablaufen, bevor man den Niederschlag auf die beschriebene Weise wieder auswäscht. Man muß darauf achten, daß man anfangs nicht zu plötzlich spritzt, sonst kann etwas vom Niederschlag aus dem Trichter geschleudert werden. Diese Art des Auswaschens wird bei allen kristallinen Niederschlägen sowie bei den Oxyhydraten angewendet. Die bereits durch mechanische Einwirkung kolloidal werdenden Sulfidniederschläge der Schwefelammoniumgruppe müssen durch vorsichtiges Zugießen der Waschflüssigkeit, ohne den Niederschlag aufzuwirbeln, gewaschen werden.] Wurde mit dem Auswaschen begonnen, so muß es ohne Unterbrechung zu Ende geführt werden. [Zweckmäßig verwendet man zum Filtrieren das *Schleicher* und *Schüll*sche „Schwarzband"-Filtrierpapier, welches ein schnelles Filtrieren besonders der schleimigen Oxydhydratniederschläge gestattet.] Der Niederschlag wird mit einem Elektrolyten gewaschen, da er sonst schleimig und kolloidal wird und das Filter verstopft. Eine Säure kann nicht verwendet werden, da sie den Niederschlag lösen würde; eine Base ist nicht ratsam, da sie keine Vorteile bietet und die Tendenz hat, Kieselsäure aus dem Glas aufzulösen. Die Löslichkeit des Eisenoxydhydrates sowie der übrigen Oxydhydrate dieser Klasse ist vernachlässigbar, so daß kein Hydroxylion benötigt wird. Man verwendet deshalb ein in der Hitze flüchtiges Neutralsalz; NH_4NO_3 ist am besten, da es beim nachfolgenden Glühen des Niederschlages ein schnelleres Verbrennen der Filterkohle bewirkt. NH_4Cl kann nicht verwendet werden, da sich beim Glühen das schon bei niederer Temperatur flüchtige Eisen(III)-chlorid bilden kann:

$$Fe_2O_3 + 6\,NH_4Cl = 2\,FeCl_3 + 6\,NH_3 + 3\,H_2O. \tag{7}$$

Mit Aluminiumoxyd tritt die analoge Reaktion *nicht* ein. Wegen dieser Reaktion zwischen Eisenoxyd und einem Chlorid ist es wünschenswert, nahezu alles Ammoniumchlorid aus dem Niederschlag auszuwaschen, obwohl sehr geringe Chloridmengen nicht mit dem Niederschlag reagieren.[1] Um rascher zu filtrieren, verwendet man eine heiße Waschflüssigkeit.

Ist nicht alles Eisen in der dreiwertigen Stufe vorhanden, so ist die Fällung unvollständig, da Eisen(II)-hydroxyd, ähnlich wie Magnesiumhydroxyd, durch Ammoniak nur teilweise gefällt wird.

Kieselsäure wird bei der Oxydhydratfällung aus der Lösung zum größten Teil mitgerissen und verursacht zu hohe Ergebnisse. Daher sollte frisches, filtriertes Ammoniumhydroxyd, vorzugsweise direkt aus den Versandflaschen, in sehr geringem Überschuß zugesetzt werden, und die Lösung sollte vor der Filtration des Eisenhydroxydniederschlages nur kurze Zeit abstehen. Wird besondere Genauigkeit verlangt, so muß frisch destilliertes Ammoniak verwendet und die Fällung in Platingefäßen durchgeführt werden. Der Einfluß der Kieselsäure ist bei dieser Fällung infolge des beträchtlichen Adsorptionsvermögens derartiger Niederschläge weitaus beachtlicher als bei den anderen bisher besprochenen Niederschlägen.

Eisenoxyd wird beim Glühen durch die organische Substanz des Filterpapiers oder durch die Flammengase leicht zu Fe_3O_4 oder selbst zu Metall reduziert:

$$Fe_2O_3 + 3\,C = 2\,Fe + 3\,CO. \tag{8}$$

Eine solche Reduktion wird vermieden, wenn man die Filterkohle bei niederer Temperatur verbrennt, der Luft freien Zutritt gestattet und reduzierende Flammengase vermeidet.

Andere Anwendungen. Eine Anzahl anderer Metalle kann in Form ihrer Hydroxyde oder Oxydhydrate gefällt werden, besonders Al, Cr^{III} und Ti. Wird ein Oxydationsmittel wie Br_2, H_2O_2 oder ein Persulfat zu einer ammoniakalischen Manganlösung zugefügt, so wird dieses als $MnO_2 \cdot x\,H_2O$ gefällt. Beim Verglühen bilden sich die Oxyde Al_2O_3, Cr_2O_3, TiO_2, (Mn_3O_4). Das Chrom muß vor der Fällung vollständig in der dreiwertigen Form vorliegen; Chromat muß zunächst zu Cr^{III}-Salz reduziert werden. Als Reduktionsmittel verwendet man SO_2, HCHO oder C_2H_5OH. Vor der Manganfällung muß etwa vorhandenes Permanganation in analoger Weise reduziert werden.

Da die Oxydhydrate von Aluminium und Chrom in Ammoniumhydroxyd etwas löslich sind, muß sorgfältig geachtet werden, mehr als einen sehr geringen Ammoniaküberschuß zu vermeiden. In den

---

[1] *Daudt:* J. Ind. Engng. Chem., Analyt. Edit. **7**, 847 (1915).

anderen Fällen, auf welche diese Fällungsmethode Anwendung findet, ist der Niederschlag in Ammoniak fast unlöslich. Vollständige Fällung tritt in allen diesen Fällen ein, wenn die Lösung gegen Methylrot eben alkalisch reagiert.[1]

Die Ammoniak-Fällungsmethode dient zur Trennung des Fe^{III}, Al, Cr, Ti, Mn^{II} von Mg, Ca, Sr, Ba. Gewöhnlich ist eine doppelte Fällung notwendig, teils wegen der Adsorption der zweiwertigen Metalle durch den Niederschlag, teils (Magnesium ausgenommen) wegen der Absorption von CO_2 durch die ammoniakalische Lösung, wobei sich Ammoniumkarbonat bildet, welches Ca, Sr, Ba als Karbonat fällt. Die Trennung der oben genannten Oxydhydrate von Mn, Zn, Co, Ni, Cu, Cd ist unter gewöhnlichen Bedingungen für quantitative Zwecke nicht exakt genug. Selbst mehrmaliges Umfällen entfernt die zweiwertigen Metalle nicht quantitativ. Die Trennung ist nur bei so geringen Oxydhydratfällungen befriedigend, daß die Menge der anderen adsorbierten Metalle gering genug ist, um vernachlässigt werden zu können. Fe, Ti und weniger befriedigend Al, jedoch nicht Cr werden von der Zn- und Ca-Gruppe, jedoch nicht von der sauren Schwefelwasserstoffgruppe mittels der *„basischen Azetatmethode"* abgetrennt.

Das p_H, bei welchem die verschiedenen Metalle als Hydroxyde oder basische Salze gefällt werden,[2] ist von großer Wichtigkeit, weil es zeigt, welche Trennungen theoretisch möglich sind, und weil es die relative Stärke der Basen angibt. Vgl. Tab. 19, S. 303. In vielen Fällen ist der Niederschlag anfangs eher ein basisches Salz als ein wahres Hydroxyd oder Oxydhydrat.

Eine wirksame Trennung der sehr schwachen Basen von stärkeren kann unter Berücksichtigung folgender Bedingungen durchgeführt werden:

1. *Sorgfältige p_H-Kontrolle.* Das p_H kann mittels einer Puffermischung, wie bei der basischen Azetat- oder Benzoatmethode, durch die Wahl einer schwachen Base geeigneter Stärke, wie bei der Ammoniakmethode, oder mittels einer geeigneten inneren Reaktion auf den richtigen Wert eingestellt werden, wobei das p_H der Lösung im letzteren Falle langsam auf den richtigen Wert ansteigt, wie bei der Harnstoffmethode, die bei der Calciumbestimmung beschrieben wurde.

2. *Homogenität der Lösung.* Wird ein Tropfen Ammoniak zugesetzt, so herrscht an der Einfallsstelle eine hohe Hydroxylionenkonzentration, so daß neben dem gewünschten auch andere Hydroxyde ausfallen können. Sobald die Mischung vollständig geworden ist, können sich diese anderen Hydroxyde nicht mehr vollständig lösen. Dieser Fehler wird bei der basischen Azetat-, Benzoat- und der Harnstoffmethode vermieden, da (speziell bei letzterer) die Reagenzien zugesetzt werden, bevor die Fällung beginnt und die Fällung auf Grund einer inneren Re-

---

[1] *Blum:* J. Amer. chem. Soc. **38**, 1282 (1916).

[2] Vgl. *W. D. Treadwell:* Tabellen und Vorschriften zur quantitativen Analyse. 2. Aufl., S. 51. Wien: Deuticke. 1947.

aktion erfolgt, die beim Erhitzen der Lösung abläuft. Daher ist das p_H der Lösung überall gleich. [„Asymptotische Neutralisation."]

3. *Langsame Fällung.* Diese erfolgt sehr befriedigend bei den Hydrolysenmethoden.

4. *Anwendung eines geeigneten Anions, das einen dichten Niederschlag eines basischen Salzes bilden kann.* Dieser Vorgang erlaubt eine vollständige Fällung bei einem niedrigen p_H als bei der Bildung der Oxydhydrate. Wird ein geeignetes Anion gewählt, so ist der Niederschlag dichter, daher findet geringere Adsorption statt. Die basische Azetatmethode wurde bereits erwähnt. Sie gibt keinen dichten Niederschlag. Benzoation ist besser,[1] doch die besten Ergebnisse werden nach der Methode von *Willard* und *Tang*[2] erhalten. Diese Autoren benützen Harnstoff, um Aluminium als dichtes basisches Succinat zu fällen und erhalten bemerkenswert scharfe Trennungen des Aluminiums von selbst großen Mengen Zn, Co. Ni und anderen Metallen, von denen Aluminium mit Ammoniak und selbst mit den basischen Azetat- oder Benzoatmethoden nicht vollständig getrennt werden kann. Succinat gibt mit Fe^{III} keinen dichten Niederschlag, doch Formiat tut dies, und Sulfat ist bei Fe^{III} und Al wirksam.

Störende Substanzen. Aus den bereits gemachten Feststellungen folgt, daß bei der Fällung eines Metalles mittels Ammoniumhydroxyd alle anderen in gleicher Weise fällbaren Metalle abwesend sein müssen; gleichfalls selbst jene Metalle, deren Hydroxyde in einem Überschuß von Ammoniak löslich sind, da sie den Niederschlag verunreinigen würden. Säuren, die unlösliche Eisen(III)-salze bilden oder Komplexbildung verursachen, wie H_3PO_4. H_3AsO_4. $H_2C_2O_4$. Zitronensäure, Weinsäure usw. verhindern die Fällung des Oxydhydrates und müssen daher abwesend sein, ebenso Kieselsäure, die mitfallen würde. Nur Ca, Sr. Ba. Mg und die Alkalisalze dürfen anwesend sein. Unter sorgfältig eingehaltenen Bedingungen ist eine Trennung von Nickel und von Mangan möglich.[3]

Arbeitsvorschrift. Wäge Proben von [0,3 bis] 0.5 g (sind sie größer. so wird der Niederschlag zu voluminös) in 150-ml-Bechergläser ein und füge 10 ml Wasser und 20 ml konzentrierte Salzsäure zu. Bedecke das Becherglas und erhitze knapp unter dem Siedepunkt. bis die Probe gelöst ist. Die dazu benötigte Zeit. gewöhnlich $^1/_2$ bis 1 Stunde. hängt von der Temperatur ab; die Einwirkung ist in der Kälte außerordentlich langsam. Lasse die Lösung auf nicht weniger als 5 bis 10 ml eindampfen; füge eventuell Säure zu. Um festzustellen, ob alles Eisenoxyd gelöst ist, schwenkt man das Becherglas. so daß die Flüssigkeit in kreisende Bewegung gerät; dabei sammeln sich alle ungelösten Partikelchen in der Mitte an. Erhitze. bis alle dunklen Teilchen verschwun-

---

[1] *Kolthoff, Stenger* und *Moskovitz:* J. Amer. chem. Soc. **56**, 812 (1934).

[2] *Willard* und *Tang:* J. Amer. chem. Soc. **59**, 1190 (1937); Ind. Engng. Chem., Analyt. Edit. **9**, 357 (1937).

[3] *Lundell* und *Knowles:* J. Amer. chem. Soc. **45**, 676 (1923).

den sind (Gleichungen (1) und (2)). Füge 1 ml konzentrierte Salpetersäure zur Lösung zu und koche kurze Zeit, um alles Fe^{II} zu oxydieren (Gleichung (3)). Gewöhnlich bleibt ein geringer weißer Rückstand von Kieselsäure ungelöst, doch selbst wenn kein Rückstand beobachtet werden kann, muß die Lösung etwas verdünnt und durch ein kleines [Blauband-] Filter in ein 600-ml-Becherglas filtriert und das Filter mit verdünnter Salzsäure (1 : 100) vollkommen ausgewaschen werden, um Hydrolyse des $FeCl_3$ zu verhindern. Verdünne das Filtrat auf 300 ml. Verwende keinesfalls einen Filtertiegel, er würde schnell verstopft werden.

Das Filtrieren und Waschen gelatinöser Niederschläge kann durch Verwendung von aschefreiem Filterschleim beschleunigt werden. Dieser wird am bequemsten hergestellt, indem man $^1/_4$ einer Filterschleimtablette aufreißt und die Stücke mit etwas Wasser kurze Zeit heftig in einer Eprouvette schüttelt. Diese Menge ist für eine Analyse ausreichend und sollte zur klaren Eisenchloridlösung zugesetzt werden.

Beginne nicht mit der Fällung, wenn hiefür nicht mindestens $2^1/_2$ Stunden zur Verfügung stehen. Erhitze die Lösung zum Sieden und füge langsam filtriertes, konzentriertes Ammoniumhydroxyd unter ständigem Umrühren zu, bis der Niederschlag von Eisenhydroxyd ausflockt und der Dampf etwas nach Ammoniak riecht (Gleichung (4)). Vermeide einen großen Überschuß an Ammoniak. (Warum?) Koche die Lösung gelinde eine Minute lang; lasse den Niederschlag sodann absitzen. Die überstehende Flüssigkeit soll farblos sein. Die Fällung des Eisenoxydhydrates ist sofort quantitativ. Dekantiere die heiße Flüssigkeit durch ein Schwarzbandfilter, sobald sich die Hauptmenge des Niederschlages abgesetzt hat; lasse jedoch soviel Niederschlag als möglich im Becherglas. Es ist wesentlich, daß das Filter genau am Trichter anliegt, so daß der Trichterhals mit Flüssigkeit gefüllt ist. Sonst wird die Filtration sehr langsam sein.

Bereite mittlerweile genug Waschflüssigkeit, um zwei 800-ml-Bechergläser zu füllen — 1 g NH_4NO_3 auf 100 ml Wasser und 1 Tropfen Ammoniak in jedes Becherglas — und erhitze sie zum Sieden. Füge etwa 100 ml dieser heißen Lösung zum Niederschlag, rühre gut um und lasse den Niederschlag absitzen. Dekantiere soviel als möglich durch das Filter. Wiederhole diese Waschmethode durch Dekantation mehrmals, um möglichst viel Salze aus dem Niederschlag zu entfernen. Spüle den Niederschlag sodann in das Filter, reibe mit einem gummiarmierten Glasstab und einem Stückchen Filtrierpapier alle, am Becherglas und Rührstab haftenden Teilchen los und füge diese zur Hauptmenge des Niederschlages. Wasche den Eisenhydroxydniederschlag mindestens fünf- bis sechsmal mit der heißen Ammoniumnitratlösung, bis sich keine oder nur eine sehr geringe Chlorreaktion im Waschwasser zeigt. Lasse jeden Aufguß der Waschflüssigkeit vollkommen ablaufen, bevor wieder aufgegossen wird. Fülle den Trichter nicht mehr als $^3/_4$ mit dem Niederschlag. Falls notwendig, benütze ein zweites Filter an Stelle eines großen. [Die Einwaagen sollen bei allen gravimetrischen Bestimmungen so bemessen werden, daß die Wägeform des Niederschlages nicht mehr als höchstens 0,3 g, besser 0,1 bis 0.2 g, wiegt. Bezeichne die Bechergläser, in denen sich die Proben befinden, mittels Fettstift, um Verwechslungen auszuschließen.

Bei diesen geringen Niederschlagsmengen ist es angezeigt, die Waschflüssigkeit, wie S. 277 beschrieben, aus der Spritzflasche zuzugeben und den Niederschlag bei der Zugabe mittels des Strahles der Spritzflasche gründlich aufzuwirbeln. Um sich nicht den Mund durch die heißen Dämpfe zu verbrennen, verwendet man eine Spritzflasche mit Bunsenventil, Abb. 1 b, S. 9.]

Spuren des Niederschlages, die fest an den Becherwandungen haften, können oft mit einem Stück feuchten Filterpapiers abgewischt werden, das dem Hauptniederschlag zugesetzt wird, nachdem letzterer völlig ausgewaschen wurde; oder das festhaftende Oxydhydrat wird in einigen Tropfen konzentrierter Salpetersäure gelöst und mittels Ammoniak neuerlich gefällt. [Dieses feste Anhaften des Niederschlages tritt nur ein, wenn derselbe auf der Glaswand antrocknen kann; bei sorgfältigem. raschem Arbeiten wird sich dieser Übelstand nicht zeigen.] Falte das Filter über die Ecke zusammen und gib Filter mit Niederschlag in einen vorher gewichtskonstant geglühten Porzellantiegel. Trockne über kleiner Flamme und verkohle und verasche das Filter bei möglichst niederer Temperatur. jedenfalls unter Rotglut, um eine Reduktion des Oxyds (Gleichung (8)) zu vermeiden. Steigere die Temperatur auf Rotglut, um das hydratische Oxyd zu entwässern (Gleichungen (5) und (6)). Erhitze hauptsächlich den Tiegelboden, so daß reduzierende Gase nicht in den Tiegel gelangen können (vgl. S. 27). Glühe den Niederschlag [15 bis] 30 Minuten. nachdem das Filter verbrannt ist. [Man verwendet zum Glühen des Eisenoxyds am zweckmäßigsten einen elektrischen Tiegelofen.] Man wägt nach dem Abkühlen und wiederholt das Glühen und Wägen bis zur Gewichtskonstanz. Das Oxyd kann ein glänzendschwarzes Aussehen haben, wie Fe_3O_4, doch beruht diese Erscheinung meist auf der kompakten Beschaffenheit des geglühten Oxyds und ist nur oberflächlich, wie leicht festgestellt werden kann. wenn man etwas davon zerreibt, nachdem die Konstantwägung vorgenommen wurde. Die Anwesenheit von Eisen oder Magnetit (Fe_3O_4) macht den Niederschlag magnetisch.

Berechne den Prozentgehalt an Eisen aus dem Gewicht des erhaltenen Eisenoxyds und der Einwaage. Der Faktor $2Fe/Fe_2O_3$ beträgt 0,6994.

Basische Azetattrennung. Das dieser Methode zugrunde liegende Prinzip wird S. 304 besprochen. Es ist eine Standard-Methode, um die sehr schwachen Basen Fe^{III} und Ti (und Phosphation im Unterschuß) von Mn, Zn, Co, Ni, weniger häufig von Ca, Sr, Ba, Mg. zu trennen. Zur Trennung von den letzteren vier Elementen erweist sich die gewöhnliche Ammoniakfällung wirksam. die viel einfacher durchzuführen ist. Chrom wird nur teilweise gefällt, da es mit Azetion einen ziemlich beständigen Komplex bildet. Aluminium wird gleichfalls unvollständig gefällt. Metalle der Schwefelwasserstoffgruppe müssen vorher entfernt werden. Chloridlösungen geben die besten Ergebnisse.

Die Hydrolyse des Eisen(III)-chlorids verläuft infolge der entstehenden Säure nicht vollständig. Wird ein Ion wie das Acetion zugefügt, das fähig ist, mit dem [bei der Hydrolyse entstehenden] Wasserstoffion eine schwache Säure zu bilden, so ist die Hydrolyse viel weitgehender. Die Mischung eines Azetates mit Essigsäure wirkt als Puffer und verhindert ein zu starkes Anwachsen der Wasserstoffionenkonzentration. Die Lösung wird erhitzt, um die Hydrolyse zu fördern: der Niederschlag ist ein basisches Azetat unbestimmter Zusammensetzung, der [nochmals gelöst, mit Ammoniak als Oxydhydrat gefällt und] durch Glühen in Eisenoxyd umgewandelt wird. Bei der Eisen-Mangantrennung ist die richtige Azidität der Lösung vor Zugabe des Natriumazetates für das Gelingen der Trennung entscheidend. Die *Brunck*sche Methode,[1] den Überschuß der Salzsäure zu entfernen, ist einfach und ausgezeichnet. Der Vorgang ist folgender: Füge etwa 1 g KCl zu der sauren Lösung der Metallchloride und verdampfe zur Trockene. Zerkleinere den Rückstand [mittels eines dickeren, unten flachgedrückten Glasstabes] und erhitze ihn auf 100^0, bis der Geruch nach Salzsäure nur mehr schwach ist (etwa 5 bis 7 Minuten). In Gegenwart von KCl ist es möglich, zur Trockene einzudampfen, ohne daß sich das $FeCl_3$ zersetzt. Es bleibt genug Salzsäure zurück, um eine klare Lösung zu geben, wenn der Rückstand mit 20 ml Wasser behandelt wird. Löse 3 g Natriumazetat in 100 ml Wasser und neutralisiere die Lösung gegen Lackmus durch Zufügen von 1%iger Essigsäure. Füge die Natriumazetatlösung zur Eisenchloridlösung zu, verdünne auf 400 bis 500 ml, erhitze gerade zum Sieden und halte eine Minute im gelinden Sieden. [Durch längeres Kochen wird der Niederschlag schleimig und schlecht filtrierbar.] Das basische Azetat fällt alsbald aus. [Man läßt absitzen], filtriert möglichst heiß [Faltenfilter, Filterschleim] und wäscht den Niederschlag mit 1%iger Ammoniumazetatlösung. Das p_H der kalten Lösung sollte vor der Fällung zwischen 4.7 und 5.3 betragen; ist es weniger als 4,3, so wird das Eisen nicht vollständig gefällt. Phosphation [sofern es im Unterschuß zum Eisen vorhanden ist] wird quantitativ als Eisen(III)-phosphat gefällt. Wird zuviel Azetion zugefügt, so kann das p_H soweit erhöht werden, daß Mangandioxydhydrat ausfallen kann. Der Luftsauerstoff wirkt dabei als Oxydationsmittel.[2] [Für genaue Bestimmungen muß der Azetatniederschlag in heißer verdünnter Salzsäure gelöst und das Eisen nach der Ammoniakmethode gefällt werden, da der basische Azetatniederschlag größere Mengen an Natriumionen okkludiert hat.]

---

[1] *O. Brunck:* Chemiker-Ztg. **28**, 514 (1908).

[2] *M. Carus:* Chemiker-Ztg. **45**, 1194 (1921) setzt 3 ml 3%iges H_2O_2 vor Zugabe des Natriumazetates zu.

Die Benzoatmethode[1] gibt einen viel leichter filtrierbaren Niederschlag, besonders bei der Fällung von Fe^{III} und Cr^{III}. Füge zur saueren Lösung, die mindestens 1 g NH_4Cl enthalten muß, verdünntes Ammoniumhydroxyd zu, bis sich der anfänglich gebildete Niederschlag beim Umrühren nur mehr sehr langsam auflöst. Gib nun 1 ml Eisessig und 20 ml 10%ige Ammoniumbenzoatlösung für je 65 mg vorhandenes Al bzw. 125 mg Fe zu. Lasse 5 Minuten gelinde kochen, filtriere und wasche heiß mit einer Lösung, die 1% Ammoniumbenzoat und 2% Essigsäure enthält.

Rückblick, Fragen und Aufgaben.

1. Warum muß alles Fe^{++}-Ion in den dreiwertigen Zustand überführt werden, bevor die Fällung des Gesamteisens mit Ammoniumhydroxyd gemacht wird? Welche anderen Ionen gleichen dem Ferroion in seinem Verhalten gegen Ammoniumhydroxyd in Gegenwart von Ammoniumchlorid?

2. Welche Substanzen verhindern die Oxydhydratfällung durch überschüssiges Ammoniumhydroxyd? In welcher Art ähneln diese organischen Substanzen einander?

3. Erkläre, warum die Fällung der Oxydhydrate mittels Ammoniumhydroxyd eine weniger vollständige Trennung von Ni, Zn, Mn usw. gibt als die basische Acetat- oder Benzoatmethode und warum die Harnstoffmethode noch wirksamer ist.

4. Welche Zahlenangaben geben im allgemeinen die Trennungsmöglichkeit zweier Metalle an, wobei eines als Oxydhydrat gefällt wird? Wie kann die Adsorption fremder Kationen verringert werden?

5. Reihe die folgenden Metalle nach ihrer Stärke als Basen: Al, Ti, Fe^{III}, Fe^{II}, Zn, Cr, Ca, Mg. Welche sind amphoter?

6. Warum ist die volumetrische Eisenbestimmung genauer und bequemer als die gravimetrische? Welches ist die beste Methode, um das Gewicht jedes Oxyds in einem Gemisch von annähernd gleichen Mengen Fe_2O_3 und Al_2O_3 zu finden?

7. 1 g $Fe(NH_4)_2(SO_4)_2 \cdot 6 H_2O$ wird auf 1000^0 erhitzt. Berechne das theoretische Gewicht des Rückstandes. [Praktisch läßt sich eine so große Substanzmenge nicht quantitativ zu Fe_2O_3 verglühen; es bleibt eine geringe Sulfatmenge zurück; das Gewicht wird zu hoch gefunden.]

8. Der geglühte $Fe_2O_3 + Al_2O_3$-Niederschlag von 1,0230 g Einwaage wiegt 0,4550 g. Wird derselbe im Wasserstoffstrom geglüht, um das Eisenoxyd zu Metall zu reduzieren, so beträgt der Gewichtsverlust 0,120 g. Berechne den Prozentgehalt jedes der Oxyde in der Probe. Antwort: $39,03\%$ Fe_2O_3, $5,45\%$ Al_2O_3.

9. Eine Eisen(III)-oxydprobe verliert beim Glühen in Wasserstoff 0,1200 g. Das reduzierte Eisen wird unter Luftausschluß in verdünnter Schwefelsäure gelöst und mit 0,1000 n $KMnO_4$ titriert. Wieviel ml werden benötigt?

10. 1,000 g einer Probe ergab 0,3094 g Eisenoxyd, das etwas Fe_3O_4 enthielt. Es wurde im Wasserstoff zu 0,2234 g Eisen reduziert. Berechne den Fehler in $\%$ Fe_2O_3, der unter der Annahme entsteht, daß der Niederschlag aus reinem Fe_2O_3 besteht. Antwort: $1,00\%$ zu nieder.

11. 1 g einer Mischung, die nur Eisen(III)-oxyd und metallisches Eisen enthält, gibt beim Auflösen in verdünnter Schwefelsäure 100,0 ml Wasser-

---

[1] *Kolthoff, Stenger* und *Moskovitz:* J. Amer. chem. Soc. **56**, 812 (1934).

stoff von 740 Torr und 20⁰ C. Berechne die Zusammensetzung der Mischung. (1 Liter Wasserstoff wiegt unter Normalbedingungen 0,08987 g.)

12. Schlage eine geeignete Bestimmungsmethode für Eisen, Magnesium und Calcium in einem Gemisch ihrer Oxyde und Karbonate vor!

13. 1 g reines Eisen(II)-karbonat wird an der Luft zu Eisen(III)-oxyd verglüht. Wie groß ist das Gewicht des Rückstandes?

14. 10 g Eisen werden in einem Überschuß von verdünnter Schwefelsäure gelöst und das dabei gebildete Eisen(II)-sulfat durch Zufügen von 3%iger Wasserstoffperoxydlösung (d 1,010) zu Eisen(III)-sulfat oxydiert. Wieviel ml der Wasserstoffperoxydlösung werden benötigt? Anleitung: Schreibe die Reaktionsgleichungen auf, berechne jedoch nicht das Gewicht des $FeSO_4$.

15. Wieviel ml 3%iger Wasserstoffperoxydlösung werden benötigt, wenn 10 g Fe_3O_4 nach Aufgabe 14 behandelt werden?

16. Bei einer Magnesiumbestimmung ist das $Mg_2P_2O_7$ durch die unvorhergesehene Anwesenheit von $Mn_2P_2O_7$, herrührend von 1,10% Mn in der Probe, verunreinigt. Welchen Fehler wird dies im Prozentgehalt an Magnesium verursachen?

17. Welcher Fehler würde in Aufgabe 16 durch die Anwesenheit von 1,50% Eisen als $FePO_4$ verursacht werden? Antwort: 0,885%.

18. Welches Volum Sauerstoff unter Normalbedingungen würde zur Oxydation einer Chrom(II)-chloridlösung (zu $CrCl_3$) verbraucht werden, die beim Lösen von 10 g metallischen Chrom in Salzsäure entsteht? 1 Liter Sauerstoff wiegt 1,4289 g.

Kieselsäurebestimmung in einem löslichen (basischen) Silikat.

Prinzip. Kieselsäure, eine der schwächsten bekannten Säuren, besteht aus SiO_2 mit wechselnden Mengen Wasser und hat keine definierte Formel. Ihre Zusammensetzung kann als $SiO_2 . x H_2O$ ausgedrückt werden, obwohl es oft üblich ist, in Gleichungen eine einfache Formel, wie H_2SiO_3 anzunehmen. Es gibt eine sehr große Vielfalt natürlicher und künstlicher Silikate, von denen viele eine definierte Formel haben, jedoch viele wechselnde Zusammensetzung zeigen. Alle Silikate können als Verbindungen von SiO_2 mit verschiedenen Oxyden aufgefaßt werden, und ihre Formeln werden oft z. B. $2 CaO . SiO_2$, anstatt Ca_2SiO_4, geschrieben.

Für analytische Zwecke können die Silikate in zwei Klassen eingeteilt werden: solche, die sich in einer Säure, z. B. Salzsäure, zu hydratisierter Kieselsäure und den entsprechenden Metallchloriden lösen — und jenen, die in allen Säuren, außer Flußsäure, unlöslich sind. Lösliche Silikate sind unter anderen Portlandzement und Hochofenschlacke. Es gibt auch viele nur teilweise lösliche Silikate. Die löslichen Silikate sind stark basisch, d. h. sie enthalten eine verhältnismäßig große Menge von stark oder mäßig stark basischen Bestandteilen, wie die Oxyde von Ca, Ba, Sr, Zn, Pb oder der Alkalien. Es gibt z. B. zwei Calciumsilikate; das eine hat ein hohes Verhältnis $CaO : SiO_2$ und ist löslich, das andere ist in Säuren unlöslich. Um ein Silikat dieser zweiten Type für die Analyse zersetzbar zu machen, muß es in die lösliche, basischere Form übergeführt werden, indem man den notwendigen Überschuß einer starken Base durch Erhitzen oder Schmelzen zuführt. Man verwendet hiezu die Hydroxyde, Oxyde oder Karbonate der Alkalien oder alkalischen Erden. Meist wird Na_2CO_3 benützt, weil es schmelzbar ist und das Einschleppen störender Metalle vermeidet. Zur Schmelze muß ein Platintiegel verwendet werden. (Warum?) Werden Alkalihydroxyde benützt, so wird ein Nickeltiegel [oder noch besser ein Silbertiegel] verwendet, da Platin stark angegriffen wird. Nach dieser Behandlung wird das basische Silikat durch Salzsäure leicht zersetzt, wobei hydratisiertes Siliziumdioxyd, gewöhnlich „Kieselsäure" genannt, sowie die Metallchloride gebildet werden.

Bei der Behandlung mit Salzsäure entsteht oft eine klare Lösung, die Kieselsäure in hochdisperser, kolloider Form enthält. Beim Stehen der Lösung, besonders wenn sie heiß ist, bildet die Kieselsäure einen Niederschlag oder ein Gel:

$$Ca_2SiO_4 + 4\,HCl = 2\,CaCl_2 + SiO_2 + 2\,H_2O. \tag{1}$$

Viel von dieser Kieselsäure bleibt jedoch kolloidal gelöst. Zur vollständigen Abscheidung ist es notwendig, die Lösung zur Trockene zu verdampfen und die Kieselsäure zu entwässern. Bei einer Entwässerung bei 105 bis 120° C enthält die Kieselsäure noch 5 bis 10% H_2O; das gesamte Wasser wird erst ober Rotglut abgegeben. Sie hat jedoch durch diese Behandlung, speziell in Gegenwart einer Säure, ihre Fähigkeit weitgehend verloren, kolloid in Lösung zu gehen. Das Wasserstoffion der Säure sucht das negative Kolloid Kieselsäure auszuflocken bzw. verhindert seine Dispersion.

Sehr wirksame, oft benützte Entwässerungsmittel sind heiße, konzentrierte Schwefelsäure und speziell ebensolche Perchlorsäure.[1] Eine Dehydratation mit Perchlorsäure kann viel rascher durchgeführt werden als eine Eindampfung zur Trockene; außerdem wird eine reinere Kieselsäure erhalten. Überdies sind alle Perchlorate [mit Ausnahme der K-, Rb-, Cs-, Tl^I-Salze] löslich.

Der trockene Eindampfrückstand enthält basische Chloride und Oxyde, wenn Salze sehr schwacher Basen zugegen sind. Er wird mit Salzsäure behandelt, wobei sich die löslichen Chloride auflösen. Die zurückbleibende Kieselsäure wird abfiltriert und bei sehr hoher Temperatur geglüht, um die Entwässerung vollständig zu machen und den Niederschlag in wasserfreies SiO_2, die Wägungsform, überzuführen. Eine geringe Menge Kieselsäure bleibt stets in der Lösung zurück und kann nur durch ein zweites Eindampfen gewonnen werden, nachdem die Hauptmenge abfiltriert wurde. Es bleibt um so mehr in der Lösung zurück, je größer die ursprünglich vorhandene Kieselsäuremenge war. Bei hohem Kieselsäuregehalt kann bis zu 10 mg, bei sorgfältigem Arbeiten viel weniger zurückbleiben. Ist der Kieselsäuregehalt der Probe

---

[1] *Willard* und *Cake:* J. Amer. chem. Soc. **42**, 2208 (1920). — *Meier* und *Fleischmann:* Z. analyt. Chem. **88**, 84 (1932).

sehr gering, so genügt eine Entwässerung. Zwei Entwässerungen, ohne Filtration dazwischen, werden nur wenig mehr Kieselsäure abscheiden als eine Entwässerung. Es muß die Hauptmenge der Kieselsäure tatsächlich abgetrennt sein, bevor das Wenige, das zurückbleibt, abgeschieden werden kann. Selbst zweimaliges Eindampfen zur Trockene wird nicht alle Spuren der Kieselsäure abscheiden, doch würde öfteres Eindampfen nichts verbessern. Die zurückbleibende Kieselsäure wird durch jede nachfolgende Fällung von Aluminium- oder Eisenoxydhydrat weitgehend mitgerissen. Diese Erscheinung wurde von *Hillebrand*[1] genau untersucht. *Lenher* und *Merrill*[2] fanden, daß gelatinöse Kieselsäure nach 8 Tagen ihre maximale Dispersität bei 25^0 C erreichte. wobei eine kolloidale Lösung entstand, die 16 mg SiO_2 in 100 ml Lösung enthielt. Nach 24 Stunden bei 90^0 C enthielt eine solche Lösung 43 mg SiO_2. Bei einer $10^0/_0$igen Salzsäure an Stelle von Wasser sind die korrespondierenden Zahlen 6 mg und 18 mg. Durch langes Mahlen in Wasser sind kolloidale Kieselsäurelösungen leicht erhältlich. Die Geschwindigkeit der Dispersion ist daher um so größer, je stärker hydratisiert die Kieselsäure ist und je größer ihre Oberfläche ist. Diese Tatsachen zeigen, warum zwei Abscheidungen der Kieselsäure notwendig sind, falls eine beträchtliche Menge vorhanden ist. Es ist klar, daß eine genaue Kieselsäurebestimmung nur möglich ist, weil entwässerte Kieselsäure durch verdünnte Säuren so langsam dispergiert wird. Es soll bemerkt werden. daß es sich hier um keine echten Lösungen handelt.

Der Kieselsäureniederschlag wird mit verdünnter Salzsäure gewaschen, wenn Salze schwacher Basen, wie $FeCl_3$, $AlCl_3$, anwesend sind, um deren Hydrolyse und die dadurch bedingte Verunreinigung des Niederschlages mit Fe_2O_3 usw. zu vermeiden. Die Salzsäure wird sodann mit Wasser ausgewaschen, da es sonst schwierig ist, die Filterkohle wegzubrennen. Sind nur Alkalisalze zugegen. so wird der Niederschlag mit Wasser gewaschen. Kieselsäure wird durch Kohlenstoff [bei den hier üblichen Temperaturen] nicht reduziert. Die der Abscheidung entgangene Kieselsäure kann größtenteils aus dem Niederschlag von Eisen- und Aluminiumhydroxyd gewonnen werden.

Die so erhaltene Kieselsäure ist niemals völlig rein, sondern enthält stets geringe Mengen der Oxyde der in der Substanz vorhandenen sehr schwachen Basen (Al_2O_3, Fe_2O_3, TiO_2), herrührend von der Hydrolyse der Chloride. Von den Oxyden der stärkeren Basen, deren Chloride während des Entwässerungsvorganges nur geringfügig hydrolysiert sind, bleibt praktisch nichts im Kieselsäureniederschlag zurück. Aluminiumoxyd und Titandioxyd, speziell letzteres, sind in Säuren weniger löslich als Eisen(III)-oxyd, und sind daher in relativ größeren Mengen im Niederschlag anwesend. Bei genauem Arbeiten müssen die Verunreinigungen wie folgt bestimmt werden: Der gewogene Niederschlag

---

[1] *Hillebrand:* J. Amer. chem. Soc. **24**, 362 (1902).

[2] *Lenher* und *Merrill:* J. Amer. chem. Soc. **39**, 2630 (1917).

wird in einem Platintiegel mit einem Überschuß von Flußsäure und etwas Schwefelsäure behandelt. Die letztere dient dazu, die gesamte Flußsäure beim Abrauchen zu entfernen. Bei der Einwirkung der Flußsäure auf Kieselsäure bildet sich zunächst Fluokieselsäure H_2SiF_6, die sich bei der Verdampfung der Lösung in SiF_4 und $2\,HF$ zersetzt. Da ersteres ein Gas ist, wird die ganze Kieselsäure entfernt und bloß die Sulfate bleiben zurück. Die Reaktionen können bei einer angenommenen Verunreinigung der Kieselsäure mit Aluminiumoxyd wie folgt formuliert werden:

$$SiO_2 + 6\,HF = H_2SiF_6 + 2\,H_2O. \tag{2}$$

$$H_2SiF_6 \xrightarrow{\text{Hitze}} SiF_4 + 2\,HF. \tag{3}$$

$$Al_2O_3 + 6\,HF = 2\,AlF_3 + 3\,H_2O. \tag{4}$$

$$2\,AlF_3 + 3\,H_2SO_4 = Al_2(SO_4)_3 + 6\,HF. \tag{5}$$

Die Verunreinigungen wurden im ursprünglichen Niederschlag als Oxyde gewogen; sie müssen daher nach dem Abrauchen der Kieselsäure wieder als Oxyde gewogen werden. Wenn keine Schwefelsäure beim Abrauchen zugesetzt werden würde, so würden sie als Fluoride gewogen werden. Das Abrauchen mit Schwefelsäure treibt (infolge der Verschiedenheit der Siedepunkte der beiden Säuren) die gesamte Flußsäure aus. Der Sulfatrückstand wird sodann zu Oxyd verglüht und gewogen:

$$Al_2(SO_4)_3 \xrightarrow{\text{glühen}} Al_2O_3 + 3\,SO_3. \tag{6}$$

Der gesamte Gewichtsverlust entspricht der verflüchtigten Kieselsäure, vorausgesetzt, daß der Rückstand aus Oxyden besteht. Dies ist der Fall, wenn er gering ist und nur schwache Basen anwesend sind. Ist der Rückstand beträchtlich, oder sind stärkere Basen anwesend, so ist es unmöglich, das gesamte SO_3 aus dem Abrauchrückstand auszutreiben, und die SiO_2-Werte fallen dadurch zu niedrig aus.

Dieselbe Reaktion kann zum Aufschluß von Silikaten dienen, wenn man die Kieselsäure nicht bestimmen, sondern nur entfernen will. Die Metalle werden in Form der löslichen Sulfate erhalten. Die Methode ist jedoch ziemlich beschwerlich und erfordert den Gebrauch von Platingefäßen.

Die Abscheidung der Kieselsäure muß allen anderen Trennungen vorangehen, da alle später gebildeten Niederschläge mit Kieselsäure verunreinigt werden, wenn diese Reihenfolge nicht eingehalten wird.

Fehler. Die in der Lösung zurückbleibende Menge Kieselsäure ist um so größer, je unvollständiger die Entwässerung war. Zu niedere Entwässerungstemperaturen bewirken daher zu niedere Ergebnisse. Zu hohe Temperatur ist gleichfalls nachteilig, da die Kieselsäure zwar vollständig abgeschieden wird, jedoch beträchtliche Mengen von Fe, Al. Mg usw. in Form unlöslicher Verbindungen enthält und weniger rein ist. Eine Entwässerungstemperatur von 100 bis 120° C ist am geeignetsten.

Die Kieselsäure ist niemals absolut rein, gleichgültig, wie sorgfältig sie abgeschieden wurde, doch die Menge der Verunreinigungen sollte so niedrig als möglich gehalten werden. Die Summe der Verunreinigungen kann nach S. 288, 328 bestimmt werden.

Etwas Kieselsäure kann von den verwendeten Glas- und Porzellangefäßen herrühren.

Beim Glühen der Kieselsäure ist Vorsicht geboten. Der Niederschlag ist so leicht, daß ein geringer Luftstrom, selbst der Zug vom Brenner, etwas von dem Pulver wegtragen kann. [Unter 1000° geglühte Kieselsäure ist stark hygroskopisch.]

Arbeitsvorschrift. Alle löslichen basischen Silikate wie Hochofenschlacke, Portlandzement, basische Ca-Al-Silikate, die wechselnde Mengen anderer Elemente enthalten, sind für diese Aufgabe geeignet. Wäge je 1 g der feinstgepulverten Probe in 150 ml Bechergläser ein, füge 50 ml Wasser zu und rühre vollständig durch, um ein Erhärten des Zements zu vermeiden. Bedecke das Becherglas, koche 1 bis 2 Minuten, um das Pulver vollkommen zu verteilen, lasse etwas abkühlen und setze rasch unter Rühren 25 ml konz. Salzsäure zu. Halte die Mischung unter häufigem Rühren warm, aber nicht kochend, um die Ausscheidung von viel Kieselsäure zu verhindern. Nach einigen Minuten soll sich alles gelöst haben, außer etwa einige Körnchen unlöslicher Substanz (Gleichung (1), S. 286). Sobald die Lösung absteht, fällt gewöhnlich gelatinöse Kieselsäure aus. Spüle den Glasstab und das Uhrglas ab, hänge drei Glashaken über den Rand des Becherglases, um die Verdampfung zu erleichtern, lege ein Uhrglas auf diese Haken, so daß es vom Becherglas etwas absteht, und stelle den Becher auf eine Niedertemperatur-Heizplatte, um die Lösung zur Trockne zu verdampfen.

Spritzen muß sorgfältig vermieden werden; es tritt sicher ein, wenn die gelatinöse Masse zu heiß wird. Die Entwässerung soll daher auf einer Niedertemperatur-Heizplatte durchgeführt werden, bei der die Temperatur nicht über 120° C ansteigt. (Warum?) Der Rückstand muß völlig trocken sein. (Warum?) Während der Entwässerung bilden die Chloride des Eisens und Aluminiums basische Salze, wie Al_2O_3 . . $AlCl_3$, die in Wasser und verdünnter Salzsäure unlöslich, in konz. Salzsäure jedoch weitgehend löslich sind. Der trockene Rückstand muß auf der heißen Platte mindestens 1 Stunde stehen, doch ist auch längeres Erhitzen, selbst über Nacht, nicht nachteilig. Lasse abkühlen, setze 5 ml konz. Salzsäure zu und wärme etwas an, um die basischen Salze zu lösen. Die hiezu benötigte Zeit schwankt zwischen 5 und 30 Minuten und hängt von der Temperatur und Dauer der Entwässerung ab. Es ist wichtig, daß die konz. Säure so lange einwirkt, bis alle basischen Salze gelöst sind. Sonst bleiben diese Salze beim Verdünnen der saueren Lösung ungelöst. Füge 20 ml Wasser zu und reibe den Niederschlag mit einem gummiarmierten Glasstab lose. Verdampfe die Lösung nochmals wie zuvor.

Beim zweiten Eindampfen ist die Kieselsäure körnig und schließt weniger Verunreinigungen ein als die gelatinöse Form; sie ist auch in Säure viel weniger leicht peptisierbar. Behandle den Rückstand wie vorher mit 5 ml konz. Salzsäure und erhitze das Gemisch, bis die basischen Salze gelöst sind. Verdünne mit 25 ml Wasser und erhitze 10 bis 15 Minuten, bis alles außer der Kieselsäure gelöst ist. Reibe den Niederschlag lose, filtriere (Blaubandfilter) und wasche ihn 10mal [beim Aufwirbeln des Niederschlages vgl. S. 277 entsprechend weniger] mit verdünnter Salzsäure (1 : 100), dann mit Wasser, bis das Filtrat säurefrei ist. (Warum wäscht man zuerst mit Säure, dann mit Wasser?) Falte das feuchte Filter zusammen und bewahre es auf, bis die zweite Kieselsäureabscheidung beendet ist.

Etwas Kieselsäure bleibt stets im Filtrat zurück. Verdampfe das Filtrat und die Waschwässer zur Trockene und entwässere wie zuvor. Behandle den Rückstand mit konz. Salzsäure, füge sodann Wasser zu usw. Filtriere die Lösung durch ein neues Filter. (Warum?) Die Einwirkungsdauer der Salzsäure soll sowohl vor als nach der Verdünnung nicht zu sehr verlängert werden, da sonst Kieselsäure kolloid in Lösung gehen kann; doch muß genügend Zeit zur Verfügung stehen, um alle Salze aufzulösen. Gib beide Niederschläge, ohne sie zu trocknen, in einen gewichtskonstanten Porzellantiegel. Verkohle das Papier, brenne dann die Kohle bei möglichst niedriger Temperatur, wie üblich, weg. Trage Sorge, daß nichts von dem feinen Pulver weggeblasen wird. Sobald der Niederschlag weiß ist, wird der Tiegel, der in einer *Winkler*schen Tonesse steht, bedeckt und eine Stunde mit der vollen Temperatur des Mekerbrenners [oder $^1/_2$ Stunde über dem Gebläse] geglüht. Glühe und wäge abwechselnd bis zur Gewichtskonstanz. Ist der Niederschlag infolge der Anwesenheit von Eisenoxyd schwach rot gefärbt, so war die Entwässerungstemperatur zu hoch, oder die konz. Salzsäure wirkte zu wenig lange ein, um die basischen Salze zu lösen. Dieser Fehler kann gewöhnlich schon beim Waschen des Niederschlages beobachtet werden. In einem solchen Falle sollte die Probe verworfen und eine neue begonnen werden, da es praktisch unmöglich ist, diese Verunreinigung herauszulösen. Falls der Niederschlag grau ist, zeigt dies Unachtsamkeit beim Wegbrennen der Filterkohle oder schlechtes Auswaschen der Salzsäure aus dem Niederschlag an.

Wie vorher festgestellt, ist die so erhaltene Kieselsäure nicht völlig rein. Sie wird als „Rohkieselsäure" angegeben, falls aus irgend einem Grund das Abrauchen der Kieselsäure im Platintiegel nicht vorgenommen wird.

(Wie würde dies durchgeführt werden?) Berechne den Prozentgehalt an Kieselsäure!

Ist ein unlösliches Silikat zu analysieren, so wird es zunächst im Platintiegel mit der 6- bis 8fachen Menge wasserfreien Natriumkarbonats bis zum ruhigen Flusse geschmolzen. Nach dem Erkalten wird der Tiegel in verdünnte Salzsäure [besser in heißes Wasser; es bilden sich sonst Kieselsäurehäute, die den weiteren Angriff der Säure auf die Schmelze sehr stark hemmen] gelegt, bis der Inhalt vollkommen herausgespült werden kann. Der Tiegel wird sodann herausgenommen, abgespült und die Lösung wie oben behandelt.

Wird die Perchlorsäuremethode zur Entwässerung der Kieselsäure benützt, so wird die Probe in 10 ml Wasser aufgeschlämmt, sodann werden 2 ml konz. Salzsäure und 15 ml 60 bis 70%ige Perchlorsäure zugesetzt. Die Lösung wird auf der Heizplatte eingedampft, bis dicke weiße Nebel von Perchlorsäure erscheinen, und dann bei bedecktem Becherglas gelinde 15 Minuten gekocht.[1] Die Lösung wird etwas abkühlen gelassen, dann werden 70 ml verdünnte Salzsäure (1 Teil konz. Säure auf 9 Teile Wasser) zugegeben, nahe zum Sieden erhitzt und, wie bei der vorhergehenden Methode beschrieben, filtriert und gewaschen. Die Kieselsäure enthält bei dieser Methode weniger Verunreinigungen, da die konz. Säure die Bildung basischer Salze verhindert. Trockne Niederschlag und Filter nicht im Trockenschrank. Geringe Mengen zurückgebliebener Perchlorsäure können eine Explosion verursachen, durch welche Glasgefäße im Trockenschrank beschädigt werden können. Vgl. S. 18.

Rückblick, Fragen und Aufgaben.

1. Beschreibe jeden Schritt einer kompletten Analyse eines unlöslichen Mangan-Magnesium-Eisen-Silikates.

2. Skizziere eine Bestimmungsmethode von Cd, Ca und Mg in einem löslichen Silikat.

3. Mit welchen Oxyden ist ein Kieselsäureniederschlag am ehesten verunreinigt? Warum? Warum ist die Kieselsäurebestimmung beim Abrauchen der Kieselsäure zu niedrig, wenn der Rückstand beträchtlich ist?

4. Welches Volum Flußsäure, 48% HF enthaltend, d 1,15, wird theoretisch zum Verflüchtigen von 1,5 g reiner Kieselsäure benötigt?

5. 1,000 g wasserfreies Natriumsilikat wird mit einem Überschuß an Flußsäure und Schwefelsäure abgeraucht; der Rückstand, welcher erhitzt wurde, um alle *freie* Säure zu entfernen, wiegt 0,6500 g. Wieviel Prozente Kieselsäure waren in der Probe? Antwort: 71,63% SiO_2.

6. Ist zu erwarten, daß es ein lösliches Aluminiumsilikat gibt? Erklärung.

7. Ein Silikat enthält 16,92% K_2O, 18,32% Al_2O_3 und 64,76% SiO_2. Berechne die Formel.

8. 0,25 g Mangansilikat wird mit Flußsäure und Schwefelsäure abgeraucht; der Rückstand wird zu Mn_3O_4 verglüht; er wiegt 0,1300 g. Wieviel Prozent Kieselsäure ist in der Probe; angenommen, daß keine anderen Elemente anwesend sind. Antwort: 56,64% SiO_2.

9. Eine Cyanidprobe enthält 60,00% KCN und 40,00% $NaCN$. Wieviel Prozente KCN sind anscheinend vorhanden, wenn das gesamte Cyan als KCN berechnet wird? Wieviel, wenn es als $NaCN$ berechnet wird?

10. Eine Tonprobe enthält 12,00% Feuchtigkeit und 70,00% Kieselsäure. Wieviel Prozente SiO_2 würden in der wasserfreien Substanz vorhanden sein?

---

[1] [Organische Substanzen dürfen nicht zugegen sein; sie könnten zu einer gefährlichen Explosion führen.]

Schwefelbestimmung in einem Sulfid.

Prinzip. Am häufigsten kommen die Sulfide des Pb, As, Cu, Ni. Zn, Fe vor, letzteres als Pyrit FeS_2. Zur gravimetrischen Bestimmung des Schwefels in Sulfiden sind gewöhnlich drei Methoden anwendbar. In zweien wird das Sulfid direkt zu Sulfat oxydiert, bei der dritten wird es zunächst in Schwefelwasserstoff übergeführt, welcher dann zu $SO_4^=$ oxydiert wird.

1. Methode: Oxydation durch Schmelzen mit einem alkalischen Oxydationsmittel, wie Na_2O_2 oder, weniger wirksam, $Na_2CO_3 + KNO_3$ oder $KClO_3$.

$$2\,FeS_2 + 15\,Na_2O_2 = Fe_2O_3 \downarrow + 4\,Na_2SO_4 + 11\,Na_2O. \qquad (1)$$

$$3\,ZnS + 2\,Na_2CO_3 + 8\,NaNO_3 = 3\,Na_2ZnO_2 + 3\,Na_2SO_4 + 8\,NO + 2\,CO_2. \quad (2)$$

Bei Verwendung von Peroxyd wird der Schmelzaufschluß stets in einem Eisen- oder Nickeltiegel [am besten Silbertiegel] vorgenommen, da diese Metalle, speziell [Silber] Nickel, weniger angegriffen werden als Platin. Die Schmelze wird in Wasser gelöst, filtriert und angesäuert. Nachdem das überschüssige Peroxyd durch Kochen zerstört wurde, wird das Sulfation mit Bariumchlorid wie üblich gefällt.

$$Na_2ZnO_2 + Na_2SO_4 + 4\,HCl = 2\,NaCl + Na_2SO_4 + ZnCl_2 + 2\,H_2O. \quad (3)$$

$$Na_2SO_4 + BaCl_2 = BaSO_4 \downarrow + 2\,NaCl. \qquad (4)$$

Da diese Oxydationsmittel, speziell Na_2O_2, sehr kräftig wirken, werden alle Sulfide leicht oxydiert. Andere Vorteile in ihrem Gebrauch sind die Schnelligkeit ihrer Wirkung, ferner, daß alle Metalle außer jenen, welche mit Natriumhydroxyd lösliche Salze bilden ($NaAlO_2$, Na_2PbO_3 usw.), aus der alkalischen Lösung durch Filtration entfernt werden. Die Methode hat jedoch auch gewisse Nachteile: geschmolzenes Natriumperoxyd greift den Tiegel etwas an, ferner werden beträchtliche Mengen von Natriumsalzen angewendet, welche die bei der Sulfatbestimmung beschriebenen Fehler verursachen. Einige Metalle werden nicht entfernt, doch stören diese meist nicht. Beim Gebrauch einer Soda-Salpetermischung müssen die Nitrate durch Abrauchen mit Salzsäure entfernt werden. (Warum?)

2. Methode: Oxydation mittels einer oxydierenden Lösung, wie Brom, sodann Salpetersäure; oder Natriumchlorat und Salpetersäure; Salzsäure und Brom; Salpetersäure und Salzsäure. Oft wird eine Lösung von Brom in Tetrachlorkohlenstoff oder Chloroform benützt, auf die Salpetersäure folgt.

$$FeS + 9\,Br + 3\,HCl + 4\,H_2O = FeCl_3 + H_2SO_4 + 9\,HBr. \qquad (5)$$

$$FeS + 3\,HNO_3 + 3\,HCl = FeCl_3 + H_2SO_4 + 3\,NO + 2\,H_2O. \qquad (6)$$

Diese Methode hat den Vorteil, keine Metallionen in die Lösung einzubringen, jedoch muß der Überschuß an Salpetersäure entfernt werden. (Wie?) Sie hat den Nachteil, keine Metalle zu entfernen; die verwendeten Oxydationsmittel sind nicht so kräftig wie der Schmelzaufschluß; ihre Wirkung ist daher langsamer und nicht so sicher, wenn nicht besonders sorgfältig gearbeitet wird. Die Methode 2 ist dort ausgezeichnet anwendbar, wo die anwesenden Metalle nicht stören, so zur Analyse der Sulfide von Zn, Cu, Ni. Sind störende Metalle wie Fe anwesend, so müssen diese entfernt, oder das Eisen(III)-ion zu dem wenig störenden Eisen(II)-ion (z. B. mittels Zn oder Al) reduziert werden.

3. Methode: Umwandlung in Schwefelwasserstoff, welcher in einem geeigneten Apparat absorbiert wird. Gewisse Sulfide, wie ZnS, FeS, sind unter Schwefelwasserstoffentwicklung in Salzsäure löslich:

$$FeS + 2\,HCl = FeCl_2 + H_2S. \tag{7}$$

CuS, FeS_2, HgS, und andere Sulfide werden durch Salzsäure nicht vollständig zersetzt. Durch Erhitzen mit Eisenpulver[1] können alle Sulfide löslich gemacht werden, doch sollte diese Behandlung nur bei der H_2S-Entwicklungsmethode angewendet werden. Bei den anderen Methoden wäre sie unnütz und würde nur große Eisenmengen mit den damit verbundenen Unzukömmlichkeiten einschleppen.

$$CuS + Fe = Cu + FeS. \tag{8}$$
$$Cu + FeS + 2\,HCl = Cu + FeCl_2 + H_2S. \tag{9}$$

Der entwickelte Schwefelwasserstoff wird in ammoniakalische Wasserstoffperoxydlösung geleitet und zu Sulfat oxydiert. Wenn im Ammoniak kein Wasserstoffperoxyd vorhanden wäre, würden infolge der Flüchtigkeit des Schwefelammoniums Schwefelverluste auftreten. Weiters muß die Lösung alkalisch sein, sonst würde bei der Einwirkung des H_2O_2 auf das H_2S freier Schwefel gebildet werden.

$$H_2S + 2\,NH_4OH + 4\,H_2O_2 = (NH_4)_2SO_4 + 6\,H_2O. \tag{10}$$

Der Überschuß an Ammoniak wird weggekocht, dabei wird das Wasserstoffperoxyd zerstört; sodann wird das Sulfation wie üblich als $BaSO_4$ gefällt. Da keine störenden Substanzen anwesend sind, ist diese Methode großer Genauigkeit fähig. An Stelle von Ammoniak und Wasserstoffperoxyd könnte Natriumperoxyd verwendet werden. Der Schwefelwasserstoff kann in geringen Mengen auch titrimetrisch bestimmt werden. das ist ein großer Vorteil dieser Methode, die speziell bei der Schwefelbestimmung in Eisen und Stahl wichtig ist, wo der Schwefel als Sulfid vorliegt. Diese Reaktion wurde bereits S. 224 besprochen.

Ist neben Sulfid auch Sulfat vorhanden, so werden die Methoden 1 und 2 offenbar den Gesamtschwefel erfassen und nicht zwischen den beiden Oxydationsstufen unterscheiden, da der gesamte Schwefel vor der Fällung in die Sulfatform übergeführt wird. Dagegen stammt der nach Methode 3 entwickelte Schwefelwasserstoff nur aus dem Sulfid, während das Sulfat unverändert bleibt, vorausgesetzt, daß die Zersetzung der Probe mit Salzsäure erfolgt. Würde das Sulfid mit

---

[1] *F. P. Treadwell:* Ber. dtsch. chem. Ges. **24**, 1937 (1891).

Eisen geglüht, um es mit Salzsäure zersetzlich zu machen, so würde auch das Sulfat zu Sulfid reduziert werden:

$$FeSO_4 + 3 Fe = FeS + Fe_3O_4. \tag{11}$$

Der entwickelte Schwefelwasserstoff entspricht dann dem Gesamtschwefel.

Soll nur der Sulfidschwefel in einem unlöslichen, mit Sulfat gemischten Sulfid bestimmt werden, so kann ersterer durch naszierenden Wasserstoff als Schwefelwasserstoff entwickelt werden, indem man die Probe mit metallischem Zinn und ziemlich konz. Salzsäure kocht.

Einige Sulfide können durch Verbrennung in Sauerstoff und Einleiten des dabei entstehenden SO_2 in eine oxydierende Lösung (Überführung in Sulfat) oder titrimetrisch durch Absorption in einer H_2O_2 enthaltenden überschüssigen Standard-Natriumhydroxydlösung und Rücktitrieren des Alkaliüberschusses bestimmt werden. Diese Methode ist auf Eisen und Stahl anwendbar.

$$2 FeS_2 + 11 O = Fe_2O_3 + 4 SO_2. \tag{12}$$

Die Schmelzmethode mit Na_2O_2 wird wegen ihrer Einfachheit vorgezogen. Die zu analysierenden Sulfide sind meist CuS, Cu_2S, NiS. ZnS sowie Pyrit. Sind in einem Sulfid *sowohl das Metall als auch der Schwefel* zu bestimmen, so werden hiezu stets zwei getrennte Einwaagen verwendet. Die eine, in welcher das Metall bestimmt werden soll, wird nicht geschmolzen, da hiebei Verunreinigungen aus dem Tiegel eingeschleppt werden würden. Diese Probe wird stets in Salpetersäure oder Königswasser gelöst, da alle Sulfide in diesen Säuren löslich sind. Manchmal kann Salzsäure verwendet werden.

Fehler bei der Peroxydschmelze. Wird der Tiegel mit Leuchtgas erhitzt, welches stets Schwefelverbindungen enthält, so wird das bei der Verbrennung gebildete SO_2 in wechselnden Mengen von dem geschmolzenen Peroxyd absorbiert. Dieser Fehler wird um so größer sein, je länger die Erhitzung dauert; er kann durch Benützung schwefelfreien Gases, wie Butan, oder durch Verwendung elektrischer Heizung vermieden werden.

Bei Verwendung von Leuchtgas kann der Fehler auf einen vernachlässigbaren Betrag verringert werden, indem man den Tiegel in das Loch einer Asbestplatte einsetzt, so daß die Verbrennungsprodukte abgelenkt werden und indem man den Tiegel während der Erhitzung bedeckt hält. Man soll eine kleine Flamme benützen, mit dem Tiegel nahe der Brenneröffnung. Eine große Flamme entwickelt mehr SO_2.

Der abfiltrierte Oxydniederschlag hält Sulfation sehr hartnäckig zurück und muß sehr gut ausgewaschen werden, um Verluste zu vermeiden. Der Tiegel wird, speziell bei höheren Temperaturen, merklich angegriffen, so daß die Menge des Niederschlages größer wird. Der Angriff auf den Tiegel kann etwas vermieden werden, indem man ihn mit Natriumkarbonat auskleidet: Etwa 6 bis 7 g wasserfreies Natriumkarbonat werden in dem Tiegel geschmolzen. Während des Abkühlens wird der Tiegel geschwenkt, so daß die Schmelze Boden und Wandungen des Tiegels gleichmäßig überzieht. Diese Operation erfordert eine gewisse Übung. Das geschmolzene Na_2O_2 dringt bei Dunkelrotglut allmählich in den Karbonatüberzug ein.

Wurde die Probe nicht gut mit dem Peroxyd gemischt, oder nicht genügend lange, oder bei zu tiefer Temperatur geschmolzen, so wird die Oxydation unvollständig sein. Wird der Tiegel auf Hellrotglut erhitzt. so schmilzt er leicht durch.

Der durch die Anwesenheit von Natriumsalzen bedingte Fehler wurde bereits erwähnt.

Arbeitsvorschrift. Man trocknet diese Probe zweckmäßig nicht länger als zwei Stunden, da einige Sulfide sich bei 100^0 C bereits langsam oxydieren. Entleihe aus der Materialausgabe zwei Eisentiegel mit Deckel[1] und zwei Asbestplatten. In die letzteren wird in der Mitte mittels eines scharfen Messers [oder eines entsprechend großen Korkbohrers] ein kreisrundes Loch geschnitten (bei der üblichen Tiegelgröße, von 38 mm Durchmesser), daß der Tiegel, hineingesteckt, noch etwa 4 mm über den Asbest vorsteht; gerade genug, daß der Deckel auf dem Tiegel und nicht am Asbest aufruht. Versuche nicht, den Tiegel bei zu kleinem Loch gewaltsam hineinzudrücken, um das Loch aufzuweiten. So entsteht eine Art Asbestkragen rund um das Metall, der eine richtige Erhitzung unmöglich macht. Erhitze den Asbest 1 bis 2 Minuten, um alle darin enthaltene flüchtige Substanz zu verjagen. Reinige den Tiegel, falls erforderlich, mit Bimsstein oder Sand. trockne ihn und gib etwa 1 g wasserfreies Na_2CO_3 auf den Boden. Falls der Tiegel mit Karbonat ausgekleidet wurde, braucht nichts mehr zugegeben werden. Nimm den Tiegel zur Waage und wäge 0,5 g der Sulfidprobe ein. sodann füge für je 0,5 g der Probe etwa 4 g Na_2O_2 zu. Mische die Substanzen sofort mit einem warmen Glasstab gut durch. Karbonat und Peroxyd werden auf der groben Waage, nicht auf der analytischen Waage, gewogen. Na_2O_2 muß sorgfältig behandelt werden. Es ist sehr hygroskopisch, der Behälter, in dem es sich befindet, muß verschlossen gehalten werden. Peroxyd oxydiert organische Substanz sehr leicht und darf nicht in Berührung mit Papier und dergleichen stehen. [Entzündungsgefahr.] Wenn das Pulver infolge Feuchtigkeitsabsorption durch das Peroxyd selbst am heißen Glasstab kleben bleibt, so wische den Stab sorgfältig mit einem Stückchen Filtrierpapier ab und gib letzteres in den Tiegel. Bedecke das Gemisch mit einer dünnen Peroxydschicht. setze den Tiegel in das Loch in der Asbestpappe (genau über die Brenneröffnung) und erhitze mit einer sehr kleinen Flamme. Manchmal ist die Reaktion ziemlich heftig. Steigere die Temperatur allmählich, daß der Tiegel nach 10 Minuten dunkelrot glüht, eben genug. um die Masse vollkommen geschmolzen zu halten. Entferne gelegentlich den Deckel und betrachte den Inhalt.[2] Überzeuge

---

[1] Nickeltiegel werden weniger angegriffen, sind jedoch viel teurer. [Am besten sind Reinsilbertiegel von 2 bis 3 mm Wandstärke.]

[2] Schutzbrille!

dich, daß sich an den Seitenwänden keine festen Krusten ansetzen.
Helle Rotglut greift den Tiegel sehr stark, bis zur Durchlöcherung an
und muß daher vermieden werden. Halte die Masse 15 Minuten geschmolzen, um die Oxydation zu vervollständigen (Gleichung (1)).
Lasse abkühlen, stelle den Tiegel in ein 400-ml-Becherglas und setze
genug Wasser zu, um den Tiegel zu bedecken. Halte das Becherglas
bedeckt. Der Tiegel darf nicht direkt auf den Labortisch gestellt
werden, um nicht eventuell mit Sufatspuren verunreinigt zu werden.
Spüle den Tiegeldeckel in das Becherglas ab. Ist alles aus dem Tiegel
herausgelöst, so hebe lezteren mit einem Glasstab heraus und wasche
ihn mit dem Strahl der Spritzflasche sorgfältig innen und außen ab.
Stelle keinen gummiarmierten Glasstab in diese alkalische Lösung, weil
der Kautschuk schwefelhaltige Verbindungen abgibt. Das überschüssige Peroxyd löst sich unter Bildung von Natriumhydroxyd und
Wasserstoffperoxyd auf:

$$Na_2O_2 + 2\,H_2O = 2\,NaOH + H_2O_2. \tag{13}$$

Verdünne die Lösung auf 200 ml und koche sie 1 bis 2 Minuten, um das
Peroxyd zu zerstören, das sich unter Sauerstoffentwicklung zersetzt.
Rühre die Lösung, falls sie zum Stoßen neigt. Eine grüne Färbung
der Lösung rührt von der Anwesenheit von Na_2MnO_4 her, wobei das
Mangan aus der Probe oder aus dem Eisentiegel stammen kann. Eine
derartige Färbung zeigt an, daß das ganze Peroxyd zerstört wurde.
Ist kein Manganation anwesend, so füge unter ständigem Rühren
tropfenweise eine $KMnO_4$-Lösung zu, bis eine schwach grüne oder
rote Färbung auftritt und die Abwesenheit von Peroxyd anzeigt.

$$Na_2MnO_4 + H_2O_2 = MnO_2 + 2\,NaOH + O_2. \tag{14}$$

Reduziere das überschüssige Manganat durch Kochen der Lösung
mit einem Tropfen Formaldehyd oder Alkohol. Man zerstört das Peroxyd, um zu verhindern, daß der zugesetzte Indikator ausbleicht.

Rühre den Niederschlag und beobachte den Boden des Becherglases:
Unzersetztes Kupfer-, Nickel- oder Eisensulfid ist dichter als das
Eisenoxyd. Kupferoxyd usw. und setzt sich rasch als schwarzes Pulver
ab. Ist dies zu beobachten, so erfolgte der Aufschluß nicht lange genug
und die Probe muß verworfen und eine neue begonnen werden. Es
ist nicht immer möglich, einen unvollständigen Aufschluß so festzustellen, besonders bei Pyrit und Zinksulfid oder falls der Oxydniederschlag selbst schwarz ist. Verwechsle nicht unzersetztes Sulfid
mit Krusten von schwarzem Fe_3O_4, die vom Tiegel stammen!

Die Lösung ist so stark alkalisch, daß sie Filterpapier angreift.
Neutralisiere deshalb einen Teil des Alkalis durch Zugabe von 6 ml
konz. Salzsäure. Die Filtration wird beschleunigt, wenn Filterbrei,
wie unter „Arbeitsvorschrift für Eisen" beschrieben, zugesetzt wird.
Das Filtrieren und vollständige Auswaschen des Niederschlages erfordert viel Zeit. Lasse den Niederschlag absitzen, filtriere durch ein
Papierfilter und wasche den Niederschlag 15mal mit heißer 1%iger

Natriumkarbonatlösung. Prüfe sodann eine sehr kleine Menge des Filtrats auf Chlorion und setze das Auswaschen, falls erforderlich, fort. Falls Spuren des Niederschlages durch das Filter laufen, so werden sie beim Ansäuern des Filtrates gelöst. Füge einige Tropfen Methylorange zu, die der Lösung eben eine sehr helle gelbe Färbung verleihen, und füge unter ständigem Umrühren tropfenweise konz. Salzsäure zu, bis der Indikator nach Rot umschlägt, sodann noch 3 bis 4 Tropfen im Überschuß (Gleichung (3)). Ist noch Peroxyd vorhanden, so wird der Indikator zerstört. Beim Neutralisieren der Lösung bildet sich oft ein Hydroxydniederschlag, der sich in einem geringen Säureüberschuß wieder auflöst. Bleibt ein Niederschlag zurück, so muß er abfiltriert und gewaschen werden. (Warum soll ein großer Überschuß an Salzsäure vermieden werden?) In der Lösung vorhandene Kieselsäure bleibt gewöhnlich in der Lösung und stört nicht. [Bei sehr genauen Bestimmungen muß die Kieselsäure durch Eindampfen zur Trockene unlöslich gemacht und abgeschieden werden.] Die Lösung, die ein Volum von 500 bis 600 ml haben wird, wird zum Sieden erhitzt und das Sulfation durch langsamen Zusatz von $BaCl_2$ ausgefällt, wie dies bei der Sulfatbestimmung in einem löslichen Sulfat, S. 259, beschrieben wurde. Die Lösung kann auf 300 bis 400 ml konzentriert werden, doch nicht weiter. Filtriere und wasche den Niederschlag mit heißem Wasser, glühe und wäge als $BaSO_4$. Berechne die Prozente Schwefel (nicht SO_3, denn ein Sulfid enthält keinen Sauerstoff). Der Faktor zur Umrechnung des $BaSO_4$ auf S beträgt 0,1373.

Rückblick, Fragen und Aufgaben.

1. Schlage eine vollständige Analysenmethode eines komplexen Fe-Cd-Mn-Sulfides vor.

2. Schlage eine vollständige Analysenmethode eines komplexen Zn-As-Fe-Sulfides vor.

3. Schreibe die Gleichungen für die Bestimmung von Cd und S in CdS auf.

4. 1,000 g einer Stahlprobe wird in Sauerstoff verbrannt und das gebildete SO_2 und SO_3 in 50 ml 0,01100 n NaOH absorbiert. Letzteres enthält etwas H_2O_2. Der Alkaliüberschuß wird mit 32,25 ml 0,01500 n HCl zurücktitriert. Berechne den Schwefelgehalt im Stahl. Antwort: 0,107% S.

5. Schlage eine Bestimmungsmethode von Sulfid und Sulfat in einem Gemisch vor, das FeS und basisches Eisen(II)-sulfat enthält.

6. 0,2673 g einer Rhodanid enthaltenden Probe gibt nach dem Schmelzen mit Na_2O_2 0,2265 g $BaSO_4$. Berechne den Prozentgehalt an CNS in der Probe.

7. Welche Einwaage muß bei einer volumetrischen Schwefelbestimmung in Stahl genommen werden, damit die Anzahl ml einer 0,0500 n Jodlösung den Prozentgehalt an Schwefel angibt?

8. Eine Probe Na_2S_x gibt nach der Oxydation zu Sulfat 0,3501 g $BaSO_4$. Dieselbe Einwaage der Probe benötigt 10,00 ml 0,1 n Säure, um das Natrium zu titrieren. Welche Formel hat das Salz?

9. Das Zink in 1,0035 g einer Probe wird als Sulfid gefällt und mit einem Überschuß von Silberchlorid umgesetzt. $ZnS + 2\,AgCl = Ag_2S \downarrow + ZnCl_2$.

Zu dem löslichen Chlorid werden 40,18 ml einer 0,1250 n AgNO$_3$-Lösung zugesetzt und der Überschuß mit 5,02 ml 0,1630 n CNS zurücktitriert. Berechne den Zinkgehalt der Probe. Antwort: 13,70% Zn.

10. Berechne den Gewichtsverlust, wenn 0,1000 g FeS$_2$ an der Luft zu Fe$_2$O$_3$ verglüht wird.

11. Wieviel ml 0,1000 n Lauge würden in Aufgabe 10 benötigt werden, um den zu Schwefelsäure oxydierten Schwefel zu neutralisieren?

XVII. Quantitative Trennungen.

Die Haupttypen der analytischen Trennungen, die bis jetzt entwickelt wurden, beruhen auf teils physikalischen, teils chemischen Prinzipien. Hier wird ein kurzer Abriß dieser Methoden gegeben.

Trennung durch Fällung.

Elektroanalyse. Die Verwendung des elektrischen Stromes als Fällungs- und Trennungsmittel wird im Detail in den Kapiteln XIX und XX behandelt. Gewisse Metalle werden an der Kathode einer elektrolytischen Zelle sehr leicht in metallischer Form abgeschieden; andere können als Oxydniederschläge an der Kathode oder an der Anode abgeschieden werden. Nach beendeter Abscheidung wird die Gewichtszunahme einer geeigneten Elektrode bestimmt.

Das Reagens fällt eine einzige Substanz aus. Dieser Abscheidungstyp ist das Ziel der gravimetrischen Bestimmungsmethoden. Das Ideal eines für eine Ionenart bei Gegenwart aller anderen Ionen vollkommen spezifischen Reagens wird selten erreicht; macht man jedoch von den Gruppentrennungen nach den Regeln des qualitativen Analysenganges, sowie einer vorherigen Oxydation, Reduktion oder Komplexbildung Gebrauch, so ist es möglich, daß ein bestimmtes Reagens nur eine Ionenart aus einem ziemlich komplexen Gemisch fällt. So kann z. B. Nickel aus einem legierten Stahl oder einer Ferrolegierung als Dimethylglyoxim-Nickel gefällt werden, nachdem die Lösung des Metalles oxydiert, die Kieselsäure abgeschieden und das Eisen(III)-ion in ein komplexes Tartrat übergeführt wurde. Die Entwicklung spezifischer organischer Fällungsmittel wird S. 301 ausführlich besprochen.

Angenommen, daß die Bedingungen gefunden wurden, unter welchen die Fällung einer einzigen chemischen Verbindung die Hauptreaktion ist, so bleibt zu untersuchen, welche Einflüsse eine mehr oder minder starke Verunreinigung des Niederschlages bewirken. Verschiedene Vorgänge müssen betrachtet und ihr Wesen erforscht werden. In Kapitel XV wurde die Adsorption kurz betrachtet; diese Betrachtung soll hier erweitert und zusammen mit den Erscheinungen der Okklusion und Nachfällung besprochen werden.

Adsorption. Adsorption wird als Erhöhung der Konzentration der Lösung oder eines anderen umgebenden Mediums an der Grenzschicht oder Oberfläche der fraglichen Teilchen definiert. Die Adsorption einer gelösten Substanz an einen Niederschlag folgt einer Art von Verteilungsgesetz. Bei konstanter Temperatur wird das Adsorptionsgleichgewicht durch die von *Freundlich*[1] angegebene Adsorptionsisotherme

$$X = K \cdot C^{1/n}$$

ausgedrückt. X bedeutet Gramme adsorbierter Substanz pro 1 g Niederschlag, C die Konzentration der gelösten Substanz in der Mutterlauge, K eine Konstante, n eine zweite Konstante, größer als 1, häufig nahe bei 2. Eine typische Adsorptionsisotherme zeigt Abb. 55.

Aus dem parabolischen Verlauf der Adsorptionsisothermen folgt, daß die Konzentration einer Fremdsubstanz, die von einem bestimmten Niederschlag leicht adsorbiert wird, so niedrig als möglich gemacht

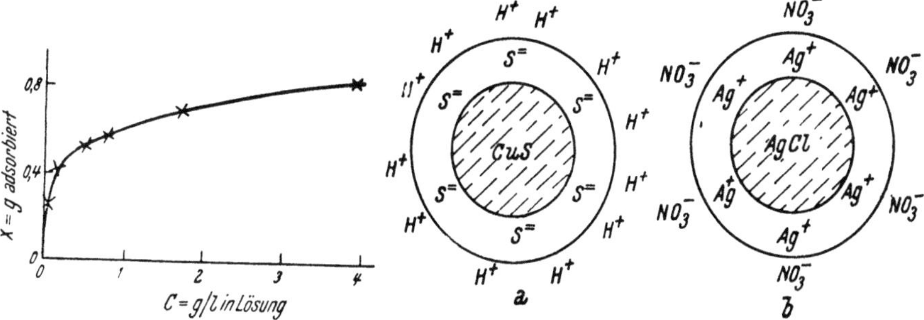

Abb. 55. Adsorptionsisotherme. Die Kurve ist aus der Gleichung $X = 0,631 \cdot C^{1/5}$ berechnet. Die mit Kreuzen gekennzeichneten Punkte wurden experimentell für die Adsorption von arseniger Säure durch Eisenhydroxyd bei Zimmertemperatur bestimmt. (*Biltz*, Ber. dtsch. chem. Ges. **37**, 3138, (1904).

Abb. 56. Erste Adsorptionsschicht und Schicht von Gegenionen. a) stellt ein Kupfersulfidpartikelchen mit adsorbierten Sulfidionen dar. Die Wasserstoffionen in der zweiten oder Gegenschicht sind lockerer adsorbiert; b) stellt ein Silberchloridteilchen mit einer Primärschicht von Silberionen und einer Sekundärschicht oder Gegenionenschicht von Nitrationen dar.

werden soll, z. B. durch richtige Bemessung der Reagenzienmengen usw.. und daß eine wirksame Doppelte Fällung aus einer Lösung erfolgen muß, in welcher die Konzentration der Fremdsubstanzen sehr gering ist.

Nach Arbeiten von *Paneth, Fajans, Hahn* und ihren Mitarbeitern[2] scheinen jene Ionen durch ein Ionengitter am stärksten adsorbiert zu werden, die mit einem der Ionen des Niederschlages unlösliche Verbindungen bilden. Wasserstoffionen machen infolge ihrer Kleinheit und dem hohen Verhältnis von Ladung zur Masse eine Ausnahme und suchen andere positive Ionen zu verdrängen. Die Partikel suchen jenes Ion ihres Gitters, das im Überschuß vorhanden ist, zu adsorbieren und nehmen dabei Ladungen auf. Diese Verhältnisse wurden in

---

[1] *Freundlich:* Kapillarchemie. — *J. Langmuir:* J. Amer. chem. Soc. **40**, 1361 (1918). — *G. F. Hüttig:* Mh. Chem. **78**, 177 (1948).

[2] Einen Überblick über die Theorie der Fällung und Adsorption bringt *I. M. Kolthoff:* J. physic. Chem. **36**, 860—881 (1932); **40**, 1027 (1936).

Abb. 45, S. 141 dargestellt und werden an Hand von Abb. 56 weiter erläutert:

Mittels radioaktiver Indikatoren, verschiedener Farbstoffe und der üblichen Analysenmethoden war es möglich, den Austausch von Ionen eines Niederschlages mit den Eigenionen in der Lösung, sowie mit Fremdionen (Austauschadsorption), ferner den Austausch von Gegenionen und Ionen in der Lösung, und schließlich die Adsorption von Verbindungen zu untersuchen.[1]

Stets, wenn eine kolloidale Lösung ausflockt, werden Ionen adsorbiert. Dieser Tatsache muß bei der Analyse Rechnung getragen werden, indem man entweder Ionen adsorbieren läßt, die später beim Trocknen oder Glühen oder beim Auswaschen mittels eines harmlosen Elektrolyten aus dem Niederschlag entfernt werden können, wie dies S. 241 beschrieben wurde. Diese Betrachtungen beziehen sich auf eine Oberflächenadsorption, gegen die in vielen Fällen leicht Maßnahmen zu treffen sind. Wird das Adsorptiv während der Kristallbildung eingebaut, so besteht eine tiefer sitzende Verunreinigung, die man als Okklusion bezeichnet.

Okklusion ist, wie eben festgestellt wurde, ein Vorgang, bei welchem adsorbierte Substanz während des Kristallwachstums in die ziemlich lockere Kristallstruktur eingebaut wird. Ionen mit ihren Hydrathüllen werden sozusagen in dem Mosaik der Kristallblöckchen eingefangen. Je größer der Übersättigungsgrad ist und je plötzlicher der Kristallisationsvorgang daher verläuft, desto mehr Fremdstoffe werden zunächst okkludiert. Das Ausmaß der Verunreinigung kann von einer ziemlich geringen Menge bis zur Mischkristallbildung variieren, bei welcher die Fremdionen direkt in den Gitterverband aufgenommen werden.

Vom analytischen Standpunkt aus ist der Okklusionsvorgang sehr wichtig. Um ein schädliches Ausmaß der Okklusion zu vermeiden, kann man: a) die Fremdsubstanz in einen Zustand überführen, in welchem sie weniger adsorbiert wird; z. B. durch Reduktion des Fe^{III} in Fe^{II}, bevor das Sulfat aus einer Lösung gefällt wird, die beide Stoffe enthält. Im äußersten Falle ist die vorherige Entfernung des störenden Ions die beste Abhilfe. b) Die Reagenszugabe nach der Löslichkeit des Niederschlages regeln, derart, daß die Kristalle sich langsam unter Bedingungen bilden, unter welchen sie etwas löslich sind. Nachdem sich die Hauptmenge des Niederschlages gebildet hat, können die Fällungsbedingungen den Erfordernissen angepaßt werden. c) Den Niederschlag, vorzugsweise bei erhöhter Temperatur, unter der Mutterlauge altern oder abstehen lassen. Infolge der ziemlich lockeren Struktur der Teilchen besteht noch die Möglichkeit eines Austausches zwischen der in den Mosaiken eingeschlossenen Substanz und der Lösung. Die Gitterkräfte haben die Tendenz, die Fremdstoffe auszutreiben. Dieser Vorgang wird durch eine Rekristallisation bei erhöhter Temperatur be-

---

[1] *Kolthoff:* J. physic. Chem. **40**, 1027 (1936).

günstigt. Der Endeffekt ist oft eine wesentliche Reinigung der Teilchen, verbunden mit besseren Filtrationseigenschaften, welche auf dem Zusammenwachsen der kleinen zu größeren Teilchen beruhen.

Nachfällung. Man nahm an, daß einige lang bekannte Beispiele von Verunreinigung, wie z. B. jene von CaC_2O_4 mit MgC_2O_4, CuS mit ZnS usw., während der Fällung erfolgten. Man weiß jetzt, daß der ursprüngliche Niederschlag ganz rein ist und daß sich die zweite Substanz auf der Oberfläche der erstgebildeten Substanz abscheidet. Dieser Vorgang heißt Nachfällung, zur Unterscheidung von anderen, bei denen ebenfalls unreine Niederschläge entstehen. Bei den Sulfidniederschlägen verursacht anscheinend der adsorbierte Schwefelwasserstoff die Fällung des zweiten, löslicheren Sulfides auf der Oberfläche des ersten Sulfides, weil dort infolge der höheren Sulfidionenkonzentration das Löslichkeitsprodukt des zweiten Sulfides überschritten wird, die Lösung also örtlich für das zweite Sulfid übersättigt ist.[1] Auf Grund dieser Anschauung entwickelten *Caldwell* und *Moyer*[2] eine sinnreiche und wirksame Methode, Nachfällungen zu verhindern und dadurch die Trennung des Zinkes vom Kobalt und des Kupfers vom Zink befriedigender zu machen. Ein Aldehyd der Struktur $RCH = CHCHO$ wird nicht nur an der Oberfläche der zuerst fallenden Sulfidpartikelchen adsorbiert, sondern reinigt auch die Oberfläche von adsorbiertem H_2S durch chemische Einwirkung. Bei der Trennung des Zinkes vom Kobalt ist Akroleïn eines der wirksamsten Aldehyde, während Crotonaldehyd bei der Trennung des Kupfers vom Zink etwas besser als die anderen Aldehyde war.

Bei der Erforschung neuer oder ungewöhnlicher Fällungsmethoden sollte stets bedacht werden, *daß das Einzelverhalten von Ionen bzw. Substanzen gegen ein bestimmtes Reagens keine Gewähr dafür bietet, daß sich diese Substanzen in einer gemeinsamen Lösung analog verhalten.* Es kann eine völlig unerwartete Verunreinigung auftreten, wenn die Trennung einer Substanz aus einer zusammengesetzten Mischung versucht wird. Sind die Ursachen aufgefunden, so kann auch ein Gegenmittel gefunden werden; ist dies nicht der Fall, so muß ein anderer Analysengang versucht oder es müssen vorhergehende Abtrennungen gemacht werden. Eine andere Möglichkeit besteht in der Trennung durch wiederholte Fällung.

Organische Reagenzien für anorganische Ionen. Im ersten Viertel dieses Jahrhunderts waren wenige ausgezeichnete und ziemlich spezifische organische Reagenzien für anorganische Ionen bekannt und allgemein angewendet, so z. B. das Dimethylglyoxim für Nickel und das ziemlich unspezifische Kupferon (β-Nitrosophenylhydroxylamin-Ammoniumsalz), das nicht nur Kupfer und Eisen, sondern viele Elemente

---

[1] *Kolthoff* und *Pearson:* J. physic. Chem. **36**, 549 (1932) zeigten, daß Zinksulfid sich aus übersättigter Lösung viel leichter auf der Oberfläche von Sulfiden der Schwefelwasserstoffgruppe als auf anderen feinteiligen Substanzen niederschlägt.

[2] *Caldwell und Moyer:* J. Amer. chem. Soc. **57**, 2375 (1935); **59**, 90 (1937).

der Schwefelammoniumgruppe fällt. Durch die grundlegenden Arbeiten von *Feigl*[1] erfährt dieses Gebiet eine ständige Verbreiterung. Die besten derzeitigen Reagenzien bilden meist Innerkomplexsalze („Chelatbindungen") mit dem zu fällenden Ion. Es bildet sich ein 5- oder 6-Ring; die Verbindung ist im allgemeinen durch ausgeprägte Farbe, sehr geringe Löslichkeit in Wasser (in welchem keine merkliche Dissoziation solcher Verbindungen erfolgt), dagegen ausgeprägte Löslichkeit in gewissen organischen Lösungsmitteln, z. B. Äther, ausgezeichnet Einige typische Strukturen sind tieferstehend angegeben.

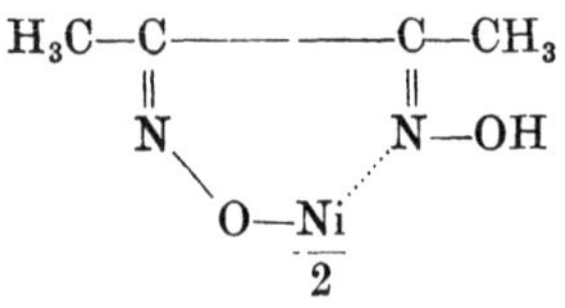

a) Dimethylglyoxim-Nickel. 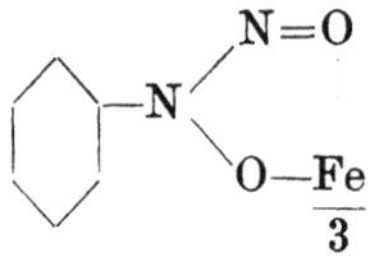 b) Kupferon-Eisen. 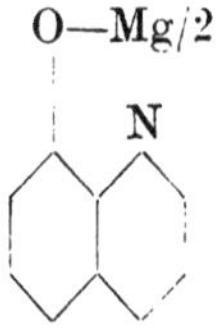 c) 8-Oxychinolin-Magnesium.

$\dfrac{Ni}{2}, \dfrac{Fe}{3}, \dfrac{Mg}{2}$ zeigt an, daß für jedes Äquivalent eine derartige organische Gruppe an das Metall gebunden ist.

Bis jetzt wurden relativ wenig Reagenzien entdeckt, die so spezifisch sind wie Dimethylglyoxim für Nickel. Immerhin stellt die Möglichkeit, Reagenzien von ziemlich ausgeprägten Eigenschaften (z. B. gibt 8-Oxychinolin in essigsaurer, azetatgepufferter Lösung einen kristallinen Niederschlag seines Aluminiumsalzes) verwenden zu können, einen entschiedenen Fortschritt in der Planung bestimmter Analysenmethoden dar. Die organischen Fällungsmittel sind im allgemeinen nicht so einfach anzuwenden wie anorganische Fällungsmittel. Dies rührt von der Schwierigkeit her, festzustellen, wann Fällungen vollständig sind, da viele Reagenzien in Wasser nur wenig löslich sind. Da die Niederschläge oft sehr voluminös sind, werden oft Halbmikrobestimmungen [mit Einwaagen von 10 bis 50 mg] durchgeführt. Dieses Arbeitsgebiet befindet sich in ständiger Erweiterung, um viele qualitative und quantitative Trennungen leichter und vollkommener zu gestalten.

Fraktionierte Fällung. Trennung von Ionen, welche durch dasselbe Reagens gefällt werden. Sind die Löslichkeitsprodukte von zwei Substanzen, die mit demselben Fällungsmittel unlösliche Salze bilden, voneinander genügend verschieden, so wird die eine Substanz praktisch vollkommen ausgefällt, bevor sich die zweite zu bilden beginnt. Dieses Prinzip wird bei der Silberbestimmung nach *Mohr* angewendet. wobei Chromation als Indikator verwendet wird. Haben allgemein zwei Salze die Formeln BA und CA. so befindet sich [A⁻] in dem Punkte. wo

---

[1] *F. Feigl:* Qualitative Analyse mit Hilfe von Tüpfelreaktionen, 2. Aufl. Leipzig: Akad. Verlagsges. 1935. — *F. Feigl:* Organic Reagents for Metals, 3rd Ed. London: Hopkin u. Williams. 1938.

der zweite Niederschlag zu fallen beginnt, im Gleichgewicht mit beiden Niederschlägen. Daraus folgt:

$$[A^-] = \frac{L_{BA}}{[B^+]} = \frac{L_{CA}}{[C^+]}; \qquad \frac{[C^+]}{[B^+]} = \frac{L_{CA}}{L_{BA}}.$$

L_{BA} und L_{CA} sind die entsprechenden Löslichkeitsprodukte. Es gibt nicht viele praktische Beispiele dieses Prinzipes, ausgenommen die Hydroxyd- und Sulfidtrennungen, die leicht kontrollierbar sind, da sie von dem leicht bestimmbaren p_H abhängen. [Auch die potentiometrischen Halogen-Simultanbestimmungen seien hier erwähnt.]

Fällungen und Trennungen bei bestimmtem p_H. Das Wesentliche über Pufferwirkung wurde im Kapitel VII, S. 104, gesagt, wo auch die p_H-Skala erklärt wurde. Diese Betrachtungen müssen zum Verständnis des Nachfolgenden klar gegenwärtig sein.

Oxydhydrate, Hydroxyde. Verschiedene Metallionen werden in Form von Oxydhydraten oder Hydroxyden gefällt, die selten frei von Anionen sind. Letztere Verunreinigung rührt von einer Adsorption. Okklusion oder in manchen Fällen von der Bildung basischer Salze her. Das p_H, bei welchem die Fällung beginnt, hängt etwas von dem anwesenden Anion und von der Konzentration des Metallions ab. Die annähernden p_H-Werte, bei welchen die Fällung beginnt, sind in Tab. 19 zusammengestellt.

Tab. 19. *p_H-Werte, bei welchen Schwermetallkationen als Hydroxyde fallen.*[1]

p_H		p_H	
11	Mg^{++}	6	Zn^{++}, Cu^{++}
			Cr^{+++} [Be^{++}]
10		5	Al^{+++}
			[UO_2^{++}]
9	Ag^+, Mn^{++}, Hg^{++}	4	
	[La^{+++}][2]		[Fe^{+++}, Th^{++++}]
8	Co^{++}, Ni^{++}, Cd^{++}	3	[Sn^{++++}, Zr^{++++}]
	[Ca^{++}, Y^{+++}, Pr^{+++}]		[Ti^{+++}]
7	Fe^{++}	2,2	Fe^{+++}
	[Te^{+++}]		
6		2	TiO^{++}

Durch eine einfache Rechnung kann gezeigt werden, daß die Gegenwart einer sehr geringen Menge von NH_4Cl die Wirkung des Ammoniumhydroxydes so weit abschwächt, daß das Löslichkeitsprodukt des $Mg(OH)_2$ in einer Lösung, die 0,05 m an Magnesiumion und 0,1 m an NH_4OH ist, nicht erreicht wird. Hiezu werden theoretisch etwa 0,6 g NH_4Cl pro 100 ml Lösung benötigt. Auf diese Weise können Eisen und gewisse andere Oxydhydrate durch fraktionierte Fällung abgetrennt

---

[1] Nach *Britton:* Hydrogen Ions, S. 278, Van Nostrand, 1929, für Fe^{+++} und TiO^{++} wurden neuere Werte eingesetzt. [*W. D. Treadwell:* Tabellen zur quantitativen Analyse, Bd. II, S. 51. Wien: Deuticke. 1947.]

werden. Um die Trennung quantitativ zu machen, ist (wegen der Adsorption und anderer Effekte) gewöhnlich eine doppelte Fällung nötig.

Die Neutralisation einer Lösung durch tropfenweise Zugabe einer Base bewirkt in der Mischungszone einen lokalen Überschuß der Base. Viel schärfere Trennungen sind bei der langsamen, gleichmäßigen Ammoniakbildung in der gesamten Lösung durch Hydrolyse von Harnstoff [oder Hexamethylentetramin[1]] möglich. Diese von *Willard* und *Tang* angegebene Methode wurde S. 280 beschrieben.

Amphotere Hydroxyde haben sowohl basische wie saure Dissoziationskonstanten. Aluminiumhydroxyd dissoziiert z. B. nach:

$$AlO(OH) \rightleftharpoons AlO^+ + OH^-,$$

$$AlO(OH) \rightleftharpoons AlO_2^- + H^+.$$

Das p_H-Optimum für die Fällung hängt von den Werten der beiden Konstanten ab. Sind diese gleich, so ist das Löslichkeitsminimum bei $p_H = 7$. Bei Aluminiumhydroxyd liegt das Minimum der Löslichkeit bei $p_H = 6,5$ bis 7,5, zu Beginn der Fällung zwischen 4 und 5. Bei p_H 8 bis 9 beginnt der Niederschlag sich aufzulösen. *Blum*[2] fand Methylrot als geeigneten Indikator; Aluminium wird vollständig gefällt, wenn Methylrot in heißer Lösung von Rot nach Gelb umschlägt. Ammoniumchlorid oder Nitrat wird zur Pufferung zugesetzt.

Basische Salze, Azetate, Benzoate. Diese Trennungen beruhen auf der umfassenden Hydrolyse der Azetate oder Benzoate von Fe^{+++}, Al^{+++} (Cr^{+++}), bei höheren Temperaturen, während jene des Mangans usw. nicht sehr hydrolysieren. Die erhöhte Dissoziation des Wassers liefert Hydroxylionen; die gleichzeitig gebildeten Wasserstoffionen verbinden sich zum größten Teil mit den Azetat- oder Benzoationen, da die Lösung mit einem Überschuß an Alkaliazetat oder -benzoat gepuffert ist. Der kritische Teil des Verfahrens ist die richtige Einstellung des p_H vor der Hydrolyse.[3] Bei der Harnstoffmethode (vorhergehender Abschnitt) wird man das p_H der Lösung auf einen Wert einstellen, der genug weit unter der Fällungsgrenze liegt. Beim Erhitzen ändert sich das p_H sehr gleichmäßig bis zum Fällungsbereich, auf welchem es durch zugesetzte Puffersalze eine angemessene Zeit gehalten wird.

Sulfidfällungen. In der qualitativen Analyse wird der Einfluß des p_H auf die Sulfidionenkonzentration behandelt. Beide Dissoziationskonstanten des Schwefelwasserstoffes sind sehr klein:

$$\frac{[H^+].[HS^-]}{[H_2S]} = K_1 = 5,7 . 10^{-8}; \quad \frac{[H^+].[S^=]}{[HS^-]} = K_2 = 1,2 . 10^{-15},$$

$$K_1 . K_2 = \frac{[H^+]^2.[S^=]}{[H_2S]} = 6,8 . 10^{-23}.$$

[1] *G. Wynkoop:* J. Amer. chem. Soc. **19**, 434 (1897). — *E. Schirm:* Chemiker-Ztg. **1909**, 877. — *P. Rây:* Z. analyt. Chem. **86**, 13 (1931).

[2] *Blum:* J. Amer. chem. Soc. **38**, 1282 (1916).

[3] *Furman* und *Low* fanden, daß das p_H der kalten Lösung vor der Hydrolyse bei Eisen 4,7 bis 5,3 betragen soll (nicht publiziert). — *P. Wenger* Chem. Abs. **28**, 3335 (1934) fand eine obere Grenze bei $p_H = 6$ und ein Optimum bei $p_H = 4,2$.

Kombiniert man den letzteren Ausdruck mit jenem des Löslichkeitsproduktes eines Sulfides $[B^{++}].[S^{=}] = L_{BS}$, so folgt

$$[B^{++}] = \frac{L_{BS}}{[S^{=}]} = \frac{L_{BS}.[H^{+}]^2}{6{,}8.10^{-23}.[H_2S]} \; .$$

Bei Raumtemperatur beträgt die Löslichkeit des H_2S in einer 1 m H$^+$-Lösung etwa 0,1 m. Der obige Ausdruck zeigt in Übereinstimmung mit der Erfahrung eine hinreichende Löslichkeit von MnS, FeS u. dgl. zur Trennung von CuS, CdS, PbS usw an. Zink-, Kobalt- und Nickelsulfid sind bei den analytisch üblichen Konzentrationen Grenzfälle. Wie erwähnt wurde, neigt Zinksulfid zur Nachfällung auf der Oberfläche von Kupfersulfid infolge des hier adsorbierten Schwefelwasserstoffes. Vgl. S. 301.

Genaue Berechnungen auf Grundlage des Prinzipes des Löslichkeitsproduktes führen zu irrtümlichen Schlüssen, besonders im Falle der höheren Sulfide. wie As_2S_5. Sb_2S_5. MoS_3 usw. *McCay* und Mitarbeiter[1] zeigten z. B., daß Arsensäure mit Schwefelwasserstoff sehr kompliziert unter Bildung unstabiler Sulfoxysäuren. wie H_3AsO_3S, $H_3AsO_2S_2$ und H_3AsOS_3, reagiert, die ihrerseits wieder in charakteristische Produkte zerfallen. Es bildet sich schließlich ein Gemisch von As_2S_5, As_2S_3 und S. Erfolgt die Fällung bei hoher Temperatur (100^0 C) und Azidität in einer Druckflasche, so wird unter Anwendung des Gleichgewichtsprinzipes fast reines As_2S_5 gebildet. (Etwas Schwefel wird ebenfalls durch die Einwirkung der Luft auf das H_2S gebildet.[2]) Bei Molybdän erfolgt trotz Anwendung der Druckflaschentechnik eine teilweise Reduktion zu Reaktionsprodukten mit Wertigkeiten unter 6.

Das Sulfidion ist in saueren Lösungen ein wichtiges Reagens. Die Konzentration der Hydrogensulfidionen SH$^-$ ist sehr beträchtlich, und dieses Ion ist an dem Fällungsvorgang wahrscheinlich beteiligt.[3] Zwischenprodukte, wie $Hg(SH)_2$, $ClHgS$, $HgCl$ und andere können während der Fällung ausfallen.

Über den p_H-Einfluß auf Sulfidfällungen wurde viel gearbeitet.[4] Die Fällung des Zinkes als ZnS aus gepufferter schwefelsauerer Lösung wurde lange ausgeübt. Das p_H verschiedener $NaHSO_4$—Na_2SO_4-Puffergemische und die Fällungs- und Trennungsbedingungen des Zinkes

[1] *McCay:* Amer. chem. J. **10**, 459 (1888); Z. anorg. allg. Chem. **29**, 36 (1910); J. Amer. chem. Soc. **24**, 661 (1902). — *McCay* und *Foster:* Z. anorg. allg. Chem. **41**, 452 (1904).

[2] *McCay:* Amer. chem. J. **9**, 174 (1887).

[3] *G. M. Smith:* J. Amer. chem. Soc. **44**, 1500 (1922); **46**, 1325 (1924). — *Feigl:* Z. analyt. Chem. **65**, 25 (1924).

[4] Löslichkeitsprodukte der Sulfide. *Kolthoff:* J. physic. Chem. **35**, 2711 (1931). p_H-Bereiche für: ZnS $p_H = 2$ bis 3 und höher. *Fales* und *Ware:* J. Amer. chem. Soc. **41**, 487 (1919). — CoS $p_H = 3{,}7$ und höher. *Haring* und *Leatherman:* J. Amer. chem. Soc. **52**, 5135 (1930). — NiS $p_H = 4{,}4$ und höher. *Haring* und *Westfall:* J. Amer. chem. Soc. **52**, 5141 (1930).

wurden von *Jeffreys* und *Swift*[1] bearbeitet. Ist das Molverhältnis des $NaHSO_4$ zu Na_2SO_4 etwa $1:3$ bei einer Gesamtsulfatkonzentration von etwa 0,35 m, so wird Zink durch Schwefelwasserstoff praktisch vollständig gefällt und wirksam von Ni, Fe, Mn, Cr und Al getrennt. Das Anfangs-p_H für die obgenannten Bedingungen beträgt 1,78; das End-$p_H = 1,6$; dies ist wahrscheinlich die sichere obere Azidität grenze. Bei einem $p_H = 1,54$ bleibt in 250 ml etwa 1 mg Zn ungefällt. Wird zu 250 ml einer wie angegeben bereiteten Lösung 0,13 Mol KCl zugesetzt, so bleiben 1,5 bis 2 mg Zink ungefällt. Die Anwesenheit von Chlorid erhöht die Azidität (erniedrigt das p_H), wie aus elektrischen Messungen hervorgeht, und wirkt komplexbildend.

Carbonate. Es muß offenbar eine obere Aziditätsgrenze bestehen, die nicht überschritten werden kann, wenn das Karbonat unzersetzt bleiben soll. Anderseits werden amphotere Elemente in zu alkalischen Lösungen nicht vollständig als Karbonate gefällt. So wird z. B. Bleikarbonat unvollständig gefällt, wenn zu einem Bleisalz ein Überschuß von Natriumkarbonat zugesetzt wird. Vollständige Fällung wird mittels einer Ammoniumkarbonat-Ammoniaklösung erhalten. Karbonatfällungen werden in der quantitativen Analyse nur beschränkt angewendet. Eine der Hauptanwendungen ist die Ausfällung des größten Teiles des Calciums mittels einer $(NH_4)_2CO_3—NH_3$-Mischung vor der Bestimmung des K und Na.

NH_4-Doppelphosphate. $MgNH_4PO_4$ hat ein Minimum der Löslichkeit in einer 2,5%igen Ammoniaklösung oder bei einem geschätzten $p_H = 11.5$ bis 11,7. Das p_H-Optimum der vollständigen Fällung von $MnNH_4PO_4$ ist nur empirisch bekannt und liegt bei p_H 7, etwas im alkalischen Gebiet. Bei $ZnNH_4PO_4$ liegt das p_H-Optimum bei 6,4 bis 6,9; 6,6 ist der beste Wert.[2] In diesem Falle wird die Lösung mit $(NH_4)_2HPO_4$ und $NH_4C_2H_3O_2$ oder $NaC_2H_3O_2$ gepuffert; in 150 ml Lösung können 5 bis 10 g NH_4Cl anwesend sein.

Trennung durch Extraktion.

Die Extraktion einer einzelnen Substanz aus einer Lösung wird in der organisch-präparativen Arbeitstechnik sehr häufig angewendet, indem man die Lösung mehrmals mit kleinen Mengen eines unmischbaren Lösungsmittels schüttelt. In der analytischen Chemie wird die Extraktion als Indikationsmethode in vielen volumetrischen Prozessen benützt, bei welchen die Bildung oder der Verbrauch von Jod beobachtet wird. Vgl. S. 226. Der Vorgang beruht auf dem Verteilungsgesetz, nach welchem das Verhältnis der Konzentrationen in den beiden Lösungsmitteln konstant ist, vorausgesetzt, daß in keinem der Lösungsmittel eine Änderung des Lösungszustandes durch Assoziation oder Dissoziation

---

[1] *Jeffreys* und *Swift*: J. Amer. chem. Soc. **54**, 3219 (1932).

[2] *Ball* und *Agruss*: J. Amer. chem. Soc. **52**, 120 (1930). — Vgl. *L. Dede*: Ber. dtsch. chem. Ges. **61 B**, 2463 (1928). — *L. Hahn* und *J. Dornauf*: Ber. dtsch. chem. Ges. **55 B**, 3434 (1922).

auftritt: $\dfrac{C}{C_1} = K$ bei konstanter Temperatur. C ist die Konzentration in einem Lösungsmittel, z. B. der nichtwässerigen Schicht; C_1 jene in der anderen Schicht. Tritt in der wässerigen Phase Dissoziation ein, so ändert sich die Formel entsprechend:

$$\frac{C}{C_1\,(1-\alpha)} = K,$$

wobei α den Dissoziationsgrad bedeutet.

Beispiel. Bei 18⁰ C ist die Verteilungskonstante von Jod zwischen CS_2 und Wasser gleich 420.[1] Angenommen, eine Lösung von 0,018 g Jod in 100 ml Wasser wird zweimal mit je 50 ml CS_2 geschüttelt. Es ist die Jodkonzentration in der wässerigen Phase unter der Annahme zu berechnen, daß weder Assoziation noch Dissoziation stattfindet. x sei das Gewicht des Jods in der CS_2-Phase. Dann ist

$$\frac{\dfrac{x}{50}}{\dfrac{0,018-x}{100}} = 420; \quad x = 0,01791.$$

In der wässerigen Phase bleiben 0,00009 g Jod zurück. Nach einer zweiten Extraktion

$$\frac{\dfrac{x'}{50}}{\dfrac{0,00009-x}{100}} = 420; \quad 0,00009 - 0,0000895 = 0,0000005\ \text{g J}$$

verbleiben 0,0000005 g Jod im Wasser.

Allgemein ausgedrückt: Ist V das Volum der auszuschüttelnden Flüssigkeit, die g Gramm Substanz enthält, V' das Volum des Lösungsmittels, K der Verteilungskoeffizient, so beträgt die zurückbleibende Substanzmenge nach n Ausschüttelungen

$$W_n = g \cdot \left(\frac{V}{V + K\,V'}\right)^n.$$

[Den Trennungen durch Fällung können infolge der Löslichkeit des Niederschlages, infolge schlechten Auswaschens, durch Okklusion, Adsorption und Mitfällung usw. erhebliche Fehler anhaften; diese Fehler fallen bei den Trennungen durch Extraktion weg. Die eventuelle Fehlermöglichkeit der Bildung von Emulsionen kann durch geeignete Maßnahmen weitgehend vermieden werden. Der Trennungseffekt läßt sich bei den Extraktionsverfahren durch die Anzahl der Ausschüttelungen weitgehend den praktischen Erfordernissen anpassen und findet infolge der genannten Vorteile bei analytischen Trennungen zunehmende Verwendung.]

Extraktionen mit Äthern. Diäthyläther extrahiert $FeCl_3$ und gewisse andere Substanzen aus wässerigen Lösungen, die 6,2 bis 6,34 m an

---

[1] *Berthelot* und *Jungfleisch:* Ann. Chim. Phys. (4), **26**, 396 (1872).

Salzsäure sind.[1] Auf diesem Wege kann Fe^{III} von Al, Cr^{III}, Mn, Ni, Co und Ti getrennt werden. Die folgende Tabelle gibt einen Überblick über die Möglichkeiten dieser Methode.

Tab. 20. *Ätherextraktion von Chloriden.*[2]

Element	% extrahiert	Element	% extrahiert	Element	% extrahiert
Al	0	In	Spur	Rh	0
Sb ($SbCl_3$)	6	Ir ($IrCl_4$)	5	Se	Spur
Sb ($SbCl_5$)	81	Fe ($FeCl_3$)	99	Ag	0
As ($AsCl_3$)	68	Fe ($FeCl_2$)	0	Te ($TeCl_4$)	34
Be	0	Pb	0	Th ($ThCl_4$)	0
Bi	0	Mn	0	Tl ($TlCl_3$)	90—95
Ca	0	Hg ($HgCl_2$)	0,2	Sn ($SnCl_4$)	17
Cd	0	Mo (MoO_3)	80—90	Sn ($SnCl_2$)	15—30
Co	0	Ni	0	Ti	0
Cu	0,05	Os	0	W (mit PO_4)	0
Ga	97	P (P_2O_5)	Spur	U	0
Ge	40—60	Pd ($PdCl_2$)	0	V (V_2O_5)	Spur
Au ($AuCl_3$)	95	Pt ($PtCl_4$)	Spur	V (V_2O_4)	Spur
		Seltene Erden[3]	0	Zn	0,2
				Zr	0

In gewissen Fällen ist Isopropyläther eine geeignetere Extraktionsflüssigkeit, bei der die Säurekonzentration nicht so kritisch ist wie bei Äthyläther.[4] Es wurde gefunden, daß Eisen von zahlreichen anderen Elementen durch einen automatischen Extraktionsapparat abgetrennt werden kann, vorausgesetzt, daß die Lösung während des Extraktionsvorganges von Licht geschützt wird.[5] Dichloräthyläther ist in über 9 m HCl enthaltenden Lösungen ein besonders wirksames Lösungsmittel für $FeCl_3$.[6]

Andere Extraktionsmethoden. Die selektive Extraktion von Salzen aus wasserfreien Mischungen mittels Lösungsmitteln wurde S. 237 kurz beschrieben. Die Anwendung selektiver organischer Reagenzien bei Extraktionsvorgängen ist ein ziemlich neues Gebiet. Diese Analysenmethode sei an Hand der Dithizon-Extraktionsmethode besprochen, mittels welcher man z. B. Bleispuren in Extrakten in einer Verdünnung 1 : 20 Millionen nachweisen kann. Man kann auf diese Weise

---

[1] *Speller:* Chem. News **83**, 124 (1901). — *J. W. Rothe:* Stahl u. Eisen **12**, 1052 (1892).

[2] Nach *E. H. Swift:* J. Amer. chem. Soc. **46**, 2375 (1924). — *Hillebrand* und *Lundell:* „Applied Inorganic Analysis".

[3] Vgl. die neuen Ergebnisse von *W. Fischer* und Mitarbeiter: Naturwiss. **25**, 348 (1937).

[4] *Dodson, Forney* und *Swift:* J. Amer. chem. Soc. **58**, 2375 1936).

[5] *Ashley* und *Murray:* Ind. Engng. Chem., Anslyt. Edit. **10**, 367 (1938).

[6] *Axelrod* und *Swift:* J. Amer. chem. Soc. **62**, 33 (1940).

z. B. Waschwässer von Früchten prüfen, die verdächtig sind, Spuren von Spritzrückständen zu enthalten: Nach der richtigen Einstellung des p_H in der wässerigen Phase fügt man zu der ammoniakalischen Lösung Cyanid zu, um Cu und gewisse andere Metallionen komplex zu binden. Sodann schüttelt man mit einer Lösung von Dithizon (Dimethylthiokarbazon) in $CHCl_3$ oder CCl_4. Sn^{II}, Bi und Pb werden in Form roter Dithizonkomplexsalze extrahiert.[1] Die Methode ist so empfindlich, daß es oft schwierig ist, die Reagenzien und Glasgefäße genügend bleifrei zu erhalten, um nur eine schwache Blindprobe zu bekommen.

Trennungen durch Verflüchtigung.

Der Gebrauch von Verdampfungs-, Destillations- und Sublimationsvorgängen zur Trennung flüchtigerer von weniger flüchtigen Substanzen ist in der analytischen Chemie ebenso wichtig wie auf anderen Gebieten der Chemie.

Verdampfung. Die Verflüchtigung verdampfbarer Substanz bei einer definierten Temperatur ist eines der einfachsten Mittel, um eine bestimmte Substanzklasse von anderen zu trennen. Im allgemeinen ergibt das Trocknen bei 100^0 C eine Trennung anorganischer Pulver von locker gebundenem Wasser. Okkludiertes Wasser und Konstitutionswasser, z. B. in $MgHPO_4$ ($2\,MgHPO_4 \rightarrow Mg_2P_2O_7 + H_2O$), wird bei höheren Temperaturen abgegeben. In einem neuen oder ungewöhnlichen Falle muß die richtige Temperatur experimentell bestimmt werden.

Verflüchtigungen und chemische Gasentwicklungen können durch Austreiben der flüchtigen Substanz mit einem indifferenten Gasstrom quantitativ gemacht werden. Der Rückstand wird gewogen oder das flüchtige Produkt kann chemisch oder physikalisch gesammelt (z. B. durch Tieftemperaturkondensation) und sein Gewicht bestimmt werden. So kann das CO_2 eines Karbonates nach Zugabe einer geeigneten Säure entwickelt und mit einem alkalischen Reagens, wie Natronkalk oder Ascarite ($NaOH$-Asbestkügelchen), absorbiert und die Gewichtserhöhung des Absorptionsmittels bestimmt werden. Vgl. S. 324. Die Kohlenstoffbestimmung in Stahl oder in organischem Verbindungen wird durch Verbrennung des Kohlenstoffes zu CO_2 und Absorption des letzteren durchgeführt. [Auch gasvolumetrische und titrimetrische Methoden können zur Beschleunigung des Verfahrens angewendet werden.] Die Entwicklung von Ammoniak, seine Absorption in Standardsäure und die Rücktitration des Überschusses der letzteren wurde S. 131 beschrieben.

Destillation. Die Theorie der fraktionierten Destillation wird in der physikalischen Chemie behandelt. Dieser Prozeß findet in der anorganischen Analyse wenig Anwendung. In der Gasanalyse wird die fraktio-

---

[1] *H. Fischer*, *M. Passer* und *G. Leopoldi*: Sammelreferat über Dithizonverfahren, **Mikrochem. 30**, 307 (1942).

nierte Destillation bzw. Kondensation als eine der wenigen verfügbaren
Methoden zur Trennung von Kohlenwasserstoffgemischen angewendet.

Ein anorganisches Beispiel ist die Trennung des As^{III} von Sb und Sn
in Form ihrer Chloride.[1] $AsCl_3$ destilliert zuerst ab, $SbCl_3$ wird bei Verwendung eines guten Destillationsaufsatzes und Zinn durch Zugabe
von Phosphorsäure zurückgehalten. Gibt man zum Schlusse ein Bromid zu. so läßt sich nun das Zinn abdestillieren.[2]

In Getreide, Kohle, Petroleumprodukten usw. wird das Wasser durch
Destillation dieser Materialien mit einem wasserunlöslichen, über
100^0 C siedenden Lösungsmittel, wie Xylol, Toluol usw., ausgetrieben.
kondensiert und durch Messung seines Volums bestimmt.[3]

Trennung durch Adsorption.

a) *Absichtliche Mitfällung.* Es ist lange bekannt, daß Metazinnsäure Phosphorsäure quantitativ aus einer Lösung entfernt, wenn das
Verhäitnis des Sn zur H_3PO_4 genügend hoch ist. In einigen älteren
qualitativen Analysengängen wurde zur salpetersaueren Lösung Zinn
zugesetzt. um das Phosphat abzuscheiden. Vorher mußte auf Sn gesondert geprüft werden. — Frisch gefälltes Eisenhydroxyd fällt Arsenat
und Antimonat mit und wird deshalb benützt, um diese Elemente aus
einer Lösung zu entfernen, die viel Kupfer enthält. — Wird gewünscht.
in saurer Lösung zu arbeiten, so können die Verunreinigungen auf
Mangandioxyd adsorbiert werden, indem Mangan zugesetzt und durch
Oxydation in vierwertiger Form ausgefällt wird.

b) *Chromatographische Adsorption.* Wird eine Lösung durch eine
Kolonne eines geeigneten Materials, wie Calciumkarbonat, aktiviertes
Aluminiumoxyd usw., gegossen, so kann eine selektive Adsorption
stattfinden. bei welcher die verschiedenen Substanzen in aufeinander-
folgenden Schichten adsorbiert werden. Gießt man nach der Original-
lösung eine geeignete „Entwicklerlösung" durch die Kolonne, so kann
man diese Adsorptionszonen durch Farbreaktionen sichtbar machen.
Bei farblosen Substanzen kann die Kolonne mit UV geprüft werden,
wenn die Substanzen fluoreszieren, oder indem man die gesamte Füllung der Kolonne, ohne ihren Aufbau zu zerstören, aus dem Glasrohr
herausschiebt und nun die einzelnen Schichten durch chemische Teste
lokalisiert. Diese Schichten werden mechanisch getrennt und die adsorbierten Substanzen durch geeignete Behandlung gewonnen.

Die chromatographische Methode wurde bereits lange bei botani-
schen Forschungen und bei organisch-präparativen Arbeiten verwen-

---

[1] Vgl. *H. Biltz* und *K. Hoehne:* Z. analyt. Chem. **99**, 1 (1934).

[2] Zusammenfassung bei *Scherrer:* J. Res. nat. Bur. Standards **16**, 253
(1936).

[3] *P. Schläpfer:* Z. angew. Chem. **27**, 52 (1914). — Vgl. *Scott:* Standard
Methods, 5. Aufl., S. 1340. Van Nostrand Co. 1930.

·det.[1] *Schwab*[2] hat diese Methode auf die qualitative anorganische Analyse angewendet, wobei aktiviertes Aluminiumoxyd als Adsorptionsmittel verwendet wird. Es scheint die Möglichkeit einer beachtlichen Weiterentwicklung dieser Methode sowohl in qualitativer als auch in quantitativer Richtung zu bestehen.

Rückblick, Fragen und Aufgaben.

1. Zähle die Hauptschwierigkeiten auf, die bei der quantitativen Fällung eines Ions aus einer Mischung auftreten. Welche Methode vermeidet jede Schwierigkeit?

2. $L_{AgCl} = 10^{-10}$ und $L_{AgJ} = 10^{-16}$; wie vollständig wird Jodid ausgefällt, bevor Chlorid als AgCl zu fallen beginnt, wenn die Chlorionenkonzentration 0,01 m ist? Antwort: Die Konzentration des löslichen Jodids ist 10^{-8} m (etwa 0,001 mg/l).

3. Welche praktischen Schwierigkeiten können bei dem Versuch einer quantitativen Trennung nach Aufgabe 2 erwartet werden?

4. $L_{ZnS} = 10^{-26}$; $L_{FeS} = 3,7 \cdot 10^{-19}$. Berechne, ob eine Trennung der beiden Metalle mittels Schwefelwasserstoff möglich ist.

5. Wie groß ist die Endkonzentration von gelöstem Zink in einer Lösung, die bei einem $p_H = 2,5$ 0,1 m an H_2S ist? b) Wird FeS aus einer Lösung 0,1 m Fe^{++}, 0,1 m H_2S, $p_H = 2,5$ spurenweise gefällt? Antwort: a) $1,5 \cdot 10^{-8}$ m. b) FeS wird nicht gefällt, solange die $[Fe^{++}]$ unter 0,54 m ist.

6. Schreibe die Gleichungen für das Gleichgewicht auf, welches sich einstellt, wenn etwas $CaCO_3$ mit ziemlich konzentrierter kochender NH_4Cl-Lösung behandelt wird. Welche Bedeutung haben diese Vorgänge für die Trennung und das Auswaschen von Calciumkarbonat?

7. Fasse die Vorteile der Harnstoffmethode zur Neutralisation einer Lösung im Gegensatz zur langsamen Zugabe von verdünnter Ammoniaklösung zusammen.

8. a) $L_{Mg(OH)_2} = 1,2 \cdot 10^{-11}$; bei welchem p_H wird Magnesiumhydroxyd aus einer an Mg^{++} 0,005 m Lösung fallen? b) Tritt in einer Lösung Fällung von $Mg(OH)_2$ ein, die pro Liter 0,005 m Mg^{++}, 0,01 m NH_4OH, 0,01 m NH_4^+ enthält? Antwort: a) $p_H = 9,7$; b) $p_H = 9,24$.

9. $L_{Fe(OH)_2} = 10^{-14}$; berechne, wie vollständig $Fe(OH)_2$ gefällt werden kann, bevor in einer Lösung, die an Mg^{++} 0,01molar ist, Fällung von $Mg(OH)_2$ eintritt.

10. Berechne, wieviel Zinn in 100 ml einer ursprünglich 0,1 g Sn^{IV} enthaltenden 6 n HCl-Lösung nach viermaligem Ausschütteln mit je 25 ml Äther zurückbleiben. Angenommen, der Verteilungskoeffizient $\dfrac{C_{\text{Äther}}}{C_{6\,n\,\text{Säure}}}$ betrage 0,2. Antwort: 0,0822 g.

11. Wiederhole die Berechnung von Aufgabe 10 für den Fall, daß 0,1 g Fe^{III} sich in 100 ml der Säure befindet; in diesem Falle ist die Konstante $\dfrac{C_{\text{Äther}}}{C_{\text{Säure}}} = 99$.

---

[1] *L. Zechmeister* und *L. v. Cholnoky:* Die chromatographische Adsorptionsmethode. Wien: Springer-Verlag. 1939.

[2] *G. Schwab* und *K. Jockers:* Angew. Chem. **50**, 546 (1937); Naturwiss. **25**, 44 (1937). — *G. Schwab* und *G. Dattler:* Angew. Chem. **50**, 691 (1937); **51**, 701 (1938). — *G. Schwab* und *A. N. Ghosh:* Angew. Chem. **52**, 668 (1939). — *H. Erlenmeyer* und *H. Dahn:* Helv. chim. Acta **22**, 1369 (1939).

XVIII. Gravimetrische Trennungen.

Methoden zur Fällung einer Anzahl verschiedener Ionen wurden in Kapitel XVI besprochen. Das Filtrat wurde in jedem Falle verworfen; störende Substanzen waren abwesend. Die Möglichkeit, die in jenem Kapitel beschriebenen Methoden zu Trennungen von anderen Anionen und Kationen zu benützen, wurde diskutiert. Bei der Analyse eines mehr zusammengesetzten Materials, wie Kalkstein und Messing, müssen gewisse Trennungen durchgeführt werden, und das Filtrat von einem Niederschlag muß für die Fällung einer anderen Substanz verwendet werden. Bei solchen Trennungen muß besondere Sorgfalt angewendet werden, um den geringsten Verlust des Filtrates beim Filtrieren und Waschen des Niederschlages zu vermeiden und um sicher zu sein, daß der Niederschlag nicht andere im Filtrat zu bestimmende Ionen zurückhält. Manchmal kann diese letztere Bedingung nicht erfüllt werden und der Niederschlag muß gelöst und nochmals gefällt werden. Ist diese Methode nicht wirksam, um einen reinen Niederschlag zu erhalten und alle nachfolgend zu bestimmenden Ionen in dem Filtrat vorzufinden, so ist die Trennung unbefriedigend und es muß eine andere Methode verwendet werden. Die Fällungsform eines Ions ist nicht notwendig zugleich auch die Wägeform. So wird Calcium als $CaC_2O_4 \cdot H_2O$ gefällt, jedoch als $CaCO_3$ oder als CaO gewogen. In Kapitel XV wurde eine Liste der Wägungsformen verschiedener Elemente gegeben, eine Anzahl der jener Tabelle zugrunde liegenden Fällungsmethoden kann jedoch nicht zur Trennung dieser Elemente von vielen anderen Elementen verwendet werden.

Die Fehler durch Okklusion und Adsorption, sowie jene infolge unvollständigen Auswaschens oder allgemein mangelnder Sorgfalt sind hier viel schwerwiegender. Sie verursachen nicht nur einen Fehler in der Bestimmung einer Substanz, sondern auch bei allen nachfolgenden Bestimmungen. Um solche Fehler zu vermeiden, muß der Student daher alle Übung anwenden, die er bei den vorhergehenden Analysen gewonnen hat. Unachtsamkeit kann den Verlust einer Lösung bewirken, aus welcher eine oder mehrere Substanzen bereits bestimmt wurden, und kann so zur Wiederholung von vielen vorbereitenden Arbeiten und zu einem großen Zeitverlust führen.

Es ist vorzuziehen, die zu bestimmende Substanz direkt zu fällen, da so ein Vorgang Zeit spart und die Fehlermöglichkeiten verringert. Wie bereits ausgeführt, ist dieser einfache Weg in vielen Fällen nicht gangbar.

Kalkstein, Monelmetall, Messing und Neusilber sind gewöhnliche Materialien, deren Analyse eine ausgezeichnete Übung in der Trennung verschiedener Elemente bietet. Vollständige Arbeitsvorschriften für diese Substanzen werden in diesem Kapitel und in Kapitel XX gegeben.

Analyse von Kalkstein.

Kalkstein ist in der Hauptsache $CaCO_3$, er wird sehr rein als Calcit gefunden, enthält jedoch vielfach Magnesium, dessen Menge von Spuren bis zu dem im Dolomit $CaMg(CO_3)_2$ vorhandenen Gehalt ansteigen kann. Kalkstein kann ferner geringe Mengen von SiO_2, Fe, Al, Ti, Mn, S, P, K, Na in Form von Verbindungen, sowie organische Substanz enthalten. Die Kieselsäure kann als Quarz oder als unlösliches Silikat, wie Ton oder Feldspat, vorhanden sein. Der Schwefel kann als Pyrit FeS_2 oder Gips $CaSO_4 . 2H_2O$ vorliegen. Die verschiedenen Metalle sind meist als Oxyde oder Karbonate, K und Na im Feldspat, einem KNaAl-Silikat, vorhanden.

Da Kalkstein ein Material ist, das vielfältig angewendet wird, ist seine Analyse eine häufige Aufgabe.

Eine vollständige Analyse aller eben genannten Substanzen ist eine ziemlich langwierige und schwierige Aufgabe; sie ist in vielen Fällen unnotwendig. Eine kürzere „rationelle Analyse" wird oft alle Fragen beantworten können. Bei dieser kürzeren Analyse werden einige Oxyde gemeinsam gewogen, ohne daß sie getrennt werden; einige Elemente, wie K, Na, S werden nicht bestimmt. Die rationelle Analyse umfaßt folgende Bestimmungen, die alle aus der gleichen Einwaage gemacht werden:

1. Glühverlust. Dieser besteht hauptsächlich aus CO_2 und geringen Mengen H_2O; manchmal kommt noch ein geringer Verlust infolge der Oxydation organischer Substanz hinzu. $FeCO_3$ wird beim Glühen zu Fe_2O_3 und vorhandenes Sulfid zu Sulfat [oder Oxyd] oxydiert.

2. Roh-Kieselsäure.

3. „R_2O_3". Eine übliche Bezeichnungsweise für den geglühten Niederschlag der Ammoniakfällung, der aus Al_2O_3, Fe_2O_3, TiO_2, P_2O_5 (als Al- oder Fe(III)-phosphat), Mn_3O_4 und Spuren SiO_2 besteht. Falls kein Oxydationsmittel anwesend ist, wird nur ein Teil des Mangans gefällt.

4. CaO.

5. MgO.

Für die Bestimmung 6. des CO_2 wird eine gesonderte Einwaage verwendet.

Diese Bestimmungen müssen mit derselben Sorgfalt wie eine vollständige Analyse durchgeführt werden. Der Ausdruck „rationelle Analyse" beinhaltet keine Verringerung der Genauigkeit.

1. Bestimmung des Glühverlustes. Derselbe beruht hauptsächlich auf der Reaktion $CaCO_3 \rightarrow CaO + CO_2$ und wurde bereits bei der Bestimmung von Ca in Kalkstein S. 271 beschrieben.

Aus dem perzentuellen Gewichtsverlust kann eine Vorstellung von den relativen Mengen von Calcium und Magnesium im Kalkstein erhalten werden, wenn die Menge „Unlösliches" und R_2O_3 bekannt ist. Manchmal beruht ein Teil des Gewichtsverlustes auf der Oxydation organischer Substanz. Anwesendes $FeCO_3$ verliert CO_2, doch wird dieser Verlust teilweise durch die Oxydation des Rückstandes zu Fe_2O_3 kompensiert.

Arbeitsvorschrift. Wäge in einen gewichtskonstanten Porzellan- oder besser Platintiegel etwa 1 g des getrockneten Kalksteines ein. Stelle den bedeckten Tiegel in eine *Winkler*sche Tonesse und erhitze zunächst allmählich, um mechanische Verluste durch Verstäuben des Materials infolge einer zu lebhaften CO_2-Entwicklung zu vermeiden, sodann mit der vollen Temperatur eines Mekerbrenners oder Gebläses etwa eine Stunde (im Platintiegel $1/_2$ Stunde). Lasse abkühlen und wäge Tiegel mit Rückstand im Wägeglas wie S. 274 beschrieben. Wiederhole das Glühen (je eine Stunde), bis das Gewicht aus 0,2 bis 0,3 mg konstant ist. Beachte alle S. 274 angegebenen Vorsichtsmaßregeln bezüglich des Glühens und Wägens. Berechne den perzentuellen Glühverlust.

2. Bestimmung der Rohkieselsäure.[1] Die Kieselsäure kann im Kalkstein entweder frei oder in Form eines unlöslichen Silikates vorhanden sein. In letzterem Falle ist der Löserückstand des Kalksteines in Salzsäure nicht Kieselsäure, sondern ein Silikat. Es wurde S. 285 gesagt, daß unlösliche Silikate durch Glühen mit einer starken Base. wie dem Karbonat oder Oxyd von K, Na, Ba, Sr, Ca löslich gemacht werden können. Daher werden bei der Glühverlustbestimmung alle unlöslichen Silikate in lösliche übergeführt. Der Kieselsäuregehalt ist in den meisten Kalksteinen ziemlich klein; in Ausnahmsfällen, bei einem sehr unreinen Kalkstein, kann die vorhandene Menge an CaO unzureichend sein, so daß etwas Na_2CO_3 zugesetzt werden muß. (Platintiegel!) Selbst wenn der Gewichtsverlust nicht benötigt wird ist eine kurze vorhergehende Erhitzung der Probe wünschenswert, um sie in Salzsäure leicht löslich zu machen.

Die Kieselsäurebestimmung wird ausgeführt wie unter „Kieselsäurebestimmung in einem basischen Silikat", S. 289, beschrieben, Alle dort erwähnten Vorsichtsmaßregeln müssen beachtet werden, obwohl der Prozentgehalt an SiO_2 in Kalkstein viel geringer ist und manchmal weniger als 1% beträgt. Nach einmaliger SiO_2-Abscheidung kann der Rückstand mit Salzsäure aufgenommen und filtriert werden. Das Filtrat muß ein zweites Mal abgedampft und entwässert werden, falls die erst abgeschiedene Kieselsäuremenge mehr als 5 bis 10 mg betrug. Die Fehler entsprechen den bereits genannten, doch muß daran erinnert werden, daß sie in diesem Falle nicht bloß die Kieselsäurebestimmung, sondern auch die nachfolgenden Bestimmungen betreffen. Die Kieselsäureabscheidung kann auch mit Perchlorsäure durchgeführt werden.

Arbeitsvorschrift. Um Zeit zu sparen ist es angezeigt. getrennte Einwaagen für die Bestimmung des Glühverlustes und für die Bestimmungen 2 bis 5 zu verwenden. Wäge drei Proben von je 1 g getrockneten Kalkstein in reine Porzellantiegel mit Deckel ein, erhitze bei

---

[1] Die Arbeitsvorschrift für Reinkieselsäure wird S. 382 gegeben.

bedecktem Tiegel zunächst langsam, dann etwa $^1/_2$ Stunde mit der vollen Flamme des Mekerbrenners (unter Beobachtung der unter 1 angeführten Vorsichtsmaßregeln), bevor der Rückstand in 150-ml-Bechergläser gebracht und, wie unten beschrieben, weiter behandelt wird. Wird der Rückstand der Glühverlustbestimmung zur Kieselsäurebestimmung verwendet, so wird er sorgfältig in ein 150-ml-Becherglas gebracht. Füge zum geringen Rest im Tiegel einige Milliliter einer 1:1 verdünnten Salzsäure, erhitze einige Minuten, um jedes anhaftende Partikelchen zu lösen, und spüle die Lösung in das mit einem Uhrglas bedeckte Becherglas. Füge 15 ml konzentrierte Salzsäure und 1 ml konzentrierte Salpetersäure zu (warum?) und schwenke das Becherglas, um die Probe zu suspendieren. Halte das Flüssigkeitsvolum möglichst gering, um bei der Verdampfung Zeit zu sparen.

Sobald sich die Probe bis auf die Kieselsäure gelöst hat, werden die Wandungen des Becherglases sowie das Uhrglas abgespült, die Lösung zur Trockene eingedampft und der Rückstand entwässert, wie dies bei der Kieselsäurebestimmung S. 289 beschrieben wurde. Habe acht, bei der Entwässerung eine zu hohe Temperatur zu vermeiden. Verwende eine Niedertemperatur-Heizplatte oder ein Dampfbad. Befeuchte den Rückstand mit 4 bis 5 ml konzentrierter Salzsäure, erwärme die Mischung und lasse sie 5 Minuten stehen, um alle basischen Salze zu lösen. Füge 10 bis 15 ml Wasser zu und reibe die an dem Boden und den Becherwandungen anhaftende Kieselsäure mit einem gummiarmierten Glasstab lose. Zerkleinere die Klümpchen mit einem flachgedrückten Glasstab. Bedecke das Becherglas und erhitze, bis alles außer der Kieselsäure gelöst ist. Erhitze nicht unnötig lange. Filtriere und wasche die Kieselsäure mit 1%iger Salzsäure (warum nicht mit Wasser?), sodann mit Wasser. Verdampfe das Filtrat und entwässere den Rückstand für eine zweite Kieselsäureabscheidung. Glühe die beiden Niederschläge miteinander; schließlich mit der vollen Flamme eines Mekerbrenners oder vor dem Gebläse. [Wird Kieselsäure unter 1000° geglüht, so ist sie stark hygroskopisch!] Der Niederschlag soll weiß sein, obwohl er gewöhnlich 1 bis 3 mg der Oxyde von Fe. Al. Ti enthält. (Wie kann die Gesamtmenge der Verunreinigungen bestimmt werden?) Berechne den Prozentgehalt an Rohkieselsäure.

Viel Zeit kann bei der Kieselsäurebestimmung gespart werden, wenn man die Entwässerung mit kochender 70%iger Perchlorsäure durchführt[1] (vgl. S. 291), anstatt zur Trockene zu verdampfen. *Fish* und *Taylor*[2] haben die Vorteile dieser Methode bei der Kalksteinanalyse dargelegt und den Arbeitsvorgang beschrieben. Perchlorate stören nicht bei der Bestimmung der anderen Bestandteile.

Arbeitsvorschrift für die Entwässerung mittels Perchlorsäure. Löse die vorher mindestens $^1/_2$ Stunde geglühte Kalksteinprobe in

[1] *Willard* und *Cake:* J. Amer. chem. Soc. **42**, 2208 (1920).
[2] *Fish* und *Taylor:* J. chem. Educat. **10**, 246 (1933).

einem Gemisch von 40 ml Wasser und 20 ml 70 bis 72%iger Perchlorsäure. Dampfe die Lösung auf der Heizplatte ein, bis dichte weiße Perchlorsäurenebel auftreten und koche 30 Minuten gelinde im bedeckten Becherglas, um nicht zu viel Säure zu verlieren. Die heiße Mischung darf nicht fest werden. Füge nach dem Abkühlen Wasser zu, bis das Volum etwa 100 ml beträgt. Die Anwesenheit einiger Milliliter Salzsäure ist oft günstig. Erhitze die Lösung zum Sieden und filtriere durch ein quantitatives Papierfilter.

Wasche das Filter mit dem Niederschlag mindestens *15mal* mit je 5 bis 10 ml 1%iger Salzsäure, sodann *mindestens* 5mal mit heißem Wasser. Wasche den oberen Rand des Filterpapieres vollkommen aus; es ist schwierig, alle Perchlorsäure zu entfernen. Überzeuge dich, daß alle Perchlorsäure ausgewaschen ist! Die zwanzigste und letzte Waschung werde mit Lackmuspapier auf sauere Reaktion geprüft. Gib das Filter mit dem Niederschlag in einen gewogenen Porzellantiegel und trockne das Papier ober einem Brenner. Verkohle und verasche das Filter durch Höherstellen der Flamme in der üblichen Weise. Glühe bei voller Temperatur eines Mekerbrenners 20 bis 30 Minuten, lasse abkühlen und wäge die „Rohkieselsäure".

Heiße konzentrierte Perchlorsäure bildet mit organischer Substanz heftig explodierende Mischungen. Das Auswaschen des Niederschlages und Papiers muß vollständig erfolgen, und das Trocknen und Verkohlen des Papiers soll mit Vorsicht erfolgen. Anwesenheit von Perchlorsäure im Papier bewirkt Verpuffung und dabei Verlust an Niederschlag. *Das Filter darf zum Trocknen niemals in den Trockenschrank gelegt werden.*

3. **Bestimmung der „R_2O_3" oder „Sesquioxyde".** Die Fehler dieser Bestimmungsmethode wurden bei der Eisenbestimmung, S. 277, behandelt. Beachte speziell die Fehler, die durch einen großen Ammoniaküberschuß verursacht werden, das sind die Löslichkeit von Aluminiumoxydhydrat in Ammoniak, die Lösung der Kieselsäure aus dem Glase und die Bildung von etwas Ammoniumkarbonat durch Absorption von Luftkohlensäure. Der letztere Fehler verursacht eine Fällung von Calciumkarbonat, dessen Menge mit der Konzentration des Ammoniaks sowie des Calciumsalzes und mit der Abstehzeit zunimmt. Selbst wenn alle Vorsichtsmaßregeln angewendet werden, sind die gefällten Hydroxyde niemals frei von Calcium und Magnesium und müssen *stets* aufgelöst und nochmals gefällt werden. Alle nicht vorher entfernte Kieselsäure wird durch diesen Niederschlag mehr oder weniger mitgerissen. Ist Mangan anwesend, so ist es angezeigt, einige Tropfen Bromwasser oder Chlorwasser oder reines Wasserstoffperoxyd zuzufügen, bevor man die Lösung alkalisch macht, um alles Mangan als Mangandioxydhydrat zu fällen. Der Niederschlag besteht hauptsächlich aus Eisen- und Aluminiumoxydhydrat mit etwas Titandioxydhydrat, da die meisten Gesteine etwas Titan enthalten. Eine sehr geringe Menge dieser Oxyde ist als Verunreinigung in der vorher abgeschiedenen Rohkieselsäure vorhanden. Wird hier Mangan nicht vollständig gefällt, so wird

ein Teil mit dem Calciumoxalatniederschlag. der Rest mit dem Magnesiumammoniumphosphatniederschlag ausfallen.

Arbeitsvorschrift. Enthält das Filtrat von der Kieselsäurebestimmung nicht mindestens 10 ml konzentrierte Salzsäure, so füge 5 g NH_4Cl zu, damit genügend Ammoniumion anwesend ist, um die Fällung von Magnesiumhydroxyd zu vermeiden. Füge zur Lösung, die etwa 150 bis 200 ml betragen soll, etwas Bromwasser oder reines Wasserstoffperoxyd, falls Mangan anwesend ist; erhitze die Lösung und setze *filtriertes*, konzentriertes Ammoniumhydroxyd in leichtem Überschuß zu. Die vom Brom herrührende Färbung verschwindet, sobald die Lösung alkalisch wird. Koche die Lösung 1 bis 2 Minuten und lasse sie 10 bis 20 Minuten bedeckt stehen, bis die Hydroxyde koagulieren, aber nicht länger. (Warum?) Der Dampf soll einen schwachen, doch wahrnehmbaren Geruch nach Ammoniak haben. Der Niederschlag kann Eisen-, Aluminium-, Titanoxydhydrate. Mangandioxydhydrat. Aluminiumphosphat und stets etwas Magnesium und Calciumhydroxyd oder Karbonat enthalten. Filtriere durch ein Papierfilter [Schwarzband] in ein 600-ml-Becherglas und wasche den Niederschlag 4- bis 5mal mit einer heißen 1%igen Ammoniumnitratlösung. Stelle das ursprüngliche Becherglas unter den Trichter und löse den Niederschlag durch sorgfältiges Auftropfen von kochender verdünnter Salzsäure längs der Filterkante — 4 ml der konzentrierten Säure und 20 ml Wasser. [Lasse den ersten Niederschlag nicht längere Zeit stehen; er altert, und besonders das Aluminiumhydroxyd löst sich dann nur schwierig auf.] Wasche das Filter mit heißer 1%iger Salzsäure, bis es völlig weiß ist, dann mit Wasser, verdünne das Filtrat, wenn nötig, auf 75 ml. und mache, wie vorher, eine zweite Hydroxydfällung. Achte darauf, einen großen Ammoniaküberschuß zu vermeiden. Falls gewünscht, kann man bei dieser zweiten Fällung etwas Filterschleim verwenden. Filtriere durch das [tadellos säurefrei gewaschene] Filter, das bei der ersten Filtration verwendet wurde, und lasse Filtrat und Waschwässer in das Becherglas laufen, welches das erste Filtrat enthält. Säure dieses Filtrat mit Salzsäure an, bezeichne es und beginne das Eindampfen. wie unter Arbeitsvorschrift für Calcium. S. 318 oder S. 320 beschrieben.

Wasche den Niederschlag 7- bis 8mal mit 10%iger Ammoniumnitratlösung. falte das feuchte Filter zusammen, lege es in einen gewogenen Porzellantiegel und brenne die Kohle bei möglichst niederer Temperatur weg. Glühe schließlich bei Hellrotglut. wobei der Tiegel schief stehen soll. um der Luft freien Zutritt zum Niederschlag zu gewähren. (Warum?) Laß abkühlen und wäge als R_2O_3. Dieser Rückstand kann enthalten Fe_2O_3, Al_2O_3, TiO_2, Mn_3O_4, P_2O_5 (als $AlPO_4$) und eine Spur SiO_2. Der gesamte Phosphor im Kalkstein wird gewöhnlich in diesem Niederschlag vorhanden sein. Berechne die Prozente R_2O_3.

Es gibt mehrere Wege. um jeden der Bestandteile des Niederschlages. falls erforderlich. zu bestimmen. Das Eisen kann mittels Titration bestimmt werden. (Wie kann der Niederschlag gelöst werden. da Salzsäure ohne Einwirkung ist?) Schmilzt man den Niederschlag mit Na_2CO_3, und behandelt man die Schmelze mit Wasser, so erhält man eine Lösung von Natriumaluminat und Natriumphosphat sowie einen Rückstand von Fe_2O_3 und TiO_2. Mangan bildet ein grünes lösliches Manganat, das leicht zu $MnO(OH)_2$ reduziert werden kann. Die Trennung des Fe, Al, Ti von Mn kann mittels der basischen Azetat- oder Benzoatmethode durchgeführt werden. Zur Trennung des Eisens vom Titan sei auf Handbücher der quantitativen Analyse, speziell über Eisen und Stahl, verwiesen.

4. Bestimmung von Calciumoxyd. Nach der Abtrennung der „Sesquioxyde" R_2O_3 wird Calcium durch langsame Neutralisation der einen Überschuß von Ammoniumoxalat enthaltenden Lösung mit Ammoniak gefällt. Ist viel Magnesium zugegen, so wird, hauptsächlich durch Nachfällung, etwas Magnesium mitgefällt. Ein magnesiumfreies Oxalat kann durch eine zweite Fällung erhalten werden. Der Niederschlag wird zu Calciumkarbonat oder Calciumoxyd verglüht; erstere Methode gibt genauere Werte.

Arbeitsvorschrift. Säuere das Filtrat des Ammoniakniederschlages leicht mit Salzsäure an, und konzentriere es auf 200 ml. Füge zur siedend heißen Lösung langsam und unter ständigem Rühren, für jedes Gramm Kalkstein, eine Lösung von 1,5 g kristallisierter Oxalsäure $H_2C_2O_4 \cdot 2H_2O$ oder 1,7 g Ammoniumoxalat $(NH_4)_2C_2O_4 \cdot H_2O$, in 25 ml Wasser zu. Filtriere die Reagenslösung, falls sie nicht ganz klar ist. Ein Teil des Calciums wird gewöhnlich gefällt; die Hauptmenge bleibt in Lösung. Setze einige Tropfen Methylrot oder Methylorange als Indikator zu. Füge zur heißen Lösung (gewöhnlich aus einer Bürette) eine filtrierte Lösung von verdünntem Ammoniak — 5 ml der konzentrierten Lösung auf 50 ml Wasser — rasch zu, bis sich der zunächst gebildete Niederschlag nur mehr langsam löst. Die vorübergehende Bildung des Niederschlages und seine langsame Auflösung beim Rühren der Lösung zeigen an, daß die Hauptmenge der freien Säure neutralisiert wurde. Nach diesem Punkt wird die Ammoniaklösung tropfenweise über einen Zeitraum von 20 Minuten zugesetzt, bis die Lösung neutral oder schwach alkalisch ist. Füge noch etwas Oxalat zu, um die Vollständigkeit der Fällung zu prüfen. Laß den Niederschlag eine Stunde abstehen. Weiß man, daß das Verhältnis des Magnesiumoxyds zum Calciumoxyd klein ist, so wird der Niederschlag magnesiumfrei sein. Filtriere in diesem Falle den Niederschlag durch einen Filtertiegel, wenn er als $CaCO_3$ gewogen werden soll (die bessere Methode), oder durch ein quantitatives Papierfilter, falls er als CaO gewogen werden soll. Wasche den Niederschlag mit kalter 1%iger Ammoniumoxalatlösung, glühe ihn unter den für die Überführung des Oxalats in Karbonat gebotenen Bedingungen, S. 271 und wäge. Ist der Anteil an Magnesium unbekannt oder als beträchtlich bekannt, so muß eine zweite Fällung gemacht werden. Dekantiere soviel als möglich von der klaren, überstehenden Flüssigkeit durch ein kleines (5,5 oder 7 cm Durchmesser) Filter in ein 600- oder 800-ml-Becherglas, ohne den Niederschlag aufzuwirbeln. Wasche das Filter 3- bis 4mal mit kaltem Wasser, Füge 50 ml konzentrierte Salpetersäure zum Filtrat, das die Hauptmenge Magnesium enthält, und stelle es zum Eindampfen. Stelle das Becherglas mit der Hauptmenge des Oxalatniederschlages unter den Trichter und tropfe kochende, verdünnte Salzsäure — 5 ml konzentrierte Säure auf 20 ml — längs der Kante auf das Filter, um die geringe Menge Calciumoxalat am Filter zu lösen. Wasche das Filter mehrmals mit heißer 1%iger Salzsäure. Ist der Niederschlag im Becherglas noch nicht völlig gelöst, so erhitze einige Minuten. Es kann nötig sein, noch 1 ml konzentrierte Salzsäure zuzusetzen, um eine klare Lösung zu erhalten. Verdünne auf 250 ml, füge 0,5 g Oxalsäure oder Ammoniumoxalat, in wenig Wasser gelöst, zu, erhitze die Lösung zum Sieden und fälle das $CaC_2O_4 \cdot H_2O$ wie vorher durch langsamen Zusatz von verdünntem Ammoniak. Laß den Niederschlag 1 Stunde abstehen und verfahre weiter, wie unter Calciumbestimmung in Calciumkarbonat, S. 273, angegeben: Filtriere den Niederschlag durch einen Porzellanfiltertiegel (oder durch ein 9-cm-Papierfilter, falls er zu CaO verglüht werden soll), wasche ihn mit 1%iger Ammoniumoxalatlösung, trockne und glühe 2 Stunden bei 500° C zu $CaCO_3$. Befeuchte den Rückstand nach dem Wägen mit 1 bis 2 Tropfen einer gesättigten $(NH_4)_2CO_3$-Lösung, trockne im Trockenschrank bei 110 bis 120° und wäge neuerlich. Diese Behandlung führt Spuren von CaO in $CaCO_3$ über und darf nie vergessen werden. Berechne die Prozente CaO. Soll der Niederschlag zu CaO verglüht werden, so führe dies aus wie S. 274 beschrieben.

[Die große Einwaage ist zur genauen Bestimmung der SiO_2 und der R_2O_3 erforderlich, bedingt jedoch eine so große Oxalatfällung, daß sie schwierig zu waschen und konstant zu glühen ist. Wie bereits erwähnt, soll das Gewicht der Niederschläge 0.2 bis 0,3 g nicht übersteigen, dann kommt man mit Glühzeiten von 20 Minuten aus, das Auswaschen gelingt viel rascher und die Ergebnisse werden genauer. Im vorliegenden Falle geht man so vor, daß man von 1 g Einwaage ausgeht, jedoch das Filtrat der Ammoniakfällung ansäuert und im Meßkolben auf 1 l verdünnt, gut durchmischt und zur Calciumbestimmung 200 ml herauspipettiert und, wie beschrieben, weiter verarbeitet. Um bei der Magnesiumbestimmung wieder von einer größeren Substanzmenge ausgehen zu können, werden 2 oder 3 Filtrate ($= ^4/_{10}$ oder $^6/_{10}$) der obigen 200-ml-Calciumbestimmung vereinigt.] Die Filtrate von der doppelten Fällung werden vereinigt, und, wie bei der Magnesiumbestimmung angegeben, weiter verarbeitet.

Stimmen die Parallelproben nicht auf 0,2 bis 0,3% vom Probengewicht überein, so kann dies von einer unvollkommenen Trennung des Calciums vom Magnesium herrühren. Das $CaCO_3$ oder CaO kann in HCl gelöst, neuerlich gefällt und geglüht werden. Das Filtrat wird mit den vorhergehenden Filtraten zur Magnesiumbestimmung vereinigt. Vor dieser letzten Fällung muß noch etwas Oxalat zur Lösung zugegeben werden, sonst bleibt die Fällung unvollständig. Hat sich das

Gewicht des Calciumniederschlages durch diese Operation nicht wesentlich geändert, so war der ursprüngliche Niederschlag frei von Mg. Es ist eine gute Vorsichtsmaßregel, die Niederschläge nach dem Konstantwägen aufzulösen und die Lösungen bis zur Annahme des Resultats aufzubewahren.

Zweite Methode zur Bestimmung des Calciumoxyds. Nach dem Ausfällen der Sesquioxyde wird das Calcium als Oxalat in Gegenwart eines Überschusses von Ammoniumoxalat gefällt, indem die Hauptmenge der Säure in der heißen Lösung mit Ammoniak, sodann der Rest sehr langsam mit Harnstoff neutralisiert wird, welcher in Ammoniak und Kohlendioxyd hydrolysiert.[1]

$$(NH_2)_2CO + H_2O = 2\,NH_3 + CO_2, \quad \text{bzw.} \tag{1}$$

$$[(NH_2)_2CO + 2\,H_2O = (NH_4)_2CO_3].$$

Bei dieser sehr langsamen Fällung werden große Calciumoxalatkristalle erhalten und eine bessere Trennung von Magnesium ist die Folge. Falls der Niederschlag mit Magnesium verunreinigt ist, muß eine zweite Fällung gemacht werden. Letztere Operation ist selten nötig, wenn die nachfolgende Arbeitsvorschrift angewendet wird, *wobei das Volum 600 ml betragen soll, falls beträchtliche Mengen von Magnesium anwesend sind.*

Arbeitsvorschrift. Harnstoffmethode. Neutralisiere das Filtrat des R_2O_3-Niederschlages genau gegen Methylrot oder Methylorange, verdünne sodann die Lösung in einem 600-ml-Becherglas auf 300 ml. Füge 2,0 ml konzentrierte Salzsäure und Ammoniumoxalat im doppelten Gewicht der Einwaage, in 30 ml Wasser + 2 ml konzentrierter Salzsäure gelöst, hinzu. Erhitze zum Sieden und setze unter Rühren 15 g Harnstoff zu. Lasse die Lösung gelinde kochen, bis sie neutral geworden ist. Der Neutralisationsvorgang dauert 30 bis 60 Minuten. Laß abkühlen, füge 4 g Ammoniumoxalat in 80 ml Wasser gelöst zu und lasse 3 bis 5 Stunden, nicht länger, abstehen. Bei langem Stehenlassen des Niederschlages unter der Mutterlauge wird das Calciumoxalat durch Nachfällung mit Magnesium verunreinigt. Filtriere durch einen gewogenen Porzellanfiltertiegel, wasche den Niederschlag mit 0,1%iger Ammoniumoxalatlösung. Filtrat und Waschwasser werden für die Magnesiumbestimmung nach Vorschrift S. 321 weiterverarbeitet. Stelle den Tiegel etwa 30 Minuten in den Trockenschrank, erhitze sodann in einer elektrischen Muffel 2 Stunden auf 480 bis 500° C und wäge das $CaCO_3$. Um sich der Abwesenheit von Spuren von CaO zu versichern, wird der Niederschlag stets mit einigen Tropfen einer konzentrierten Ammoniumkarbonatlösung befeuchtet, sodann 1 Stunde im Trockenschrank bei 110 bis 120° C getrocknet und neuerdings gewogen. Berechne die Prozente CaO.

Ist das $CaCO_3$ dunkelfärbig, so werden bessere Ergebnisse erhalten, wenn man es nach den Angaben S. 271 zu CaO verglüht.

---

[1] *F. L. Chan:* Dissertation Univ. Michigan. 1932.

Mittels dieser Harnstoffmethode kann in der Regel eine zufriedenstellende Trennung von Magnesium mittels einer Fällung selbst in Dolomit durchgeführt werden. Falls jedoch die Parallelbestimmungen nicht gut (d. h. innerhalb von 0,2 bis 0,3% von der Auswaage) übereinstimmen, kann die Ursache in einer unvollständigen Trennung von Magnesium liegen. Löse in einem solchen Falle den $CaCO_3$-Niederschlag in verdünnter Salzsäure in einem 600-ml-Becherglas, spüle den Tiegel gut ab und sauge verdünnte Salzsäure durch. Füge die Waschwässer zur Lösung und fälle das CaC_2O_4 nochmals wie oben beschrieben. Glühe und wäge wie zuvor.

Die Gegenwart merklicher Mengen von Magnesium im Calciumkarbonat kann auch dadurch festgestellt werden, daß $MgCO_3$ bei 100⁰ stabil, bei kurzem Erhitzen auf 450 bis 500⁰ rasch in MgO und CO_2 dissoziiert. Erhitze das Calciumkarbonat nach der Behandlung mit Ammoniumkarbonat und Trocknen bei 110⁰ C etwa 15 bis 30 Minuten auf 450 bis 500⁰ C und wäge wieder. Ein Gewichtsverlust von mehr als einigen Zehntel Milligrammen zeigt die Gegenwart von Magnesium an.

5. Bestimmung von Magnesiumoxyd. Es wurde bereits erwähnt, daß die Gegenwart von Oxalation, sowie von großen Mengen von Ammoniumsalzen zu hohe Ergebnisse verursacht, wenn Magnesium als $MgNH_4PO_4$ gefällt wird. Dieser Fehler kann entweder durch doppelte Fällung oder durch Entfernen der störenden Salze vermieden werden. Bei letzterer Methode wird eventuell vorhandene Kieselsäure ebenfalls entfernt. Oxalat und Ammoniumsalze können durch Glühen (dies ist in diesem Falle eine sehr lästige Arbeit) oder durch Oxydation mit Salpeter-Salzsäure entfernt werden, wobei das Oxalat CO_2 und H_2O, die Ammoniumsalze hauptsächlich Distickstoffoxyd und Wasser, sowie etwas Stickstoff und vielleicht Stickstoffmonoxyd bilden. Da Chlorionen bereits in beträchtlicher Menge zugegen sind, braucht nur Salpetersäure zugesetzt werden, bevor die Lösung zur Trockne eingedampft wird.

Wird das Oxalation nicht entfernt, so muß bemerkt werden, daß seine Gegenwart die Fällung des Magnesiumammoniumphosphats stark verzögert und daß mehr Phosphat zugesetzt werden muß, um die Fällung vollständig zu machen. Der erste Niederschlag sollte deshalb vor dem Filtrieren über Nacht abstehen.

Arbeitsvorschrift. Füge 50 ml konzentrierte Salpetersäure zu den vereinigten Filtrat- und Waschwässern des Calciumoxalatniederschlages und verdampfe in einem 600- bis 800-ml-Becherglas sorgfältig zur Trockene. Glashaken am Rand des Becherglases beschleunigen sehr das Eindampfen, doch sollte darauf geachtet werden, daß die Reaktion gegen Ende der Verdampfung nicht zu heftig wird. Falls über Nacht eingedampft werden soll, stellt man das Becherglas auf die Niedertemperaturheizplatte. Eine rasche Verdampfung, ohne zu kochen, ist am wirkungsvollsten. Es soll bei erfolgreichem Arbeiten nur ein geringer Rückstand von Magnesiumsalzen zurückbleiben. Ist ein großer Salzrückstand vorhanden, so füge 25 bis 30 ml H_2O, 50 ml konz. HNO_3

und 15 ml konz. HCl zu und wiederhole die Verdampfung. Halte die
Lösung so heiß als möglich, ohne daß sie spritzt. Wurde die Kieselsäure
mit Perchlorsäure entwässert, und wurden die Ammonsalze nicht vollkommen entfernt, so wird sich das Ammoniumperchlorat im trockenen
Rückstand bei hinreichender Erhitzung schnell, aber ruhig, begleitet
von einer Lichterscheinung, zersetzen, wobei freies Chlor gebildet wird.
Das scheint nicht nachteilig zu sein, obwohl mechanische Verluste auftreten können, wenn die Reaktion zu heftig ist. Befeuchte den Rückstand mit 2 bis 3 ml konzentrierter Salzsäure und 20 ml Wasser, erhitze einige Minuten, bis alles gelöst ist, bis auf Spuren von Kieselsäure, die von der Einwirkung der verschiedenen Lösungen auf das
Glasmaterial herrühren. Filtriere in ein (möglichst unzerkratztes)
250-ml-Becherglas und füge 5 bis 8 ml konzentrierte Salzsäure zum
Filtrat.[1] Verdünne die Lösung auf 125 bis 150 ml, füge 1.5 g
$(NH_4)_2HPO_4$, in etwas Wasser gelöst, zu, kühle die Flüssigkeit auf
Zimmertemperatur oder darunter ab und füge unter ständigem Rühren
filtriertes, konzentriertes Ammoniumhydroxyd sehr langsam zu, bis
die Lösung gegen Methylrot alkalisch ist. Rühre noch einige Minuten
und gib 5 bis 10 ml Ammoniumhydroxyd im Überschuß zu. Rühre
nochmals einige Minuten und lasse die kalte Lösung mindestens vier
Stunden, besser über Nacht, stehen. Filtriere durch einen *Gooch*-Tiegel,
wasche den Niederschlag mit kaltem verdünntem Ammoniumhydroxyd
(1 + 19), trockne im Trockenschrank oder über einer sehr kleinen
Flamme und glühe bei 1000 bis 1100° C zur Gewichtskonstanz. Wäge
das Magnesium als $Mg_2P_2O_7$ aus und berechne die Prozente MgO. Falls
gewünscht, kann ein Papierfilter verwendet werden, dabei muß die
Filterkohle bei möglichst niederer Temperatur verbrannt werden, bevor
stark geglüht wird. Vgl. S. 265.

Wird eine doppelte Fällung vorgezogen, anstatt die Ammonsalze
und das Oxalat wie oben zu zerstören, so wird die erste Fällung nach
Stehenlassen über Nacht filtriert, gelöst und wie unter „Magnesiumbestimmung", S. 265, beschrieben behandelt. Auf jeden Fall wird eine
doppelte Fällung richtigere Ergebnisse zeitigen und ist empfehlenswert,
wenn genügend Zeit zur Verfügung steht.

Stimmen die Einzelwerte nicht gut überein, so kann dies an einer
schlechten Trennung vom Calcium liegen. Der Niederschlag kann, wie
folgt, auf Calcium geprüft werden: Löse ihn in Salzsäure, füge Ammoniumhydroxyd zu, bis ein Niederschlag ausfällt, und setze dann eben
genug Essigsäure zu, um den Niederschlag zu lösen. Filtriere, falls ein
geringer flockiger Niederschlag zurückbleibt. Erhitze die Lösung und
setze etwa 1 g Ammoniumoxalat, in wenig Wasser gelöst, zu. In verdünnter Essigsäure ist CaC_2O_4 praktisch unlöslich. Bildet sich ein
Niederschlag, so sollte er kristallin, körnig sein und nicht am Glas an-

---

[1] Dies ist im wesentlichen die Methode von *Hoffmann* und *Lundell:* J.
Res. nat. Bur. Standards **5**, 279 (1930).

haften. Sonst kann er aus MgC_2O_4 bestehen. (Warum kann das Ca^{++} nicht aus neutraler oder alkalischer Lösung gefällt werden?)

Die Summe der verschiedenen Bestimmungen kann nahe bei 100% liegen, sie kann beträchtlich niederer sein, wenn noch andere Elemente zugegen sind.

Ist die Menge der Kieselsäure und der Sesquioxyde bekannt, so sollte der Glühverlust verglichen werden mit dem Verlust, der sich aus den gefundenen Prozentgehalten an CaO und MgO ergibt. Da der Gewichtsverlust nahezu nur CO_2 ist, können größere Fehler so entdeckt werden, wenn alles Calcium und Magnesium als Karbonate vorhanden sind.

Es passiert manchmal, daß die Magnesiumbestimmung mißlingt. Es ist wünschenswert, bei einer zweiten Analyse die für die vorhergehenden Operationen benötigte Zeit abzukürzen. Folgendes Verfahren ist empfehlenswert: Glühe die Probe zunächst 30 Minuten, löse sie in einem 400-ml-Becherglas mit Salzsäure. Verdünne die Lösung auf 200 ml, koche 5 bis 10 Minuten, um die ganze Kohlensäure auszutreiben. Letztere Operation ist sehr wichtig. Füge einige Tropfen Thymolphthaleinindikator zu, sodann frisch bereitete (karbonatfreie!) Natronlauge, bis der Indikator nach Blau umschlägt ($p_H = 10,5$). Koche kurz auf, laß absitzen und filtriere den Niederschlag, der aus $Mg(OH)_2$, R_2O_3, SiO_2 und etwas $CaCO_3$ besteht. Bei diesem p_H fällt $Ca(OH)_2$ nicht merklich aus. Wasche den Niederschlag mit heißem Wasser, löse ihn in Salzsäure und fälle das Calcium als CaC_2O_4 in der üblichen Weise. Bildet sich ein beträchtlicher Niederschlag, so muß doppelt gefällt werden. Entferne die Ammonsalze im Filtrat wie oben angegeben. Das Eindampfen zur Trockene entfernt etwa zurückgebliebene Kieselsäure. Füge zur klaren Lösung 1 g Ammoniumtartrat, um die Fällung der R_2O_3 zu verhindern, und fälle das Magnesium als $MgNH_4PO_4$ in der üblichen Weise. Verglühe zu Pyrophosphat usw.

6. CO_2-Bestimmung in einem Karbonat. Karbonatproben werden in einem Spezialapparat mit Salzsäure behandelt; das entwickelte CO_2 wird von Verunreinigungen befreit, getrocknet und mittels eines geeigneten Reagens in einem Absorptionsgefäß absorbiert. Die Gewichtszunahme des Absorptionsgefäßes entspricht der absorbierten Menge CO_2. Diese Bestimmung macht von einer neuen Arbeitsmethode, der quantitativen Behandlung eines Gases, Gebrauch. Um genaue Ergebnisse zu erhalten, muß jede Einzelheit in der Arbeitsvorschrift sorgfältig beachtet werden.

Konstruktion des Apparates. Der Erfolg bei dieser Bestimmung hängt weitgehend von dem Zusammenbau eines gasdichten Apparates ab. Eine geeignete Form zeigt Abb. 57. A ist ein weithalsiger Kolben, der auf einem Drahtnetz auf einem Dreifuß oder Ring steht. Der Kolben ist mit einem doppelt durchbohrten Kautschukstopfen verschlossen, durch den ein kleiner Kühler C und ein Scheidetrichter B gehen. Das obere Ende des Scheidetrichters ist mit einem Gummistopfen verschlossen, der ein 150-mm-Chlorcalciumrohr D trägt, welches mit

Ascarite (Natriumhydroxyd-Asbest-Absorptionsmittel) gefüllt ist. Ein kleiner Wattepfropfen verhindert, daß etwas von dem Ascarite in den Scheidetrichter gelangt. Das obere Ende des Rohres D ist mit einem zweiten Wattepfropfen versehen und mit einem durchbohrten Korken verschlossen. Der Kühler C wird mit dem Absorptionsteil durch ein doppelt im rechten Winkel gebogenes Glasrohr mittels Gummischlauch verbunden. Die beste Schlauchqualität sollte für alle Verbindungen verwendet werden; die Enden der zu verbindenden Glasröhren müssen stets Glas an Glas aneinanderstoßen. Die Kautschukverbindungen können als zusätzliche Vorsichtsmaßnahme gegen Undichtigkeiten mit Drahtligaturen versehen werden [nicht empfehlenswert]. Das Ver-

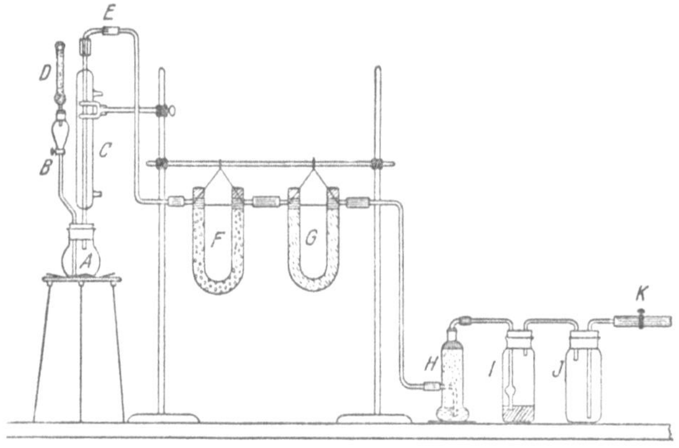

Abb. 57. Apparat zur CO_2-Bestimmung.

bindungsrohr zwischen dem Kühler und dem U-Rohr F besteht aus gewöhnlichem 6-mm-Glasrohr. Die beiden 150-mm-U-Rohre F und G hängen mit Kupferdraht an einem dicken Glasstab oder Eisenstab, welcher von zwei Stativen gehalten wird, deren eines auch den Kühler trägt. Das erste U-Rohr absorbiert Wasserdampf, der durch den Kühler durchgeht, sowie Salzsäure oder Schwefelwasserstoff.

Das erste Drittel des Rohres F ist mit wasserfreiem $CuSO_4$ gefüllt, welches jede Spur von H_2S zurückhält; die letzten zwei Drittel sind mit Dehydrite [$Mg(ClO_4)_2$] oder Drierite $CaSO_4 \cdot {}^1/_2 H_2O$ gefüllt, die beide wirksame Absorptionsmittel für Wasser sind. Weiß man, daß H_2S abwesend ist, so kann das Kupfersulfat weggelassen werden. Die Entwicklung von Schwefelwasserstoff kann verhindert werden, indem man das Karbonat mit Chromsäure und sodann, falls nötig, mit Schwefelsäure oder Perchlorsäure zersetzt. An Stelle von Dehydrite oder Drierite kann wasserfreies Calciumchlorid verwendet werden, doch hat dieses gewisse Nachteile. Es ist kein so wirksames Trocknungsmittel und muß zunächst mit CO_2 gesättigt werden, um das gewöhnlich anwesende Calciumoxyd zu sättigen. Sodann muß das CO_2 mittels eines trockenen, CO_2-freien Luftstromes entfernt werden. Die Öffnungen des U-Rohres sind mit gutsitzenden Korkstopfen verschlossen, die nahe bis zu den seitlichen Ansätzen reichen sollen. Die Stopfen werden gasdicht gemacht, indem man sie an den Enden des U-Rohres glatt abschneidet und mit Siegellack bedeckt. Das zweite U-Rohr G ist mit Trockenmittel gefüllt, außer etwa 2 cm von oben; dieser Raum ist mit Watte gefüllt. Die Öffnungen werden, wie oben beschrieben, versiegelt. Die U-Rohre werden mit Gummischläuchen aneinander und an die Röhren an beiden Enden angeschlossen. Vom zweiten U-Rohr führt ein entsprechend gebogenes Glasrohr zum Absorptionsgefäß H, das mit frischem Ascarite gefüllt ist, auf dem sich eine 1 cm dicke Schicht eines Trocknungsmittels befindet. Ein Raum von je etwa 1 cm am Boden und oben im Absorptionsgefäß wird mit Watte gefüllt. Das in Abb. 57 gezeigte Absorptionsgefäß ist eine sehr einfache und billige Ausführung. Eine bessere Type hat Glasstopfen an beiden Seiten und enthält ein eigenes Abteil für das Trockenmittel, das auf das Ascarite folgt, um alles Wasser aufzunehmen, das bei der Reaktion zwischen CO_2 und NaOH gebildet wurde, anstatt sich auf die Trockenwirkung des Ascarites zu verlassen. [Bei sorgfältigem Arbeiten wird man eine Schliffapparatur und U-Rohre mit eingeschliffenen Glasstopfen verwenden.]

Das Absorptionsgefäß, sowie ein gleiches danebengestelltes Gefäß, das bei den Wägungen bloß als Tara dient, soll nicht direkt auf dem Arbeitstisch, sondern auf reinem Papier stehen. Vom Absorptionsgefäß führt ein Rohr zur Waschflasche I, die konzentrierte Schwefelsäure enthält. Diese Waschflasche dient nur dazu, die Schnelligkeit des Gasstromes zu kontrollieren und das Rücksteigen von Wasserdampf aus dem Aspirator zu verhindern. Das Rohr soll in die Säure nur einige Millimeter tief eintauchen. Es ist zweckmäßig, hier eine rücksteigsichere kleine Waschflasche zu verwenden, damit die Säure nicht zurücksteigen kann, wenn das Saugen plötzlich unterbrochen wird. Falls das Rohr, das in die Säure in I eintaucht, keine Sicherheitskugel hat, schaltet man eine Waschflasche zwischen H und I, wobei die Rohre wie bei J stehen müssen. Das letzte Gefäß ist die leere Waschflasche J, die als Rücksteigflasche geschaltet ist, um aus dem Aspirator eventuell rücksteigendes Wasser aufzufangen. Die beiden letzten Flaschen sind mit gutsitzenden Gummistopfen [oder besser mit eingeschliffenen Stopfen] versehen. Die Flasche J wird mittels eines Druckschlauches mit der Wasserstrahlpumpe verbunden. Ein Schraubenquetschhahn K dient zum Regulieren des Gasstroms.

Prüfung auf Dichtigkeit. Bevor man an eine Bestimmung schreitet, muß die Apparatur auf ihre Dichtigkeit geprüft werden. Dies kann folgendermaßen geschehen: 1. Schließe den Oberteil der Ascarite-Röhre D am Scheidetrichter mit einem Gummistopfen. 2. Schließe Quetschhahn K und drehe die Wasserstrahlpumpe etwas auf. 3. Öffne Quetschhahn K langsam, bis etwa 1 Blase pro Sekunde durch I durchgeht. 4. Beobachte, ob die Geschwindigkeit, mit welcher die Gasblasen durch die Blasenzählerflasche gehen, schnell abnimmt, und die

Blasen schließlich wegbleiben. Gehen die Gasblasen weiterhin durch die Waschflasche, so muß der Apparat systematisch nach dem Sitz der Undichtigkeit untersucht werden. Nachdem die notwendigen Änderungen vorgenommen wurden, muß erneut geprüft werden, ob die Apparatur nun dicht ist.

Eine andere Methode, die Apparatur zu prüfen, ist, das CO_2 einer reinen Substanz oder einer Substanz von bekanntem CO_2-Gehalt zu bestimmen und den gefundenen Wert mit dem theoretischen zu vergleichen.

Arbeitsvorschrift. Nachdem die Apparatur gasdicht gefunden wurde, wird ein Luftstrom, etwa 2 Blasen pro Sekunde, etwa 10 Minuten lang durchgesaugt. Unterbrich sodann den Luftstrom und bringe das Absorptionsgefäß zusammen mit dem Taragefäß zur Waage. Falls das Gefäß nicht mit Glashähnen versehen ist, werden die Zu- und Ableitungsrohre mit Schlauchstücken verschlossen, in denen kurze Glasstäbchen stecken. Fasse die Absorptionsgefäße mit Filterpapier oder einem reinen Tuch an. Nachdem sie 30 Minuten im Waagekasten gestanden und zum Wägen bereit sind, werden die Hähne der beiden Gefäße einen Moment geöffnet oder die Gummiverschlüsse abgenommen. Das Absorptionsgefäß bringt man auf die linke Waageschale, das Taragefäß mit den Gewichten auf die rechte Waageschale. Diese Wägemethode wird verwendet, um Fehler auszuschalten, die durch Veränderungen des Luftauftriebes und der Wasseradsorption an den großen Glasoberflächen bei wechselnden atmospärischen Bedingungen auftreten können. Schließe das Absorptionsgefäß wieder an die Apparatur an und wiederhole das Luftdurchleiten. Die zweite Wägung des Absorptionsgefäßes sollte mit der ersten innerhalb 0,0005 g übereinstimmen. Ist dies nicht der Fall, so ist der Vorgang zu wiederholen, bis zwei aufeinanderfolgende Wägungen übereinstimmen. Sobald konstantes Gewicht erreicht ist, wird 1 g des Karbonatgesteins in die Zersetzungsflasche eingewogen. Füge 25 bis 30 ml Wasser sowie einige unglasierte Porzellankügelchen zur Probe, letztere um ein Stoßen der Flüssigkeit zu verhindern, und schließe die Flasche an die Apparatur an. Gib 50 ml verdünnte Salzsäure (1:1) in den Scheidetrichter und setze das Schutzrohr auf den Trichter auf. Drehe den Wasserhahn für den Kühler auf. Unterbrich zu Beginn die Verbindung mit der Pumpe. Lasse sodann die Säure langsam in den Zersetzungskolben zufließen. Die Geschwindigkeit ist so zu regulieren, daß nicht mehr als 2 bis 3 Gasblasen pro Sekunde durch die Waschflasche gehen. Sobald die gesamte Salzsäure zugesetzt wurde und der Gasstrom langsamer wird, wird der Zersetzungskolben mit einer kleinen Flamme erhitzt, bis sich die Probe gelöst hat. Schalte nun die Pumpe an, ohne die Flamme unter dem Kolben zu entfernen. Schließe zunächst Quetschhahn K und öffne ihn dann allmählich, bis sich ein Gasstrom von 2 bis 3 Blasen pro Sekunde einstellt. Koche die Lösung in der Zersetzungsflasche gelinde 2 bis 3 Minuten. Öffne den Hahn des Scheidetrichters, sobald die Flamme weggenommen wird, um ein Rücksaugen infolge der Kondensation des Dampfes zu vermeiden; reguliere gleichzeitig den Gasstrom. Lasse 30 Minuten lang Luft durch die Apparatur strömen; gegen Ende dieser Zeit wird der Gasstrom etwas verstärkt. Wäge das Absorptionsgefäß in derselben Weise wie zuvor. Die Gewichtszunahme entspricht dem CO_2 in der Probe.

Die Bestimmung wird wiederholt, bis zwei Ergebnisse erhalten werden, die auf 0,3% übereinstimmen. Das Gewicht des Absorptionsgefäßes nach der ersten Bestimmung kann als Anfangswert für die zweite Bestimmung verwendet werden, doch ist es angezeigt, das Absorptionsgefäß nochmals zu wägen, wenn es nicht am gleichen Tag gebraucht wird, ohne jedoch den anfänglichen Vorgang des Gewichtskonstantmachens zu wiederholen. Außer Gebrauch müssen die Absorptionsgefäße und die Apparatur verstöpselt aufbewahrt werden, um den Eintritt von CO_2 zu verhindern.

Analyse eines unlöslichen Silikates.[1]

Prinzip. Das Silikat wird durch Schmelzen mit Na_2CO_3 in einem Platintiegel löslich gemacht. Das lösliche Silikat wird in verdünnter Salzsäure gelöst und die Lösung zur Abscheidung der Kieselsäure zur Trockene eingedampft. Der trockene Rückstand wird mit konzentrierter Salzsäure behandelt, um Oxyde und basische Salze zu lösen; die Kieselsäure wird nach dem Verdünnen abfiltriert. Aus dem Filtrat wird die Kieselsäure ein zweitesmal abgeschieden; die beiden Niederschläge werden in einem Platintiegel geglüht und gewogen. Sodann wird die Kieselsäure mit Flußsäure und Schwefelsäure als SiF_4 verflüchtigt. Der Säureüberschuß wird verdampft und der Rückstand zu Oxyd verglüht. Der Gewichtsverlust des Niederschlages entspricht der Reinkieselsäure.

Aus dem Filtrat von der Kieselsäureabscheidung werden die Metalle der Schwefelwasserstoffgruppe, wenn vorhanden, als Sulfide gefällt; sodann Fe^{III}, Al, Ti mittels Ammoniak oder als basisches Benzoat oder Succinat gefällt und schließlich Ca und Mg bestimmt. Ist Zink anwesend, so wird es vor der Bestimmung des Ca und Mg aus einer Lösung mit einem p_H 2 bis 3 als Sulfid gefällt. Mangan kann entweder mit dem Eisen gefällt werden, indem man mit dem Ammoniak ein Oxydationsmittel, wie Brom, Wasserstoffperoxyd oder ein Peroxysulfat zusetzt — oder es kann von Calcium und Magnesium durch Fällung als Sulfid oder als Dioxydhydrat abgetrennt werden. Alkalimetalle müssen in einer gesonderten Einwaage bestimmt werden, welche durch Glühen mit einer Mischung von $CaCO_3 + NH_4Cl$ aufgeschlossen wird. Diese Methode wird hier nicht beschrieben.

Viele Fehlerquellen, die bei der Analyse eines unlöslichen Silikates auftreten, wurden in den vorhergehenden Abschnitten unter „SiO_2-Be-

---

[1] *Hillebrand* und *Lundell:* Applied Inorganic Analysis, S. 645. John Wiley & Sons. 1929. — *Washington:* Analysis of Rocks, 4. Aufl., S. 148. John Wiley & Sons. 1930.

stimmung in einem löslichen Silikat", S. 285, und unter „Analyse eines Kalksteins", S. 313, beschrieben.

Arbeitsvorschrift für Reinkieselsäure. Wäge in einem 20 bis 30 ml fassenden Platintiegel [0,5] 0,7 bis 0,8 g des feinst gepulverten und getrockneten[1] Silikates ein, füge die 5fache Gewichsmenge wasserfreies Natriumkarbonat zu und mische die beiden festen Substanzen innig mittels eines rundgeschmolzenen Glasstabes oder Spatels. Bedecke die Mischung mit etwas Karbonat. Bedecke den Tiegel und erhitze ihn in einem Platin- oder Quarzdreieck, bis der Tiegelboden dunkelrot glüht. Steigere nach 5 Minuten allmählich die Temperatur bis zur vollen Hitze eines Brenners vom Mekertyp. Behalte diese Temperatur bei, bis die Masse ruhig schmilzt und die CO_2-Entwicklung aufgehört hat. Lüfte von Zeit zu Zeit den Deckel, um den Inhalt zu beobachten. Dieser Teil der Operation soll 20 bis 30 Minuten dauern. Überzeuge dich, daß die Substanz an den Wandungen und am Deckel vollständig geschmolzen ist. Die Schmelze wird gewöhnlich nicht vollständig klar sein. Entferne die Flamme und schwenke den Tiegel beim Erstarren der Schmelze, so daß sie in dünner Schicht erstarrt. Klopfe mit dem kalten Tiegel, Öffnung nach unten, leicht auf den Boden einer 300-ml-Porzellanschale. Der Schmelzkuchen fällt gelegentlich heraus: die geringen Mengen der noch anhaftenden Schmelze an Tiegel und Deckel werden in Wasser gelöst und zur Hauptmenge zugegeben. Man setzt etwa 150 ml Wasser zu, bedeckt die Schale mit einem Uhrglas und setzt mittels einer Pipette beim Ausguß 25 ml konzentrierte Salzsäure zu. Nachdem die erste heftige Reaktion nachgelassen hat, wird die Schale auf das Wasserbad gestellt, bis der Schmelzkuchen vollkommen zerfallen ist, wobei man gelegentlich mit einem flachgedrückten Glasstab nachhilft. Hat sich der Schmelzkuchen nicht aus dem Tiegel gelöst, so legt man den Tiegel in die Schale und setzt die Säure wie oben beschrieben zu. Falls die Schmelze von Manganat grün gefärbt ist, fügt man einige Tropfen Alkohol zu, um zu vermeiden, daß freies Chlor entsteht, das den Tiegel angreifen würde. Sobald der Schmelzkuchen zerfallen ist, wird der Tiegel herausgenommen und abgespült.

Verdampfe die Lösung auf der Niedertemperatur-Heizplatte zur Trockene. [Die Verdampfungsgeschwindigkeit in Porzellanschalen die bloß innen glasiert sind ist 50 bis 100% höher als bei Schalen. die auch außen vollkommen glasiert sind.][2] Befeuchte den Rückstand mit 5 ml konzentrierter Salzsäure und 5 ml Wasser und verdampfe nochmals zur Trockene. Erhitze den trockenen Rückstand mindestens 1 Stunde. besser über Nacht, auf 100 bis 110° C. Füge sodann 5 ml konzentrierte Salzsäure zu, um die Oxyde und basischen Salze zu lösen; rühre die breiige Masse mehrmals um [und zerdrücke Körnchen mit einem unten

---

[1] [Es ist manchmal vorteilhafter, von lufttrockenem Material auszugehen und den Feuchtigkeitsgehalt in einer gesonderten Probe zu bestimmen.]

[2] *J. W. Mellor* und *H. V. Thompson:* A Trealise on quantitative Inorganic Analysis, 2. Aufl., S. 145, Fußnote 2. London: Ch. Griffin & Co. Ltd. 1938.

abgeplatteten Glasstab]. Füge etwas Wasser zu, sobald sich die Oxyde
gelöst haben, und rühre weiter. Füge etwa 100 ml Wasser zu, erhitze
die Lösung eben zum Sieden, filtriere die Kieselsäure ab und wasche
sie 5- bis 6mal mit heißer, verdünnter Salzsäure (1 Teil der konzentrierten Säure auf 10 Teile Wasser). Wasche zum Schluß 4- bis 5mal
mit Wasser, bis das Chlorion ausgewaschen ist. Verdampfe das Filtrat
zur Trockene und verfahre wie vorher, um die geringe Menge Kieselsäure
abzuscheiden, die in der Lösung zurückblieb. Filtriere durch ein geson-
dertes Filter. Gib die beiden Niederschläge in einen Platintiegel, verkohle die Filter sorgfältig, [ohne daß sich das Papier entzündet.
Brenne den Kohlenstoff weg und] erhitze schließlich den bedeckten
Tiegel 30 Minuten mit der vollen Flamme eines Mekerbrenners. Lasse
abkühlen und wäge den Tiegel samt Inhalt. Wiederhole Glühungen
von je 15 Minuten, bis das Gewicht konstant ist. Diese Kieselsäure ist
unrein. Setze vorsichtig 1 ml Wasser und 5 Tropfen konzentrierte
Schwefelsäure zu. Achte darauf, daß nichts von dem Niederschlag ver-
stäubt. Sodann werden in kleinen Anteilen 5 ml Fluorwasserstoffsäure
zugegeben. Manches Mal tritt dabei heftiges Aufschäumen auf. Schätze
die richtige Menge der zugegebenen Flußsäure aus der Höhe, bis zu
welcher der Tiegel gefüllt ist. Kommt etwas Flußsäure auf die Hände,
so müssen diese sofort mit Ammoniak abgewaschen werden, sonst entstehen schmerzhafte Geschwüre.[1] Verdampfe die Säure langsam, [am
besten in einem *Meyer*schen Luftbad] mit besonderer Sorgfalt, um ein
Spritzen zu vermeiden. [Diese Operation muß unbedingt im Abzug
vorgenommen werden, da Flußsäuredämpfe sehr gesundheitsschädlich
sind.] Der abgerauchte Rückstand wird 15 Minuten auf Hellrotglut
erhitzt, um die Sulfate in Oxyde zu verwandeln, und sodann gewogen.
Der Gewichtsverlust entspricht der Reinkieselsäure. Die hiebei auftretenden Reaktionen wurden S. 288 besprochen.

Die Gründe für die einzelnen Operationen dieser Bestimmung
wurden im Kapitel XVI unter „Bestimmung der Kieselsäure in einem
unlöslichen Silikat" besprochen.

Trennung der Metalle. Die vereinigten Filtrate von der Kieselsäurebestimmung enthalten die Chloride von Fe, Al, Ti, Mn, Ca, Mg und
eventuell anderer Metalle. Die Summe der Oxyde der ersten vier Metalle, manchmal als „Sesquioxyde" oder „R_2O_3" bezeichnet, werden
durch doppelte Ammoniakfällung (bei Gegenwart von $S_2O_8^=$ oder Br_2
usw., wenn Mn zugegen ist) bestimmt. Der Vorgang ist derselbe wie
bei der Analyse von Kalkstein, wobei der Niederschlag in vorliegendem
Falle viel größer sein wird und bei 1000° C oder darüber geglüht werden muß. Die Lösung sollte gegen Methylrot eben alkalisch reagieren,
($p_H = 6,5$). Ist das $p_H = 8$ oder höher, so wird die Aluminiumfällung

---

[1] [Therapie gegen Flußsäureverätzungen: *K. Fredenhagen* und *H. Fredenhagen*: Angew. Chem. **52**, 189 (1939): Möglichst rasches subkutanes Unter-
spritzen der verätzten Hautpartien mit 1 ml Calcium lacticum-Sandoz, Dauer-
verband mit einer Glycerin-Magnesiumoxydpaste.]

unvollständig. Wird eine Trennung von Mangan gewünscht, so darf das p_H nicht höher als 6,5 sein. Ist kein anderes Oxyd als $Fe_2O_3 + Al_2O_3$ anwesend, so kann das Eisen titrimetrisch und das Aluminium aus der Differenz bestimmt werden.

Die Bestimmung des Ca und Mg wird wie bei der Kalksteinanalyse durchgeführt, wobei jedes Element doppelt gefällt wird, falls es sich nicht um sehr geringe Mengen handelt. In letzterem Falle müssen die Volume der Lösungen und die zugegebenen Reagensmengen entsprechend verringert werden.

Rückblick, Fragen und Aufgaben.

1. Skizziere eine komplette Analysenmethode eines Fe^{II}-Mn-Pb-Ca-Karbonates (fünf Bestimmungen).

2. Schlage eine Methode zur vollständigen Analyse eines unlöslichen Silikates vor, welches Ba, Mg, Al, Cd enthält.

3. Worin unterscheidet sich die Bestimmung von Calcium und Magnesium in einem Gemisch ihrer Phosphate von der üblichen Methode?

4. Eine Probe eines dolomitischen Kalksteins enthält 5,00% SiO_2, 3,50% R_2O_3. Der Glühverlust beträgt 43,00%. Wieviel Prozent CaO und Prozent MgO sind vorhanden, wenn angenommen wird, daß der Glühverlust ausschließlich von den Karbonaten des Ca und Mg herrührt.

5. 0,7000 g eines Gemisches von Kohlenstoff, $CaCO_3$ und inertem Material wurde mit Salzsäure zersetzt und die entwickelte Kohlensäure gewogen (0,1407 g). Eine zweite Probe von 0,6000 g Gewicht wurde bei 900° C in Sauerstoff verbrannt und lieferte 0,2306 g CO_2. Berechne die Prozentgehalte an Kohlendioxyd und freiem Kohlenstoff in der Probe. Antwort: 5,00% C; 20,10% CO_2.

6. 1,1300 g eines Kalksteins gaben 0,0510 g Mn_3O_4 und 0,3150 g $Mg_2P_2O_7$. Berechne den Prozentgehalt an MnO und MgO in der Probe.

7. Wieviel Harnstoff $CO(NH_2)_2$ braucht man, um durch Hydrolyse 10,00 ml einer 35,00%igen HCl, d = 1,18, zu neutralisieren?

8. Welcher Fehler entsteht durch die Anwesenheit von 2,00% CaO, welches als $Ca_3(PO_4)_2$ in einem Niederschlag von $Mg_2P_2O_7$ vorhanden ist, wenn das Magnesium als Prozente MgO berechnet wird? Antwort: 1,34%.

9. In 1,0550 g einer Kalksteinprobe beträgt die Auswaage an Rohkieselsäure 0,0510 g. Nach dem Behandeln mit Flußsäure und Schwefelsäure bleibt ein Rückstand von 0,0025 g von Eisen- und Aluminiumoxyd. Die Auswaage der Sesquioxyde betrug 0,0420 g, daraus wurden 0,0015 g SiO_2 abgeschieden. Berechne die Prozentgehalte an SiO_2 und R_2O_3.

10. Wieviel 70,00%ige Perchlorsäure, d = 1,674, benötigt man, um 10,0000 g $CaCO_3$ zu neutralisieren?

11. Schlage eine alkalimetrische Methode vor, um Magnesium in Gegenwart von Calcium zu titrieren. Salzsäure ist im Überschuß anwesend. Magnesiumhydroxyd fällt bei $p_H = 10,5$. Würden Fe^{III}- und Al-Salze stören?

12. Welcher Fehler wird bei der volumetrischen Calciumbestimmung durch die Gegenwart von 1,50% MgO als MgC_2O_4 verursacht?

13. In 1,0550 g einer Probe wird das Mg als $MgNH_4AsO_4$ gefällt und letzteres in Salzsäure gelöst. Nach Zugabe von KJ wird das ausgeschiedene

Jod mit 40,10 ml einer 0,1230 n $Na_2S_2O_3$-Lösung titriert. Berechne die Prozente MgO in der Probe.

14. 0,8632 g einer nur CaO und MgO enthaltenden Mischung werden in 2,2642 g der entsprechenden Sulfate übergeführt. Berechne die Prozentgehalte der beiden Oxyde. Antwort: 35,03% MgO; 64,97% CaO.

XIX. Theorie der elektrolytischen Fällungen und Trennungen.[1]

Die meisten Methoden der Gravimetrie beruhen auf der Fällung des zu bestimmenden Ions mittels eines geeigneten Reagens. Auch der elektrische Strom kann als Fällungsmittel angewendet werden. Die in einer Lösung anwesende Substanz wird bestimmt, indem man die Gewichtszunahme einer geeigneten Elektrode feststellt, nachdem die Abscheidung der fraglichen Substanzmenge beendet wurde. Die positive Elektrode oder Anode ist gewöhnlich aus Platin oder einer Platinlegierung, wie Platin-Iridium. Die negative Elektrode oder Kathode kann aus Platin oder einem billigeren Metall, wie Tantal, Gold, Silber, Quecksilber oder Kupfer bestehen. Der Prozeß der elektrolytischen Bestimmung heißt Elektroanalyse oder Elektrolyse. Auf diesem Wege können Cu, Ag, Au, Hg, Cd, Ni, Co, Zn, Sb, Sn und (weniger gebräuchlich) andere Metalle auf der Kathode abgeschieden und bestimmt werden. Chlor, Brom und Jod können an einer Silberanode in Freiheit gesetzt werden; dabei entstehen die entsprechenden Silberhalogenide. Pb und Mn werden unter bestimmten Bedingungen als PbO_2 bzw. MnO_2 an der Anode abgeschieden. Die kathodische Kupferbestimmung und die anodische Bleidioxydbestimmung sind die häufigsten elektrolytischen Bestimmungen.

Apparat zur Elektrolyse. Ein Schema eines Elektrolysenapparates zeigt Abb. 58. Die Stromquelle kann eine (Blei)akkumulatorenbatterie, ein Dynamo oder ein (elektrolytischer, thermionischer oder Oxyd-) Gleichrichter sein. Die Elektrode, auf welcher die Abscheidung stattfindet, kann eine Scheibe, ein Zylinder, ein Konus oder ein Drahtnetz aus entsprechendem Material sein. Eine sehr gute Elektrodenform ist die *Winkler*-Elektrode, eine Drahtnetzelektrode, die das größte Verhältnis von Oberfläche zu Gewicht hat. In manchen Fällen ist die Verwendung einer Quecksilberelektrode wünschenswert. Diese kann hergestellt werden, indem man ein Wägeglas teilweise mit Quecksilber füllt, in dessen Boden ein Platindraht eingeschmolzen ist. [Wesentlich bequemer ist in diesem Falle die Verwendung einer verquickten Messingdrahtnetzelektrode.]

Elektrische Einheiten. Folgende Definitionen von Elektrizitätseinheiten sollen ins Gedächtnis zurückgerufen werden. Das *Coulomb* oder

---

[1] *A. Fischer* und *A. Schleicher:* Elektroanalytische Schnellmethoden, 2. Aufl. Stuttgart: Enke. 1926. — *A. Classen:* Quantitative Analyse durch Elektrolyse, 7. Aufl. Berlin: Springer-Verlag. 1927 — *W. Böttger:* Physikaische Methoden der analytischen Chemie, Bd. II. 1936.

die Einheit der Elektrizitätsmenge ist jene Elektrizitätsmenge, welche 0.001118 g Silber abscheidet oder mit dieser Menge verbunden ist. Bewegte Elektrizität wird Strom genannt. Die Einheit der Stromstärke ist das *Ampere*, es entspricht einer Strömungsgeschwindigkeit von 1 Coulomb pro Sekunde. Infolgedessen wird 1 Ampere pro Sekunde 0,001118 g Silber abscheiden. Eine *Amperestunde* ist der Strom von 1 Ampere, der 1 Stunde lang fließt; sie wird 0,001118 . 3600 = 4,0248 g Silber abscheiden. Die Einheit des Widerstandes ist das *Ohm*, es entspricht dem Widerstand einer 106,3 cm langen, 14,4521 g schweren Quecksilbersäule von gleichmäßigem Querschnitt bei 0° C. Das *Volt* ist die Einheit der elektromotorischen Kraft (EMK); es ist jene EMK, welche einen Strom von 1 Ampere in einem Widerstand von 1 Ohm verursacht. Das *Volt-Coulomb* ist die Einheit der elektrischen Energie und wird gewöhnlich *Joule* genannt. Das *Watt* ist die Einheit der Kraft und entspricht 1 Joule pro Sekunde. Das Produkt Volt $\times$ Ampere = = Watt. Braucht z. B. eine Lampe am

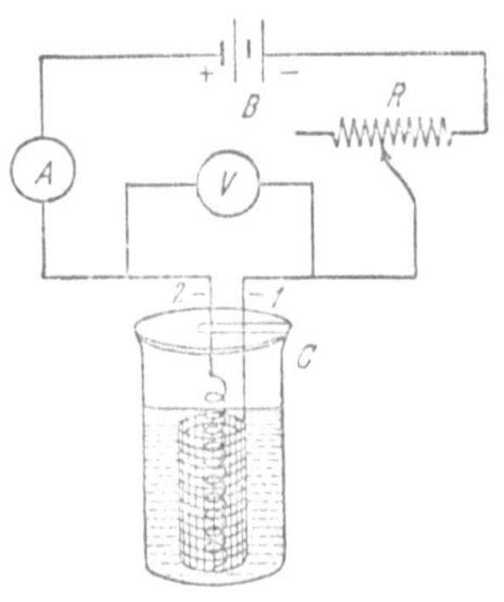

Abb. 58. Schaltschema für Elektroanalysen. *A* Amperemeter, *B* Stromquelle, *R* veränderlicher Widerstand, *V* Voltmeter, 1 *Winkler*sche Netzelektrode (aus Platin oder anderem Metall), 2 Spiralanode aus Platin oder Platin-Iridium, *C* gespaltenes, durchlochtes oder geschlitztes Uhrglas.

110-Volt-Netz 40 Watt, so ist die Stromstärke: 110 $\times$ Ampere = = 40; Ampere = 0,3636.

Elektrolysengesetze. Das *Ohm*sche Gesetz gibt die Beziehungen zwischen Stromstärke, Widerstand und Potential oder EMK wieder. Es wird gewöhnlich in der Form

$$\text{Stromstärke} = \frac{\text{elektromotorische Kraft}}{\text{Widerstand}} \quad \text{oder} \quad I = \frac{E}{R}$$

ausgedrückt, wobei die Stromstärke I in Ampere, die EMK E in Volt und der Widerstand R in Ohm ausgedrückt wird. Dieses Gesetz ist auf alle Leiter, auch auf Elektrolyte anwendbar.

Die Beziehungen zwischen der Elektrizitätsmenge, die durch einen Elektrolyten hindurchgeht, und den dabei an den Elektroden stattfindenden elektrochemischen Veränderungen werden durch die beiden *Faraday*schen Gesetze der Elektrolyse ausgedrückt. Diese lauten:

1. *Die Menge einer bestimmten Substanz, die an einer Elektrode abgeschieden wurde, ist der durch das System geflossenen Elektrizitätsmenge proportional.* So scheidet z. B. 1 Coulomb 0.001118 g Silber, 2 Coulombs 0.002236 g Silber ab usw.

2. *Die Mengen verschiedener Substanzen, die durch dieselbe Elektrizitätsmenge abgeschieden werden, sind ihren chemischen Äquivalenten proportional.* Das zweite Gesetz sagt aus, daß eine bestimmte

Elektrizitätsmenge, die durch eine Reihe von Lösungen von z. B. Ag, Cu^{II}, Cd hindurchgeleitet wird, Metallmengen abscheiden wird, die in dem Verhältnis Ag $: \dfrac{Cu}{2} : \dfrac{Cd}{2} = 107,88 : \dfrac{63,57}{2} : \dfrac{112,41}{2}$ stehen. Besteht die Elektrolyse in der Auflösung von Silber an einer Silberanode in Berührung mit einer Silbernitratlösung und Abscheidung von Silber an der Kathode, so werden gleiche Mengen des Metalles gelöst bzw. abgeschieden. Wird gleicherweise eine bestimmte Elektrizitätsmenge in Serie durch eine Chlorid-, Bromid- und Jodidlösung hindurchgeleitet, so werden Chlor bzw. Brom bzw. Jod in Freiheit gesetzt, deren Gewichtsmengen im Verhältnis $35,457 : 79,916 : 126,92$ stehen, vorausgesetzt, daß die Abscheidung des Halogens in jedem dieser Fälle der einzige Anodenprozeß ist. Werden gleichzeitig zwei gleichgeladene Ionen, z. B. Sauerstoff und Chlor, durch eine Elektrizitätsmenge abgeschieden, die 1-g-Äquivalent einer einzelnen Substanz entspricht, so wird der Bruchteil x eines Äquivalents Sauerstoff und der Bruchteil y eines Äquivalents Chlor abgeschieden; die Summe $x + y$ ist gleich einem Äquivalent.

Die Fundamentalmenge der Elektrizität, die nach dem zweiten *Faraday*schen Gesetz die Abscheidung bzw. Auflösung eines Grammäquivalents einer Substanz bewirkt, ist gleich 96 500 Coulombs und wird *1 Faraday* genannt. 1 Faraday (F) scheidet 107,88 g Silber. 35,457 g Chlor, $\dfrac{63,57}{2}$ g Cu^{II} usw. ab.

Faktoren, welche die elektrolytischen Abscheidungen stören. Wasser dissoziiert entsprechend der Gleichung $H_2O = H^+ + OH^-$ in Wasserstoffionen und Hydroxylionen. Die kathodische elektrolytische Abscheidung eines Metalles aus wässeriger Lösung setzt eine Abscheidung des Metallions vor dem Wasserstoffion voraus. In gleicher Weise setzt der Anodenprozeß eine Trennung gewisser Anionen vom Hydroxylion voraus. In jenen Fällen, wo der Wasserstoff zusammen mit dem Metall so schnell abgeschieden wird, daß bereits in den Anfangsstadien der Metallabscheidung eine Blasenbildung an der Kathode stattfindet. kann das Metall in einer schwammigen, schlechthaftenden, sich beim Trocknen leicht oxydierenden, oder unreinen Form abgeschieden werden. Die Abscheidungsbedingungen werden so gewählt. daß die genannten Schwierigkeiten soweit als möglich vermieden werden. Die wichtigen Faktoren, die beachtet und kontrolliert werden müssen, sind: Die Spannung an den Elektroden, die Stromstärke pro Flächeneinheit der Elektrode oder Stromdichte, das p_H und die Temperatur der Lösung. Mechanische Rührung und die Verwendung komplexbildender Zusätze sind weitere wichtige Faktoren. Um dieses ziemlich komplizierte Gebiet der Elektroanalyse besser zu verstehen, sollen die Begriffe Zelle, Elektrodenpotential. Polarisation, Zersetzungsspannung und Überspannung etwas näher besprochen werden.

Voltasche und elektrolytische Zellen. Eine Zelle besteht aus zwei Elektroden und einer oder mehreren Elektrolytlösungen in einem geeigneten Gefäß. Kann diese Zelle elektrische Energie an ein äußeres System abgeben, so nennt man sie eine *Voltasche Zelle*. Die chemische Energie der Reaktion in der Zelle wird mehr oder minder vollständig in elektrische Energie verwandelt; ein Teil der chemischen Energie kann in Wärme oder andere Energieformen verwandelt werden. Wird anderseits elektrische Energie von einer äußeren Quelle geliefert und verursacht einen Stromfluß durch die Zelle, so wird diese Anordnung eine *elektrolytische Zelle* genannt. Die elektrische Energie von der außerhalb gelegenen Stromquelle wird in der Zelle in chemische Energie verwandelt. Die Veränderungen an den Elektroden werden durch die *Faraday*schen Elektrolysengesetze vollständig beschrieben.

Häufig dient dieselbe Anordnung der Elektroden und der Lösung einmal als *Volta*sche Zelle, ein anderes Mal als elektrolytische Zelle. Der Bleiakkumulator ist das bekannteste Beispiel. Wenn die Batterie Strom liefert, z. B. beim Starten des Motors eines Kraftwagens, so geht die nachstehende Reaktion von links nach rechts vor sich.

$$PbO_2 + 2\,H_2SO_4 + Pb \rightleftarrows 2\,PbSO_4 + 2\,H_2O.$$

Wird die Batterie geladen, so läuft die umgekehrte Reaktion ab, wobei an der Anode PbO_2 und an der Kathode Pb gebildet wird. Die gleiche Situation tritt ein, sobald sich bei einer Elektroanalyse die Elektrolysenprodukte an Kathode und Anode abzuscheiden beginnen. Wird die äußere Sromquelle abgeschaltet, nachdem die Elektrolyse einige Zeit gelaufen war, so zeigt sich, daß die Zelle nun fähig ist, einen Strom zu liefern. Das von der äußeren Stromquelle angewendete Potential muß offenbar größer sein als jenes der so entstandenen *Volta*schen Zelle, wenn dauernd ein Strom durch die Zelle durchgehen soll, da die *Volta*sche Zelle den Strom aufzuheben oder zu schwächen trachtet, durch welchen sie entstanden ist.

Einzelelektrodenpotentiale und die elektrische Spannungsreihe. Wird irgendein festes oder flüssiges, den elektrischen Strom leitendes chemisches Element in Berührung mit einer Lösung seiner Ionen gebracht, so entsteht an der Phasengrenzfläche zwischen dem Element und der Lösung eine Spannungsdifferenz. Ist das Element ein Gas, so kann das Potential zwischen dem Element und seinen Ionen mit Hilfe eines Streifens eines unangreifbaren Metalles, z. B. Pt, Au usw., beobachtet werden. Die Größe des Potentials scheint einerseits von der Tendenz der Ionen des Elementes, die Elektrode zu verlassen [dem „Lösungsdruck"], anderseits von der entgegengesetzten Tendenz abzuhängen, wobei letztere dem osmotischen Druck und daher der Konzentration der Ionen des Elementes in der Lösung proportional ist. Je nach der Natur des Elementes und der Konzentration seiner Ionen kann das Potential an der Grenzfläche positiv, null, oder negativ sein. Taucht ein Kupferstreifen in eine 1 m Kupfersulfatlösung ein, so bildet sich eine [*Helmholtz*sche] Doppelschicht aus, so daß der Kupferstreifen gegenüber der Lösung positiv geladen erscheint, wie dies Abb. 59a veranschaulicht. Die abgeschiedenen Kupferionen bilden den positiven

Belag, eine äquivalente Menge von Sulfationen bildet den negativen Teil dieser Doppelschicht. Abb. 59b zeigt eine Doppelschicht, bei welcher der Metallstreifen negativ ist, herrührend von dem verhältnismäßig starken Bestreben der Ionen unedler Metalle, z. B. Zn, Mg usw., in den Ionenzustand überzugehen. In diesem Falle besteht die negative Schicht wahrscheinlich aus einem Überschuß von Elektronen, die zurückbleiben, wenn die Zinkionen abgegeben werden, um den positiven Belag der Doppelschicht zu bilden. Diese Doppelschicht bewirkt die Ausbildung des *Elektrodenpotentials.*

Abgesehen von relativ untergeordneten Faktoren, wie der Kristallform, dem (mechanischen) Spannungszustand, der Kaltverformung des Elektrodenmaterials, der Temperatur, dem Einfluß des Druckes, sind die wesentlichen Faktoren, die das Potential einer Elektrode relativ zu einer anderen bestimmen, die folgenden: *Erstens* die Tendenz des Elementes, Ionen zu bilden (der elektrolytische Lösungsdruck). Bei gegebenen Werten von Temperatur und Druck ist dies für jede stabile Form des Elementes eine charakteristische Konstante; *zweitens* der osmotische Druck der Ionen, der bei konstanter Temperatur lediglich von

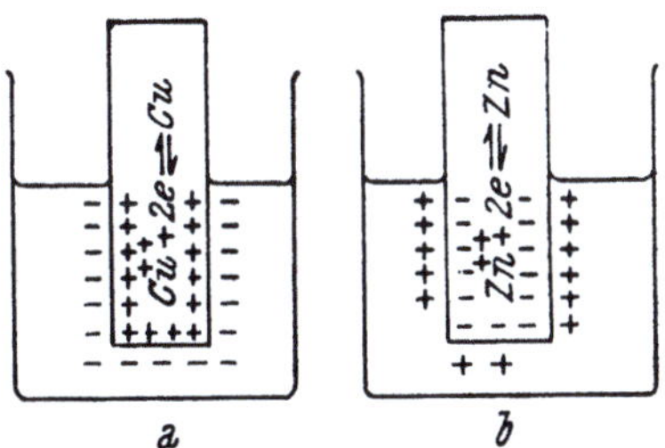

Abb. 59. Elektrolytische Doppelschicht. a) Kupfer in Berührung mit einer 1 m Kupfersulfatlösung; b) Zink in Berührung mit einer 1 m Zinksulfatlösung.

ihrer Konzentration abhängt und bei der Aktivität der Ionen gleich eins, einem Standardwert (22,4 atm.) entspricht. Auf dieser Grundlage können die Elemente entsprechend ihren Einzelelektrodenpotentialen angeordnet werden. Eine solche Zusammenstellung ist in Tab. 21 gegeben. Die Einzelelektrodenpotentiale bei der Ionenaktivität = 1 werden Normalpotentiale genannt und werden gewöhnlich mit dem Symbol E_0 gekennzeichnet. Da alle diese Potentiale relativ sind, kann eines als Bezugssystem gewählt werden, dem man willkürlich den Wert Null erteilt; man hat hiefür die Normalwasserstoffelektrode gewählt, welche definitionsgemäß den Wert Null hat. Da der elektrolytische Lösungsdruck und daher auch die Normalpotentiale von der Temperatur abhängen, ist es notwendig, diese anzugeben.

Der Konzentrationseinfluß auf das Elektrodenpotential, Konzentrationspolarisation. Eine *Volta*sche Zelle ist eine Kombination von zwei Metallelektroden mit den entsprechenden Salzlösungen. Eine der bekanntesten *Volta*schen Zellen ist das *Daniell*-Element Cu | m CuSO$_4$ || | m ZnSO$_4$ | Zn.

Ist die Ionenkonzentration, oder genauer die Ionenaktivität, in beiden Fällen gleich der Einheit, dann wird jede Elektrode ihr Normalpotential haben, welches in Tab. 21 angegeben ist. Die EMK der Zelle ist gleich der Differenz der Einzelpotentiale; in dem obigen Falle beträgt die EMK des *Daniell*-Elementes $E_{0\text{ Zelle}} = E_{0\text{ Cu}} - E_{0\text{ Zn}}$. Liefert eine solche Zelle elektrische Energie, so werden Kupferionen aus der Lösung auf die Cu-Elektrode abgeschieden, während von der Zinkelektrode Ionen in Lösung gehen. Da die Kupferionenkonzentration verringert wird, wird das Cu-Potential negativer; gleichzeitig wird die Zn-Ionenkonzentration erhöht und damit das Potential der Zn-Elektrode positiver.

Nehmen wir an, diese Zelle wird mit irgend einer Stromquelle verbunden, deren EMK größer ist als jene der Zelle. In einem solchen Falle wird ein Strom in entgegengesetzter Richtung durch die Zelle fließen. Kupferionen werden von der Elektrode in Lösung gehen und ihre Konzentration erhöhen; das Potential der Cu-Elektrode wird positiver werden. Gleichzeitig werden Zinkionen aus der Lösung abgeschieden, so daß das Elektrodenpotential des Zinks negativer werden wird.

Solche eben beschriebene Änderungen des Elektrodenpotentials faßt man unter dem Begriff „*Konzentrationspolarisation*“ zusammen. Es ist klar, daß stets eine Konzentrationspolarisation eintreten wird, sobald ein Strom durch eine Zelle fließt, gleichgültig, ob diese als *Volta*sche oder elektrolytische Zelle arbeitet.

Chemische Polarisation. Eine andere Art von Polarisation wird als chemische Polarisation bezeichnet. Wird eine bestimmte kleine EMK an eine elektrolytische Zelle angelegt, so geht nur ein sehr geringer Strom durch und Elektrolyse tritt nicht ein. Wird das Potenial allmählich gesteigert, so nimmt die Stromstärke nur geringfügig zu, bis die Stromstärke bei einem bestimmten Potential rasch zunimmt und die Elektrolyse beginnt. Diese Verhältnisse zeigt Abb. 60. Der durch den Knick in der Stromstärke-Potentialkurve ausgezeichnete Wert heißt *Zersetzungspotential*. Infolge der durch die Elektrolyse bewirkten Veränderungen war die Zelle *chemisch polarisiert*. Bei geringeren Potentialen hat eine unsichtbare Einwirkung an den Elektroden stattgefunden; ober dem Zersetzungspotential wird Substanz an den Elektroden kontinuierlich abgeschieden. Die Zersetzungsspannungen von Normallösungen aller Säuren mit relativ beständigen Anionen (H_2SO_4, HNO_3, H_3PO_4, $HClO_4$ usw.) liegen alle nahe bei 1,67 V, ebenso jene der meisten Basen, da in allen diesen Fällen stets derselbe Vorgang stattfindet: Wasserstoffentwicklung an der Kathode und Sauerstoffentwicklung an der Anode. An der Anode tritt die Teilreaktion $H_2O = 2\,H^+ + \frac{1}{2}\,O_2 +$ $+ 2\,e$, an der Kathode $2\,H^+ + 2\,e = H_2$ ein; die Summe ist $H_2O =$ $= H_2 + \frac{1}{2}\,O_2$. Wird ein Salz elektrolysiert, so kann das Endergebnis in einer Gleichung, wie z. B.:

$$Cu^{++} + 2\,NO_3{}^- + H_2O = Cu + \frac{1}{2}\,O_2 + 2\,H^+ + 2\,NO_3{}^-$$

ausgedrückt werden. Ein Teil des an der Anode entwickelten Sauerstoffes tritt oft in Form von Ozon auf. Die Zersetzungsspannung von Metallsalzlösungen hängt in erster Linie von der Art des Metalles, wenig von der Natur des Anions ab, vorausgesetzt, daß Sauerstoff einziges Anodenprodukt ist. Die Werte betragen für äquivalente Lösungen von $CdSO_4$ und $CdNO_3$ 2,03 bzw. 1,98 V; $CdCl_2$ hat einen niedrigeren Wert von 1,88 V, da der Anodenvorgang ein anderer ist.

Aus dem oben Gesagten folgt, daß jedes Ion ein bestimmtes Potential zu seiner Entladung an der Elektrode benötigt. Theoretisch sollte dieses Potential gleich jenem sein, welches in derselben Lösung eine Elektrode zeigt, auf der die Substanz abgeschieden wurde. Gewöhnlich findet die Abscheidung nicht bei diesem theoretischen Wert, sondern bei einem höheren Potential statt. Diese Spannungsdifferenz zwischen dem theoretischen Wert, bei welchem das Ion entladen werden sollte, und dem Potential, bei welchem es tatsächlich entladen wird, heißt die „Überspannung". Die im Falle des Wasserstoffes allgemein anerkannte Erklärung hiefür ist, daß sich ein Film von atomarem Wasserstoff an der Elektrodenoberfläche bildet. An platiniertem Platin tritt dies nicht ein, da Platinschwarz die Vereinigung von atomarem zu molekularem Wasserstoff katalysiert.

Metalle zeigen im allgemeinen kleine Überspannungseffekte: Bei niederen Stromdichten beträgt die

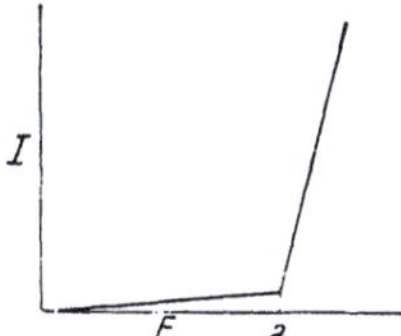

Abb. 60. Zersetzungsspannung. Die Diskontinuität (a) in der Stromstärke (I) — Spannungs(E)-Kurve kennzeichnet die beginnende Abscheidung der Elektrolysenprodukte in wesentlichen Mengen.

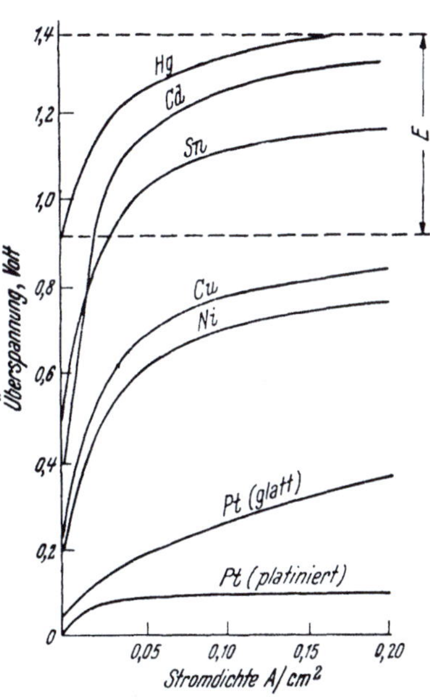

Abb. 61. Kathodische Überspannung des Wasserstoffes auf verschiedenen Metallelektroden. Nach *Knobel, Caplan* und *Eiseman*, Trans. Amer. Electrochem. Soc. **43,** 55 (1923), und anderen Quellen.

Überspannung für die Abscheidung von Kupfer auf einer Kupferoberfläche etwa 0,01 V, für Eisen auf einer Eisenoberfläche kann sie 0,1 bis 0,14 V betragen. Sauerstoff zeigt in saurer Lösung bei Stromdichten von 0,02 bis 0,03 A/qcm an glattem Platin eine anodische Überspannung von 0,4 V.

Die Überspannung hängt von mehreren Faktoren ab; einer der wichtigsten ist das als Elektrode benützte Material. Besteht die Kathode z. B. aus platiniertem Platin, so wird der Knick in der Stromstärke-Potentialkurve bei demselben Wert auftreten, den eine Wasserstoffelektrode in dieser Lösung zeigen würde. Mit anderen Worten, an einer platinierten Platinelektrode wird Wasserstoff beim theoretischen Potential entladen. Wird irgendein anderes Material verwendet, so muß ein größeres als das theoretische Potential zur Entladung des Wasserstoffions angewendet werden. Diese Differenz ist die Überspannung des Wasserstoffes auf diesem Material.

Ein weiterer wichtiger Faktor, der die Größe der Überspannung beeinflußt, ist die *Stromdichte*. Deren Zunahme bewirkt stets eine Zunahme der Überspannung. Stromdichte ist die Stromstärke pro Einheit der Elektrodenoberfläche. Sie wird gewöhnlich in A/qcm ausgedrückt. In der Elektroanalyse wird oft eine 100mal größere Einheit (A/dm²) benützt.

Die Temperatur beeinflußt stets die Überspannung. Eine Temperatursteigerung bewirkt eine Abnahme der Überspannung. Die Überspannung verschiedener Ionen wird durch die genannten Faktoren in verschiedenem Maße beeinflußt.

Abb. 61 zeigt Abscheidungspotentiale von Wasserstoff an verschiedenen Elektroden in Abhängigkeit von der Stromdichte. Die Kurven beginnen mit dem Potentialwert des jeweiligen Zersetzungspotentials. Die Überspannung des Wasserstoffes entspricht hier dem tatsächlichen Wert auf der Potentialskala, da der Nullpunkt der Potentialskala mit dem theoretischen Wert der Wasserstoffelektrode, das ist jenem Wert, bei welchem Wasserstoff an einer platinierten Platinelektrode bei verschwindend kleiner Stromdichte entladen wird, definitionsgemäß übereinstimmt. Die Überspannung eines beliebigen Materials entspricht der Differenz der Potentialwerte zu Beginn der Kurve, das ist bei der Stromdichte Null bzw. dem Wert bei der fraglichen Stromdichte. So ist E in Abb. 61 die Überspannung der Wasserstoffabscheidung auf Quecksilber bei einer Stromdichte von 0,2 A/qcm.

Die an die Elektroden angelegte Spannung. Die allgemeinen Beziehungen zwischen der angewendeten EMK und den zu überwindenden Effekten sind im nachstehenden Schema zusammengefaßt:

$$\text{EMK}_{\text{eff}}, E_{\text{eff}} \gtrless \begin{cases} \text{Ohmscher Widerstand } I\,R\,+ \\ +\ \text{Zersetzungsspannung } E_Z \end{cases} =$$

$$= \begin{cases} \text{reversible EMK} \quad E_r \qquad\qquad = \\ \qquad\qquad + \\ \text{Überspannung } \eta \quad (\eta = \eta_a - \eta_k) = \end{cases} \begin{cases} E_{\text{Anode}} - E_{\text{Kathode}} \\[4pt] \text{anodische Überspannung } \eta_a - \\ -\text{kathodische Überspannung } \eta_k \end{cases}$$

Kürzer in Symbolen ausgedrückt:

$$E_{\text{eff}} \gtrless I\,R + E_Z, \qquad E_r = E_a - E_k,$$
$$E_Z = E_r + \eta, \qquad\qquad \eta = \eta_a - \eta_k,$$
$$E_{\text{eff}} \gtrless I\,R + E_a + \eta_a - (E_k + \eta_k).$$

Elektrodenpotential oder Abscheidungspotential eines Ions in Abhängigkeit von der Konzentration des Ions. Wie früher ausgeführt wurde, hängt das Potential einer Elektrode von der Differenz zwischen dem elektrolytischen Lösungsdruck des Elektrodenmaterials und dem osmotischen Druck der Ionen des Elektrodenmaterials ab. Die Änderung des Elektrodenpotentials mit der Ionenkonzentration wird durch die *Nernst*sche Formel ausgedrückt. Sie lautet

$$E = \frac{2{,}303 \cdot R \cdot T}{n\,F} \log \frac{C_1}{C_2},$$

wobei 2,303 die Umrechnungskonstante von *Briggs*sche in natürliche Logarithmen, R die Gaskonstante, T die absolute Temperatur, n die Valenz des betrachteten Ions, F die *Faraday*sche Konstante, C_1 und C_2 die beiden Konzentrationen bedeuten. Setzt man die entsprechenden Werte in diese Gleichung ein, so erhält man

$$E = \frac{2,303 \cdot 1,985 \cdot 4,184 \cdot T}{n \cdot 96494} \log \frac{C_1}{C_2} = \frac{0,000\,1982 \cdot T}{n} \log \frac{C_1}{C_2}$$

und für 25⁰ C

$$E_{25°} = \frac{0,0591}{n} \log \frac{C_1}{C_2}.$$

Das Produkt 1,985 cal $(R) \cdot 4,184$ ergibt R in Joule. 96 494 Coulombs ist der Wert von F. Wird eine dieser Konzentrationen, oder korrekter Aktivitäten als Einheit genommen, und nennen wir den entsprechenden E-Wert E_0, so erhalten wir bei 25⁰ C:

$$E = E_0 + \frac{0,0591}{n} \log C.$$

Tab. 21 gibt eine Zusammenstellung der Normalpotentiale E_0 einer Reihe von Systemen.

Tab. 21. Normalpotentiale bei 25⁰ C.[1]

Elektrodenreaktion	E_0 Volt	Elektrodenreaktion	E_0 Volt
$Li^+ + e \rightleftharpoons Li$	— 3,02	$H^+ + e \rightleftharpoons {}^{1}/_{2}\,H_2$	0,0000
$K^+ + e \rightleftharpoons K$	— 2,922	$Cu^{++} + 2\,e \rightleftharpoons Cu$	0,3448
$Na^+ + e \rightleftharpoons Na$	— 2,712	${}^{1}/_{2}\,J_2 + e \rightleftharpoons J^-$	0,5355
$Zn^{++} + 2\,e \rightleftharpoons Zn$	— 0,762	$Hg_2^{++} + 2\,e \rightleftharpoons 2\,Hg$	0,7986
$Fe^{++} + 2\,e \rightleftharpoons Fe$	— 0,443	$Ag^+ + e \rightleftharpoons Ag$	0,7995
$Cd^{++} + 2\,e \rightleftharpoons Cd$	— 0,402	${}^{1}/_{2}\,Br_2 + e \rightleftharpoons Br^-$	1,0652
$Ni^{++} + 2\,e \rightleftharpoons Ni$	— 0,250	${}^{1}/_{2}\,Cl_2 + e \rightleftharpoons Cl^-$	1,3583
$Sn^{++} + 2\,e \rightleftharpoons Sn$	— 0,136	$Au^{+++} + 3\,e \rightleftharpoons Au$	1,42
$Pb^{++} + 2\,e \rightleftharpoons Pb$	— 0,126		

Elektrolytische Trennungen und Vollständigkeit der Abscheidung. Im Zusammenhang mit der Möglichkeit der elektrolytischen Abscheidung eines bestimmten Metalles ist es stets notwendig, die anderen anwesenden Ionen und die zu erwartende Überspannung zu berücksichtigen. Es sei z. B. angenommen, daß die Lösung in bezug auf Silber 0,01 m und in bezug auf Kupfer 0,1 m sei. Das Potential, bei welchem Silber beginnen wird, sich aus einer derartigen Lösung abzuscheiden, errechnet sich aus der *Nernst*schen Formel:

$$E = E_0 + 0,0591 \log 10^{-2} = 0,800 - 0,118 = 0,682 \text{ Volt.}$$

---

[1] Werte aus *W. M. Latimer:* Oxidation Potentials. Prentice-Hall Corp. 1938. Die Elektrodenpotentiale entsprechen der üblichen Vorzeichengebung, nach welcher das Potential des Metalles gegenüber der Lösung angegeben wird. Kupfer ist z. B. gegenüber einer molaren Kupfersulfatlösung positiv.

Ist das Silber bis auf eine vernachlässigbare Menge, etwa 10^{-7} m, abgeschieden, so ist das Potential

$$E = 0,800 + 0,0591 \cdot \log 10^{-7} = 0,800 - 0,4137 = 0,386 \text{ Volt.}$$

Aus der Tabelle der Normalpotentiale geht hervor, daß das Potential der Kupferelektrode in 1 m Lösung 0,345 V beträgt. Der Wert ist etwas niederer als das Potential des Silbers in einer 10^{-7} m Lösung; das besagt, daß kein Kupfer abgeschieden wird. Man kann generell sagen, daß ein einwertiges Metall von einem anderen vollständig getrennt werden kann, wenn das Abscheidungspotential des zweiten Metalles etwa 0,35 V geringer ist als das Abscheidungspotential des ersten Metalles zu Beginn der Abscheidung. Im Falle der Trennung von einem zweiwertigen Metall braucht der Unterschied nur etwa 0,2 V betragen.

Große praktische Bedeutung hat die elektrolytische Bestimmung eines reinen Metalles in wässeriger oder saurer Lösung. Bei Betrachtung der Tabelle der Normalpotentiale könnte geschlossen werden, daß solche elektrolytische Abscheidungen auf jene Metalle beschränkt sind, welche edler (positiver) sind als Wasserstoff; dies ist jedoch nicht der Fall.

Bei den meisten elektrochemischen Prozessen wird die Überspannung soweit als möglich vermieden, da sie einen Mehrverbrauch an elektrischer Energie bedingt. Bei elektrolytischen Abscheidungen leistet sie dagegen gute Dienste. Es wurde bereits gesagt, daß sich Wasserstoff nur an platiniertem Platin, bei seinem reversiblen Potential abzuscheiden beginnt. Für jedes andere Metall wird ein negativerer Wert benötigt, deren Größe in ausgeprägtem Maße von der Art des Kathodenmetalls, seiner physikalischen Beschaffenheit, der Stromdichte und der Temperatur abhängt. Ein anderer Punkt, der berücksichtigt werden muß, ist der Einfluß der Wasserstoffionenkonzentration auf das Abscheidungspotential des Wasserstoffes. Selbst an einer platinierten Platinelektrode beginnt die Wasserstoffabscheidung in einer neutralen Lösung erst, wenn die Elektrode das Potential $E = 0,0591 \log 10^{-7} = -0,4137$ V erreicht hat. Ist das abzuscheidende Metall z. B. Cadmium, so beträgt die Wasserstoffüberspannung bei sehr geringer Stromdichte etwa 0,4 V; für eine bei der Elektrolyse übliche Stromdichte über 1 V. Dies bedeutet, daß Cadmium selbst aus ziemlich saurer Lösung vollständig abgeschieden werden kann.

Es ist sogar möglich, mittels einer Quecksilberkathode Natrium und Kalium abzuscheiden. Hiefür sind drei Gründe maßgeblich beteiligt: a) Abb. 61 zeigt, daß Wasserstoff an Quecksilber eine sehr hohe Überspannung hat. b) Die Wasserstoffionenkonzentration kann sehr klein gemacht werden. c) Natrium und Kalium lösen sich in Quecksilber auf und werden dadurch verhindert, als massives Metall zu wirken, oder mit anderen Worten, die elektrolytische Lösungstension ist dadurch sehr gering.

Abb. 62 zeigt eine geeignete Apparatur, um die Veränderungen des Elektrodenpotentials während einer elektrolytischen Abscheidung zu verfolgen. Die Batterie Bat_1 liefert den Elektrolysenstrom im Stromkreis Amperemeter *Am*, Elektroden *1, 2* und linksseitigen Widerstand *R*. Um die Veränderungen an der Elektrode *2* festzustellen, wird die EMK der Zelle gemessen, die aus der Elektrode *2*, der Lösung im Becherglas und der zusätzlichen $Hg-Hg_2SO_4-K_2SO_4$-Halbzelle *3* besteht. Da letztere Halbzelle einen konstanten Wert besitzt, können die Potentialänderungen der Elektrode *2* gefunden werden, indem man das Potential der Halbzelle von den beobachteten Werten der EMK der obigen Zelle abzieht.

Der Meßkreis A, Bat_2, R, B, C, K, G ist eine Potentiometeranordnung. Der Gefällsdraht *AB* hat pro Längeneinheit stets gleichen Widerstand. Bevor man eine Messung macht, wird der Potentialfall von *A* nach *B*

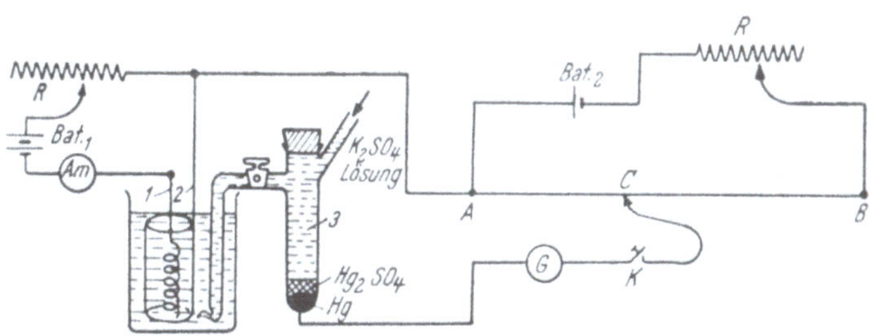

Abb. 62. **Apparat zum Studium von Kathoden- und Anodenvorgängen. Der Elektrolysenstromkreis ist gleich jenem in Abb. 58. Die Bezugselektrode *3* arbeitet in gleicher Weise wie die S. 168, Abb. 47 beschriebene Kalomelelektrode.**

auf einen passenden Wert, z. B. 2,000 V, gebracht, indem man ein Normalelement (in Abb. 62 nicht gezeichnet) zwischen *A* und *G* an Stelle der Zelle *2,3* einschaltet. Die Stellung *C* am Schleifdraht wird nun so gewählt, daß die Abstände $AC : AB$ sich wie die EMK des Normalelements zu der gewünschten Spannung (in unserm Falle 2,000 V) verhalten; sodann verändert man den Widerstand *R* (rechts) so lange, bis das Galvanometer *G* beim Niederdrücken des Stromschlüssels *K* keinen Ausschlag zeigt. Dann befindet sich zwischen *AB* die gewünschte Potentialdifferenz. Die Zelle *2,3* wird dann zwischen *A* und *G* eingeschaltet und jene Stellung des Kontaktes *C* gesucht, bei welcher das Galvanometer *G* beim Schließen des Stromkreises mittels des Schlüssels *K* in Ruhe bleibt. Angenommen, daß *C* halbwegs zwischen *A* und *B* steht, so würde die Zelle *2,3* eine EMK von 1 V haben. Zeigt *G* keinen Ausschlag beim Schließen des Stromkreises (*K*), so ist die EMK der Zelle *2,3* gleich der EMK zwischen *A* und *B* mal Abstand $\overline{AC}$/Abstand $\overline{AB}$.

Die EMK der Zelle *2,3* kann durch direktes Anschalten eines gewöhnlichen Voltmeters nicht genau gemessen werden, da das Instrument zu viel Strom verbraucht und dadurch die Zelle polarisiert. Wird der Spannungsabfall am Gefällsdraht *AB* genau der EMK der Zelle *2,3* gleich gemacht, so fließt beim Tasten von *K* durch das Galvanometer *G* kein Strom; ein zwischen A und K geschaltetes Voltmeter zeigt in diesem Falle die EMK der Zelle *2,3* an, wird jedoch von *Bat₂* gespeist. Zur Messung der EMK der Zelle *2,3* könnte ein Röhrenvoltmeter verwendet werden, da ein derartiges Instrument praktisch keinen Strom aus der zu messenden Zelle verbraucht. Da das Potential der Bezugselektrode bekannt ist, ergibt sich das gesuchte Kathodenpotential aus der Differenz. Auf diese Weise kann das Ausmaß der Trennung in jedem Stadium der Elektrolyse berechnet werden. Sind andere Metalle zugegen, so kann die Elektrolyse unterbrochen werden, bevor sich ein anderes Metall abscheiden kann. Natürlich können ähnliche Messungen an der Anode gemacht werden. Solche Abscheidungen bei beschränktem Kathodenpotential sind von großem theoretischen Interesse, werden jedoch nicht ausgedehnt verwendet, da die komplizierte Apparatur Sorgfalt und Aufmerksamkeit erfordert.

Eine andere Trennungstype ist von großer praktischer Wichtigkeit, nämlich die praktisch vollständige Abscheidung eines Metalles, worauf an der Kathode Wasserstoff abgeschieden wird, so daß die Ionen der anderen Metalle in Lösung bleiben. Es könnte erwartet werden, daß diese Trennungstype auf die Trennung der Metalle, die in der Spannungsreihe unter dem Wasserstoff stehen (Au, Ag, Hg, Cu, Bi usw.), von jenen ober dem Wasserstoff (Fe, Zn, Co, Ni, Ca, Sr, Ba, K, Na usw.) beschränkt ist. Es wurde jedoch gezeigt, daß das Potential der Wasserstoffentwicklung infolge der Überspannung nicht feststeht und durch Veränderung der Elektrodenoberfläche und des p_H starke Schwankungen zeigen kann. Daher können so unedle Metalle wie Eisen oder Nickel aus ihren Lösungen in schwachen Säuren und Zink aus stärker sauerer Lösung vollständig abgeschieden werden. Die Bestimmungs- und Trennungsmöglichkeiten sind daher vielfältiger, als es zunächst den Anschein hatte.

Komplexe Elektrolyte. Bei der Elektrolyse wird öfter von der Bildung sehr wenig dissoziierter, stabiler Komplexionen, von Ammoniakkomplexen, $[Ni(NH_3)_4]^{++}$, Oxalaten, Fluoriden usw. Gebrauch gemacht. Komplexes Kupfer(I)-cyanidion ist viel weniger in die Einzelionen dissoziiert als das entsprechende Silbercyanidion. Elektrolysiert man mit einer Spannung zwischen 1,1 und 1,6 V, so erhält man eine vollständige Abtrennung des Silbers; das Kupfer kann durch Anwendung einer viel höheren Spannung, 3 bis 4,5 V, abgeschieden werden.

Physikalische Eigenschaften des abgeschiedenen Metalles. Dieselben sind im allgemeinen bei einer Abscheidung aus einer Komplexsalzlösung günstiger als bei Abscheidung von gewöhnlichen Ionen. Aus einer Silberzyanidlösung wird ein besserer Silberniederschlag erhalten als aus einer Silbernitratlösung. Nickel wird aus $[Ni(NH_3)_4]^{++}$ enthaltenden Lösungen in einer zum Trocknen und Wägen günstigen Form niedergeschlagen.

Gleichzeitige Abscheidung eines Überschusses von Wasserstoff zusammen mit einem Metall kann die Abscheidung des letzteren in einer schwammigen, sich leicht oxydierenden oder von der Elektrode abfallenden Form bewirken. Es ist wohlbekannt, daß reinere und bessere Kupferabscheidungen aus einer Lösung erhalten werden, die sowohl Schwefelsäure als auch Salpetersäure (oder NH_4NO_3) enthält, als aus rein schwefelsaurer Lösung. Die Salpetersäure oder das Nitrat reagiert mit dem in Freiheit gesetzten Wasserstoff nach $10\,H^+ + NO_3^- + 8\,e = NH_4^+ + 3\,H_2O$, wobei Blasenbildung vermieden wird. Es ist interessant, daß eine Salpetersäure oder Nitrate enthaltende Lösung infolge obiger Reaktion während der Elektrolyse alkalisch werden kann; diese Tatsache ist wichtig, wenn die Lösung Metalle enthält, welche entweder in ammoniakalischer Lösung Niederschläge geben oder aus einer derartigen Lösung elektrolytisch abgeschieden werden. So kann z. B. Cu von Fe^{II} und Ni in saurer Lösung elektrolytisch getrennt werden. In alkalischer Lösung würde das Eisen als $Fe(OH)_2$ gefällt werden, während das Nickel als Metall auf der Kathode abgeschieden würde.

Ein Erhitzen der Lösung auf etwa 80 bis 100⁰ C erhöht in vielen Fällen die Reinheit und verbessert die physikalischen Eigenschaften der Metallabscheidung. Dies beruht zum Teil auf der mechanischen Rührwirkung, zum Teil auf Veränderungen in der Dissoziation, Leitfähigkeit und Überspannung.

Unter sonst gleichen Bedingungen verbessert ein mechanisches Rühren oft die Eigenschaften des Niederschlages. Die Wirkung von Hitze, die Rotation einer oder beider Elektroden, das Rühren mittels eines motorbetriebenen Rührers oder mittels eines inerten Gasstromes oder mittels magnetischer Effekte wurden erfolgreich benützt. Der Vorteil des Rührens der Lösung ist, daß sehr hohe Stromdichten (5 bis 10 A/qdm) verwendet werden können, ohne die Reinheit oder den physikalischen Charakter der Abscheidung zu schädigen. Dadurch ist große Zeitersparnis möglich, da die vollständige Abscheidung der bei Elektrolysen üblichen Metallmenge von 0,1 bis 0,5 g bei den meisten Metallen in kürzerer Zeit als einer Stunde durchgeführt werden kann, während für dieselbe Menge bei den niederen Stromdichten des ungerührten Elektrolyten 4 bis 8 Stunden benötigt werden. Werden im ungerührten Elektrolyten große Stromdichten angewendet, so entstehen schwammige oder baumartige Niederschläge, vermutlich infolge der Verarmung des Elektrolyten an Metallionen nahe der Elektrode und der dadurch bedingten Wasserstoffabscheidung, da Wasserstoffionen stets anwesend sind. Durch das Rühren wird ein reichlicher Nachschub von Metallionen an die Kathode gebracht und der Strom wird hauptsächlich zur Abscheidung des Metalles verwendet.

Innere Elektrolyse. Die Idee, ein sich auflösendes Metall zur elektrochemischen Abscheidung eines leichter reduzierbaren Metalles auf einer Platinfolie zu verwerten, wird in der qualitativen Analyse oft benützt. Auch bei quantitativen Arbeiten läßt sich eine derartige elektrochemische Austauschreaktion durchführen. Im letzteren Falle ist das sich lösende Metall leitend mit einem Platinnetz oder einer Platinscheibe verbunden, wo sich das edlere oder leichter reduzierbare Metall bzw. die Metalle in einer wägbaren Form abscheiden, wenn man eine geeignete Versuchstechnik anwendet. Obwohl diese Methode 1868 von *Ullgren*[1] zuerst vorgeschlagen wurde, werden ihre Vorteile und Anwendungen erst seit wenigen Jahren geschätzt.[2] Hauptanwendung dieser Methode ist die Bestimmung kleiner Metallmengen in Lösungen oder in dem sich lösenden Metall. Lösungen, welche bei gewöhnlicher Elektrolyse die Platinanode angreifen, können bei der Methode der inneren Elektrolyse vielfach angewendet werden. Durch richtige Wahl des sich lösenden Metalles, z. B. Pb, Zn, Cd, ist es möglich, das Kathodenpotential auf bestimmte Werte einzustellen, vorausgesetzt, daß diese Metalle frei von Verunreinigungen sind, die sich auf der Kathode abscheiden. Die Methode wurde auf Probleme, wie z. B. zur Trennung geringer Mengen von Bi und Cu (und, falls anwesend, Ag), von einer großen Bleimenge; Bestimmung von Cadmium in Zink; von Kupfer in hoch zinkhaltigen Legierungen; von Zinn in Aluminium; zur Trennung des Bleis von Antimon angewendet.

Rückblick, Fragen und Aufgaben.

1. Welche Gewichte der folgenden Substanzen werden durch 241 250 Coulomb abgeschieden? Cu^{++}, Pb^{++} (als PbO_2 an der Anode), Au^{+++}, Sb^{+++}, Sn^{++++}?

2. Wieviel Zeit wird theoretisch gebraucht, um 0,2000 g Cu aus einer $CuSO_4$-Lösung mit einer Stromstärke von 0,01 A abzuscheiden? Antwort: 16 Stunden 52 Minuten.

3. Wieviel Gramme werden in 5 Stunden durch einen konstanten Strom von 0,05 A abgeschieden: Ag^+, Cd^{++}, Au^{+++}?

4. Welche Stromstärke benötigt eine 100-Watt-Lampe bei 110 V? Wie groß ist unter diesen Bedingungen der Widerstand der Lampe? Antwort: 0,909 A. 121 Ohm.

5. Ist es möglich, Zink aus einer schwach sauren Lösung entweder auf einer Platin- oder einer Kupferelektrode abzuscheiden? Gründe.

6. Ein Strom schied während 15 Stunden 2,400 g Silber aus und setzte 0,500 g Wasserstoff in Freiheit. Berechne die mittlere Stromstärke in Ampere. Antwort: 0,925 A.

7. Eine Silberlösung ist ursprünglich bei 25° C 0,001 m an Silber. a) Welches Kathodenpotential wird benötigt, um Silber abzuscheiden? b) Wieviel Silber bleibt in 100 ml der Lösung zurück, wenn das Kathodenpotential auf 0,500 V, bezogen auf die Normal-Wasserstoffelektrode, gebracht wurde? Antwort: a) $E_{Ag} = 0,6222$ V; b) 0,0000925 g Ag.

8. Es ist eine 0,1 m $CuSO_4$-Lösung zu elektrolysieren. Welche Minimalspannung wird eine Kupferabscheidung bewirken, wenn, vollständige Dissozia-

---

[1] *C. Ullgren:* Z. analyt. Chem. 7, 442 (1868).

[2] Einzelne Anwendungen s. *Sand* und Mitarbeiter: Analyst 55, 309, 312, 495, 680 (1930); 56, 90 (1931). — *Clarke, Wooten* und *Luke:* Ind. Engng. Chem., Analyt. Edit. 8, 411 (1936). — Eine Zusammenfassung mit Literaturzusammenstellung bringen *Clarke* und *Wooten:* Electrochem. Soc. 76, 63 (1939).

tion vorausgesetzt, die $[H^+] = 1$; der Widerstandsfall ($I\,R$), 0,5 V und die Sauerstoffüberspannung an der Anode 0,42 V beträgt.

9. Eine Legierung enthält Kupfer, weniger als 0,5% Blei, Nickel und etwa 1% Fe. Skizziere ein Analysenschema, wobei soweit als möglich von elektrolytischen Methoden Gebrauch gemacht wird.

10. Ein bestimmter Strom schied 0,2157 g Silber ab. Es werde angenommen, daß anodisch Sauerstoff abgeschieden wurde. a) Welches Gewicht an Sauerstoff wurde entwickelt? b) Welches Volum würde der Sauerstoff bei Normalbedingungen einnehmen? Antwort: a) 0,0160 g; b) 11,2 ml.

11. Bei der Elektrolyse einer ammoniakalischen Lösung wird Arsenat nicht reduziert. Gib eine wahrscheinliche Erklärung hiefür und schreibe eine Liste jener Elemente auf, die unter diesen Bedingungen von As getrennt werden könnten.

12. Bei Stromdichten von 0,01 bis 0,1 A/qcm beträgt die Überspannung des Wasserstoffs auf Cadmium mehr als 1 V. Diskutiere die Bedeutung dieser Tatsache. Berechne, ob Cadmium aus einer Lösung niedergeschlagen werden kann, die 0,01 m an H^+ ist.

13. In welchen Einheiten wird die Stromdichte gewöhnlich ausgedrückt? Berechne die anodische und kathodische Stromdichte bei einer Stromstärke von 0,20 A, wenn die Anodenfläche 1,25 qcm, die Kathodenfläche 38,2 qcm beträgt. Antwort: 0,16 A/qcm^2; 0,0052 A/qcm^2.

14. Wiederhole die Rechnungen in Aufgabe 13 für Elektroden mit 0,50 bzw. 25,0 cm^2. Welchen Einfluß hätte die Vertauschung der Zuleitungsdrähte auf die Metallabscheidung auf der kleineren Elektrode?

15. Wie vollständig kann Kupfer von Zinn elektrolytisch getrennt werden? Die Lösung ist 0,01 m an Sn(II)-Ion.

16. Ein Strom von 0,20 A scheidet in einer Stunde 0,500 g Ag ab; wie hoch ist die Stromausbeute? Antwort: 62,1%.

17. Wieviel Kupfer wird theoretisch von 0,10 A in 10 Stunden aus einer Cu(II)-Salzlösung abgeschieden? Wieviel Blei würde bei gleicher Stromstärke in 20 Minuten als PbO_2 abgeschieden werden? Wie groß wäre die Stromausbeute, wenn der Strom in 10 Stunden bei 0,10 A 1,050 g Cu abschiede?

18. Wieviel $Fe_2(SO_4)_3$ könnte durch einen Strom von 0,5 A in 5 Stunden zu $FeSO_4$ reduziert werden?

19. Drei elektrolytische Zellen sind hintereinandergeschaltet. In einer Zelle werden 1,065 g Ag an der Kathode abgeschieden; eine gleiche Menge wird an der Silberanode gelöst; in der zweiten Zelle wird Kupfer abgeschieden und in der dritten wird Jod an der Anode in Freiheit gesetzt. Wieviel Kupfer wird abgeschieden? Wieviel ml 0,1000 $Na_2S_2O_3$ würde zur Titration des in der dritten Zelle in Freiheit gesetzten Jods notwendig sein?

20. Beschreibe ein Experiment, das zur Bestimmung des Äquivalentgewichtes von Cadmium dienen könnte.

21. Vorhanden sind ein 2,2-V-Akkumulator, Widerstände und andere Instrumente; schlage eine Schaltung vor, die eine Elektrolyse bei einer EMK nicht über 1,4 V auszuführen gestattet. Wie kann das tatsächliche Kathodenpotential gemessen und auf die Wasserstoffelektrode bezogen werden?

22. Wie vollständig kann Blei durch innere Elektrolyse aus einer Lösung abgeschieden werden, die anfänglich an Blei 0,00001 m war, wenn als lösliche Elektrode Cadmium verwendet wird und die Endkonzentration an Cd 0,1 m ist? Antwort: 99,99955% Pb wird niedergeschlagen.

23. Bei der Bereitung reiner Salze aus ziemlich reinen Proben unedler

Metalle ist es wünschenswert, einen kleinen Unterschuß an Säure zuzusetzen, also weniger als notwendig wäre, um das gesamte Metall aufzulösen. Erklärung.

24. Berechne den Widerstand zwischen den Elektroden im Apparat Abb. 58, S. 332, wenn das Amperemeter 0,25 A anzeigt, $B = 4,4\,$V, der Widerstand von V 1000 Ohm und der eingeschaltete Widerstand von R 4,5 Ohm beträgt. Die Widerstände der Verbindungsdrähte, des Amperemeters und der Elektroden werden vernachlässigt. Bemerkung: In Serie geschaltete Widerstände sind additiv. Parallelgeschaltete Widerstände r_1 und r_2 haben einen Gesamtwiderstand $\dfrac{1}{R} = \dfrac{1}{r_1} + \dfrac{1}{r_2}$. Antwort: 13,3 Ohm.

25. Für denselben Stromkreis wie in Aufgabe 24 betrage $R = 6\,$Ohm, $V = 1000\,$Ohm, der Widerstand zwischen den Elektroden in der Lösung 10 Ohm. Berechne die Stromstärke, wenn die Batterie B 4,4 V liefert (und die Widerstände des Amperemeters, der Leitungen und der Elektroden vernachlässigt werden). Welche Spannung wird das Voltmeter V annähernd zeigen?

XX. Analyse von Legierungen. Elektrolytische Bestimmungen und Trennungen.

Die elektrolytische Bestimmung von Kupfer.

Es ist wünschenswert, die elektrolytischen Vorgänge an einer reinen Substanz, z. B. kristallisiertem oder entwässertem Kupfersulfat zu studieren.

Prinzip. Die allgemeinen Prinzipien der Elektroanalyse wurden im XIX. Kapitel erklärt. Wird eine Kupfersulfatlösung elektrolysiert, die Schwefelsäure und Salpetersäure enthält, so treten folgende Reaktionen auf:

a) Kathodenreaktionen: $Cu^{++} + 2\,e = Cu \downarrow$,

$$2\,H^+ + 2\,e = H_2.$$

Sekundärreaktion: $\qquad 10\,H^+ + NO_3^- + 8\,e = NH_4^+ + 3\,H_2O.$

b) Anodenreaktionen: $\qquad H_2O = 2\,H^+ + {}^1/_2\,O_2 + 2\,e,$

$$2\,NO_3^- + H_2O = {}^1/_2\,O_2 + 2\,H^+ + 2\,NO_3^- + 2\,e.$$

Wie im vorhergehenden Kapitel festgestellt wurde, wird der Sauerstoff zum Teil in Ozon verwandelt, doch die Hauptmenge wird als molekularer Sauerstoff entwickelt. S. 340 wurde gezeigt, daß der Abscheidungsprozeß praktisch vollständig ist.

Fehler. Die Säurekonzentration der Lösung darf nicht zu groß sein; sonst ist die Abscheidung des Kupfers unvollständig, oder der Niederschlag haftet nicht an der Kathode. Der Strom darf nicht unterbrochen werden, solange die Elektroden in Berührung mit der sauren Lösung stehen; wird dies übersehen, so löst sich wieder etwas Kupfer auf. Es muß Sorge getragen werden, die Oberfläche des Kupfers beim Trocknen vor dem Wägen nicht zu oxydieren.

Die zu elektrolysierende Lösung sollte nur Spuren von Chlorionen enthalten, da die Anode durch das während der Elektrolyse entstehende Chlor korrodiert werden kann; doch ist eine Spur Chlorid wünschenswert.[1] Aus demselben Grund greift eine Mischung von Salpetersäure und Salzsäure Platin an. Platinanoden werden leichter angegriffen, als solche aus Platin-Iridium. In der Literatur wird über einen Angriff der Anode bei der Elektrolyse ammoniakalischer, Cyanid- bzw. Flußsäure enthaltender Lösungen und eventuell anderer berichtet. Bei heiklen Arbeiten ist es notwendig, die elektrolytischen Niederschläge zu lösen und auf Platin zu untersuchen, das als schwarzer Film erscheint, wenn mehr als ein Milligramm anwesend ist. Diese Fehlerquelle tritt bei den in diesem Kapitel beschriebenen Bestimmungen nicht auf, da Sorge getragen wird, die Gegenwart von mehr als Spuren von Chlorion zu vermeiden.

Versäumt man, die salpetrige Säure aus der Salpetersäure auszutreiben, so können während der Elektrolyse sehr eigentümliche Erscheinungen auftreten. Das Kupfer kann sich in schöner Form abzuscheiden beginnen, um sich dann wieder teilweise aufzulösen, oder die anfängliche Abscheidung kann verzögert werden. Salpetrige Säure kann aus Salpetersäure durch Kochen der letzteren entfernt werden. Wird diese Vorsicht nicht beachtet, so kann die salpetrige Säure durch Zugabe von Harnstoff zerstört werden:

$$2\,HNO_2 + (NH_2)_2CO = 3\,H_2O + 4\,N_2 + CO_2. \tag{1}$$

Der durch salpetrige Säure verursachte Fehler wird bei Gegenwart einer großen Eisenmenge verstärkt, z. B. bei Lösungen gewisser Kupfererze. Das Eisen wird durch den elektrischen Strom zur zweiwertigen Stufe und die Salpetersäure vom zweiwertigen Eisen reduziert; darauf beginnt sich der Kupferniederschlag aufzulösen. Dieser Fehler kann vermieden werden a) durch richtige Einstellung des Säuregrades und durch Zugabe von Ammoniumnitrat an Stelle von Salpetersäure, b) durch Abscheidung des Eisens vor der Elektrolyse, c) durch Zugabe von Phosphat oder Fluorid, welche Komplexe mit dem Fe^{III} bilden.[2] Näheres hierüber in den Büchern über Elektroanalyse, die im Anhang zusammengestellt sind.

Die Elemente, welche bei dieser Methode stören, werden in Zusammenhang mit der Kupferbestimmung in Messing, S. 358, besprochen werden.

Arbeitsvorschrift. Wäge etwa 0,5 g kristallisiertes Kupfersulfat in ein 150-ml-Becherglas hoher Form ein. Füge 100 ml Wasser, 1 ml konzentrierte Schwefelsäure, 1 Tropfen 0,1 n Salzsäure und 5 Tropfen konzentrierte Salpetersäure zu, die vorher gekocht wurde, um die

---

[1] *Scherrer, Bell* und *Mogerman:* J. Res. nat. Bur. Standards **22**, 697 (1939).

[2] *H. A. Frediani* und *C. H. Hale:* Ind. Engng. Chem., Analyt. Edit. **12** 763 (1940).

salpetrige Säure zu entfernen. Erwärme und rühre bis zur vollständigen Lösung. Wird eine Platindrahtnetzelektrode verwendet, so wird diese durch Erhitzen in verdünnter Salpetersäure gereinigt und mit destilliertem Wasser gewaschen. Trockne die Elektrode bei 100 bis 110° C, laß abkühlen und wäge. Berühre das Drahtnetz nicht mit den Fingern, da eine Spur Fett einen abblätternden Kupferbelag verursachen kann.

Tantalelektroden sollten nicht mit Salpetersäure gereinigt werden. Um den Kupferniederschlag zu entfernen, wird die Elektrode in ein Gemisch gleicher Teile von konzentriertem Ammoniak und Wasser, dem 10% Trichloressigsäure zugesetzt wird, eingetaucht. Diese Lösung kann wiederholt benützt werden, bis ihre Lösefähigkeit erschöpft ist. Die Elektroden werden dann mit destilliertem Wasser gewaschen, getrocknet und gewogen.[1]

Stelle die Schaltung nach Abb. 58, S. 332, zusammen. Sobald die Elektroden adjustiert sind, das Becherglas mit einem geeigneten geschlitzten oder gespaltenen Uhrglas bedeckt und die Schaltung in Ordnung ist (Einzelheiten siehe Arbeitsvorschrift „Elektrolytische Bestimmung von Kupfer in Messing"), kann die Elektrolyse nach der langsamen oder der Schnellmethode durchgeführt werden.

a) *Langsame Elektrolyse, ohne Rührung.* Man arbeitet mit zwei Akkumulatoren (4 V), schaltet zunächst den ganzen Widerstand ein und verringert diesen dann so weit, daß das Amperemeter 0,2 A anzeigt. Mit dieser Stromstärke wird die Elektrolyse spät abends in Gang gesetzt und ist in der Frühe des nächsten Tages beendet. Lassen die Verhältnisse diese Bestimmungsmethode nicht zu, so verwendet man eine Stromstärke von 1,5 bis 3 A und eine Netzelektrode; die Abscheidung ist gewöhnlich in $1^1/_2$ bis 3 Stunden beendet.

b) *Schnellelektrolyse, Lösung gerührt.* Man verwendet Schnellelektroden nach *Fischer*, zwei Platinnetze, die sich in geringem Abstand gegenüberstehen, die in ein Schnellelektrolysenstativ mit motorbetriebenem Rührer eingespannt werden. Bei dieser Anordnung kann ein viel stärkerer Strom verwendet werden. Nachdem die Lösung in die richtige Stellung gebracht und bedeckt wurde, wird der Rührer in Betrieb gesetzt und auf 400 bis 800 Umdrehungen pro Minute eingestellt. Schließe den Stromkreis an eine Spannung von 10 bis 12 V oder mehr an und verringere den Widerstand, bis eine Stromstärke von 5 bis 10 A erhalten wird. Die Elektrolyse ist gewöhnlich in 30 bis 45 Minuten beendet. Um auf die vollständige Abscheidung des Kupfers zu prüfen, verringert man zunächst die Stromstärke auf etwa 0,5 A und stellt den Rührer ab. Die Prüfung wird wie folgt vorgenommen:

Man spült das Uhrglas in die Lösung ab, nachdem man infolge Verschwindens der Kupferfärbung annehmen kann, daß die Abscheidung

---

[1] *L. W. Strock* und *H. S. Lukens:* Electrochem. Soc. **56**, 409 (1929).

vollständig ist. Dies gilt sowohl für die langsame wie für die Schnellelektrolyse. So wird der Flüssigkeitsspiegel etwa 0,5 cm gehoben und
der blanke Elektrodenstiel wird benetzt. Sodann wird die Elektrolyse
$^1/_2$ Stunde bei einer Stromstärke von 0,2 A oder 10 bis 15 Minuten
bei 1,5 A fortgesetzt. Scheidet sich am Elektrodenstiel kein Kupfer
mehr ab, so kann die Abscheidung im allgemeinen als vollständig betrachtet werden. Chemische Prüfungen können mit kleinen Flüssigkeitsmengen gemacht werden, wenn die Lösung für weitere Bestimmungen nicht benötigt wird.

Ist durch die Prüfung erwiesen, daß die Abscheidung vollständig
ist, so muß die Flüssigkeit entfernt werden. Zwei Methoden sind gebräuchlich: 1. Die Flüssigkeit wird unter Nachgießen von Waschwasser abgehebert, bis die gesamte Säure entfernt ist, ohne daß der
Strom dabei unterbrochen werden darf. Sonst wird etwas Kupfer in
Lösung gehen. Ein Glasheber mit Stöpsel ist am besten, doch kann statt
dessen auch ein Gummischlauch verwendet werden. Während die
schwerere Flüssigkeit vom Boden des Becherglases abgehebert wird,
gießt man Wasser nach, so daß der Flüssigkeitsstand im Becherglas
nahezu konstant bleibt; dies wird fortgesetzt, bis die Stromstärke praktisch auf Null abgefallen ist. Dann hebert man die Flüssigkeit vollständig
ab, spült die Kathode mit etwas Azeton ab und trocknet bei 100 bis
110⁰ C. [Auch daß Trocknen mit einem Heißluftföhn hat sich sehr gut
bewährt.] Das Trocknen soll nicht zu lange dauern, da Gefahr besteht.
daß sich das Metall oxydiert; 5 bis 10 Minuten genügen gewöhnlich. —
Müssen weitere Bestimmungen in derselben Lösung gemacht werden, so ist
diese Methode nicht sehr befriedigend, da das Flüssigkeitsvolum so groß
wird, daß durch das nachfolgende Eindampfen viel Zeit verlorengeht.
2. Verwende einen Glasheber, um den Elektrolyten abzuhebern; richte
gleichzeitig einen ununterbrochenen Wasserstrahl aus einer Spritzflasche rund um die obere Elektrodenkante und unterbrich dieses
Waschen nicht, bis die Lösung völlig von der Elektrode abgehebert ist.
Wird der freiwerdende Kupferniederschlag in dem Maße, wie die
Mutterlauge abgezogen wird, sofort säurefrei gewaschen, so wird die
Säure keine lösende Wirkung auf das Kupfer ausüben. Wird die
saure Lösung anderseits nicht unmittelbar, und bevor der Stromkreis
unterbrochen ist, abgespült, so erhält man zu niedere Ergebnisse. Entferne sodann das Becherglas und ersetze es durch eines, das mit destilliertem Wasser gefüllt ist; spüle schließlich die Elektrode mit etwas
Azeton ab. Trockne sie 5 bis 10 Minuten bei 100 bis 110⁰ C. laß abkühlen und wäge. Letztere Methode (2) sollte verwendet werden, wenn
das Kupfer von anderen Ionen getrennt werden soll. die nachher zu
bestimmen sind. Berechne die Prozente Cu aus den erhaltenen Ergebnissen.

Die Platin-Netzelektrode wird durch kurzes Einstellen in heiße,
verdünnte Salpetersäure gereinigt. Spüle sie sodann gründlich mit destilliertem Wasser ab und trockne sie. Tantalelektroden werden nach
der Vorschrift S. 348 gereinigt.

Messinganalyse.

Messing ist im wesentlichen eine Kupfer-Zink-Legierung, enthält jedoch gewöhnlich geringe Mengen von Pb, Sn, Fe. Ferner sind manchmal Sb, Ni, Al anwesend. Eine Analyse umfaßt daher die Trennung und Bestimmung von Sn, Pb, Cu, Fe, Zn. Ist Sb anwesend, so wird dieses mit dem Zinn gewogen, während Al mit dem Fe gefällt wird.

Abscheidung und Bestimmung von Zinn. Werden Zinn und seine Legierungen in Salpetersäure gelöst, so bildet sich unlösliche b-Zinnsäure:

$$3\,Sn + 4\,HNO_3 + H_2O = 3\,H_2SnO_3 \downarrow + 4\,NO. \tag{2}$$

Dieser Niederschlag ist infolge seiner kolloidalen Beschaffenheit nicht nur schwierig zu filtrieren, sondern zeigt das starke Bestreben. Salze gewisser Metalle zu adsorbieren, und enthält gewöhnlich mehr oder weniger Fe, Pb und Cu, speziell Fe. Ist in der Lösung nur Salpetersäure anwesend, so ist die Fällung auch ohne Eindampfen zur Trockene vollständig. Ein derartiges Eindampfen würde die Menge der Verunreinigungen im Niederschlag nur erhöhen und sollte daher vermieden werden. Damit die b-Zinnsäure vollständig gefällt wird, muß die Lösung erhitzt und einige Zeit stehengelassen werden. Um die Filtration zu erleichtern, wird Filterschleim zugesetzt, und der Niederschlag mit verdünnter Salpetersäure gewaschen, um zu verhindern, daß er kolloidal wird. Er wird bei der höchsten Temperatur des Meker-Brenners zu Zinndioxyd verglüht und als solches gewogen.

$$H_2SnO_3 \xrightarrow{\text{glühen}} SnO_2 + H_2O. \tag{3}$$

Die Reduktion des SnO_2 durch Filterkohle oder Flammengase muß sorgfältig vermieden werden. Der Niederschlag sollte rein weiß sein, ist es aber selten. Die mittels dieser Methode erhaltenen Ergebnisse sind daher stets etwas zu hoch; die der anderen Bestimmungen aus demselben Grunde etwas zu niedrig. Ist etwas Sb anwesend, so wird dieses zusammen mit der b-Zinnsäure ausgefällt. Der geglühte Niederschlag besteht aus $SnO_2 + Sb_2O_4$. Ist Eisen anwesend, so zeigt die braune Farbe des Niederschlages an, daß Eisen bei der Fällung mitgerissen wurde. Bei sorgfältigem Arbeiten wird nur sehr wenig PbO und CuO im Niederschlag sein.

Die Menge der Verunreinigungen des SnO_2 kann [mittels des „Freiberger Aufschlusses"] durch Schmelzen des Niederschlages mit der 10fachen Menge eines Gemisches gleicher Teile wasserfreien Natriumkarbonats und Schwefels in einem bedeckten Porzellantiegel bei Rotglut bestimmt werden. Es bildet sich Na_2S_4, welches mit dem SnO_2 unter Bildung des löslichen Na_2SnS_3 reagiert, während mit den anderen Metallen unlösliche Sulfide gebildet werden. Obige Mischung wird an Stelle von Natriumsulfid verwendet, da letzteres zerfließlich ist. Da das gelbe Polysulfid etwas Kupfersulfid auflöst, wird die Lösung mit genug Na_2SO_3 gekocht, um farbloses Sulfid zu bilden.

$$Na_2S_2 + Na_2SO_3 = Na_2S + Na_2S_2O_3. \tag{4}$$

Sodann werden die Sulfide von Fe, Pb, Cu abfiltriert, zu den Oxyden verglüht und gewogen. Das Gewicht wird von jenem der „Rohzinnsäure" abgezogen.[1] Vorhandenes Antimon ist in der Lösung als Na_3SbS_4 vorhanden.

Eine bequemere Methode[2] beruht auf der quantitativen Verflüchtigung von Sb und Sn als SbJ_3 bzw. SnJ_4; man fügt zur Rohzinnsäure das 10fache Gewicht an NH_4J zu und erhitzt 15 Minuten im elektrischen Ofen auf 425 bis 475° C. Der Rückstand wird nach einer Behandlung mit Salpetersäure als gemischte Oxyde von Cu, Pb, Fe gewogen. Der Gewichtsverlust entspricht dem Gewicht der verflüchtigten Oxyde des Zinns und Antimons.

Die volumetrische Zinnbestimmung ist einer größeren Genauigkeit fähig als die gravimetrische Bestimmung.

Die gravimetrische Methode trennt Zinn mehr oder weniger vollständig von den meisten anderen Elementen, ausgenommen Sb, As, P. Das Sb bildet eine unlösliche Säure wie die b-Zinnsäure; die letzteren beiden Elemente bilden Arsen- und Phosphorsäure, die durch eine genügende Menge von b-Zinnsäure vollständig adsorbiert oder mitgefällt werden.

Fehler. Positive Fehler: Adsorption anderer Metalle. Negative Fehler: 1. Unvollständige Fällung der b-Zinnsäure durch zu früh erfolgende Filtration, oder infolge der Gegenwart anderer Säuren, außer der Salpetersäure. 2. Reduktion beim Verglühen.

Arbeitsvorschrift. Zinn als b-Zinnsäure abgetrennt. Das Messing muß ölfrei sein, braucht jedoch nicht getrocknet zu werden. Das Öl wird durch Waschen mit Äther oder Benzin entfernt. Die ausgegebenen Proben sind rein und direkt zur Analyse verwendbar.

Wäge Proben [von etwa je 0,4 bis 0,5 g] in 150 ml Bechergläser ein und setze bei bedecktem Becherglas 10 ml konzentrierte Salpetersäure zu. Die Säure kann auf einmal zugesetzt werden, wenn die Messingspäne nicht sehr klein sind; sonst ist es besser, die Säure in Portionen von 5 ml zuzusetzen, um eine zu heftige Reaktion zu vermeiden. Halte die Lösung etwas unter dem Siedepunkt und lasse auf etwa 5 ml eindampfen; verdampfe jedoch nicht zur Trockene. Sollte dies passieren, so wiederhole die Analyse mit einer neuen Einwaage. Das Eindampfen sollte mindestens 1 Stunde dauern, um die b-Zinnsäure sicher auszufällen; längeres Stehenlassen schadet nicht. Verdünne die Lösung auf etwa 35 ml und lasse sie 20 bis 30 Minuten heiß stehen, damit sich alle löslichen Salze lösen. Füge sodann Filterbrei zu, der aus einem Stück einer Filterbrei-Tablette hergestellt wurde. Diese Tabletten sind aschenfrei. Reiß ein kleines Stück davon ab, gib dieses mit etwas destilliertem Wasser in ein Reagensglas und schüttle etwa 1 Minute heftig. So wird ein viel besserer Brei erhalten, als wenn man ein Filter zerfasert.

---

[1] *Craig:* J. Ind. Engng. Chem. **11**, 750 (1919).
[2] *Caley* und *Burford:* Ind. Engng. Chem., Analyt. Edit. **8**, 114 (1936).

Füge eine entsprechende Menge des Breis zu jeder der Lösungen hinzu. welche den b-Zinnsäureniederschlag enthalten, und rühre gut um. Bei einer solchen Behandlung ist es möglich, ein klares Filtrat zu bekommen, ohne das Filter zu verstopfen, ein Ergebnis, das sonst nicht zu erlangen ist, [außer man verwendet Membranfilter[1]]. Filterbrei ist bei kolloidalen oder gelatinösen Niederschlägen angezeigt, braucht jedoch bei Niederschlägen, welche leicht filtrieren, nicht angewendet werden. Manchmal ist es jedoch angezeigt, etwas Filterbrei vor der Filtration durch das Filter zu gießen.

Rühre den Niederschlag auf und filtriere durch ein kleines, engporiges [Blauband-]Filter in ein 150-ml-Becherglas; gieße das erste Filtrat, falls es nicht klar ist, nochmals durch das Filter. Falls die Zinnmenge groß ist, kann mehr Filterschleim nötig sein. Wasche den Niederschlag mindestens [7- bis 10]mal mit heißer 1%iger Salpetersäure vollkommen aus. falte das Filter zusammen und verkohle es bei niederer Temperatur im offenen Porzellantiegel. Brenne die Kohle bei möglichst niedriger Temperatur weg, um eine Reduktion zu vermeiden. Schließlich wird bei schräggestelltem Tiegel (um der Luft freien Zutritt zu gewähren), bei voller Temperatur eines Meker-Brenners geglüht. Bedecke den Tiegel nicht, da Zinndioxyd durch die Flammengase sehr leicht reduziert wird. Tritt Reduktion ein, so muß der Niederschlag mit einem Tropfen Salpetersäure befeuchtet und neuerlich geglüht werden. Glühe bis zur Gewichtskonstanz und wäge als SnO_2. Berechne den Prozentgehalt an Zinn. Der Umrechnungsfaktor beträgt 0,7877. Ist im Messing Eisen vorhanden, so wird gewöhnlich etwas davon mit der Zinnsäure mitgerissen; das Fe_2O_3 verleiht dem SnO_2 eine bräunliche oder rötliche Färbung. Diese Verunreinigung kann durch eine Säurebehandlung nicht entfernt werden. Ist das Oxyd dunkelgrau, so ist es — was selten der Fall ist — mit schwarzem CuO verunreinigt und zeigt ein unachtsames Arbeiten an.

Wie wird eine genaue Bestimmung der Gesamtmenge der Verunreinigungen im SnO_2 durchgeführt. wenn eine solche verlangt wird?

Trennung und Bestimmung des Bleis. Trennung als Bleisulfat. Die Lösung wird nach der Abscheidung des Zinns — oder die salpetersauere Lösung, wenn kein Zinn vorhanden ist —, mit einem Überschuß von Schwefelsäure abgeraucht, um alles in Sulfate zu verwandeln. Alle anderen Säuren müssen verjagt werden, da diese die Löslichkeit des $PbSO_4$ erhöhen. Die Reaktion der Schwefelsäure mit dem Bleinitrat verläuft nach

$$Pb(NO_3)_2 + H_2SO_4 = PbSO_4 \downarrow + 2\,HNO_3,$$

bzw. $$Pb(NO_3)_2 + 2\,H_2SO_4 = Pb(HSO_4)_2 + 2\,HNO_3, \tag{5}$$

$$Pb(HSO_4)_2 + H_2O = PbSO_4 + (H_2SO_4 + H_2O)$$

wobei für die anderen Metalle analoge Gleichungen gelten.

---

[1] Phywe A. G. Göttingen.

Die löslichen Sulfate lösen sich im Wasser, das unlösliche Bleisulfat bleibt zurück. Pro 100 ml Lösung sollen 2 bis 3 ml konzentrierte Schwefelsäure im Überschuß zugegen sein, um die Löslichkeit des $PbSO_4$ zu verringern und seine Verunreinigung mit anderen Metallen zu vermeiden. Der Niederschlag ist feinkristallin und sehr dicht. Er wird mit kalter, verdünnter Schwefelsäure — 1 ml konz. H_2SO_4 auf 200 ml Wasser — gewaschen. 100 ml einer solchen Waschflüssigkeit lösen bei 18 bis 20° C etwa 0,5 mg $PbSO_4$, bei 12° C 0,35 mg, während reines Wasser bei 20° C 4,5 mg $PbSO_4$ löst. [Noch besser ist die Verwendung von 5%igem Alkohol als Waschflüssigkeit, dem etwa 0,5% Schwefelsäure zugesetzt wird.] Steigt die Konzentration der Schwefelsäure über 20%, so beginnt die Löslichkeit des Bleisulfates anzusteigen und ist in der konzentrierten Säure recht beträchtlich.

Wird das $PbSO_4$ durch ein Papierfilter filtriert, so muß die Säure völlig aus dem Papier ausgewaschen werden, da es sonst außerordentlich schwierig ist, die Filterkohle später wegzubrennen. Zu diesem Zweck muß Alkohol oder Azeton verwendet werden, da Wasser zuviel vom Niederschlag lösen würde. Eine gewisse Reduktion des $PbSO_4$ durch die Filterkohle ist unvermeidlich; das Blei muß durch Behandeln mit Salpetersäure und Schwefelsäure wieder in Bleisulfat übergeführt werden. Aus diesen Gründen wird besser ein Porzellanfiltertiegel verwendet, der diese Schwierigkeiten vermeidet.

Das Konstantglühen des Niederschlages soll bei kaum sichtbarer Rotglut — 500 bis 600° C — erfolgen; reduzierende Gase müssen sorgfältig ferngehalten werden. $PbSO_4$ kann in oxydierender Atmosphäre ohne merkliche Zersetzung auf 700° C erhitzt werden; bei höheren Temperaturen verliert es SO_3, wobei basisches Bleisulfat zurückbleibt.

$PbSO_4$ kann von Zinn in genügend schwefelsaurer Lösung getrennt werden; diese verhindert die Hydrolyse des Zinn(IV)-sulfates zu Zinnsäure. Zumindest 15% H_2SO_4 oder 9 ml der konzentrierten Schwefelsäure müssen auf 100 ml der Lösung vorhanden sein, und die Lösung muß nach dem Verdünnen kalt gehalten werden. — Eine Konzentration von 8% H_2SO_4 genügt, um die Trennung des $PbSO_4$ von Sb und Bi durchzuführen. [Diese drei Trennungen sind sehr unsicher.] Das $PbSO_4$ kann von Spuren von Sn-, Bi- oder Sb-Oxyd befreit werden, indem man das erstere in einer konzentrierten [ammoniakalischen] Ammoniumazetatlösung auflöst, von den Verunreinigungen abfiltriert und das Blei aus dem Filtrat mit Schwefelsäure neuerlich ausfällt. Eine derartige Behandlung dient auch zu einer recht guten Trennung des $PbSO_4$ von $BaSO_4$ und anderen unlöslichen Stoffen.

Die gravimetrische Bestimmung des Bleis als $PbSO_4$ ist die genaueste Bestimmungsmethode für dieses Metall, speziell wenn das $PbSO_4$ in einem Filtertiegel gewogen wird. Blei wird von allen häufiger vorkommenden Metallen, außer Ba, Sr und größeren Mengen von Ca, als Sulfat abgetrennt.

Fehler. Die einzigen positiven Fehler rühren von der Verunreinigung des $PbSO_4$ mit anderen Metallen, oder eventuell der unvollständigen Vertreibung der Schwefelsäure her. Die negativen Fehler sind: 1. Die Löslichkeit des Bleisulfates,[1] 2. die Reduktion des $PbSO_4$ während des Glühens des Niederschlages, 3. die Dissoziation des $PbSO_4$ beim Erhitzen auf zu hohe Temperaturen.

Arbeitsvorschrift. Abtrennung von Blei als $PbSO_4$. Füge zum Filtrat von der Zinnsäure oder, falls Zinn abwesend war, zur salpetersaueren Lösung des Messings 2 bis 3 ml konz. H_2SO_4 zu und verdampfe die Lösung auf der Niedertemperaturheizplatte, um alle Salpetersäure zu verjagen, bis das bedeckende Glas trocken ist. (Warum?) Die Farbe des Rückstandes soll grau oder weiß, nicht blau sein (Gleichung 5)). Verdampfe nicht zur Trockene! Die Salze sollen schwefelsäurefeucht sein. Ist dies nicht der Fall, so laß abkühlen, setze 10 bis 15 ml Wasser und 1 ml konz. H_2SO_4 zu und verdampfe nochmals. Verdampfe gegen Ende nicht zu rasch, da die Masse sonst spritzt. Lasse abkühlen, füge sehr vorsichtig 20 ml Wasser zu, erhitze die Mischung 10 bis 15 Minuten und verdünne die Lösung sodann auf 80 bis 100 ml. Erhitze, bis sich alles, außer dem Bleisulfat, gelöst hat. Der Niederschlag von $PbSO_4$ ist kristallin und sehr dicht. [Es ist besser, bloß auf etwa 70 ml zu verdünnen und, nachdem sich alles Lösliche gelöst hat, 40 ml Alkohol zuzusetzen.] Laß die Lösung in der Kälte mindestens 1 Stunde stehen und filtriere durch einen Porzellanfilter- oder *Gooch*-Tiegel in ein 400-ml-Becherglas. [Es ist angezeigt, den Niederschlag mit der filtrierten Mutterlauge in den Tiegel zu spülen.] Wasche den Niederschlag 10- bis 12mal mit kalter verdünnter Schwefelsäure — 1 ml der konzentrierten Säure auf 100 ml Wasser —, bis alle Kupfer- und Zinksalze entfernt sind, und stelle dieses Filtrat zur Bestimmung des Cu und Zn beiseite. [Besser ist es, als Waschflüssigkeit 50%igen Alkohol zu verwenden. der etwa $1/_2$% H_2SO_4 enthält. Es genügt, bei jedesmaligem Trockensaugen des Niederschlages, 4- bis 5mal mit dieser Lösung, sodann 2- bis 3mal mit Alkohol zu waschen. Die Anzahl der Waschungen ist für Auswaagen von 0.2 bis 0,3 g durchwegs zu hoch angegeben und kann entsprechend verringert werden. Man muß mit dem Alkoholzusatz vorsichtig sein, damit kein $CuSO_4$ oder $ZnSO_4$ ausgefällt wird!] Erhitze den Filtertiegel 20 bis 30 Minuten im elektrischen Tiegelofen oder in der elektrischen Muffel auf 500° C — oder stelle ihn in einen gewöhnlichen Tiegel, um ihn vor Flammengasen zu schützen und erhitze bis der Boden des äußeren Tiegels schwach rotglühend ist (20 bis 30 Minuten). Laß abkühlen und wäge als $PbSO_4$. Wiederhole das Erhitzen bis zur Gewichtskonstanz. Berechne den Prozentgehalt an Blei. Der Umrechnungsfaktor beträgt 0,6833.

Das $PbSO_4$ soll weiß sein, ist aber oft durch Spuren von Eisen oder anderen Metallen leicht gefärbt. Wurde es auf zu hohe Temperaturen erhitzt, so kann sich etwas PbO bilden. Behandle den Niederschlag in

---

[1] *Z. Karaoglanov:* Z. analyt. Chem. **106**, 262 (1936).

einem solchen Falle mit einem Tropfen konzentrierter Schwefelsäure und erhitze neuerlich.

Wurde ein Papierfilter verwendet (nicht empfehlenswert), so muß die Schwefelsäure durch öfteres Waschen mit Methylalkohol, denaturiertem Alkohol oder Azeton entfernt werden. (Warum?) Es ist angezeigt, das Becherglas mit Alkohol oder Azeton auszuspülen und, falls etwas vom Niederschlag zurückbleibt, diesen mit einem kleinen Stückchen feuchten Filtrierpapiers aus dem Becherglas zu wischen, welches sodann in das Filter geworfen wird. Falte das Filter zusammen und verkohle und verbrenne die Filterkohle bei der niederst möglichen Temperatur, da $PbSO_4$ sehr leicht reduziert wird. Eine geringfügige Reduktion ist nicht vermeidbar; das metallische Blei muß wieder in $PbSO_4$ verwandelt werden: Füge 1 Tropfen konzentrierte Salpetersäure und 1 Tropfen Wasser zum Niederschlag und erwärme gelinde, um das Blei in das Nitrat überzuführen:

$$3\,Pb + 8\,HNO_3 = 3\,Pb(NO_3)_2 + 2\,NO + 4\,H_2O. \tag{6}$$

Füge nach 1 bis 2 Minuten 1 Tropfen konzentrierte Schwefelsäure zu und verdampfe dieselbe sorgfältig; erhitze den Niederschlag sodann $^1/_2$ Stunde im unbedeckten Tiegel unter allmählicher Temperatursteigerung, bis der Tiegelboden schwach rotglühend (500 bis 600⁰ C) ist. Glühe zu konstantem Gewicht und wäge als $PbSO_4$. Wurde zu hoch erhitzt, so behandelt man den Niederschlag mit 1 Tropfen konzentrierter Schwefelsäure und erhitzt von neuem.

Elektrolytische Trennung des Bleis (vgl. Kapitel XIX). Die elektrolytische Bleibestimmung als PbO_2 an der Anode ist eine schnelle und genaue Methode. Verwendet man 15 ml konzentrierte Salpetersäure in je 100 ml der Lösung, so wird das Blei ausschließlich an der Anode, eine gewisse Menge Kupfer an der Kathode abgeschieden. Die Anwesenheit von 8 bis 9 Tropfen konzentrierter Schwefelsäure bewirkt eine festerhaftende PbO_2-Abscheidung. Zur Abscheidung des Bleis aus einer Messingprobe genügt meist eine einstündige Elektrolyse bei 1,5 bis 2 A Stromstärke. Die Elektrode wird mit dem Niederschlag 1 Stunde bei 200 bis 230⁰ C getrocknet. Bei einer Pb-Menge unter 0,1 g verwendet man den theoretischen Faktor 0,8660; bei einer Auswaage von 0,1 g den empirischen Faktor 0,8658; bei 0,1 bis 0,3 g 0,8652, bei 0,5 g 0,8629,[1] um das Gewicht des PbO_2 auf Pb umzurechnen, da der Niederschlag gewöhnlich einen geringen Überschuß an Sauerstoff oder eine Spur von Wasser enthält. Sind nur wenige Milligramme Blei anwesend, oder wird die gleichzeitige Kupferabscheidung gewünscht, so sollte die Salpetersäurekonzentration in der Lösung 3⁰/₀ nicht übersteigen. So geringe Bleimengen werden gewöhnlich nicht vollständig abgeschieden. Ist die Azidität der Lösung zu gering, so kann ein Teil des Bleis als Metall an der Kathode ab-

---

[1] *A. Classen:* Quantitative Analyse durch Elektrolyse, 7. Aufl. — *A. Fischer* und *A. Schleicher:* Elektroanalytische Schnellmethoden, 2. Aufl., S. 243.

geschieden werden. Bei Abwesenheit jedes Oxydationsmittels kann die Hälfte des Bleis kathodisch niedergeschlagen werden.

Die elektrolytische Bleibestimmung ist in Gegenwart aller häufigeren Metalle anwendbar, ausgenommen Ag, Bi und Mn, die an der Anode Peroxyde bilden, sowie Cr, Sb, As, Sn, PO_4^{--}, Cl^-, die entweder den Niederschlag verunreinigen oder die Abscheidung verhindern. Im vorliegenden Falle wird daher das Blei im Filtrat von der Zinnsäure abgeschieden.

Arbeitsvorschrift. Blei, elektrolytische Trennung. Dampfe das Filtrat von der Zinnbestimmung auf 50 ml ein und bringe die Lösung in ein 150-ml-Becherglas von hoher Form. Füge für je 75 ml der Lösung 8 bis 9 ml konzentrierte Salpetersäure sowie 5 bis 6 Tropfen konzentrierte Schwefelsäure zu. Das Gesamtvolum der Lösung soll nicht mehr als 100 ml betragen. Entlehne inzwischen eine Platin-Drahtnetzelektrode und einen dicken Platindraht [oder eine Spiralanode]. Reinige beide einige Minuten in verdünnter kochender Salpetersäure und spüle sie vollständig ab. Trockne die Netzelektrode 20 bis 30 Minuten im Trockenschrank [oder hoch ober einer entleuchteten Bunsenflamme. so daß die Elektrode keinesfalls ins Glühen gerät], lasse abkühlen und wäge. Lasse die Elektrode vor der Wägung einige Minuten im Waagekasten stehen. Verbiege nicht den Elektrodenstiel und versuche nicht, die Elektrode in einen kleinen Exsikkator zu geben. Lasse sie nicht länger im Trockenschrank als nötig, da sie leicht gestohlen werden kann. Entlehne die Elektrode erst, sobald du sie benötigst, und gib sie zurück, sobald die Elektrolyse beendet ist! Klemme die Elektroden in das Elektrolysenstativ; der Platindraht (oder die Spirale) steht inmitten des Drahtnetzzylinders, soll jedoch unterhalb nicht vorstehen. Stelle das Becherglas unter und richte die Elektroden so ein, daß sie fast den Boden berühren. Die Netzelektrode sollte mindestens zwei Drittel eingetaucht sein, kann aber auch völlig von der Flüssigkeit bedeckt sein. Schalte den Widerstand vollkommen ein und verbinde die positive Klemme der Batterie mit der Netzelektrode, die negative Klemme mit der Drahtelektrode. Ist das Vorzeichen der Pole nicht bekannt, so kann es festgestellt werden, indem man mit den beiden Drähten ein mit KJ-Lösung angefeuchtetes Papier berührt. Am positiven Pol bildet sich ein brauner Fleck von Jod. — Regle den Widerstand auf 1,5 bis 2 A ein und elektrolysiere 1 Stunde oder länger. Sobald sich die Lösung erwärmt, nimmt der Widerstand ab, die Stromstärke zu, so daß der Widerstand einige Male nachgeregelt werden muß [wenn man es nicht vorzieht, die Lösung zu Beginn auf etwa 50 bis 60° anzuwärmen]. Spüle das Uhrglas während der Elektrolyse 1- bis 2mal in die Lösung hinein ab. Gewöhnlich wird sich etwas Kupfer an der Drahtkathode abscheiden; man löst dieses später wieder auf, indem man die Elektrode in die Lösung zurückstellt, nachdem man die Anode herausgenommen hat. Ist eine Spur Mangan anwesend, so wird es zu Permangansäure oxydiert; dies färbt zwar die Lösung, stört jedoch nicht. Ist die Elektrolyse beendet, so senke langsam das

Becherglas [das zu diesem Zwecke auf einigen Holzklötzchen steht, oder hebe die Elektroden], ohne den Strom zu unterbrechen, und spüle gleichzeitig die Elektroden gründlich mit einem Wasserstrahl aus der Spritzflasche ab, wobei darauf zu achten ist, daß alles Waschwasser ohne Verluste in das Elektrolysiergefäß läuft, da diese Lösung das später zu bestimmende Zink und Kupfer enthält. Sobald die Elektroden ganz außer der Flüssigkeit sind, wird die Drahtnetzelektrode in einem Becherglas voll Wasser, schließlich mit etwas Azeton abgespült. Stelle die Drahtelektrode, auf der sich etwa ein geringer Kupferniederschlag befindet, in den Elektrolysenbecher zurück. Sobald die saure Lösung das Kupfer aufgelöst hat, wird der Draht herausgenommen und gründlich abgespült. Trockne die Netzelektrode [1 Stunde bei 230° C] im Trockenschrank, lasse auskühlen und wäge. Durch Multiplikation der Gewichtszunahme der Elektrode mit dem Faktor [0,8652] (an Stelle des theoretischen Faktors 0,8660) erhält man das Gewicht des Bleis. Haftet der Niederschlag nicht, so elektrolysiere die weiteren Proben aus heißer Lösung. Stelle zu diesem Zweck den Elektrolysenbecher auf ein Drahtnetz und eine kleine Flamme darunter. Halte die Lösung heiß, koche sie aber nicht. Nachdem der Niederschlag gewogen wurde, kann er mittels der ursprünglich zum Reinigen der Elektrode verwendeten Salpetersäurelösung abgelöst werden, der man etwas H_2O_2 oder $NaNO_2$ zusetzt, um das Blei zur zweiwertigen Form zu reduzieren. Die nach der Abscheidung des Bleis verbleibende Lösung wird zur Bestimmung des Kupfers und Zinks verwendet.

Manches Mal, besonders wenn viel Blei anwesend ist, fällt der Niederschlag trotz der obigen Vorsichtsmaßnahmen von der Netzelektrode ab. Tritt dies ein, so unterbrich den Stromkreis und löse das PbO_2 durch Zugabe von wenig H_2O_2 auf, erhitze, bis das PbO_2 gelöst ist, entferne die Elektroden und bestimme das Blei als Bleisulfat. Sind nur geringe Bleimengen anwesend, so scheint die Abscheidung nicht ganz vollständig zu sein. Bei großen Bleimengen ist es empfehlenswert, die Elektrolyse [in einer sandstrahlmattierten *Classen*schen Platinschale als Anode und mit einer flachen Platinscheibe oder einem „Platinkorb" als Kathode, bei 50 bis 60° C] mit einer Stromstärke von 0,3 bis 0,5 A durchzuführen, und die Stromstärke erst auf 1,5 bis 2 A zu steigern, sobald die Hauptmenge des Bleis abgeschieden ist.

Trennung und Bestimmung des Kupfers. Elektrolytische Trennung (vgl. Kapitel XIX). Die elektrolytische Abscheidung ist die genaueste Form der Kupferbestimmung. Dieselbe ermöglicht eine Trennung des Kupfers von Blei, Cadmium, Zink und allen Metallen außer jenen, die ein Elektrodenpotential haben, das nahe bei Kupfer liegt oder das edler als dieses ist. Befinden sich beträchtliche Eisenmengen in der Lösung, so verhindern diese die Abscheidung der letzten Kupferspuren, infolge der oxydierenden Wirkung der Fe^{III}-Ionen, oder durch Reduktion des HNO_3 zu HNO_2 durch Fe^{II}-Ionen. Die störenden Metalle Ag, Hg, Bi, Sb, As, Sn werden bei dem Kupferpotential mehr oder weniger stark mit abgeschieden. Sind diese Metalle anwesend, so müssen sie vorher entfernt oder das Kupfer durch eine andere Methode, z. B. als Rhodanür abgetrennt werden. In der Messinganalyse wird das Kupfer gewöhnlich elektrolytisch abgeschieden, nachdem Zinn und Blei vorher entfernt wurden.

Die Kupferelektrolyse gelingt am besten aus einer Lösung, die 2 ml konz. H_2SO_4, 1 Tropfen 0,1 n HCl[1] und 1 ml konz. HNO_3 in 100 ml Lösung enthält. Das Nitration wirkt als Depolarisator, um die Wasserstoffentwicklung zu verhindern, wobei es zum Ammoniumion reduziert wird. Wird an der Kathode Wasserstoff entwickelt, so wird der Kupferniederschlag leicht dunkel und schwammig. Bei Verwendung einer üblichen *Winkler*schen Platin-Drahtnetzelektrode elektrolysiert man mit einer Stromstärke von 3 A. Sobald die blaue Farbe der Kupferionen verschwindet, oder sobald an der Kathode Wasserstoffblasen auftreten, kann man auf die Vollständigkeit der Abscheidung grob prüfen, indem man etwas Wasser zur Lösung zusetzt und nach 15 Minuten feststellt, ob sich noch Kupfer an dem reinen Teil der Elektrode abgeschieden hat. Bei der Beendigung der Elektrolyse ist es wichtig, nicht den Strom zu unterbrechen, bevor die Elektroden elektrolytfrei gewaschen wurden, da sonst etwas Kupfer in Lösung geht. Die Netzelektrode wird vor dem Wägen bei 100 bis 110° C getrocknet. Durch den elektrischen Strom nicht abgeschiedene Kupferspuren werden mittels Schwefelwasserstoff aus der Lösung gefällt und das erhaltene Kupfersulfid in einem Porzellantiegel zu Kupferoxyd verglüht.

Die Stromdichte kann bei Verwendung einer heißen Lösung und bei mechanischem Rühren stark erhöht werden, so daß die Zeit, die zur quantitativen Abscheidung des Metalles benötigt wird, von einer halben Stunde und mehr auf [etwa 10] Minuten verringert werden kann. Die Anwesenheit von Ammoniumnitrat oder Ammoniumsulfat ist oft wünschenswert; die Abwesenheit von Chlorion (ausgenommen eine Spur), Nitrition und viel Fe^{III}-Ion ist wesentlich. Ag, Hg, As, Sb, Sn und Bi stören. [Bei allen Elektrolysen, speziell bei Schnellelektrolysen müssen die in den Handbüchern[2] angegebenen Vorschriften genauestens eingehalten werden, sonst sind Mißerfolge unausbleiblich. Die Abscheidung und Trennung des Kupfers als Sulfid mittels Schwefelwasserstoff ist nicht befriedigend; die Trennung als Kupfer(I)-sulfid mittels $Na_2S_2O_3$ ist besser. Die Trennung als Rhodanür ist besser als alle anderen Trennungen, ausgenommen die elektrolytische.

Arbeitsvorschrift. Kupfer-Zinktrennung elektrolytisch. *Wurde das Blei elektrolytisch abgeschieden*, so füge zur Lösung 3 ml konz. Schwefelsäure zu und verdampfe, bis die ganze Salpetersäure entfernt und das Deckglas trocken ist. Lasse den Rückstand abkühlen, behandle

---

[1] *Scherrer, Bell* und *Mogerman:* J. Res. nat. Bur. Standards **22**, 697 (1939).

[2] *Fischer* und *Schleicher:* Elektroanalytische Schnellmethoden. — *A. Classen* und *H. Danneel:* Quantitative Analyse durch Elektrolyse. 7. Aufl. Springer 1927.

ihn mit Wasser und gieße die Lösung, sobald sich alles gelöst hat, in ein 150-ml-Becherglas, hoher Form. Scheidet sich noch etwas $PbSO_4$ aus, so wird dieses bestimmt, wie bei Bleisulfat angegeben. Füge 1 ml oder weniger konz. Salpetersäure zu. *Wurde das Blei als Sulfat abgetrennt*, so konzentriere die Lösung in einem hohen 150-ml-Becherglas auf 75 ml und füge 1 ml konz. Salpetersäure zu. Zweck des Nitratzusatzes ist, als Depolarisator zu wirken und dadurch die Wasserstoffentwicklung zu verhindern, welche einen schwammigen Niederschlag verursachen würde. Füge 1 Tropfen 0,1 n HCl, *nicht mehr*, zu.

Das Gesamtvolum der Lösung soll 100 ml nicht übersteigen. Reinige, trockne und wäge die Netzelektrode, wie unter der elektrolytischen Bestimmung von Blei beschrieben.

Befestige die Elektroden im Elektrolysenstativ bei unterbrochenem Stromkreis. Verbinde den positiven Pol der Batterie diesmal mit dem Platindraht, der als Anode dient, und den negativen Pol mit dem *Winkler*schen Drahtnetz, welches Kathode ist. Tauche die Elektroden so in den Becher ein, daß sie nahezu den Boden berühren. Die Netzelektrode soll $^2/_3$ bis $^3/_4$ eintauchen. Bedecke das Becherglas mit einem geeigneten Elektrolysen-Uhrglas. Schalte den ganzen Widerstand ein und schließe den Stromkreis. Stelle den Widerstand auf eine Stromstärke von 1,5 bis 2 A oder, wenn die Elektrolyse über Nacht laufen soll, auf 0.2 bis 0,3 A ein. Scheidet sich das Kupfer nicht sofort ab. so ist zu viel Salpetersäure in der Lösung. Setze die Elektrolyse einige Zeit fort. nachdem die blaue Kupferfarbe verschwunden ist oder bis an der Netzelektrode Wasserstoffbläschen auftreten. Gasförmiger Wasserstoff kann keinesfalls auftreten, wenn viel Salpetersäure zugegen ist. Die Elektrolyse benötigt gewöhnlich $1^1/_2$ Stunden oder mehr. Sobald sie beendet zu sein scheint, wird das Uhrglas in das Becherglas abgespült. Erscheint nach 20 bis 30 Minuten auf der reinen Platinoberfläche. die nun in die Flüssigkeit eintaucht. keine weitere Kupferabscheidung, so ist die Elektrolyse beendet. Sei beim Waschen des Kupferniederschlages sehr songsam! Wird der Strom unterbrochen. während die Kathode mit dem Elektrolyten in Kontakt ist, so wird sich sicher etwas Kupfer lösen. Senke entweder das Becherglas oder hebe langsam die Elektroden aus der Flüssigkeit heraus, ohne den Strom zu unterbrechen, oder hebere die Hauptmenge der Lösung mit einem Glasheber heraus, während die Elektroden gleichzeitig mit einem Wasserstrahl aus der Spritzflasche sehr gründlich abgespült werden. Sobald eine neue Partie der Elektrode aus der Flüssigkeit kommt, muß sie sofort gründlich mit destilliertem Wasser gewaschen werden, um alle Salpetersäure zu entfernen, bevor die nächste Partie des Niederschlages darankommt. Man richtet am besten einen ständigen Wasserstrahl aus der Spritzflasche auf die Oberkante der Elektrode. Sobald die Elektroden aus der Flüssigkeit draußen sind, stecke sie schnell in das kleinstverwendbare Becherglas, das mit destilliertem Wasser gefüllt ist. Schließlich wird die Elektrode mit etwas Azeton oder Alkohol abgespült. Trockne einige Minuten im Trockenschrank bei 110⁰ C, lasse abkühlen und wäge. Die Gewichtszunahme entspricht der Menge Kupfer in der Probe, vorausgesetzt, daß nichts in der Lösung zurückblieb. Der Niederschlag muß hellrot und festhaftend sein. Ist er dunkelrot oder schwammig, so wird er in Salpetersäure gelöst und nochmals elektrolysiert. Koche die nitrosen Gase vollkommen weg, da sie die Kupferabscheidung verhindern. Stelle die richtige Säurekonzentration wie oben beschrieben, ein und wiederhole die Elektrolyse. Dunkle oder schwammige Abscheidungen stammen von a) zu hoher Stromstärke, b) der Anwesenheit obgenannter störender Metalle, c) ungenügend Nitration und d) einer zu langdauernden Elektrolyse, wodurch die Azidität der Lösung durch die Reduktion der Salpetersäure zu Ammoniak so weit verringert werden kann, daß andere Metalle abgeschieden werden können. Chlorion muß — außer in Spuren —, abwesend sein. Das an der Anode in Freiheit gesetzte Chlor greift das Platin an und löst etwas davon auf; dieses wird an der Kathode wieder niedergeschlagen.

Nicht abgeschiedenes Kupfer kann durch einige Minuten dauerndes Einleiten von Schwefelwasserstoff in die Lösung gefällt werden. Dies sollte jedoch nur erfolgen, wenn eine Prüfung mit etwa 2 ml der Lösung positiv ausfällt. Bildet sich nur weißer Schwefel, so ist kein Kupfer anwesend. Dann muß die Probelösung zurückgegossen werden, nachdem der Schwefelwasserstoff durch Kochen entfernt wurde. Entsteht ein dunkler Niederschlag, so sollte stets die ganze Lösung gefällt, durch ein kleines Filter filtriert und der Niederschlag mit 1%iger NH_4NO_3-Lösung gewaschen und in einem Porzellantiegel zu CuO verglüht werden. Das Gewicht des Kupfers im Kupferoxyd wird zum Gewicht des elektrolytisch abgeschiedenen Kupfers addiert. Das Filtrat wird eingedampft, um den Schwefelwasserstoff zu entfernen, und sodann zur Zinkbestimmung verwendet. Ist die Drahtelektrode mit einem braunen Film bedeckt, so ist dies wahrscheinlich etwas PbO_2. Wird gewünscht, dieses Blei zu bestimmen, so wägt man die Elektrode samt dem Niederschlag, und neuerlich, nachdem man das PbO_2 abgelöst hat.

Trennung des Kupfers als Kupfer(I)-thiozyanat. Die wichtigsten Bedingungen zur vollständigen Fällung des Kupfers als Kupfer(I)-rhodanid sind: 1. Geringe Azidität der Lösung, da die Löslichkeit des Niederschlages mit der Wasserstoffionenkonzentration zunimmt. 2. Anwesenheit eines Reduktionsmittels, um das Cu^{II} zu Cu^{I} zu reduzieren. Gewöhnlich wird schwefelige Säure in Form eines ihrer Salze, wie NH_4HSO_3 verwendet. 3. Abwesenheit jeder Spur von Salpetersäure oder eines anderen Oxydationsmittels. Die Lösung enthält nur Schwefelsäure oder Salzsäure. 4. Ein geringer Rhodanidüberschuß. Ein großer Überschuß erhöht die Löslichkeit des Niederschlages infolge Bildung eines komplexen Rhodanidions. Nach der Abscheidung des Bleis als $PbSO_4$ enthält die Lösung nur Sulfate und ist zur Fällung das CuCNS bereit, sobald die Hauptmenge der vorhandenen Säure mit Ammoniak neutralisiert wurde. Ist kein Blei anwesend, oder wurde dasselbe elektrolytisch abgeschieden, so muß die Lösung des Nitrats mit Schwefelsäure abgeraucht werden, um jede Spur von Salpetersäure zu entfernen. Zur schwach saueren Lösung wird eine Lösung von NH_4HSO_3 (oder, falls vorgezogen, H_2SO_3) und sodann eine Ammoniumrhodanidlösung zugesetzt. Es bildet sich ein weißer Niederschlag von CuCNS; das Cu^{II} wird zu Cu^I reduziert und das Sulfition zu Sulfat oxydiert:

$$2\,CuSO_4 + 2\,NH_4CNS + NH_4HSO_3 + H_2O = 2\,CuCNS \downarrow + 3\,NH_4HSO_4. \quad (7)$$

Der Niederschlag ist wie AgCl käsig und koaguliert leicht beim Kochen. Er wird mit einer sehr verdünnten NH_4CNS-Lösung gewaschen, um die Löslichkeit zu verringern; um jede Oxydation des Cu^I-Salzes zu vermeiden, wird zur Waschflüssigkeit etwas NH_4HSO_3 zugesetzt. Der Niederschlag wird dann bei freiem Luftzutritt bei Helirotglut zu CuO verglüht[1] und als solches gewogen:

$$2\,CuCNS + 5\,O_2 \xrightarrow{\text{glühen}} 2\,CuO + 2\,SO_2 + 2\,CO_2 + N_2. \quad (8)$$

Ist der Tiegel während des Glühens bedeckt, oder sind reduzierende Gase anwesend, so tritt Reduktion zu metallischem Kupfer ein. Das Kupferoxyd enthält etwas Kupfersulfat, wenn die Glühtemperatur nicht genügend hoch [und die Menge des Niederschlages zu groß] ist.

Diese Methode dient zur Trennung des Kupfers von fast allen anderen Metallen, ausgenommen Ag und Hg^I, wobei die experimentellen Bedingungen je nach den Eigenschaften der anwesenden Metalle wechseln. Der CuCNS-Niederschlag kann mit einer Standard-Permanganat- oder -Jodatlösung titriert werden. (Reaktionen?) Es kann auch die Reaktion zwischen Silbernitrat und einem Rhodanid, S. 153,[2] herangezogen werden. Unter den volumetrischen Kupferbestimmungen wird die jodometrische Methode am häufigsten benützt.

Fehler: Positive Fehler: Eine zu niedrige Temperatur beim Glühen, so daß etwas unzersetztes Kupfersulfat zurückbleibt. Negative Fehler: 1. Unvollständige Fällung aus zu sauerer Lösung. 2. Unvollständige Fällung infolge zu geringen Sulfitzusatzes als Reduktionsmittel, oder Anwesenheit von Salpetersäure oder anderer Oxydationsmittel. 3. Reduktion des Niederschlages beim Glühen.

Arbeitsvorschrift. Kupfer als Kupfer(I)-rhodanid abgetrennt. Das Filtrat von der Abscheidung des Bleis als $PbSO_4$ enthält nur die Sulfate von Kupfer, Eisen und Zink und ist daher zur Fällung des Kupfers als CuCNS geeignet. Waren Sn und Pb abwesend, oder wurde letzteres elektrolytisch bestimmt, so wird die salpetersauere Lösung mit 3 bis 4 ml konzentrierter Schwefelsäure abgeraucht, um die Salpetersäure zu entfernen. Diese Operation ist sehr wichtig. Sie braucht nicht lange Zeit, darf aber nicht so rasch durchgeführt werden, daß ein Spritzen der Mischung eintritt. Füge zum kalten Rückstand etwas

---

[1] *G. Fenner* und *J. Forschmann:* Chemiker-Ztg. **42**, 205 (1918).
[2] *G. Edgar:* J. Amer. chem. Soc. **38**, 884 (1916).

Wasser, um die Salze zu lösen, und neutralisiere die kalte Lösung mit
Ammoniak, bis ein schwacher Niederschlag erscheint oder, wenn sich
kein Niederschlag bildet, bis die hellblaue Farbe der Tetraaquo-
Kupfer(II)-ionen in die dunkelblaue Farbe des Tetramminkomplexes
übergeht. Füge sodann nicht mehr als 1 ml konzentrierte Schwefelsäure
zu; diese Menge muß ausreichen, um einen Niederschlag zu lösen und
die Färbung nach Hellblau umschlagen zu lassen. Füge sodann 20 ml
einer NH_4HSO_3-Lösung zu, die durch Verdünnen der konzentrierten
Lösung (d 1,32), die etwa 47% SO_2 enthält, mit 10 Teilen Wasser hergestellt wurde. — Verdünne die so erhaltene Lösung auf 200 ml, erhitze
nahe zum Sieden und füge langsam für jedes Gramm Messing 12 ml
einer 10%igen NH_4CNS-Lösung (entsprechend 1,2 g NH_4CNS) zu
(Gleichung (7)). Koche die Lösung 1 bis 2 Minuten und rühre, um
ein Stoßen zu verhindern. Der CuCNS-Niederschlag soll weiß sein; eine
bräunliche Färbung rührt gewöhnlich von einer geringen Menge von
Cu_2S her, welches sich durch Reaktion des Cu^I-Ions mit etwas Thiosulfat bildet, das als Verunreinigung im Rhodanid vorhanden sein kann.
Das schadet jedoch nicht. Laß die Lösung, die farblos sein und etwas
nach SO_2 riechen soll, bis zum Erkalten, jedoch mindestens 1 Stunde
(oder länger) stehen. Filtriere den Niederschlag und wasche ihn 10- bis
15mal[1] mit einer kalten Lösung von 1 ml einer 10%igen NH_4CNS-Lö-
sung und 5 bis 6 Tropfen der NH_4HSO_3-Lösung in 100 ml Wasser.
(Warum?) Der Niederschlag ist leicht zu filtrieren und zu waschen.
Im Becherglas haften bleibender Niederschlag kann mit einem kleinen
Stückchen Filterpapier zusammengewischt und zur Hauptmenge zugefügt werden.

Falte das Filter im Trichter zusammen, gib es in einen gewogenen
gewichtskonstanten Porzellantiegel und brenne den Kohlenstoff bei
niederer Temperatur weg. Erhitze den Niederschlag sodann 1 Stunde
bei der vollen Temperatur eines Meker-Brenners, wobei man den
Tiegel schrägstellt, um freien Luftzutritt zu haben, und ihn nahe an den
Brenner heranbringt, um die höchstmögliche Temperatur zu erreichen.
Drehe den Tiegel zeitweise, um alle Teile des Niederschlages zu erhitzen. Die Flamme soll nicht über die Tiegelöffnung schlagen. Nur
ein Meker-Brenner oder eine ähnliche Type gibt die benötigte Temperatur. Bedecke den Tiegel nicht, erhitze ihn eventuell in einer *Winkler-
schen* Tonesse. Ein Bedecken des Tiegels bewirkt unfehlbar eine Reduktion des Kupferoxyds zu Metall. Erhitze den Niederschlag bis zu
konstantem Gewicht, um sicher zu sein, daß alles Sulfat zersetzt ist, und
wäge das Kupferoxyd. Berechne den Prozentgehalt an Kupfer. Der
Umrechnungsfaktor beträgt 0,7989. [Es ist nicht empfehlenswert,
Niederschläge von mehr als 0,2 g nach dieser Methode zu behandeln, da
sonst das Kupferoxyd nur nach sehr langem Glühen oder gar nicht
völlig sulfatfrei wird.]

Das CuO soll schwarz sein; jede Spur von Rot ist ein Anzeichen der

---

[1] [Vgl. das S. 354, Zeile 14 v. u. Gesagte.]

Reduktion des CuO zu Cu_2O oder Cu. Beide Substanzen können durch starkes Glühen in oxydierender Atmosphäre wieder in CuO verwandelt werden.

Das CuCNS kann in Salpetersäure gelöst, die Lösung auf ein kleines Volum eingedampft, um CNS^- und S zu zerstören, und das Kupfer aus dieser Lösung elektrolysiert werden. Dieser Vorgang ist dem Verglühen des Rhodanids zu Kupferoxyd vorzuziehen.

[Schließlich kann man das $Cu_2(CNS)_2$ durch einen Filtertiegel filtrieren, mit kaltem SO_2-haltigen Waschwasser 4- bis 5mal bis zur CNS-Freiheit, sodann mit Alkohol und Äther waschen, bei 110^0 trocknen und als Rhodanür auswägen.]

Trennung und Bestimmung des Eisens. Das Eisen ist in zweiwertiger Form im Filtrat von der Kupferbestimmung vorhanden. Wurde die Rhodanidmethode zur Kupferbestimmung verwendet, so wird das überschüssige Sulfit und Rhodanid durch Eindampfen mit Salpetersäure und Salzsäure zerstört, wobei gleichzeitig die Ammonsalze entfernt werden. Der Rückstand wird in Salzsäure gelöst und das Eisen durch einen Überschuß von Ammoniumhydroxyd gefällt. Der Niederschlag enthält beträchtliche Mengen Zink und wird deshalb in Salzsäure gelöst und nochmals gefällt. Selbst diese Behandlung entfernt gewöhnlich nicht das ganze Zink, da, wie bereits erwähnt wurde, Eisen und Aluminium mittels der Ammoniakfällung nicht quantitativ von Cu, Cd und den Metallen der Zn-Gruppe getrennt werden können. Da der Eisenoxydhydratniederschlag sehr gering ist, kann man die bei der doppelten Fällung mitgerissene Zinkmenge vernachlässigen, ohne einen groben Fehler zu begehen. Nach dem Glühen wird der Niederschlag als Fe_2O_3 gewogen. Wurde Kupfer elektrolytisch abgeschieden, so muß das Eisen durch Kochen der Lösung mit einigen Tropfen Salpetersäure oxydiert werden. Der weitere Verlauf des Prozesses ist genau derselbe wie oben beschrieben.

Arbeitsvorschrift. Eisen als Eisenoxydhydrat abgetrennt. Die basische Azetatmethode, welche eine exakte Trennung von Zink ermöglicht, sollte in jenen Fällen angewendet werden, wo beträchtliche Eisenmengen vorhanden sind. Bei der Ammoniakmethode ist die Technik einfacher, aber der Niederschlag wird etwas Zink enthalten, dessen Menge von der Menge des Niederschlages abhängt. Da Messing gewöhnlich sehr wenig Eisen enthält, kann der Fehler, welcher durch mitgerissenes Zink verursacht wird, bei einer doppelten Fällung vernachlässigt werden. Scheint die Eisenmenge ungewöhnlich groß zu sein, so ist eine dritte Fällung angezeigt. Es wurde bereits erwähnt, daß Zink von Fe, Al, Cr, Ni, Mn quantitativ als ZnS aus Ameisensäure-NH_4-Formiatgepufferter schwachsaurer Lösung getrennt werden kann.

Das Eisen muß vollständig in dreiwertiger Form vorliegen, gleichgültig, welche Fällungsmethode gewählt wird. Die vorhergehenden Operationen haben es mehr oder weniger reduziert und es muß daher oxydiert werden. Wurde das Kupfer elektrolytisch abgeschieden, so enthält die Lösung Salpetersäure. Setzt man noch einige Tropfen Salpetersäure zu und dampft die Lösung auf 50 ml ein, so wird das Eisen gewöhnlich oxydiert sein. Es ist angezeigt, nach diesem Eindampfen als zusätzliche Vorsichtsmaßregel etwas Bromwasser zuzusetzen.

Wurde die Rhodanidtrennung benützt, so dampft man das Filtrat von der Kupferrhodanürfällung nach Zugabe von 35 ml konzentrierter Salpetersäure und 15 ml konzentrierter Salzsäure nahe zur Trockene ein. Durch dieses Eindampfen werden das Rhodanid, das Sulfit sowie die Ammonsalze entfernt; es bleibt ein Rückstand von Zinksulfat, Schwefelsäure und etwas Eisen(III)-sulfat zurück. Füge zum kalten Rückstand 2 bis 3 ml konzentrierte Salzsäure, wärme die Mischung gelinde an und verdünne sie nach einigen Minuten auf 50 ml. Filtriere in ein kleines Becherglas, um die Kieselsäure zu entfernen, und wasche das Filter mit 1%iger Salzsäure vollständig aus.

Die Lösung ist nun zur Fällung des Eisens als Eisenoxydhydrat bereit. Füge einen genügenden Überschuß von (filtriertem) konzentriertem Ammoniumhydroxyd zu, um das Eisenoxydhydrat zu fällen und das eventuell mitfallende Zinkhydroxyd zu lösen. Koche die Lösung einen Moment, laß den Niederschlag absitzen und filtriere durch ein kleines [Schwarzband]-Filter in ein 400-ml-Becherglas. Wasche den Niederschlag einige Male mit heißer 1%iger NH_4NO_3-Lösung; löse ihn sodann durch Aufgießen von kochend heißer Salzsäure — 5 ml konz. HCl + 15 ml Wasser —, wobei man die Lösung in das ursprünglich zur Fällung benützte Becherglas fließen läßt. Wasche das Filter zunächst mit heißer 1%iger Salzsäure, sodann mit heißem Wasser säurefrei. Fälle das Eisen aus einem kleinen Volum wie zuvor. Filtriere den Niederschlag durch dasselbe Filter in das erste Filtrat und wasche ihn mit 1%iger Ammoniumnitratlösung, der 1 bis 2 Tropfen Ammoniak zugesetzt wurden, vollständig aus. Glühe den Niederschlag und wäge ihn als Fe_2O_3. Berechne den Prozentgehalt an Eisen. Der Umrechnungsfaktor ist 0,6994.

Vorhandenes Aluminium fällt mit dem Eisen als Oxydhydrat aus. Die Auswaage besteht dann aus $Fe_2O_3 + Al_2O_3$.

Bestimmung des Zinks. Nach Entfernung des Eisens und Aluminiums bleibt bloß das Zink in der Lösung zurück. Ist bekannt, daß in dem Messing kein Eisen vorhanden ist, so wird das etwas eingeengte Filtrat von der Kupferbestimmung direkt benützt. Die Lösung wird mit Ammoniak gegen Methylrot oder Methylorange als Indikator neutralisiert und das Zink durch Zugabe von $(NH_4)_2HPO_4$ als $ZnNH_4PO_4$ ausgefällt. Die bei der Fällung gebildete Säure reagiert mit dem Überschuß des Fällungsmittels und bildet $NH_4H_2PO_4$. Diese beiden Phosphate wirken als Puffer und halten die Lösung neutral. Die Lösung soll ein p_H von 6,4 bis 7 haben.[1]

$$ZnSO_4 + 2(NH_4)_2HPO_4 = ZnNH_4PO_4 \downarrow + NH_4H_2PO_4 + (NH_4)_2SO_4. \qquad (9)$$

<hr>

[1] *T. R. Ball* und *S. Agruß*: J. Amer. chem. Soc. **52**, 120 (1930).

Da das Zinkammoniumphosphat sowohl in Säuren als auch in Ammoniak löslich ist, muß die Lösung sorgfältig neutralisiert werden. Die Anwesenheit einer geringen Menge Azetat scheint wünschenswert. Das zuerst gebildete flockige Zinkphosphat wandelt sich bald in das kristalline Doppelphosphat $ZnNH_4PO_4 . H_2O$ um. Zu Anfang der Fällung wird die Lösung sauer; sobald mehr Phosphat zugesetzt wird, schlägt der Indikator nach Gelb um und bleibt gelb. (Warum?) Methylrot darf nach erfolgter Fällung keinesfalls rot sein. Weiß man nicht, ob das $(NH_4)_2HPO_4$ formelrein ist, so soll es mit Phenolphthalein geprüft werden, wobei eine eben sichtbare rötliche Farbe auftreten soll. Diese Prüfung unterscheidet das Salz von dem saureren $NH_4H_2PO_4$, das hier nicht geeignet ist. Das $ZnNH_4PO_4$ wird mit kaltem Wasser gewaschen, in dem es sehr wenig löslich ist; weit weniger löslich als das entsprechende $MgNH_4PO_4$. 100 ml Wasser lösen bei 15° C eine Menge $ZnNH_4PO_4$, die 0,5 mg Zink äquivalent ist. Indem man die Menge des benützten Waschwassers mißt, kann man eine entsprechende Löslichkeitskorrektur anbringen. Manchmal wird Alkohol als Waschflüssigkeit empfohlen, doch ist derselbe oft schwach sauer. Der Niederschlag wird sodann sorgfältig auf helle Rotglut erhitzt und als $Zn_2P_2O_7$ gewogen. Es muß darauf geachtet werden, eine reduzierende Atmosphäre während des Glühens zu vermeiden.

$$2 ZnNH_4PO_4 \xrightarrow{\text{glühen}} Zn_2P_2O_7 + 2 NH_3 + H_2O. \tag{10}$$

Anstatt den Niederschlag zu glühen, kann man ihn bei 100 bis 105° C [130°][1] trocknen und als $ZnNH_4PO_4$ wägen.

Die Fällungsmethode der Doppelammoniumphosphate in neutraler Lösung ist auch bei Cadmium, und weniger zufriedenstellend bei Kobalt anwendbar. Bei Mangan und Magnesium fällt man aus ammoniakalischer Lösung. Die Doppelphosphatfällung ist eine Trennung von Nickel, das unter den Fällungsbedingungen nicht gefällt wird, und von den Alkalien; alle anderen Metalle werden gefällt und müssen daher abwesend sein.

Zink kann aus einer Lösung mit einem p_H 2 bis 3[2] als *Sulfid* in dichter, körniger Form gefällt werden. Ist das p_H viel kleiner als 2, so ist die Fällung unvollständig, ist es größer als 3, so wird der Niederschlag gelatinös und schwer filtrierbar. Alle Metalle der Schwefelwasserstoffgruppe werden mit dem Zink gefällt. Diese Methode läßt eine Trennung des Zn von Fe, Al, Cr, Mn und Ni zu, jedoch nicht von Co, wenn nicht geringe Mengen bestimmter Aldehyde, wie Acrolein, anwesend sind,[2] welche den an der Oberfläche des ZnS adsorbierten Schwefelwasserstoff entfernen. *Caldwell* und *Moyer*[3] zeigten ferner, daß das ZnS bei Zugabe von 0,5 mg Gelatine auf 300 ml Lösung selbst

---

[1] *W. D. Treadwell:* Tabellen, S. 57. Wien: Deuticke. 1947.

[2] *Fales* und *Kenny:* Quantitative Analysis, 13. Kapitel. Appleton-Century Co. 1939.

[3] *Caldwell* und *Moyer:* J. Amer. chem. Soc. **57**, 2372, 2375 (1935).

in der Kälte sofort koaguliert. Das richtige p_H kann mittels eines Ameisensäure-Ammoniumformiatpuffers eingehalten werden. Bei Gegenwart von Ni, Fe oder Mn ist Zugabe von Zitronensäure vorteilhaft. Noch besser ist ein Sulfat-Hydrogensulfatpuffer.[1] Ist Chlorion anwesend, so muß zur vollständigen Fällung des ZnS ein höheres p_H angewendet werden; dies ist nicht wünschenswert.

Im nachfolgenden wird die Vorschrift von *Caldwell* und *Moyer* wiedergegeben, die bequem anwendbar ist und genaue Werte liefert. Verdünne die chloridfreie Lösung, die etwa 0,25 g Zn und 6 bis 8 g $(NH_4)_2SO_4$ enthalten soll, auf 250 bis 300 ml und mache sie gegen Methylorange eben sauer. Leite während 30 Minuten einen ziemlich raschen H_2S-Strom bei Zimmertemperatur durch die Lösung. Füge 5 bis 10 ml einer 0,02%igen Lösung von aschearmer Gelatine unter raschem Rühren zu und lasse den Niederschlag 15 Minuten absitzen. Filtriere durch ein dichtes Papierfilter und wasche mit Wasser, welches, falls Fe anwesend ist, etwas H_2S enthalten soll. Die weitere Behandlung richtet sich danach, welche Wägeform gewählt wird. Das ZnS kann durch geeignete Erhitzung in Oxyd oder Sulfat übergeführt werden, oder es kann in Salzsäure gelöst und das Zink nach dem Wegkochen des Schwefelwasserstoffes als $ZnNH_4PO_4 . H_2O$ gefällt werden. Wünscht man das ZnS durch einen Filtertiegel zu filtrieren, so fällt man am besten heiß, läßt abkühlen und sättigt die Lösung bei Zimmertemperatur nochmals mit H_2S.

Fehler der Phosphatmethode. Positive Fehler: Abnormale Zusammensetzung des Niederschlages infolge der Anwesenheit von außergewöhnlichen Mengen von Ammonsalzen, oder Na- oder K-Ionen in der Lösung. Negative Fehler: 1. Unvollständige Fällung, da die Lösung nicht neutral war. Die Zugabe von H_2S zum Filtrat und zu den Waschwässern verursacht in kurzer Zeit eine Fällung von ZnS, wenn die Fällung unvollständig war. 2. Löslichkeitsverluste beim Auswaschen. 3. Reduktion des Niederschlages beim Glühen, [dabei auftretende Verdampfungsverluste des Metalls].

Arbeitsvorschrift. Wurden Blei und Kupfer elektrolytisch abgeschieden, so enthält die Lösung eine beträchtliche Menge Ammonsalze. Es ist wünschenswert, dieselben zu zerstören, wie dies bei der Kalksteinanalyse vor der Bestimmung des Magnesiums beschrieben wurde, indem man die Ammonsalze mit Salzsäure und Salpetersäure zu Stickoxydul und Stickstoff oxydiert: Füge zum Filtrat vom Eisenoxydhydratniederschlag, oder falls Eisen nicht vorhanden war, zur Lösung, aus welcher das Kupfer abgeschieden wurde, 25 ml konzentrierte Salpetersäure und 25 ml konzentrierte Salzsäure zu und verdampfe die Lösung auf der Heizplatte zur Trockene oder bis zum Auftreten von Schwefelsäurenebeln, falls viel Schwefelsäure anwesend ist. Füge zum kalten Rückstand einige ml konzentrierte Salzsäure und erwärme einige Minuten. Verdünne die Lösung auf 50 ml und filtriere die

---

[1] *Jeffreys* und *Swift:* J. Amer. chem. Soc. **54**, 3219 (1932).

Kieselsäure ab, sobald sich sonst alles gelöst hat. Fange das Filtrat in einem 400-ml-Becherglas auf.

Wurde das Blei als $PbSO_4$ bestimmt, so ist es nicht notwendig, die Ammonsalze zu zerstören.

Wurde das Kupfer nach der Rhodanidmethode abgetrennt, so wurden die Ammonsalze bereits vor der Eisenfällung entfernt. War kein Eisen anwesend, so wird das Filtrat vom Kupferrhodanür lediglich auf 185 bis 200 ml konzentriert.

Neutralisiere die Lösung mit Ammoniak genau gegen Methylrot oder Methylorange und bringe sie auf ein Volum von 175 bis 200 ml. Erhitze die Flüssigkeit zum Sieden und füge langsam eine klare Lösung von 6 g $(NH_4)_2HPO_4$, in 35 ml Wasser gelöst, hinzu. Die ersten Tropfen des Phosphats lassen den Indikator infolge der Bildung von Wasserstoffionen nach Rot umschlagen:

$$ZnCl_2 + (NH_4)_2HPO_4 = ZnNH_4PO_4 \downarrow + NH_4Cl + HCl. \qquad (11)$$

Bei weiterem Phosphatzusatz schlägt der Indikator wieder nach Gelb um, da sich $NH_4H_2PO_4$ bildet und mit dem im Überschuß zugesetzten sekundären Phosphat einen Puffer bildet, der etwa neutrale Reaktion hat.

$$(NH_4)_2HPO_4 + HCl = NH_4H_2PO_4 + NH_4Cl. \qquad (12)$$

Zunächst bildet sich ein flockiger Zinkphosphatniederschlag; halte die Lösung heiß, aber nicht kochend, bis sich der Niederschlag in das kristalline, gut absetzende Zinkammoniumphosphat umgewandelt hat. Diese Umwandlung erfolgt gewöhnlich binnen 15 bis 30 Minuten. Lasse den Niederschlag, ohne zu erhitzen, 1 Stunde abstehen und filtriere sodann durch einen Porzellanfiltertiegel oder *Gooch*-Tiegel, und wasche mit kaltem Wasser. Messe das Volum des benützten Waschwassers und mache eine Korrektur von 0,5 mg Zn für je 100 ml Waschwasser, um die Löslichkeitsverluste zu berücksichtigen. Wasche [5- bis 6mal], nachdem der Niederschlag in den Tiegel gebracht wurde. Stelle Filtrat und Waschwässer beiseite, um auf die Vollständigkeit der Fällung zu prüfen. Trockne den Niederschlag 1 Stunde im Trockenschrank, stelle ihn sodann in einen zweiten Tiegel, um den Zutritt der Flammengase zu verhindern, und erhitze ihn über dem Meker-Brenner, zunächst allmählich, um Verluste durch eine plötzliche Ammoniakentwicklung (Gleichung (10)) zu vermeiden, schließlich $^1/_2$ Stunde mit der vollen Flamme. Der Tiegel wird schiefgestellt, um freien Luftzutritt zu gewähren und eine Reduktion des Niederschlages zu vermeiden. Wiederhole die Glühungen, bis das Gewicht konstant ist. Berechne den Prozentgehalt an Zink aus dem Gewicht des $Zn_2P_2O_7$. Der Umrechnungsfaktor beträgt 0,4290.

Wird ein Papierfilter benützt, so muß dieses, um eine Reduktion zu vermeiden, getrennt verascht werden. Diese Variation ist nicht empfehlenswert.

Leite 5 Minuten Schwefelwasserstoff durch Filtrat und Waschwässer vom $ZnNH_4PO_4$-Niederschlag und lasse die Lösung 1 Stunde stehen. Eine nicht absitzende Trübung rührt wahrscheinlich von freiem Schwefel her, besonders wenn etwas SO_2 vorhanden war. Ein lichter, flockiger Niederschlag von ZnS zeigt an, daß die Fällung unvollständig war, weil die Lösung nicht exakt neutral war. Filtriere diesen Niederschlag, wenn nötig, mit Filterbrei ab, löse ihn in wenig verdünnter Salzsäure und koche den Schwefelwasserstoff aus der Lösung weg. Fälle das Zink als $ZnNH_4PO_4$, wie oben angegeben; halte das Volum der Lösung auf 30 bis 40 ml und füge nur 1 g Phosphat zu. Als Phosphat muß unbedingt das zweibasische verwendet werden; bei Verwendung des einbasischen Salzes wird die Lösung sauer. (Wie können diese beiden Salze voneinander unterschieden werden?)

Ist die Zinkbestimmung aus irgend einem Grund mißglückt, so ist es wünschenswert, bei der Wiederholung Zeit zu sparen. Das folgende Verfahren gibt bei Anwesenheit geringer Zinn- und Bleimengen neben viel Kupfer recht gute Ergebnisse und beruht auf der Anwendung von Tartrat, um die Fällung der Phosphate der obgenannten Metalle zu verhindern:

Löse 1 g der Messingprobe in 30 ml Salpetersäure 1:1 und neutralisiere die Lösung mit Ammoniak 1:5 genau gegen Lackmuspapier. Erhitze die Lösung sodann fast zum Kochen und füge eine gegen Lackmus neutrale Lösung von 25 g Ammoniumnitrat in 75 ml Wasser zu. Zur heißen Lösung werden sodann langsam, unter ständigem Umrühren, etwa 6 g $(NH_4)_2HPO_4$, in 35 ml Wasser gelöst, zugesetzt. Lasse die Lösung 1 Stunde heiß stehen, dekantiere die überstehende Flüssigkeit und filtriere den Niederschlag durch ein Papierfilter. Wasche ihn einige Male mit 1%iger Ammoniumtartratlösung. Löse den Niederschlag in heißer Salpetersäure 1:3 oder Salzsäure, wasche das Filter zunächst mit 1%iger Säure, schließlich mit Wasser. Neutralisiere diese Lösung sehr sorgfältig, wie zuvor, füge 15 g Ammoniumtartrat in 45 ml Wasser zu und fälle das Zinkion nochmals mit $(NH_4)_2HPO_4$. Löse den Niederschlag auf und fälle ihn ein drittes Mal. Filtriere durch einen Filtertiegel und wasche den Niederschlag mit Wasser. Verglühe das Zinkammoniumphosphat, wie üblich zum Pyrophosphat. Bei dieser Methode ist das genaue Neutralisieren von ausschlaggebender Bedeutung.

[Statt eine Analyse, wie z. B. bei Messing, aus einer Einwaage durchzuführen, ist es bei technischen Analysen oft üblich, mittels Spezialmethoden, von mehreren Einwaagen ausgehend, je eine Gruppe von Bestandteilen gesondert zu bestimmen. Bei der Messing- und Bronzeanalyse kann man wie folgt vorgehen,[1] wobei jede römische Zahl eine gesonderte Einwaage bezeichnet: (I) Pb in Gegenwart von Weinsäure als Sulfat; die Reinheit des Bleisulfates kann durch Lösen in Ammoniumazetatlösung festgestellt werden. (II) Cu jodometrisch;

---

[1] *R. E. Lee, J. P. Trickey* und *W. H. Fegely:* J. Ind. Engng. Chem. **6,** 556 (1914).

(III) Sn gravimetrisch als SnO_2; (IV) Sb volumetrisch mit $KMnO_4$ in schwefelsaurer Lösung. (V) Fe gravimetrisch; Zn volumetrisch im Filtrat der Eisenbestimmung.

Wie leicht einzusehen, hat die Verwendung getrennter Einwaagen den Vorteil, daß die Fehler vermieden werden, die sich bei einer Reihe aufeinanderfolgender Bestimmungen bei den letztbestimmten Ionen am ungünstigsten auswirken. Weiters hat man die Möglichkeit, die Einwaage dem jeweiligen Gehalt der zu bestimmenden Substanz anzupassen; dadurch lassen sich wesentlich bessere Werte erhalten.]

Analyse einer Kupfer-Nickel-Legierung.

Münzmetall aus Kupfer und Nickel, Monelmetall und ähnliche Legierungen enthalten neben den beiden Hauptbestandteilen eine geringe Menge Eisen und selten mehr als Spuren anderer Elemente. Die elektrolytische Kupferbestimmung in saurer Lösung dient zur Trennung des Kupfers von Fe und Ni. Nachdem Fe durch doppelte Fällung als Oxydhydrat abgeschieden wurde, kann das Nickel aus der ammoniakalischen Lösung elektrolytisch bestimmt werden. Diese Trennung des Eisens vom Nickel ist nicht vollständig (vgl. S. 279), doch ist sie bei geringen Mengen von Eisen zufriedenstellend. Das Nickel bleibt als komplexes Ion $[Ni(NH)_3]_4^{++}$ in Lösung.

Kupferbestimmung, elektrolytisch. Arbeitsvorschrift. Die Legierung wird, falls nötig, mit Äther, sodann mit verdünntem Ammoniak. mit Wasser und Azeton gewaschen und mäßig erwärmt, um alles Azeton zu entfernen. Wäge 0,3 bis 0,5 g der Legierung in ein Elektrolysenbecherglas ein, löse die Probe in einem Gemisch von 10 ml H_2O, 1 ml konz. H_2SO_4 und 2 ml konz. HNO_3, dampfe bis zum Rauchen der Schwefelsäure ein und verdünne die abgekühlte Lösung auf 100 ml. Die Lösung ist zur Kupferabscheidung, entweder nach der langsamen oder nach der Schnellmethode bereit, die S. 348 beschrieben wurden.

Wasche den Kupferniederschlag gründlich mit Wasser, den Richtlinien entsprechend, die bei der Bestimmung des Kupfers in Messing S. 359 gegeben wurden. Die Lösung wird zur Bestimmung des Eisens und Nickels verwendet. Trockne und wäge das Kupfer in der üblichen Weise.

Bestimmung des Eisens. Arbeitsvorschrift. Dampfe die Eisen und Nickel enthaltende Lösung auf einer Niedertemperatur-Heizplatte (100 bis 110⁰ C) so weit als möglich ein, bis das Deckglas trocken ist — ein Kennzeichen, daß alles Nitration entfernt wurde. Das Nitration, welches die Nickelabscheidung verzögern oder unvollständig machen kann, wird so an der geeignetsten Stelle entfernt. Zweiwertiges Eisen wird während des Eindampfens zur dreiwertigen Stufe oxydiert. Füge zum erkalteten Rückstand vorsichtig Wasser zu, bis das Volum der Lösung 20 bis 30 ml beträgt. Fälle die geringe Menge von Eisen durch einen reichlichen Überschuß (etwa 10 ml 6n NH_3 im Überschuß) von Ammoniak aus der heißen Lösung. Filtriere den Niederschlag durch ein kleines Filter und fange das Filtrat in einem Elektrolysenbecherglas auf. Wasche den Niederschlag 3- bis 4mal mit Wasser. Stelle das ursprüngliche Becherglas unter den Trichter und löse den Niederschlag in wenig heißer 6 n H_2SO_4 und wasche das Filter säurefrei. Fälle das Eisen neuerlich mit einem reichlichen Ammoniaküberschuß und filtriere durch das ursprügliche Filter. Das Filtrat und die Waschwässer werden zur Nickelsulfatlösung zugegeben und letztere, wie tieferstehend beschrieben, elektrolysiert. Glühe das Eisenoxydhydrat zu Fe_2O_3 und wäge. Vgl. S. 282.

Bestimmung des Nickels, elektrolytisch. Arbeitsvorschrift. Die elektrolytische Nickelbestimmung gibt sehr gute Werte. Das komplexe $[Ni(NH_3)_4]^{++}$-Ion dissoziiert in Nickelionen und Ammoniak: die komplexen Ionen liefern in dem Maße Nickelionen nach, als diese an der Kathode abgeschieden werden. Durch diesen Vorgang entsteht eine dichte Abscheidung von Nickel, die oft von der Platinkathode nicht zu unterscheiden ist. Füge zur ammoniakalischen Nickellösung 15 ml konzentrierte Ammoniumhydroxydlösung und verdünne sodann auf 100 bis 150 ml. Die Elektrolyse kann langsam oder nach der Schnellmethode durchgeführt werden. Verwende die für die Elektrolyse von Kupfer S. 359 angegebenen Stromstärken. Wasche und trockne den Niederschlag, wie bei Kupfer angegeben.

Gib die Prozentgehalte von Kupfer, Eisen und Nickel sowie ihre Summe an.

[Der Nickelniederschlag wird in chlorfreier Salpetersäure 1:1 bis 2:1 am Wasserbad gelöst. Die Auflösung dauert 1 bis 2 Stunden. Konzentrierte Salpetersäure ist zu vermeiden, da das Nickel passiv wird und sich nicht löst.]

Die Analyse von Neusilber.

Legierungen dieser Art bestehen hauptsächlich aus Kupfer, Nickel und Zink sowie geringen Mengen Eisen und oft etwas Blei. Mn und Sn sind gelegentlich vorhanden. Die Arbeitsvorschrift nimmt auf alle genannten Elemente Rücksicht. Sie wird nur sehr kurz skizziert, da die Prinzipien der Methoden bereits bei der Analyse des Messings, S. 350 beschrieben wurden.

Arbeitsvorschrift. Wäge 0,5 g der Probe in ein hohes 150- bis 200-ml-Becherglas ein, bedecke dieses und füge langsam 10 ml konzentrierte Salpetersäure zu. Erhitze auf der Heizplatte, sobald die stürmische Reaktion nachgelassen hat, bis die Lösung vollständig ist. Füge 10 ml Wasser zu und lasse die Lösung 10 bis 15 Minuten abstehen.

Zinn. Ein weißer Rückstand ist Zinnsäure. Er wird abfiltriert und das Zinn nach der Vorschrift „Zinn in Messing", S. 351, bestimmt.

Blei. Füge 2 ml konzentrierte Schwefelsäure zum Filtrat von der Zinnsäure, oder zur ursprünglichen Lösung, falls kein Zinn anwesend ist. Dampfe die Lösung ein, um alle Salpetersäure zu entfernen, verdampfe jedoch nicht zur Trockene. Die Salze sollen schwach schwefelsäurefeucht sein. Lasse abkühlen, verdünne vorsichtig (konzentrierte Schwefelsäure!) auf 30 bis 40 ml, rühre gründlich um und lasse die Lösung mindestens eine Stunde stehen, damit sich das $PbSO_4$ quantitativ abscheidet. Folge von hier an der Vorschrift für Blei im Messing, S. 354.

Kupfer. Das Filtrat von der Bleibestimmung, oder die ursprüngliche Lösung, falls Zinn und Blei abwesend sind, wird zur elektrolytischen Kupferbestimmung benützt. Folge der Vorschrift für die elektrolytische Bestimmung von Kupfer in Messing, S. 358. Bemerkung: Erscheint auf der Anode ein Niederschlag, so kann dieser PbO_2 oder MnO_2 oder beides sein. Trockne und wäge ihn, löse ihn in verdünnter Salpetersäure unter Zugabe von etwas reinem Wasserstoffperoxyd. Füge 1 ml konzentrierte Schwefelsäure zur Lösung und dampfe bis zum beginnenden Rauchen der Schwefelsäure ein. Verdünne den kalten Rückstand und filtriere etwa vorhandenes Bleisulfat ab, nachdem sich die übrigen Salze gelöst haben. Im Filtrat kann das Mangan als $MnNH_4PO_4$ gefällt werden, indem man zur heißen, Ammoniumphosphat enthaltenden Lösung langsam Ammoniak, bis zur alkalischen Reaktion, zusetzt. Das $MnNH_4PO_4$ . . 1 H_2O wird in einen Filtertiegel filtriert und mit Wasser gewaschen. Es wird zunächst allmählich erhitzt, schließlich mit der vollen Flamme eines Mekerbrenners geglüht und als $Mn_2P_2O_7$ gewogen.

Eisen. Gib zur Lösung von der Kupferbestimmung einige Tropfen reines Wasserstoffperoxyd, um das Eisen wieder zu oxydieren (bei der Elektrolyse wird es teilweise zur zweiwertigen Stufe reduziert), und sodann einen beträchtlichen Überschuß von filtriertem konzentriertem Ammoniak. Rühre die Lösung gut um und erhitze zum Sieden. Filtriere das Eisenoxydhydrat ab und wasche mit heißem Wasser. Löse den Niederschlag in möglichst wenig heißer, verdünnter Salzsäure und fange die saure Lösung in einem kleinen Becherglas auf. Gieße genug verdünntes Ammoniak durch das Filter, um das Eisen wieder zu fällen. Erhitze die Flüssigkeit zum Sieden, filtriere durch das ursprüngliche Filter und wasche den Niederschlag. Füge Filtrat und Waschwässer zur Lösung, die Nickel und Zink enthält. Glühe den Niederschlag und wäge als Fe_2O_3.

Nickel. Neutralisiere die vereinten Filtrate von der Eisenbestimmung mit Salzsäure und füge 5 ml Salzsäure im Überschuß zu. Setze langsam Ammoniumhydroxyd zu, bis die Lösung schwach ammoniakalisch ist. Beim Neutralisieren bildet sich Ammoniumchlorid, das zugegen sein muß, um das Zink in Lösung zu halten. Füge zur heißen Lösung für je 0,1 g Nickel 0,5 g Dimethylglyoxim in 1%iger alkoholischer Lösung und überzeuge dich, daß die Lösung schwach ammoniakalisch ist. [Vorteilhafter ist es, die Fällung bei Siedehitze aus der neutralen Lösung durch tropfenweisen Zusatz der Dimethylglyoximlösung vorzunehmen und erst nach erfolgter Fällung schwach ammoniakalisch zu machen. Der Niederschlag fällt besser filtrierbar und nicht so voluminös aus wie bei der Fällung aus ammoniakalischem Milieu.] Lasse die Lösung einige Minuten auf der Heizplatte stehen, bis der Niederschlag ausflockt, und prüfe die Lösung auf Vollständigkeit der Fällung. Lasse die Lösung etwa eine Stunde auskühlen. Filtriere durch einen Filtertiegel oder *Gooch*-Tiegel und wasche mit heißem Wasser. Trockne das Dimethylglyoximnickel im Trockenschrank bei nicht über 110⁰ und wäge. Der Faktor beträgt 0,20316. Ein zu großer Reagensüberschuß muß vermieden werden, da das Dimethylglyoxim in Wasser wenig löslich ist und ausfallen kann. [Man fälle höchstens 0,1 g Nickel, aus etwa 300 ml Lösung; nach Zugabe der Dimethylglyoximlösung soll der Alkoholgehalt der Lösung nicht über 30 bis 40⁰/o betragen.]

Zink. Säuere das Filtrat von der Nickelbestimmung mit konzentrierter Salzsäure an und füge 5 ml der konzentrierten Säure im Überschuß zu. Setze 25 ml konzentrierte Salpetersäure zu und verdampfe auf der Heizplatte unter dem Abzug zur Trockene oder, falls viel Schwefelsäure vorhanden ist, bis zum Rauchen der Schwefelsäure. Die organische Substanz und die große Menge der Ammonsalze werden so entfernt. Füge zum kühlen Rückstand einige ml konzentrierte Salzsäure, erwärme einige Minuten, verdünne auf 50 ml und filtriere die Lösung, falls sie nach dem Auflösen der Salze nicht völlig klar sein sollte. Folge von nun an der Vorschrift für Zink in Messing, S. 366. Die für das Zink im Messing empfohlene Menge von 6 g $(NH_4)_2HPO_4$ wird auch in diesem Falle geeignet sein. Das Zink wird schließlich als Pyrophosphat gewogen.

Die Analyse von Legierungen, Silikaten usw.

Wurden die vorhergehenden Aufgaben gut durchgeführt, so können Analysen gebräuchlicher Legierungen. Silikate und anderer chemischer Mischungen in Angriff genommen werden.

Bei der Analyse von Legierungen ist es zunächst nötig, in Übereinstimmung mit den eben erörterten Richtlinien ein geeignetes Lösungsmittel zu wählen. Nachdem eine Lösung erhalten wurde, welche eine geeignete Menge freier Säure enthält, werden die Metalle in der üblichen Reihenfolge getrennt, die meist dieselbe wie bei der qualitativen Analyse ist. Für die gebräuchlicheren Elemente ist diese Reihenfolge (1) Zinn als Zinnsäure, (2) Silber als AgCl, (3) Blei als $PbSO_4$ oder PbO_2, Kupfer elektrolytisch oder als $Cu_2(CNS)_2$, (5) Cadmium als CdS aus saurer Lösung, (6) Zink als ZnS aus einer Lösung mit einem $p_H = 2$, (7) Eisen und Aluminium als basische Azetate oder Benzoate oder als Oxydhydrate, (8) Mangan als Dioxydhydrat oder als MnS, (9) Calcium als CaC_2O_4, (10) Magnesium als $MgNH_4PO_4 . 1 H_2O$.

Die Trennung des Arsens, Antimons und Zinns ist schwierig und wurde deshalb nicht besprochen. Trotzdem sollte der Student mit den Methoden zur Bestimmung dieser Elemente vertraut sein. Sind die Elemente der Zinkgruppe abwesend, so kann Fe, Al, Cr von den Metallen der folgenden Gruppen durch eine gewöhnliche Ammoniakfällung [karbonatfreies NH_3!] getrennt werden. Nachdem diese Metalle abgetrennt wurden, kann Nickel durch Titration mit KCN bestimmt werden. Von fast allen Metallen kann Nickel durch Fällung aus der schwach ammoniakalischen Lösung als Dimethylglyoximnickel $NiC_8H_{14}N_4O_4$ getrennt und als solches gewogen oder volumetrisch bestimmt werden. Sind durch Ammoniak fällbare Metalle anwesend, so wird zunächst Zitronen- oder Weinsäure zugesetzt, um deren Fällung zu verhindern. Ba, Sr und die Alkalimetalle werden in Legierungen sehr selten angetroffen.

[Es sei nochmals darauf verwiesen, daß man die Einwaagen so wählen soll, daß die Auswaagen 0,2 bis 0,3 g nicht übersteigen, da sonst die Behandlung, das Auswaschen und Glühen derartig großer Niederschläge sehr zeitraubend und die Ergebnisse gewöhnlich fehlerhaft werden. Hat man, wie z. B. im Messing, einige Elemente in geringen Mengen neben einigen Hauptlegierungsbestandteilen zu bestimmen, so geht man am zweckmäßigsten so vor, daß man von einer relativ großen Einwaage, z. B. 2 bis 3 g, ausgeht und daraus die in geringen Mengen vorhandenen Elemente, in dem speziellen Falle Sn, Pb, Fe + Al abtrennt. Man füllt das Filtrat sodann auf 500 ml auf und bestimmt nun in einem aliquoten Anteil, z. B. in 100 ml, entsprechend $^1/_5$ der Einwaage, die Hauptbestandteile. Durch eine derartige Arbeitsweise wird die Genauigkeit der Bestimmungen wesentlich erhöht und die zur Analyse benötigte Zeitdauer aus den oben angegebenen Gründen verkürzt. Wie bei der Kalksteinanalyse erwähnt, wird man dieses Prinzip möglichst allgemein zur Anwendung bringen.]

Unlösliche Silikate müssen durch Schmelzen mit einer Base aufgeschlossen werden. Man verwendet hiezu gewöhnlich Na_2CO_3 [oder das leichter schmelzende Gemisch gleicher Gewichtsmengen K_2CO_3 + + Na_2CO_3]. Die Schmelze wird in Wasser am Wasserbad gelöst, mit Salzsäure angesäuert und die Kieselsäure, wie S. 328 beschrieben, durch Abdampfen zur Trockene abgeschieden. Aus dem Filtrat von der Kieselsäurebestimmung werden die Metalle in der oben angegebenen Reihenfolge abgeschieden. Gewöhnlich werden Silikate keine merklichen Mengen von Ag, As, Sb, Sn enthalten, während Pb, Cu, Cd gelegentlich darin vorkommen können.

Die Analyse zusammengesetzter Sulfide wird häufig verlangt, da die Schwermetalle oft in dieser Form vorkommen. Als Lösungsmittel verwendet man gewöhnlich Salpetersäure oder Königswasser. Die Metalle werden wie üblich bestimmt. Der Schwefel wird in gesonderter Einwaage bestimmt, wie bereits angegeben wurde. Nach denselben Methoden werden die Metalle in allen gewöhnlichen chemischen Gemischen bestimmt.

Rückblick, Fragen und Aufgaben.

1. Beschreibe jeden Schritt in der vollständigen Analysen einer Mg-Ag-Sn-Cd-Legierung. Nenne die Formeln der zugesetzten Reagenzien und der gebildeten Produkte.

2. Beschreibe jeden Schritt in der vollständigen Analyse einer Zn-Sb-Fe-Mn-Legierung.

3. Beschreibe jeden Schritt der vollständigen Analyse eines zusammengesetzten Ni-As-Fe-Zn-Sulfides (fünf Bestimmungen).

4. Beschreibe jeden Schritt einer vollständigen Analyse eines unlöslichen Silikates von Mn, Pb, Cu, Ca (fünf Bestimmungen).

5. Eine neutrale Bleiperchloratlösung wird mit Platinelektroden elektrolysiert. Welche Elektrodenprodukte werden entstehen und in welchen relativen Verhältnissen? Welche Produkte werden entstehen, wenn eine beträchtliche Menge Salpetersäure zugesetzt wird?

6. Eine salzsaure Sn^{IV}-Lösung wird mittels Schwefelwasserstoff gefällt. Bei Anwesenheit von Fluorid bildet sich kein Niederschlag. Wird nun gelatinöse Kieselsäure zugesetzt, so fällt das SnS_2 aus. Erkläre diese Reaktionen!

7. 1,0800 g einer Probe gibt eine Zinnsäurefällung, die zu SnO_2 verglüht wird. Das SnO_2 wird im Wasserstoff zu Zinn reduziert und verliert dabei 0,1600 g an Gewicht. Wieviel Prozent Zinn sind in der Probe?

8. Eine Bronzeprobe enthält 1,00% Phosphor. Welcher Fehler im Zinngehalt wird gemacht, wenn angenommen wird, daß der geglühte Niederschlag reines SnO_2 ist, während er mit einer Menge von P_2O_5 verunreinigt ist, die dem Phosphorgehalt äquivalent ist? Antwort: 1,80% zu hoch.

9. Welcher Fehler würde in Aufgabe 8 entstehen, wenn 1,00% Sb anwesend ist, das mit dem SnO_2 als Sb_2O_4 gewogen wird?

10. In 1,0770 g einer Probe wird das Zink als Sulfid gefällt und zu Oxyd verglüht; das ZnO wog 0,5510 g. Es wurde gelöst und mit $BaCl_2$ auf Sulfat geprüft; dabei wurden 0,0720 g $BaSO_4$ erhalten. Welchen Zinkgehalt hat die Probe?

11. Wieviel 70%ige Salpetersäure, d 1,410, wird theoretisch zum Lösen von 10,000 g Messing benötigt, das 38,00% Zn, 58,00% Cu und 4,00% Pb enthält, wenn angenommen wird, daß NO alleiniges Reduktionsprodukt ist?

12. 2 g eines Gemisches von Mennige, Pb_3O_4, und Bleiglätte, PbO, wurden in Perchlorsäure gelöst, die 50,00 ml 0,1250 n Oxalsäure enthielt. Der Überschuß der letzteren wurde mit 15,50 ml 0,1200 n $KMnO_4$ zurücktitriert. Berechne den Prozentgehalt an Pb_3O_4 in der Probe. Antwort: 75,25%.

13. In 1,2500 g einer Probe wurde das Zink mit 45,00 ml einer $K_4[Fe(CN)_6]$-Lösung titriert; 50,00 ml dieser Lösung waren 45,00 ml 0,1100 n $KMnO_4$ äquivalent. Berechne den Zinkgehalt in der Probe.

14. In 1,3500 g einer Probe wurde das Arsen mittels Zinn(2)-chlorid zu Metall reduziert und letzteres in 50,00 ml einer neutralen 0,2150 n Jodlösung gelöst. Der Jodüberschuß wurde mit 10,50 ml einer 0,1050 n Thiosulfatlösung zurücktitriert. Berechne den As-Gehalt der Probe.

15. Welches Gewicht von $CuSO_4 . 5 H_2O$ muß genommen werden, damit die Lösung nach erfolgter elektrolytischer Kupferabscheidung und Verdünnung auf 500 ml genau 0,05000 n an Schwefelsäure ist?

16. 0,1910 g einer Legierung gaben 0,3510 g Dimethylglyoximnickel, 0,0115 g Bleidioxyd und 0,1246 g Kupferoxyd. Berechne den Prozentgehalt an Ni, Pb, Cu in der Legierung.

17. 0,2500 g eines basischen Bleiperchlorates gab 0,2560 g $PbSO_4$; eine zweite Probe gleicher Einwaage benötigte 10,22 ml 0,1100 n HNO_3, um das anwesende Hydroxyd zu neutralisieren. Welche Formel hat das Salz? Antwort: $Pb_3(OH)_4(ClO_4)_2$.

18. Von 0,2500 g einer Probe, die NaCl, $NaClO_3$, NaF und inerte Stoffe enthält, bekommt man nach der Reduktion des Chlorats zu Chlorid 0,2904 g

AgCl. Zur Reduktion des Chlorats werden 38,68 ml eines 0,1020 n Reduktionsmittels benötigt; die Gesamtmenge Natrium, in Na_2SO_4 übergeführt, beträgt
0,2453 g. Berechne den Prozentgehalt jedes der drei Natriumsalze. Antwort:
32,00% NaCl, 28,00% $NaClO_3$, 24,00% NaF.

19. Das spezifische Gewicht einer Blei-Zinn-Legierung beträgt 8,85.
Wieviel Prozente sind von jedem Metall vorhanden, wenn man annimmt,
daß sich die Metalle ohne Volumänderung legieren? $(d_{Pb} = 11,34; d_{Sn} =
= 6,54.)$

20. Von 0,1065 g einer Legierung erhielt man 0,0907 g $Zn_2P_2O_7$. Es wurde
später gefunden, daß dieser Niederschlag Manganpyrophosphat enthielt,
das 0,0051 g Mangan äquivalent ist. Berechne den Zinkgehalt der Legierung.
Wie groß wäre der Fehler in der Zinkbestimmung gewesen, wenn die Gegenwart von Mangan nicht erkannt worden wäre?

XXI. Kolorimetrische Analyse.

Theorie und Prinzipien. Kolorimetrische Methoden werden speziell
zu Schnellbestimmungen sehr geringer Substanzmengen herangezogen.
So erteilt z. B. das Permanganation dem Wasser in einer Konzentration
von 0,1 mg pro Liter eine sichtbare Farbe; diese Menge kann weder
gravimetrisch noch volumetrisch bestimmt werden. Kolorimetrische
Methoden sind nicht nur schnell, sie sind auch im allgemeinen einfach,
und in vielen Fällen mit einfachen und billigen Apparaten durchführbar. Bei visuellem Farbvergleich beträgt die erreichbare Genauigkeit
etwa 2%, was für die geringen zu bestimmenden Mengen vollauf genügt. Damit kolorimetrische Methoden erfolgreich angewendet werden
können, müssen zwei Bedingungen erfüllt sein: 1. Die Substanz muß
intensiv gefärbt sein oder muß fähig sein, in eine stark gefärbte Verbindung umgesetzt zu werden, welche in definierter Beziehung zur ursprünglichen Substanz steht. 2. Andersfarbige Substanzen dürfen nur in
sehr kleinen Mengen zugegen sein. Relativ schwache Fremdfärbungen
können kompensiert werden, indem man dasselbe Material zum
Standard zusetzt. Farben verschiedener Nuancen können nicht verglichen werden. Eine orange Farbe kann z. B. nicht mit einer gelben
Farbe verglichen werden.

Kolorimetrie, wie diese Arbeitsmethode bei den Chemikern allgemein heißt, ist ein Vorgang, bei welchem die Intensitäten von Licht-
strahlen verglichen werden, welche durch Lösungen durchtreten, deren
jede die gleiche gefärbte Substanz enthält; die relative Absorptions-
fähigkeit der Lösungen für das Licht bestimmt die Menge [Intensität]
des durchgehenden Lichtes. In der Praxis werden beide Lösungen durch
dieselbe Lichtquelle mit der gleichen Intensität durchleuchtet. Als Lichtquelle kann man die Sonne oder eine geeignete künstliche Lichtquelle
verwenden. Die von dem Licht durchstrahlte Schichtdicke wird bei einer
oder beiden Lösungen so lange verändert, bis dieselbe Farbe und Intensität in das Auge oder in eine Meßvorrichtung, wie eine photoelek-
trische Zelle, gelangt. Derartige Vergleiche werden durch zwei Gesetze
geregelt: 1. Das *Lambert*sche Gesetz (bereits früher von *Bougouer* be-

obachtet[1]) drückt aus, in welcher Weise die Intensität des hindurchge-
gangenen Lichtes I_t oder des absorbierten Lichtes I_a von der ursprünglichen Intensität I_0 und der durchstrahlten Schichtdicke abhängt. Wird
angenommen, daß die Intensität des reflektierten Lichtes vernachlässigbar ist, oder herausfällt, wenn man zwei exakt gleiche Gefäße verwendet, dann ist $I_0 = I_a + I_t$. Ist A der Bruchteil des einfallenden
Lichtes, welcher bei einer Schichtdicke von 1 cm durch die Flüssigkeit
hindurchtritt, so besagt eine Form des Gesetzes, daß $I_t = I_0 . A^d$ bzw.
für das absorbierte Licht $I_a = I_0 - I_0 . A^d$ ist. Für ein einheitlich ge-
färbtes Medium gilt, daß bei einer Folge von Schichten gleicher Dicke
jede Schicht denselben Bruchteil des Lichtes absorbiert, welches in eben
diese Schicht eintritt. So absorbiert z. B. die erste Schicht 0,1 des einfallenden Lichtes; jede nachfolgende Schicht absorbiert wieder 0,1 des
in sie eintretenden Lichtes usw. Die allgemeine Form des Gesetzes leitet
sich von einer einfachen Differentialgleichung ab und lautet

$$\log \frac{I_t}{I_0} = -K \cdot d,$$

wobei die Konstante K den Absorptionskoeffizienten bedeutet. Die
anderen Bezeichnungen wurden oben definiert.

Das Beersche Gesetz ist dem *Lambert*schen Gesetz analog, drückt
jedoch das Verhältnis zwischen der Lichtadsorption bzw. der durch-
tretenden Lichtmenge und der *Konzentration* der gefärbten Substanz
aus. Das *Lambert*sche Gesetz ist allgemein gültig, dagegen ist das
*Beer*sche Gesetz für jene gefärbten Substanzen nicht streng gültig,
welche mit der Konzentration den Dissoziationsgrad oder die Assoziation verändern, so daß das Verhältnis der Farbtiefe oder Absorption zur
Konzentration variabel ist. In einer einfachen Form kann dieses Gesetz
geschrieben werden $I_t = I_0 . A^c$, wobei c die Konzentration der gefärbten Substanz bedeutet. Die anderen Symbole sind dieselben wie oben
definiert. In allgemeinerer Form kann das Gesetz wie folgt ausgedrückt
werden:

$$\log \frac{I_t}{I_0} = -K' c.$$

Sind sowohl Veränderungen in der durchstrahlten Schichtdicke als
auch in der Konzentration in Betracht zu ziehen, so werden beide Gesetze durch die Form

$$\ln \frac{I_t}{I_0} = -K c d, \quad \text{bzw} \quad I_t = I_0 . e^{-K c d}$$

berücksichtigt, wobei der Wert der Konstanten K, der „Extinktions-
koeffizient", von den Einheiten abhängt, in welchen Konzentration und
Schichtdicke gemessen werden.

---

[1] Sowohl das *Lambert*sche wie das *Beer*sche Gesetz gelten streng nur
für monochromatisches Licht. Der Gebrauch eines einfachen Farbfilters,
um nur Licht eines engen Wellenlängenbereichs durchzulassen, gehört zu
den speziellen Eigenheiten vieler kolorimetrischer Methoden.

Werden zwei Lösungen mit den Konzentrationen c_1 und c_2 derselben gefärbten Substanz mit Licht gleicher Intensität von derselben Lichtquelle beleuchtet, und betragen die Schichtdicken d_1 und d_2, bei welchen Licht gleicher Intensität I_t durch die beiden Lösungen hindurchtritt, dann ist

$$\ln \frac{I_t}{I_0} = - K\, c_1\, d_1 = - K\, c_2\, d_2;$$

$$c_1\, d_1 = c_2\, d_2.$$

Dies ist die einfache Grundlage der in diesem Kapitel betrachteten Methoden.[1]

Eine andere Art von Kolorimetrie wird bei der kolorimetrischen p_H-Messung verwendet, die S. 106 beschrieben wurde. In diesem Falle werden nicht die Intensitäten der Farbe verglichen, sondern die Farbe der einen Lösung wird durch Änderung des p_H im Indikatorbereich so lange verändert, bis die Farben der beiden Lösungen genau übereinstimmen.

Instrumente für den Farbvergleich. Zum Farbvergleich sind in der Kolorimetrie zwei Methoden in Gebrauch. Bei der einfachsten Methode wird die Schichtdicke konstant gehalten und die Konzentration wird verändert. Dies erfolgt, indem man eine Reihe von Standards mit zunehmender Konzentration in Rohre von exakt gleichem Durchmesser und mit planen Glasböden („*Neßler*-Zylinder") einfüllt. Dieselben sind mit einem Ring markiert, um ein bestimmtes Volum, z. B. 50 ml, anzuzeigen, und stehen in einem geeigneten Ständer, Abb. 63. Mittels einer Opalglasplatte oder eines mit mattiertem Glas bedeckten Spiegels wird das Licht gleichmäßig durch die Böden der Zylinder nach oben reflektiert. Der Zylinder, welcher die unbekannte Lösung enthält, wird mit den Testzylindern verglichen, bis man jenen gefunden hat, dessen Farbe übereinstimmt. Die Konzentration des gefärbten Stoffes ist dann gleich der Konzentration in der Teströhre, oder kann zwischen zwei der Standards liegen. Dies hängt von den Intervallen ab, in welchen die Standards hergestellt wurden. Diese Methode ist speziell für schwache Farben geeignet und ist oft für Serienanalysen bequemer, wo eine Reihe von permanenten Standards hergestellt werden kann. Sie hat weiter den Vorteil, daß die benötigte Anordnung einfach und billig ist.

Bei den anderen Vergleichsmethoden wird die Konzentration konstant gehalten und die Schichtdicke verändert, bis die Lichtintensität in

---

[1] Die detaillierte mathematische Behandlung der grundlegenden physikalischen Gesetze der Kolorimetrie ist in Spezialarbeiten nachzulesen, die im Anhang S. 369 erwähnt sind. Eine ausführliche Behandlung der Kolorimetrie und Spektrophotometrie findet sich im Textbook of Inorganic Quantitative Analysis, Kap. XIV, von *Kolthoff* und *Sandell*. — *Fales* und *Kenny*, Inorganic Quantitative Analysis, behandeln die Kolorimetrie im XXV. Kapitel eingehend vom Standpunkt des Physikers. — Einen ausgezeichneten Überblick über spektrophotometrische Methoden der analytischen Chemie bringt *S. E. Q. Ashley:* Ind. Engng. Chem., Analyt. Edit. **11**, 72 (1939).

beiden Lösungen gleich erscheint. Diese Veränderung der Schichtdicke erfolgt durch Eintauchen transparenter Tauchkörper in die Flüssigkeit. Die Becher, welche die Lösungen enthalten, sind an einer Skala befestigt und können auf- und abbewegt werden, bis die Farbintensitäten übereinstimmen. Das für diese Zwecke benützte Instrument heißt Kolorimeter. Abb. 64 zeigt die gebräuchlichste Type, das *Duboscq*-Kolorimeter.

Um einen genauen Vergleich zu erleichtern, wird das Licht, welches durch die beiden Gefäße geht, mittels Prismen so gebrochen, daß im Gesichtsfeld zwei Halbkreise erscheinen, die durch eine feine Linie voneinander getrennt sind. Die rechte Hälfte des Gesichtsfeldes wird von dem Licht beleuchtet, welches durch das linke Gefäß tritt und umgekehrt. Bei Intensitätsgleichheit sind die Konzentrationen des färbenden Bestandteiles den entsprechenden Schichtdicken

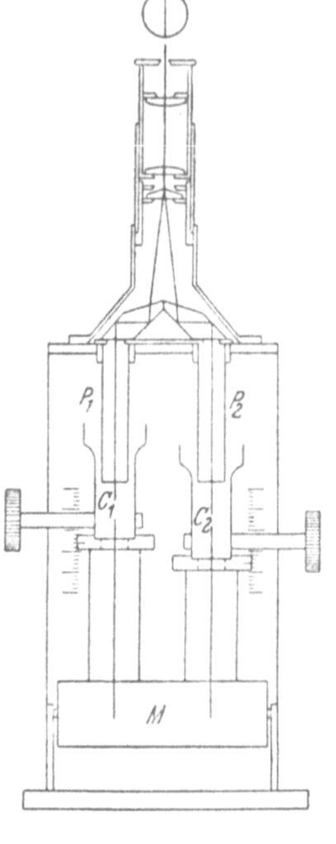

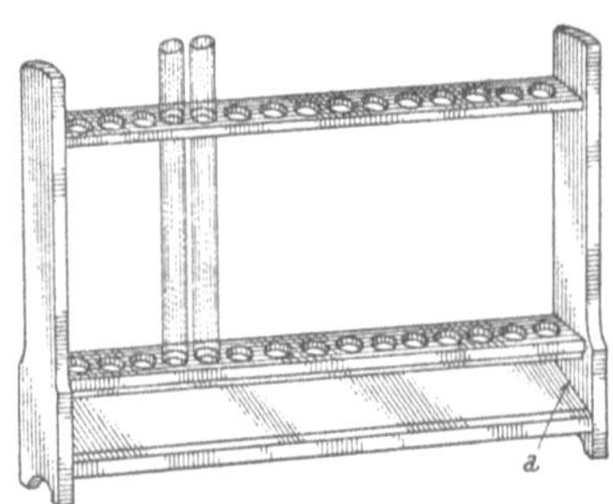

Abb. 63. *Neßler*-Zylinder in einem Ständer. Die weiße Grundfläche ist in einem Winkel von 45° geneigt.

Abb. 64. Strahlengang in einem *Duboscq*-Kolorimeter. P_1, P_2 Tauchstäbe; C_1, C_2 Becher zur Aufnahme der Lösungen; M Spiegel. Die beiden Hälften des Gesichtsfeldes im Okular erscheinen bei richtiger Einstellung gleich hell.

verkehrt proportional. Das Kolorimeter, obzwar viel teurer als die *Neßler*-Zylinder, hat den Vorteil, daß ein einziger Standard für eine große Zahl unbekannter Lösungen verwendet und ein viel genauerer Farbvergleich ermöglicht wird.

Bei allen Vergleichsmethoden ist es wesentlich, daß die Beleuchtung gleichmäßig ist, so daß genau dieselbe Lichtintensität in jede der Lösungen einfällt. Die reflektierende Oberfläche muß daher rein und gleichartig sein. Um Seitenlicht auszuschließen, werden die Kolorimeterbecher gewöhnlich mit schwarzen Seitenwänden und farblosem Boden hergestellt. Für sehr schwach gefärbte Lösungen können längere Gefäße benützt werden.

Obwohl das *Lambert*sche Gesetz keine Ausnahmen hat, gehorchen nicht alle Lösungen dem *Beer*schen Gesetz. Letzteres gilt für große Konzentrationsbereiche der Ionen starker Elektrolyte und für viele organische Verbindungen, gilt jedoch nicht für Substanzen, die dissoziieren oder assoziieren oder bei wechselnder Konzentration Komplexe mit verschiedener Farbe bilden. Dies ist bei der Methode, welche die *Neßler*-Zylinder verwendet, ohne Einfluß. Bei Verwendung eines Kolorimeters wird eine derartige Abweichung einen Fehler verursachen, dessen Größe mit dem Konzentrationsunterschied zwischen dem Standard und der zu analysierenden Lösung zunimmt. Es ist daher wünschenswert, einen Standard zu verwenden, der nicht allzu weit von der Konzentration der unbekannten Lösung abweicht.

Beim Gebrauch eines Kolorimeters soll, wie bei allen optischen Instrumenten, der Mittelwert von mehreren Ablesungen genommen werden. Es soll weiter bemerkt werden, daß das Auge ermüdet, nachdem es länger durch das Instrument geblickt hat, und nicht mehr fähig ist, geringe Intensitätsunterschiede zu unterscheiden. Diese Schwierigkeit kann behoben werden, indem man das Auge zwischen den Ablesungen ausruhen läßt, oder indem man kurze Zeit auf ein anderes Objekt blickt.

Sehr verdünnte Suspensionen von gefärbten Stoffen können an Stelle wahrer gefärbter Lösungen verglichen werden, wenn sie nicht ausflocken oder absitzen, bevor der Vergleich erfolgt ist. So kann man Suspensionen von Bleisulfid nach der einfachen kolorimetrischen Methode miteinander vergleichen. In manchen Fällen wird ein Schutzkolloid, wie Gummiarabikum, zugesetzt, um eine Koagulation zu vermeiden.

Trübungen können in derselben Weise miteinander verglichen werden, wobei ein Teil des Lichtes von dem suspendierten Material absorbiert wird, selbst wenn es nicht gefärbt ist. Dieser Vorgang ist die *Extinktionsmethode*. Im *Nephelometer* wird das von der Trübung *reflektierte* Licht zum Vergleich herangezogen, wobei das Licht senkrecht zur Blickrichtung einfällt, anstatt in der Blickrichtung durch den Boden einzufallen. Diese nephelometrische Methode wurde bereits im Zusammenhang mit der „Methode der gleichen Trübung" bei der Bestimmung des Äquivalenzpunktes bei der Titration eines Halogens mit Silberion, S. 144, besprochen. Wird ein Nephelometer benützt, um festzustellen, wann die Trübungen gleich sind, so ist es möglich, einen so geringen Überschuß von Silberhalogenid festzustellen, daß die Methode empfindlich genug ist, um bei Atomgewichtsbestimmungen angewendet zu werden. Sind die Trübungen nicht gleich, so ist es möglich, die richtige Menge des zuzusetzenden Silber- oder Halogenions aus den Ablesungen zu berechnen.

Anstatt den Farbvergleich zweier Lösungen visuell durchzuführen, sind nun Instrumente erhältlich, die dies mittels photoelektrischer Zellen[1] tun. Solche Methoden sind einer viel größeren Genauigkeit fähig als die visuellen Methoden, doch ist der Apparat relativ teuer.

---

[1] Vgl. *R. H. Müller:* Ind. Engng. Chem., Analyt. Edit. **11**, 1 (1939).

Anwendungen. Es wurden Tausende von kolorimetrischen Methoden publiziert, doch viele davon sind nicht genügend reproduzierbar, um zu befriedigen. Von den häufig benützten Methoden seien die Bestimmung des Mangans als Permanganat, des Chroms als Chromat oder Dichromat, des Eisens als komplexes Eisenrhodanid oder als o-Phenanthrolin-Eisen(II)-komplex, Ammoniak als Verbindung mit *Neßlerschem* Reagens, Kieselsäure als gelbe Silicomolybdänsäure, Titan als gelbe Peroxytitanschwefelsäure und Molybdän als rotes komplexes Rhodanid genannt.

Eine andere Anwendung der Kolorimetrie ist die *„kolorimetrische Titration"*. In einem Zylinder oder Becherglas befindet sich ein bestimmtes Volum der Lösung, zu welcher genügend Reagenzien zugesetzt wurden, um die volle Farbe der zu bestimmenden Substanz hervorzurufen. In einem zweiten gleichen Gefäß befindet sich ein etwas kleineres Volum von Wasser, welches dieselben Reagensmengen enthält. Aus einer Mikrobürette wird unter Umrühren eine Standardlösung der zu bestimmenden Substanz zugefügt, bis die Färbungen der beiden Lösungen übereinstimmen. Differieren die Volume der Lösungen um nicht mehr als 2%, so wird kein merklicher Fehler gemacht.

Manganbestimmung in Stahl.

Prinzip. Mangan kann in Konzentrationen, die 2 mg pro 100 ml Lösung nicht übersteigen, durch Oxydation zu Permanganat leicht kolorimetrisch bestimmt werden. Dies wird am besten mittels Perjodat in schwefel-, phosphor- oder perchlorsauerer Lösung bewirkt:[1]

$$2\,\mathrm{Mn} + 5\,\mathrm{JO_4^-} + 3\,\mathrm{H_2O} = 2\,\mathrm{MnO_4^-} + 5\,\mathrm{JO_3^-} + 6\,\mathrm{H^+}.$$

Eine solche Permanganatlösung ist außergewöhnlich stabil. Störende Metalle sind lediglich jene, welche der Lösung eine Färbung verleihen. Die gelbe Farbe des Eisen(III)-ions wird durch Zugabe von Phosphorsäure entfernt, falls die Eisenmenge nicht größer als 0,5 g ist. In letzterem Falle ist eine leichte Färbung bemerkbar. Die Methode der Manganbestimmung kann durch Variation der Versuchsbedingungen auf eine sehr große Vielfalt von Stoffen angewendet werden.

Arbeitsvorschrift. Überzeuge dich zunächst, daß das Kolorimeter richtig funktioniert und daß sein Gebrauch verstanden wird. Entferne beide Becher, fülle sie bis zur Erweiterung mit Wasser, setze sie wieder in das Instrument ein und hebe sie durch Drehen der gerieften Schraube, bis die Tauchstäbe unter die Oberfläche des Wassers eintauchen. Stelle den Spiegel richtig ein, so daß die maximale Helligkeit erhalten wird, und überzeuge dich, daß beide Gesichtshälften gleich hell erscheinen. Reinige und trockne die Becher und Tauchstäbe. Setze die Becher wie-

---

[1] *Willard* und *Greathouse:* J. Amer. chem. Soc. **39**, 2366 (1917).

der in die richtige Lage und hebe sie sorgsam hoch, bis die Tauchstäbe gerade die Böden berühren. Beide Skalen sollen nun auf Null stehen.

Löse 0,5 bis 1,0 g Stahl in einem 250-ml-*Erlenmeyer*-Kolben in 50 ml verdünnter Salpetersäure (1 Teil konzentrierte Säure auf 3 Teile Wasser) und koche, um die Stickoxyde auszutreiben. Füge 5 bis 10 ml sirupöse Phosphorsäure zu, entferne den Brenner und füge in kleinen Portionen 1 g $(NH_4)_2S_2O_8$ zu, um den stets im Stahl vorhandenen Kohlenstoff zu oxydieren, und koche 10 Minuten. Verdünne mit Wasser auf etwa 100 ml und füge 0,4 bis 0,5 g Natrium- oder Kaliumperjodat oder 0,5 bis 0,6 g $Na_2H_3JO_6$ zu, koche 5 Minuten, halte 10 Minuten heiß kühle ab, verdünne in einem Meßkolben auf 250 ml und mische gut durch. Diese Lösung soll nicht mehr als 5 mg Mn enthalten.

Bereite einen Standard, indem ein Stahl mit bekanntem Mangangehalt in gleicher Weise gelöst und behandelt wird. Ist ein Standardstahl nicht erhältlich, so füge so viel Standard-Permanganatlösung zu Wasser zu, welches die entsprechenden Mengen an Salpetersäure, Phosphorsäure und Eisenammoniumalaun enthält, daß etwa dieselbe Färbung entsteht. Reduziere das Permanganat durch sorgfältige Zugabe einer verdünnten $NaNO_2$-Lösung zur heißen Lösung und oxydiere sodann das Mangan durch Zugabe von Perjodat, wie oben angegeben. Überzeuge dich durch Prüfen mit Perjodat, daß das zugegebene Eisensalz manganfrei ist. Viele Eisensalze enthalten beträchtliche Mengen Mangan. Chlorid muß abwesend sein oder durch Abrauchen mit Schwefelsäure entfernt werden.

So hergestellte Lösungen sind 2 bis 3 Monate haltbar, wenn sie von Staub geschützt aufbewahrt werden.

Fülle einen Becher des Kolorimeters mit dem Standard bis zum Kropf, den anderen Becher mit der zu analysierenden Lösung. Überzeuge dich, daß die Tauchstäbe unter die Oberfläche eintauchen, und stelle den Becher, welcher den Standard enthält, auf einen passenden Wert, etwa 30 oder 40 mm ein. Stelle die beiden Gesichtshälften im Okular auf gleiche Helligkeit ein und lese ab. Lasse das Auge etwas ausruhen und überzeuge dich sodann, daß die beiden Gesichtshälften gleich sind. Nähere dich nun der richtigen Einstellung von der anderen Seite und lese wieder ab. Nimm die Beobachtungen mehrmals mit verschiedenen Einstellungen vor. Berechne die Konzentration x mit der Ablesung a aus der Konzentration c des Standards und dessen Einstellung b nach der Proportion $x : c = b : a$.

Entleere beide Becher und spüle sie sauber aus. Wasche die Tauchstäbe durch Abspritzen mit dem Strahl der Spritzflasche, wobei man ein kleines Becherglas unterhält. Trockne alles mit einem sauberen Tuch ab und entferne sorgfältig jeden Wassertropfen vom Instrument.

Steht kein Kolorimeter zur Verfügung, so kann eine Reihe von Standards in *Neßler*-Zylindern hergestellt und die zu untersuchende Lösung damit verglichen werden.

Rückblick, Fragen und Aufgaben.

1. In 1,0000 g einer Probe wird das Mangan zu MnO_4^- oxydiert und die Lösung auf 200 ml verdünnt. Der Standard enthält 2,0 mg Mn und wird auf 250 ml verdünnt. Ablesungen: Standard 25,1 mm; unbekannte Lösung 30,5 mm. Berechne den Mangangehalt in der Probe.

2. Wieviel Kaliumperjodat KJO_4 benötigt man theoretisch, um 0,1000 g Mn zu MnO_4^- zu oxydieren?

3. Berechne den Fehler in Prozent Mn in Aufgabe 1, wenn bei der Ablesung der unbekannten Lösung ein Fehler von 1,0 mm gemacht wird.

4. Bei einer kolorimetrischen Manganbestimmung enthält der Standard 1,10 ml einer 0,120 n $KMnO_4$-Lösung in 100 ml. Die Lösung von 2,000 g Stahl wird auf 250 ml verdünnt und das Mangan in 100 ml dieser Lösung zu Permanganat oxydiert, auf 500 ml verdünnt und die Lösungen im Kolorimeter verglichen. Am Standard werden 40 mm, an der Probelösung 33 mm abgelesen. Berechne den Mangangehalt des Stahls.

Anhang.

Tab. 22. *Dissoziationskonstanten einiger Säuren und Basen.* Aus *I. M. Kolthoff* und *N. H. Furman*, Potentiometric Titrations, John Wiley & Sons Inc., 2. Aufl. 1931. Mit Erlaubnis reproduziert.

Säure	K_a	$p_K\,(=-\log K_a)$
Anorganische Säuren.		
Arsenige Säure	$6 \cdot 10^{-10}$	9,22
Arsensäure, 1. Stufe	$5 \cdot 10^{-3}$	2,30
Borsäure	$6,6 \cdot 10^{-10}$	9,18
Kohlensäure, 1. Stufe	$3,04 \cdot 10^{-7}$	6,52
„ , 2. „	$4 \cdot 10^{-11}$	10,40
Phosphorsäure, 1. Stufe	$1,1 \cdot 10^{-2}$	1,96
„ , 2. „	$7,5 \cdot 10^{-8}$	7,13
„ , 3. „	$5 \cdot 10^{-13}$	12,30
Pyrophosphorsäure, 1. Stufe	$1,4 \cdot 10^{-1}$	0,85
„ , 2. „	$1,1 \cdot 10^{-2}$	1,96
„ , 3. „	$2,9 \cdot 10^{-7}$	6,54
„ , 4. „	$4 \cdot 10^{-10}$	9,40
Salpetrige Säure	$4 \cdot 10^{-4}$	3,40
Schwefelsäure, 2. Stufe	$3 \cdot 10^{-2}$	1,50
Schwefelige Säure, 1. Stufe	$1,7 \cdot 10^{-2}$	1,77
„ „ , 2. „	$1 \cdot 10^{-7}$	7
Schwefelwasserstoff, 1. Stufe	$5,7 \cdot 10^{-8}$	7,24
„ , 2. „	$1,2 \cdot 10^{-15}$	14,92
Cyanwasserstoffsäure	$7,2 \cdot 10^{-10}$	9,14
Aliphatische Säuren.		
Essigsäure	$1,75 \cdot 10^{-5}$	4,76
Zitronensäure, 1. Stufe	$8,2 \cdot 10^{-4}$	3,09
„ , 2. „	$1,77 \cdot 10^{-5}$	4,75
„ , 3. „	$3,9 \cdot 10^{-7}$	6,41
Ameisensäure	$2 \cdot 10^{-4}$	3,7
Glycin	$3,4 \cdot 10^{-10}$	9,47
Glykolsäure	$1,52 \cdot 10^{-4}$	3,82
Milchsäure	$1,55 \cdot 10^{-4}$	3,81
Oxalsäure, 1. Stufe	$3,8 \cdot 10^{-2}$	1,42
„ , 2. „	$6,1 \cdot 10^{-5}$	4,21
Bernsteinsäure, 1. Stufe	$6,55 \cdot 10^{-5}$	4,18
„ , 2. „	$2,7 \cdot 10^{-6}$	5,57
Weinsäure, 1. Stufe	$9,7 \cdot 10^{-4}$	3,01
„ , 2. „	$2,8 \cdot 10^{-5}$	4,55
Aromatische Säuren.		
Benzoesäure	$6,86 \cdot 10^{-5}$	4,16
Phenol (Karbolsäure)	$1,3 \cdot 10^{-10}$	9,89
Phthalsäure, 1. Stufe	$1,26 \cdot 10^{-3}$	2,90
„ , 2. „	$3,9 \cdot 10^{-6}$	5,41

Säure	K_a	$pK (= -\log K_a)$
Pikrinsäure	$1{,}6 \cdot 10^{-1}$	0,80
Saccharin	$2{,}5 \cdot 10^{-2}$	1,60
Salicylsäure	$1{,}06 \cdot 10^{-3}$	2,97
Sulfanilsäure	$6{,}3 \cdot 10^{-4}$	3,2

Anorganische Basen.

Base	K_b	$pK (= -\log K_b)$
Ammoniumhydroxyd	$1{,}75 \cdot 10^{-5}$	4,76
Hydrazin	$3 \cdot 10^{-6}$	5,52

Organische Basen.

Base	K_b	pK
Anilin	$3{,}5 \cdot 10^{-10}$	9,46
Äthylamin	$5{,}6 \cdot 10^{-4}$	3,25
Diäthylamin	$1{,}26 \cdot 10^{-3}$	2,90
Triäthylamin	$6{,}4 \cdot 10^{-4}$	3,19
Glycin	$2{,}7 \cdot 10^{-12}$	11,57

Tab. 23. *Löslichkeitsprodukte* (gemittelte Werte aus der Literatur). Aus *I. M. Kolthoff* und *N. H. Furman*, Potentiometric Titrations, 2. Aufl. 1931. John Wiley & Sons Inc. Mit Erlaubnis reproduziert.

Salz	L	pL
Silbersalze:		
Anorganische:		
Silber-dichromat	$2 \cdot 10^{-7}$	6,7
„ bromid	$4 \cdot 10^{-13}$	12,4
„ bromat	$5 \cdot 10^{-5}$	4,3
„ karbonat	$5 \cdot 10^{-12}$	11,3
„ chlorid	$1{,}1 \cdot 10^{-10}$	9,96
„ chromat	$2 \cdot 10^{-12}$	11,7
„ cyanid	$2 \cdot 10^{-12}$	11,7
„ hydroxyd	$2 \cdot 10^{-8}$	7,7
„ jodat	$2 \cdot 10^{-8}$	7,7
„ jodid	$1 \cdot 10^{-16}$	16
„ sulfid	$1{,}6 \cdot 10^{-49}$	48,8
„ rhodanid	$1 \cdot 10^{-12}$	12
Organische:		
Silber-benzoat	$9{,}3 \cdot 10^{-5}$	4,03
„ oxalat	$5 \cdot 10^{-12}$	11,3
„ salicylat	$1{,}4 \cdot 10^{-5}$	4,85
„ valerianat	$8 \cdot 10^{-5}$	4,1
Barium-karbonat	$7 \cdot 10^{-9}$	8,16
„ chromat	$2 \cdot 10^{-10}$	9,7
„ jodat	$6 \cdot 10^{-10}$	9,22
„ sulfat	$1 \cdot 10^{-10}$	10
„ oxalat $\cdot$ 3.5 H_2O	$1{,}7 \cdot 10^{-7}$	6,77

Salz	L	p_L
Calcium-carbonat	$1,2 \cdot 10^{-8}$	7,92
„ fluorid	$3,5 \cdot 10^{-11}$	10,46
„ jodat	$6,5 \cdot 10^{-7}$	6,19
„ sulfat	$6,1 \cdot 10^{-5}$	4,22
„ oxalat	$2 \cdot 10^{-9}$	8,7
„ tartrat	$7,7 \cdot 10^{-7}$	6,11
Cadmium-sulfid	$4 \cdot 10^{-29}$	28,4
„ oxalat	$1,1 \cdot 10^{-8}$	7,96
Cer-jodat	$3,5 \cdot 10^{-10}$	9,46
„ oxalat	$2,6 \cdot 10^{-29}$	28,39
„ tartrat	$9,7 \cdot 10^{-20}$	19,01
Kupfer(I)-bromid	$4,1 \cdot 10^{-8}$	7,39
„ chlorid	$1 \cdot 10^{-6}$	6
„ jodid	$5 \cdot 10^{-12}$	11,3
„ sulfid	$2 \cdot 10^{-47}$	46,7
„ rhodanid	$1,6 \cdot 10^{-11}?$	10,80?
Kupfer(II)-jodat	$1,4 \cdot 10^{-7}$	6,85
„ sulfid	$8,5 \cdot 10^{-45}$	44,07
„ oxalat	$2,9 \cdot 10^{-8}$	7,54
Eisen(II)-hydroxyd	$3,2 \cdot 10^{-14}$	13,50
„ sulfid	$3,7 \cdot 10^{-19}$	18,43
Quecksilber(I)-bromid	$1,3 \cdot 10^{-21}$	20,89
„ chlorid	$3,1 \cdot 10^{-18}$	17,5
„ jodid	$1,2 \cdot 10^{-28}$	27,92
Quecksilber(II)-oxyd	$1,4 \cdot 10^{-26}$	25,9
„ sulfid	$4 \cdot 10^{-53}$	52,4
Kalium-hydrogentartrat	$3 \cdot 10^{-4}$	3,5
Lanthan-jodat	$5,9 \cdot 10^{-10}$	9,23
„ oxalat	$2 \cdot 10^{-28}$	27,7
„ tartrat	$2 \cdot 10^{-19}$	18,7
Magnesium-karbonat	$2 \cdot 10^{-4}$	3,7
„ fluorid	$7 \cdot 10^{-9}$	8,16
„ hydroxyd	$1,2 \cdot 10^{-11}$	10,92
„ ammoniumphosphat	$2,5 \cdot 10^{-13}$	12,6
„ oxalat	$8,6 \cdot 10^{-5}$	4,07
Blei-karbonat	$3,3 \cdot 10^{-14}$	13,48
„ chromat	$1,8 \cdot 10^{-14}$	13,75
„ fluorid	$7 \cdot 10^{-9}$	8,16
„ jodat	$1,2 \cdot 10^{-13}$	12,92
„ jodid	$1,3 \cdot 10^{-8}$	7,5
„ sulfat	$1 \cdot 10^{-8}$	8
„ sulfid	$1 \cdot 10^{-29}$	29
„ oxalat	$3,4 \cdot 10^{-11}$	10,47
Strontium-karbonat	$1,6 \cdot 10^{-9}$	8,80
„ sulfat	$2,8 \cdot 10^{-7}$	6,56
„ oxalat	$5 \cdot 10^{-8}$	7,3

Salz	L	p_L
Thallium-bromid	$2 \cdot 10^{-6}$	5,7
„ bromat	$8,5 \cdot 10^{-5}$	4,07
„ chlorid	$1,5 \cdot 10^{-4}$	3,82
„ jodat	$2,2 \cdot 10^{-6}$	5,66
„ jodid	$2,8 \cdot 10^{-8}$	7,55
„ sulfid	$4,5 \cdot 10^{-23}$	22,35

Tab. 24. *Einige Komplexbildungskonstanten.* Aus *I. M. Kolthoff* und *N. H. Furman:* Potentiometric Titrations, 2. Aufl. John Wiley & Sons. 1931. Mit Erlaubnis reproduziert.

Ausdruck	K	Ausdruck	K
$\dfrac{[Ag^+]\,[NH_3]^2}{[Ag(NH_3)_2{}^+]}$	$6,8 \cdot 10^{-8}$	$\dfrac{[Hg^{++}]\,[Cl^-]^4}{[HgCl_4{}^-]}$	$6 \cdot 10^{-17}$
$\dfrac{[Ag^+]\,[NO_2{}^-]^2}{[Ag(NO_2)_2{}^-]}$	$1,5 \cdot 10^{-3}$	$\dfrac{[Hg^{++}]\,[Br^-]^4}{[HgBr_4{}^-]}$	$2,2 \cdot 10^{-32}$
$\dfrac{[Ag^+]\,[S_2O_3{}^-]^2}{[Ag(S_2O_3)_2{}^-]}$	$1 \cdot 10^{-13}$	$\dfrac{[Hg^{++}]\cdot[J^-]^4}{[HgJ_4{}^-]}$	$5 \cdot 10^{-32}$
$\dfrac{[Ag^+]\,[CN^-]^2}{[Ag(CN)_2]}$	$1 \cdot 10^{-21}$	$\dfrac{[Hg^{++}]\cdot[CN^-]^4}{[Hg(CN)_4{}^-]}$	$4 \cdot 10^{-42}$
$\dfrac{[Cu^+]\,[CN^-]^4}{[Cu(CN)_4{}^=]}$	$5 \cdot 10^{-28}$	$\dfrac{[Hg^{++}]\cdot[CNS^-]^4}{[Hg(CNS)_4{}^-]}$	$1 \cdot 10^{-22}$
$\dfrac{[HgCl_2]\cdot[Cl^-]^2}{[HgCl_4{}^-]}$	$1 \cdot 10^{-2}$		

Stammlösungen von Säure-Basen-Indikatoren.

Phenolphthalein. Löse 10 g des Indikators in 600 ml 96%igen Alkohol und verdünne auf 1 Liter.

Methylrot. Löse 2 g des Indikators in 600 ml 95%igen Alkohol und verdünne auf 1 Liter.

Methylorange. Löse 1 g des Indikators in Wasser und verdünne auf 1 Liter.

Methylorange—Xylen-Cyanol. Füge zu einem bestimmten Gewicht an Methylorange etwa das 1,4fache an Xylen-Cyanol FF zu und verdünne, so daß die Lösung 0,1% Methylorange enthält. Etwas mehr oder weniger von Xylen-Cyanol kann benötigt werden; mit kleinen eingewogenen Substanzmengen sollte vorher eine Probe gemacht werden. Der angesäuerte Indikator ähnelt einer Permanganatlösung; die Neutralfarbe ist grau oder fast farblos und erscheint bei $p_H = 3,8$. Die alkalische Farbe ist grün.[1]

---

[1] *K. C. D. Hickman* und *R. P. Linstead:* J. chem. Soc. [London] **121**, 2502 (1922).

Tab. 25. *Formeln zur Berechnung von Titrationsdaten.* p_H in Abhängigkeit von ml Reagenszusatz.

Titrierte Substanz V_0 ml Lösung, M_0 Litermolarität	Anfängliche [H+] oder [OH−]	Zwischenliegende Punkte, 10, 50, 90% neutralisiert V_1 ml Reagens der Litermolarität M_1 zugesetzt	Äquivalenzpunkt	Reagens-Überschuß; V_1 ml Reagens, M_1 seine Molarität, V_T Gesamtvolum
1	2	3	4	5
1. Starke Säure	$[H^+] = M_0$	$[H^+] = \dfrac{V_0 M_0 - V_1 M_1}{V_0 + V_1}$	$\sqrt{K_w}$	$[OH^-] = \dfrac{V_1 M_1}{V_T}$
2. Starke Base	$[OH^-] = M_0$	$[OH^-] = \dfrac{V_0 M_0 - V_1 M_1}{V_0 + V_1}$	$\sqrt{K_w}$	$[H^+] = \dfrac{V_1 M_1}{V_T}$
3. Schwache Säure $K_a = 10^{-5}$ bis 10^{-8} ..	$[H^+] = \sqrt{M_0 \cdot K_a}$	$[H^+] = \dfrac{[\text{Säure}]}{[\text{Salz}]} K_a$	$[OH^-] = \sqrt{\dfrac{K_w}{K_a} \cdot c}$	$[OH^-] = \dfrac{V_1 M_1}{V_T}$ Wert von Kolonne 4 muß zugezählt werden
4. Schwache Base $K_b = 10^{-5}$ bis 10^{-8} ..	$[OH^-] = \sqrt{M_0 \cdot K_b}$	$[OH^-] = \dfrac{[\text{Base}]}{[\text{Salz}]} \cdot K_b$	$[H^+] = \sqrt{\dfrac{K_w}{K_b} \cdot c}$	$[H^+] = \dfrac{V_1 M_1}{V_T}$ Wert in Kolonne 4 muß zugezählt werden
5. Salz einer sehr schwachen Säure (z. B. KCN)	$[OH^-] = \sqrt{\dfrac{K_w}{K_a} \cdot c}$	$[H^+] = \dfrac{[\text{Säure}]}{[\text{Salz}]} \cdot K_a$	$[H^+] = \sqrt{[\text{Säure}] \cdot K_a}$	$[H^+] = \dfrac{V_1 M_1}{V_T}$ Korrektur in Kolonne 4
6. Salz einer sehr schwachen Base	$[H^+] = \sqrt{\dfrac{K_w}{K_b} \cdot c}$	$[OH^-] = \dfrac{[\text{Base}]}{[\text{Salz}]} \cdot K_b$	$[OH^-] = \sqrt{[\text{Base}] \cdot K_b}$	$[OH^-] = \dfrac{V_1 M_1}{V_T}$ Der Wert aus Kolonne 4 ist zu addieren

Quadratische Gleichungen, der Gebrauch der Logarithmen. Exponentialausdrücke.

Quadratische Gleichungen. Bei der Behandlung von Problemen der analytischen Chemie gibt es gewisse Aufgaben, speziell im Zusammenhang mit Dissoziationskonstanten, Löslichkeitsprodukten usw., welche die Auflösung quadratischer Gleichungen erfordern. Alle auftretenden Fälle können auf die einfache Form

$$x^2 + a\,x + b = 0$$

gebracht werden. Die allgemeine Lösung einer derartigen Gleichung ist

$$x = -\frac{a}{2} \pm \sqrt{\frac{a^2}{4} - b}.$$

Da eine negative Wurzel in einem physikalischen Problem keinen Sinn hat, ist die hier zu benützende Lösung

$$x = -\frac{a}{2} + \sqrt{\frac{a^2}{4} - b}.$$

Beispiel. Bei der Berechnung der Wasserstoffionenkonzentration aus der Dissoziationskonstanten einer Säure von bestimmter Konzentration kann ein quadratischer Ausdruck auftreten: Es ist die Dissoziationskonstante der Benzoesäure $K_a = 10^{-4,16}$ gegeben. Berechne die Wasserstoffionenkonzentration einer 0,1 m Lösung von Benzoesäure in Wasser. Die Wasserstoffionenkonzentration sei x. Da äquivalente Mengen Wasserstoffion und Benzoation gebildet werden, ist auch die Konzentration der letzteren x und die Konzentration der Benzoesäure hat infolge der Dissoziation von 0,1 auf $(0,1 - x)$ abgenommen. Daher ist

$$\frac{x^2}{0,1 - x} = 10^{-4,16} \text{ oder}$$

$$x^2 + 10^{-4,16}\,x - 10^{-5,16} = 0,$$

$$x = \frac{1}{2} \cdot 10^{-4,16} + \sqrt{\left(\frac{1}{2} \cdot 10^{-4,16}\right)^2 + 10^{-5,16}} =$$

$$= \frac{1}{2} \cdot 10^{-4,16} + \sqrt{\frac{10^{-8,32} + 4 \cdot 10^{-5,16}}{4}},$$

$$= 37,5 \cdot 10^{-4,16} = 10^{-2,586}; \quad p_H = 2,586.$$

Die eben gegebene exakte Lösung differiert kaum von der Näherungslösung, in welcher anstatt $(0,1 - x)$ der Wert 0,1 verwendet wird; die Näherungslösung ist häufig gleichwertig:

$$\frac{x^2}{0,1} = 10^{-4,16}; \quad x^2 = 10^{-5,16}; \quad x = 10^{-2,58} \text{ oder } p_H = 2,58.$$

Diese einfache Näherung kann stets versucht werden; ist der dabei gefundene Wert von x klein, verglichen mit dem Wert, von dem er in der exakten Gleichung abzuziehen ist (in diesem Falle 0,1), so braucht die exakte Berechnung nicht durchgeführt zu werden.

Quadratische Gleichungen kommen bei Berechnungen des Löslichkeitsproduktes wie folgt vor: Es sei angenommen, daß 500 ml einer 0,001 m $(NH_4)_2SO_4$-Lösung mit $BaSO_4$ (durch Schütteln mit überschüssigem festem $BaSO_4$) gesättigt ist. Das Löslichkeitsprodukt des $BaSO_4$ beträgt 10^{-10};

wieviel $BaSO_4$ ist gelöst? Unter der Annahme, daß das $(NH_4)_2SC_4$ vollkommen dissoziiert sei, ist die Konzentration des Sulfations $0,001 + x$, wobei x die molare Konzentration des Sulfates ist, welches durch das sich lösende $BaSO_4$ hinzukam; die Konzentration der Bariumionen ist ebenfalls x.

$$[Ba^{++}] \cdot [SO_4^{--}] = 10^{-10},$$
$$x \cdot (0,001 + x) = 10^{-10},$$
$$x^2 + 0,001\, x - 10^{-10} = 0,$$
$$x = -\frac{1}{2} \cdot 10^{-3} + \sqrt{\left(\frac{1}{2} \cdot 10^{-3}\right)^2 + 10^{-10}},$$
$$x = 0,0001 \cdot 10^{-3} = 10^{-7}.$$

Im Liter sind daher 10^{-7} Mol $BaSO_4$ gelöst oder

$$0,5 \cdot 10^{-7} \cdot 233 = 1,17 \cdot 10^{-5}\,g \text{ in } 500\text{ ml.}$$

Logarithmen. Der Gebrauch der Logarithmen sowie des Rechenschiebers setzt die Kenntnis des Rechnens mit Potenzen voraus. Die gewöhnlichen oder *Briggs*schen Logarithmen sind jene Exponenten, mit welchen die Zahl 10 potenziert die fragliche Zahl ergibt. Z. B. ist der Logarithmus von 1000 gleich 3, da $10^3 = 1000$. Nachdem man alle Zahlen in Potenzen von 10 verwandelt hat, z. B. $10^{-2,34567}$; $10^{2,000}$ usw., werden Multiplikationen vorgenommen, indem man die Exponenten addiert, Divisionen, indem man sie subtrahiert. Wird ein Rechenschieber verwendet, so sind die Zahlen auf den Skalen in logarithmischen Abständen angebracht. Indem man die Zunge des Rechenschiebers bewegt, kann man Multiplikationen machen, indem man die Abstände der Zunge zu jenen des festen Teiles addiert, oder Divisionen, indem man die Abstände subtrahiert, ohne die Logarithmen selbst aufzusuchen, da die Zahlen auf den Skalen in Abständen angebracht sind, die ihren Logarithmen entsprechen: 1 entspricht dem Nullpunkt der Skala; 10 dem Abstand 1 und die Zahlen 2, 3, 4 usw. den Abständen 0,3010, 0,4771, 0,6021 usw.

In einer Logarithmentafel sind die *Mantissen* angegeben, ohne die Größenordnung der Zahl zu berücksichtigen. So gilt z. B. für jede der Mengen 0,003 oder 0,03, 0,3, 3, 30, 300 dieselbe Mantisse. Wir brauchen daher noch eine Zahl, um die Größenordnung anzugeben, diese Zahl ist die *Charakteristik*. Schreiben wir obige Zahlen in der Exponentialform $3 \cdot 10^{-3}$, $3 \cdot 10^{-2}$, $3 \cdot 10^{-1}$, $3 \cdot 10^0$, $3 \cdot 10^1$, $3 \cdot 10^2$, so zerlegen wir diese in ein Produkt aus einer zwischen 1 und 10 liegenden Zahl und einer Potenz von 10. Der Logarithmus von 3 ist 0,4771; der Logarithmus von 10^x ist x. Für $3 \cdot 10^{-3}$ haben wir den Logarithmus $0,4771 - 3$ oder $- 2,5229$. Erstere Form ist gebräuchlicher und bequemer, wie später ausgeführt werden soll.

Allgemein findet man das Ergebnis, wenn man z. B. die Zahlen N_1, N_2 und N_3 miteinander multiplizieren und durch N_4 dividieren will, nach folgendem Vorgang:

$$\log N_1 = a, \qquad N_1 = 10^a,$$
$$\log N_2 = b, \qquad N_2 = 10^b,$$
$$\log N_3 = c, \qquad N_3 = 10^c,$$
$$\log N_4 = d, \qquad N_4 = 10^d.$$

N_5 sei zu bestimmen.

$$N_5 = \frac{N_1 \cdot N_2 \cdot N_3}{N_4} = \frac{10^a \cdot 10^b \cdot 10^c}{10^d} = 10^{a + b + c - d},$$

daher ist

$$\log N_5 = a + b + c - d.$$

Aus der Logarithmentafel finden wir dann die Mantisse zu diesem Logarithmus.

Beispiel. Häufig tritt bei Analysen folgender Ausdruck auf: Es ist das Resultat von

$$\frac{0,7564 \cdot 0,2474 \cdot 100}{0,3423}$$

zu suchen.

$$
\begin{aligned}
\log\ 0,7564 &= 0,87875 - 1\\
\log\ 0,2474 &= 0,39340 - 1\\
\log\ 100\ \ \ &= 2\\
\hline
&\ \ 1,27215\\
-\log\ 0,3423 &= 0,53441 - 1\\
\hline
\log\ \text{Ergebnis} &= 1,73774\\
\text{Ergebnis} &= 54,67
\end{aligned}
$$

Die Charakteristik 1 in den Logarithmen zeigt an, daß die Zahl zwischen 10 und 99,9999 … liegt, da der Logarithmus von 10 gleich 1 und jener von 100 gleich 2 ist.

Jeder beliebige Logarithmus zwischen 1 und 2 zeigt daher eine Zahl an, die gleich oder größer als 10 und kleiner als 100 ist. Die Charakteristik größerer Zahlen ist eins weniger als die Stellenanzahl links vom Dezimalpunkt. Z. B. für die Zahlen 6666, 666,6, 66,66 und 6,666 sind die Charakteristiken 3 bzw. 2, 1 und 0, während die Mantisse in allen Fällen dieselbe ist, nämlich 0,82387. Für Größen kleiner als eins, z. B. 0,6666, 0,06666, 0,006666 usw. ist die Charakteristik — 1 bzw. — 2, — 3 usw., während die Mantisse in allen Fällen 0,82387 ist. Es ist keine Verwechslung möglich, wenn Charakteristik und Mantisse positiv sind. Ist die Charakteristik negativ, z. B. für 0,06666 gleich — 2, so müssen wir uns erinnern, daß der Logarithmus die algebraische Summe von — 2 und 0,82387 ist, das ist — 1,17613 oder 0,82387 — 2. In manchen Büchern und Tabellen wird auch 8,82387 — 10 oder $\overline{2}$,82387 geschrieben, wobei bei letzterer Schreibweise das Minuszeichen ober der 2 anzeigt, daß die Charakteristik negativ, die Mantisse positiv ist.

Exponentialausdrücke. Die Handhabung sehr kleiner Konstanten und kleiner Mengen wird mathematisch sehr vereinfacht, wenn wir die Zahl als Zehnerpotenz 10^x schreiben, wobei x der entsprechende Exponent ist. Es ist häufig Gelegenheit, bei Wasserstoffionenkonzentrationen, Gleichgewichtskonstanten usw. solche Umformungen durchzuführen. Einige derartige Beispiele sind: 0,00046 in eine Zehnerpotenz umzuwandeln. $0,00046 = 4,6 \cdot 10^{-4}$. Der Logarithmus von 4,6 beträgt 0,66, d. h. $10^{0,66} = 4,6$. Daher ist $0,00046 = 10^{0,66} \cdot 10^{-4} = 10^{-3,34} = 10^{(\log 0,00046)}$. Gibt umgekehrt eine Rechnung ein Ergebnis $10^{-7,24}$, so kann gewünscht werden, dies in eine kleine Zahl $\times 10^{-x}$ umzuwandeln. Um diese Umformung durchzuführen, schreiben wir $10^{-7,24} = 10^{0,76} \cdot 10^{-8}$. $10^{0,76}$ ist die Zahl, dessen Logarithmus 0,76 ist, das ist 5,8. Daher ist $10^{0,76} \cdot 10^{-8} = 5,8 \cdot 10^{-8} = 0,000000058$. Das Prinzip der kennzeichnenden Zahlen wird bei den Transformationen beachtet.

Die Verwendung von Zehnerpotenzen für kleine Zahlen und die beschriebenen Umrechnungen werden häufig bei Rechnungen mit Wasserstoffionenkonzentrationen und p_H, Kapitel VII; im Zusammenhang mit Löslichkeitsprodukten, Kapitel IX und XII, und bei Redoxgleichgewichten, Kapitel X, angewendet. Zahlreiche Anwendungen dieser Rechnungsarten finden sich in diesen Kapiteln.

Die analytisch-chemische Literatur.

Jede Literatursuche über ein spezielles chemisches Thema folgt einem feststehenden Schema; gleichgültig, um welches Gebiet es sich handelt. Es wird angenommen, daß der Student bezüglich des Gebrauchs der Bibliothek spezielle Anweisungen erhalten hat. War dies nicht der Fall, so findet man eine solche Anleitung in folgenden „Allgemeinen Führern durch die chemische Literatur":

1. (A Guide to the) Literature of Chemistry, von *E. J. Crane* und *A. M. Patterson*. J. Wiley & Sons Inc. 1927. Abschnitt 7, S. 372—373, bringt eine Auswahl analytischer Bücher.
2. Chemical Publications von *M. G. Mellon*. Mc Graw-Hill Co. 1928.
3. Library Guide for the Chemist von *B. A. Soule*. Mc Graw-Hill Co. 1938.

A. Die Zeitschriftenliteratur.

Jede grundlegende Forschung geht auf Originalarbeiten zurück, die in Zeitschriften oder Büchern veröffentlicht wurden. Zur Auffindung dieser Arbeiten sind die Referatenzeitschriften von besonderer Wichtigkeit. Das Chemische Zentralblatt bringt in zahlreichen Kapiteln einen Querschnitt durch die gesamte chemische Literatur und die angrenzenden Gebiete. Es erscheint wöchentlich, geht bis 1830 zurück und erleichtert die Literatursuche durch das Generalregister, welches je ein Sach- und Autorenregister über eine Reihe von Jahren umfaßt. Von der American Chemical Society werden seit 1907 die „Chemical Abstracts" herausgegeben, die zweimal im Monat erscheinen. Abteilung 7 dieser Zeitschrift befaßt sich ausschließlich mit kurzen Referaten analytischer Originalarbeiten, Bücher und Patente. Spezialmethoden, z. B. auf Lebensmitteluntersuchungen bezügliche, usw. finden sich im 12. Abschnitt.

Die nachstehende Liste zählt die wichtigsten analytischen Zeitschriften auf:
The Analyst (London); ab 1877.

Annales de chimie analytique et de chimie appliquée et revue de chimie analytique reunis (Paris); ab 1896.

Industrial and Engineering Chemistry, Analytical Edition (Easton, Pa.); ab 1930.

Journal of the Association of official Agricultural Chemists; ab 1915.
Zeitschrift für Analytische Chemie (München); ab 1862.

Ferner sind in folgenden Zeitschriften zahlreiche analytische Arbeiten zu finden:

„Mikrochemie"; J. Research, National Bureau of Standards (Washington); Annales des Falsifications et des fraudes; Zeitschrift für Untersuchung der Lebensmittel. Ferner im Amer. Chem. J. (1879—1913); J. American Chemical Society; J. London Chemical Society; Trans. Society of Chemical Industry (London); Trans. Electrochemical Society; Berichte der Deutschen Chemischen Gesellschaft; Journal für Praktische Chemie; Zeitschrift für Anorganische und Allgemeine Chemie; Zeitschrift für Angewandte Chemie; Die Chemie.

Weiter publizieren die Zeitschriften der chemischen Gesellschaften verschiedener Länder eine beträchtliche Anzahl analytischer Arbeiten. Periodische

Zusammenfassungen über verschiedene Gebiete, so auch über die Fortschritte der Analytischen Chemie, erscheinen in den Annual Reports of the Progress of Chemistry (London Chemical Society), in der Zeitschrift für analytische Chemie, in Ahrens Sammlung chemischer Vorträge usw. Die Fortschritte der Chemie in Deutschland während des Krieges 1939—1945 werden in den FIAT-Reviews zusammengefaßt.[1])

Tieferstehend sind allgemeine und spezielle Abhandlungen, nach Themen in Gruppen eingeteilt, und mit Autor, Titel, Verlag und Erscheinungsdatum angeführt.

B. Theorie der analytischen Chemie.

H. Bassett: The Theory of Quantitative Analysis. Knopf. 1925.

N. Bjerrum: Die Theorie der alkalimetrischen und azidimetrischen Titrierungen. Stuttgart: F. Enke. 1914.

H. A. Fales und *J. F. Kenny:* Inorganic Quantitative Analysis. D. Appleton-Century Co. 1939.

M. Farnsworth: The Theory and Technique of Quantitative Analysis. J. Wiley & Sons, Inc. 1928.

L. P. Hammett: Solutions of Elektrolytes. Mc Graw-Hill Co. 1936.

Wi. Ostwald: Die wissenschaftlichen Grundlagen der Analytischen Chemie, 7. Aufl. Dresden. 1920.

T. B. Smith: Analytical Processes, A Physico-Chemical Interpretation. Longmans, Green & Co. 1929.

J. Stieglitz: Qualitative Chemical Analysis, Vol. I. Century Co. 1911.

J. H. Yoe: Chemical Principles. J. Wiley & Sons, Inc. 1937.

C. Allgemeine Abhandlungen, qualitativ oder quantitativ.

H. Biltz und *W. Biltz:* Ausführung quantitativer Analysen, 2. Aufl. Leipzig: S. Hirzel. 1939.

W. Böttger: Qualitative Analyse und ihre wissenschaftliche Begründung, 7. Aufl. 1935.

A. Classen: Handbuch der Analytischen Chemie. Enke. 1922.

F. Feigl: Qualitative Analyse mit Hilfe von Tüpfelreaktionen, 3. Aufl. Akad. Verlagsgesellschaft. 1938.

C. R. Fresenius: Qualitative chemische Analyse.

C. R. Fresenius: Quantitative Analyse.

F. A. Gooch: Methods in Chemical Analysis. J. Wiley & Sons, Inc. 1929.

W. F. Hillebrand und *G. E. F. Lundell:* Applied Inorganic Analysis. J. Wiley & Sons, Inc. 1929.

I. M. Kolthoff und *E. B. Sandell:* Textbook of Quantitative Inorganic Analysis. Macmillan Co. 1936.

G. E. F. Lundell und *J. I. Hoffman:* Outlines and Methods of Chemical Analysis. John Wiley & Sons, Inc. 1938.

B. M. Margosches: Die Chemische Analyse. Eine Serie von Monographien ab 1907, die verschiedene allgemeine und spezielle analytische Probleme behandeln. Herausgegeben von *W. Böttger.* Enke.

J. W. Mellor und *H. V. Thompson:* Quantitative Inorganic Analysis, 2nd. Ed. London: Griffin. 1938.

A. D. Mitchell und *A. M. Ward:* Modern Methods in Quantitative Chemical Analysis. Longmans, Green & Co. 1932.

---

[1]) Naturforschung und Medizin in Deutschland 1939—1946. Bd. 29, Analytische Chemie, herausgegeben von *W. Klemm.* Dieterich, Wiesbaden 1948.

A. A. Noyes: Qualitative Chemical Analysis. Macmillan Co., 9. Ed. 1923.

A. A. Noyes und *W. C. Bray:* Qualitative Analysis for the Rarer Elements. Macmillan Co. 1927.

R. K. McAlpine und *B. A. Soule:* Qualitative Chemical Analysis. D. Van Nostrand Co. 1933.

A. Rüdisüle: Nachweis, Bestimmung und Trennung der chemischen Elemente. Drechsel. 1912—1918.

F. P. Treadwell: Kurzes Lehrbuch der Analytischen Chemie. Wien: F. Deuticke.
1. Band: Qualitative Analyse, 20. Aufl. 1946.
2. Band: Quantitative Analyse, 11. Aufl. 1946.

W. D. Treadwell: Tabellen und Vorschriften zur Quantitativen Analyse, 2. Aufl. F. Deuticke. 1947.

Allgemeine und technische Analyse.

A. H. Allen: Commercial Organic Analysis, 10 Bände, 5. Aufl. Blakiston. 1923—1933.

American Society for Testing Materials, 230 South Broad St., Philadelphia, Pa. Veröffentlicht häufig Standardmethoden zur Analyse von Legierungen, Zement, Kohle, Koks, Ölen, Kautschuk usw. Spezielle Methoden oder Sammelwerke sind erhältlich.

E. Berl und *G. Lunge:* Chemisch-technische Untersuchungsmethoden, 5 Bände, 8. Aufl. Springer. 1931—1934.

J. D'Ans: Chemisch-technische Untersuchungsmethoden. Ergänzungswerk zur 8. Aufl., 3 Bände. Springer. 1939, 1940.

R. C. Griffin: Technical Methods of Analysis, 2. Aufl. Mc Graw-Hill Co. 1921.

G. Lunge und *C. A. Keane:* Technical Methods of Chemical Analysis, 2. Aufl., 3 Bände. Herausgegeben von *C. A. Keane* und *P. C. L. Thorne.* D. Van Nostrand Co. 1924—1931.

Scott's Standard-Methods of Chemical Analysis, 5. Aufl., 2 Bände. Herausgegeben von *N. H. Furman.* D. Van Nostrand Co. 1939.
Der 1. Band behandelt die Analytische Chemie der Elemente, der 2. Band enthält technische Analysen und Spezialmethoden.

D. Mikrochemie und Mikroanalyse.

A. A. Benedetti-Pichler und *W. F. Spikes:* Microtechnique of Inorganic Qualitative Analysis. Microchemical Service. 1935.

E. M. Chamot, und *C. W. Mason:* Handbook of Chemical Microscopy, 2 Bände.
1. Band, 2. Aufl. 1938. 2. Band 1930.
Vergleiche ferner *Scott*'s Standard Methods, Bd. 2.

F. Emich: Lehrbuch der Mikrochemie. Bergmann. 1926.

F. Emich: Mikrochemisches Praktikum. Bergmann. 1933.

F. Hecht und *J. Donau:* Anorganische Mikrogewichtsanalyse. Wien: Springer-Verlag. 1940.

L. T. Hallett: Quantitative Microchemical Analysis, S. 2460—2547 in Bd. 2 von *Scott*'s Standard Methods. 1939.

L. Kofler und *A. Kofler:* Mikroskopische Methoden in der Mikrochemie. Hann & Co. 1936.

F. Pregl und *H. Roth:* Quantitative Organische Mikroanalyse, 5. Aufl. Wien: Springer-Verlag. 1947.

C. Weygand: Quantitative analytische Mikromethoden der organischen Chemie. Akad. Verlagsgesellschaft. 1931.

Spezielle Abhandlungen.
Spezialverfahren und auf spezielle Substanzen bezüglich.
E. Elektroanalyse (Elektroabscheidung).

A. Classen und *H. Danneel:* Quantitative Analyse durch Elektrolyse, 7. Aufl. Julius Springer. 1927.

A. Fischer: Elektroanalytische Schnellmethoden, 2. Aufl. von *A. Schleicher.* Enke. 1926.

F. Volumetrie.

H. Beckurts: Die Methoden der Maßanalyse, 2. Aufl. Vieweg. 1931.

E. Brennecke, K. Fajans, N. H. Furman, R. Lang und *H. Stamm:* Neuere Maßanalytische Methoden. Enke. 1937.

A. Classen: Theorie und Praxis der Maßanalyse. Akad.Verlagsgesellschaft. 1912.

G. S. Jamieson: Volumetric Iodate Methods. Chemical Catalog Co. 1926.

G. Jander und *K. F. Jahr:* Maßanalyse. Theorie und Praxis der klassischen und der elektrochemischen Titrierverfahren, 2 Bände. de Gruyter & Co. 4. Aufl. 1944.

I. M. Kolthoff: Die Maßanalyse, 2 Bände. Berlin: Springer-Verlag.
Band 1: Die theoretischen Grundlagen der Maßanalyse, 2. Aufl. 1930.
Band 2: Die Praxis der Maßanalyse. 2. Aufl. 1931.

E. Knecht und *E. Hibbert:* New Reduction Methods in Volumetric Analysis. Longmans, Green & Co. 1925. Eine Spezialabhandlung über die Verwendung von Titan(III)-salzlösungen.

G. Mika: Die exakten Methoden der Mikromaßanalyse. Stuttgart. 1939.

F. Sutton: Volumetric Analysis, 11. Aufl. Ergänzt von *W. L. Sutton* und *A. E. Johnson.* P. Blackiston's Son & Co. 1931.

Elektrometrische Methoden.

W. Böttger: Physikalische Methoden der analytischen Chemie, 3. Teil: Potentiometrische Maßanalyse. Leipzig: Akad. Verlagsgesellschaft. 1939.

H. T. S. Britton: Conductometric Analysis. D. Van Nostrand Co. 1934.

W. Hiltner: Ausführung potentiometrischer Analysen. Springer-Verlag. 1935.

G. Jander und *O. Pfundt:* Die konduktometrische Maßanalyse und andere Anwendungen der Leitfähigkeitsmessungen auf chemische Probleme unter besonderer Berücksichtigung der visuellen Methode. 3. Aufl. Stuttgart. 1945.

I. M. Kolthoff und *N. H. Furman:* Potentiometric Titrations, 2. Aufl. J. Wiley & Sons, Inc. 1931.

I. M. Kolthoff: Konduktometrische Titrationen. Steinkopf. 1923.

I. M. Kolthoff: Die kolorimetrische und potentiometrische p_H-Bestimmung. Berlin. 1932.

E. Müller: Die elektrometrische (potentiometrische) Maßanalyse, 6. Aufl. Steinkopf. 1942.

G. Gasanalyse (und Brennstoffanalyse).

L. M. Dennis und *H. M. Nichols:* Gas Analysis. Revidierte Auflage. Macmillan. 1929.

C. J. Engelder: Gas, Fuel and Oil Analysis. J. Wiley & Sons, Inc. 1931.

A. H. Gill: Gas Analysis, S. 2336—2432 im 2. Band von *Scott's* Standard Methods, 5. Aufl. 1939.

G. Lunge: Technische Gasanalyse.

S. W. Parr: Analysis of Fuel, Gas, Water and Lubricants, 4. Aufl. Mc Graw-Hill Co. 1932.

H. Schwarz: Die Mikrogasanalyse und ihre Anwendung. Wien. 1935.

A. H. White: Gas and Fuel Analysis, 2. Aufl. Mc Graw-Hill Co. 1920.

Winkler-Brunck: Lehrbuch der technischen Gasanalyse, 5. Aufl. Felix. 1927.

Physikalisch-chemische Analysenmethoden.

H. Allgemeines.

W. N. Lacey: Instrumental Methods of Analysis. Macmillan. 1924.

G. F. Smith: Special and Instrumental Methods of Analysis. Edwards Bros., Ann Arbor, Mich. 1937.

W. Böttger u. *A.:* Physikalische Methoden der analytischen Chemie, Teil 3: Chromatographie, Verdampfungsanalyse, Spektroskopie, Konduktometrie. Leipzig. 1939.

I. Chromatographie.

L. Zechmeister und *Cholnoky:* Die Chromatographische Adsorptionsmethode, 2. Aufl. Springer-Verlag. 1938.

J. Thermische Methoden.

H. A. Daynes: Gas Analysis by Measurement of Thermal Conductivity. Cambridge University Press. 1933.

P. E. Palmer und *E. R. Weaver:* Technologic Paper No. 249. National Bureau of Standards. 1924.

K. Elektrische Methoden.

a) *Stromstärke-Spannungskurven; Polarographie.*

J. Heyrovsky: Überblick über die Polarographie, in: Physikalische Methoden der chemischen Analyse. Herausgegeben von *W. Böttger.* Akad. Verlagsgesellschaft. 1936.

H. Hohn: Chemische Analysen mit dem Polarographen. Springer-Verlag. 1937.

b) *Radioaktive Indikatoren.*

F. Paneth: Radio-elements as Indicators, Mc Graw Hill, 1928.

c) Andere als die oben angeführten elektrischen Methoden sind nicht in Monographien erschienen. Es werden Leitfähigkeit, elektromotorische Kraft, magnetische Suszeptibilität, Dielektrizitätskonstante und andere Eigenschaften in speziellen Analysenverfahren verwendet.

L. Optische Methoden.

1. Emissionsspektren.

W. R. Brode: Chemical Spectroscopy. J. Wiley & Sons, Inc. 1939. *Scott*'s Standard Methods, Bd. 2, S. 2592. 1939.

W. Gerlach und *E. Schweitzer:* Die Chemische Emissions-Spektralanalyse, 3 Bände. Voss. 1930—1942.

V. A. Henrici und *G. Scheibe:* Chemische Spektralanalyse. Leipzig. 1939.

W. Seith und *K. Rudhardt:* Chemische Spektralanalyse, 2. Aufl. Springer-Verlag. 1941.

G. Scheibe: Spektroskopische und radiometrische Analyse. Akad. Verlagsgesellschaft. 1933.

D. M. Smith: Metallurgical Analysis by the Spectrograph. Metals Research Assoc. (Brit.) Monograph 2, 1933.

Fluoreszenz.

M. Haitinger: Die Fluoreszenzanalyse in der Mikrochemie. Wien und Leipzig. 1937.

J. A. Radley und *J. Grant:* Fluorescence Analysis in the Ultraviolet Light, 3. Aufl. D. Van Nostrand Co. 1939.

P. W. Danckwortt und *J. Eisenbrand:* Lumineszenzanalyse in filtriertem ultraviolettem Licht, 4. Aufl. Leipzig: Akad. Verlagsgesellschaft. 1940.

2. Absorptionsmethoden.

a) *Kolorimetrie.*

G. Kortüm: Kolorimetrie und Spektralphotometrie. Springer-Verlag. 1942.

B. Lange: Kolorimetrische Analyse mit besonderer Berücksichtigung der lichtelektrischen Kolorimeter, 3. Aufl. Berlin. 1944.

F. D. Snell und *C. T. Snell:* Colorimetric Methods of Analysis. D. Van Nostrand Co. 1936.

J. H. Yoe: Photometric Chemical Analysis, Bd. 1: Kolorimetrie. J. Wiley & Sons, Inc. 1928.

Grundlagen und neuere Anwendungen der analytischen Kolorimetrie und Photometrie, Beihefte des Vereins Dtsch. Chem. Nr. 48, Berlin. 1944.

b) *Spektralphotometrie.*

A. Hardy und Mitarbeiter: Handbook of Colorimetry. Technology Press. 1936.

A. Thiel: Absolutkolorimetrie. Berlin. 1939.

C. Zeiß und *W. Krebs:* Klinische Kolorimetrie mit dem *Pulfrich*-Photometer. F. Volckmar. 1936.

3. Reflexion, *Nephelometrie usw.*

J. H. Yoe: Photometric Analysis, 2 Bände. J. Wiley & Sons, Inc. 1928.

4. Röntgenstrahlenbeugung.

G. L. Clark: Applied X-Rays. Mc Graw-Hill. Co. 1927.

J. M. Bijvoet, N. H. Kolkmeijer und *C. H. MacGillovray:* Röntgenanalyse von Metallen; deutsche umgearbeitete Ausgabe. Springer-Verlag. 1940.

G. v. Hevesy: Chemical Analysis by X-Rays and its Applications. Mc Graw-Hill Co. 1932.

5. Refraktion.

a) *Refraktometrie.*

F. Löwe: Optische Messungen, 4. Aufl. Steinkopff. 1943.

W. A. Roth und *F. Eisenlohr:* Refraktometrisches Hilfsbuch. Veit. 1911.

b) *Interferometrie.*

J. D. Edwards: Application of the Interferometer to Gas Analysis, Nat. Bur. Standards Tech. Paper Nr. 131. 1919.

F. Löwe, siehe oben.

6. Optische Drehung. *Polarimetrie.*

C. A. Browne: Handbook of Sugar Analysis. J. Wiley & Sons, Inc. 1922.

H. Landholt: Optical Rotation of Organic Substances, 2. Aufl. The Chemical Publishing Co. 1902.

G. W. Rolfe: The Polariscope in the Chemical Laboratory. Macmillan Co. 1905.

U. S. Bureau of Standards Circular Nr. 44, Polarimetry, 2. Aufl. 1918.

M. Indikatoren, Messung der Wasserstoffionenkonzentration.

H. T. S. Britton: Hydrogen Ions. D. Van Nostrand Co. 1929.

W. M. Clark: The Determination of Hydrogen Ions, 3. Aufl. Williams & Wilkins. 1928.

F. Fuhrmann: Elektrometrische p_H-Messung mit kleinen Lösungsmengen. Springer-Verlag. 1941.

J. Grant: The Determination of Hydrogen-Ion-Concentration. Longmans, Green & Co. 1930.

I. M. Kolthoff: Die kolorimetrische und potentiometrische p_H-Bestimmung. Berlin. 1932.

I. M. Kolthoff: Der Gebrauch von Farbindikatoren, 3. Aufl. 1926.

W. Kordatzky: Taschenbuch der praktischen p_H-Messung. Müller & Steinicke. 1938.

L. Michaelis: Die Wasserstoffionenkonzentration. Springer-Verlag.

L. Michaelis: Oxydations-Reduktionspotentiale, 2. Aufl. Springer-Verlag. 1933.

N. Die Analyse spezieller Stoffklassen.

1. Agrikultur betreffend.

R. E. Doolittle und Mitarbeiter: Official and Tentative Methods of Analysis. Assoc. of Official and Agr. Chemists. Washington, D. C. Alle 5 Jahre (1935, 1940, . . .) revidiert.

H. Niklas, F. Czibulka und *A. Hock:* Bodenuntersuchung. Weihenstephan. 1931.

H. W. Wiley: Principles and Practice of Agricultural Analysis. Chemical Publishing Co. 1926.

2. Lebensmitteluntersuchung.

A. Beythien: Laboratoriumsbuch für den Lebensmittelchemiker, 2. Aufl. Steinkopff. 1939.

A. Beythien: Handbuch der Nahrungsmitteluntersuchung. Leipzig. 1914 bis 1920.

Doolittle und Mitarbeiter: Zitiert unter Nr. 1.

M. B. Jacobs: Chemical Analysis of Foods and Food Products. Van Nostrand. 1938.

A. Suchier: Die Analysenmethoden der Düngemittel. Verlag Chemie. 1931.

A. E. Leach und *A. L. Winton:* Food Inspection and Analysis. J. Wiley & Sons, Inc. 1924.

A. G. Woodman: Food Analysis. Mc Graw-Hill Co. 1924.

3. Eisen-, Stahl- und dazugehörige Produkte.

American Society for Testing Materials. Methods for the Chemical Analysis of Metals. Oft revidiert.

Analyse der Metalle. Herausgegeben vom Chemiker-Fachausschuß des Metall- und Erz-E. V.-Schiedsverfahrens, 2 Bände. Springer-Verlag. 1942.

O. Bauer und *E. Deiß:* Probenahme und Analyse von Eisen und Stahl, 2. Aufl. Springer-Verlag. 1922.

W. Cartwright, T. W. Collier und *A. Charlesworth:* The Analysis of Non-Ferrous Metals and Alloys. Charles Griffin. 1937.

E. Gregory und *W. W. Stevenson:* Chemical Analysis of Metals and Alloys. Chemical Publishing Co. 1937.

Handbuch für das Eisenhüttenlaboratorium, herausgegeben vom Chemiker-ausschuß des Vereins Deutscher Eisenhüttenleute. Bd. 1: Die Untersuchung der nichtmetallischen Stoffe. Düsseldorf. 1939.
Bd. 2: Die Untersuchung der metallischen Stoffe. Düsseldorf. 1941.

H. Ginsberg: Leichtmetallanalyse. de Gruyter. 1941.

C. M. Johnson: Rapid Methods for the Chemical Analysis of Special Steels, 3. Aufl. J. Wiley & Sons, Inc. 1920.

G. E. F. Lundell, J. I. Hoffman und *H. A. Bright:* Chemical Analysis of Iron and Steel. J. Wiley & Sons, Inc. 1932.

R. Weirich: Die chemische Analyse der Stahlindustrie, 3. Aufl. Enke. 1942.

4. Organische Substanzen.

Vgl. Abt. C: *Allen;* Abt. D: Mikroanalyse.

P. C. R. Kingscott und *R. S. G. Knight:* Quantitative Organic Analysis. Longmans, Green & Co. 1914.

5. Reagenzien.

E. H. Archibald: Preparation of Pure Inorganic Substances. J. Wiley & Sons, Inc. 1932. (Atomgewichtmethoden.)

E. Merck: Prüfungen der chemischen Reagentien auf Reinheit. 5. Aufl. Darmstadt. 1939.

J. Rosin: Standards and Tests for Reagent Chemicals. Auf Grund der Abhandlung von *B. L. Murray.* D. Van Nostrand Co. 1937.

Organische Reagenzien für anorganische Ionen.

R. Berg: Die analytische Verwendung von Oxychinolin und seinen Derivaten. Enke. 1938.

F. Feigl: Vgl. C.

Hopkin & Williams, Ltd.: Organic Reagents for Metals, 3. Aufl. 1938.

E. Merck: Organische Metallreagenzien. Darmstadt.

Verschiedene Chemikalienfirmen bringen Bücher über derartige Reagenzien heraus. Die Eastman Codak Co., Rochester N. Y., publiziert analytische Bestimmungen unter Verwendung organischer Reagenzien; ebenso die G. F. Smith Chemical Co., Columbus, O. Literaturzusammenstellungen darüber finden sich in Nachschlag- (*Kolthoff* und *Sandell, Fales, Treadwell*-Tabellen usw.) und Handbüchern (*Scott*'s Standard Methods, 1. Bd. 1939; *Berl-Lunge; d'Ans* usw.). Vgl. Abt. Q.

6. Minerale, Erze.

Siehe Handbuch für das Eisenhüttenlaboratorium, Bd. 1, Nr. 3.

A. W. Groves: Silicate Analysis. London. 1937.

W. F. Hillebrand: Analysis of Silicate and Carbonate Rocks. Bulletin 700, U. S. Geological Survey Government Printing Office. Washington D. C. 1919.

A. H. Low: Technical Methods of Ore Analysis, 11. Aufl. Revidiert von *A. J. Weinig* und *W. P. Schroder.* J. Wiley & Sons, Inc. 1939.

R. J. Meyer und *O. Hauser:* Die Analyse der Seltenen Erden und der Erdsäuren. Enke. 1912.

R. B. Moore und Mitarbeiter: Analytical Methods for Certain Metals (includes Ce, Th, Mo, W, Ra, U, V, Ti and Zr). Bulletin 212. U. S. Bureau of Mines, Washington. 1923.

W. R. Schoeller und *A. R. Powell:* The Analysis of the Minerals and Ores of the Rarer Elements. Griffin & Co. 1919.

H. S. Washington: Manual of the Chemical Analysis of Rocks, 4. Aufl. J. Wiley & Sons, Inc. 1930.

7. Wasser.

American Public Health Association. Standard Methods for the Examination of Water and Sewage. A. P. H. Assoc. New York. 1936. (Häufig ergänzt.)

Einheitsverfahren der physikalischen und chemischen Wasseruntersuchung,
herausgegeben von der Arbeitsgruppe für Wasserchemie des Vereins
Deutscher Chemiker. Verlag Chemie. 1936. Ergänzung 1940.

Berl-Lunge; Scott's Standard Methods etc.

H. Klut: Die Untersuchung des Wassers an Ort und Stelle, 8. Aufl. Springer-
Verlag. 1943.

W. P. Mason: Extermination of Water. J. Wiley & Sons, Inc. 1917.

J. Tillmans: Die chemische Untersuchung von Wasser und Abwasser, 2. Aufl.
Knapp. 1932.

O. Andere Quellen analytischer Methoden.

Viele Firmen publizieren ihre analytischen Methoden in Hauszeitschriften,
so z. B. die Aluminium Company of America, der Siemens-Konzern, die
I. G. und viele andere. Einige Arbeiten der U. S. Steel Corporation wurden
genannt. Einige Gemeinschaftsarbeiten wurden ebenfalls angeführt. Die
Veröffentlichungen des U. S. Federal Government können vom Super-
intendent of Documents, Washington, D. C., bezogen werden. Die Bureaus
of Chemistry, Mines, Soils, Standards, der Public Health Service (öffentliche
Gesundheitsdienst), das Staatliche Materialprüfungsamt in Berlin-Dahlem
und andere publizieren sehr wertvolle chemische, auch analytische Forschungen. Viele Firmen von analytischen Instrumenten und Apparaten,
von Reagenzien und Chemikalien geben in ihren Prospekten genaue Beschreibungen analytischer Methoden. Die J. T. Baker Chemical Co. publiziert
seit 1911 den „Chemist-Analyst", eine Handelszeitschrift, welche analytische
Arbeiten und Verbesserungsvorschläge für das Laboratorium bringt. Die
oben genannte Literatur ist natürlich in vielen Ländern zugänglich.

P. Tabellenwerke.

H. Landolt, R. Börnstein, Roth und *Scheel:* Physikalisch-chemische Tabellen,
5. Aufl., 2 Bände. Springer-Verlag. 1923. Ergänzungsbände E I, E II/1,
E III/2, E II/1, E III/2, E III/3. 1936.

E. W. Washburn und Mitarb.: International Critical Tables, 7 Bände. Mc Graw-
Hill Co. 1926—1930.

Q. Kleine Handbücher von Konstanten, chemische Rechnungen.

E. R. Caley: Analytical Factors and Their Logarithms. J. Wiley & Sons,
Inc. 1932.

J. D'Ans und *E. Lax:* Taschenbuch für Chemiker und Physiker. Springer-
Verlag. 1943.

C. J. Engelder: Calculations of Quantitative Analysis. J. Wiley & Sons,
Inc. 1939.

L. F. Hamilton und *S. G. Simpson:* Calculations of Quantitative Analysis,
3. Aufl. Mc Graw-Hill Co. 1939.

C. D. Hodgman: Handbook of Chemistry and Physics. Chemical Rubber Co.
Jährlich revidiert.

G. W. C. Kaye und *T. H. Laby:* Tables of Physical and Chemical Constants.
Longmans, Green & Co. 1926.

F. W. Küster und *A. Thiel:* Logarithmische Rechentafeln für Chemiker. de
Gruyter. Häufig revidiert.

N. A. Lange: Handbook of Chemistry. Handbook Publishing Co., San-
dusky, O. Häufig revidiert.

J. C. Olsen: Van Nostrand's Chemical Annual. Mc Graw-Hill Co. 1938.

Tab. 26. *Fünfstellige Logarithmen.*

N.	L.	0	1	2	3	4	5	6	7	8	9
100	00	000	043	087	130	173	217	260	303	346	389
101		432	475	518	561	604	647	689	732	775	817
102		860	903	945	988	*030	*072	*115	*157	*199	*242
103	01	284	326	368	410	452	494	536	578	620	662
104		703	745	787	828	870	912	953	995	*036	*078
105	02	119	160	202	243	284	325	366	407	449	490
106		531	572	612	653	694	735	776	816	857	898
107		938	979	*019	*060	*100	*141	*181	*222	*262	*302
108	03	342	383	423	463	503	543	583	623	663	703
109		743	782	822	862	902	941	981	*021	*060	*100
110	04	139	179	218	258	297	336	376	415	454	493
111		532	571	610	650	689	727	766	805	844	883
112		922	961	999	*038	*077	*115	*154	*192	*231	*269
113	05	308	346	385	423	461	500	538	576	614	652
114		690	729	767	805	843	881	918	956	994	*032
115	06	070	108	145	183	221	258	296	333	371	408
116		446	483	521	558	595	633	670	707	744	781
117		819	856	893	930	967	*004	*041	*078	*115	*151
118	07	188	225	262	298	335	372	408	445	482	518
119		555	591	628	664	700	737	773	809	846	882
120		918	954	990	*027	*063	*099	*135	*171	*207	*243
121	08	279	314	350	386	422	458	493	529	565	600
122		636	672	707	743	778	814	849	884	920	955
123		991	*026	*061	*096	*132	*167	*202	*237	*272	*307
124	09	342	377	412	447	482	517	552	587	621	656
125		691	726	760	795	830	864	899	934	968	*003
126	10	037	072	106	140	175	209	243	278	312	346
127		380	415	449	483	517	551	585	619	653	687
128		721	755	789	823	857	890	924	958	992	*025
129	11	059	093	126	160	193	227	261	294	327	361
130		394	428	461	494	528	561	594	628	661	694
131		727	760	793	826	860	893	926	959	992	*024
132	12	057	090	123	156	189	222	254	287	320	352
133		385	418	450	483	516	548	581	613	646	678
134		710	743	775	808	840	872	905	937	969	*001
135	13	033	066	098	130	162	194	226	258	290	322
136		354	386	418	450	481	513	545	577	609	640
137		672	704	735	767	799	830	862	893	925	956
138		988	*019	*051	*082	*114	*145	*176	*208	*239	*270
139	14	301	333	364	395	426	457	489	520	551	582
140		613	644	675	706	737	768	799	829	860	891
141		922	953	983	*014	*045	*076	*106	*137	*168	*198
142	15	229	259	290	320	351	381	412	442	473	503
143		534	564	594	625	655	685	715	746	776	806
144		836	866	897	927	957	987	*017	*047	*077	*107
145	16	137	167	197	227	256	286	316	346	376	406
146		435	465	495	524	554	584	613	643	673	702
147		732	761	791	820	850	879	909	938	967	997
148	17	026	056	085	114	143	173	202	231	260	289
149		319	348	377	406	435	464	493	522	551	580

N.	L.	0	1	2	3	4	5	6	7	8	9

d

	44	43	42
1	4,4	4,3	4,2
2	8,8	8,6	8,4
3	13,2	12,9	12,6
4	17,6	17,2	16,8
5	22,0	21,5	21,0
6	26,4	25,8	25,2
7	30,8	30,1	29,4
8	35,2	34,4	33,6
9	39,6	38,7	37,8

	41	40	39
1	4,1	4,0	3,9
2	8,2	8,0	7,8
3	12,3	12,0	11,7
4	16,4	16,0	15,6
5	20,5	20,0	19,5
6	24,6	24,0	23,4
7	28,7	28,0	27,3
8	32,8	32,0	31,2
9	36,9	36,0	35,1

	38	37	36
1	3,8	3,7	3,6
2	7,6	7,4	7,2
3	11,4	11,1	10,8
4	15,2	14,8	14,4
5	19,0	18,5	18,0
6	22,8	22,2	21,6
7	26,6	25,9	25,2
8	30,4	29,6	28,8
9	34,2	33,3	32,4

	35	34	33
1	3,5	3,4	3,3
2	7,0	6,8	6,6
3	10,5	10,2	9,9
4	14,0	13,6	13,2
5	17,5	17,0	16,5
6	21,0	20,4	19,8
7	24,5	23,8	23,1
8	28,0	27,2	26,4
9	31,5	30,6	29,7

	32	31
1	3,2	3,1
2	6,4	6,2
3	9,6	9,3
4	12,8	12,4
5	16,0	15,5
6	19,2	18,6
7	22,4	21,7
8	25,6	24,8
9	28,8	27,9

	30	29
1	3,0	2,9
2	6,0	5,8
3	9,0	8,7
4	12,0	11,6
5	15,0	14,5
6	18,0	17,4
7	21,0	20,3
8	24,0	23,2
9	27,0	26,1

d

N.	L.	0	1	2	3	4	5	6	7	8	9
150	17	609	638	667	696	725	754	782	811	840	869
151		898	926	955	984	*013	*041	*070	*099	*127	*156
152	18	184	213	241	270	298	327	355	384	412	441
153		469	498	526	554	583	611	639	667	696	724
154		752	780	808	837	865	893	921	949	977	*005
155	19	033	061	089	117	145	173	201	229	257	285
156		312	340	368	396	424	451	479	507	535	562
157		590	618	645	673	700	728	756	783	811	838
158		866	893	921	948	976	*003	*030	*058	*085	*112
159	20	140	167	194	222	249	276	303	330	358	385
160		412	439	466	493	520	548	575	602	629	656
161		683	710	737	763	790	817	844	871	898	925
162		952	978	*005	*032	*059	*085	*112	*139	*165	*192
163	21	219	245	272	299	325	352	378	405	431	458
164		484	511	537	564	590	617	643	669	696	722
165		748	775	801	827	854	880	906	932	958	985
166	22	011	037	063	089	115	141	167	194	220	246
167		272	298	324	350	376	401	427	453	479	505
168		531	557	583	608	634	660	686	712	737	763
169		789	814	840	866	891	917	943	968	994	*019
170	23	045	070	096	121	147	172	198	223	249	274
171		300	325	350	376	401	426	452	477	502	528
172		553	578	603	629	654	679	704	729	754	779
173		805	830	855	880	905	930	955	980	*005	*030
174	24	055	080	105	130	155	180	204	229	254	279
175		304	329	353	378	403	428	452	477	502	527
176		551	576	601	625	650	674	699	724	748	773
177		797	822	846	871	895	920	944	969	993	*018
178	25	042	066	091	115	139	164	188	212	237	261
179		285	310	334	358	382	406	431	455	479	503
180		527	551	575	600	624	648	672	696	720	744
181		768	792	816	840	864	888	912	935	959	983
182	26	007	031	055	079	102	126	150	174	198	221
183		245	269	293	316	340	364	387	411	435	458
184		482	505	529	553	576	600	623	647	670	694
185		717	741	764	788	811	834	858	881	905	928
186		951	975	998	*021	*045	*068	*091	*114	*138	*161
187	27	184	207	231	254	277	300	323	346	370	393
188		416	439	462	485	508	531	554	577	600	623
189		646	669	692	715	738	761	784	807	830	852
190		875	898	921	944	967	989	*012	*035	*058	*081
191	28	103	126	149	171	194	217	240	262	285	307
192		330	353	375	398	421	443	466	488	511	533
193		556	578	601	623	646	668	691	713	735	758
194		780	803	825	847	870	892	914	937	959	981
195	29	003	026	048	070	092	115	137	159	181	203
196		226	248	270	292	314	336	358	380	403	425
197		447	469	491	513	535	557	579	601	623	645
198		667	688	710	732	754	776	798	820	842	863
199		885	907	929	951	973	994	*016	*038	*060	*081
N.	L.	0	1	2	3	4	5	6	7	8	9

d

	29	28
1	2,9	2,8
2	5,8	5,6
3	8,7	8,4
4	11,6	11,2
5	14,5	14,0
6	17,4	16,8
7	20,3	19,6
8	23,2	22,4
9	26,1	25,2

	27	26
1	2,7	2,6
2	5,4	5,2
3	8,1	7,8
4	10,8	10,4
5	13,5	13,0
6	16,2	15,6
7	18,9	18,2
8	21,6	20,8
9	24,3	23,4

	25	24
1	2,5	2,4
2	5,0	4,8
3	7,5	7,2
4	10,0	9,6
5	12,5	12,0
6	15,0	14,4
7	17,5	16,8
8	20,0	19,2
9	22,5	21,6

	23	22
1	2,3	2,2
2	4,6	4,4
3	6,9	6,6
4	9,2	8,8
5	11,5	11,0
6	13,8	13,2
7	16,1	15,4
8	18,4	17,6
9	20,7	19,8

	21
1	2,1
2	4,2
3	6,3
4	8,4
5	10,5
6	12,6
7	14,7
8	16,8
9	18,9

150—199

N.	L.	0	1	2	3	4	5	6	7	8	9
200	30	103	125	146	168	190	211	233	255	276	298
201		320	341	363	384	406	428	449	471	492	514
202		535	557	578	600	621	643	664	685	707	728
203		750	771	792	814	835	856	878	899	920	942
204		963	984	*006	*027	*048	*069	*091	*112	*133	*154
205	31	175	197	218	239	260	281	302	323	345	366
206		387	408	429	450	471	492	513	534	555	576
207		597	618	639	660	681	702	723	744	765	785
208		806	827	848	869	890	911	931	952	973	994
209	32	015	035	056	077	098	118	139	160	181	201
210		222	243	263	284	305	325	346	366	387	408
211		428	449	469	490	510	531	552	572	593	613
212		634	654	675	695	715	736	756	777	797	818
213		838	858	879	899	919	940	960	980	*001	*021
214	33	041	062	082	102	122	143	163	183	203	224
215		244	264	284	304	325	345	365	385	405	425
216		445	465	486	506	526	546	566	586	606	626
217		646	666	686	706	726	746	766	786	806	826
218		846	866	885	905	925	945	965	985	*005	*025
219	34	044	064	084	104	124	143	163	183	203	223
220		242	262	282	301	321	341	361	380	400	420
221		439	459	479	498	518	537	557	577	596	616
222		635	655	674	694	713	733	753	772	792	811
223		830	850	869	889	908	928	947	967	986	*005
224	35	025	044	064	083	102	122	141	160	180	199
225		218	238	257	276	295	315	334	353	372	392
226		411	430	449	468	488	507	526	545	564	583
227		603	622	641	660	679	698	717	736	755	774
228		793	813	832	851	870	889	908	927	946	965
229		984	*003	*021	*040	*059	*078	*097	*116	*135	*154
230	36	173	192	211	229	248	267	286	305	324	342
231		361	380	399	418	436	455	474	493	511	530
232		549	568	586	605	624	642	661	680	698	717
233		736	754	773	791	810	829	847	866	884	903
234		922	940	959	977	996	*014	*033	*051	*070	*088
235	37	107	125	144	162	181	199	218	236	254	273
236		291	310	328	346	365	383	401	420	438	457
237		475	493	511	530	548	566	585	603	621	639
238		658	676	694	712	731	749	767	785	803	822
239		840	858	876	894	912	931	949	967	985	*003
240	38	021	039	057	075	093	112	130	148	166	184
241		202	220	238	256	274	292	310	328	346	364
242		382	399	417	435	453	471	489	507	525	543
243		561	578	596	614	632	650	668	686	703	721
244		739	757	775	792	810	828	846	863	881	899
245		917	934	952	970	987	*005	*023	*041	*058	*076
246	39	094	111	129	146	164	182	199	217	235	252
247		270	287	305	322	340	358	375	393	410	428
248		445	463	480	498	515	533	550	568	585	602
249		620	637	655	672	690	707	724	742	759	777
N.	L.	0	1	2	3	4	5	6	7	8	9

d

	22		21		20		19		18		17
1	2,2	1	2,1	1	2,0	1	1,9	1	1,8	1	1,7
2	4,4	2	4,2	2	4,0	2	3,8	2	3,6	2	3,4
3	6,6	3	6,3	3	6,0	3	5,7	3	5,4	3	5,1
4	8,8	4	8,4	4	8,0	4	7,6	4	7,2	4	6,8
5	11,0	5	10,5	5	10,0	5	9,5	5	9,0	5	8,5
6	13,2	6	12,6	6	12,0	6	11,4	6	10,8	6	10,2
7	15,4	7	14,7	7	14,0	7	13,3	7	12,6	7	11,9
8	17,6	8	16,8	8	16,0	8	15,2	8	14,4	8	13,6
9	19,8	9	18,9	9	18,0	9	17,1	9	16,2	9	15,3

N.	L.	0	1	2	3	4	5	6	7	8	9		d
250	39	794	811	829	846	863	881	898	915	933	950		**18**
251		967	985	*002	*019	*037	*054	*071	*088	*106	*123	1	1,8
252	40	140	157	175	192	209	226	243	261	278	295	2	3,6
253		312	329	346	364	381	398	415	432	449	466	3	5,4
254		483	500	518	535	552	569	586	603	620	637	4 5	7,2 9,0
255		654	671	688	705	722	739	756	773	790	807	6 7	10,8 12,6
256		824	841	858	875	892	909	926	943	960	976	8	14,4
257		993	*010	*027	*044	*061	*078	*095	*111	*128	*145	9	16,2
258	41	162	179	196	212	229	246	263	280	296	313		
259		330	347	363	380	397	414	430	447	464	481		
260		497	514	531	547	564	581	597	614	631	647		**17**
261		664	681	697	714	731	747	764	780	797	814	1	1,7
262		830	847	863	880	896	913	929	946	963	979	2	3,4
263		996	*012	*029	*045	*062	*078	*095	*111	*127	*144	3	5,1
264	42	160	177	193	210	226	243	259	275	292	308	4 5	6,8 8,5
265		325	341	357	374	390	406	423	439	455	472	6	10,2
266		488	504	521	537	553	570	586	602	619	635	7	11,9
267		651	667	684	700	716	732	749	765	781	797	8 9	13,6 15,3
268		813	830	846	862	878	894	911	927	943	959		
269		975	991	*008	*024	*040	*056	*072	*088	*104	*120		
270	43	136	152	169	185	201	217	233	249	265	281		**16**
271		297	313	329	345	361	377	393	409	425	441	1	1,6
272		457	473	489	505	521	537	553	569	584	600	2	3,2
273		616	632	648	664	680	696	712	727	743	759	3 4	4,8 6,4
274		775	791	807	823	838	854	870	886	902	917	5	8,0
275		933	949	965	981	996	*012	*028	*044	*059	*075	6 7	9,6 11,2
276	44	091	107	122	138	154	170	185	201	217	232	8	12,8
277		248	264	279	295	311	326	342	358	373	389	9	14,4
278		404	420	436	451	467	483	498	514	529	545		
279		560	576	592	607	623	638	654	669	685	700		
280		716	731	747	762	778	793	809	824	840	855		
281		871	886	902	917	932	948	963	979	994	*010		**15**
282	45	025	040	056	071	086	102	117	133	148	163	1	1,5
283		179	194	209	225	240	255	271	286	301	317	2	3,0
284		332	347	362	378	393	408	423	439	454	469	3 4	4,5 6,0
285		484	500	515	530	545	561	576	591	606	621	5	7,5
286		637	652	667	682	697	712	728	743	758	773	6	9,0
287		788	803	818	834	849	864	879	894	909	924	7	10,5
288		939	954	969	984	*000	*015	*030	*045	*060	*075	8 9	12,0 13,5
289	46	090	105	120	135	150	165	180	195	210	225		
290		240	255	270	285	300	315	330	345	359	374		
291		389	404	410	434	449	464	479	494	509	523		
292		538	553	568	583	598	613	627	642	657	672		**14**
293		687	702	716	731	746	761	776	790	805	820	1	1,4
294		835	850	864	879	894	909	923	938	953	967	2	2,8
295		982	997	*012	*026	*041	*056	*070	*085	*100	*114	3 4	4,2 5,6
296	47	129	144	159	173	188	202	217	232	246	261	5	7,0
297		276	290	305	319	334	349	363	378	392	407	6	8,4
298		422	436	451	465	480	494	509	524	538	553	7	9,8
299		567	582	596	611	625	640	654	669	683	698	8 9	11,2 12,6
N.	L.	0	1	2	3	4	5	6	7	8	9		d

N.	L.	0	1	2	3	4	5	6	7	8	9	d	
300	47	712	727	741	756	770	784	799	813	828	842		15
301		857	871	885	900	914	929	943	958	972	986	1	1,5
302	48	001	015	029	044	058	073	087	101	116	130	2	3,0
303		144	159	173	187	202	216	230	244	259	273	3	4,5
304		287	302	316	330	344	359	373	387	401	416	4	6,0
												5	7,5
												6	9,0
305		430	444	458	473	487	501	515	530	544	558	7	10.5
306		572	586	601	615	629	643	657	671	686	700	8	12,0
307		714	728	742	756	770	785	799	813	827	841	9	13,5
308		855	869	883	897	911	926	940	954	968	982		
309		996	*010	*024	*038	*052	*066	*080	*094	*108	*122		
310	49	136	150	164	178	192	206	220	234	248	262		
311		276	290	304	318	332	346	360	374	388	402		
312		415	429	443	457	471	485	499	513	527	541		
313		554	568	582	596	610	624	638	651	665	679		
314		693	707	721	734	748	762	776	790	803	817		14
315		831	845	859	872	886	900	914	927	941	955	1	1,4
316		969	982	996	*010	*024	*037	*051	*065	*079	*092	2	2,8
317	50	106	120	133	147	161	174	188	202	215	229	3	4,2
318		243	256	270	284	297	311	325	338	352	365	4	5,6
319		379	393	406	420	433	447	461	474	488	501	5	7,0
												6	8,4
												7	9,8
320		515	529	542	556	569	583	596	610	623	637	8	11,2
321		651	664	678	691	705	718	732	745	759	772	9	12,6
322		786	799	813	826	840	853	866	880	893	907		
323		920	934	947	961	974	987	*001	*014	*028	*041		
324	51	055	068	081	095	108	121	135	148	162	175		
325		188	202	215	228	242	255	268	282	295	308		
326		322	335	348	362	375	388	402	415	428	441		
327		455	468	481	495	508	521	534	548	561	574		
328		587	601	614	627	640	654	667	680	693	706		13
329		720	733	746	759	772	786	799	812	825	838	1	1,3
330		851	865	878	891	904	917	930	943	957	970	2	2,6
331		983	996	*009	*022	*035	*048	*061	*075	*088	*101	3	3,9
332	52	114	127	140	153	166	179	192	205	218	231	4	5,2
333		244	257	270	284	297	310	323	336	349	362	5	6,5
334		375	388	401	414	427	440	453	466	479	492	6	7,8
												7	9,1
												8	10,4
335		504	517	530	543	556	569	582	595	608	621	9	11,7
336		634	647	660	673	686	699	711	724	737	750		
337		763	776	789	802	815	827	840	853	866	879		
338		892	905	917	930	943	956	969	982	994	*007		
339	53	020	033	046	058	071	084	097	110	122	135		
340		148	161	173	186	199	212	224	237	250	263		
341		275	288	301	314	326	339	352	364	377	390		
342		403	415	428	441	453	466	479	491	504	517		12
343		529	542	555	567	580	593	605	618	631	643	1	1,2
344		656	668	681	694	706	719	732	744	757	769	2	2,4
												3	3,6
												4	4,8
345		782	794	807	820	832	845	857	870	882	895	5	6,0
346		908	920	933	945	958	970	983	995	*008	*020	6	7,2
347	54	033	045	058	070	083	095	108	120	133	145	7	8,4
348		158	170	183	195	208	220	233	245	258	270	8	9,6
349		283	295	307	320	332	345	357	370	382	394	9	10,8
N.	L.	0	1	2	3	4	5	6	7	8	9	d	

N.	L.	0	1	2	3	4	5	6	7	8	9	d
350	54	407	419	432	444	456	469	481	494	506	518	**13**
351		531	543	555	568	580	593	605	617	630	642	1 1,3
352		654	667	679	691	704	716	728	741	753	765	2 2,6
353		777	790	802	814	827	839	851	864	876	888	3 3,9
354		900	913	925	937	949	962	974	986	998	*011	4 5,2
355	55	023	035	047	060	072	084	096	108	121	133	5 6,5 6 7,8
356		145	157	169	182	194	206	218	230	242	255	7 9,1
357		267	279	291	303	315	328	340	352	364	376	8 10,4
358		388	400	413	425	437	449	461	473	485	497	9 11,7
359		509	522	534	546	558	570	582	594	606	618	
360		630	642	654	666	678	691	703	715	727	739	
361		751	763	775	787	799	811	823	835	847	859	
362		871	883	895	907	919	931	943	955	967	979	
363		991	*003	*015	*027	*038	*050	*062	*074	*086	*098	
364	56	110	122	134	146	158	170	182	194	205	217	**12**
365		229	241	253	265	277	289	301	312	324	336	1 1,2
366		348	360	372	384	396	407	419	431	443	455	2 2,4
367		467	478	490	502	514	526	538	549	561	573	3 3,6
368		585	597	608	620	632	644	656	667	679	691	4 4,8
369		703	714	726	738	750	761	773	785	797	808	5 6,0 6 7,2 7 8,4
370		820	832	844	855	867	879	891	902	914	926	8 9,6
371		937	949	961	972	984	996	*008	*019	*031	*043	9 10,8
372	57	054	066	078	089	101	113	124	136	148	159	
373		171	183	194	206	217	229	241	252	264	276	
374		287	299	310	322	334	345	357	368	380	392	
375		403	415	426	438	449	461	473	484	496	507	
376		519	530	542	553	565	576	588	600	611	623	
377		634	646	657	669	680	692	703	715	726	738	
378		749	761	772	784	795	807	818	830	841	852	**11**
379		864	875	887	898	910	921	933	944	955	967	1 1,1
380		978	990	*001	*013	*024	*035	*047	*058	*070	*081	2 2,2
381	58	092	104	115	127	138	149	161	172	184	195	3 3,3
382		206	218	229	240	252	263	274	286	297	309	4 4,4
383		320	331	343	354	365	377	388	399	410	422	5 5,5 6 6,6
384		433	444	456	467	478	490	501	512	524	535	7 7,7
385		546	557	569	580	591	602	614	625	636	647	8 8,8
386		659	670	681	692	704	715	726	737	749	760	9 9,9
387		771	782	794	805	816	827	838	850	861	872	
388		883	894	906	917	928	939	950	961	973	984	
389		995	*006	*017	*028	*040	*051	*062	*073	*084	*095	
390	59	106	118	129	140	151	162	173	184	195	207	
391		218	229	240	251	262	273	284	295	306	318	
392		329	340	351	362	373	384	395	406	417	428	
393		439	450	461	472	483	494	506	517	528	539	**10**
394		550	561	572	583	594	605	616	627	638	649	1 1,0
395		660	671	682	693	704	715	726	737	748	759	2 2,0
396		770	780	791	802	813	824	835	846	857	868	3 3,0
397		879	890	901	912	923	934	945	956	966	977	4 4,0
398		988	999	*010	*021	*032	*043	*054	*065	*076	*086	5 5,0 6 6,0 7 7,0
399	60	097	108	119	130	141	152	163	173	184	195	8 8,0 9 9,0
N.	L.	0	1	2	3	4	5	6	7	8	9	d

N.	L.	0	1	2	3	4	5	6	7	8	9	d
400	60	206	217	228	239	249	260	271	282	293	304	
401		314	325	336	347	358	369	379	390	401	412	
402		423	433	444	455	466	477	487	498	509	520	
403		531	541	552	563	574	584	595	606	617	627	
404		638	649	660	670	681	692	703	713	724	735	
405		746	756	767	778	788	799	810	821	831	842	
406		853	863	874	885	895	906	917	927	938	949	
407		959	970	981	991	*002	*013	*023	*034	*045	*055	
408	61	066	077	087	098	109	119	130	140	151	162	
409		172	183	194	204	215	225	236	247	257	268	
410		278	289	300	310	321	331	342	352	363	374	
411		384	395	405	416	426	437	448	458	469	479	
412		490	500	511	521	532	542	553	563	574	584	
413		595	606	616	627	637	648	658	669	679	690	
414		700	711	721	731	742	752	763	773	784	794	
415		805	815	826	836	847	857	868	878	888	899	
416		909	920	930	941	951	962	972	982	993	*003	
417	62	014	024	034	045	055	066	076	086	097	107	
418		118	128	138	149	159	170	180	190	201	211	
419		221	232	242	252	263	273	284	294	304	315	
420		325	335	346	356	366	377	387	397	408	418	
421		428	439	449	459	469	480	490	500	511	521	
422		531	542	552	562	572	583	593	603	613	624	
423		634	644	655	665	675	685	696	706	716	726	
424		737	747	757	767	778	788	798	808	818	829	
425		839	849	859	870	880	890	900	910	921	931	
426		941	951	961	972	982	992	*002	*012	*022	*033	
427	63	043	053	063	073	083	094	104	114	124	134	
428		144	155	165	175	185	195	205	215	225	236	
429		246	256	266	276	286	296	306	317	327	337	
430		347	357	367	377	387	397	407	417	428	438	
431		448	458	468	478	488	498	508	518	528	538	
432		548	558	568	579	589	599	609	619	629	639	
433		649	659	669	679	689	699	709	719	729	739	
434		749	759	769	779	789	799	809	819	829	839	
435		849	859	869	879	889	899	909	919	929	939	
436		949	959	969	979	988	998	*008	*018	*028	*038	
437	64	048	058	068	078	088	098	108	118	128	137	
438		147	157	167	177	187	197	207	217	227	237	
439		246	256	266	276	286	296	306	316	326	335	
440		345	355	365	375	385	395	404	414	424	434	
441		444	454	464	473	483	493	503	513	523	532	
442		542	552	562	572	582	591	601	611	621	631	
443		640	650	660	670	680	689	699	709	719	729	
444		738	748	758	768	777	787	797	807	816	826	
445		836	846	856	865	875	885	895	904	914	924	
446		933	943	953	963	972	982	992	*002	*011	*021	
447	65	031	040	050	060	070	079	089	099	108	118	
448		128	137	147	157	167	176	186	196	205	215	
449		225	234	244	254	263	273	283	292	302	312	
N.	L.	0	1	2	3	4	5	6	7	8	9	d

Proportionalteile (d):

	11
1	1,1
2	2,2
3	3,3
4	4,4
5	5,5
6	6,6
7	7,7
8	8,8
9	9,9

	10
1	1,0
2	2,0
3	3,0
4	4,0
5	5,0
6	6,0
7	7,0
8	8,0
9	9,0

	9
1	0,9
2	1,8
3	2,7
4	3,6
5	4,5
6	5,4
7	6,3
8	7,2
9	8,1

400—449

N.	L.	0	1	2	3	4	5	6	7	8	9	d
450	65	321	331	341	350	360	369	379	389	398	408	
451		418	427	437	447	456	466	475	485	495	504	
452		514	523	533	543	552	562	571	581	591	600	
453		610	619	629	639	648	658	667	677	686	696	
454		706	715	725	734	744	753	763	772	782	792	
455		801	811	820	830	839	849	858	868	877	887	
456		896	906	916	925	935	944	954	963	973	982	
457		992	*001	*011	*020	*030	*039	*049	*058	*068	*077	
458	66	087	096	106	115	124	134	143	153	162	172	
459		181	191	200	210	219	229	238	247	257	266	
460		276	285	295	304	314	323	332	342	351	361	
461		370	380	389	398	408	417	427	436	445	455	
462		464	474	483	492	502	511	521	530	539	549	
463		558	567	577	586	596	605	614	624	633	642	
464		652	661	671	680	689	699	708	717	727	736	
465		745	755	764	773	783	792	801	811	820	829	
466		839	848	857	867	876	885	894	904	913	922	
467		932	941	950	960	969	978	987	997	*006	*015	
468	67	025	034	043	052	062	071	080	089	099	108	
469		117	127	136	145	154	164	173	182	191	201	
470		210	219	228	237	247	256	265	274	284	293	
471		302	311	321	330	339	348	357	367	376	385	
472		394	403	413	422	431	440	449	459	468	477	
473		486	495	504	514	523	532	541	550	560	569	
474		578	587	596	605	614	624	633	642	651	660	
475		669	679	688	697	706	715	724	733	742	752	
476		761	770	779	788	797	806	815	825	834	843	
477		852	861	870	879	888	897	906	916	925	934	
478		943	952	961	970	979	988	997	*006	*015	*024	
479	68	034	043	052	061	070	079	088	097	106	115	
480		124	133	142	151	160	169	178	187	196	205	
481		215	224	233	242	251	260	269	278	287	296	
482		305	314	323	332	341	350	359	368	377	386	
483		395	404	413	422	431	440	449	458	467	476	
484		485	494	502	511	520	529	538	547	556	565	
485		574	583	592	601	610	619	628	637	646	655	
486		664	673	681	690	699	708	717	726	735	744	
487		753	762	771	780	789	797	806	815	824	833	
488		842	851	860	869	878	886	895	904	913	922	
489		931	940	949	958	966	975	894	993	*002	*011	
490	69	020	028	037	046	055	064	073	082	090	099	
491		108	117	126	135	144	152	161	170	179	188	
492		197	205	214	223	232	241	249	258	267	276	
493		285	294	302	311	320	329	338	346	355	364	
494		373	381	390	399	408	417	425	434	443	452	
495		461	469	478	487	496	504	513	522	531	539	
496		548	557	566	574	583	592	601	609	618	627	
497		636	644	653	662	671	679	688	697	705	714	
498		723	732	740	749	758	767	775	784	793	801	
499		810	819	827	836	845	854	862	871	880	888	

| N. | L. | 0 | 1 | 2 | 3 | 4 | 5 | 6 | 7 | 8 | 9 | d |

Proportionalteile (d):

	10
1	1,0
2	2,0
3	3,0
4	4,0
5	5,0
6	6,0
7	7,0
8	8,0
9	9,0

	9
1	0,9
2	1,8
3	2,7
4	3,6
5	4,5
6	5,4
7	6,3
8	7,2
9	8,1

	8
1	0,8
2	1,6
3	2,4
4	3,2
5	4,0
6	4,8
7	5,6
8	6,4
9	7,2

N.	L.	0	1	2	3	4	5	6	7	8	9	d
500	69	897	906	914	923	932	940	949	958	966	975	
501		984	992	*001	*010	*018	*027	*036	*044	*053	*062	
502	70	070	079	088	096	105	114	122	131	140	148	
503		157	165	174	183	191	200	209	217	226	234	
504		243	252	260	269	278	286	295	303	312	321	
505		329	338	346	355	364	372	381	389	398	406	
506		415	424	432	441	449	458	467	475	484	492	
507		501	509	518	526	535	544	552	561	569	578	
508		586	595	603	612	621	629	638	646	655	663	
509		672	680	689	697	706	714	723	731	740	749	
510		757	766	774	783	791	800	808	817	825	834	
511		842	851	859	868	876	885	893	902	910	919	
512		927	935	944	952	961	969	978	986	995	*003	
513	71	012	020	029	037	046	054	063	071	079	088	
514		096	105	113	122	130	139	147	155	164	172	
515		181	189	198	206	214	223	231	240	248	257	
516		265	273	282	290	299	307	315	324	332	341	
517		349	357	366	374	383	391	399	408	416	425	
518		433	441	450	458	466	475	483	492	500	508	
519		517	525	533	542	550	559	567	575	584	592	
520		600	609	617	625	634	642	650	659	667	675	
521		684	692	700	709	717	725	734	742	750	759	
522		767	775	784	792	800	809	817	825	834	842	
523		850	858	867	875	883	892	900	908	917	925	
524		933	941	950	958	966	975	983	991	999	*008	
525	72	016	024	032	041	049	057	066	074	082	090	
526		099	107	115	123	132	140	148	156	165	173	
527		181	189	198	206	214	222	230	239	247	255	
528		263	272	280	288	296	304	313	321	329	337	
529		346	354	362	370	378	387	395	403	411	419	
530		428	436	444	452	460	469	477	485	493	501	
531		509	518	526	534	542	550	558	567	575	583	
532		591	599	607	616	624	632	640	648	656	665	
533		673	681	689	697	705	713	722	730	738	746	
534		754	762	770	779	787	795	803	811	819	827	
535		835	843	852	860	868	876	884	892	900	908	
536		916	925	933	941	949	957	965	973	981	989	
537		997	*006	*014	*022	*030	*038	*046	*054	*062	*070	
538	73	078	086	094	102	111	119	127	135	143	151	
539		159	167	175	183	191	199	207	215	223	231	
540		239	247	255	263	272	280	288	296	304	312	
541		320	328	336	344	352	360	368	376	384	392	
542		400	408	416	424	432	440	448	456	464	472	
543		480	488	496	504	512	520	528	536	544	552	
544		560	568	576	584	592	600	608	616	624	632	
545		640	648	656	664	672	679	687	695	703	711	
546		719	727	735	743	751	759	767	775	783	791	
547		799	807	815	823	830	838	846	854	862	870	
548		878	886	894	902	910	918	926	933	941	949	
549		957	965	973	981	989	997	*005	*013	*020	*028	

Proportionalteile:

	9
1	0,9
2	1,8
3	2,7
4	3,6
5	4,5
6	5,4
7	6,3
8	7,2
9	8,1

	8
1	0,8
2	1,6
3	2,4
4	3,2
5	4,0
6	4,8
7	5,6
8	6,4
9	7,2

	7
1	0,7
2	1,4
3	2,1
4	2,8
5	3,5
6	4,2
7	4,9
8	5,6
9	6,3

N.	L.	0	1	2	3	4	5	6	7	8	9	d

N.	L.	0	1	2	3	4	5	6	7	8	9	d
550	74	036	044	052	060	068	076	084	092	099	107	
551		115	123	131	139	147	155	162	170	178	186	
552		194	202	210	218	225	233	241	249	257	265	
553		273	280	288	296	304	312	320	327	335	343	
554		351	359	367	374	382	390	398	406	414	421	
555		429	437	445	453	461	468	476	484	492	500	
556		507	515	523	531	539	547	554	562	570	578	
557		586	593	601	609	617	624	632	640	648	656	
558		663	671	679	687	695	702	710	718	726	733	
559		741	749	757	764	772	780	788	796	803	811	
560		819	827	834	842	850	858	865	873	881	889	
561		896	904	912	920	927	935	943	950	958	966	
562		974	981	989	997	*005	*012	*020	*028	*035	*043	
563	75	051	059	066	074	082	089	097	105	113	120	
564		128	136	143	151	159	166	174	182	189	197	
565		205	213	220	228	236	243	251	259	266	274	
566		282	289	297	305	312	320	328	335	343	351	
567		358	366	374	381	389	397	404	412	420	427	
568		435	442	450	458	465	473	481	488	496	504	
569		511	519	526	534	542	549	557	565	572	580	
570		587	595	603	610	618	626	633	641	648	656	
571		664	671	679	686	694	702	709	717	724	732	
572		740	747	755	762	770	778	785	793	800	808	
573		815	823	831	838	846	853	861	868	876	884	
574		891	899	906	914	921	929	937	944	952	959	
575		967	974	982	989	997	*005	*012	*020	*027	*035	
576	76	042	050	057	065	072	080	087	095	103	110	
577		118	125	133	140	148	155	163	170	178	185	
578		193	200	208	215	223	230	238	245	253	260	
579		268	275	283	290	298	305	313	320	328	335	
580		343	350	358	365	373	380	388	395	403	410	
581		418	425	433	440	448	455	462	470	477	485	
582		492	500	507	515	522	530	537	545	552	559	
583		567	574	582	589	597	604	612	619	626	634	
584		641	649	656	664	671	678	686	693	701	708	
585		716	723	730	738	745	753	760	768	775	782	
586		790	797	805	812	819	827	834	842	849	856	
587		864	871	879	886	893	901	908	916	923	930	
588		938	945	953	960	967	975	982	989	997	*004	
589	77	012	019	026	034	041	048	056	063	070	078	
590		085	093	100	107	115	122	129	137	144	151	
591		159	166	173	181	188	195	203	210	217	225	
592		232	240	247	254	262	269	276	283	291	298	
593		305	313	320	327	335	342	349	357	364	371	
594		379	386	393	401	408	415	422	430	437	444	
595		452	459	466	474	481	488	495	503	510	517	
596		525	532	539	546	554	561	568	576	583	590	
597		597	605	612	619	627	634	641	648	656	663	
598		670	677	685	692	699	706	714	721	728	735	
599		743	750	757	764	772	779	786	793	801	808	
N.	L.	0	1	2	3	4	5	6	7	8	9	d

Proportionaltafeln:

	8
1	0,8
2	1,6
3	2,4
4	3,2
5	4,0
6	4,8
7	5,6
8	6,4
9	7,2

	7
1	0,7
2	1,4
3	2,1
4	2,8
5	3,5
6	4,2
7	4,9
8	5,6
9	6,3

N.	L.	0	1	2	3	4	5	6	7	8	9	d
600	77	815	822	830	837	844	851	859	866	873	880	
601		887	895	902	909	916	924	931	938	945	952	
602		960	967	974	981	988	996	*003	*010	*017	*025	
603	78	032	039	046	053	061	068	075	082	089	097	
604		104	111	118	125	132	140	147	154	161	168	
605		176	183	190	197	204	211	219	226	233	240	
606		247	254	262	269	276	283	290	297	305	312	
607		319	326	333	340	347	355	362	369	376	383	
608		390	398	405	412	419	426	433	440	447	455	
609		462	469	476	483	490	497	504	512	519	526	
610		533	540	547	554	561	569	576	583	590	597	
611		604	611	618	625	633	640	647	654	661	668	
612		675	682	689	696	704	711	718	725	732	739	
613		746	753	760	767	774	781	789	796	803	810	
614		817	824	831	838	845	852	859	866	873	880	
615		888	895	902	909	916	923	930	937	944	951	
616		958	965	972	979	986	993	*000	*007	*014	*021	
617	79	029	036	043	050	057	064	071	078	085	092	
618		099	106	113	120	127	134	141	148	155	162	
619		169	176	183	190	197	204	211	218	225	232	
620		239	246	253	260	267	274	281	288	295	302	
621		309	316	323	330	337	344	351	358	365	372	
622		379	386	393	400	407	414	421	428	435	442	
623		449	456	463	470	477	484	491	498	505	511	
624		518	525	532	539	546	553	560	567	574	581	
625		588	595	602	609	616	623	630	637	644	650	
626		657	664	671	678	685	692	699	706	713	720	
627		727	734	741	748	754	761	768	775	782	789	
628		796	803	810	817	824	831	837	844	851	858	
629		865	872	879	886	893	900	906	913	920	927	
630		934	941	948	955	962	969	975	982	989	996	
631	80	003	010	017	024	030	037	044	051	058	065	
632		072	079	085	092	099	106	113	120	127	134	
633		140	147	154	161	168	175	182	188	195	202	
634		209	216	223	229	236	243	250	257	264	271	
635		277	284	291	298	305	312	318	325	332	339	
636		346	353	359	366	373	380	387	393	400	407	
637		414	421	428	434	441	448	455	462	468	475	
638		482	489	496	502	509	516	523	530	536	543	
639		550	557	564	570	577	584	591	598	604	611	
640		618	625	632	638	645	652	659	665	672	679	
641		686	693	699	706	713	720	726	733	740	747	
642		754	760	767	774	781	787	794	801	808	814	
643		821	828	835	841	848	855	862	868	875	882	
644		889	895	902	909	916	922	929	936	943	949	
645		956	963	969	976	983	990	996	*003	*010	*017	
646	81	023	030	037	043	050	057	064	070	077	084	
647		090	097	104	111	117	124	131	137	144	151	
648		158	164	171	178	184	191	198	204	211	218	
649		224	231	238	245	251	258	265	271	278	285	
N.	L.	0	1	2	3	4	5	6	7	8	9	d

Proportionaltafeln:

	8
1	0,8
2	1,6
3	2,4
4	3,2
5	4,0
6	4,8
7	5,6
8	6,4
9	7,2

	7
1	0,7
2	1,4
3	2,1
4	2,8
5	3,5
6	4,2
7	4,9
8	5,6
9	6,3

	6
1	0,6
2	1,2
3	1,8
4	2,4
5	3,0
6	3,6
7	4,2
8	4,8
9	5,4

N.	L.	0	1	2	3	4	5	6	7	8	9	d
650	81	291	298	305	311	318	325	331	338	345	351	
651		358	365	371	378	385	391	398	405	411	418	
652		425	431	438	445	451	458	465	471	478	485	
653		491	498	505	511	518	525	531	538	544	551	
654		558	564	571	578	584	591	598	604	611	617	
655		624	631	637	644	651	657	664	671	677	684	
656		690	697	704	710	717	723	730	737	743	750	
657		757	763	770	776	783	790	796	803	809	816	
658		823	829	836	842	849	856	862	869	875	882	
659		889	895	902	908	915	921	928	935	941	948	
660		954	961	968	974	981	987	994	*000	*007	*014	
661	82	020	027	033	040	046	053	060	066	073	079	
662		086	092	099	105	112	119	125	132	138	145	
663		151	158	164	171	178	184	191	197	204	210	
664		217	223	230	236	243	249	256	263	269	276	
665		282	289	295	302	308	315	321	328	334	341	
666		347	354	360	367	373	380	387	393	400	406	
667		413	419	426	432	439	445	452	458	465	471	
668		478	484	491	497	504	510	517	523	530	536	
669		543	549	556	562	569	575	582	588	595	601	
670		607	614	620	627	633	640	646	653	659	666	
671		672	679	685	692	698	705	711	718	724	730	
672		737	743	750	756	763	769	776	782	789	795	
673		802	808	814	821	827	834	840	847	853	860	
674		866	872	879	885	892	898	905	911	918	924	
675		930	937	943	950	956	963	969	975	982	988	
676		995	*001	*008	*014	*020	*027	*033	*040	*046	*052	
677	83	059	065	072	078	085	091	097	104	110	117	
678		123	129	136	142	149	155	161	168	174	181	
679		187	193	200	206	213	219	225	232	238	245	
680		251	257	264	270	276	283	289	296	302	308	
681		315	321	327	334	340	347	353	359	366	372	
682		378	385	391	398	404	410	417	423	429	436	
683		442	448	455	461	467	474	480	487	493	499	
684		506	512	518	525	531	537	544	550	556	563	
685		569	575	582	588	594	601	607	613	620	626	
686		632	639	645	651	658	664	670	677	683	689	
687		696	702	708	715	721	727	734	740	746	753	
688		759	765	771	778	784	790	797	803	809	816	
689		822	828	835	841	847	853	860	866	872	879	
690		885	891	897	904	910	916	923	929	935	942	
691		948	954	960	967	973	979	985	992	998	*004	
692	84	011	017	023	029	036	042	048	055	061	067	
693		073	080	086	092	098	105	111	117	123	130	
694		136	142	148	155	161	167	173	180	186	192	
695		198	205	211	217	223	230	236	242	248	255	
696		261	267	273	280	286	292	298	305	311	317	
697		323	330	336	342	348	354	361	367	373	379	
698		386	392	398	404	410	417	423	429	435	442	
699		448	454	460	466	473	479	485	491	497	504	
N.	L.	0	1	2	3	4	5	6	7	8	9	d

Proportionalteil:

	7
1	0,7
2	1,4
3	2,1
4	2,8
5	3,5
6	4,2
7	4,9
8	5,6
9	6,3

	6
1	0,6
2	1,2
3	1,8
4	2,4
5	3,0
6	3,6
7	4,2
8	4,8
9	5,4

N.	L.	0	1	2	3	4	5	6	7	8	9	d
700	84	510	516	522	528	535	541	547	553	559	566	
701		572	578	584	590	597	603	609	615	621	628	
702		634	640	646	652	658	665	671	677	683	689	
703		696	702	708	714	720	726	733	739	745	751	
704		757	763	770	776	782	788	794	800	807	813	
705		819	825	831	837	844	850	856	862	868	874	
706		880	887	893	899	905	911	917	924	930	936	
707		942	948	954	960	967	973	979	985	991	997	
708	85	003	009	016	022	028	034	040	046	052	058	
709		065	071	077	083	089	095	101	107	114	120	
710		126	132	138	144	150	156	163	169	175	181	
711		187	193	199	205	211	217	224	230	236	242	
712		248	254	260	266	272	278	285	291	297	303	
713		309	315	321	327	333	339	345	352	358	364	
714		370	376	382	388	394	400	406	412	418	425	
715		431	437	443	449	455	461	467	473	479	485	
716		491	497	503	509	516	522	528	534	540	546	
717		552	558	564	570	576	582	588	594	600	606	
718		612	618	625	631	637	643	649	655	661	667	
719		673	679	685	691	697	703	709	715	721	727	
720		733	739	745	751	757	763	769	775	781	788	
721		794	800	806	812	818	824	830	836	842	848	
722		854	860	866	872	878	884	890	896	902	908	
723		914	920	926	932	938	944	950	956	962	968	
724		974	980	986	992	998	*004	*010	*016	*022	*028	
725	86	034	040	046	052	058	064	070	076	082	088	
726		094	100	106	112	118	124	130	136	141	147	
727		153	159	165	171	177	183	189	195	201	207	
728		213	219	225	231	237	243	249	255	261	267	
729		273	279	285	291	297	303	308	314	320	326	
730		332	338	344	350	356	362	368	374	380	386	
731		392	398	404	410	415	421	427	433	439	445	
732		451	457	463	469	475	481	487	493	499	504	
733		510	516	522	528	534	540	546	552	558	564	
734		570	576	581	587	593	599	605	611	617	623	
735		629	635	641	646	652	658	664	670	676	682	
736		688	694	700	705	711	717	723	729	735	741	
737		747	753	759	764	770	776	782	788	794	800	
738		806	812	817	823	829	835	841	847	853	859	
739		864	870	876	882	888	894	900	906	911	917	
740		923	929	935	941	947	953	958	964	970	976	
741		982	988	994	999	*005	*011	*017	*023	*029	*035	
742	87	040	046	052	058	064	070	075	081	087	093	
743		099	105	111	116	122	128	134	140	146	151	
744		157	163	169	175	181	186	192	198	204	210	
745		216	221	227	233	239	245	251	256	262	268	
746		274	280	286	291	297	303	309	315	320	326	
747		332	338	344	349	355	361	367	373	379	384	
748		390	396	402	408	413	419	425	431	437	442	
749		448	454	460	466	471	477	483	489	495	500	
N.	L.	0	1	2	3	4	5	6	7	8	9	d

Proportionaltafeln (d):

	7			6			5
1	0,7		1	0,6		1	0,5
2	1,4		2	1,2		2	1,0
3	2,1		3	1,8		3	1,5
4	2,8		4	2,4		4	2,0
5	3,5		5	3,0		5	2,5
6	4,2		6	3,6		6	3,0
7	4,9		7	4,2		7	3,5
8	5,6		8	4,8		8	4,0
9	6,3		9	5,4		9	4,5

N.	L.	0	1	2	3	4	5	6	7	8	9	d
750	87	506	512	518	523	529	535	541	547	552	558	
751		564	570	576	581	587	593	599	604	610	616	
752		622	628	633	639	645	651	656	662	668	674	
753		679	685	691	697	703	708	714	720	726	731	
754		737	743	749	754	760	766	772	777	783	789	
755		795	800	806	812	818	823	829	835	841	846	
756		852	858	864	869	875	881	887	892	898	904	
757		910	915	921	927	933	938	944	950	955	961	
758		967	973	978	984	990	996	*001	*007	*013	*018	
759	88	024	030	036	041	047	053	058	064	070	076	
760		081	087	093	098	104	110	116	121	127	133	
761		138	144	150	156	161	167	173	178	184	190	
762		195	201	207	213	218	224	230	235	241	247	
763		252	258	264	270	275	281	287	292	298	304	
764		309	315	321	326	332	338	343	349	355	360	
765		366	372	377	383	389	395	400	406	412	417	
766		423	429	434	440	446	451	457	463	468	474	
767		480	485	491	497	502	508	513	519	525	530	
768		536	542	547	553	559	564	570	576	581	587	
769		593	598	604	610	615	621	627	632	638	643	
770		649	655	660	666	672	677	683	689	694	700	
771		705	711	717	722	728	734	739	745	750	756	
772		762	767	773	779	784	790	795	801	807	812	
773		818	824	829	835	840	846	852	857	863	868	
774		874	880	885	891	897	902	908	913	919	925	
775		930	936	941	947	953	958	964	969	975	981	
776		986	992	997	*003	*009	*014	*020	*025	*031	*037	
777	89	042	048	053	059	064	070	076	081	087	092	
778		098	104	109	115	120	126	131	137	143	148	
779		154	159	165	170	176	182	187	193	198	204	
780		209	215	221	226	232	237	243	248	254	260	
781		265	271	276	282	287	293	298	304	310	315	
782		321	326	332	337	343	348	354	360	365	371	
783		376	382	387	393	398	404	409	415	421	426	
784		432	437	443	448	454	459	465	470	476	481	
785		487	492	498	504	509	515	520	526	531	537	
786		542	548	553	559	564	570	575	581	586	592	
787		597	603	609	614	620	625	631	636	642	647	
788		653	658	664	669	675	680	686	691	697	702	
789		708	713	719	724	730	735	741	746	752	757	
790		763	768	774	779	785	790	796	801	807	812	
791		818	823	829	834	840	845	851	856	862	867	
792		873	878	883	889	894	900	905	911	916	922	
793		927	933	938	944	949	955	960	966	971	977	
794		982	988	993	998	*004	*009	*015	*020	*026	*031	
795	90	037	042	048	053	059	064	069	075	080	086	
796		091	097	102	108	113	119	124	129	135	140	
797		146	151	157	162	168	173	179	184	189	195	
798		200	206	211	217	222	227	233	238	244	249	
799		255	260	266	271	276	282	287	293	298	304	
N.	L.	0	1	2	3	4	5	6	7	8	9	d

Proportional parts:

	6
1	0,6
2	1,2
3	1,8
4	2,4
5	3,0
6	3,6
7	4,2
8	4,8
9	5,4

	5
1	0,5
2	1,0
3	1,5
4	2,0
5	2,5
6	3,0
7	3,5
8	4,0
9	4,5

N.	L.	0	1	2	3	4	5	6	7	8	9	d
800	90	309	314	320	325	331	336	342	347	352	358	
801		363	369	374	380	385	390	396	401	407	412	
802		417	423	428	434	439	445	450	455	461	466	
803		472	477	482	488	493	499	504	509	515	520	
804		526	531	536	542	547	553	558	563	569	574	
805		580	585	590	596	601	607	612	617	623	628	
806		634	639	644	650	655	660	666	671	677	682	
807		687	693	698	703	709	714	720	725	730	736	
808		741	747	752	757	763	768	773	779	784	789	
809		795	800	806	811	816	822	827	832	838	843	
810		849	854	859	865	870	875	881	886	891	897	
811		902	907	913	918	924	929	934	940	945	950	
812		956	961	966	972	977	982	988	993	998	*004	
813	91	009	014	020	025	030	036	041	046	052	057	
814		062	068	073	078	084	089	094	100	105	110	
815		116	121	126	132	137	142	148	153	158	164	
816		169	174	180	185	190	196	201	206	212	217	
817		222	228	233	238	243	249	254	259	265	270	
818		275	281	286	291	297	302	307	312	318	323	
819		328	334	339	344	350	355	360	365	371	376	
820		381	387	392	397	403	408	413	418	424	429	
821		434	440	445	450	455	461	466	471	477	482	
822		487	492	498	503	508	514	519	524	529	535	
823		540	545	551	556	561	566	572	577	582	587	
824		593	598	603	609	614	619	624	630	635	640	
825		645	651	656	661	666	672	677	682	687	693	
826		698	703	709	714	719	724	730	735	740	745	
827		751	756	761	766	772	777	782	787	793	798	
828		803	808	814	819	824	829	834	840	845	850	
829		855	861	866	871	876	882	887	892	897	903	
830		908	913	918	924	929	934	939	944	950	955	
831		960	965	971	976	981	986	991	997	*002	*007	
832	92	012	018	023	028	033	038	044	049	054	059	
833		065	070	075	080	085	091	096	101	106	111	
834		117	122	127	132	137	143	148	153	158	163	
835		169	174	179	184	189	195	200	205	210	215	
836		221	226	231	236	241	247	252	257	262	267	
837		273	278	283	288	293	298	304	309	314	319	
838		324	330	335	340	345	350	355	361	366	371	
839		376	381	387	392	397	402	407	412	418	423	
840		428	433	438	443	449	454	459	464	469	474	
841		480	485	490	495	500	505	511	516	521	526	
842		531	536	542	547	552	557	562	567	572	578	
843		583	588	593	598	603	609	614	619	624	629	
844		634	639	645	650	655	660	665	670	675	681	
845		686	691	696	701	706	711	716	722	727	732	
846		737	742	747	752	758	763	768	773	778	783	
847		788	793	799	804	809	814	819	824	829	834	
848		840	845	850	855	860	865	870	875	881	886	
849		891	896	901	906	911	916	921	927	932	937	
N.	L.	0	1	2	3	4	5	6	7	8	9	d

Proportionaltafeln:

	6
1	0,6
2	1,2
3	1,8
4	2,4
5	3,0
6	3,6
7	4,2
8	4,8
9	5,4

	5
1	0,5
2	1,0
3	1,5
4	2,0
5	2,5
6	3,0
7	3,5
8	4,0
9	4,5

N.	L.	0	1	2	3	4	5	6	7	8	9	d
850	92	942	947	952	957	962	967	973	978	983	988	
851		993	998	*003	*008	*013	*018	*024	*029	*034	*039	
852	93	044	049	054	059	064	069	075	080	085	090	
853		095	100	105	110	115	120	125	131	136	141	
854		146	151	156	161	166	171	176	181	186	192	
855		197	202	207	212	217	222	227	232	237	242	
856		247	252	258	263	268	273	278	283	288	293	
857		298	303	308	313	318	323	328	334	339	344	
858		349	354	359	364	369	374	379	384	389	394	
859		399	404	409	414	420	425	430	435	440	445	
860		450	455	460	465	470	475	480	485	490	495	
861		500	505	510	515	520	526	531	536	541	546	
862		551	556	561	566	571	576	581	586	591	596	
863		601	606	611	616	621	626	631	636	641	646	
864		651	656	661	666	671	676	682	687	692	697	
865		702	707	712	717	722	727	732	737	742	747	
866		752	757	762	767	772	777	782	787	792	797	
867		802	807	812	817	822	827	832	837	842	847	
868		852	857	862	867	872	877	882	887	892	897	
869		902	907	912	917	922	927	932	937	942	947	
870		952	957	962	967	972	977	982	987	992	997	
871	94	002	007	012	017	022	027	032	037	042	047	
872		052	057	062	067	072	077	082	086	091	096	
873		101	106	111	116	121	126	131	136	141	146	
874		151	156	161	166	171	176	181	186	191	196	
875		201	206	211	216	221	226	231	236	240	245	
876		250	255	260	265	270	275	280	285	290	295	
877		300	305	310	315	320	325	330	335	340	345	
878		349	354	359	364	369	374	379	384	389	394	
879		399	404	409	414	419	424	429	433	438	443	
880		448	453	458	463	468	473	478	483	488	493	
881		498	503	507	512	517	522	527	532	537	542	
882		547	552	557	562	567	571	576	581	586	591	
883		596	601	606	611	616	621	626	630	635	640	
884		645	650	655	660	665	670	675	680	685	689	
885		694	699	704	709	714	719	724	729	734	738	
886		743	748	753	758	763	768	773	778	783	787	
887		792	797	802	807	812	817	822	827	832	836	
888		841	846	851	856	861	866	871	876	880	885	
889		890	895	900	905	910	915	919	924	929	934	
890		939	944	949	954	959	963	968	973	978	983	
891		988	993	998	*002	*007	*012	*017	*022	*027	*032	
892	95	036	041	046	051	056	061	066	071	075	080	
893		085	090	095	100	105	109	114	119	124	129	
894		134	139	143	148	153	158	163	168	173	177	
895		182	187	192	197	202	207	211	216	221	226	
896		231	236	240	245	250	255	260	265	270	274	
897		279	284	289	294	299	303	308	313	318	323	
898		328	332	337	342	347	352	357	361	366	371	
899		376	381	386	390	395	400	405	410	415	419	
N.	L.	0	1	2	3	4	5	6	7	8	9	d

Proportionaltafeln:

	6
1	0,6
2	1,2
3	1,8
4	2,4
5	3,0
6	3,6
7	4,2
8	4,8
9	5,4

	5
1	0,5
2	1,0
3	1,5
4	2,0
5	2,5
6	3,0
7	3,5
8	4,0
9	4,5

	4
1	0,4
2	0,8
3	1,2
4	1,6
5	2,0
6	2,4
7	2,8
8	3,2
9	3,6

N.	L.	0	1	2	3	4	5	6	7	8	9	d
900	95	424	429	434	439	444	448	453	458	463	468	
901		472	477	482	487	492	497	501	506	511	516	
902		521	525	530	535	540	545	550	554	559	564	
903		569	574	578	583	588	593	598	602	607	612	
904		617	622	626	631	636	641	646	650	655	660	
905		665	670	674	679	684	689	694	698	703	708	
906		713	718	722	727	732	737	742	746	751	756	
907		761	766	770	775	780	785	789	794	799	804	
908		809	813	818	823	828	832	837	842	847	852	
909		856	861	866	871	875	880	885	890	895	899	
910		904	909	914	918	923	928	933	938	942	947	
911		952	957	961	966	971	976	980	985	990	995	
912		999	*004	*009	*014	*019	*023	*028	*033	*038	*042	
913	96	047	052	057	061	066	071	076	080	085	090	
914		095	099	104	109	114	118	123	128	133	137	
915		142	147	152	156	161	166	171	175	180	185	
916		190	194	199	204	209	213	218	223	227	232	
917		237	242	246	251	256	261	265	270	275	280	
918		284	289	294	298	303	308	313	317	322	327	
919		332	336	341	346	350	355	360	365	369	374	
920		379	384	388	393	398	402	407	412	417	421	
921		426	431	435	440	445	450	454	459	464	468	
922		473	478	483	487	492	497	501	506	511	515	
923		520	525	530	534	539	544	548	553	558	562	
924		567	572	577	581	586	591	595	600	605	609	
925		614	619	624	628	633	638	642	647	652	656	
926		661	666	670	675	680	685	689	694	699	703	
927		708	713	717	722	727	731	736	741	745	750	
928		755	759	764	769	774	778	783	788	792	797	
929		802	806	811	816	820	825	830	834	839	844	
930		848	853	858	862	867	872	876	881	886	890	
931		895	900	904	909	914	918	923	928	932	937	
932		942	946	951	956	960	965	970	974	979	984	
933		988	993	997	*002	*007	*011	*016	*021	*025	*030	
934	97	035	039	044	049	053	058	063	067	072	077	
935		081	086	090	095	100	104	109	114	118	123	
936		128	132	137	142	146	151	155	160	165	169	
937		174	179	183	188	192	197	202	206	211	216	
938		220	225	230	234	239	243	248	253	257	262	
939		267	271	276	280	285	290	294	299	304	308	
940		313	317	322	327	331	336	340	345	350	354	
941		359	364	368	373	377	382	387	391	396	400	
942		405	410	414	419	424	428	433	437	442	447	
943		451	456	460	465	470	474	479	483	488	493	
944		497	502	506	511	516	520	525	529	534	539	
945		543	548	552	557	562	566	571	575	580	585	
946		589	594	598	603	607	612	617	621	626	630	
947		635	640	644	649	653	658	663	667	672	676	
948		681	685	690	695	699	704	708	713	717	722	
949		727	731	736	740	745	749	754	759	763	768	
N.	L.	0	1	2	3	4	5	6	7	8	9	d

Proportionalteile:

	5
1	0,5
2	1,0
3	1,5
4	2,0
5	2,5
6	3,0
7	3,5
8	4,0
9	4,5

	4
1	0,4
2	0,8
3	1,2
4	1,6
5	2,0
6	2,4
7	2,8
8	3,2
9	3,6

N.	L.	0	1	2	3	4	5	6	7	8	9	d
950	97	772	777	782	786	791	795	800	804	809	813	
951		818	823	827	832	836	841	845	850	855	859	
952		864	868	873	877	882	886	891	896	900	905	
953		909	914	918	923	928	932	937	941	946	950	
954		955	959	964	968	973	978	982	987	991	996	
955	98	000	005	009	014	019	023	028	032	037	041	
956		046	050	055	059	064	068	073	078	082	087	
957		091	096	100	105	109	114	118	123	127	132	
958		137	141	146	150	155	159	164	168	173	177	
959		182	186	191	195	200	204	209	214	218	223	
960		227	232	236	241	245	250	254	259	263	268	
961		272	277	281	286	290	295	299	304	308	313	
962		318	322	327	331	336	340	345	349	354	358	
963		363	367	372	376	381	385	390	394	399	403	
964		408	412	417	421	426	430	435	439	444	448	
965		453	457	462	466	471	475	480	484	489	493	
966		498	502	507	511	516	520	525	529	534	538	
967		543	547	552	556	561	565	570	574	579	583	
968		588	592	597	601	605	610	614	619	623	628	
969		632	637	641	646	650	655	659	664	668	673	
970		677	682	686	691	695	700	704	709	713	717	
971		722	726	731	735	740	744	749	753	758	762	
972		767	771	776	780	784	789	793	798	802	807	
973		811	816	820	825	829	834	838	843	847	851	
974		856	860	865	869	874	878	883	887	892	896	
975		900	905	909	914	918	923	927	832	936	941	
976		945	949	954	958	963	967	972	976	981	985	
977		989	994	998	*003	*007	*012	*016	*021	*025	*029	
978	99	034	038	043	047	052	056	061	065	069	074	
979		078	083	087	092	096	100	105	109	114	118	
980		123	127	131	136	140	145	149	154	158	162	
981		167	171	176	180	185	189	193	198	202	207	
982		211	216	220	224	229	233	238	242	247	251	
983		255	260	264	269	273	277	282	286	291	295	
984		300	304	308	313	317	322	326	330	335	339	
985		344	348	352	357	361	366	370	374	379	383	
986		388	392	396	401	405	410	414	419	423	427	
987		432	436	441	445	449	454	458	463	467	471	
988		476	480	484	489	493	498	502	506	511	515	
989		520	524	528	533	537	542	546	550	555	559	
990		564	568	572	577	581	585	590	594	599	603	
991		607	612	616	621	625	629	634	638	642	647	
992		651	656	660	664	669	673	677	682	686	691	
993		695	699	704	708	712	717	721	726	730	734	
994		739	743	747	752	756	760	765	769	774	778	
995		782	787	791	795	800	804	808	813	817	822	
996		826	830	835	839	843	848	852	856	861	865	
997		870	874	878	883	887	891	896	900	904	909	
998		913	917	922	926	930	935	939	944	948	952	
999		957	961	965	970	974	978	983	987	991	996	
N.	L.	0	1	2	3	4	5	6	7	8	9	d

Proportionaltafeln:

	5
1	0,5
2	1,0
3	1,5
4	2,0
5	2,5
6	3,0
7	3,5
8	4,0
9	4,5

	4
1	0,4
2	0,8
3	1,2
4	1,6
5	2,0
6	2,4
7	2,8
8	3,2
9	3,6

950—999

Namenverzeichnis.

Sachverzeichnis.

Abkürzungen: a = acidimetrisch. c = cerimetrisch. e = elektrolytisch. g = gravimetrisch.
j = jodometrisch. p = Permanganatmethode.